W0255611

CHEMISCHE TECHNOLOGIE

IN EINZELDARSTELLUNGEN

HERAUSGEBER: PROF. DR. FERD. FISCHER, GÖTTINGEN-HOMBURG

ALLGEMEINE CHEMISCHE TECHNOLOGIE

HEIZUNGS- UND LÜFTUNGSANLAGEN IN FABRIKEN

MIT BESONDERER BERÜCKSICHTIGUNG DER ABWÄRME-VERWERTUNG BEI WÄRMEKRAFTMASCHINEN

VON

OBERINGENIEUR **VALERIUS HÜTTIG**

DOZENT AN DER KGL. SÄCHS. TECHNISCHEN HOCHSCHULE
ZU DRESDEN

MIT 157 FIGUREN UND 20 ZAHLENTAFELN IM TEXT
UND AUF 10 TAFELBEILAGEN

Springer-Verlag Berlin Heidelberg GmbH
1915

ISBN 978-3-662-33568-0   ISBN 978-3-662-33966-4 (eBook)
DOI 10.1007/978-3-662-33966-4

Inhaltsverzeichnis.

I. Vorwort.

Bei der Besichtigung der Heizungs- und Lüftungseinrichtungen gewerblicher und industrieller Betriebe kommt man zu der Erfahrung, daß in den weitaus meisten Fällen weder ökonomische noch hygienische Bestrebungen die Herstellung solcher Anlagen geleitet haben, man gewinnt vielmehr den Eindruck, als ob auf Ersparnisse in den Anschaffungskosten besonderer Wert gelegt würde. Nun steht aber dieser Sparsamkeitssinn mit dem Eindrucke, den eine solche Anlage im Betriebe macht, in direktem Widerspruche; überall sieht man nutzlos Dampf entweichen, offene Fenster zeigen, daß die Räume überheizt sind und daß Luftbedürfnis herrscht.

Soll man aus den geöffneten Fenstern schließen, daß die Heizungsanlage „ausgezeichnet funktioniert" — wie man so oft hört —, wenn bei einigen Graden unter oder über Null eine andere Temperaturregelung als die Fenster zu öffnen gar nicht möglich ist? Die an allen Ecken und Enden aufsteigenden Dampfwolken lassen den Fachmann sogleich erkennen, wie unverantwortlich mit dem Brennmateriale verfahren wird; aus den vergitterten Schachtdeckeln der Kanalisation treten die Dämpfe heraus und beweisen deutlich, wie das mit kostspieligen Vorrichtungen enthärtete Speisewasser aus der Heizungsanlage in den Kanal abfließt und mit der in ihm enthaltenen Wärme verloren geht.

Solche Anlagen sind nicht selten anzutreffen, ja man kann beinahe behaupten, daß die meisten Fabrikheizungen hinsichtlich der Ausnutzung der erzeugten Wärme durchaus nicht dem heutigen Stande der Technik entsprechen.

Die Ursache hierfür liegt in der Bedeutung, welche die Heizungsanlage innerhalb des ganzen Fabrikbetriebes einnimmt.

Man wird immer finden, daß alle diejenigen Einrichtungen eines gewerblichen Unternehmens, die nicht produktiv sind, in den Hintergrund treten müssen, und nur als ein notwendiges Übel betrachtet werden.

Handelt es sich um Anschaffung einer neuen Dampfmaschine, so ist dem Fabrikleiter klar, daß, wenn er einige tausend Mark für eine bessere Steuerung an der Maschine ausgibt und dann die Pferdestärke nicht 5, sondern nur $4^1/_2$ kg Dampf in der Stunde verbraucht, er damit doch — so lange er die Maschine benutzt — Ersparnisse erzielt, wenn auch die augenblickliche Mehrausgabe über den ausgesetzten Betrag hinausgeht.

Es soll nicht wundernehmen, wenn die Mehrausgabe dann an der Anschaffung der neuen Heizungsanlage abgesetzt wird! Man motiviert dies damit, daß die „Heizung ohnehin jedes Jahr so viel kostet", bedenkt aber nicht, daß auch diese, gerade so wie die Dampfmaschine einen Wirkungsgrad besitzt, der erhöht und vermindert werden kann.

Was das hygienische Moment einer Heizungsanlage betrifft, so treten die aus Mängeln an der Anlage hervorgehenden Schäden noch weniger offen zutage; sie machen sich nur dem scharfen Beobachter bekannt. Der durch seine geschäftliche Tätigkeit voll in Anspruch genommene Fabrikleiter, der auch mit seinen Arbeitern viel zu wenig in Berührung kommt, um selbst Beobachtungen anzustellen, wird sich in den seltensten Fällen über die Nachteile klar werden, die durch die mangelhaften Einrichtungen seiner Arbeitsräume entstehen.

Diese Einrichtungen sowohl in hygienischer wie ökonomischer Beziehung dem heutigen Stande von Technik und Wissenschaft anzupassen, auch ohne Aufwand unverhältnismäßig großer Mittel, scheitert so oft an der Unkenntnis gerade derjenigen, die dazu berufen wären, die Verhältnisse zu bessern.

Zu ihnen gehören nicht allein die Fabrikbesitzer und Fabrikleiter, sondern die beratenden Ingenieure, die Architekten, die sich speziell mit industriellen Bauten befassen, und nicht zum geringen Teile auch die Heizungsingenieure, die ihre Aufgabe zu sehr vom kaufmännischen Standpunkte, vom Erwerbssinn aus betrachten, als davon auszugehen, auch auf ihrem Gebiete den Errungenschaften der Hygiene und der Technik die ihnen gebührende Beachtung zu verschaffen.

Die gewerbepolizeilichen Vorschriften stellen nur ein Minimum des zum Schutz des Arbeiters gegen offensichtliche Gesundheitsschädigungen Erforderlichen dar.

Gesetzliche Bestimmungen und Verordnungen ergehen zu lassen, die für alle Fälle und unter allen Verhältnissen zutreffend angewendet werden können, ist um so schwerer, als solche Bestimmungen, die zum Schutze des Arbeiters dienen, gleichzeitig auch die wirtschaftliche Lage des Arbeitgebers berücksichtigen müssen. — Nicht die Polizei, sondern die Einsicht zum Besseren muß hier Wandel schaffen. — Die Wohlfahrtseinrichtungen mancher modernen Fabrikanlagen weisen darauf hin, daß sich hier schon die Erkenntnis der Vorteile solcher Einrichtungen Bahn gebrochen hat. Bade- und Waschgelegenheiten werden in den neuen Fabriken sogar mit einem gewissen Aufwande angelegt.

Das erzieherische Moment solcher Einrichtungen sollte nicht unterschätzt werden. Der Arbeiter ist nicht mehr der nach Schweiß riechende, schwarze Geselle, der mit dem Arbeitsschmutz an der Hand sein Brot ißt (man denke nur an die Bleivergiftungen), er empfindet die Wohltat der Reinlichkeit, er wird gesünder, arbeitskräftiger, arbeitsfreudiger.

Genau so verhält es sich mit den hygienischen Einrichtungen für die Arbeitsräume selbst.

Jetzt begnügt man sich in vielen Betrieben damit, die Räume zu erwärmen und findet es eben unabänderlich, wenn sie während der milden Jahreszeit überheizt und an kalten Tagen, besonders aber nach den Feiertagen, ungenügend erwärmt sind. Im übrigen wird durch Öffnen der Fenster gelüftet, wobei natürlich von einer Wirtschaftlichkeit nicht mehr die Rede sein kann. An kalten Tagen wird jede Lufterneuerung ängstlich vermieden und die gewerbepolizeilich vorgeschriebenen, ohnehin recht spärlichen Lüftungseinrichtungen werden gut verstopft und bleiben dann in diesem Zustande.

Inwieweit hygienisch möglichst vollkommene Anlagen für Heizung und Lüftung in Fabrikbetrieben eine die Arbeitsfähigkeit beeinflussende Wirkung ausüben, darüber ist bisher nur wenig statistisches Material gesammelt worden.

Man bedenke aber, daß der Mensch innerhalb 24 Stunden etwa 3 kg feste und flüssige Nahrung, dagegen etwa viermal so viel, also 12 kg Luft in sich verarbeitet, um daraus schließen zu können, welches Nahrungsmittel die Luft darstellt.

Gegen verdorbene Nahrungsmittel schützen uns Gesetze, weil hier die Wirkung eine offensichtliche ist. Die Vereinigten Staaten Amerikas, die uns gerade in Fabrikbetrieben in vielem vorbildlich sind, haben Gesetze für Lüftungseinrichtungen in Schulen und Fabriken gewiß nicht ohne Grund erlassen. Einen Schutz gegen verdorbene Luft finden diejenigen bei uns nicht, die durch ihren Beruf genötigt sind, einen großen Teil ihres Lebens in ungenügend gelüfteten Räumen zuzubringen.

Unter denen, die für unwirtschaftliche und unhygienische Einrichtungen in industriellen Betrieben verantwortlich zu machen sind, waren auch die Heizungsingenieure genannt. Es muß zugegeben werden, daß auf dem Gebiete des Heizungsfaches die Konkurrenz außerordentlich groß ist. Seitdem die Materialien für die Herstellung von Heizungsanlagen Marktware geworden sind und nicht mehr wie früher in den Fabriken der einzelnen Heizungsfirmen selbst hergestellt werden, seitdem sie also auch jedem kleinen Installateur zugänglich sind, ist die Zahl der Heizungsfabrikanten ganz enorm gewachsen. Es ist klar, daß unter so vielen Firmen einer Branche auch eine große Anzahl solcher zu finden ist, denen theoretische Kenntnisse und daher die Erkenntnis zu wirtschaftlicher und hygienischer Ausgestaltung einer Heizungsanlage vollständig abgehen.

Solche Firmen bieten natürlich ohne Rücksicht auf den späteren Betrieb die billigsten Anlagen an, und da billig und gut noch immer selten zu vereinbaren sind, so entstehen Heizungsanlagen, die den an sie zu stellenden Anforderungen keineswegs genügen können.

Wohl selten wird sich der Fabrikant, der eine solche billige Anlage in seinem Betriebe hat, darüber klar werden, daß er die Mehrkosten, die ihm anfangs für eine gute Anlage entstanden sein würden, im Laufe der Jahre um das Vielfache wieder herauswirtschaften könnte, weil er etwas Besseres nicht kennt, er nimmt sich deshalb auch nicht die Mühe, seinen Beteirb wirtschaftlicher zu gestalten.

Alle diese Umstände ergeben die Tatsache, daß die Heizungs- und Lüftungsanlagen in sehr vielen, ja man könnte fast sagen, in den meisten Fabriken nicht mit den übrigen Einrichtungen gleichen Schritt gehalten haben.

Während für die Fabrikation selbst die besten und teuersten Maschinen angeschafft werden, sind die Heizungseinrichtungen meist primitiv, unzweckmäßig und unökonomisch angelegt.

Zum Zwecke der Lüftung der Arbeitsräume eigens geschaffene Einrichtungen sind fast nirgends zu finden. Man begnügt sich damit, die Fenster mit Kippflügeln zu versehen, die natürlich nur dann geöffnet werden können, wenn die Witterung es zuläßt. Der Grund hierfür ist unzweifelhaft darin zu suchen, daß nur den die Fabrikation direkt fördernden und mit dieser in direkter Beziehung stehenden Einrichtungen besondere Beachtung geschenkt wird, zumal an der Spitze der meisten gewerblichen Unternehmungen ein Kaufmann steht, dessen erster Gedanke stets die Kostenfrage ist. Unter solch einseitiger Auffassung, die noch durch billige, aber unzulängliche Angebote seitens der Heizungsfirmen unterstützt wird, können natürlich einwandfreie Anlagen nicht geschaffen werden.

Soll ein neuer Fabrikbau entstehen, so ist es stets empfehlenswert, rechtzeitig auch derjenigen Einrichtungen zu gedenken, die dem Bau eingefügt werden. Zu diesen zählen die Heizungs- und Lüftungsanlagen ebenfalls, zumal an Bauarbeiten — vornehmlich an nachträglichen Stemmarbeiten — viel gespart werden kann, wenn von vornherein die Wand- und Deckendurchbrüche für die Durchführung von Rohrleitungen offen gelassen werden. Besonders bei dem jetzt vielfach für Fabrikbauten verwendeten Eisenbeton ist es sehr zweckmäßig, schon bei der Bauausführung die Lage der Heizungs-, Wasser- und Abflußleitungen zu berücksichtigen.

Überhaupt scheint es unerläßlich, die Frage der Beheizung und Lüftung noch vor der Inangriffnahme des Baues zu lösen, damit nicht die Schaffung zweckmäßiger Einrichtungen an den schon zu weit vorgeschrittenen Bauarbeiten und Bestellungen scheitert.

In letzter Zeit sind gerade auf dem Gebiete der Beheizung der Fabriken infolge der Abwärmeausnutzung der Kraftmaschinen so umfangreiche Neuerungen aufgetreten, daß in dieser Beziehung mehr als bisher Gewicht auf diese Einrichtungen zu legen ist. Ohne den Spezialingenieuren für Fabrikbauten zu nahe treten zu wollen, muß doch gesagt werden, daß die wenigsten von ihnen mit dem Heizungsfache genügend vertraut sind. Die einen richten ihr Hauptaugenmerk auf die Ausführung des Gebäudes, die anderen auf die maschinellen Einrichtungen. Es ist erklärlich, daß beiden die Frage der Heizung als weit untergeordnet erscheint.

Der Grund hierfür liegt offenbar in dem früheren Mangel an Lehrstühlen für das Heizungsfach an unseren technischen Hochschulen.

Ein Zusammenarbeiten des Maschineningenieurs mit dem Heizungsingenieur ist heutzutage bei den Bestrebungen der Abwärmeverwertung unerläßlich. Wie jedes Fach seinen Meister fordert, so ist auch das der

Heizungs- und Lüftungsanlagen nicht allein aus dem Studium „der einschlägigen Literatur" zu bemeistern.

Die Erfahrung muß die theoretischen Erwägungen bestätigen und mit ihnen Hand in Hand gehen.

Der vorliegende Band soll die in der Praxis vorkommenden Verhältnisse berücksichtigen, er ist also für den Praktiker, den Betriebsleiter, den Fabrikbesitzer bestimmt. —

Erfahrungsgemäß will der Praktiker sich nicht in theoretische Abhandlungen vertiefen, wenn er sich über eine, seinen Betrieb betreffende Frage unterrichten will.

Aus diesem Grunde ist eine allgemein verständliche Darstellung gewählt. Hierbei trifft man natürlich auf Schwierigkeiten; im vorliegenden Falle insbesondere in der Behandlung der Abwärmeverwertung bei Wärmekraftmaschinen, weshalb der Versuch gemacht wurde, durch Vergleiche mit Beispielen an ausgeführten Maschinen die wärmetheoretische Behandlung, wie sie dem Maschineningenieure obliegt, zu umgehen. —

In dem Abschnitte über Heizungsanlagen wurde weniger auf eine ausführliche Darlegung der Berechnung solcher Anlagen bis in alle Einzelheiten Wert gelegt; vielmehr sollen Hinweise auf fehlerhafte und unwirtschaftliche Einrichtungen, auf Ursachen von Betriebsstörungen und wirtschaftliche Gestaltung des Heizbetriebes gegeben werden. — Für Denjenigen, welcher sich für die genaue Berechnung der Heizungsanlagen interessiert, sind die Literaturangaben.

Wenn das vorliegende Buch Anregung dazu gibt, unsere industriellen Betriebe auf die Wirtschaftlichkeit ihrer maschinen- und heiztechnischen Einrichtungen zu prüfen und dazu beiträgt, die in unserer vaterländischen Erde schlummernden Vorräte unausgelöster Energie mit erhöhtem Wirkungsgrade für uns nutzbar zu machen, damit wir auch weiterhin den Kampf auf dem Weltmarkte mit Erfolg durchsetzen können, so ist der Zweck des Buches erfüllt. —

Dresden 1914. **Der Verfasser.**

II. Wärme.

Zum leichteren Verständnisse des im vorliegenden Bande behandelten Stoffes und zur Information desjenigen, der sich nicht immer mit wärmetheoretischen Fragen befaßt, sollen einige Erklärungen physikalischer und wärmetheoretischer Begriffe vorausgeschickt werden.

Es sind hierbei als Bezeichnungen für die einzelnen, immer wiederkehrenden Ausdrücke möglichst die Formelzeichen gewählt worden, welche neuerdings vom Vereine deutscher Ingenieure gemeinsam mit dem Verbande deutscher Elektrotechniker festgesetzt wurden.

1. Wärmeeinheit und Äquivalenz von Wärme und Arbeit.

Die Wärme ist eine Energieform, und zwar die kinetische Energie der Bewegung der kleinsten Teilchen der Materie, der Moleküle.

Gerade so, wie die kinetische Energie, die lebendige Kraft, die Wucht eines sich bewegenden Körpers, wie sie z. B. hervortritt, wenn die Bewegung plötzlich gehemmt wird, gemessen wird, durch das halbe Produkt aus der Masse M und dem Quadrate der Geschwindigkeit, mit der sich der Körper bewegt, ausgedrückt durch:

$$E = \frac{M\,w^2}{2},$$

so ist auch die Wärmeenergie[1] eines Körpers

$$Q = \frac{\Sigma\,m\,w^2}{2}$$

worin m die Masse der Moleküle und w deren thermische Geschwindigkeit bedeuten, aus denen der Körper zusammengesetzt ist.

Als Einheit der Wärmeenergie gilt diejenige, welche einer Arbeitseinheit, dem Meterkilogramm, äquivalent ist. Sie heißt also die mechanische Einheit der Wärme.

Zu unterscheiden ist hiervon die Einheit der Wärmemenge, welche als Wärmeeinheit (w) oder Calorie bezeichnet wird. Mit ihr wird die Wärmemenge gemessen, welche zur Erwärmung eines Körpers von einer gegebenen Anfangstemperatur bis zu einer gegebenen Endtemperatur erforderlich ist. Die Wärmemenge, welche hierzu aufzuwenden ist, heißt die Wärmekapazität, oder, auf die Gewichtseinheit bezogen, die „spezifische Wärme" eines Körpers.

Für die Messungen in der Technik verwendet man die „große oder Kilogramm-Calorie"[2]. Man ist bis jetzt noch nicht dazu gelangt, mit ge-

---

[1] Siehe: Lehrbuch der Physik von *O. D, Chwolson*, Braunschweig, Verlag von Fried. Viehweg & Sohn.

[2] *Fischer*, Taschenbuch für Feuerungstechniker, 7. Aufl., S. 13. *Warburg*, Lehrbuch der Physik. *Zeuner*, Thermodynamik.

wünschter Genauigkeit eine Definition dieser Fundamentaleinheit festzulegen.

Früher bezeichnete man mit Wärmeeinheit diejenige Wärmemenge, welche zur Erwärmung von 1 kg reinen Wassers von 0 auf 1° erforderlich ist.

In neuerer Zeit hat man andere Temperaturen gewählt. Die Ursache hierfür liegt darin, daß man für die Wärmekapazität oder spezifische Wärme des Wassers noch keine genügende Übereinstimmung der Untersuchungen erzielen konnte. Die von einer großen Anzahl von Forschern ermittelten Werte der spezifischen Wärme des Wassers weichen zum Teil sehr voneinander ab.

Zuletzt ist als Wärmeeinheit die Wärmemenge, welche zur Temperaturerhöhung von 1 kg Wasser von 15 auf 16° C erforderlich ist, angenommen worden.

Von dieser Annahme hängt nun auch das mechanische Wärmeäquivalent ab, das ist diejenige Arbeitsleistung, welche 1 w entspricht. Außerdem ist diese Größe allerdings auch abhängig von der Masse des Kilogramms, welche wiederum durch die Beschleunigung der Schwere beeinflußt wird. Aus diesem Grunde schwanken auch die Wertangaben des mechanischen Wärmeäquivalentes.

Bei den neueren Forschungsarbeiten in Deutschland ist das mechanische Wärmeäquivalent, d. i.

$$1 \text{ w} = 427 \text{ m kg}$$

gesetzt worden.

Damit wird nach dem Satze von der Äquivalenz von Wärme und Arbeit ausgedrückt, daß dem Aufwande einer Wärmeeinheit eine Arbeitsleistung von 427 mkg bzw. umgekehrt der Arbeitsleistung von 1 mkg eine Wärmemenge von $\frac{1}{427} = 0{,}002342$ w entspricht. Eine allgemein eingeführte Bezeichnung für $\frac{1}{427}$ ist der Buchstabe A. Ist L die Bezeichnung einer Arbeitsleistung in mkg, so ergibt $A L$ die Leistung in Wärmeeinheiten ausgedrückt.

Es ist, da mit einer Pferdestärke 75 Sekunden-Meter-Kilogramm bezeichnet werden, für eine solche, während 1 Stunde eine Wärmemenge von $\frac{75 \cdot 3600}{427} = 632{,}32$ w aufzuwenden.

Die Zahl 632,32 gibt also die theoretische Wärmemenge für 1 Stunden-Pferdestärke an, d. h. zur Erzeugung einer Arbeitsleistung von 1 PS, während einer Stunde sind theoretisch 632,32 w aufzuwenden.

In Wirklichkeit ist die aufzuwendende Wärme natürlich deshalb viel größer, weil alle mechanischen Prozesse mit unvermeidlichen Verlusten verbunden sind; man denke nur an die großen Wärmeverluste der Dampfkessel und Dampfmaschinen. Gerade diese arbeiten mit einem verhältnismäßig so geringen Wirkungsgrade, auch die beste Konstruktion und die sorgfältigste Ausführung vorausgesetzt, daß von der in der Kohle enthaltenen

Wärme höchstens 16 Proz. wirklich in Arbeit umgesetzt werden, während mindestens 84 Proz. unwiederbringlich verloren sind, wenn sie nicht durch andere geeignete Apparate nutzbar gemacht werden.

Dieser Umstand wird bei Fabriken heute immer noch zu wenig beachtet, weshalb schon hier darauf hingewiesen sei. Im folgenden sollen dann die Möglichkeiten besserer Ausnutzung angegeben werden.

2. Wärmemessung.

Die Wärme tritt in verschiedensten Formen in Erscheinung.

Diejenigen Formen, welche uns vornehmlich hier beschäftigen sollen, sind die der Wärmemenge und der mechanischen Arbeit, entsprechend den Maßstäben der in Wärmeeinheiten und in mechanischer Einheit gemessenen Wärme.

Wenn die in einem Körper enthaltene Wärmemenge bestimmt werden soll, so vergleicht man sie mit jener, die eine Wassermenge von gleichem Gewichte und gleicher Temperatur enthält.

Wie schon oben angegeben, bezeichnet man als Einheit diejenige Wärmemenge, welche erforderlich ist, um die Temperatur von 1 kg Wasser um 1° zu erhöhen. Würde bei einem beliebigen anderen Körper die Aufwendung der gleichen Wärmemenge den Erfolg haben, 2 kg dieses Körpers um 1° zu erwärmen, so entfiele auf jedes Kilogramm dieses Körpers nur die Hälfte einer Wärmeeinheit.

Ist also zur Erwärmung von 1 kg eines Körpers nur $\frac{1}{2}$ w erforderlich, so sagt man, die spezifische Wärme dieses Körpers ist 0,5. Unter spezifischer Wärme (welche mit c_x allgemein bezeichnet wird) versteht man also diejenige Wärmemenge, welche erforderlich ist, um die Temperatur von 1 kg des Körpers um 1° zu erhöhen.

Für das Produkt aus Gewicht und spezifischer Wärme hat man die Bezeichnung:

„Der Wasserwert des Körpers.“

Die spezifische Wärme ist im allgemeinen abhängig von der Temperatur des Körpers.

Eben deshalb hat man als Einheit jetzt die Wärmemenge bezeichnet, welche zur Erwärmung von 1 kg Wasser von 15 auf 16° erforderlich ist, und damit ist dann die spezifische Wärme des Wassers z. B. bei 0° (nach *Barnes*) $c = 1,0091$; bei 15° ist $c = 1,0000$; bei 100° ist $c = 1,0043$.

Nach *Dieterici* ist die mittlere spezifische Wärme des Wassers

$$c_m = 0,9983 - 0,005184 \,\frac{t}{100} + 0,006912 \left(\frac{t}{100}\right)^2$$

und zwar hiermit für $t = 20°;\ c_m = 1,0010$
$t = 60°;\ c_m = 0,9976$
$t = 100°;\ c_m = 1,0000$
$t = 200°;\ c_m = 1,0155$

Die spezifische Wärme des überhitzten Dampfes nahm man früher allgemein mit 0,475 an. Neuere Forschungen ergaben, daß sie je nach der Temperatur zwischen 0,471 bei 1 Atm und 200° und 0,865 bei 20 Atm und 211° schwankt.

In der angefügten Zahlentafel III ist deshalb die mittlere spezifische Wärme des überhitzten Wasserdampfes, in Zahlentafel V die einer Anzahl fester, tropfbar flüssiger und gasförmiger Körper angegeben.

Aus letzterer entnehmen wir, daß z. B. die spezifische Wärme des Eisens 0,1162 ist. Zur Erwärmung eines eisernen Körpers von 10 kg Gewicht, dessen Temperatur anfangs 10° beträgt und auf 20° erwärmt werden soll, sind $10 \cdot 0,1162 (20 - 10) = 11,62$ w notwendig. Hieraus ergibt sich die Formel für die zur Erwärmung eines Körpers von der Temperatur t_0 auf die Temperatur t_1 aufzuwendende Wärmemenge:

$$Q = G \cdot c (t_1 - t_0) \text{ in w} \tag{1}$$

worin c als unveränderlich angesehen werden kann, wenn die Erwärmung innerhalb mäßiger Grenzen erfolgt.

Kommt es bei den Messungen auf große Genauigkeit an und muß deshalb der Veränderlichkeit der spezifischen Wärme mit der Temperatur Rechnung getragen werden, so ist die aufzuwendende Wärmemenge aus

$$Q = G \int_{t_0}^{t_1} c \, d t \tag{2}$$

zu ermitteln, wobei die Abhängigkeit der spezifischen Wärme c von der Temperatur t durch eine Gleichung gegeben sein muß[1].

Diese Abhängigkeit wird in der Regel ausgedrückt durch

$$c = \alpha + \beta t + \gamma t^2 + \dots \tag{3}$$

und es ist dann

$$Q = G \left(\alpha (t_1 - t_0) + \frac{\beta}{2} (t_1^2 - t_0^2) + \frac{\gamma}{3} (t_1^3 - t_0^3) + \dots \right) \tag{4}$$

Aus obiger Gleichung (1)

$$Q = G. \, c (t_1 - t_0)$$

ersehen wir, daß die Wärmemenge, die ein Körper enthält, der Wärmeinhalt, von dem Temperaturniveau ebenso abhängt, wie von dem Wärmeaufnahmevermögen, das durch seine spezifische Wärme gekennzeichnet wird.

Je höher die Temperatur t_1 steigt, desto größer wird der Wärmeinhalt. Hierin besteht der Zusammenhang des Wärmeinhaltes mit der Temperatur. Die Temperaturmessungen geben gewissermaßen die Höhenlage an, auf der sich der Wärmeinhalt eines Körpers bewegt.

Für diese Höhenlage haben wir zwei Ausgangsniveaux. Das eine ist der Nullpunkt der hundertteiligen Temperaturskalen, oder der Schmelzpunkt des Eises bei dem Luftdrucke von 760 mm Quecksilbersäule. Das andere ist der „absolute Nullpunkt".

---

[1] Bei Gasen und Dämpfen ist noch der Unterschied zwischen spezifischer Wärme bei konstantem Drucke (c_p) und konstanten Volumen (c_v) zu machen. — Im folgenden kommt nur die spezifische Wärme bei konstantem Drucke in Frage, weshalb auf den Unterschied nicht näher eingegangen wird.

Derselbe liegt 273° der hundertteiligen Temperaturskala unter dem Schmelzpunkte des Eises.

Die vom absoluten Nullpunkte aus gemessenen Temperaturen heißen daher auch die absoluten Temperaturen, auf die später noch zurückzukommen ist, und deren sich die mechanische Wärmetheorie vornehmlich bedient.

Zu technischen Messungen wird das hundertteilige Thermometer mit seinem beim Schmelzpunkte des Eises liegenden Nullpunkt verwendet. Bei dem Übergang der Wärme von einem Körper zu einem anderen ist es nun von wesentlicher Bedeutung, auf welchem Temperaturniveau beide Körper liegen.

Ein Beispiel. Das aus einer Maschinenanlage austretende Kühlwasser habe eine Temperatur von 40°. Die stündlich abfließende Wassermenge betrage 2000 l; dann ist der Wärmeinhalt des Wassers, wenn hier $c=1$ gesetzt wird,

$$2000 \cdot 40 = 80\,000 \text{ w.}$$

Trotz dieser großen Wärmemenge ist es doch nicht möglich, dieselbe z. B. zur Beheizung einer Trockenkammer, die stündlich vielleicht nur die Hälfte der Wärmemenge benötigt, aber eine Temperatur von 45° haben soll, zu benutzen, weil das Temperaturniveau des Kühlwassers niedriger ist als das der Trockenluft.

Träte dagegen das Wasser mit 80° aus und würde durch Heizrohre geleitet, in denen es sich auf 50° abkühlt, so ständen

$$2000\,(80 - 50) = 60\,000 \text{ w}$$

zur Verfügung.

Zur Erwärmung von 1 cbm Luft um 1° sind etwa 0,31 w erforderlich, so können dann mit den 60 000 w

$$\frac{60\,000}{0,31\,(45-10)} = 5600 \text{ cbm}$$

Luft von 10 auf 45° stündlich erwärmt werden.

Das Beispiel zeigt deutlich, daß bei technischen Betrieben nicht immer jeder Wärmeinhalt nutzbar gemacht werden kann, sondern daß das Temperaturniveau für die Richtung des Wärmeüberganges entscheidend ist.

Wir finden damit den zweiten Hauptsatz der mechanischen Wärmetheorie gekennzeichnet, welchen *Clausius* folgendermaßen aussprach: „Es kann Wärme nicht von selbst aus einem kälteren Körper in einen wärmeren übergehen."

Soll dies erreicht werden, so ist der kältere Körper auf ein höheres Temperaturniveau zu bringen, ein Vorgang, den wir bei den Kompressions-Kühlmaschinen beobachten, wobei der Kälteträger, nachdem er sich im Verdampfer bei niedrigem Temperaturniveau mit Wärme beladen hat, durch Kompression auf ein über der Kühlwassertemperatur liegendes Temperaturniveau gebracht wird, damit ihm hier durch das Kühlwasser wieder die von ihm aufgenommene Wärme entzogen werden kann.

3. Temperatur von Mischungen.

Sind zwei oder mehrere Körper gegeben, welche verschiedene Temperaturen besitzen, aber auch ein inniges Mischen zulassen, so ergibt sich durch ihre Vereinigung eine Mischtemperatur, die abhängig ist von dem Gewichte, von der Einzeltemperatur, sowie von der spezifischen Wärme jedes der Körper.

Die *Richmannsche* Regel, nach der die Mischtemperatur bestimmt werden kann, lautet

$$t_m = \frac{c\,G\,t + c_1\,G_1\,t_1 + c_2\,G_2\,t_2 + \ldots}{c\,G + c_1\,G_1 + c_2\,G + \ldots} \tag{5}$$

allgemein

$$t_m = \frac{\Sigma\,c\,G\,t}{\Sigma\,c\,G} \tag{5a}$$

Die Formel ist ohne weiteres klar, wenn man bedenkt, daß der Wärmeinhalt jedes Körpers bestimmt ist durch

$$Q = Gc\,(t - t_0)$$

worin t_0 die Temperatur des Nullpunktes sein mag. Dann ist der Wärmeinhalt eines zweiten und dritten Körpers vom Gewichte G und der spezifischen Wärme c

$$Q_1 = G_1\,c_1\,(t_1 - t_0)$$
$$Q_2 = G_2\,c_2\,(t_2 - t_0)$$

Werden die Körper miteinander gemischt, so ergibt sich schließlich eine mittlere Temperatur t_m und das Gesamtresultat ist dasselbe, wie wenn alle Körper von t_0 auf diese mittlere Temperatur t_m von vornherein gebracht worden wären, wozu natürlich, entsprechend der Verschiedenheit der spezifischen Wärme c allerdings auch verschiedene Wärmemengen erforderlich wären.

Das Ergebnis ließe sich also schreiben:

$$(G_1\,c_1 + G_2\,c_2 + G_2\,c_3 + \ldots)\,(t_m - t_0)$$

Da der Wärmeinhalt durch die Temperatur t_1, t_2 usw. gekennzeichnet ist, sofern $t_0 = 0$ gesetzt wird, so folgt

$$G\,c\,t + G_1\,c_1\,t_1 + G_2\,c_2\,t_2 + \ldots = (G\,c + G\,c_1 + G\,c_2 + \ldots)\,t_m$$

Woraus sich die mittlere Temperatur ergibt zu

$$t_m = \frac{G\,c\,t + G_1\,c_1\,t_1 + G_2\,c_2\,t_2 + \ldots}{G\,c + G_1\,c_1 + G_2\,c_2}$$

Soll dagegen ein Körper vom Gewichte G mit der spezifischen Wärme c durch Beimischen eines zweiten Körpers G_1 und der spezifischen Wärme c_1 auf die Temperatur t_m gebracht werden, so ergibt sich aus obiger Gleichung die hierzu notwendige Gewichtsmenge

$$G_1 = \frac{c}{c_1}\,G\,\frac{t_m - t}{t_1 - t_m} \tag{6}$$

1. Beispiel. Es sollen 20 cbm Luft von 40° mit 10 cbm Kohlensäure von 15° bei Atmosphärendruck gemischt werden. Welches ist die Mischungstemperatur?

1 cbm Luft von 40° hat ein Gewicht von 1,128 kg.

Die spezifische Wärme der Luft bei konstantem Drucke ist $c_p = 0{,}237$.

1 cbm Kohlensäure von 15° wiegt 1,804 kg. Die spezifische Wärme der Kohlensäure bei konstantem Drucke ist $c_p = 0{,}21$.

Dann ist:

$$t_m = \frac{20 \cdot 1{,}128 \cdot 0{,}237 \cdot 40 + 10 \cdot 1{,}804 \cdot 0{,}21 \cdot 15}{20 \cdot 1{,}128 \cdot 0{,}237 + 10 \cdot 1{,}804 \cdot 0{,}21} = 29.63^0$$

Die mittlere Temperatur beträgt also 29,63°.

2. Beispiel. 100 kg (Liter) Wasser von 70° sind mit Wasser von 10° so zu mischen, daß die Mischungstemperatur 50° beträgt. Wieviel Kilogramm Wasser von 10° sind beizumischen?

$$G = 100; \quad c = 1; \quad t = 70°$$
$$c_1 = 1; \quad t_1 = 10°; \quad t = 50°.$$
$$G_1 = 100 \cdot \frac{50-70}{10-50} = 100 \cdot \frac{-20}{-40} = 100 \cdot 0.5 = 50 \text{ kg.}$$

Die zuzumischende Wassermenge beträgt 50 kg (Liter).

4. Ausdehnung der Körper durch die Wärme.

Auf der Eigenschaft der Wärme, Körper auszudehnen, ihr Volumen zu vergrößern, beruhen die meisten Apparate zur Messung der Temperaturen.

Vergleichen wir zwei Körper von demselben Materiale und von demselben Gewichte und gleicher Form, z. B. zwei runde Stäbe von gleichem Durchmesser, von denen sich der eine kalt und der andere warm anfühlt, so können wir die Beobachtung machen, daß sie, insofern sie nur unter demselben Drucke, z. B. dem der Atmosphäre, stehen, verschieden groß sind, d. h. also, verschiedene Volumina besitzen. Durch weitere Erwärmung oder Abkühlung des einen oder anderen Körpers, also durch Änderung der Temperatur allein, können wir dann eine weitere Vergrößerung oder Verminderung des Volumens vornehmen.

Ein starker, eiserner Ring wird z. B. auf eine eiserne Welle in rotglühendem Zustande aufgesteckt. Nach Erkalten des Ringes ist es nur unter Aufwendung erheblicher Anstrengung möglich, ihn von der Welle wieder zu entfernen, weil er sich zusammengezogen hat.

Da nun auch der auf einem Körper lastende, äußere Druck bestimmend auf die Größe seines Volumens einwirkt (z. B. bei Gasen deutlicher wahrnehmbar als bei festen oder flüssigen Körpern), so müssen wir daraus schließen, daß das Volumen von Druck und Temperatur abhängig ist. Der Druck wird gemessen in Kilogramm auf das Quadratmeter, das Volumen in Kubikmetern. Werden die Betrachtungen auf einen Teil des Volumens des Körpers beschränkt, so wählt man hierzu dasjenige Volumen, welches 1 kg wiegt und bezeichnet es als spezifisches Volumen v.

Es wird gemessen: Druck in kg/qm, bezeichnet mit P

            Volumen in cbm/kg, bezeichnet mit v

Der reziproke Wert des spezifischen Volumens ist das spezifische Gewicht, also das Gewicht eines Kubikmeters des betreffenden Körpers, welches allgemein mit γ bezeichnet wird.

Es geht daraus hervor, daß

$$v = \frac{1}{\gamma} \tag{7}$$

und

$$\gamma = \frac{1}{v} \tag{7a}$$

ist.

Da nun jeder Körper eine gewisse Temperatur besitzt, die mit t_0 bezeichnet sei, und die Vergrößerung des Volumens — konstanten äußeren Druck vorausgesetzt — abhängig ist von der Temperaturzunahme oder Temperaturerniedrigung, so können wir die Volumenveränderung der Temperaturänderung proportional setzen.

Es ist demnach:

$$\text{die Volumenveränderung: } v_1 - v_0$$
$$\text{die Temperaturänderung: } t_1 - t_0$$

und

$$\frac{v_1 - v_0}{t_1 - t_0} = \alpha$$

Dieser Wert α wird der Ausdehnungskoeffizient genannt und ist direkt die Ausdehnung der Volumen ei nh eit, wenn, stets konstanten Druck vorausgesetzt, die Temperaturänderung $1°$ beträgt.

$\alpha\, t$ ist die Volumenvergrößerung bei der Erwärmung von 0 auf $t°$.

Bezeichnet man das Volumen bei $0°$ mit v_0 und bei $t°_1$ mit v_1, so ist

$$v_1 = v_0\,(1 + \alpha\, t_1) \tag{8}$$

Die Ausdehnungskoeffizienten sind — ebenso wie die spezifische Wärme eines Körpers — von der Temperatur abhängig.

Man wählt als Mittelwerte diejenigen für die Temperatur bei $0°$.

Die Zahlentafel VI enthält die Ausdehnungskoeffizienten fester Körper, welche, da sie sich auf die Längenausdehnung beziehen, mit β bezeichnet sind, und zwar für eine Temperatur von $+ 20°$.

Außerdem enthält die Zahlentafel VI die Angaben zur Bestimmung der Länge l_t unter Berücksichtigung der Veränderlichkeit des Ausdehnungskoeffizienten mit der Temperatur. Die Berechnungsweise ist am Kopfe der Zahlentafel angegeben.

Der Ausdehnungskoeffizient einer Fläche ist dann $2\,\beta$, und für homogene, feste Körper ist die Raumausdehnung $3\,\beta$. Die Raumausdehnungskoeffizienten tropfbar-flüssiger und gasförmiger Körper werden mit α bezeichnet.

Zur Bestimmung der Längen, Flächen und des Rauminhaltes bei veränderter Temperatur ermittelt man zunächst das Maß bei $0°$ und danach dasjenige bei der in Betracht gezogenen Temperatur.

Beispiel. 1. Der Längenausdehnungskoeffizient von Eisen ist $\beta = 0{,}000011$. Ein Eisenstab von 5,0 m Länge und $t_1 = 20°$ Temperatur hat bei $t_2 = 100°$ welche Länge?

$$l_1 = 5{,}00 \text{ m}$$

$$l_2 = l_1\,\frac{1 + \beta\, t_2}{1 + \beta\, t_1} \tag{8a}$$

$$l_2 = 5{,}00\,\frac{1 + 0{,}000011 \cdot 100}{1 + 0{,}000011 \cdot 20} = 5{,}00445 \text{ m}$$

Die Ausdehnung beträgt also 4,45 mm oder 0,89 mm für 1 m.

2. Der Ausdehnungskoeffizient der Luft ist $\alpha = 0{,}003663$. 10 cbm Luft von $20°$ nehmen bei Erwärmung auf $50°$ welchen Rauminhalt ein?

$$V_2 = V_1 \frac{1 + \alpha\, t_2}{1 + \alpha\, t_1}$$

$$V_2 = 10 \cdot \frac{1 + 0,003663 \cdot 50}{1 + 0,003663 \cdot 20} = 10 \cdot 1,1023 = 11,023 \text{ cbm}$$

Wie aus den Beispielen hervorgeht, wird die gegebene Länge bzw. das gegebene Volumen durch Division mit $1 + \beta t_1$ bzw. $1 + \alpha t_1$ von der Temperatur, welche der Körper besitzt, auf das Maß bei $0°$ reduziert, danach durch Multiplikation mit $1 + \beta t_2$ bzw. $1 + \alpha t_2$ die gesuchte Länge bzw. das gesuchte Volumen bei der Temperatur t_2 gefunden.

5. Absolute Temperatur:

Gay-Lussac hat zuerst gefunden, daß der Ausdehnungskoeffizient für alle früher als permanente Gase bezeichneten Körper, sowie auch für Luft bei konstantem Drucke in weiten Temperaturgrenzen derselbe ist, nämlich

$$\alpha = \frac{1}{273} = 0,003663 \tag{9}$$

Aus dem Vorhergesagten geht hervor, daß

$$\frac{v_1}{v_2} = \frac{1 + \alpha\, t_1}{1 + \alpha\, t_2} \text{ ist,} \quad \text{oder } \frac{v_1}{v_2} = \frac{1 + \frac{1}{273} t_1}{1 + \frac{1}{273} t_2}$$

was man auch schreiben kann

$$\frac{v_1}{v_2} = \frac{\dfrac{273 + t_1}{273}}{\dfrac{273 + t_2}{273}} = \frac{273 + t_1}{273 + t_2} \tag{10}$$

Den Ausdruck $(273 + t)$ nennt man „absolute Temperatur". Da sich nämlich das Volumen eines Gases bei Abkühlung um $1°$ um den 273sten Teil zusammenzieht, so müßte das Volumen bei Abkühlung um $273°$ unter Null auf ein Nichts zurückgehen.

Die Gleichung (8) $v_1 = v_0 (1 + \alpha t_1)$ gibt das Volumen v_1 an, welches das Volumen v_0 bei der Temperaturerhöhung oder bei der Temperaturerniedrigung um $t_1°$ annimmt. Ist v_0 das Volumen bei $0°$, und setzt man nach obiger Voraussetzung $v_1 = 0$, so ergibt sich die Temperatur t, bei welcher $v_1 = 0$ wird, aus

$$0 = v_0 \left(1 + \frac{1}{273} t\right)$$

oder

$$0 = v_0 + \frac{v_0}{273} t$$

oder

$$- v_0 = \frac{v_0}{273} t$$

$$- \frac{v_0}{v_0} = \frac{1}{273} t$$

$$- 1 = \frac{1}{273} t$$

$$- 273 = t \tag{11}$$

d. h. die Temperatur, bei welcher das Volumen $v_1 = 0$ ist, liegt 273° unter dem Gefrierpunkte, weshalb man diese Temperatur von —273° als den Ausgangspunkt für die absolute Temperaturskala annimmt.

Für die Bezeichnung der absoluten Temperaturen wird der Buchstabe T angewandt.

Aus:

$$\frac{v_1}{v_2} = \frac{273 + t_1}{273 + t_2} = \frac{T_1}{T_2} \tag{12}$$

geht hervor, daß sich die Volumina verhalten wie die absoluten Temperaturen; konstanten Druck vorausgesetzt. Konstanter Druck ist z. B. bei Lüftungsanlagen anzunehmen, wo die Luft unter dem Drucke der äußeren Atmosphäre steht.

Eine weitere, sehr wichtige Gleichung ergibt sich noch unter Anwendung der absoluten Temperatur; dieselbe lautet

$$P \cdot v = RT \tag{13}$$

und besagt:

Das Produkt aus Druck und Volumen ist gleich der zugehörigen absoluten Temperatur, multipliziert mit einer Konstanten R.

Diese sog. „Gaskonstante" R ist für die einzelnen Gase verschieden. Die Gleichung 13 hat auch nur Gültigkeit für die „vollkommenen" Gase. Für Luft ist $R = 29{,}26$; für Sauerstoff $R = 26{,}5$; für Kohlensäure $R = 19{,}25$ und für überhitzten Wasserdampf $R = 47{,}1$.

Beispiel. Es ist das spez. Volumen und das spez. Gewicht der Luft von 50° bei 760 mm Barometerstand zu ermitteln.

Für trockene Luft ist $R = 29{,}26$.

Die absolute Temperatur ist $T = 273 + 50 = 323°$.

Der spez. Druck ist $= 760 \cdot 13{,}596^1 = 10\,333$ kg/qm.

Hieraus ergibt sich das spez. Volumen

$$v = \frac{RT}{P} = \frac{29{,}26 \cdot 323}{10333} = 0{,}9146 \text{ cbm/kg}$$

Das spez. Gewicht $\gamma = \dfrac{1}{0{,}9146} = 1{,}0933$ kg/cbm .

6. Wärmedurchgang.

Hatten wir zuvor den unmittelbaren Wärmeübergang von einem Körper zum andern behandelt, unter Annahme, daß beide Körper ein Mischungsverhältnis eingehen, woraus dann mit Hilfe der in jedem Körper enthaltenen Wärmemenge die Mischungstemperatur sich berechnen ließ, so ist nun der Wärmeübergang von einem Körper zum andern durch eine Trennungswand zu behandeln, der als Wärmedurchgang zu bezeichnen ist.

Der Wärmeübergang von einem Körper an einen zweiten durch eine Wand, welche die beiden Wärme austauschenden Körper trennt, wobei noch

---

[1] 13,596 ist das spez. Gewicht des Quecksilbers.

die Voraussetzung zu machen ist, daß die Körper verschiedene Temperaturen besitzen, erfolgt in der Weise, daß zunächst der eine Körper die Wärme an die Wand abgibt, die Wand die Wärme in sich weiterleitet und dann ein Wärmeübergang von der Wand an den zweiten Körper stattfindet. Wie auch bei der Fortleitung der Elektrizität an jedem Kontakte ein Widerstand zu beobachten ist, so findet man bei dem Übergange der Wärme von dem ersten Körper an die Wand einen Widerstand, der auf die Bewegung der Wärme von Einfluß ist.

Um ein Maß für diesen Widerstand zu erhalten, ist es notwendig, diejenige Wärmemenge zu bestimmen, welche stündlich bei 1° Temperaturunterschied auf die Flächeneinheit, 1 qm, von dem Wärme abgebenden Körper auf die Wandfläche übertragen wird. (Siehe Fig. 1.)

Die sich hieraus ergebende Zahl wird der Wärme-Übergangskoeffizient oder Wärme-Eintrittskoeffizient genannt und mit a_1 bezeichnet.

Auf der anderen Seite der Wand haben wir eine ganz ähnliche Erscheinung. Es ist deshalb hier zu bestimmen, wie groß die Wärmemenge ist, welche bei 1° Temperaturunterschied von 1 qm der Wandfläche an den Wärme aufnehmenden Körper abgegeben wird. Die alsdann ermittelte Zahl ist der Wärme-Austrittskoeffizient, der mit a_2 bezeichnet wird.

Nun fehlt nur noch der Wert für die Bewegung der Wärme innerhalb der Wand. Da hier die Wärme von einem Elemente der Wand zum anderen geleitet wird, so wird diese Zahl der Wärmeleitungskoeffizient λ genannt[1].

Derselbe gibt die Wärmemenge an, welche in 1 Stunde durch eine homogene Platte von 1,0 qm Fläche und 1,0 m Dicke bei 1° Temperaturunterschied der auf beiden Seiten die Wand begrenzenden Flächen hindurchgeht.

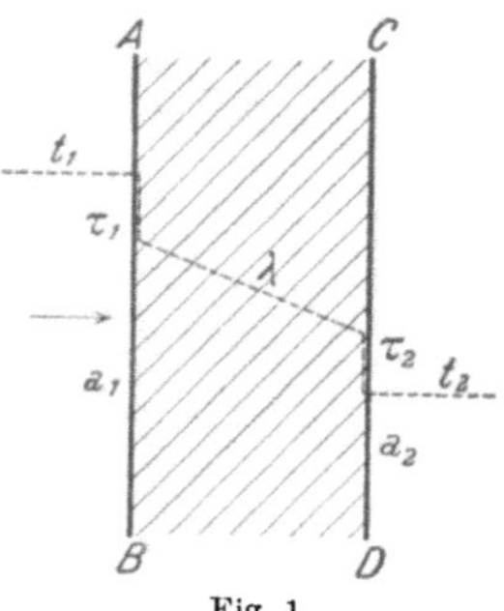

Fig. 1.

Man kann sich nun den Wärmedurchgang durch eine Wand durch die nebenstehende Skizze (Fig. 1) veranschaulichen.

Zu beiden Seiten der Wand möge sich Luft von der Temperatur t_1 und t_2 befinden, wobei $t_1 > t_2$ ist, so daß, nach dem vorher Gesagten, der Wärmestrom seine Richtung von der Fläche AB nach der Fläche CD nimmt.

Die Skizze Fig. 1 veranschaulicht den Temperaturabfall, welcher den mit a_1 als Wärmeübergangskoeffizient bezeichneten Widerstand zeigt. Ferner ist der Temperaturabfall dargestellt, der sich nach dem Wärmeleitvermögen λ der Wand richtet, und schließlich haben wir wieder einen Temperatursprung in der Fläche CD bei dem Wärmeübergange nach der Außenluft, welcher dem Wärmeübergangskoeffizienten a_2 entspricht.

Betrachten wir zunächst eine Wand von beliebiger Form (Fig 2), auf deren einer Seite der Wärme abgebende Körper (etwa Luft) mit der kon-

---

[1] Statt Koeffizient wird neuerdings gern das Wort „Zahl" gebraucht, also: Übergangszahl, Wärmeleitungszahl usw.

stanten Temperatur t_1 sich befindet, und in deren Innenfläche die Temperatur τ_1, in deren Außenfläche die Temperatur τ_2 herrscht und welche außen von dem Wärme aufnehmenden Körper mit der konstanten Temperatur t_2 berührt wird.

Dann ist nach der Definition der Koeffizienten a_1 und a_2 die Wärmemenge, welche stündlich in die Wand eintritt:

$$Q = a_1 F_1 \,(t_1 - \tau_1) \tag{14}$$

und ebenso, da stationäre Strömung vorausgesetzt wird, die austretende Wärmemenge

$$Q = a_2 F_2 \,(\tau_2 - t_2) \tag{14a}$$

Da Beharrungszustand, d. h. also stationäre Wärmeströmung die Grundlage unsrer Betrachtungen bildet, so muß die austretende Wärmemenge der eintretenden gleich sein.

Die Temperaturen τ_1 und τ_2 in den Flächen sind uns indessen nicht bekannt, sondern nur die Temperaturen t_1 und t_2, weshalb wir die unbekannten Werte τ_1 und τ_2 durch bekannte ausdrücken müssen. Aus

$$Q = a_1 F_1 \,(t_1 - \tau_1)$$

ist

$$\tau_1 = t_1 - \frac{Q_1}{a_1 F} \tag{15}$$

und aus

$$Q = a_2 F_2 \,(\tau_2 - t_2)$$

ist

$$\tau_2 = t_2 + \frac{Q}{a_2 F_2} \tag{15a}$$

Wenn wir nun eine den Außenflächen AB und CD parallele Schicht der Wand von der Dicke dx (Fig. 2) betrachten, so sind die Flächentemperaturen offenbar um $d\vartheta$ voneinander verschieden; $(\vartheta_1 - \vartheta_2) = d\vartheta$. Bezeichnen wir die Fläche der Schicht mit f, so wäre der Wärmedurchgang durch die Schicht, da hier nur der Wärmeleitungskoeffizient in Betracht kommt,

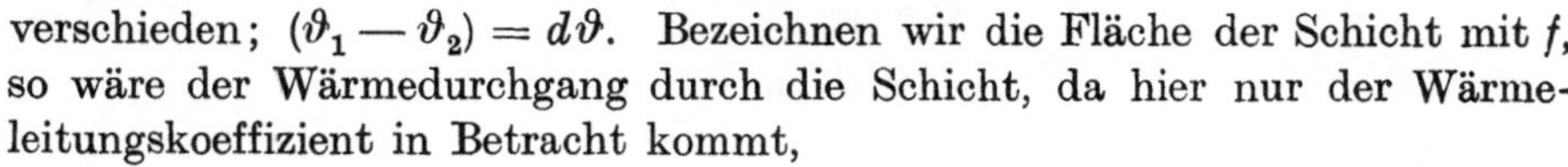

Fig. 2.

$$Q = f\lambda \,(\vartheta_1 - \vartheta_2) \tag{16}$$

wenn die Schicht 1,0 m dick ist.

Bei der Dicke dx ist

$$Q = f \frac{\lambda}{dx} d\vartheta$$

oder

$$d\vartheta = \frac{Q}{\lambda} \frac{dx}{f} \tag{16a}$$

Nimmt die Schicht die Dicke e der Wand ein, so gehen die Schichttemperaturen in die Flächentemperaturen τ_1 und τ_2 über.

Für diese hatten wir aber in 15 und 15a die Werte $\tau_1 = t_1 - \dfrac{Q}{a_1 F_1}$ und $\tau_2 = t_2 + \dfrac{Q}{a_2 F_2}$ ermittelt, sodaß mit $\vartheta_1 = \tau_1$ und $\vartheta_2 = \tau_2$

$$\tau_1 - \tau_2 = \frac{Q}{\lambda} \int_0^e \frac{dx}{f}$$

oder mit Gleichung 15 und 15a

$$t_1 - \frac{Q}{a_1 F_1} - t_2 - \frac{Q}{a_2 F_2} = \frac{Q}{\lambda} \int_0^e \frac{dx}{f}$$

$$t_1 - t_2 - \frac{Q}{a_1 F_1} - \frac{Q}{a_2 F_2} = \frac{Q}{\lambda} \int_0^e \frac{dx}{f}.$$

Beide Seiten der Gleichung durch Q dividiert:

$$\frac{t_1 - t_2}{Q} - \frac{1}{a_1 F_1} - \frac{1}{a_2 F_2} = \frac{1}{\lambda} \int_0^e \frac{dx}{f}.$$

Hieraus folgt nun

$$\frac{Q}{t_1 - t_2} = \frac{1}{\dfrac{1}{a_1 F_1} + \dfrac{1}{a_2 F_2} + \dfrac{1}{\lambda} \displaystyle\int_0^e \frac{dx}{f}}$$

$$Q = \frac{t_1 - t_2}{\dfrac{1}{a_1 F_1} + \dfrac{1}{a_2 F_2} + \dfrac{1}{\lambda} \displaystyle\int_0^e \frac{dx}{f}} \tag{17}$$

Handelt es sich um den Wärmedurchgang durch eine ebene Wand von der Dicke e, so ist $f = F_1 = F_2$ und $dx = e$ und der letzte Ausdruck (17) kann dann geschrieben werden:

$$Q = \frac{F (t_1 - t_2)}{\dfrac{1}{a_1} + \dfrac{1}{a_2} + \dfrac{e}{\lambda}} \tag{18}$$

Den Nenner faßt man zusammen in

$$\frac{1}{a_1} + \frac{1}{a_2} + \frac{e}{\lambda} = \frac{1}{k}$$

woraus

$$k = \frac{1}{\dfrac{1}{a_1} + \dfrac{1}{a_2} + \dfrac{e}{\lambda}} \tag{19}$$

den Wärmedurchgangskoeffizienten ergibt.

Mit diesem ist somit der Wärmedurchgang durch die betrachtete ebene Wand mit parallelen Außenflächen

$$Q = k F (t_1 - t_2). \tag{20}$$

Ist eine Wand aus verschiedenen Stoffen zusammengesetzt, so kann die Annahme gemacht werden, daß die Temperaturen der aneinanderliegenden

Flächen gleich sind. Je nach Zahl der Schichten und dem Wärmeleitvermögen derselben ist dann der Wärmedurchgangskoeffizient

$$k = \frac{1}{\dfrac{1}{a_1} + \dfrac{1}{a_2} + \dfrac{e_1}{\lambda_1} + \dfrac{e_2}{\lambda_2} + \dfrac{e_3}{\lambda_3} + \cdots} \tag{21}$$

Bei zylindrischen Körpern von nicht zu vernachlässigender Wandstärke kann nun nicht $F_1 = F_2$ gesetzt werden, wie bei ebenen Wänden mit parallelen Flächen, da der Unterschied der Innen- und Außenfläche vom Durchmesser der Krümmungen abhängt. (Siehe Fig. 3.)

Setzen wir die Temperaturen t_1 größer als die Außentemperatur t_2

$$t_1 > t_2$$

und r_i sei der innere, r_a der äußere Radius des zylindrischen Körpers, dann ist bei einer Länge $l = 1$

$$F_i = 2\,\pi\,r_i \text{ und } F_a = 2\,\pi\,r_a$$

Die Differenz der Temperaturen ϑ_1 und ϑ_2 ist abhängig von der Zunahme der Stärke der Schicht dx, wie oben; statt dx kann man aber auch die Abhängigkeit vom Radius, also dr einsetzen,

$$dx = dr$$

somit folgt aus (16a) $d\vartheta = \dfrac{Q}{\lambda}\dfrac{dr}{f}$ auch mit $f = 2\,\pi\,r$

$$d\vartheta = \frac{Q}{\lambda}\frac{dr}{2\,r\,\pi}$$

bzw. bei Übergang von dr bis zu den Grenzen, welche durch r_i und r_a gegeben sind, wobei die Temperaturen ϑ_1 und ϑ_2 in τ_1 und τ_2 übergehen,

$$\tau_1 - \tau_2 = \frac{Q}{\lambda\,2\,\pi} \int_{r_i}^{r_a} \frac{dr}{r}$$

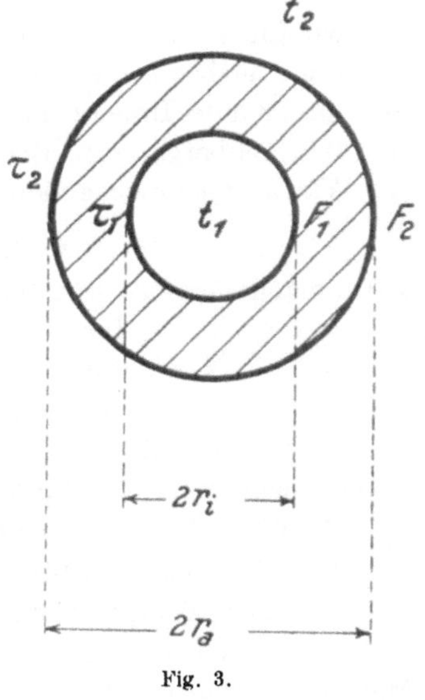

Fig. 3.

oder für τ_1 und τ_2 die oben gefundenen Werte nach den Gleichungen 15 und 15^a

$$t_1 - \frac{Q}{a_1\,F_i} \text{ und } t_2 + \frac{Q}{a_2\,F_a}$$

eingesetzt, ergibt, nach einigen Umformungen

$$\frac{Q}{t_1 - t_2} = \frac{1}{\dfrac{1}{a_1\,2\,\pi\,r_i} + \dfrac{1}{a_2\,2\,\pi\,r_a} + \dfrac{1}{2\,\pi\,\lambda} \displaystyle\int_{r_i}^{r_a} \frac{dr}{r}};$$

so daß also für den Wärmedurchgang einer zylindrischen Wand von der Stärke $r_a - r_i$ unter Einsetzung von d_a und d_i für $2\,r_a$ und $2\,r_i$ geschrieben werden kann:

2*

$$Q = \frac{\pi\,(t_1 - t_2)}{\dfrac{1}{a_1\,d_i} + \dfrac{1}{a_2\,d_a} + \dfrac{1}{2\,\lambda}\ \lg\ \mathrm{nat}\ \dfrac{d_a}{d_i}} \tag{22}$$

Besteht die Wand aus mehreren Schichten, wie z. B. bei Rohrisolierungen, so ist für jede Schicht der Wärmeleitkoeffizient λ und dementsprechend auch der letzte Ausdruck im Nenner besonders einzuführen, analog dem für eine ebene Wand gefundenen Ausdrucke, und zwar ist dann

$$Q = \frac{\pi\,(t_1 - t_2)}{\dfrac{1}{a_1\,d_i} + \dfrac{1}{a_2\,d_a} + \dfrac{1}{2\,\lambda_1}\ \lg\ \mathrm{nat}\ \dfrac{d_1}{d_i} + \dfrac{1}{2\,\lambda_2}\ \lg\ \mathrm{nat}\ \dfrac{d_2}{d_1} + \cdots} \tag{23}$$

Während nun die Werte von λ für die verschiedensten Stoffe der hierfür im Anhange enthaltenen Zahlentafel VIII entnommen werden können, sind die Werte der Wärmeübergangskoeffizienten a_1 und a_2 noch näher zu bestimmen.

In Ermanglung einer genauen, allgemein gültigen Bestimmungsmethode sind wir für gemauerte Wände immer noch auf die Angaben von Peclet angewiesen, nach welchen für eine Außenwand oder eine einer solchen gleich zu behandelnde Innenwand bei dem Wärmedurchgange von Luft an Luft der Wärmeübergangskoeffizient, bis zu Temperaturunterschieden von $60°$ der Wärme austauschenden Luftschichten, ermittelt werden kann:

$$a = l + s + (0{,}0075\,l + 0{,}0056\,s)\,(t - \tau) \tag{24}$$

worin nach Grashof und Valerius

      $l = 4$ für ruhige Luft in geschlossenem Raume

      $l = 5$ für ruhige Luft im Freien

      $l = 6$ für bewegte Luft zu setzen ist, und

s den Wärmestrahlungskoeffizienten, $(t - \tau)$ bzw. $(\tau - t)$ die Temperaturunterschiede zwischen Luft und Wandflächen bezeichnen.

Die Werte für s sind der Zahlentafel (VII) zu entnehmen, welche die Wärmestrahlungskoeffizienten für einige gebräuchliche Körper enthält.

Für den Temperaturunterschied $(t - \tau)$ bzw. $(\tau - t)$ besitzen wir bis heute nur wenige Angaben, die für die Praxis Verwendung finden können. Man ist deshalb auf Schätzungen angewiesen. Rietschel[1] schlägt folgende Werte für die Temperaturdifferenz in Abhängigkeit von der Wandstärke und unter Annahme eines Temperaturunterschiedes von $40°$ zwischen innen und außen vor.

Für Backsteinmauerwerk:	$^1/_2$ Stein	12 cm stark	. . .	$8°$
	1 ,,	25 ,,	,, . . .	$7°$
	$1^1/_2$,,	38 ,,	,, . . .	$6°$
	2 ,,	51 ,,	,, . . .	$5°$
	$2^1/_2$,,	54 ,,	,, . . .	$4°$
	3 ,,	77 ,,	,, . . .	$3°$
	$3^1/_2$,,	90 ,,	,, . . .	$2°$
Glasfenster (einfaches)				$20°$
,, (doppeltes)				$10°$

---

[1] *Rietschel*, Leitfaden zum Berechnen und Entwerfen von Lüftungs- und Heizungsanlagen. Berlin, Jul. Springer, 5. Aufl. 1613.

Holztür (Außentür) . . . . 2°
Decken (mit Füllung) . . . . 1°
Innenwände . . . . 0°

Beispiel. Für eine Außenwand aus Backstein von 2 Stein Stärke (51 cm) ist hiernach $(\tau - t) = 5$ anzunehmen. Der Strahlungskoeffizient s ist hier 3,6 und $l = 6$. Daraus ergibt sich für die Außenseite

$$a_2 = l + s + (0{,}0075 \cdot l + 0{,}0056 \cdot s)\,(\tau - t)$$
$$a_2 = 6 + 3{,}6 + (0{,}0075 \cdot 6 + 0{,}0056 \cdot 3{,}6) \cdot 5 = 9{,}93.$$

Ist die Innenseite der Mauer mit Tapete überzogen, so kommt für s der Wert 3,8 und für l der Wert 4 in Ansatz, womit dann der Wärmeübergangskoeffizient $a_1 = 8{,}10$ wird; $(t - \tau)$ ist hier ebenfalls $= 5$ zu setzen.

Die Berechnung der Wärmedurchgangszahlen unterliegt immer noch großen Unsicherheiten. In neuester Zeit werden hierüber Versuche in den Laboratorien verschiedener technischer Hochschulen angestellt, die indessen noch keinen Abschluß gefunden haben. Bis zur endgültigen Ermittlung genauer Werte sind die Wärmedurchgangszahlen, wie sie von *Rietschel* zusammengestellt wurden, maßgebend für die Praxis.

In Zahlentafel (IX) sind dieselben für Baumaterialien wiedergegeben. (Vgl. auch Isolierungen für Rohrleitungen.)

Die Berechnung eines Wärmedurchgangskoeffizienten ist nun in folgender Weise vorzunehmen:

Beispiel. Backsteinmauer von 51 cm (2 Stein) Stärke, außen nicht verputzt, innen 1 cm Putz und Tapete ($\frac{1}{10}$ mm stark angenommen. (Nach *Rietschel* berechnet.)

Außen: $l = 6$; $s = 3{,}6$; $\lambda = 0{,}69$
Innen: $l = 4$; $s = 3{,}8$; $\lambda = 0{,}034$ (für Papier).
Außen: $a_1 = 9{,}93$ (wie oben schon berechnet).
Innen: $a_2 = 8{,}10$.

Es ist dann nach Gleichung 19) und 21)

$$\frac{1}{k} = \frac{1}{a_1} + \frac{1}{a_2} + \frac{e_1}{\lambda_1} + \frac{e_2}{\lambda_2}$$

(für Putz und Mauerwerk ist derselbe Wärmeleitungskoeffizient $\lambda = 0{,}69$ angenommen). Mit den entsprechenden Zahlen ist

$$\frac{1}{k} = \frac{1}{9{,}93} + \frac{1}{8{,}10} + \frac{0{,}51 + 0{,}01}{0{,}69} + \frac{0{,}0001}{0{,}34}$$
$$\frac{1}{k} = 0{,}98$$

woraus $k = 1{,}02$ sich ergibt.

Neuere Versuche haben den Wert für Backsteinmauerwerk $\lambda = 0{,}35$ bis 0,38 ergeben. (Vergl. *Gröber*, Zeitschr. d. Ver. deutsch. Ing. 1908, S. 1006.) Setzt man diesen Wert ein, so ist

$$\frac{1}{k} = \frac{1}{9{,}93} + \frac{1}{8{,}10} + \frac{0{,}51 + 0{,}01}{0{,}38} + \frac{0{,}001}{0{,}034} = 1{,}597$$
$$k = 0{,}626.$$

Der Unterschied beträgt etwa 40% und ist recht erheblich. Solange nicht durch anderweitige wissenschaftlich durchgeführte Versuche die Verwendbarkeit der neueren Angaben im Zusammenhange mit den Strahlungskoeffizienten und unter Berücksichtigung der Witterungseinflüsse klargelegt ist, empfiehlt es sich, die bisher verwendeten Wärmedurchgangskoeffizienten nach der Zahlentafel (IX) beizubehalten.

Eine vereinfachte Berechnung des Wärmedurchgangskoeffizienten gibt *Recknagel* an (vgl. *Recknagel*, Kalender für Gesundheits-Techniker 1913; Verlag von *R. Oldenbourg* in München). Hiernach ist

$$\frac{1}{k} = \frac{1}{h_1} + \frac{1}{h_2} + \frac{e}{\lambda_1} + \frac{e}{\lambda_2} + \cdots$$

Mit h bezeichnet *Recknagel* den „äußeren Gesamt-Leitungskoeffizient" für Mauerwerk, welcher die Strahlung zugleich berücksichtigt. Nach Versuchen von *Recknagel* ist bei einer Luftgeschwindigkeit w in m/sec im Abstande von ca. 0,30 m von der Wandfläche bei

$$
\begin{array}{lcccc}
w = & 0 & 1 & 4,5 & 5,5 \text{ m/sec} \\
h = & 6 & 20 & 30 & 36
\end{array}
$$

zu setzen.

Bei Verwendung dieser Werte und $\lambda = 0,69$ für Mauerwerk ergibt sich für obiges Beispiel, wenn $h_1 = 6$ für die Innenfläche der Wand, also $w = 0$, und $h_2 = 36$, also $w = 5,5$ für die Außenfläche gesetzt wird

$$\frac{1}{k} = \frac{1}{6} + \frac{1}{36} + \frac{0,51 + 0,01}{0,69} = 0,948$$
$$k = 1,055 \text{ (statt 1,02 wie oben)}$$

Bei einer 90 cm starken Wand wird nach *Recknagel*

$$\frac{1}{k} = \frac{1}{6} + \frac{1}{36} + \frac{0,90}{0,69} = 1,499 \text{ und } k = 0,667, \text{ wogegen } \textit{Rietschel } k = 0,70 \text{ angibt.}$$

Beispiel 2. Eine 1 Stein starke Wand (24 cm) ist außen mit 2 cm Putz, innen mit 10 cm starker Korkplatte und darüber mit 1 cm starkem Putz versehen. Der Wärmeleitungskoeffizient λ für Kork ist mit etwa 0,06 einzusetzen. (Siehe Zahlentafel VIII.)
Es ist:

$$a_1 = 6 + 3,6 + (0,0075 \cdot 6 + 0,0056 \cdot 3,6) \cdot 6 = 9,99$$
$$a_2 = 4 + 3,6 + (0,0075 \cdot 4 + 0,0056 \cdot 3,6) \cdot 6 = 7,90$$

$$\frac{1}{k} = \frac{1}{9,99} + \frac{1}{7,9} + \frac{0,24 + 0,02}{0,69} + \frac{0,10}{0,06} + \frac{0,01}{0,69} = 3,285$$
$$k = 0,304.$$

Eine etwa ebenso starke Wand nur aus Mauerwerk hergestellt hat einen Wärmedurchgangskoeffizienten $k = 1,311$. Man ersieht hieraus, welchen großen Einfluß die — allerdings 10 cm stark gewählte — Korkplatte hat.

Wie groß die isolierende Wirkung einer Luftschicht im Mauerwerke ist, geht aus den Angaben in Zahlentafel (IX) hervor.

Bei z. B. 50 cm Mauerwerk und etwa 5 cm Luftschicht ist $k = 0,9$, während bei einer Mauer von 51 cm $k = 1,1$ ist.

Je enger die Luftschicht ist, so zwar, daß die Luft in dem Zwischenraume nur wenig sich bewegt, desto besser ist die Isolierwirkung.

In der praktischen Ausführung ist indessen der Wärmeschutz der Luftschicht in einer Mauer nur von geringem Werte, da die Mauerwerksfugen meist sehr luftdurchlässig hergestellt werden. — Es sollte der Zwischenraum mit geeignetem Isoliermateriale, Torfmull oder Kieselgur, ausgefüllt werden.

a) Wärmedurchgang bei tropfbaren und dampfförmigen Flüssigkeiten.

Von besonderem Interesse ist der Wärmedurchgang bei beiderseits der Trennungswand tropfbaren Flüssigkeiten bzw. einerseits tropfbarer, andererseits dampf- oder gasförmiger Flüssigkeit.

Hierbei ist nun auf die Bewegungsrichtung der beiden Flüssigkeiten zu achten. — Es kann der Fall eintreten, daß sich beide Flüssigkeiten in entgegengesetzter Richtung zueinander bewegen, man spricht dann von „Wärmeübergang im Gegenstrom", und daß beide Flüssigkeiten in gleicher Richtung zu beiden Seiten der Trennungswand strömen, dann ist „Parallelstrom" vorhanden.

Auch der Fall, daß eine Flüssigkeit sich nur wenig bewegt, sich also fast in Ruhe befindet, während die andere in Bewegung bleibt, tritt ein und man nennt dann den Wärmeaustausch „Wärmeübergang im Einstrom".

Für alle drei Fälle gilt eine Überschlagsgleichung, welche sich auf den einfachen Wärmeübergang bei stets gleichbleibender Temperatur der Wärme austauschenden Flüssigkeiten stützt.

Bei strömender Bewegung ist die Temperatur der Flüssigkeiten nicht mehr die gleiche. Während die Wärme abgebende Flüssigkeit eine Abnahme der Temperatur aufweist, zeigt die andere eine Temperaturzunahme, sofern nicht eine oder die andere durch ständige Wärmeentziehung (wie z. B. die Dampfentnahme bei einem Dampfkessel als solche zu betrachten ist) oder ständige Wärmezufuhr (wie bei einem unter gleichbleibendem Drucke stehenden Dampfbehälter) konstant gehalten wird.

Man kann nun, wenn die Temperaturunterschiede nicht bedeutend sind, die mittlere Temperatur zwischen Anfangs- und Endtemperatur einsetzen. Aus der Gleichung für den Wärmedurchgang im Beharrungszustande bei gleichbleibenden Temperaturen (s. Gl. 20):

$$Q = Fk\,(t_1 - t_2)$$

ist dann zu setzen

$$Q = F\,k\left(\frac{t_1 + t_1'}{2} - \frac{t_2 + t_2'}{2}\right). \tag{25}$$

worin t_1' und t_2' die von den Anfangstemperaturen t_1 und t_2 abweichenden Temperaturen bezeichnen.

Die Gleichung (25) ist nur angenähert richtig, da sie die allmählich fortschreitende Erwärmung bzw. Abkühlung der Flüssigkeiten nicht berücksichtigt.

Hierfür gelten vielmehr folgende Gleichungen, deren Entwicklung in jedem guten Lehrbuche zu finden ist und deshalb hier übergangen werden kann.

Es bezeichnen:

Q die stündlich übergehende Wärmemenge,

k den Wärmedurchgangskoeffizient,

t_1 u. t_1' die Anfangs- und Endtemperatur der Wärme abgebenden,

t_2 u. t_2' die Anfangs- und Endtemperatur der Wärme aufnehmenden Flüssigkeit,

F ist die Fläche in qm, welche den Wärmeaustausch vermittelt.

Für Gegenstrom ist (siehe Fig. 4):

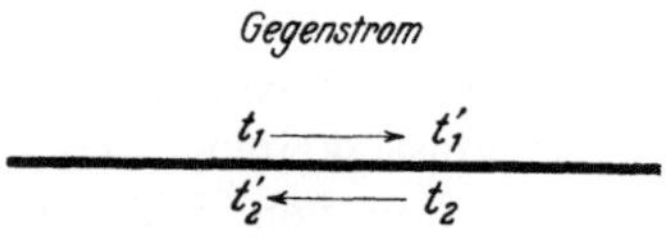

Gegenstrom

$t_1 \longrightarrow t_1'$

$t_2' \longleftarrow t_2$

Fig. 4.

$$Q = \frac{F\,k\,(t_1 - t_2') - (t_1' - t_2)}{\log \operatorname{nat} \dfrac{t_1 - t_2'}{t_1' - t_2}}. \tag{26}$$

Für Parallelstrom ist (Fig. 5):

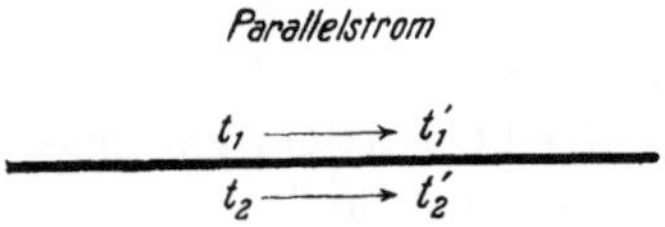

Parallelstrom

$t_1 \longrightarrow t_1'$

$t_2 \longrightarrow t_2'$

Fig. 5.

$$Q = \frac{(t_1 - t_2) - (t_1' - t_2')}{\log \operatorname{nat} \dfrac{t_1 - t_2}{t_1' - t_2'}}. \tag{27}$$

Bei **Einstrom** bleibt die Temperatur der einen Flüssigkeit konstant (Fig. 6); dann ist zu unterscheiden:

a) die Wärme abgebende Flüssigkeit hat die konstante Temperatur t_1;

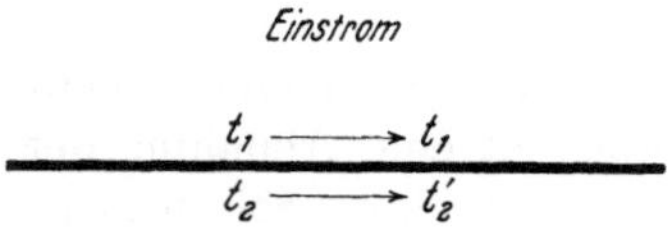

Einstrom

$t_1 \longrightarrow t_1$

$t_2 \longrightarrow t_2'$

Fig. 6.

$$Q = F\,k\,\frac{(t_1 - t_2) - (t_1 - t_2')}{\log \operatorname{nat} \dfrac{t_1 - t_2}{t_1 - t_2'}}. \tag{28a}$$

$$Q = F\,k\,\frac{t_1 - t_2 - t_1 + t_2'}{\log \operatorname{nat} \dfrac{t_1 - t_2}{t_1 - t_2'}} = F\,k\,\frac{t_2' - t_2}{\log \operatorname{nat} \dfrac{t_1 - t_2}{t_1 - t_2'}}. \tag{28}$$

b) Die Wärme aufnehmende Flüssigkeit hat konstante Temperatur

$$Q = F\,k\,\frac{(t_1 - t_2) - (t_1' - t_2)}{\log \operatorname{nat} \dfrac{t_1 - t_2}{t_1' - t_2}} \tag{29a}$$

$$= \frac{t_1 - t_1'}{\log \operatorname{nat} \dfrac{t_1 - t_2}{t_1' - t_2}}. \tag{29}$$

In der Praxis kommen Apparate, in denen ein Wärmeaustausch von Flüssigkeiten stattfindet, wohl ausschließlich aus Metall hergestellt in Anwendung.

Die Wärmedurchgangszahlen, welche hierfür in der Praxis in die Berechnung des Wärmedurchganges oder zur Ermittlung der Kühl- bzw. Heizfläche benutzt werden, sind folgende:

Wärmedurchgangszahl k für Metallwände, bezogen auf 1° Temperaturunterschied, 1 qm Fläche und 1 Stunde (vgl. *Recknagel*, Kalender für Ges.-Techniker).

Rauch oder Luft an Luft	$k =$	5 bis	7
Dampf an Luft	$k =$	10 „	17
Wasser an Luft oder umgekehrt	$k =$	9 „	13
Dampf an Wasser (nicht siedend)	$k =$	800 „	1000
„ „ „ (siedend)	$k =$	2000 „	3800
Wasser an Wasser	$k =$	300 „	400

Anm.: Die vorstehenden Werte gelten nur angenähert und für eine Strömungsgeschwindigkeit von weniger als 1 m/sec. Bei größeren Geschwindigkeiten ist k besonders zu bestimmen (vgl. weiter unten).

Beispiele. 1. Gegenstrom. Es ist die Fläche zu bestimmen, welche ein sog. Gegenstromapparat haben muß, wenn es sich darum handelt, eine in der Hauptsache aus Wasser bestehende Lösung von 80° auf 20° durch kaltes Brunnenwasser abzukühlen, mit der Bedingung, daß die Temperatur des Brunnenwassers von 10° nicht über 35° steigen darf. Die stündlich durch den Apparat hindurchfließende Menge der Lösung betrage 1200 l.

Die Wärmeleistung Q ist demnach

$$Q = 1200\,(80 - 20) = 72\,000 \text{ w.}$$

Aus der Gleichung (26) für Gegenstrom ist die Kühlfläche des Apparates:

$$F = \frac{Q}{k\,(t_1 - t_2') - (t_1' - t_2)}\ \log \text{nat}\ \frac{t_1 - t_2'}{t_1' - t_2}.$$

Es sind nach der Aufgabe

$$
\begin{aligned}
&t_1 = 80° && t_2 = 10° \\
&t_1' = 20° && t_2' = 35° \\
&k = 300 \text{ bis } 400, \text{ angenommen } k = 350.
\end{aligned}
$$

Somit ist

$$F = \frac{72\,000}{350 \cdot (80 - 35 - 20 + 10)}\ \log \text{nat}\ \frac{80 - 35}{20 - 10}$$

$$= \frac{72\,000}{350 \cdot 35}\ \log \text{nat}\ \frac{45}{10}$$

$$= \frac{72\,000}{12250} \cdot 1,504$$

$$F = 8,84 \text{ qm}.$$

Nach der überschlägigen Berechnung würde sich eine Kühlfläche

$$F = \frac{72\,000}{350 \left(\dfrac{80 + 20}{2} - \dfrac{35 + 10}{2}\right)} = 7,49 \text{ qm}$$

ergeben, die nicht ausreichen würde, um den gewünschten Effekt zu erzielen.

2. Einstrom. In einem Röhrenapparate sollen mittels Dampf von 120° stündlich 20 000 l Wasser von 10° auf 70° erwärmt werden; wie groß ist die Heizfläche des Apparates zu wählen?

Im vorliegenden Falle kann angenommen werden, daß sich die Dampfströmung nicht bemerkbar macht, da dieselbe nur der Kondensationsgeschwindigkeit folgt, stets neuer Dampf aber zuströmt.

Der Dampf hat, da der Druck konstant gehalten wird, stets die gleiche Temperatur von 120°, während das Wasser von 10° auf 70° sich erwärmt.

Es kommt also der Fall a) für Einstrom in Betracht. Aus der diesbezüglichen Gleichung 28) ergibt sich

$$F = \frac{Q}{k\,(t_2' - t_2)}\ \log \text{nat}\ \frac{t_1 - t_2}{t_1 - t_2'}$$

$$Q = 20\,000 \cdot (70 - 10) = 1\,200\,000 \text{ w.}$$

Für den Wärmeübergang von Dampf an nicht siedendes Wasser kann $k = 1000$ gesetzt werden.

Es ist dann

$$
\begin{aligned}
t_2 &= 10° \\
t_2' &= 70° \\
t_1 &= 120°
\end{aligned}
$$

$$F = \frac{1\,200\,000}{1000\,(70 - 10)}\ \log \text{nat}\ \frac{120 - 10}{120 - 70}$$

$$= \frac{1\,200\,000}{60\,000}\ \log \mathrm{nat}\ \frac{110}{50}$$

$$= 20 \cdot \log \mathrm{nat}\ 2{,}2$$
$$= 20 \cdot 0{,}7885 = 15{,}770\ \mathrm{qm}.$$

Die überschlägige Berechnung mit den mittleren Temperaturen würde ergeben

$$F = \frac{1\,200\,000}{1000\left(120 - \dfrac{70 + 10}{2}\right)} = 15{,}0\ \mathrm{qm}$$

also auch hier eine nicht ausreichende Heizfläche des Apparates.

In ganz ähnlicher Weise ist die Berechnung einer Heizschlange durchzuführen. Bei Dampf-Heizschlangen oder doppelwandigen Behältern, bei welchen eine Flüssigkeit mittels hochgespannten Dampfes zu verdampfen ist, ist infolge der intensiven Strömungen, die beim Kochen eintreten, der Wärmedurchgang erheblich größer. Hier kann die Wärmedurchgangszahl $k = 2000$ bis 3800 gesetzt werden, je nach der Höhe der Temperatur des zum Kochen verwendeten Dampfes. (Es sei noch bemerkt, daß diese Wärmedurchgangszahlen nicht für überhitzten Dampf Gültigkeit haben. Der überhitzte Dampf zeigt wesentlich niedrigeren Wärmedurchgang.)   Vergl. Seite 28.

b) Bestimmung eines mittleren Temperaturunterschiedes.

Ist der mittlere Temperaturunterschied zwischen den beiden Flüssigkeiten zu bestimmen, wie z. B. bei Ermittlung einer mittleren Wärmedurchgangszahl für Dampfkessel oder Dampfüberhitzer, so kann hierfür eine der oben angegebenen Gleichungen benutzt werden.

Nach der allgemein gültigen Gleichung für den Wärmedurchgang ist
$$Q = F k\,(t_1 - t_2)$$
Sind die Temperaturen t_1 und t_2 variabel, so gilt die Annäherungsgleichung

$$Q = F k \left(\frac{t_1 + t_1'}{2} - \frac{t_2 + t_2'}{2}\right)$$

Aus dieser ist deutlich zu ersehen, daß der Ausdruck in der Klammer den mittleren Temperaturunterschied darstellt. Infolgedessen ergibt sich auch der mittlere Temperaturunterschied δm
bei Gegenstrom

$$\delta_m = \frac{t_1 - t_2' - t_1' + t_2}{\log \mathrm{nat}\ \dfrac{t_1 - t_2'}{t_1' - t_2}} \tag{30}$$

bei Parallelstrom

$$\delta_m = \frac{t_1 - t_2 - t_1' + t_2'}{\log \mathrm{nat}\ \dfrac{t_1 - t_2}{t_1' - t_2'}} \tag{31}$$

bei Einstrom, a) die Wärme abgebende Flüssigkeit hat konstante Temperatur

$$\delta_m = \frac{t_2' - t_2}{\log \mathrm{nat}\ \dfrac{t_1 - t_2}{t_1 - t_2'}} \tag{32a}$$

b) Die Wärme aufnehmende Flüssigkeit hat konstante Temperatur.

$$\delta_m = \frac{t_1 - t_1'}{\log \operatorname{nat} \dfrac{t_1 - t_2}{t_1' - t_2}} \tag{32b}$$

Letztere Gleichung ist im Abschnitte Hochdruck-Dampfkesselberechnung zur Ermittlung der Wärmedurchgangszahl benutzt (vgl. d. Abschnitt), indem dort die Temperatur des Kesselinhaltes mit t_δ (statt hier t_2) bezeichnet ist.

c) Wärmedurchgang in Abhängigkeit von der Geschwindigkeit der Strömung.

Wie bei allen Wärmeströmungen beobachtet wurde, ist die Wärmedurchgangszahl k abhängig sowohl von der Temperaturhöhe der Wärme abgebenden Flüssigkeit als auch von der Strömungsgeschwindigkeit. Es macht sich dieses besonders bei den neueren Apparaten für Lufterwärmung geltend.

Die oben angegebenen Wärmedurchgangszahlen sind deshalb auch nur bei Geschwindigkeiten von weniger als 1 m/sec anwendbar.

Von besonderem Einflusse ist hier die Ermittlung der Wärmeübergangskoeffizienten a_1 und a_2, deren Abhängigkeit von der Strömungsgeschwindigkeit bereits in engen Grenzen berücksichtigt wurde.

Bei Geschwindigkeiten über 1,0 m/sec ist deshalb die Wärmedurchgangszahl k jedesmal aus

$$k = \frac{1}{\dfrac{1}{a_1} + \dfrac{1}{a_2} + \dfrac{\delta}{\lambda}}$$

zu ermitteln, und zwar sind folgende Werte anzunehmen (vergl. Hütte). [1]

Siedendes Wasser . . . . $a = 4000$ bis 6000
Ruhendes Wasser . . . . $a = 500$
Bewegtes Wasser $(0,5$ bis $2,0$ m/sec, $w =$ Geschwindigkeit) $a = 300 + 1800\sqrt{w}$
Wasserdampf (gesättigt u. kondensierend) . . . . . $a = 10\,000$
Luft, Gas, überhitzter Dampf . . . . $a = 2$ bis 8 (i. Mittel 4)
desgl., strömend $(1,0$ bis 100 m/sec) . . . . $a = 2 + 10\sqrt{w}$

Beispiel 1. Hiermit ergibt sich z. B. für den Wärmeübergang von Dampf an siedendes Wasser durch eine 3 mm starke eiserne Metallwand mit einer Wärmeleitzahl $\lambda = 56$ und $a_1 = 4000$

$$k = \frac{1}{\dfrac{1}{4000} + \dfrac{1}{10000} + \dfrac{0,003}{56}} = 2475$$

mit $a_1 = 6000$ ist $k = 3115$.

Beispiel 2. Bei dem Wärmeübergange von Dampf an Luft durch eine 3 mm starke eiserne Wand und der Annahme einer Luftgeschwindigkeit $w = 4$ m/sec ist

$$k = \frac{1}{\dfrac{1}{10000} + \dfrac{1}{2 + 10\sqrt{4}} + \dfrac{0,003}{56}} = 21,93$$

---

[1] *Hütte;* Des Ingenieures Taschenbuch. Herausgegeben vom akademischen Verein Hütte, E. V. Verlag von Wilhelm Ernst & Sohn, Berlin.

Wie Beobachtungen an Dampfkochgefäßen sowie auch, für Fall 2, an Dampf-Radiatoren ergeben haben, sind die Werte um etwa 30 bis 50% größer als sie sich hier ergeben. Man wird deshalb bei Benutzung derselben mit Sicherheit auf Erreichen des gewünschten Effekts rechnen können. Der Wärmedurchgang ist doch wesentlich von dem Verhalten der Flüssigkeiten zu einander abhängig, was in den oben angegebenen Zahlen zu wenig zum Ausdruck kommt. Es seien deshalb hier noch einige Versuchsresultate angeführt. — *Claassen* veröffentlicht in der Zeitschrift des Vereins Deutscher Ingenieure 1902 seine Versuche mit einem eisernen Behälter von 480 mm Durchmesser und 1150 mm Höhe, auf dessen Boden sich eine kupferne Heizschlange von 45 mm äußerem Durchmesser und 0,5 qm Heizfläche befand. Der Apparat war mit dem Kondensator einer Maschine verbunden, so daß die Verdampfung auch unter niedrigerem Drucke als dem der äußeren Atmosphäre vorgenommen werden konnte. Die Versuche ergaben folgende Werte für die Wärmedurchgangszahl k.

Temperatur des Heizdampfes ° C	Temperatur des Kochdampfes ° C	Temperaturunterschied ° C	Wärmedurchgangszahl k
124,8	100,0	24,8	2947
124,0	86,2	37,8	3185
124,3	73,0	51,3	3599
120,2	100,0	20,2	2611
119,7	86,5	33,2	2899
119,7	71,5	48,2	3486
115,3	100,0	15,3	2296
115,3	86,8	28,5	2567
115,3	70,8	44,5	3306
110,5	100,0	10,5	1823
110,2	86,7	23,3	2681
109,9	72,7	37,2	2890
110,2	69,4	40,8	3007
100,7	86,3	14,4	1437
100,0	71,0	29,0	2126
99,8	59,9	39,9	2539

Vom Verfasser vorgenommene Versuche an einem Niederdruckdampfkessel, der mit zwei horizontalen Röhrenbündeln aus ⊏-förmigen Röhren von 50/55 mm Durchmesser versehen war und durch Dampf bis 2 Atm (Überdr.) geheizt wurde, ergaben folgende Werte für die Wärmedurchgangszahl:

Temperatur des Heizdampfes ° C	Temperatur des Wassers im Kessel ° C	Wärmedurchgangszahl k
118,25	101,5	1959
119,00	101,85	2030
119,00	101,95	2064
126,7	102,30	2147
132,8	103,20	2302

Eine Heizschlange, wie sie *Claassen* verwendete, ist offenbar zweckmäßiger, weil bei ihr der Dampf die Luft besser verdrängen kann, während bei der U-förmigen Anordnung der Heizflächen die Entlüftung nicht in demselben Maße erfolgt; dazu kommt aber noch, daß bei der horizontalen Anordnung der Rohre übereinander die oberen Rohre ein bereits angewärmtes Wasser erhalten, wodurch der Temperaturunterschied zwischen Dampf und Wasser und damit auch der Wärmeübergang geringer wird. (Näheres s. Ztschr. Gesundheitsingenieur 1908 Nr. 7.) Auf diese Weise sind Unterschiede zwischen den Werten, welche an der Heizschlange, und denen, welche an den ⊏-förmigen Röhren gefunden wurden, zu erklären. Die Form und Lage der Heizfläche spielt hier eine wesentliche Rolle. Es sei hier aber ausdrücklich noch darauf hingewiesen, daß ein wesentlicher Unterschied im Wärmedurchgange von Dampf an siedendes und nicht siedendes Wasser besteht. Während die Wärmedurchgangszahl — wie obige Versuchsresultate zeigen — 3599 für siedendes Wasser erreicht, ist sie bei nicht siedendem Wasser und geringer Wassergeschwindigkeit mit 800 bis 1000 einzusetzen.

Bezüglich des Wärmeüberganges bei Dampf an Luft ist auf den Abschnitt „Heizkörper" zu verweisen, wo die Abhängigkeit der Wärmedurchgangszahlen von der Luftbewegung angegeben ist. (Siehe Seite 186).

7. Wärmedurchgang bei Dampf an Luft durch Rohrleitungen.

Der Wärmedurchgang bei Dampf an Luft durch schmiedeeiserne, nackte und auch mit Wärmeschutzmitteln umhüllte Rohre (nicht mit künstlicher Luftbewegung wie in dem vorstehenden 2. Beispiele) ist wegen seines Vorkommens überall da, wo Dampfleitungen bestehen, von besonderer Bedeutung.

a. Nacktes Rohr. Nach dem *Stefan-Boltzmannschen* Strahlungsgesetze ist die Wärmedurchgangszahl k aus folgender Gleichung zu ermitteln

$$k = l + \frac{c}{t_d - t_l}\left\{\left(\frac{t_\omega + 273}{100}\right)^4 - \left(\frac{t_l + 273}{100}\right)^4\right\} \tag{33}$$

in welcher $l = 6$ den Wärmeübergangskoeffizient für Berührung,

c eine Konstante $= 4$

t_d und t_l die Dampf- und Lufttemperaturen,

t_ω die Temperatur der äußeren Rohrwand bezeichnen.

Die Messungen, welche Direktor *Eberle* bei Versuchen an schmiedeeisernen Flanschenleitungen vorgenommen und in der Zeitschr. d. Ver. deutsch. Ing. 1908, Heft 13 bis 17, veröffentlichte, haben ergeben, daß die Temperatur der Rohroberfläche sowohl bei nacktem als auch bei umhülltem Rohr nur 1 bis 1,2° geringer als die Dampftemperatur ist. Die Flanschentemperatur war — je nach der Höhe der Dampftemperatur, um 17 bis 28° niedriger bei nicht umhüllten Flanschen, und 4 bis 6° niedriger bei umhüllten Flanschen.

Unter Benutzung dieser Angaben läßt sich nach obiger Formel der Wärmedurchgang des nackten Rohres ermitteln.

So ist z. B. für $t_d = 135{,}9°$, $t_l = 17{,}6°$

$$k = 6 + \frac{4}{135{,}9 - 17{,}6}\left\{\left(\frac{134{,}9 + 273}{100}\right)^4 - \left(\frac{17{,}6 + 273}{100}\right)^4\right\}$$

$$= 6 + \frac{4}{118{,}3}\left\{4{,}179^4 - 2{,}906^4\right\} = 12{,}946$$

Der in gleicher Weise für verschiedene Dampf- und Lufttemperaturen berechnete Wärmedurchgangskoeffizient k ist in folgender Zusammenstellung
wiedergegeben:

Dampftemperatur t_d °C	Lufttemperatur t_l °C	$t_d - t_l$ °C	k
100	0	100	11,52
100	10	90	11,74
100	20	80	11,94
100	30	70	12,24
100	40	60	12,51
150	0	150	13,14
150	10	140	13,42
150	20	130	13,61
150	30	120	13,78
150	40	110	14,07
180	0	180	14,04
180	40	140	15,43
200	20	180	15,50
200	40	160	16,10

Hier zeigt sich nun die Eigentümlichkeit, daß die Wärmedurchgangszahl k
nicht nur mit der Temperatur des Dampfes, sondern auch mit der Lufttemperatur zunimmt, obgleich man erwarten sollte, daß sie stets mit dem Temperaturgefälle zunimmt.

So ist z. B. bei einer Dampftemperatur von 100° und einem Temperaturgefälle von 70° die Wärmedurchgangszahl größer als bei 90° Temperaturunterschied zwischen Dampf und Luft.

Der Wärmeverlust eines nackten Rohres ist nun bei einer Länge l und dem
äußeren Durchmesser d_a

$$Q = d_a \, \pi \, k \, (t_\omega - t_l) \, l \tag{34}$$

worin t_ω die Wandtemperatur an der äußeren Oberfläche bedeutet. Die Versuche haben ergeben, daß dieselbe sehr nahe an der Dampftemperatur liegt,
wie schon oben erwähnt wurde.

b) Umhülltes Rohr. Der Wärmeverlust eines umhüllten Rohres ist nach
der Gleichung (23) Seite 20 zu berechnen, welche mit t_ω und t_l statt t_1 und t_2
lautet:

$$Q = \frac{\pi \, (t_\omega - t_l)}{\dfrac{1}{a_1 d_i} + \dfrac{1}{a_2 d_a} + \dfrac{1}{2\lambda_1}\log \mathrm{nat}\,\dfrac{d_1}{d_i} + \dfrac{1}{2\lambda_2}\log \mathrm{nat}\,\dfrac{d_2}{d_1} + \dfrac{1}{2\lambda_3}\log \mathrm{nat}\,\dfrac{d_3}{d_2} + \cdots}$$

Für die Wärmeübergangskoeffizienten hat *Eberle* aus seinen Versuchen die
Werte $a_1 = 150$ und $a_2 = 6$ bis 7 ermittelt, und zwar setzt er $a_2 = 6$ bei

Dampftemperaturen von etwa 100 bis 170° und bei überhitztem Dampfe $a_2 = 7$.

Beispiel 1. Ist z. B. ein schmiedeeisernes Rohr von 70 mm lichtem Durchmesser und 76 mm äußerem Durchmesser mit Kieselgurmasse 30 mm stark isoliert und beträgt die mittlere Dampftemperatur 136,3°, die Lufttemperatur 12,1°, so ist der Wärmedurchgang für 1 m Rohr wie folgt zu bestimmen:

$$d_i = 0{,}070 \text{ m}$$
$$d_a = 0{,}076 \text{ m (3 mm Wandstärke des Rohres)}$$
$$d_1 = 0{,}076 + 2 \cdot 0{,}030 = 0{,}136 \text{ m (30 mm Kieselgur)}$$
$$a_1 = 150$$
$$a_2 = 6$$
$$\lambda_2 = 0{,}12 \text{ für naß aufgetragene und getrocknete Kieselgur (Zahlentafel VIII).}$$
$$\lambda_1 = 56 \text{ für Schmiedeeisen.}$$
$$t_\omega - t_l = 124{,}2.$$

$$Q = \cfrac{\pi\,124{,}2}{\cfrac{1}{150 \cdot 0{,}070} + \cfrac{1}{6 \cdot 0{,}136} + \cfrac{1}{2 \cdot 56}\log\text{nat}\,\cfrac{76}{70} + \cfrac{1}{2 \cdot 0{,}12}\log\text{nat}\,\cfrac{136}{76}}$$

$$Q = \cfrac{390{,}19}{\cfrac{1}{10{,}5} + \cfrac{1}{0{,}816} + 0{,}0089 \cdot 0{,}077 + 4{,}166 \cdot 0{,}5878}$$

$$Q = 103{,}49 \text{ w für } 1{,}0 \text{ m Rohrlänge.}$$

Um den Wärmedurchgang für 1 qm Rohroberfläche zu ermitteln, ist dieser Wert noch durch $0{,}076\,\pi$ zu dividieren, da der Wärmedurchgang auf die nackte Rohroberfläche zu beziehen ist.

Alsdann ergibt sich $Q = 433{,}66$ in sehr guter Übereinstimmung mit dem von *Eberle* durch Versuch gefundenen Werte. (Vgl. Abschnitt Rohrisolierungen, Isolierung II.) Die Wärmedurchgangszahl für 124° Temperaturunterschied ist demnach

$$k = \frac{433{,}66}{124{,}2} = 3{,}492$$

Beispiel 2. Eine mehrfach zusammengesetzte Isolierung aus Kieselgur und Seidenzopf.

Ein Rohr von 70 mm lichtem Durchmesser und 76 mm äußerem Durchmesser hat einen Aufstrich von 17 mm Kieselgur, darüber 22 mm Seidenzopfisolierung und danach Pappe von 5 mm Stärke.

Das Temperaturgefälle zwischen Dampf und Luft beträgt 120,1°. Dann sind folgende Größen in die Berechnung einzusetzen:

$$d_i = 0{,}070 \text{ m}$$
$$d_a = 0{,}076 \text{ (3 mm schmiedeeiserne Rohrwand } \lambda = 56)$$
$$d_1 = 0{,}076 + 2 \cdot 0{,}017 = 0{,}110 \text{ (17 mm Kieselgur } \lambda = 0{,}12)$$
$$d_2 = 0{,}110 + 2 \cdot 0{,}022 = 0{,}154 \text{ (22 mm Seidenzopf } \lambda = 0{,}05)$$
$$d_3 = 0{,}154 + 2 \cdot 0{,}005 = 0{,}164 \text{ (5 mm Pappe } \lambda = 0{,}034).$$

Es ist dann für 1 m Rohrlänge

$$Q = \cfrac{\pi \cdot 120{,}1}{\cfrac{1}{150 \cdot 0{,}07} + \cfrac{1}{6 \cdot 0{,}164} + \cfrac{1}{2 \cdot 56}\log\text{nat}\,\cfrac{76}{70} + \cfrac{1}{2 \cdot 0{,}12}\log\text{nat}\,\cfrac{110}{76} + \cfrac{1}{2 \cdot 0{,}05}\log\text{nat}\,\cfrac{154}{110} + \cfrac{1}{2 \cdot 0{,}034}\cdot\cfrac{164}{154}}$$

$$Q = 54{,}83 \text{ w}$$

oder auf 1 qm Rohroberfläche des nackten Rohres bezogen

$$Q = 229{,}68 \text{ w.}$$

Für eine Temperaturdifferenz von 120,1° ergibt sich daraus eine Wärmedurchgangszahl $k = 1{,}91$.

Eberle stellte durch seine Versuche eine Wärmedurchgangszahl derselben Isolierung unter gleichen Verhältnissen von $k = 2{,}12$ fest. (Vgl. Abschnitt „Rohrisolierungen", Isolierung V.)

Der Unterschied ist nur gering und ist dadurch begründet, daß in der Zahl $k = 2{,}12$ die Wärmeverluste der Flanschen mitenthalten sind, die zwar auch umhüllt, jedoch anders als das Rohr isoliert waren, wodurch der Wärmeverlust sehr wohl um mindestens 10% gesteigert worden sein kann. Dazu kommt noch, daß *Eberle* direkten Kesseldampf verwendete, ohne ihn zu trocknen, so daß die Dampffeuchtigkeit in der gewogenen Kondensatmenge mitenthalten war; jedenfalls ist in den Berichten von einer Trocknung des Dampfes nichts erwähnt. (Vgl. Rohrisolierungen.)

Im vorstehenden Abschnitte dürfte alles das erwähnt sein, was zu den folgenden Berechnungen notwendig ist, soweit Heizungsanlagen für Fabriken und die mit diesen zusammenhängenden Einrichtungen und Apparate in Betracht kommen.

Der folgende Abschnitt, welcher auch in das wärmetheoretische Gebiet gehört, ist dem Wasserdampfe gewidmet.

III. Wasserdampf.

Für die Fortleitung der Wärme zu Heizungs- und ähnlichen Zwecken und für die Fernübertragung von Kraft zu Arbeitsleistungen ist — neben dem Wasser und der Elektrizität — der Wasserdampf besonders in Fabrikbetrieben der wichtigste Energieträger.

Wie bei allen gas- und dampfförmigen Körpern ist der Zustand des Wasserdampfes gekennzeichnet durch Druck, Volumen und Temperatur. Es handelt sich hier darum, die Beziehungen dieser Kennzeichen zueinander zu ermitteln.

Die Zahlentafeln I und II im Anhange enthalten diejenigen Werte von Druck, Volumen, Temperatur, Wärmeinhalt usw., welche der Dampf in einem ganz bestimmten, nämlich im trocken-gesättigten Zustande besitzt. Die Tabellen können also nicht auf beliebige andere Zustände angewendet werden. Im trocken-gesättigten Zustande befindet sich der Dampf gerade auf der Grenze zwischen nassem und überhitztem Zustande.

Die Dampftabellen geben also die Eigenschaften des Dampfes im „Grenzzustande" wieder. In der Praxis wird dieser nur selten auftreten, indessen werden von ihm aus, als einem Normalzustande, die übrigen Zustände ermittelt.

1. Druck.

Der Druck wird in kg auf das Quadratzentimeter (kg/qcm) oder in kg auf das Quadratmeter (kg/qm) sowie auch in Millimeter Höhe einer Flüssigkeitssäule gemessen.

Ein Druck von 1 kg auf 1 qcm entspricht einer Wassersäule von 10,000 m von 4°. Ein Druck von 1 kg auf 1 qm entspricht einer Wassersäule von 1,000 mm von 4°.

Für den Druck ist die Bezeichnung p bzw. P eingeführt, demnach

$$p = 1 \text{ kg/qcm} = 10,0 \text{ m WS} = 1 \text{ (Neu-)Atmosphäre} = \text{Atm} = 10000 \text{ mm WS} = 735,5 \text{ mm Quecksilber von } 0° \tag{1}$$

1 Atm ist die metrische Atmosphäre = 1 kg/qcm.

$$P = 1 \text{ kg/qm} = 1,0 \text{ mm WS.} \tag{2}$$

Früher bezeichnete man mit 1 Atmosphäre (Atm) den Druck einer Quecksilbersäule von 760 mm bei 0°, oder, da Quecksilber 13,596 mal so schwer ist als Wasser, so ergab sich die Alt-Atmosphäre:

$$1 \text{ Atm} = 13,596 \cdot 760 = 10332,96 \text{ mm WS.} \tag{3}$$

Im folgenden wird immer nur die metrische Atmosphäre, mit **Atm** bezeichnet, benutzt. 1 Atm = 1 kg/qcm.

Man unterscheidet nun noch „Überdruck" und „absoluten Druck".

Erstere Bezeichnung wird in der Praxis speziell in Dampfkesselbetrieben angewendet. Überdruck ist der Druck über dem auf der Erde lastenden Luftdrucke, während der „absolute Druck" den Luftdruck mit einschließt. Ein Dampfkessel mit 10 Atm Überdruck hat demnach 11 Atm absoluten Druck.

2. Spezifisches Volumen, spezifisches Gewicht, Temperatur und Verdampfung.

Spezifisches Volumen und spezifisches Gewicht.

Das Volumen der Flüssigkeit, aus welchem der Dampf entsteht, sowie auch das des Dampfes selbst wird in Kubikmetern gemessen und man bezeichnet den Rauminhalt, welchen 1 kg Flüssigkeit oder Dampf einnimmt, mit „spezifisches Volumen".

Als Bezeichnungen gelten:

Spez. Volumen der Flüssigkeit $v' =$ Rauminhalt von 1 kg Flüssigkeit.

Spez. Volumen des Dampfes $v'' =$ Rauminhalt von 1 kg Dampf.

Der Rauminhalt oder das spezifische Volumen von 1 kg Flüssigkeit — also hier des Wassers — wird, da die Volumenvergrößerung, welche das Wasser bei seiner Erwärmung erfährt, verhältnismäßig gering ist, zumeist mit

$$v' = 0,001 \text{ cbm/kg} \tag{4}$$

für alle Temperaturen angenommen.

Bei 200° ist z. B. $v' = 0,001157$ cbm/kg. Soll das Volumen als dasjenige von 0° bezeichnet werden, so wird hierfür v_0' gesetzt.

Der Rauminhalt der Flüssigkeit und des Dampfes ist sowohl vom Drucke als auch von der Temperatur abhängig.

Das Gewicht von 1 cbm Dampf wird mit „spezifisches Gewicht" γ bezeichnet und stellt sich als der reziproke Wert des spezifischen Volumens dar. Es ist also hier das spez. Gewicht des Dampfes:

$$\gamma'' = \frac{1}{v''} \tag{5}$$

Ist z. B. das Volumen von 1 kg Dampf bei einem Drucke von 10 Atm $v'' = 0,1980$ cbm, so folgt hieraus, daß 1 cbm dieses Dampfes, also

$$\gamma'' = \frac{1}{0,1980} = 5,0505 \text{ kg}$$

wiegt, was auch besagt, daß zur Herstellung von 1 cbm Dampf von 10 Atm Spannung 5,0505 kg Wasser zu verdampfen sind.

Entsprechend der Annahme eines konstanten spezifischen Volumens des Wassers $v' = 0,001$ ist auch das spezifische Gewicht $\gamma' = 1000$.

Ist das Gewicht G einer Dampfmenge von bestimmtem Drucke gegeben und ist das Volumen V dieser Dampfmenge zu bestimmen, so ergibt sich dasselbe zu

$$V = G \cdot v'' \text{ oder } V = \frac{G}{\gamma''} \tag{6}$$

So würden z. B. 100 kg trocken-gesättigten Dampfes von 10 Atm einen Rauminhalt von $V = 100 \cdot 0{,}1980 = 19{,}80$ cbm einnehmen, da das spez. Volumen dieses Dampfes $v'' = 0{,}1980$ ist. Wäre umgekehrt das Gewicht aus einem gegebenen Volumen zu bestimmen, so ist

$$G = V \cdot \gamma'' \text{ oder } G = \frac{V}{v''}.$$

Temperatur.

Mit t° wird die Temperatur der hundertteiligen Skala, vom Schmelzpunkte des Eises an gerechnet, bezeichnet. Im besonderen Falle bezeichnet man mit t_0° die Temperatur bei 0°, während mit T die Temperatur vom absoluten Nullpunkte aus gemessen, ebenfalls in Celsiusgraden, bezeichnet wird. (Vgl. Abschnitt: Wärme Seite 14.)

$$T = 273 + t. \tag{7}$$

Die absolute Temperatur für $t = 100^\circ$ ist deshalb $T = 373^\circ$.

Die Temperatur der Flüssigkeit, aus welcher Dampf entstehen soll, richtet sich lediglich nach der zugeführten Wärmemenge, dagegen richtet sich die Temperatur des Dampfes nach dem auf ihm lastenden Drucke, solange, als der Dampf noch mit der Flüssigkeit in Berührung steht, oder gerade der letzte Tropfen Flüssigkeit verdampft ist. Dieser Zustand wird in Fig. 7 durch die Grenzkurven bzw. die Punkte c und c^1 dargestellt. Über der Grenzkurve im Überhitzungsgebiete ist dann die Dampftemperatur wieder unabhängig vom Drucke, steht aber in Beziehung zum spezifischen Volumen.

Verdampfung.

Man unterscheidet nun, je nach dem Zustande des Dampfes bzw. der Flüssigkeit

1. nur Flüssigkeit,
2. teilweise Flüssigkeit, teilweise Dampf;
3. nur noch Dampf, und zwar im Grenzzustande, trocken gesättigt;
4. nur Dampf, überhitzt!

Die einzelnen Zustände hat *Zeuner* in seiner Technischen Thermodynamik sehr klar in folgender Weise dargestellt (vgl. zunächst umstehende Fig. 7).

In einem Zylinder befindet sich unter einem Kolben, auf dem der äußere Luftdruck lastet, 1 kg Wasser von 0° eingeschlossen. Das Wasser nimmt das Volumen v_0' ein, was in der Figur durch die Stellung des Kolbens K_1 und darüber durch Punkt a bzw. v_0' gekennzeichnet wird.

Infolge zugeführter Wärme dehnt sich das Wasser aus, so daß der Kolben auf Stellung K_2 gerückt wird. Die Ausdehnung ist durch die Strecke $a—b$ dargestellt.

Da nun Wasser unter dem äußeren Luftdrucke bei etwa 100° siedet, d. h. durch weitere Wärmezufuhr in Dampf übergeht, haben wir bei Punkt *b*

$$t = 100° \text{ (bei } a \text{ ist } t = 0°).$$

Die Dampfbildung beginnt, und der Kolben wird nach und nach auf die Stellung K_3 geschoben, wobei aber eigentümlicherweise die Temperatur stets auf 100° bleibt, trotz ständiger Wärmezufuhr. Die Flüssigkeit nimmt

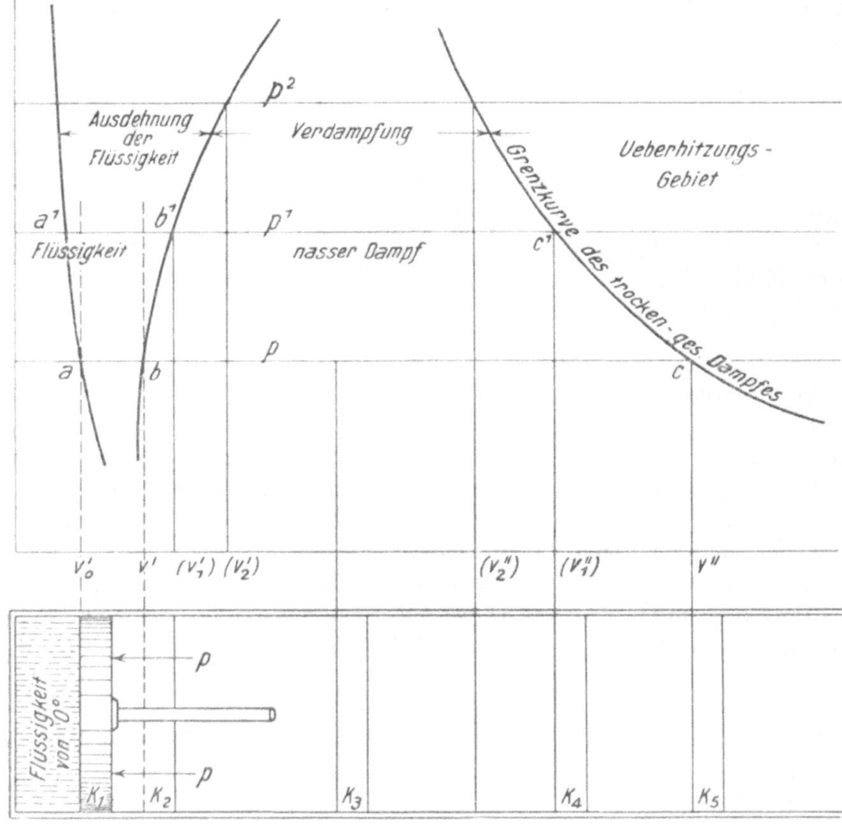

Fig. 7.

mehr und mehr ab, die Dampfmenge dagegen zu, bis schließlich keine Flüssigkeit sondern nur noch Dampf unter dem Kolben sich befindet (K_5; Punkt *c*). In diesem Augenblicke hat der Dampf den Grenzzustand erreicht. Während nämlich, solange Flüssigkeit vorhanden war, der Raum unter dem Kolben zum Teil mit Dampf und zum Teil mit Flüssigkeit gefüllt war, der Dampf als naß bezeichnet werden muß, ist er beim Erreichen des Grenzzustandes „gerade trocken gesättigt", denn durch weitere Wärmezufuhr wird er überhitzt, was sich dadurch kennzeichnet, daß nun die Temperatur wieder steigt, während der Druck immer noch derselbe, nämlich jener der äußeren Atmosphäre ist, das Volumen aber sich auch weiterhin vergrößert.

Wäre von Anfang an der Druck größer gewesen, z. B. $p_1 = 5$ Atm, was durch Gewichtsbelastung ausführbar ist, so würde das Flüssigkeitsvolumen anfänglich bei 0°, durch den Punkt a^1 dargestellt; es würde sich von a^1 bis b^1 zunächst ausdehnen, die Verdampfung aber erst bei etwa 151° beginnen; das Dampfvolumen würde dann, da es von außen einer stärkeren Pressung unterliegt, nur bis c^1 (v_1'') (K_4) gelangen, und die Grenzkurve hier erreichen. Auf der Strecke $b^1 c^1$ wäre dann die Temperatur 151° geblieben.

Es geht daraus hervor, daß bis zur Grenzkurve einem bestimmten Drucke auch eine bestimmte Temperatur und auf der Grenzkurve einem bestimmten Drucke auch ein bestimmtes Volumen entspricht. Im Überhitzungsgebiete aber bestehen diese Beziehungen nicht mehr. Aus diesem Grunde ist gerade der Zustand in der Grenzkurve, also zwischen Naßdampf und Überhitzung, außerordentlich wichtig, und die Dampftabellen geben diesen Grenzzustand des trockengesättigten Dampfes an.

In der Praxis hat man es allerdings in seltenen Fällen mit gerade trockengesättigtem Dampfe zu tun, denn in einem Dampfkessel besteht ein ganz ähnlicher Zustand, wie in dem zur Veranschaulichung benutzten Zylinder. Im Dampfkessel steht der Dampf direkt mit der Flüssigkeit in Berührung, man wird deshalb bei Untersuchungen stets den Wassergehalt des Dampfes berücksichtigen müssen. Die in Dampf übergehenden und sich vom Wasserspiegel loslösenden Wasserteilchen sind im Dampfe zum Teil schwebend enthalten. Es geht ohne weiteres aus dem eben Gesagten hervor, daß zur teilweisen Verdampfung der im Zylinder enthaltenen Wassermenge nicht dieselbe Wärmemenge aufzuwenden ist, welche zur vollständigen Überführung des Wassers in Dampf benötigt wird. Infolgedessen besitzt Naßdampf auch nicht den gleichen Wärmeinhalt wie der trockengesättigte Dampf; er hat deshalb nicht den Wert, den Energieinhalt, den der trockengesättigte oder gar überhitzte Dampf besitzt. Da man nun viel mit Naßdampf rechnen muß, ist es erforderlich, den Zustand näher zu betrachten, d. h. das spezifische Volumen und danach auch den Wärmeinhalt zu bestimmen, welchen der Naßdampf bei einem bestimmten Gehalte von Flüssigkeit besitzt.

3. Volumen des Naßdampfes.

Wir hatten 1 kg Wasser unter dem Kolben zu Anfang vorausgesetzt. Die Gesamtmenge können wir daher mit 1 bezeichnen.

Ist in der Kolbenstellung K_5 (Fig. 7) unter dem Kolben nur noch Dampf vorhanden, ist also diese Kolbenstellung gerade diejenige, bei welcher der letzte Tropfen Flüssigkeit in Dampf übergegangen ist, so ist die Dampfmenge bei irgend einer Kolbenstellung zwischen K_1 und K_5 natürlich geringer. Es befindet sich dann unter dem Kolben sowohl Flüssigkeit als auch Dampf, und die Dampfmenge soll mit x bezeichnet werden. Daraus ergibt sich nun die Flüssigkeitsmenge zu

$$(1 - x)$$

denn x Gewichtsteile sind in Dampfform im Zylinder vorhanden.

Die Größe x wird „spezifische Dampfmenge" und $(1 - x)$ „spezifische Flüssigkeitsmenge" genannt und bezeichnet den Dampf- bzw. den Wassergehalt in einem Gemisch von 1 kg.

Bei K_5 ist gerade trockengesättigter Dampf unter dem Kolben; dann ist die Dampfmenge $x = 1$ und die Flüssigkeitsmenge $(1 - 1) = 0$. Bezeichnet v'' das Volumen der ganzen bis zum trockengesättigten Zustande aus 1 kg Wasser entstandenen Dampfmenge, so ist bei einer spezifischen Dampfmenge x der Rauminhalt, den der Dampf einnimmt, xv'' und der Rauminhalt der übrig gebliebenen Wassermenge ergibt sich zu $(1 - x)v'$, wenn man, wie oben, mit v' das Volumen von 1 kg Flüssigkeit bezeichnet.

Das Gemisch von Dampf und Flüssigkeit muß demnach einen Raum v einnehmen, welcher sich aus beiden Werten zusammensetzt, also

$$v = xv'' + (1 - x)\, v' = v' + x\, (v'' - v') \tag{8}$$

Es ist z. B. für trockengesättigten Dampf von 11 Atm (absolut)

$$v'' = 0{,}1815.$$

Ist die spezifische Dampfmenge $x = 0{,}8$ oder 80%, so enthält der Dampf $(1 - 0{,}8) = 0{,}2$ kg oder 20% Wasser, und das Volumen des Gemisches ist

$$v = 0{,}8 \cdot 0{,}1815 + (1 - 0{,}8) \cdot 0{,}001 = 0{,}1454 \text{ cbm.}$$

Das Volumen des mit 20% Wasser durchsetzten Dampfes, dieses Naß-dampfes von 11 Atm absol., ist danach um 0,0361 cbm kleiner als das des Dampfes in trockengesättigtem Zustande von gleicher Spannung.

Daraus geht deutlich hervor, daß ein solcher Dampf auch nicht den Wärmeinhalt des trockengesättigten Dampfes von gleichem Gewichte (1 kg) bei gleicher Spannung haben kann, denn zur vollständigen Umwandlung der Flüssigkeitsmenge in Dampf ist noch eine weitere Wärmemenge aufzuwenden. Man ersieht hieraus, wie wichtig bei wärmetechnischen Untersuchungen, z. B. bei Feststellung des Dampfverbrauches einer Maschine oder des Wirkungsgrades einer Wärmeschutzmasse die Beachtung des Wassergehaltes des Dampfes ist; denn bei der Annahme des Wärmeinhaltes des trockengesättigten Dampfes, wie er in den Dampftabellen angegeben ist, erhält man von der Wirklichkeit weit abweichende Resultate.

4. Wärmeinhalt des Wasserdampfes.

Wird einem tropfbarflüssigen oder gasförmigen Körper Wärme zugeführt, so erfolgt eine Vermehrung seiner inneren Energie und gleichzeitig unter Überwindung des auf dem Körper lastenden äußeren Druckes eine Volumenvergrößerung, die eine Arbeitsleistung darstellt.

Da für die Bemessung der Energie kein bestimmter Nullpunkt besteht — denn es ist nicht möglich, zu ermitteln, in welchem Zustande des Körpers die Energie gleich Null ist —, so wählt man als Ausgang für den zahlenmäßigen Ausdruck der Energie den Schmelzpunkt des Eises, also $0°$. Die Vermehrung der Energie und die für die Vergrößerung des Volumens aufzuwendende Arbeit, beide in Wärmeeinheiten gemessen, ergeben zusammen den Wärmeinhalt des Körpers von $0°$ an gerechnet.

Der Gesamtwärmeinhalt des aus 1 kg Wasser von $0°$ entstandenen, sich gerade im Grenzzustande befindenden, trocken-gesättigten Dampfes, umfaßt folgende Einzel-Wärmemengen.

a) Die **Flüssigkeitswärme** q, welche zur Erwärmung des Wassers bis zur Siedetemperatur aufzuwenden ist, stellt bei der Annahme eines unveränderlichen Volumens v' der Flüssigkeit gleichzeitig auch die Energie u' der Flüssigkeit dar:

$$q = \int cdt = c_m \, (t - t_o) = u' \tag{10}$$

worin c die mittlere spezifische Wärme des Wassers zwischen $0°$ und der Verdampfungstemperatur t bedeutet.

b) Die für die **Erhöhung des Druckes** von P_o auf P aufzuwendende Wärmemenge

$$A \, (P - P_o) \, v' \tag{11}$$

oder mit $P_o = O$: $\qquad APv'$

Hier ist $A = \dfrac{1}{427}$ das mechanische Wärmeäquivalent (s. S. 7), P der Druck in kg/qm und v' das Flüssigkeitsvolumen, genau genug $v' = 0{,}001$.

c) Die **innere Verdampfungswärme** ϱ, zur Überführung des auf die Verdampfungstemperatur gebrachten Wassers in Dampf.

d) Die **äußere Verdampfungswärme**, die bei der Volumenvergrößerung, und zwar vom Volumen der Flüssigkeit v' bis zum Dampfvolumen v'' unter Überwindung des äußeren Druckes P aufgewendet wird:

$$AP \, (v'' - v') \tag{12}$$

(Bezeichnungen wie unter b.)

Der **Wärmeinhalt** i'' des trockengesättigten Dampfes ist somit:

$$i'' = q + APv' + \varrho + AP \, (v'' - v') \tag{13}$$

Die **Energie des Dampfes** u'' ist dann, in w gemessen, $u'' = u' + \varrho$; denn die beiden Werte APv' und $AP \, (v'' - v')$ sind Arbeitsleistungen, die nach außen abgegeben werden; von der aufgewendeten Wärme ist also nur die Flüssigkeitswärme q (unter der oben gemachten Einschränkung, daß $v' = v_o'$ und daher $q = u'$) und die innere Verdampfungswärme ϱ als Energie im Dampfe enthalten:

$$u'' = u' + \varrho \text{ bzw. } q + \varrho \tag{14}$$

Zu b) ist zu bemerken, daß hier meist ein zweifacher Vorgang sich abspielt; es findet nämlich in einem geschlossenen Gefäße, wie es ein Dampfkessel darstellt, zunächst eine Vergrößerung des Flüssigkeitsvolumens statt, dann aber eine Erhöhung des Druckes infolge weiter zugeführter Wärme.

Es ist nun — obwohl diese Vorgänge sich meist zugleich abspielen — für die Bestimmung der Werte zulässig, anzunehmen, Volumenvergrößerung und Druckerhöhung erfolgen nacheinander, so zwar, daß die Volumenvergrößerung von v_0 auf v' bei dem konstanten Drucke P und die Druckerhöhung bei dem konstanten Volumen v' vor sich gehe.

Ohne große Fehler zu begehen, kann man annehmen, daß der Anfangsdruck $P_0 = 0$ ist. Die Arbeitsleistung bei der Volumenvergrößerung der Flüssigkeit ist daher

$$P\,(v' - v_0');$$

bei der Druckerhöhung (also Erwärmung bei konstantem Volumen)

$$v'\,(P - P_0) = Pv'$$

Beispiel: Bei 20 Atm ist $P = 200\,000$ kg/qm und $v' = 0,001171$ cbm; ferner
ist $v_0' = 0,00100$ cbm. Daraus folgt die bei der Volumenvergrößerung geleistete Arbeit
in m/kg:

$$\begin{aligned}
P\,(v' - v_0') &= 200\,000 \cdot (0,001171 - 0,001000) \\
&= 200\,000 \cdot 0,000171 = \\
&= 234,2 \text{ m/kg}
\end{aligned}$$

und die geleistete Arbeit bei der Druckerhöhung:

$$v'\,(P - P_0) = 0,001 \cdot 200\,000 = 200 \text{ m/kg}.$$

In Wärmeeinheiten ausgedrückt ist die Volumenvergrößerung

$$A\,P\,(v' - v_0) = \frac{1}{427} \cdot 234,2 = 0,584 \text{ w}.$$

Die Druckerhöhung

$$A\,v'\,(P - P_0)\,A\,(P - P_0) = \frac{1}{427} \cdot 200\,000 \cdot 0,001 = \frac{1}{427} \cdot 200 = 0,468 \text{ w}.$$

Man ersieht hieraus, daß der Wärmewert für die Volumenvergrößerung
auch bei hohem Drucke so klein ausfällt, daß er vernachlässigt werden kann,
zumal die übrigen Werte, z. B. die Gesamtwärme, mit absoluter Genauigkeit
bisher noch gar nicht festgestellt wurden. Die Annahme, daß die Volumenvergrößerung unter dem Drucke $P = 200\,000$ kg/qm erfolgt, trifft dann z. B.
zu, wenn das Wasser durch eine Speisepumpe in den Kessel eingeführt wird.

Man faßt die beiden Glieder $q + APv'$ zusammen unter dem Begriffe:
Wärmeinhalt der Flüssigkeit i'.

$$i' = q + APv' \tag{15}$$

und die beiden anderen Glieder der Gleichung (13) $\varrho + AP\,(v'' - v')$, die
innere und die äußere Verdampfungswärme, unter dem Begriffe „Gesamt-
verdampfungswärme" oder nur „Verdampfungswärme r"

$$r = \varrho + AP\,(v'' - v').$$

Durch Zusammenfassen der Werte der Flüssigkeitswärme q und der Verdampfungswärme ergibt sich die „Gesamtwärme" λ,

$$\lambda = q + r, \tag{16}$$

welche sich von dem Wärmeinhalte i'', einer Bezeichnung, die von *Mollier*
(vgl. Z. V. d. I. 1904) eingeführt wurde, nur durch das Glied APv' unterscheidet. i'' ist der Wärmeinhalt bei konstantem Drucke.

Wärmeinhalt des Dampfes $i'' = \lambda + APv' = q + APv' + r$ (16a)

Wärmeinhalt der Flüssigkeit $i' = q + APv'$.

Somit ergibt sich die Verdampfungswärme r

$$r = i'' - i'$$

und die Gesamtwärme λ

$$\lambda = i'' - APv'.$$

Diese Verdampfungswärme r tritt wieder zutage, sie wird frei, wenn der Dampf durch Abkühlung wieder in Wasser von Siedetemperatur verwandelt wird.

Stellt man zur Übersicht nochmals die einzelnen Vorgänge von der Erwärmung des Wassers von $0°$ bis zur gänzlichen Verdampfung zusammen, so ergibt sich folgendes Bild:

1. Wärmeinhalt der Flüssigkeit: = Flüssigkeitswärme + Druckerhöhung
$$i' \qquad = \qquad q \qquad + APv'$$

2. Verdampfungswärme = innere Verdampfungswärme + äußere Verdampfungswärme
$$r \qquad = \qquad \varrho \qquad + AP(v'' - v')$$

3. Gesamtwärme = Flüssigkeitswärme + innere und äußere Verdampfungswärme
$$\lambda \qquad = \qquad q \qquad + \underbrace{\varrho \quad + \quad AP \quad (v'' \quad - \quad v')}_{r}$$

4. Wärmeinh. d. Dampfes = Flüssigkeitsw. + Druckerhöhung + innere + äußere Verdampfw.
$$i'' \qquad = \qquad q \qquad + \qquad APv' \ + \varrho + AP(v'' - v').$$

5. Energie des Dampfes = Flüssigkeitswärme + innere Verdampfungswärme:
$$u'' \qquad = \qquad q \qquad + \qquad \varrho$$

6. Energie der Flüssigkeit = Flüssigkeitswärme — Wärmeäquivalent der Ausdehnungsarbeit
$$u' \qquad = \qquad q \qquad - AP(v' - v_o').$$

Es handelt sich nun darum, die einzelnen Werte der Gesamtwärme, der Verdampfungswärme, der Flüssigkeitswärme, des Dampfdruckes in Abhängigkeit von der Temperatur und des spezifischen Volumens rechnerisch zu bestimmen.

5. Berechnung von Gesamtwärme, Verdampfungswärme, Flüssigkeitswärme, Dampfdruck.

a) Gesamtwärme.

Für die Bestimmung der Gesamtwärme λ nach der Dampftemperatur ist eine Reihe empirischer Formeln aufgestellt worden, von denen die von *Regnault* noch viel benutzt wird. Sie lautet:

$$\lambda = 606,5 + 0,305\,t.$$

Andererseits kann die Gesamtwärme, da $\lambda = q + r$ ist, nach den in neuster Zeit ausgeführten Versuchen zur Bestimmung von r durch Hinzufügung der Flüssigkeitswärme q ermittelt werden, da auch über letztere genaue Versuche angestellt wurden.

Die nachstehende Tabelle gibt die in der Physikalisch-Technischen Reichsanstalt von *F. Henning* ermittelten Versuchsresultate für die Verdampfungswärme r wieder und gleichzeitig eine Gegenüberstellung dieser Werte mit denen, welche nach der *Regnaultschen* Formel berechnet werden.

Die nächste Tabelle enthält die Flüssigkeitswärme $q = \int c_p \, dt$ nach *Dieterici*.

b) und c) Verdampfungs- und Flüssigkeitswärme.

Verdampfungswärme r nach Henning.

Dampf-temperatur t	Verdamp-fungswärme r	$\dfrac{dp}{dt}$ $\dfrac{\text{mm Hg}}{\text{Grad}}$	Volumen des Dampfes cbm/kg	Gesamt-wärme $\lambda = q + r$	Ges.-Wärme nach Regnault w	Unter-schied %
30	579,3	1,819	33,010	609,3	615,7	+1,1
40	574,0	2,939	19,600	613,9	618,7	+0,8
50	568,5	4,588	12,050	618,4	621,7	+0,6
60	562,9	6,916	7,677	622,8	624,8	+0,3
70	557,1	10,11	5,046	627,0	627,8	+0,1
80	551,1	14,40	3,406	631,0	630,9	—0,0
90	545,0	19,99	2,360	634,9	633,9	—0,1
100	538,7	27,12	1,673	638,7	637,0	—0,3
110	532,1	36,10	1,210	642,2	640,0	—0,3
120	525,3	47,16	0,8912	645,5	643,1	—0,4
130	518,2	60,60	0,6675	648,6	646,1	—0,4
140	510,9	76,67	0,5078	651,5	649,2	—0,4
150	503,8	95,66	0,3921	654,7	652,2	—0,4
160	496,6	117,7	0,3071	657,8	655,3	—0,4
170	489,4	143,4	0,2430	661,0	658,3	—0,4
180	482,2	172,7	0,1947	664,2	661,4	—0,4

Die Verdampfungswärme r ist in 15°-Kalorien angegeben. Um die Gesamtwärme λ zu erhalten, ist die Flüssigkeitswärme q nach den Ermittlungen von *Dieterici* (vgl. Annalen der Phys. 16. 6. 10. 1905) $q = \int c_p \, dt$ zu r hinzugefügt.

Die Flüssigkeitswärme $q = \int c_p dt$ ergibt sich nach den Versuchen von *Dieterici* aus den in der nachstehenden Tabelle angegebenen Werten für die mittlere spezifische Wärme, für welche die Gleichung gilt:

$$c_m = \frac{1}{t} \int_0^t c \, dt = 0,9983 - 0,005184 \frac{t}{100} + 0,006912 \left(\frac{t}{100}\right)^2 \tag{17}$$

Hiernach ist nun c_m bei den Temperaturen t

t	c_m	t	c_m	t	c_m
20	1,0010	120	1,0020	220	1,0203
40	0,9973	140	1,0046	240	1,0256
60	0,9976	160	1,0077	260	1,0315
80	0,9985	180	1,0113	280	1,0380
100	1,0000	200	1,0155	300	1,0449

Nach den Versuchen von *Henning* ist für eine Temperatur von z. B. 160° $r = 496,6$ w. Die Flüssigkeitswärme q ergibt sich nach *Dieterici*

$$q = 160 \cdot 1,0077 = 161,23$$

Somit ist $\lambda = q + r = 161{,}23 + 496{,}6 = 657{,}8$.

Nach *Regnault* ist

$$\lambda = 606{,}5 + 0{,}305 \cdot 160 = 655{,}3$$

Der Unterschied beträgt 2,5 w oder etwa 0,4%.

Ferner ist aber zur Bestimmung von r die Formel von *Thiesen* nach Mitteilung von *Jacob* (vgl. Z. V. d. I. 1912, S. 1982) sehr gut zu verwenden. Dieselbe lautet

$$r = 92{,}93 \,(365 - t)^{\,0{,}315} \tag{18}$$

Hiernach ergibt sich für $t = 160°$

$$r = 497{,}01$$

und
$$\lambda = 497{,}01 + 161{,}23 = 658{,}24$$

Die Abweichung von den *Henningschen* Versuchen beträgt nur 0,44 w, dagegen von den *Regnaultschen* 2,94 w oder 0,07% bzw. 0,45%.

Zur Ermittlung der inneren und äußeren Verdampfungswärme benötigt man das spez. Volumen v'' des trockengesättigten Dampfes, da

$$r = \varrho + AP\,(v'' - v')$$

ist, ferner ist die Abhängigkeit des Druckes P von der Temperatur t noch zu ermitteln. Alsdann ergibt sich

$$\varrho = r - AP\,(v'' - v')$$

Es soll deshalb zunächst der zu gegebener Temperatur t gehörige Druck P bestimmt werden.

d) Dampfdruck.

Auch hierüber sind in den letzten Jahren Versuche angestellt worden, und zwar ebenfalls in der Phys.-Techn. Reichsanstalt von *Holbern* und *Henning* (vgl. Z. V. d. I. 1909, S. 302).

Die Resultate sind in den Dampftabellen (Zahlentafel I u. II) des Anhanges benutzt worden.

Von den älteren empirischen Formeln sei die von *Regnault* aufgestellte und von *Zeuner* (Thermodynamik, Leipzig 1900, Verlag v. *A. Felix*) benutzte Formel angegeben, die auch *Chwolson* in seinem Lehrbuche der Physik (Braunschweig 1905 Band III S. 734) als die wichtigste von den vielen aufgestellten Formeln bezeichnet.

Dieselbe lautet für $t = 0°$ bis $100°$

$$\log P = a - b\alpha^{\tau} + c\beta^{\tau} \tag{19a}$$

(Unter log ist hier der *Briggsche* Logarithmus zu verstehen.)

Für $t = 100°$ bis $200°$

$$\log P = a - b\alpha^{\tau} - c\beta^{\tau} \tag{19b}$$

Es sind nun folgende Werte hier einzusetzen:

bei $t = 0°$ bis $100°$

$$a = 4{,}7393707$$

$$\log b\alpha^\tau = + 0{,}6117408 - 0{,}003274463\, t$$
$$\log c\beta^\tau = - 1{,}8680093 + 0{,}006864937\, t$$

Für $t = 100°$ bis $200°$

$$a = 6{,}2640348$$
$$\log b\alpha^\tau = + 0{,}6593123 - 0{,}001656138\, t$$
$$\log c\beta^\tau = + 0{,}0207601 - 0{,}005950708\, t$$

e) Spezifische Volumen.

Das spezifische Volumen kann mit Hilfe der in obiger Tabelle von *Henning* angegebenen Differentialquotienten $\dfrac{dp}{dt}$ nach der *Clapeyron-Clausiusschen* Gleichung:

$$v'' = \frac{r}{A\,(t+273)} \cdot \frac{1}{\left(\dfrac{dp}{dt}\right)} + v' \tag{20}$$

bestimmt werden.

Eine zweite Formel, welche nach den Beobachtungen von *Knoblauch, R. Linde* und *H. Klebe* in dem Laboratorium für techn. Physik in München[1] gute Übereinstimmung mit den Versuchen ergibt, ist

$$Pv'' = BT - P\,(1 + \mathrm{a}P)\left[C\left(\frac{373}{T}\right)^3 - D\right] \tag{21}$$

worin $B = 47{,}10$; $\mathrm{a} = 0{,}000002$;

$\qquad C = 0{,}031$; $D = 0{,}0052$

$\qquad P = $ Druck in k/qm $(= 10\,000 \cdot p$; p in Atm$)$

$\qquad T = 273 + t$ (die Temperatur)

$\qquad v''$ das spezifische Volumen in cbm/kg zu setzen sind.

Durch Division des errechneten Resultates mit P ergibt sich dann das Volumen v''.

Vereinfacht und für die praktische Rechnung genau genug ist auch:

$$Pv'' = 47{,}10\, T - 0{,}016\, P \tag{22}$$

Sind Druck P und spez. Volumen v'' nach der Temperatur t ermittelt, so ist die äußere Verdampfungswärme $AP\,(v'' - v')$ bestimmbar, womit sich dann die innere Verdampfungswärme ϱ

$$\varrho = r - AP\,(v'' - v')$$

ermitteln läßt.

Beispiel: Es sollen Druck, das Volumen, Flüssigkeitswärme, die innere und äußere Verdampfungswärme und der Wärmeinhalt des trockengesättigten Dampfes für $t = 150°$ bestimmt werden.

1. Druck:

$$\log p = a - b\alpha^\tau - c\beta^\tau \quad \text{(nach 19b)}$$
$$a = 6{,}2640348$$
$$\log b\alpha^\tau = 0{,}6593123 - 0{,}001656138 \cdot 150 = 0{,}4108916$$
$$\log c\beta = 0{,}0207601 - 0{,}005950708 \cdot 150 = -0{,}8718461$$
$$\log 2{,}57568 = 0{,}4108916$$

---

[1] S. a. Zeitschr. d. Ver. d. Ing. 1905. Seite 1697.

$$\log 0{,}13432 = 9{,}1281539 - 10 = -0{,}8718461$$
$$\log p = 6{,}2640348 - (2{,}57568 + 0{,}13432)$$
$$\log p = 3{,}5540348$$
$$p = 3581{,}25 \text{ mm Hg.}$$
$$3581{,}25 \cdot 13{,}596 = 48\,690{,}7 \text{ mm } H_2O = 4{,}869 \text{ kg/qcm.}$$

Der Wert 3581 mm Hg = 48 691 kg/qm stimmt mit den Dampftabellen von *Mollier* (vgl. Hütte) überein; nach den Versuchen von *Holborn* und *Henning* (Z. V. d. I. 1909, S. 302) ist der einer Dampftemperatur von 150° entsprechende Druck 3568,7 mm Hg oder 4,852 kg/qcm.

2. Volumen:

Nach der obigen überschläglichen Formel (22) ist

$$P\,v'' = 47{,}10\,T - 0{,}016\,P$$
$$= 47{,}10\,(273 + 150) - 0{,}016 \cdot 48\,691$$
$$= 19\,144{,}3$$
$$v'' = \frac{19144{,}3}{48691} = 0{,}39317$$

Die genaue Formel (21)

$$P\,v'' = B\,T - P\,(1 + a\,P)\left[C\left(\frac{373}{T}\right)^3 - D\right]$$

ergibt nach Einsetzen der oben angegebenen Werte

$$P\,v'' = 47{,}10 \cdot 423 - 48\,691\,(1 + 0{,}00002 \cdot 4891)\left[0{,}031\left(\frac{373}{423}\right)^3 - 0{,}0052\right] = 19063{,}0$$

woraus dann v'' berechnet:

$$v'' = \frac{19063{,}0}{48691} = 0{,}3916 \text{ cbm/kg}$$

Die Tabellen der Hütte (herausgegeben vom Verein Hütte) geben für 150° ein Dampfvolumen von 0,3917 cbm/kg an. — Die Übereinstimmung mit anderen Ermittlungen ist also recht gut. Die Differenz ist offenbar schon in dem oben angegebenen Druckunterschiede zu suchen.

3. Äußere Verdampfungswärme:

Nimmt man das spez. Volumen der Flüssigkeit mit $v' = 0{,}001$ cbm/kg an, da der genauere Wert hierfür nur sehr wenig verschieden ist (er ist nach *Mollier* 0,0010903), so ergibt sich nun die äußere Verdampfungswärme aus

$$A\,P\,(v'' - v') = \frac{1}{427} \cdot 48\,690{,}7\,(0{,}39\,16 - 0{,}0010) = 44{,}54 \text{ w}$$

(Nach *Mollier* 44,55.)

4. Verdampfungswärme r:

Die Verdampfungswärme r nach der Formel von *Thiessen* ist für $t = 150°$

$$r = 92{,}93\,(365 - t)^{0{,}315}$$
$$r = 92{,}93\,(365 - 150)^{0{,}315} = 504{,}51 \text{ w.}$$

Nach *Mollier* ist $r = 506{,}2$, während nach *Hennings* Versuchen sich $r = 503{,}8$ ergibt.

Behalten wir den oben gefundenen Wert $r = 504{,}51$ bei, so ist nun die innere Verdampfungswärme

$$\varrho = r - A\,P\,(v'' - v')$$
$$\varrho = 504{,}51 - 44{,}54 = 459{,}97 \text{ w.}$$

(Nach *Mollier* 461,6.)

5. Flüssigkeitswärme und Wärmeinhalt des Dampfes.

Die Flüssigkeitswärme ist nach *Dieterici* mit dem Werte c_m für 150°

$$q = 150 \cdot 1{,}0061 = 150{,}915 \text{ w}$$

und die für die Arbeitsleistung der Flüssigkeit aufzuwendende Wärme

$$APv' = \frac{1}{427} \cdot 48691 \cdot 0{,}001 = 0{,}114 \text{ w}.$$

Der Wärmeinhalt der Flüssigkeit ist somit $i' = 151{,}029$ w. Der Wärmeinhalt des Dampfes bei 150° ergibt sich dann zu:

$$i'' = q + APv' + \varrho + AP\,(v'' - v') = 150{,}915 + 0{,}114 + 459{,}97 + 44{,}54 = 655{,}539 \text{ w}.$$

Die Gesamtwärme:

$$\lambda = q + \varrho + AP\,(v'' - v')$$
$$\lambda = q + r = 150{,}915 + 504{,}510 = 655{,}425 \text{ w}.$$

Nach *Mollier* $\lambda = 657{,}7$ w.[1]
Nach *Henning* $\lambda = 654{,}7$ w.
Nach *Regnault* $\lambda = 652{,}2$ w.

Man ersieht auch hieraus wieder, daß der Unterschied zwischen i'' und λ im Verhältnisse zu der Verschiedenheit der Resultate, die sich nach den Ermittlungen der einzelnen Forscher ergeben, so gering ist, daß für i'' die in den Zahlentafeln I und II enthaltenen Werte von λ benutzt werden können.

6. Überhitzter Dampf.

Der gesättigte Dampf hat sich in Dampf-Kraftmaschinen infolge der Neuerungen an Verbrennungsmotoren in vielen Fällen nicht mehr konkurrenzfähig gezeigt, da diese Motoren mit einem wesentlich höheren thermischen Wirkungsgrade arbeiten. Man ist deshalb genötigt gewesen, nicht nur die Spannung des Dampfes zu erhöhen, sondern, in der Erkenntnis, daß die Arbeitsleistung auch von dem Temperaturgefälle abhängt, auch die Temperatur des Dampfes über den Grenzzustand hinaus.

In neuester Zeit wird deshalb in Maschinenbetrieben überhitzter Dampf bis 300 und 400° angewendet. Der überhitzte Dampf ist also ein über die Temperatur des trocken-gesättigten Zustandes hinaus erwärmter Dampf, dessen Spannung aber der des Sättigungsdruckes entspricht. Wenn z. B. Dampf durch den an einem Dampfkessel angebrachten Überhitzer geleitet wird, so wird er zunächst getrocknet, d. h. etwa mitgerissenes Wasser wird verdampft; demnach geht der alsdann trocken gesättigte Dampf in überhitzten über, wobei auch das Volumen eine der Temperatursteigerung entsprechende Zunahme erfährt. Das spezifische Volumen des überhitzten Dampfes ist also größer als das des trockengesättigten.

Die Dampfüberhitzer bestehen zumeist aus einer großen Anzahl von Rohren, welche von Feuergasen umspült werden und durch welche der dem Dampfkessel entnommene Dampf hindurchgeleitet wird. Somit steht der Dampf auch beim Verlassen des Überhitzers noch mit dem Innern des Kessels in Verbindung, ist zwar nicht mehr naß, wie der Dampf, im Kessel, welcher sich über dem Wasserspiegel gebildet hat, besitzt aber doch noch

---

[1] Der Vergleich mit den von Prof. Dr. *Mollier* angegebenen Werten ist deshalb hier angestellt, weil die Werte *Molliers* allgemein Anwendung gefunden haben.

angenähert den gleichen Druck wie im Kessel selbst. Einen höheren Druck würde der Dampf erst dann annnehmen, wenn man ihn im Überhitzer beiderseits einschließen würde und dann durch die Feuergase die Überhitzung herbeiführte.

Der Wärmeinhalt des Dampfes wird durch die Überhitzung erhöht, und diese Erhöhung des Wärmeinhaltes ist gleich dem Produkt aus spezifischer Wärme und Temperaturerhöhung über die Sättigungstemperatur hinaus.

Die spezifische Wärme des überhitzten Dampfes nimmt mit dem Drucke zu, d. h. sie ist geringer z. B. bei 1 Atm als bei 10 oder 20 Atm; dagegen nimmt sie nach den Versuchen von *Knoblauch* und *Hilde Mollier* von der Sättigungstemperatur aus mit der Temperatur zunächst ab, um nach Erreichen eines kleinsten Wertes wieder zuzunehmen. (Vgl. Zahlentafel III.)

Dies trifft auch nach den Angaben von *Jacob* (Mitteilungen aus der Physikalisch-Technischen Reichsanstalt) bis 8 Atm zu. Über 8 Atm zeigt sich demnach eine ständige Abnahme mit zunehmender Temperatur.

Da die spezifische Wärme des überhitzten Wasserdampfes somit sowohl vom Drucke als auch von der Temperatur abhängig — also veränderlich — ist, bestimmt sich seine Überhitzungswärme i über dem Grenzzustande aus

$$i - i'' = \int_{t_s}^{t_{\ddot{u}}} c_p\, dt \tag{23}$$

und die mittlere, spezifische Wärme ergibt sich aus

$$(c_p)_m = \frac{1}{t_u - t_s} \int_{t_s}^{t_u} c_p\, dt \tag{24}$$

worin i den Wärmeinhalt des überhitzten, i'' den Wärmeinhalt des gesättigten Dampfes, t_s die Sättigungstemperatur und $t_{\ddot{u}}$ die dem Dampfe eigene Temperatur bedeuten. Die Werte für $(c_p)_m$ sind in der Zahlentafel III im Anhange aufgeführt und den obengenannten Arbeiten *Jacobs* nach Mitteilungen der Physikalisch-Technischen Reichsanstalt (1911) entnommen. $(c_p)_m$ ist dann die mittlere spezifische Wärme zwischen t_s und der Überhitzungstemperatur $t_{\ddot{u}}$.

Der Wärmeinhalt i des überhitzten Dampfes ergibt sich aus

$$i = i'' + (c_p)_m\, (t_{\ddot{u}} - t_s). \tag{25}$$

so ist z. B. für 10 Atm $i'' = 663,8$; $t_s = 179,1$ und bei einer Überhitzung auf 300° C

$$i = 636,80 + 0,536\,(300 - 179,1)$$

$$= 663,80 + 64,80$$

$$= 728,60 \text{ w.}$$

$(c_p)_m$ ist der Zahlentafel (III) zu entnehmen, i'' und t_s aus Zahlentafel I.

Für die Bestimmung des spezifischen Volumens können dieselben Gleichungen benutzt werden wie für den gesättigten Dampf (vgl. 21).

$$Pv = BT - P\,(1 + aP) \left[C\left(\frac{373}{T}\right)^3 - D \right]$$

worin wie früher

$$B = 47{,}10 \qquad\qquad\qquad a = 0{,}000002$$
$$C = 0{,}031 \qquad\qquad\qquad D = 0{,}0052$$
$$P = \text{Druck in kg/qm}$$
$$T = 273 + t_{\ddot{u}}$$
$$v_{\ddot{u}} = \text{spezifisches Volumen des überhitzten Dampfes,}$$

bedeuten.

Für 11 Atm und 300° ($T = 273 + 300 = 573$) ist nach obiger Formel

$$v = 0{,}2412 \text{ cbm/kg,}$$

nach den Arbeiten von *Jacob*: $v = 0{,}2393$.

Das Volumen des trockengesättigten Dampfes von 11 Atm und 183,2° Sättigungstemperatur ist nur 0,1815, also etwa um ein Viertel kleiner als das des um 120,9° überhitzten Dampfes.

In Zahlentafel IV sind die Volumina für die Drucke von 1 bis 19 Atm (absol.) und für die Temperaturen bis $t_{\ddot{u}} = 550°$ enthalten.

7. Wärmeinhalt des Naßdampfes.

Es war schon oben darauf hingedeutet worden, daß zwischen Flüssigkeit und dem Grenzzustande des trockengesättigten Dampfes das Gebiet des Naßdampfes liegt, das durch das Volumen gekennzeichnet ist, während Druck und Temperatur dem trockengesättigten Dampfe entsprechen.

Je nach dem Wassergehalte des Dampfes richtet sich auch der Wärmeinhalt.

Die Gesamtmenge Wasser und Dampf war mit 1 bezeichnet worden, die Dampfmenge mit x, woraus sich die noch nicht verdampfte Wassermenge zu $(1 - x)$ ergab.

Die Größe x war zudem als spezifische Dampfmenge bezeichnet worden.

Mit $x = 1$ ist die Verdampfung des Wassers vollendet, wie sich auch aus dem die Wassermenge bezeichnenden Ausdrucke $(1 - x)$ ergibt, denn mit $x = 1$ ist $(1 - x) = 0$. Bei der Bezeichnung $v' =$ Volumen der Flüssigkeit und $v'' =$ Volumen des trockengesättigten Dampfes (Grenzzustand) ist ein beliebiges Volumen v nach Gl. 8, Seite 38:

$$v = xv'' + (1 - x)\, v'$$

oder

$$v = xv'' + v' - xv'$$

oder

$$v = x\, (v'' - v') + v'$$

Wenn, wie oben gesagt, v' das anfängliche Flüssigkeitsvolumen und v ein beliebiges anderes Volumen darstellen, so ergibt sich die Volumenvergrößerung aus

$$v - v'$$

oder nach obigem

$$v - v' = x\, (v'' - v') \qquad\qquad\qquad (26)$$

Es war ferner gezeigt worden, daß die bei der Volumenvergrößerung aufgewendete Arbeit, in Wärmemengen ausgedrückt, durch

$$AP\,(v'' - v')$$

dargestellt wird. ($P =$ Druck in kg auf 1 qm $= 10\,000\,p$.)

Bei nicht vollkommener Verdampfung der Flüssigkeitsmenge ergibt sich daher hierfür mit

$$v - v' = x\,(v'' - v')$$

der Ausdruck für die äußere Verdampfungswärme nach Gleichung 12

$$AP x\,(v'' - v')_{\text{.}} \tag{27}$$

Ebenso ist die innere Verdampfungswärme ϱ zur Überführung des Wassers in Dampfform $x\varrho$, wenn nur x Teile in Dampf übergehen.

Die Flüssigkeitswärme q ist dabei natürlich unveränderlich, denn sie ist aufgewendet worden und bleibt in dem Gemisch enthalten. Somit ergibt sich nun die Gesamtwärme λ_n des Naßdampfes, die für den trockengesättigten Zustand (Gleichung 16)

$$\lambda = q + r = q + \varrho + AP\,(v'' - v')$$

war, zu

$$\lambda_n = q + x\varrho + AP x\,(v'' - v') \tag{28}$$

oder da die innere und äußere Verdampfungswärme

$$\varrho + AP\,(v'' - v') = r,$$
$$\lambda_n = q + x\,[\varrho + AP\,(v'' - v')]$$
$$\lambda_n = q + xr \tag{29}$$

Der Wärmeinhalt, der sich von der Gesamtwärme nur durch das Glied APv' unterscheidet, ist

$$i_n = q + APv' + x\,[\varrho + AP\,(v'' - v')]$$
$$= q + APv' + xr \tag{30}$$

In einem Beispiele soll der Unterschied gegenüber dem trockengesättigten Zustande gezeigt werden. Bei 180° Dampftemperatur ist im Grenzzustande nach Zahlentafel II:

$$\lambda = q + r = 182{,}03 + 482{,}20 = 664{,}23.$$

Ist die spezifische Dampfmenge $x = 0{,}9$, enthält also der Dampf 10% Wasser, so ist

$$\lambda_n = q + 0{,}9\,r = 182{,}03 + 0{,}9 \cdot 482{,}20 = 616{,}01\ \text{w}.$$

Man ersieht daraus den bedeutenden Unterschied, der bei Untersuchungen nicht außer acht gelassen werden sollte; eine Dampfnässe von 10% ist sehr häufig in gesättigtem Dampfe festzustellen.

8. Ermittlung der Dampfnässe[1].

Zur Feststellung der Dampfnässe macht Professor *H. Lorenz* in seinem Handbuche der technischen Physik folgenden Vorschlag. (Verlag **v. R.** *Oldenbourg*, München.)

---

[1] Über Anwendung des Drosselkalorimeters zur Bestimmung der Dampfnässe s. Mitteilungen über Forschungsarbeiten, herausgeg. v. Ver. deutsch. Ingen. Heft 98 u. 99 u. Z. d. Ver. deutsch. Ingen. 1911. Seite 1421.

Man entnimmt den Dampf an irgend einer Stelle einer Rohrleitung und führt ihn in ein mit Wasser gefülltes Gefäß, dessen Wasserwert (Gewicht multipliziert mit der spezifischen Wärme des Materials des Gefäßes[1]) und dessen Wasserinhalt man genau festgestellt hat.

Das Zuführungsrohr, sowie auch das Gefäß sind gut gegen Wärmeverluste zu schützen.

Hat man dann die Temperatur des Wassers t_w abgelesen, so läßt man den Dampf in das Wasser eintreten, wo er sofort kondensiert und seine Wärme an das Wasser abgibt. Die Gesamtwärme des trockengesättigten Dampfes ist

$$\lambda = q + r$$

die des nassen Dampfes ist

$$\lambda_n = q + xr$$

und hieraus ist nun x zu ermitteln.

Die Dampfmenge, welche in das Wasser eingeführt wird, hat das Gewicht G_d, welches zu dem Gewichte des Wassers G_w hinzukommt.

Nach dem Einströmen des Dampfes ist in dem Behälter

$$G_d + G_w$$

vorhanden, was durch Wägung festgestellt werden kann.

Das Gewicht des eingeströmten Dampfes ist also leicht zu ermitteln.

Hatte das Wasser anfangs die Temperatur t_w, so war der Wärmeinhalt desselben mit der spezifischen Wärme $c = 1$

$$Q_w = G_w t_w.$$

Die Wärmemenge, welche vom Dampfe in das Wasser geleitet wurde, ist

$$Q_d = G_d \, (q + xr).$$

Das Gemisch habe nun die Temperatur t, und somit ist der Wärmeinhalt desselben

$$(G_w + G_d)t$$

dann ist

$$(G_w + G_d)t = Q_w + Q_d$$

oder

$$(G_w + G_d)\, t = G_w t_w + G_d \, (q + xr)$$

$$(G_w + G_d)\, t = G_w t_w + G_d q + G_d xr$$

woraus sich x, die spezifische Dampfmenge, ergibt zu

$$x = \frac{(G_w + G_d)\, t - G_w t_w - G_d q}{G_d r} \tag{31}$$

Will man der Genauigkeit halber noch die Erwärmung des Behälters berücksichtigen, z. B. eines eisernen Gefäßes, so ist dessen Wasserwert $G_b c$ noch einzusetzen, worin c die spez. Wärme des Behälters (Eisen $c = 0{,}12$) bezeichnet. (Vgl. auch Zahlentafel V.)

Dann ist

$$x = \frac{(G_d + G_w + G_b c)\, t - (G_w + G_b c) t_w - G_d q}{G_d r} \tag{32}$$

---

[1] S. Seite 8.

Beispiel. Eine Rohrleitung führe Dampf von 8 Atm [1], der Behälter, in welchen der Dampf geleitet wird und welcher aus Schmiedeeisen hergestellt ist, enthalte 60 kg Wasser von 10° und wiege selbst 40 kg. Nach dem Einlassen des Dampfes ist die Wassertemperatur auf 60° gestiegen und das Gewicht des Wassers bzw. des Gemisches auf 66 kg; dann ist das Gewicht des eingeströmten Dampfes $G_d = 6$ kg. Die Verdampfungswärme r des trockengesättigten Dampfes von 8 Atm ist 489,7 (siehe Dampftabelle I) und die Flüssigkeitswärme $q = 171,2$.

Damit läßt sich nun, wenn man annimmt, daß auch der eiserne Behälter die Wassertemperatur angenommen hat, die Dampfnässe oder die spezifische Dampfmenge x nach Gleichung 32 berechnen wie folgt:

$$x = \frac{(6 + 60 + 40 \cdot 0{,}12)\,60 - (60 + 40 \cdot 0{,}12)\,10 - 6 \cdot 171{,}2}{6 \cdot 489{,}7}$$

$$x = 0{,}87 = \text{spezifische Dampfmenge.}$$

Der Wassergehalt des Dampfes beträgt somit

$$(1 - x) = (1 - 0{,}87) = 0{,}13 \text{ oder } 13\%.$$

Es empfiehlt sich, an dem Wasserbehälter eine Rührvorrichtung anzubringen, und während des Einströmens des Dampfes das Wasser mittels dieser Rührvorrichtung in Bewegung zu halten. Außerdem aber sind mehrere Thermometer an dem Behälter anzubringen.

Würde x größer als 1 ausfallen, so wäre der Dampf überhitzt.

9. Dampftabellen.

Die im Anhange befindlichen Tabellen für gesättigten Wasserdampf sind den Arbeiten von *Schüle* (Z. V. d. I. 1911) entnommen, zu denen die neusten Versuche in der Physikalisch-Technischen Reichsanstalt benutzt wurden.

Schüle hat zur Bestimmung der Abhängigkeit des Druckes von der Temperatur die Versuche von *K. Scheel* und *W. Hense*, sowie von *L. Holborn* und *F. Henning* benutzt, die auch oben mehrfach angeführt wurden.

Für die Bestimmung des spezifischen Volumens sind zum Teil die Versuche von *C. Knoblauch, R. Linde* und *H. Klebe* im Laboratorium für technische Physik der Königl. Techn. Hochschule in München benutzt worden, zum Teil sind hier auch andere Unterlagen, so z. B. von *Batelli, Fairbairn, Winkelmann, Holborn* und *Henning* verwendet.

Die Verdampfungswärme ist nach *Holborn* und *Henning* und bei den Werten über 180° Dampftemperatur nach *Ramsey* und *Young* ermittelt worden, während für die Flüssigkeitswärme die Angaben von *Dieterici* benutzt sind.

Die Tabellen sind demnach aus dem gerade in den letzten Jahren mit größter Sorgfalt bearbeiteten Material hergestellt, wobei besonders die in der Physikalisch-Technischen Reichsanstalt und in der Techn. Hochschule in München ausgeführten Versuche Berücksichtigung erfahren haben.

Die Zahlentalefn (III) und (IV) enthalten die spezifische Wärme und das spezifische Volumen des überhitzten Dampfes nach den Mitteilungen von *M. Jacob* aus der Physikalisch-Technischen Reichsanstalt vom Jahre 1912.

---

[1] Wo nicht besonders zum Ausdruck gebracht, sind die Angaben stets in Atm absolut.

In den Dampftabellen (I) und (II) für gesättigten Wasserdampf sind von *Schüle* die Verdampfungswärme und die Gesamtwärme für die höheren Drücke nach *Ramsay* und *Young* abgeleitet. Bei der immer noch bestehenden Unsicherheit und den Abweichungen der Angaben der verschiedenen Forscher kommt es nicht darauf an, einen peinlichen Unterschied zwischen Wärmeinhalt i'' und Gesamtwärme λ zu machen, zumal dieser Unterschied für praktische Versuche infolge seiner Geringfügigkeit ganz ohne Bedeutung ist. In den späteren Abschnitten ist deshalb der Wärmeinhalt i'' der Gesamtwärme λ gleichgesetzt.

Zu Tabelle III ist noch zu erwähnen, daß im Originale die Werte von $(c_p)_m$ nur für 1, 2, 4, 6 usf. Atm angegeben sind. Die Zwischenwerte für 1,5, 3, 5, 7 usf. Atm sind vom Verfasser eingesetzt und als Mittelwerte berechnet worden, was deshalb zulässig erscheint, weil sich bei graphischer Darstellung der Werte von $(c_p)_m$ nur sehr schwach gekrümmte Linien ergeben. In den Zahlentafeln I und II ist der Druck in kg/qcm angegeben; dem gleichbedeutend ist die Angabe des Druckes in Atmosphären (Atm). (Vgl. Seite 33.) Ferner ist das Volumen der Flüssigkeit in den Zahlentafeln I und II in cbdm für die Gewichtseinheit (1 kg) angegeben, während bei Berechnungen das Flüssigkeitsvolumen v' in cbm/kg einzusetzen ist.

Nach den obigen Auseinandersetzungen auf Seite 46 kann für die Gesamtwärme λ der Zahlentafeln I und II auch der Wärmeinhalt i'' bei den im vorliegenden Buche enthaltenen Berechnungen eingesetzt werden.

Die in Zahlentafel IV von *Jacob* durch Berechnung gefundenen Volumina des überhitzten Dampfes stimmen sehr gut mit den von *R. Linde* experimentell und nach seiner Formel ermittelten überein.

IV. Wärmeverlustberechnung von Gebäuden.

1. Wärmedurchgang durch Wände.

Zur Bestimmung desjenigen Wärmeaufwandes, welcher erforderlich ist, um in einem geschlossenen Raume unter dem Einflusse seiner Umgebung eine bestimmte Temperatur zu erzielen und dauernd zu erhalten, wird der Wärmedurchgang für jede einzelne Abkühlungsfläche des Raumes mit Hilfe der zugehörigen Wärmedurchgangszahlen berechnet. Da die Abkühlungsflächen eines Raumes infolge ihrer Verschiedenartigkeit auch ganz verschiedenen Wärmedurchgang aufweisen, sind die ermittelten Einzelwerte zusammenzuziehen. Aus der auf diese Weise gebildeten Summe der Wärmeverluste aller Abkühlungsflächen ist die Größe der Wärmespender, der Öfen oder Heizkörper zu bestimmen. (Vgl. das Beispiel auf Seite 67 u. f.)

Die Wärmeverluste werden nach der Gleichung 20 auf Seite 18

$$Q = Fk\,(t_i - t_a) \tag{1}$$

berechnet, worin

F die in Betracht gezogene Fläche (Außen- oder Innenwand, Fenster, Decke, Fußboden),

k die betreffende Wärmedurchgangszahl,

t_i die Innentemperatur des Raumes,

t_a die Außentemperatur,

Q die so ermittelte Wärmemenge in w pro Stunde

bedeuten.

Der Wärmeverlust Q ist innerhalb der Temperaturgrenzen der Wärmeverlustberechnungen für Gebäude direkt proportional dem Temperaturunterschiede $t_i - t_a$, d. h. je höher die Raumtemperatur über der Außentemperatur liegt, desto größer ist die aufzuwendende Wärmemenge, mit welcher die Raumtemperatur t_i auf gleicher Höhe gehalten werden kann. Es ist daher zunächst einiges über die Temperaturen t_i und t_a zu sagen[1].

2. Temperaturen und Berechnungsunterlagen.

Der Wärmebedarf eines Gebäudes wird in der Praxis unter Annahme einer tiefsten Außentemperatur, bei welcher die Raumtemperaturen t_i einzuhalten sind, berechnet. Für Deutschland gilt als niedrigste Außentemperatur $t_a = -20°$. In Ostpreußen, im südlichen Schlesien und in Gebirgsgegenden rechnet man mit $-25°$.

Wenn diese Temperaturen auch nur selten und dann fast immer nur vorübergehend eintreten, so gilt ihre Annahme doch mit als ein Sicherheitszuschlag; zumal bei unterbrochenem Heizbetriebe, wie er in fast allen industriellen Gebäuden vorkommt, wo sogar oft der Heizbetrieb mehrere Tage

---

[1] Dieselbe Berechnungsart wird auch für die Bestimmung der Kühlflächen zu kühlender Räume angewendet. Es sind hierfür natürlich die entsprechend veränderten Temperaturannahmen zu machen.

hintereinander ausgesetzt wird, der Wärmebedarf für die Wiedererwärmung der Räume wesentlich höher ist, als im Beharrungszustande[1].

Für die Wärmeverlustberechnung kommen noch weiter die Temperaturen unbeheizter Räume, Keller und Dachräume usw. in Betracht, für die man folgende Annahmen macht:

Durchfahrten oder Räume, welche mit der Außenluft
    häufig in Verbindung kommen, rechnet man mit . —5 bis —10°
Unbeheizte Räume oder fremde Anbauten. . . . .   0°
Kellerräume . . . .   0°
Die Temperatur des Erdreiches über dem Kellerfußboden   0°
Erdreich unter dem Kellerfußboden. . . . .   +5°
Dachräume mit einfachem Ziegel- oder Pappdache . . .   —10°
Desgl. mit doppelter Verschalung . . . .   —5°

Zwischenräume in doppelten Oberlichten wird man zweckmäßig auf +5 bis +10° beheizen, weil andernfalls der Lichteinfall durch den liegenbleibenden Schnee behindert wird.

Im übrigen sind nach Maßgabe dieser Annahmen, für ähnliche Fälle, die ja hier nicht alle berücksichtigt werden können, entsprechend weitere Annahmen zu machen. — Insbesondere ist auch der Wärmegewinn von höher erwärmten Räumen, wie z. B. Kesselhäusern, Trockenkammern, ferner von Wärme abgebenden Einrichtungen, wie Rauchkanälen, Schornsteinen, Glühöfen, die in Wärme durch Reibung umgesetzte Maschinenarbeit usw. zu beachten.

Die Innentemperaturen richten sich nach der Art der Benutzung der Räume, so daß auch hier nur allgemein gehaltene Angaben gemacht werden können. — Für Wohn-, Büro- und ähnliche Räume wählt man +20°; für Korridore, Aborte und Nebenräume, welche als Lager für Warenproben oder dergleichen Zwecke dienen, genügt eine Temperatur von 10—15°. Treppenräume, Verbindungsgänge, Hallen berechnet man meistens mit nur 10°. Bei Räumen, welche zu industriellen Zwecken bestimmt sind, richtet sich die Raumtemperatur nach der Beschäftigungsweise der Insassen. — Werden in solchen Räumen schwere Arbeiten verrichtet, wie in Schlossereien, Schmieden, Packräumen, so genügt eine Temperatur von 10—12°.

Für Gießereien wählt man meist nur 8—10°. In den Arbeitssälen der Textilindustrie wird gewöhnlich eine Temperatur von 18—20° gewünscht. Überhaupt kann man ganz allgemein als Regel aufstellen, daß Arbeitsräume, in denen die Arbeiter sitzend oder ruhig stehend beschäftigt sind, auf +18 bis 20° erwärmt werden müssen.

Ausnahmen hiervon bilden Arbeitsräume der Nahrungsmittelindustrie, in denen die Raumtemperatur, infolge mancher leicht in Verwesung übergehenden Stoffe, niedriger sein muß. In Tischlereien und ähnlichen Betrieben dagegen ist eine Temperatur von 20° mit Rücksicht auf das Leimen der Gegenstände erforderlich, da bei niedrigerer Temperatur der Leim schnell erstarrt, ohne zu binden.

---

[1] Die Erfahrung lehrt, daß der Wärmeverlust eines Gebäudes bei starker Luftbewegung und mäßiger Außentemperatur fast größer ist, als bei sehr niedriger Außentemperatur.

Der Verband deutscher Zentralheizungsindustrieller hat neuerdings folgende Temperaturen für Fabrikräume in Vorschlag gebracht:

1. Fabrikräume mit leichter Handarbeit. . . . . 18°
2. Fabrikräume mit schwerer Handarbeit . . . . 12°
3. Gießereien . . . . 8 bis 10°
4. Tischlereien . . . . 20°
5. Lackierwerkstätten . . . . 25°
6. Werkstätten ohne besondere Zweckbestimmung . . . . 20°

Ist man sich über die Raumtemperaturen im klaren, so werden diese in die Grundrisse des Gebäudes eingetragen; hiernach hat dann die Berechnung der Wärmeverluste in der nachstehend beschriebenen Weise zu erfolgen. Zu bemerken ist noch, daß zur Aufstellung einer genauen Wärmeverlustberechnung auch möglichst genaue Pläne notwendig sind.

Die Wärmeverlustberechnung bildet die Grundlage für den ganzen Entwurf einer Heizungsanlage sowie auch für die Veranschlagung.

Es empfiehlt sich stets, sofern genaue Pläne eines Gebäudes nicht vorhanden sind, solche anfertigen zu lassen, und zwar nicht nur die Grundrisse, sondern auch die Schnitte durch das Gebäude.

Man erspart sich damit manche Unannehmlichkeiten, denn nicht selten kommt es vor, daß beim Versagen einer Heizungsanlage oder bei ungenügender Erwärmung der Räume die Firma, welcher die Ausführung der Anlage anvertraut wurde, Ausflüchte zu machen versucht, indem sie sich auf ungenügende Unterlagen zur Ausarbeitung ihres Projektes beruft. Oft entstehen diese Differenzen auch schon kurz nach der Auftragserteilung durch Nachforderungen, mit der Begründung, in den Zeichnungen sei das betreffende Gebäude ganz anders dargestellt gewesen. Zur Ausarbeitung einer Wärmeverlustberechnung sind folgende Angaben erforderlich:

1. Lage des Gebäudes zu den Himmelsrichtungen.

2. Lage des Gebäudes hinsichtlich des vorherrschenden Windes (ob geschützt oder frei gelegen).

3. Angaben über Baumaterial (Backsteinmauerwerk, Beton, Sandstein usw.).

4. Ob einfache Fenster oder doppelte Verglasung mit einfachen Rahmen oder Doppelfenster (Kastenfenster) in Anwendung kommen.

5. Höhe der Fensterbrüstungen, vom Fußboden bis Unterkante der Fensterbank gemessen.

6. Art bzw. Dauer der Benutzung der Räume (Angabe der Arbeitszeit).

7. Raumtemperaturen.

8. Angaben über Lüftung der Räume.

Bei Beheizung mehrerer Gebäude von einer Stelle aus ist ein Lageplan mit den Höhenlagen der Gebäude zueinander erforderlich, wofür man am zweckmäßigsten die Höhe der Erdgeschoßfußböden wählt. Für alle Gebäude sind aber Grundrisse und Schnitte mit eingetragenen Maßen, vornehmlich der Wandstärken und bei Hallen und Shedbauten eine genaue Beschreibung der Dachausführung beizufügen.

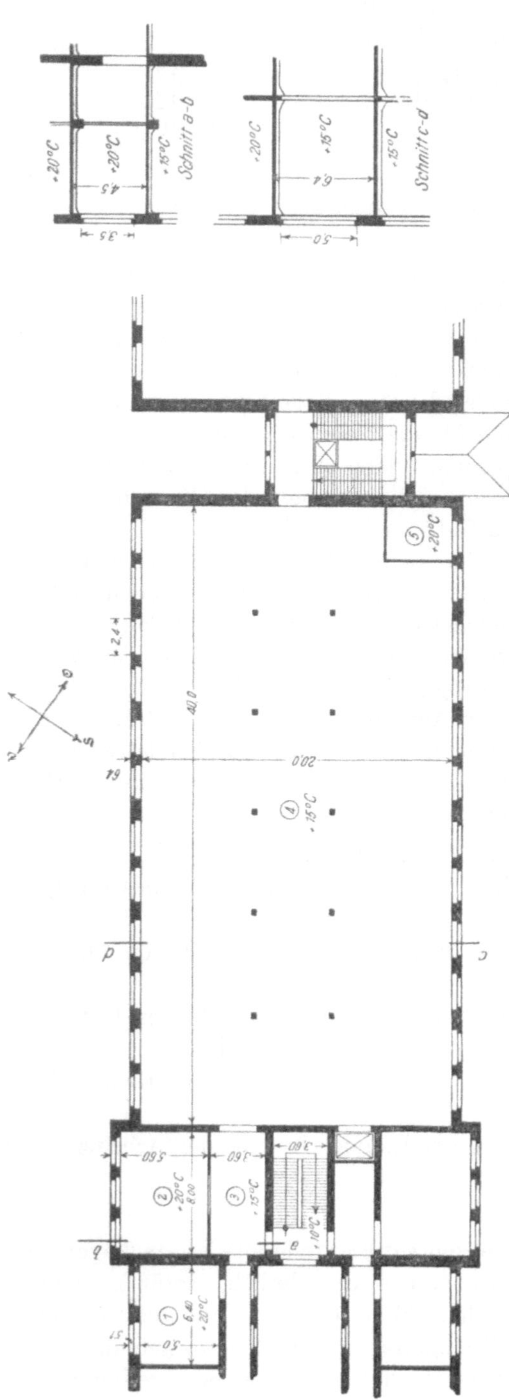

Fig. 8. Grundriß eines Fabrikgebäudes (ein Mittelgeschoß).

3. Ausführung einer Wärme- verlustberechnung.

Es sei ein Arbeitssaal mit anstoßendem Kontor und Nebenräumen nach beifolgender Skizze (Fig. 8) auf die eingetragenen Raumtemperaturen zu erwärmen. Zur Bestimmung der Wärmeverluste dieser Räume verfährt man folgendermaßen (s. a. Beispiel S. 67 und 68): Zunächst werden die Flächen der Fenster, welche von der inneren Leibung an zu rechnen sind, bestimmt, danach die der Außenwände, von denen die Fensterflächen abzuziehen sind. Die Außenwände sind nach Himmelsrichtungen, die Innenwände nach Temperaturunterschieden, beide jedenfalls nach Wandstärken getrennt zu behandeln. Die Berechnung muß sich auf alle Abkühlungsflächen eines Raumes erstrecken. Die berechneten Flächen werden danach mit der Wärmedurchgangszahl k und dem Temperaturunterschiede $(t_i - t_a)$ multipliziert. Das Produkt

$$F \cdot k \cdot (t_i - t_a)$$

Fläche $\times$ Wärmedurchgangszahl $\times$ Temperaturunterschied ergibt diejenige Wärmemenge in Wärmeeinheiten, welche stündlich durch die Fläche F des Raumes an die Außenluft oder die Raumluft der anstoßenden, niedriger erwärmten Räume abgegeben wird. Diese Wärmemenge ist aber dann auch für Nebenräume mit niedrigerer Raumtemperatur ein Wärmegewinn.

In der angedeuteten Weise ist die Wärmeverlustberechnung für die in der Skizze angegebenen Räume auf Seite 67 und 68 durchgeführt.

Es kommt sehr häufig vor, daß der Wärmegewinn eines Nebenraumes größer ist als sein Wärmeverlust, z. B. bei langgestreckten Korridoren, wenn sie von höher erwärmten Räumen umgeben sind. Ein solcher Fall liegt bei Raum Nr. 3 vor. Die Aufstellung eines Heizkörpers ist dann nicht erforderlich.

Die im Anhang befindliche Zahlentafel IX der Wärmedurchgangskoeffizienten ist der neuesten Auflage des Leitfadens zum Berechnen und Entwerfen von Heizungs- und Lüftungsanlagen von Prof. *Rietschel* und von Prof. *Brabée* entnommen.

Diese Wärmedurchgangskoeffizienten geben den Wärmedurchgang für 1 qm Fläche, 1° Temperaturunterschied und für 1 Stunde an. Bei nach außen gerichteten Abkühlungsflächen sind noch die Einflüsse der Witterung zu berücksichtigen, denen man durch entsprechende Zuschläge zu den ermittelten Wärmemengen Rechnung zu tragen versucht.

Die Zuschläge sollen die Bewegung der Außenluft und die Sonnenbestrahlung, ferner Schlagregen und Winddruck berücksichtigen; sie sind deshalb nach den Himmelsrichtungen höher oder niedriger bemessen und werden, in Prozenten des Wärmeverlustes einer Außenfläche ausgedrückt, zum Wärmeverluste dieser Abkühlungsfläche hinzugefügt. Es ist deshalb notwendig, die Außenflächen nach Himmelsrichtungen zu unterscheiden. Es kommen folgende prozentuale Zuschläge in Betracht:

    a) **Zuschläge für Himmelsrichtung auf Außenflächen.**
    Norden, Nordosten, Nordwesten, Osten . . . . 15 Proz.
    Westen, Südwesten, Südosten . . . . 10 „

    b) **Zuschläge für Eckräume usw.**
    Für Eckräume und Räume mit einander gegenüberliegenden Außenflächen ist ein weiterer Zuschlag von . . . . 10 „
    auf alle Außenflächen zu machen.

    c) **Zuschläge für Windanfall.**
    Auf Straßenansichtsflächen, die dem Windanfalle ausgesetzt sind, sowie auf alle Außenflächen freistehender Gebäude . . . . . 10 „

    d) **Zuschläge für besonders hohe Räume.**
    Räume von über 4 m Höhe erhalten für jedes Meter Mehrhöhe auf den berechneten Wärmebedarf einen Zuschlag von . . . . $2^{1}/_{2}$ „
    jedoch nicht mehr als 20 Proz.
    Treppenhäuser erhalten diesen Zuschlag nicht.

Außer diesen Zuschlägen für Himmelsrichtung, Windanfall usw. wird noch ein Zuschlag für die Wiedererwärmung nach erfolgter Abkühlung während der Unterbrechung des Heizbetriebes notwendig: Der Anheizzuschlag.

Derselbe richtet sich nach der Länge der Unterbrechung und schwankt daher zwischen 10 und 30 Proz. — Bei industriellen Gebäuden wird man mit Rücksicht auf die längere Unterbrechung des Heizbetriebes während der Feiertage vorteilhaft einen nicht zu geringen Zuschlag wählen, weil, außer der Erwärmung der Raumluft und der Wände, die des oft beträchtlichen Materiales und der Maschinen, welche bei erstarrtem Schmieröle schwer anlaufen, Rechnung zu tragen ist.

Der Anheizzuschlag bezieht sich auf den Wärmeverlust eines Raumes einschließlich der Zuschläge für Himmelsrichtung, Windanfall usw.

Die Zuschläge für Anheizen sind in der Praxis folgende:

a) Für ununterbrochenen Betrieb mit Bedienung auch bei Nacht (und zwar mit Rücksicht auf etwaige Einschränkung des Heizbetriebes bei Nacht) . . . . 5 Proz.

b) Für eine tägliche Unterbrechung des Heizbetriebes bis 9 Std. 10 ,,

c) ,, ,, ,, ,, ,, ,, von 9 ,, 11 ,, 15 ,,

d) ,, ,, ,, ,, ,, ,, ,, 12 ,, 15 ,, 20 ,,

e) Für nur nach längeren Unterbrechungen und nicht täglich geheizte Räume . . . . 30 ,,

Hat man die Wärmeverluste für die einzelnen Räume eines Gebäudes ermittelt, so werden die berechneten Beträge in einer besonders hierfür eingerichteten Tabelle zusammengestellt, in welche auch die Heizkörper nach ihrer Wärmeleistung, Bauart und Heizfläche einzutragen sind. (Vgl. Zusammenstellung Seite 69.)

Zum Vergleiche eingegangener Entwürfe für Heizungsanlagen sollte der Bauherr diese Tabellen immer von den beteiligten Firmen einfordern, weil er nur an Hand dieser die Einzelheiten des Kostenanschlages kontrollieren und sich auch darüber vergewissern kann, ob nach der Fertigstellung der Anlage alle im Kostenanschlage aufgeführten hauptsächlichsten Materialien geliefert worden sind.

Zu der Tabelle auf Seite 69 ist noch folgendes zu bemerken.

Spalte 1 enthält die laufenden Nummern der zu beheizenden Räume, die auch in den Grundrissen eingetragen sein müssen. Spalte 2, Bestimmung des Raumes, ist die nähere Bezeichnung, wie ,,Büro, Kasse, Privatkontor, Arbeitssaal‘‘ usw. Spalte 3 ist eingefügt als Raumbezeichnung für diejenigen Nummern, die der Architekt seinen Räumen gibt. Viele Bauzeichnungen enthalten derartige Raumnummern. Spalte 4 enthält die Temperaturen, auf welche der betreffende Raum gebracht werden soll. Spalte 5 gibt den Rauminhalt an. Die Summe aller Rauminhalte bietet zugleich eine Kontrolle für den Gesamtwärmebedarf, da hierüber Erfahrungszahlen bestehen.

Rauminhalt und Wärmebedarf stehen in einem gewissen Verhältnisse, sofern es sich nicht um abnormale Bauweise handelt.

Für den die Konkurrenzentwürfe Prüfenden bietet die Verhältniszahl

$$\frac{\text{Gesamtwärmebedarf des Gebäudes}}{\text{Rauminhalt}}$$

schon eine wertvolle Vergleichsmöglichkeit.

Außerdem gibt der Gesamtrauminhalt noch an, ob alle zu beheizenden Räume auch in die Berechnung einbezogen wurden.

Spalte 6 enthält die Wärmeverluste der einzelnen Räume ohne die Zuschläge, während die Spalten 7 bis 9 dann die Zuschläge und Spalte 10 den Gesamtwärmebedarf jedes einzelnen Raumes angeben.

Nun kommen die Rubriken für die Heizkörpergrößen.

Die Wärmeabgabe der Heizkörper muß den Wärmebedarf in Spalte 10 mindestens decken.

Wenn in Spalte 11 unter „Abgabe eines qm" die Wärmeabgabe eines in den folgenden Spalten 12 bis 15 in seinen Einzelheiten bezeichneten Heizkörpers einzutragen ist, so bezieht sich diese Angabe auf 1 qm wirksamer, d. h. Wärme abgebender Oberfläche des Heizkörpers.

Diese Oberfläche wird dadurch bestimmt, daß man den in Spalte 10 unter „Summe der Wärmeeinheiten" angegebenen Betrag durch die experimentell festgestellte Wärmeabgabe des zur Verwendung kommenden Heizkörpers dividiert.

Zum Beispiel: Raum 2 hat einen Wärmebedarf von 8082 w und soll mit Niederdruckdampfheizung durch Radiatoren (vgl. Abschn. Heizkörper) erwärmt werden.

Die Wärmeabgabe eines solchen Radiators beträgt 640 w/qm. Es sind deshalb für diesen Raum

$$\frac{8082}{640} = 12{,}63 \text{ qm}$$

Heizfläche als „erforderliche Heizfläche" in Spalte 12 einzusetzen.

Nun wird von den zur Verwendung kommenden Heizkörpern das geeignete Modell herausgesucht. In den Spalten 13, 14 und 15 sind dann die Heizkörper von gleicher Art und gleicher Höhe untereinander aufzuführen. Eventuelle Abweichungen sind in Spalte 17 bzw. 18 anzugeben.

Man kann von jeder größeren und gut eingerichteten Zentralheizungsfirma diese ausführlichen Angaben auch über einen Nachweis der Heizflächen der einzelnen Glieder, aus denen die Heizkörper zusammengesetzt sind, ohne weiteres verlangen.

Die Summen der in den Spalten 13, 14 und 15 aufgeführten Heizflächen müssen dann im Kostenanschlage wieder zu finden sein, so zwar, daß auch in diesem die Heizkörper nach Größe, Höhe und Art näher bezeichnet sind.

Kostenanschläge, welche hierüber nur unklaren Aufschluß geben, sollten unberücksichtigt bleiben, denn es besteht bei ihnen stets die berechtigte Vermutung, daß die Absicht vorliegt, einen Vergleich mit Konkurrenzanschlägen unmöglich zu machen, da er zuungunsten des Bietenden ausfallen würde.

Die Zusammenstellung der Wärmeverluste und vornehmlich die der Heizkörper soll später bei der Abrechnung der Heizungsanlage als Kontrolle dienen. Es ist der Nachweis zu erbringen, daß auch alle als erforderlich berechnete Heizfläche bei der Ausführung verwendet wurde. Am Schlusse der Zusammenstellung ist aus dem Gesamtwärmebedarfe des Gebäudes die erforderliche Kesselheizfläche zu bestimmen.

4. Abhängigkeit des Wärmebedarfes von der Außentemperatur.

Die Wärmeverlustberechnung wird für ein Gebäude unter Annahme der ungünstigsten Verhältnisse durchgeführt, weshalb als niedrigste Außentemperatur die in unseren Breitengraden nur vorübergehend auftretende Temperatur von —20° bis —25° angenommen wird. Der Windanfall findet durch Zuschläge zu den berechneten Wärmeverlusten der einzelnen Abkühlungsflächen entsprechende Berücksichtigung. Die hiernach aufgestellte Wärmeverlustberechnung bildet dann die Grundlage zur Bestimmung der Heizkörper- und Kesselgrößen und der Rohrleitungen, sie bietet die Gewähr dafür, daß eine Heizungsanlage auch unter den bei uns vorkommenden ungünstigsten Verhältnissen allen Anforderungen hinsichtlich der Erwärmung der Räume genügt. Die Wärmeverlustberechnung stellt also das Maximum an Wärmebedarf fest.

Nun wird aber dieses Maximum nur selten und dann auch nur auf kurze Zeit gefordert; vielmehr ist die Außentemperatur im Zeitraume einer Heizperiode meist wesentlich höher als die, welche der Wärmeverlustberechnung zugrunde gelegt wird.

Wenn es also gilt, den Brennmaterialverbrauch einer Heizungsanlage oder ihren Dampfverbrauch bei Verwertung der Abwärme einer Maschine oder einer anderen Wärmequelle während eines gewissen Zeitabschnittes, z. B. während einer Heizperiode zu ermitteln, so kann diese niedrigste Außentemperatur nicht in Frage kommen, es sind vielmehr Mittelwerte einzusetzen.

Neben der Außentemperatur wird der Wärmebedarf eines Gebäudes noch durch Sonnenbestrahlung, Regen, der die Außenflächen benetzt, und Windanfall aus den verschiedensten Richtungen beeinflußt. Diese Einflüsse können bei der Ermittlung des Wärmebedarfs während einer Heizperiode nur durch die schon in der Wärmeverlustberechnung eingestellten Zuschläge nach Himmelsrichtungen angenähert Berücksichtigung finden, da sie selbst ganz unberechenbar sind; sie stehen aber in einem gewissen Zusammenhange mit der Außentemperatur. Zur Bestimmung des Wärmebedarfes eines Gebäudes während einer bestimmten Zeit sind wir auf die Annahme einer mittleren Außentemperatur für diese Zeit angewiesen.

Mit Hilfe dieses Mittelwertes berechnen wir dann den Wärmebedarf zur Erzielung der gewünschten Innentemperaturen nach mittlerer Jahres-, Monats- oder Tagestemperatur, indem wir den Wärmebedarf den Temperaturunterschieden zwischen Raum- und Außentemperatur proportional setzen.

Ist z. B. der Wärmeverlust eines auf +20° zu beheizenden Raumes bei —20° Außentemperatur mit $Q = 2000$ w berechnet worden, so ergibt sich der Wärmebedarf Q_x bei —10° angenähert proportional den Unterschieden zwischen Innen- und Außentemperatur, also aus

$$Q : (t_i - t_a') = Q_x : (t_i - t_a'') \qquad (2)$$

$$2000 : \left(+20 - (-20) \right) = Q_x : \left(+20 - (-10) \right)$$

oder

$$Q_x = \frac{2000 \cdot 30}{40} = 1500 \text{ w.}$$

Bei +10° Außentemperatur würde hiernach zu setzen sein

$$Q_x = \frac{2000 \cdot 10}{40} = 500 \text{ w.}$$

Diese Berechnungsweise ist zwar wenig genau; indessen bei der Unsicherheit der Wärmeverlustberechnung überhaupt, der so viele zweifelhafte Annahmen zugrunde gelegt werden müssen, genügt sie doch und spart an Zeit, die man für eine Wärmeverlustberechnung unter Annahme der verschiedenen Außentemperaturen aufwenden müßte.

Die nachstehende Zahlentafel gibt die Zahlen an, mit welchen die Resultate einer Wärmeverlustberechnung bei verschiedenen Außentemperaturen zu multiplizieren sind. Als niedrigste Außentemperatur ist —20° angenommen. Die Beizahlen beziehen sich auf die Innentemperaturen +20°, +15° und +10°.

Ein Raum z. B., der auf +15° beheizt werden soll und bei —20° Außentemperatur hierzu 10 000 w beansprucht, erfordert

$$\text{bei} \quad 0°: 10\,000 \cdot 0{,}428 = 4280 \text{ w},$$
$$\text{bei} + 5°: 10\,000 \cdot 0{,}143 = 1430 \text{ w}.$$

Dieselbe angenäherte Berechnungsweise kann auch für Gebäude angewendet werden, sofern man hier eine mittlere Innentemperatur oder für diese die vorherrschende Temperatur der hauptsächlichsten Räume annimmt.

Zahlentafel a.

Beizahlen zur Umrechnung einer Wärmeverlustberechnung bei verschiedenen Außen- und Raumtemperaturen.

Außen-temperatur	Temperatur-unterschied bei +20° Innentemp.	Beizahl	Temperatur-unterschied bei +15° Innentemp.	Beizahl	Temperatur-unterschied bei +10° Innentemp.	Beizahl
—20	40	1,000	35	1,000	30	1,000
—15	35	0,875	30	0,857	25	0,833
—10	30	0,750	25	0,714	20	0,667
— 5	25	0,625	20	0,571	15	0,500
$\mp$ 0	20	0,500	15	0,428	10	0,333
+ 5	15	0,375	10	0,286	5	0,167
+10	10	0,250	5	0,143	0	0,000
+15	5	0,125	0	0,000		
+20	0	0,000				

Als Mittelwert der Außentemperatur kommt die mittlere Temperatur einer Heizperiode, eines Monates oder eines Tages in Betracht.

Eine Heizperiode umfaßt in Mitteldeutschland die Zeit von September bis Mai, also etwa 240 Tage im Jahre. Bei industriellen Anlagen fallen in diese Heizperiode etwa 38 Sonn- und Feiertage, so daß man gewöhnlich mit 200 Heiztagen rechnet. Was nun die Temperaturen während einer solchen Heizperiode betrifft, so geben die meteorologischen Stationen durch ihre Aufzeichnungen genaue Auskunft über die mittleren Jahres- und Tagestemperaturen, die je nach der Lage des Ortes sehr verschieden sind.

Für einige bedeutendere Orte sind in nachstehender Zahlentafel b die mittleren Temperaturen für die Monate September bis November, Dezember bis Februar und März bis Mai enthalten, also für die Zeitabschnitte, die gewöhnlich mit Herbst, Winter und Frühling bezeichnet werden.

Zahlentafel b.

Ort	Seehöhe in Meter	September bis November	Dezember bis Februar	März bis Mai	Im Mittel während der Heizperiode
Berlin	39	+ 9,7	—0,4	+ 9,1	+ 6,13
Königsberg	15	+ 6,9	—3,2	+ 5,4	+ 3,03
Leipzig	98	+ 8,1	+0,2	+ 7,9	+ 5,40
München	526	+ 9,4	+0,2	+ 9,2	+ 6,27
Dresden.	110	+10,1	+1,8	+ 8,8	+ 6,90
Bad Elster	300	+ 7,3	—1,3	+ 5,6	+ 3,87
Prag	201	+10,4	—0,6	+10,7	+ 6,83

Zahlentafel c.

Anzahl der Tage und Stunden in der Zeit vom 1. September bis 30. April (Heizperiode von 242 Tagen) nach mittlerer Tagestemperatur für die Orte: Dresden (100 m über N.N.), Bad Elster (300 m über N.N.), Reitzenhain (600 m über N.N.) und nach der Temperatur geschätzte Anheizdauer.

1	Mittlere Tages-Temperatur	unter -20°	-20° bis -15°	-15° bis -10°	-10° bis -5°	-5° bis 0°	0° bis +5°	+5° bis +10°	+10° bis +15°	+15° bis +20°	über +20°	Bezeichnung	Berechnungsweise
2	Dresden	—	0,2	1,8	6,7	27,5	78,4	66,1	45,6	13,8	2,1	242,2 Tage	Mittelwerte aus 10 Jahren
3	Bad Elster	—	1,3	4,2	16,3	53,7	87,0	49,9	25,3	4,4	1,0	243,1 Tage	desgl.
4	Reitzenhain	0,2	1,5	5,2	26,2	74.4	72,0	42,6	17,0	3,1	—	242,2 Tage	desgl.
5	Mittelwerte aus 2 bis 4	0,07	1,0	3,7	16,4	51,8	79,1	52,9	29,3	7,1	1,0	242,37 Tage	Summen aus Zeile (2 bis 4): 3
6	in Stunden 1 Tag = 24	1,7	24	88,8	393,6	1245,6	1898,4	1269,6	703,2	170,4	24	5819,3 Stund.	Zeile 5 × 24
7	Bei 12 stündigem Heizbetriebe	0,85	12	44,4	196.8	622,8	949,2	634,8	351,6	85.2	—	2597,6 Stund.	Zeile 5 × 12
8	Anzahl d. Tage ohne Sonn- und Feiertage	—	1	3	14	44	67	45	24	6	—	204 Betriebstage	38 Sonn- u. Feiertage prozentual von Zeile 5 abgezogen
9	Bei 12 stündigem Betriebe (ohne Feiert.)	1	10	36	168	528	804	540	288	72	—	2448 Betriebsstund.	desgl. u. abgerund.
10	Nach der Außentemp. gesch. Anheizdauer pro Tag	4	4	3	3	2	2	1	0,5	—	—	Stunden pro Tag	geschätzt
11	Anheizstunden im Jahr	—	4	9	42	88	134	45	12	—	—	334 Stunden im Jahre	Zeile 10 × Zeile 8

Zur genaueren Ermittlung des Wärmebedarfs eines Gebäudes ist die Zahl der Tage bei den verschiedenen Außentemperaturen in die Berechnung einzustellen. Dem Verfasser stellte das meteorologische Institut zu Dresden gelegentlich die Aufzeichnungen der Temperaturen vom 1. September bis 30. April während der Jahre 1900 bis 1910 für die drei sächsischen Orte Dresden, Bad Elster und Reitzenhain in freundlicher Weise zur Verfügung. Die Orte wurden wegen ihrer verschiedenen Höhenlage gewählt. Dresden liegt auf etwa 100 m, Bad Elster auf 300 m und Reitzenhain auf 600 m über Normal-Null (N.N.).

In der Zahlentafel c sind die aus täglich dreimaligen Ablesungen sich ergebenden Tagestemperaturen und die Anzahl der Tage ersichtlich. Die Temperaturen sind also mittlere Tagestemperaturen.

Die Zahlentafel zeigt, daß z. B. im Laufe der 10 jährigen Beobachtungszeit in Dresden 2 Tage, in Bad Elster 13 Tage und in Reitzenhain 15 Tage eine Temperatur zwischen —20° und —15°, ferner 456 Tage in Dresden, 253 Tage in Bad Elster, 170 Tage in Reitzenhain eine Temperatur von +10 bis +15° aufgewiesen haben. Hieraus resultieren die in der Zahlentafel angegebenen Bruchteile von Tagen, so daß z. B. für die Temperatur —20 bis —15° 0,2 bzw. 1,3 bzw. 1,5 Tage für ein Jahr sich ergeben. Zur allgemeineren Anwendung sind aus den Daten für die drei Beobachtungsorte die Mittelwerte (Zeile 5) gezogen, die dann in Stunden (Zeile 6) umgerechnet sind. Wenn sich also für das Temperaturintervall —15° bis —10° ein Mittelwert von 3,7 ergibt, so wird damit angedeutet, daß in einer Heizperiode mit einer Temperatur von —15 bis —10° während

$$3,7 \cdot 24 = 88,8 \text{ Stunden}$$

zu rechnen ist (vgl. Zeile 6).

Will man aber nicht den Mittelwert der Temperaturen für die drei Beobachtungsorte anerkennen, so sind die Zahlenwerte in den Zeilen 2—4 in der angedeuteten Weise für jeden Ort einzeln umzurechnen.

Für Dresden würde also in einer Heizperiode für eine Temperatur von unter —15° mit $0,2 \cdot 24 = 4,8$ Stunden zu rechnen sein.

Je nach der Lage des Ortes kann demnach auch die Zahl der Tage in die Berechnung eingeführt werden.

In der nebenstehenden Zahlentafel c ist die Heizperiode vom 1. September bis 30. April, also zu 8 Monaten mit 242,37 Tagen angenommen. (Die Bruchteile ergeben sich aus der Berücksichtigung der Februarschalttage.) Aus der Zahl der Tage ergibt sich die Zahl der Stunden durch Multiplikation mit 24, und da die Temperaturangaben Mittelwerte für einen Tag darstellen, so gelten sie auch für die einzelnen Betriebsstunden. Bei 12stündigem Heizbetriebe gilt also 1 Tag nur 12 Stunden und 3,7 Tage der Zahlentafel sind dann nicht $3,7 \cdot 24 = 88,8$, sondern 44,4 Stunden. Es sei hier sogleich bemerkt, daß das Anheizen der Heizungsanlage, also die Zeit, welche zum Erreichen der Innentemperaturen aufzuwenden ist, in den in der Zahlentafel angegebenen Betriebsstunden nicht mit enthalten ist. Hierauf wird weiter unten eingegangen werden.

Bei der Angabe der Heizbetriebsstunden in einer Heizperiode müssen die Stunden mit einer Temperatur über +20° in Wegfall kommen, da alsdann ein Heizbetrieb ausgeschlossen sein dürfte. Die Heizperiode zählt deshalb bei einem 12stündigen Tagesbetriebe 2897,6 Stunden. Hiervon sind nun bei Fabrikbetrieben noch etwa 38 Sonn- und Festtage in Abrechnung zu bringen, was dadurch geschehen kann, daß man $38 \cdot 12 = 456$ Stunden mit der mittleren Wintertemperatur der drei Orte in Abzug bringt, oder, da 38 Tage 15,7 Proz. von 242 Tagen sind, die Stundenzahlen um 15,7 Proz. herabsetzt. Die Zeile 9 der Zahlentafel gibt die Betriebsstunden unter Ausschluß der Feiertage mit 2448 Stunden in einer Heizperiode an. Für Fabrikbetriebe ist ein

12stündiger Tagesbetrieb nicht zu hoch gerechnet, da die Heizungsanlage während der Betriebspausen kaum jemals abgestellt wird. Dazu kommt, daß zumeist die kaufmännischen und technischen Büros länger in Benutzung sind als die Fabrikräume und auch ein zeitweiliges Außerbetriebsetzen bei der Inbetriebnahme wieder einen höheren Wärmebedarf aufweist.

Für manche Berechnungen wird die Zahl der Betriebstage und Betriebsstunden nach mittleren Tagestemperaturen noch nicht genügen. Aus diesem Grunde sind in der folgenden Zahlentafel die mittleren Monatstemperaturen zusammengestellt.

Zahlentafel d.

Mittlere Monatstemperaturen vom 1. September bis 30. April.

Ort	Sept.	Okt.	Nov.	Dez.	Jan.	Febr.	März	April
Dresden	14,6	10,7	5,1	+2,1	+1,1	+2,2	5,2	9,2
Bad Elster	11,8	7,4	+2,8	−0,9	−2,0	−0,9	+1,9	6,0
Reitzenhain	10,3	6,2	+0,63	−2,3	−3,4	−2,1	+0,2	4,1
Mittelwerthe	12,2	8,1	+2,8	−0,4	−1,4	−0,3	+2,4	+6,2

Diese Werte sind dann z. B. zu berücksichtigen, wenn bei Abwärmeausnutzung das Ein- und Ausschalten der Beleuchtung in Betracht zu ziehen ist. Der Beleuchtungsbetrieb hängt von der Tagesbeleuchtung in den einzelnen Monaten ab. Es ist also wichtig, zu wissen, zu welcher Zeit der Abdampf der Beleuchtungsmaschine zur Verfügung steht und mit welchen Außentemperaturen hierbei zu rechnen ist. Aus den Mittelwerten der Monatstemperaturen läßt sich dann der mittlere Wärmebedarf der Heizungsanlage in einem Monat berechnen und durch Vereinigung mit einem Beleuchtungsdiagramme kann der Dampfbedarf für den Maschinenbetrieb der Beleuchtungsanlage und der Heizung ermittelt werden.

5. Anheizen.

Über das Anheizen war schon bei den Erörterungen über die Aufstellung einer Wärmeverlustberechnung das Nötigste gesagt. Das Anheizen bedingt eine höhere Inanspruchnahme der Heizungsanlage als während des Beharrungszustandes, bei dem die Innentemperaturen nur erhalten bleiben sollen.

Das Erreichen der Innentemperaturen wird dadurch ermöglicht, daß die Heizflächen der Kessel und der Heizkörper größer gewählt werden als zur Aufrechterhaltung einer bestimmten Innentemperatur nach dem Anheizen erforderlich ist. Dementsprechend wird auch der Anheizzuschlag gewählt. Die Zeit des Anheizens sollte bei täglich geheizten Gebäuden nicht länger als zwei bis drei Stunden in Anspruch nehmen und nur bei sehr niedriger Außentemperatur oder nach Feiertagen wird man die Anheizzeit auf vier Stunden bemessen. In der obigen Zahlentafel der Tagestemperaturen ist die Anheizzeit für eine Heizperiode unter Berücksichtigung der Außentemperatur schätzungsweise angegeben und nimmt hiernach im Jahre etwa 330 Stunden in Anspruch, bei 200 Heiztagen also im Mittel etwa $1\frac{1}{2}$ Stunde pro Tag (Zahlentafel c, Zeile 11).

6. Jahreswärmebedarf.

Die nachstehende Zusammenstellung gibt die Berechnungsweise des Jahreswärmebedarfs für ein Gebäude wieder, welches im Beharrungszustande einen Wärmebedarf von 600 000 w bei —20° Außentemperatur und +20° Innentemperatur in der Stunde besitzt. Als Anheizzuschlag sind 25 Proz. dieses Wärmebedarfs, also 150 000 w, gewählt. Es ist bis heute noch nicht gelungen, die Erwärmung bzw. Abkühlung ganzer Gebäude rechnerisch einwandfrei zu ermitteln, weshalb wir immer noch auf diese verhältnismäßig willkürlichen Annahmen der Zuschläge angewiesen sind. Man sieht daraus, daß eine peinlich genaue Berechnung der Wärmeverluste durch die geschätzten Zuschläge beinahe ausgeschaltet wird. Die Erfahrung aber hat gelehrt, daß diese Zuschläge bei den in der Praxis üblichen Wärmedurchgangskoeffizienten immerhin zu brauchbaren Ergebnisen führen. Die Zusammenstellung enthält also den Wärmebedarf des Gebäudes bei den verschiedenen Außentemperaturen, der nach den oben gemachten Angaben ermittelt wurde (siehe Gleichung 2 und Zahlentafel a). Die Zahl der Tage ist nach Zahlentafel c, Zeile 8 eingesetzt. Als Betriebszeit sind 12 Stunden gewählt, und je nach der Außentemperatur richtet sich die Anheizzeit.

Jahres-Wärmebedarf einer Heizungsanlage von 600 000 w/St. bei —20° Außentemperatur und 150 000 w/St. Anheizzuschlag und 12stündigem Tagesbetrieb.
(Die Angaben sind in 1000 w gemacht.)

Wärmebedarf pro Std.			Anzahl der Tage	12 stünd. Betriebszeit		tägl. Anheizen			Betrieb und Anheizen
mittlere Tagestemp.	Beizahl	Wärmebedarf in 1000 w/St.		Anzahl der Stunde	Wärmebedarf in 1000 w im Beharrungszustande	St. pro Tag	im ganzen	(600 000 + 150 000 = 750 000 w) in 1000 w	Wärmebedarf entsprechend der Anzahl der Tage in 1000 w
—20	1	600,0	1	12	7 200	4	4	3 000	10 200
—15	0,875	525,0	3	36	18 900	3	9	6 750	25 650
—10	0,750	450,0	14	168	75 600	3	42	31 500	107 100
— 5	0,625	375,0	44	528	198 000	2	88	66 000	264 000
0	0,500	300,0	67	804	241 200	2	134	100 500	341 700
+ 5	0,375	225,0	45	540	101 250	1	45	33 750	135 000
+10	0,250	150,0	24	288	43 200	0,5	12	9 000	52 200
+15	0,125	75,0	6	72	5 400	—	—	—	5 400
			204	2448	690 750		334	250 500	941 250

Der Gesamtwärmeverbrauch in einer Heizperiode von 204 Betriebstagen und 2448 Betriebsstunden stellt sich somit auf 690 750 000 w für das Heizen während der Arbeitszeit und auf 250 500 000 w für das Anheizen, so daß insgesamt 941 250 000 w oder 338 336 w pro Stunde im Mittel verbraucht werden.

Da während der Anheizzeit nicht nur die Erwärmung des Luftinhaltes und des Mauerwerks sowie der in den Räumen befindlichen Gegenstände erfolgen muß, sondern auch gleichzeitig die Wärmeverluste des Gebäudes berücksichtigt werden müssen, so ist als Wärmeverbrauch die Summe von Wärmeverlust bei niedrigster Außentemperatur (600 000 w) und Anheizzuschlag (150 000 w) für die sämtlichen Anheizstunden, also 750 000 w/St., in die Berechnung eingesetzt worden. Man muß bedenken, daß die Heizkörper einer Dampfheizungsanlage nach dieser Summe zu bemessen sind. Da die Heizkörper beim Einströmen des Dampfes noch kalt sind, so ist der Dampfverbrauch ein ganz bedeutender. Die Raumluft hat ebenfalls eine noch niedrige Temperatur, weshalb auch aus diesem Grunde die Kondensation in den Heizkörpern größer ist als im Beharrungszustande. Es erscheint deshalb berechtigt, den Dampf- bzw. Wärmeverbrauch beim Anheizen nicht nach der Außentemperatur zu bemessen, sondern danach, was die Heizungsanlage in kaltem Zustande der Heizkörper und der Räume zu kondensieren vermag[1].

(Ganz ähnlich liegen die Verhältnisse bei der Warmwasserheizung, bei der der große Wasserinhalt der Heizkörper und der Rohre erhebliche Wärmemengen zu seiner Erwärmung benötigt.)

Die Außentemperatur findet Berücksichtigung in der Dauer der Anheizzeit. In der Zusammenstellung sind die Wärmemengen in 1000 w angegeben.

So ergibt sich nun der Jahreswärmebedarf einschließlich Anheizen auf 941 250 000 w. Zu einem angenähert gleichen Resultate gelangt man, wenn man aus der Zahlentafel e, welche die mittleren Monatstemperaturen angibt, die Anzahl der Betriebstage und Betriebsstunden mit dem jeweiligen, der Außentemperatur entsprechenden Wärmebedarfe multipliziert. Dabei sind als Mittelwerte folgende Temperaturen der einzelnen Monate einzusetzen.

Zahlentafel e).

	Sept.	Oktob.	Nov.	Dez.	Januar	Febr.	März	April
Mittlere Temperaturen . . .	$+10°$	$+5°$	$\mp0°$	$\mp0°$	$-5°$	$-5°$	$\mp0°$	$+5°$
Anzahl der Betriebstage . .	26	27	25	25	26	24	26	25
Anzahl der Betriebsstunden 12/Tag.	312	324	300	300	312	288	312	300
Anheizdauer pro Tag	—	1	1,5	2,0	3	2,5	2	1
Anheizstunden im Monat . .	—	27	38	50	78	60	52	24

Die mittleren Monatstemperaturen der Zahlentafel e sind als solche zu niedrig, indessen haben sie insofern Berechtigung, als auch die Annahme einer niedrigsten Außentemperatur von $-20°$ die weit größere Abkühlung eines Gebäudes bei geringerer Kälte und starker Luftbewegung berücksichtigen soll.

Die Wärmeverlustberechnung für Gebäude ist eine noch recht unvollkommen gelöste Aufgabe.

Die jetzt allgemein üblichen Wärmedurchgangszahlen für Baumaterialien stammen zum großen Teil noch von Forschern, denen unsere heutigen exakten Meßinstrumente ganz unbekannt waren. Einzelne neuere Forscher, besonders Dr. *W. Nusselt*, und Dr. *Gröber* haben recht beachtenswerte Arbeiten über den Wärmeleitkoeffizienten der gebräuchlichsten Baumaterialien geliefert, es fehlen uns aber immer noch Untersuchungen über den Einfluß der Strahlung und der Luftbewegung an beheizten Gebäuden. Die analytische Ermittlung der Abkühlung und Wiedererwärmung von Räumen und Gebäuden aber wird wohl noch lange auf sich warten lassen.

---

[1] Es muß zugegeben werden, daß diese Annahme auf etwas zu hohe Werte führt.

7. Beispiel einer Wärmeverlustberechnung und Zusammenstellung der Wärmeverluste.

Berechnung der stündlichen Wärmeverluste.

1.	2.					3.								4.	5.			6.	7.			8.			9.	10.
	Raum					Abkühlungsfläche									Temperatur in Grad Celsius				Wärmeeinheiten ohne Zuschläge			Zuschläge für				
	a.	b.	c.	d.	e.	a.	b.	c.	d.	e.	f.	g.	h.		a.	b.	e.		a.	b.	c.	a.	b.	c.		
Nr.	Bezeichnung und Nummer des Raumes	Länge	Breite	Höhe	Inhalt	Bezeichnung	Himmelsrichtung	Länge	Höhe und Breite	Fläche	Anzahl	Abzuziehen	In Rechnung gestellt	Stärke der Wand	Innen	Außen	Unterschied	Transmissionskoeffizient	Abgabe	Gewinn	im ganzen (a—b)	Himmelsrichtung	Windanfall	Betriebsunterbrechung	Gesamtsumme der Wärmeeinheiten einschl. der Zuschläge	Bemerkungen
		m	m	m	cbm			m	m	qm		qm	qm	m												
1	Kontor	6,40	5,00	4,30	137,60	EF	NW	2,00	3,50	7,00	2	—	14,0	—	+20°	−20°	+40°	5,0	2800	—		420	280			
						AW	NW	6,40	4,50	28,80	1	14,0	14,80	51	+20°	−20°	+40°	1,1	651	—		98	65			
						JW	—	5,0	4,5	22,50	1	—	22,50	25	+20°	+10°	+10°	1,7	383	—		—	—			
						JT	—	1,2	2,8	3,36	1	—	3,36	—	+20°	+10°	+10°	2,0	67	—		—	—			
						JW	—	6,4	4,5	28,8	1	3,36	25,44	38	+20°	+10°	+10°	1,3	331	—		—	—			
						Fb	—	6,40	5,00	32,0	1	—	32,0	—	+20°	+15°	+ 5°	1,9	304	—		—	—			
																					4536	518	345	539	5938	
2	Kontor	8,00	5,60	4,30	182,6	Fb	—	8,0	5,6	44,8	1	—	44,8	—	+20°	+15°	+5°	1,9	426	—						
						EF	NW	2,0	3,5	7,0	3	—	21,0	—	+20°	−20°	+40°	5,0	4200	—		630	420			
						AW	NW	8,0	4,5	36,0	1	2,10	15,0	51	+20°	−20°	+40°	1,1	660	—		99	66			
						AW	SW	0,6	4,5	2,7	1	—	2,7	51	+20°	−20°	+40°	1,1	119	—		12	12			
						AW	NO	0,6	4,5	2,7	1	—	2,7	51	+20°	−20°	+40°	1,1	119	—		17	12			
						JW	—	8,0	4,5	36,0	1	—	36,0	12	+20°	+15°	+5°	2,4	432	—		—	—			
						JW	—	4,2	4,5	18,9	1	—	18,9	38	+20°	+15°	+5°	1,3	123	—		—	—			
																					6079	758	510	735	8082	
3	Vorraum	8,0	3,6	4,3	123,8	JT	—	1,2	2,8	3,36	1	—	3,36	—	+15°	+10°	+5°	2,0	34							
						JW	—	8,0	4,5	36,0	1	3,36	32,64	38	+15°	+10°	+5°	1,3	212							
						JT	—	1,2	2,8	3,36	1	—	3,36	—	+15°	+10°	+5°	2,0	34							
						JW	—	3,6	4,5	16,20	1	3,36	12,84	51	+15°	+10°	+5°	1,1	71							
						JW	—	8,0	4,5	36,0	1	—	36,0	12	+15°	+20°	−5°	2,4	—	432						
																			351	432	—				Durch Gewinn gedeckt.	

Es bedeuten in Spalte 3a: EF = einfaches Fenster; AW = Außenwand; IW = Innenwand; IT = Innentür; Fb = Fußboden.

Berechnung der stündlichen Wärmeverluste.

1.	2. Raum					3. Abkühlungsfläche								4.	5. Temperatur in Grad Celsius			6.	7. Wärmeeinheiten ohne Zuschläge			8. Zuschläge für			9.	10.
	a, Bezeichnung und Nummer des Raumes	b. Länge	c. Breite	d. Höhe	e. Inhalt	a. Bezeichnung	b. Himmelsrichtung	c. Länge	d. Höhe und Breite	e. Fläche	f. Anzahl	g. Abzuziehen	h. In Rechnung gestellt	Stärke der Wand	a. Innen	b. Außen	c. Unterschied	Transmissionskoëffizient	a. Abgabe	b. Gewinn	c. im ganzen (a—b)	a. Himmelsrichtung	b. Windanfall	c. Betriebsunterbrechung	Gesamtsumme der Wärmeeinheiten einschl. der Zuschläge	Bemerkungen
Nr.		m	m	m	cbm			m	m	qm		qm	qm	m												
4	Arbeitssaal	40,0	20,0	6,2	4960,0	EF	NW	2,2	5,0	11,0	12	—	132,0	—	+15°	—20°	+35°	5,0	23100			4620	2310			
						AW	NW	40,0	6,4	256,0	1	132,0	124,0	64	+15°	—20°	+35°	0,9	3906			782	391			
						AW	NO	8,0	6,4	51,2	1	—	51,2	64	+15°	+20°	+35°	0,9	1612			362	161			
						EF	SO	2,2	5,0	11,0	11	—	121,0	—	+15°	—20°	+35°	5,0	21175			3175	2118			
						AW	SO	36,0	6,4	230,4	1	121,0	109,4	64	+15°	—20°	+35°	0,9	3446			517	345			
						JW	—	8,0	6,4	51,2	1	—	51,2	38	+15°	+0°	+15°	1,3	998	—		—	—			
						JW	—	3,6	6,4	23,0	1	—	23,0	38	+15°	+10°	+5°	1,3	150			—	—			
						JW	—	4,2	4,5	18,9	1	—	18,9	38	+15°	+20°	—5°	1,3	—	123		—	—			
						JW	—	7,0	6,4	44,8	1	—	44,8	12	+15°	+20°	—5°	2,4	—	598		—	—			
						Decke	—	40,0	15,8	632,9	1	—	632,0	—	+15°	+20°	—5°	1,9	—	6004						
						Decke	—	36,0	4,2	151,2	1	—	151,2	—	+15°	+20°	—5°	1,9	—	1436						
																			54387	8161	46226	9416	5325	6098	67065	
																					Zuschlag für Höhe 6%				4024	
																									71089	
5	Werkmeister	4,4	3,4	6,2	93,0	Fb	—	4,4	3,4	14,96	1	—	14,96	—	+20°	+15°	+5°	1,9	142							
						EF	SO	2,2	5,0	11,0	1	—	11,0	—	+20°	—20°	+40°	5,0	2200			220	220			
						AW	SO	3,4	6,4	21,8	1	11,0	10,8	64	+20°	—20°	+40°	0,9	389			39	39			
						AW	NO	2,2	6,4	14,1	1	—	14,1	64	+20°	—20°	+40°	0,9	507			76	52			
						JW	—	7,8	6,4	49,9	1	—	49,4	12	+20°	+15°	+5°	2,4	598			—	—			
						JW	—	2,0	6,4	12,8	1	—	12,8	64	+20°	+0°	+20°	0,9	614			—	—			
																			4450			335	313	521	5605	
																					Zuschlag für Höhe 6%				313	
																									6048	

Zusammenstellung der Rauminhalte, der Wärmeverluste und der Raumheizflächen.

Lfd. Nr.	Raum-				Transmissions-Wärme-Verluste bei – ……… °C					Heizkörper								Bemerkungen
	Bestimmung	Nr.	Temperatur	Inhalt	Wärme-Einheiten laut Berechnung	Zuschläge für			Summe der Wärme-einheiten	Abgabe eines qm	Erforderliche Heizfläche	Wirklich vorgesehene Heizfläche					
						Himmelsrichtung, Windanfall, freie Lage	Größere Höhe	Anheizen				Radiatoren			Heizkörperzahl	Art der Heizfläche	
			°C	cbm							qm	qm	qm	qm			
1	2	3	4	5	6	7	8	9	10	11	12	13	14	15	16	17	18
												1145	750	660			Höhe der Heizkörper
1	Kontor	1	20	137,6	4536	863	—	539	5938	640	9,28	9,30	—	—	2	II	
2	„	2	20	182,6	6079	1268	—	735	8082	640	12,63	13,00	—	—	2	II	
3	Vorraum	3	15	123,8	—	—	—	—	—	—	—	—	—	—	—	—	Durch Gewinn gedeckt
4	Arbeitssaal	4	15	4960,0	46226	14741	4024	6098	71089	680	104,55	—	—	106,0	16	III	
5	Werkmeister	5	20	93,0	4450	764	313	521	6048	640	9,45	—	9,55		2	II	
				5497,0	61291	17636	4337	7893	91157	—	135,91	22,30	9,55	106,0	22	—	

$$\frac{91157}{5497} = 16,58 \text{ W für 1 cbm beheizten Raum.}$$

Anmerkung: Die Durchschnittzahl $\frac{\text{Wärmeeinheiten}}{\text{Rauminhalt}}$ fällt hier so niedrig aus, weil angenommen ist, daß die über und unter den berechneten Räumen liegenden Räume ebenfalls beheizt sind. — Für Fabrikgebäude ähnlicher Bauart wie das gewählte Beispiel (Fig. 8) ergibt sich meist eine Durchschnittzahl von 23 bis 27 w für 1 cbm beheizten Raum.

Die in Spalte 17 enthaltenen, römischen Zahlen deuten an, daß II-säulige bzw. III-säulige Ratiatoren zur Anwendung kommen. (Vgl. Abschnitt „Heizkörper" Seite 169.)

V. Heizungsanlagen für Fabrikgebäude[1].

1. Vorbemerkungen.

In Fabriken wurde bisher von Zentralheizungen die Dampfheizung fast ausschließlich ausgeführt. Nur ganz wenige Fabriken, in denen es auf eine gleichmäßig zu haltende Temperatur ankam, hatten schon früher die Warmwasserheizung aus Rücksicht auf die Fabrikation bevorzugt.

Erst in neuerer Zeit ist man bei der Abdampfverwertung der Betriebsdampfmaschinen in einzelnen Fällen auch zu Warmwasserheizungen — meist unter Anwendung von Zentrifugalpumpen zur Aufrechterhaltung des Wasserumlaufes — übergegangen.

Ältere Warmwasserheizungen mit eigener Kesselanlage findet man z. B. in lithographischen Anstalten und Steindruckereien, in deren Arbeitsräumen eine möglichst gleichmäßige Temperatur herrschen muß, weil andernfalls das zu bedruckende Papier und die Drucksteine infolge von Temperaturschwankungen sich verschieden ausdehnen, was dann bei mehrfachem Drucke Verschiebungen zur Folge hat.

Von den Dampfheizungen kommen die Hochdruck- und die Niederdruckdampfheizung, ferner die Dampfluftheizung in Betracht. Vereinzelt findet man auch die Vakuumheizung vor.

Mit Hochdruckdampfheizung bezeichnet man alle jene Heizungsanlagen, die für Dampfdrücke von mehr als 1 Atm-Überdruck[2] eingerichtet und nicht speziell als Niederdruckdampfheizung gebaut sind. Die Niederdruckdampfheizung dagegen arbeitet mit Dampfspannungen von 0,10 bis 0,30 Atm-Überdruck je nach ihrer horizontalen Ausdehnung und dem Zwecke, dem sie entsprechen soll.

Die Hochdruckdampfheizung findet man in Fabrikbetrieben — sogar in den neueren — sehr häufig angewendet, obwohl sie vom wirtschaftlichen Standpunkt aus nicht diese Berechtigung verdient, die ihr dadurch scheinbar gegeben wird. Die Gründe hierfür sind indessen sehr durchsichtig. Ebenso wie zur Bedienung der Dampfkessel so häufig ungeschulte, aber auch billige Arbeitskräfte angestellt werden, weil man damit an Lohn spart, ohne zu bedenken, daß durch unsachgemäße Bedienung an Brennmaterial das Hundert-

---

[1] Bezüglich der Einzelheiten in der Berechnung von Heizungsanlagen ist auf das in fünfter Auflage erschienene Werk: *Rietschel*, Berechnen und Entwerfen von Heizungs- und Lüftungsanlagen, Verlag von Julius Springer, Berlin, zu verweisen, ferner auf: *Dietz*, Ventilation und Heizung, Verlag von R. Oldenbourg, München.

[2] Im Abschnitte „Heizungsanlagen" sind der Praxis entsprechend, die Angaben für den Dampfdruck in Atm-Überdruck gehalten.

fache der Lohnersparnisse durch den Schornstein entweicht, so werden auch bei der Einrichtung von Fabrikheizungen die wirtschaftlichen Vorteile anderer Systeme im Hinblick auf die niedrigeren Anlagekosten der Hochdruckheizung übersehen.

Ein weiterer Grund für die Verwendung von Hochdruckdampf zur Beheizung von Fabriken liegt in gewissen Vorurteilen gegen die Verwendung niedrig gespannten Dampfes. Viele Betriebsingenieure gehen von der Ansicht aus, daß man niedrig gespannten Dampf von weniger als einer Atmosphäre Überdruck kaum 100 Schritt weit leiten könne. Diese Ansicht mag wohl von schlechten Erfahrungen mit zu engen, einfach aus dem Handgelenke — wie man so sagt — bestimmten Leitungen, nicht selten aber auch von unzureichenden Heizungsanlagen, bei deren Herstellung die Anlagekosten zu sehr in den Vordergrund gestellt wurden, herrühren.

Man findet oft Niederdruckdampfheizungen in Fabrikbetrieben, die auf Anordnung des Betriebsleiters mit Dampf von 1 und 2 Atm betrieben werden und zwar in der Absicht, die Wärmewirkung zu erhöhen. Der Erfolg ist meist ein ungenügender, weil nicht berücksichtigt wird, daß zwischen Hochdruck- und Niederdruckdampfheizung Unterschiede bestehen. Der höhere Dampfdruck, der durch seine höhere Temperatur die fehlende Heizfläche ersetzen soll, wirkt nur nachteilig.

Außer der Hochdruck- und Niederdruckdampfheizung findet man noch die Abdampfheizung für Fabriken angewendet. Sie gehört in das System der Niederdruckdampfheizung und ist mit dieser zu behandeln.

Die Dampfluftheizung kann sowohl für Hochdruckdampf, als auch für Niederdruckdampf eingerichtet werden. In Amerika, wo die Luftheizung überhaupt eine viel ausgedehntere Anwendung findet als in Deutschland, wird sie auch für Fabriken bevorzugt. In neuerer Zeit hat man ihr bei uns mehr Beachtung geschenkt und benutzt sie zur Beheizung von Eisengießereien, Montage- und Wagenhallen.

Die Vakuumheizung, bei der der Abdampf einer Maschine vor seiner Einführung in den Kondensator in Rohrheizflächen zum Beheizen von Räumen herangezogen wird, hat sich in Deutschland nicht eingeführt. Soll ein gutes Vakuum erhalten bleiben, so müssen die Rohrleitungen sehr groß gewählt werden, da das Dampfvolumen im Vakuum stark wächst. Dadurch entsteht erhebliche Erhöhung der Anlagekosten. Auch Verluste an Vakuum durch Undichtheiten in den Leitungen sind unvermeidlich. Die Vakuumheizung wird gegebenenfalls da zweckmäßig sein, wo es sich um Beheizung eines großen oder nur weniger Räume handelt, bei denen die Raumheizflächen durch weite Rohre und in einem Rohrzuge angebracht werden können, so daß besondere Dampfzuleitungen zu Heizkörpern nicht in Frage kommen.

Bei der genauen Berechnungsweise, die in Deutschland üblich ist, kann offenbar die Vakuumheizung gegenüber der Niederdruckdampfheizung nicht standhalten. In England und Amerika, wo man den Bau von Heizungsanlagen noch sehr empirisch behandelt und nach Faustregeln rechnet, mögen Abdampfvakuumheizungen eher Erfolg haben.

2. Hochdruck-Dampfheizung.

a) Wahl der Dampfspannung.

Die Hochdruckdampfheizung wird in den meisten Fällen eine Nebenanlage eines Hochdruckdampfmaschinenbetriebes bilden, so zwar, daß die Kesselanlage gleichzeitig den Maschinen- und Heizdampf erzeugt. In wenigen Fällen wird es zweckmäßig sein, Hochdruckdampfkessel eigens zu Heizzwecken aufzustellen.

Bei großen Betrieben, bei denen eine Anzahl von Gebäuden von der Dampfkesselzentrale aus mit Dampf zu Heizzwecken versorgt wird, ist es zumeist vorteilhaft, den Dampf mit voller Spannung in die Fernleitungen hineinzuschicken, da alsdann die Rohrleitungen in ihrer Stärke verhältnismäßig eng ausfallen und somit die geringsten Wärmeverluste aufweisen.

In den Gebäuden selbst wird der Dampfdruck auf eine niedrigere Spannung durch Dampfdruckreduzierventile gebracht.

Die verminderte Dampfspannung beträgt in der Regel dann nur noch 2 bis 4 Atm (Überdruck), wenn eine hohe Dampftemperatur, wie z. B. für Trockenzylinder, Lackieröfen oder sonstige Sonderzwecke erforderlich ist; für Heizung von Räumen wird man gewöhnlich eine Dampfspannung von 1 bis 2 Atm wählen, da bei höherem Drucke die Leitungen, sowie auch die Heizkörper und deren Ventile eine ganz besondere Aufmerksamkeit erfordern, ganz abgesehen davon, daß hohe Heizflächentemperaturen gesundheitsschädlich wirken. Auch mit Rücksicht auf gußeiserne Heizkörper, für welche höhere Spannungen aus Sicherheit für die Arbeiter nicht zu empfehlen sind, wird der Dampfdruck nicht höher als 2 Atm (Überdruck) angenommen. Die gußeisernen Radiatoren, deren Wandstärken nur 3 bis 4 mm betragen, sind in normaler Ausführung für höheren Druck als 2 Atm nicht verwendbar. Aus den eben angeführten Gründen wird der Dampfdruck beim Eintritt in das zu beheizende Gebäude durch ein Dampfdruckreduzierventil herabgemindert, wobei man sogenannte Dampfdruckreduzierstationen einrichtet.

b) Dampfdruckreduzierstation.

Die Anordnung einer solchen Reduzierstation ist in nebenstehender Skizze (Fig. 9) schematisch dargestellt. Der von oben oder unten kommende Hochdruckdampf wird zunächst durch einen Wasserabscheider entwässert. Das Wasser fließt dabei durch einen Kondenswasserableiter (Kondenstopf) ab. Zwischen Wasserabscheider und Reduzierventil befindet sich dann ein Absperrventil. Die Konstruktion der Dampfdruckreduzierventile ist im Abschnitte „Absperrorgane" näher erörtert.

Wird für eine Entwässerung der Dampfzuführungsleitung nicht gesorgt, so sammelt sich bei geschlossenen Ventilen das in der Zuführungsleitung entstehende Kondensat an und beim Öffnen des Ventiles entstehen Wasserschläge, die die Zerstörung der Leitungen und des Reduzierventiles zur Folge haben können. Bei Hochdruckdampfleitungen ist wegen der immerhin erheblichen Dampfgeschwindigkeit stets auf eine gute Entwässerung zu achten.

Hinter dem Reduzierventil befindet sich ein zweites Absperrventil, mit Hilfe dessen es möglich ist, beim Versagen des Reduzierventiles den Dampfdruck auf die Spannung, welche in der Heizungsanlage herrschen soll, herabzudrosseln. Das Reduzierventil kann dann zur Reparatur herausgenommen werden. An seine Stelle ist ein seiner Baulänge entsprechendes Paßstück einzusetzen, welches gewöhnlich vom Fabrikanten sogleich mit geliefert wird.

Bei Abdrosselung hohen Dampfdruckes sind zwei Reduzierventile hintereinander zu schalten, von denen das eine auf einen mittleren, das zweite auf den niedrigen Druck einzustellen ist. Man erzielt damit ein ruhigeres

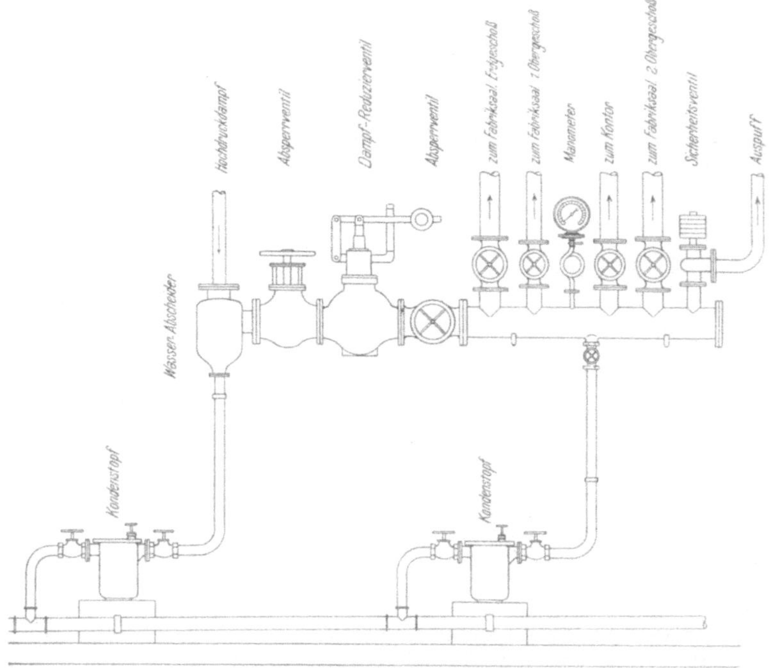

Fig. 9. Dampfdruck-Reduzierstation.

Arbeiten der Reduzierventile bei wechselndem Kesseldrucke und plötzlich auftretender starker Dampfentnahme.

Hinter dem zweiten Absperrventile befindet sich dann der Dampfverteiler, von dem die einzelnen Dampfleitungen für die Unterabteilungen der Heizungsanlage abzweigen.

Der Dampfverteiler ist ein aus Gußeisen oder Schmiedeeisen hergestellter Hohlzylinder mit der erforderlichen Anzahl von Abzweigstutzen, auf welchen die Absperrventile zur Bedienung der einzelnen Unterabteilungen der Heizungsanlage angebracht sind. Am Dampfverteiler befindet sich noch das Manometer, welches den verminderten Dampfdruck anzeigt, sowie ein Sicherheitsventil, welches bei Überschreitung des für die Heizung zulässigen Druckes abbläst, falls beim Versagen des Reduzierventiles oder bei Drosselung von Hand durch die Absperrventile der Druck im Dampfverteiler zu hoch steigt.

c) Heizkörper.

Als Heizkörper können bei der Hochdruckdampfheizung die gebräuchlichen Modelle und Konstruktionen Verwendung finden. (Vergl. Abschnitt VIII.)

Gußeiserne Radiatoren sind jedoch nur bis zu einem Dampfdrucke von höchstens 2 Atm zu benutzen. Bei einer Wandstärke von nur 3 bis 4 mm sollten sie für höheren Dampfdruck aus Sicherheitsgründen nicht verwendet werden. Schon bei 1 bis 2 Atm Druck sind die als Zwischenlage zwischen den einzelnen Gliedern als Dichtungsmaterial für Niederdruckdampf gebräuchlichen Papierscheiben durch Klingeritdichtungen oder ein ähnliches Material zu ersetzen.

Besonders starkwandige Radiatoren für Hochdruckdampf werden nicht hergestellt.

Will man höhere Dampfdrücke — wie z. B. bei Trockenkammern mit hohen Temperaturen — anwenden und sind Rippenrohre, welche in Fabrik-

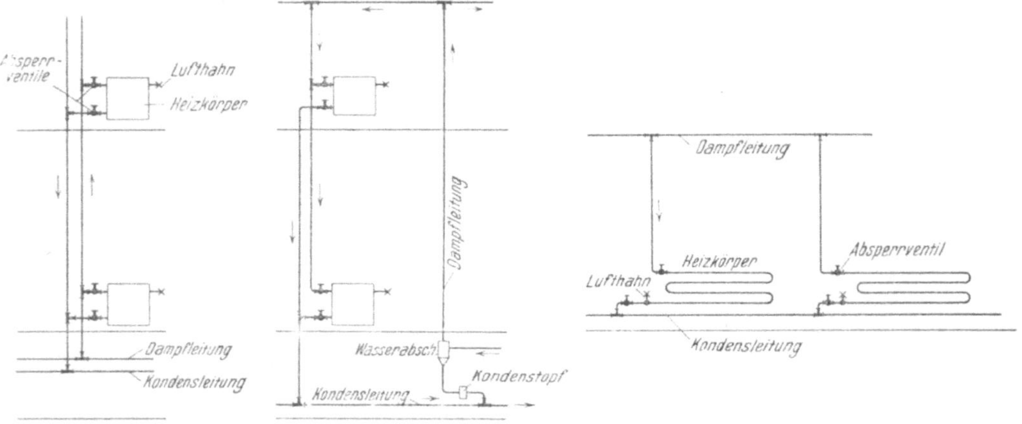

Fig. 10. Fig. 11. Fig. 12.

An Stelle der Absperrventile im Kondensleitungsanschlusse der Heizkörper können auch selbsttätig wirkende Kondenswasserableiter verwendet werden; dann entfallen die Lufthähne und Ventile im Kondensleitungsanschlusse.

heizungen viel benutzt werden und höhere Drücke aushalten, nicht geeignet, so wird man die erforderliche Heizfläche aus glatten schmiedeeisernen Rohren herstellen. Im übrigen ist hier auf Abschnitt VIII „Heizkörper" zu verweisen.

Für die Anordnung der Heizkörper einer Hochdruckdampfheizung kommen die Gesichtspunkte in Betracht, welche in dem den Heizkörpern speziell gewidmeten Kapitel angegeben sind, nur hinsichtlich der Absperrvorrichtungen und der Entlüftung der Heizkörper sind besondere Vorkehrungen zu treffen. Vorstehende Skizzen (Fig. 10 bis 12) zeigen verschiedene Anordnungen der Hochdruckdampfheizung.

Bei der Hochdruckdampfheizung steht der Dampf fast mit der gleichen Spannung in allen Heizkörpern und erfüllt auch die Kondenswasserableitungen. Um den einen oder den andern Heizkörper ausschalten zu können, ist es notwendig, ihn sowohl in der Dampfzuleitung, als auch in der Kondenswasserleitung mit einem Absperrventil zu versehen. Bei der Niederdruckdampfhei-

zung erhält jeder Heizkörper nur eine Absperrvorrichtung in der Dampfzuleitung. Dies genügt hier nicht, weil beim Schließen dieses einen Dampfventiles der Dampf durch die Kondensleitung in den Heizkörper gelangen
würde, denn, wie oben schon gesagt, ist auch die Kondensleitung mit Dampf
erfüllt. Der Heizkörper würde also, trotz des geschlossenen
Dampfventiles sich nicht abkühlen, sondern weiter auch
Wärme abgeben. Um dieses zu verhindern, sind in der
Dampfzuführungsleitung wie in der Kondensleitung Absperrventile anzubringen.

Ferner ist für eine besondere Entlüftung und Belüftung
der Heizkörper zu sorgen.

Nehmen wir an, der Heizkörper wäre nicht mit einer
solchen Ent- und Belüftungseinrichtung versehen, so würde
nach dem Schließen der beiden Ventile ein Vakuum entstehen,
weil der im Heizkörper enthaltene Dampf sich niederschlägt.
Es ist, da solche Heizkörperventile niemals Präzisionsarbeit
sind, immer mit ihrer Durchlässigkeit zu rechnen. Das
Vakuum im Heizkörper saugt daher den vor dem Ventile
stehenden Dampf durch diese Undichtheiten der Ventilver-
schlüsse; der in ganz geringen Mengen in den Heizkörper eindringende Dampf
kondensiert hier und es sammelt sich mehr und mehr Wasser im Heizkörper
an. Bei längeren Betriebspausen dringt auch Luft in den Heizkörper ein.

Fig. 13.
Entlüftungsventil.

Will man nun den Heizkörper wieder in Betrieb nehmen, indem man wieder die Ventile
öffnet, so entweicht wohl das angesammelte
Wasser, meist unter lauten Schlägen, aber die
eingedrungene Luft kann nicht heraus, weil sie
der in der Kondensleitung befindliche Dampf
am Austritt verhindert. Die Heizkörper müssen
deshalb mit Lufthähnen oder selbsttätig wirkenden Luftein- und Auslaßvorrichtungen versehen
sein, einmal, um die Vakuumbildung und damit das Ansaugen von Dampf und Wasser zu
vermeiden, dann aber auch, um der Luft beim
Einlassen des Dampfes den Austritt zu ermöglichen.

Die selbsttätigen Ent- und Belüfter, oder
wie sie auch kurz genannt werden, Selbstlüfter,
Fig. 13 und 14., bestehen meist aus einem kurzen
Rohrstücke, in welchem sich ein Ausdehnungskörper befindet. Als solche Ausdehnungskörper
benutzt man Stäbchen aus Hartgummi oder

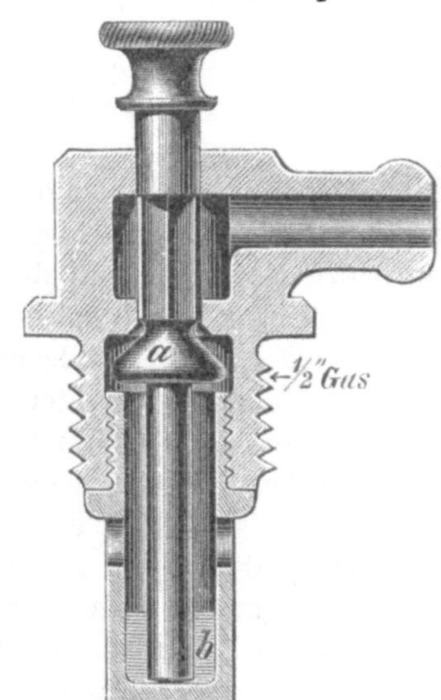

Fig. 14.
Entlüftungsventil für Druck nicht
unter 0,2 Atm.

elastische, geschlossene Metallhülsen, die mit einer leicht verdampfenden Flüssigkeit gefüllt sind. Das Rohrstück selbst besitzt einen Gewindekopf mit einer
feinen Bohrung und wird in den Heizkörper hineingeschraubt. Im kalten Zu-

stande ist diese Bohrung frei. Tritt der Dampf in einen Heizkörper, so verdrängt er die Luft aus diesem, bis er zu dem Ausdehnungskörper des Selbstlüfters gelangt. Der Ausdehnungskörper schließt nun infolge seiner Erwärmung die Bohrung im Gewindekopfe und verhindert damit ein Austreten des Dampfes aus dem Heizkörper. Beim Abstellen des Dampfes zieht sich der Ausdehnungskörper wieder zusammen, gibt die Bohrung frei und gestattet der Luft den Eintritt in den Heizkörper. Diese selbsttätigen Ent- und Belüfter haben den Nachteil, daß sie nach einiger Zeit versagen, zumal es sich ja um nur ganz geringfügige Längenbewegung handelt. Es tritt dann Dampf und Wasser unter ständigem Geräusch aus der Bohrung heraus, was z. B. in Büroräumen sehr störend wirkt. Man wendet daher die zuverlässigeren Lufthähne an, die allerdings wieder eine besondere Bedienung erfordern.

Einfacher gestaltet sich die Handhabung durch Anwendung von selbsttätigen Kondenzwasserableitern, Fig. 15, an jedem Heizkörper. In letzter Zeit ist eine große Anzahl von Konstruktionen dieser Kondenswasserableiter im Handel erschienen.

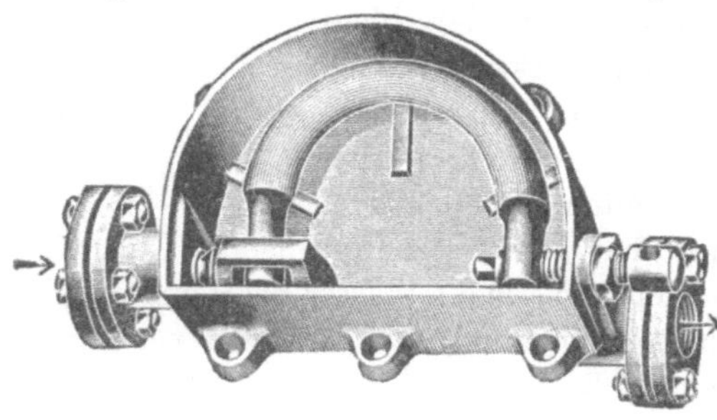

Fig. 15.
Kondenswasserableiter mit Rohrfeder für Heizkörper.

An Stelle des unteren Heizkörperventils in der Kondenswasserleitung wird der Heizkörper mit einem solchen „Kondenstopf" versehen. Derselbe verhindert das Übertreten des Dampfes in die Kondensleitung, läßt aber die Luft in die Kondensleitung austreten. Es ist also der Luft im Heizkörper die Möglichkeit gegeben, beim Öffnen des oberen Ventiles durch den Kondenstopf in die Kondensleitung zu entweichen, bzw. auf demselben Wege wieder zurückzugelangen, wenn das Dampfventil geschlossen wird. Bei gut funktionierenden Kondenswasserableitern ist die Kondensleitung dampffrei.

So ideal diese Ausführung im ersten Augenblick erscheint, so zeigen sich doch bald ähnliche Nachteile, wie bei den Selbstlüftern, zumal die Wirkungsweise dieser an den Heizkörpern angebrachten Kondenswasserableiter auf dem gleichen Prinzip beruht, wie die der selbsttätigen Entlüfter. Nach nicht zu langer Zeit lassen sie entweder Dampf durch oder sie sind verstopft und eine ständige Wartung und Auswechslung der Ausdehnungskörper ist erforderlich. Ist eine Heizungsanlage sehr ausgedehnt, so kommen fortwährend Störungen vor und das Betriebspersonal hat soviel Ärger, besonders bei Kesselstein bildendem Wasser, daß man die Kondenswasserableiter wieder beseitigt und an ihrer Stelle Ventile einbaut und die Heizkörper mit Lufthähnen versieht. Infolge der Unzuverlässigkeit aller Kondenswasserableiter und Kondenstöpfe sollten diese Apparate so wenig als möglich zur Anwendung kommen und nur an denjenigen Stellen einer Anlage angebracht werden, wo sie leicht zugänglich und einer ständigen Aufsicht unterworfen sind, also dem Bedienungspersonal jederzeit erreichbar liegen.

Bei Hochdruckdampfheizungen lassen sich aber die Kondenswasserableiter auch an entfernt vom Maschinenhause liegenden Stellen nicht immer vermeiden. Hierfür kommen dann die im Abschnitt „Absperrorgane" Fig. 119 dargestellten Schwimmer-Kondenstöpfe in Anwendung. Eine Hochdruckdampfheizung erfordert daher viel Bedienung, wenn sie gut funktionieren soll, sie erfordert viel Aufsicht, weil Undichtheiten an Rohrleitungen und Ventilen sehr häufig auftreten. In seltenen Fällen wird einer solchen Anlage die nötige Aufmerksamkeit geschenkt und infolgedessen entstehen nicht unerhebliche Dampfverluste. Insbesondere findet man die Kondenstöpfe in Unordnung und das Bedienungspersonal läßt sie lieber „durchblasen" — wie man sagt — als sie dampfdicht zu halten, weil dann Verstopfungen und damit Betriebsstörungen seltener vorkommen. Die durch ausblasende Kondenstöpfe entstehenden Dampfverluste sind oft recht bedeutend.

Alle die vorgenannten Übelstände sind bei Niederdruckdampfheizung nicht vorhanden, weshalb man überall da, wo eine Niederdruckdampfheizung ausgeführt werden kann, diese wählen sollte.

d) Anordnung der Rohrleitungen.

1. Dampfleitungen.

Bezüglich der Einzelheiten in der Ausführung der Rohrleitungen ist auf das Kapitel „Rohrleitungen" zu verweisen.

Die Anordnung der Rohrleitungen von dem Dampfverteiler aus richtet sich nach der jeweiligen Aufstellung der Heizkörper.

In vielen Fällen handelt es sich bei Fabriken um Beheizung ebenerdiger, nicht unterkellerter Räume, so daß die Dampfleitungen in den Räumen selbst untergebracht werden müssen, was auch insofern gewisse Vorteile bietet, als dann die Wärmeverluste der Leitungen zur Erwärmung, freilich manchmal auch zum Überheizen der Räume beitragen. Man wird die Dampfleitungen in einer unschwer zu erreichenden Höhe an den Konstruktionsteilen des Daches oder mittels Rohrschellen und Hängeeisen, gewöhnlich in einer Höhe von 4 bis 5 m an den Außenwänden entlang über den Fenstern befestigen und zu den einzelnen Heizkörpern herabfallende Verbindungsleitungen führen. (Vgl. Fig. 12.) An den Enden sind die Dampfleitungen zu entwässern, wobei Kondenswasserableiter anzuwenden sind, wenn die Heizkörper solche besitzen; andernfalls kann man zur Entwässerung der Dampfleitung diese direkt mit der Kondenswasserleitung verbinden. Bei aufwärts gerichteten Dampfleitungen sind ebenfalls Entwässerungen anzubringen. (Vgl. Fig. 11.)

In der Gesamtanordnung der Leitungen sollten stets Unterabteilungen geschaffen werden und zwar zum Zwecke der Temperaturregulierung in den Räumen, entsprechend der jeweiligen Außentemperatur. Hierzu gilt folgendes:

Die Dampfheizkörper müssen so groß gewählt werden, daß auch bei niedrigster Außentemperatur und nach längerer Unterbrechung des Heizbetriebes die Wiedererwärmung der Räume in einer angemessenen Zeit gewährleistet wird. Da nur während des täglichen Anheizens, sonst aber an wenigen

Tagen im Jahre das Maximum der Wärmeleistung von der Heizungsanlage gefordert wird, so sind die Heizkörper für die übrige Zeit zu groß, sofern nicht eine Herabminderung der Temperatur des Heizmediums — wie bei der Warmwasserheizung — zulässig ist, ohne daß dadurch das Funktionieren der Heizungsanlage wesentlich beeinflußt wird.

Bei der Hochdruckdampfheizung kann man eine derartige zentrale Wärmeregulierung durch Veränderung des Dampfdruckes in der Anlage und damit der Temperatur des Dampfes in den Heizkörpern in beschränkten Grenzen erreichen. Sind die Leitungen einer Hochdruckdampfheizungsanlage so bemessen, daß der Dampf auch bei 1 Atm bis zum entferntest gelegenen Heizkörper gelangt, so kann durch Erhöhung des Dampfdruckes die Wärmeabgabe der Heizkörper central beeinflußt werden, indem das Reduzierventil auf hohen Druck eingestellt wird. Geht man für die niedrigste Außentemperatur bis zu 4 Atm, wobei genügend widerstandsfähige Heizkörper vorausgesetzt werden müssen, so bewegt sich die Dampftemperatur in der Grenze von etwa 120° bis 150°. Die Wärmeabgabe eines Rippenheizkörpers, dessen Wärmedurchgangskoeffizient $k = 4,5$ ist (vgl. Abschnitt VII), würde demnach bei einer Raumtemperatur von $+ 20°$ von

$$4,5 \ (120 - 20) = 450 \text{ w bei 1 Atm (Überdruck)}$$
auf $\qquad 4,5 \ (150 - 20) = 585 \text{ w bei 4 Atm (\quad ,, \quad)}$

(das sind 30 Proz.) gesteigert werden können. Nun erfordern aber die Schwankungen der Außentemperatur oft an ein und demselben Tage eine Verminderung der Heizwirkung bis auf ein Viertel und weniger von der Maximalleistung, wobei noch zu berücksichtigen ist, daß die Dampfleitungen selbst, sofern sie in den zu beheizenden Räumen liegen, ebenfalls soviel Wärme abgeben, daß sie fast allein schon bei verhältnismäßig hoher Außentemperatur genügen würden, die Räume hinreichend zu erwärmen. Eine zentrale Regulierung der Hochdruckdampfheizung durch Druckerhöhung, bzw. Erniedrigung ist daher nicht in dem Maße durchführbar, wie es zur Erhaltung einer gleichmäßigen Temperatur und zur Vermeidung des Überheizen der Räume nötig ist. Bei vielen Anlagen werden Druckerhöhungen um 2 bis 3 Atm auch nicht einmal zulässig sein; alsdann sind die Grenzen für eine zentrale Wärmeregulierung noch enger gezogen.

Man kann aber die Wärmeleistung einer Hochdruckheizungsanlage der Außentemperatur dadurch anpassen, daß man eine Anzahl der Heizkörper eines Raumes zentral, d. h. vom Verteiler aus, ausschaltbar macht.

Handelt es sich z. B. um die Beheizung eines großen Spinnereisaales, der als Shedbau ausgeführt ist, so ordnet man die Heizkörper zum Teil an den Außenwänden über dem Fußboden, zum Teil unter den Oberlichten des Sheds an. — Hiermit sind schon zwei Gruppen von Heizkörpern gegeben, die eine tiefliegend, die andere hochliegend.

Unter diesen beiden Gruppen werden dann wieder Unterteilungen gemacht, etwa so, daß immer zwei Heizkörper einerseits und ein Heizkörper andererseits zu einer Untergruppe gehören. Jede dieser Gruppen ist nun durch eine besondere Dampfleitung mit dem Dampfverteiler des Shedbaus zu verbinden. Die ganze zur Erwärmung des Saales erforderliche Heizfläche ist dann in $^2/_3$ und $^1/_3$ Gruppen geteilt, womit man — noch unter Benutzung der oben erwähnten Regulierung mit Hilfe des Dampfdruckes — eine in Hinsicht auf die Temperaturregelung wirtschaftliche Anlage schaffen kann.

Die Gesichtspunkte, nach denen man die Gruppenteilung der Heizkörper vorzunehmen hat, sind ganz von der Bauart des Fabrikgebäudes und von dessen Lage abhängig. Bei mehrstöckigen Gebäuden wird man noch den Wärmeauftrieb nach den oberen Geschossen, bei sehr freistehenden den Windanfall und die Himmelsrichtung zu berücksichtigen haben.

Jedenfalls kann man durch die Gruppenanordnung der Überheizung der Räume und der Wärmeverschwendung wirksam entgegentreten, wenn aufmerksame Bedienung vorauszusetzen ist.

Hiergegen könnte der Einwand gemacht werden, daß derselbe Zweck durch Abstellen einzelner Heizkörper erreicht wird. Ganz gewiß! Die Erfahrung hat aber gezeigt, daß dieses Abstellen von Heizkörpern weder vom Heizer noch von sonst einer dazu berufenen Person geschieht, daß vielmehr, wenn es wirklich einmal im besonderen Auftrage des Fabrikherrn vorgenommen wurde, Unberufene die Heizkörper wieder öffnen.

Zur Durchführung einer solchen zentralen Regulierung der Temperaturen in den Arbeitsräumen sind Fernthermometeranlagen fast unerläßlich. Ihre Anlagekosten machen sich sehr bald bezahlt, besonders noch da, wo im Interesse des Fabrikates auf gleichmäßige Temperaturen gesehen werden muß.

Die Erhöhung der Anlagekosten durch die vermehrten Leitungen, welche die Gruppenanordnung der Heizkörper bedingt, sind nicht in allen Fällen so bedeutend, wie man wohl annehmen könnte. Da die Leitungen mit zur Erwärmung der Räume beitragen, so kann dementsprechend die Größe der Heizkörper vermindert werden.

Der Bestimmung der für Hochdruckheizungen erforderlichen Dampfleitungsquerschnitte ist ein besonderer Abschnitt gewidmet. Abschnitt X enthält die Berechnung des Spannungsabfalles in Dampfleitungen.

2. Kondens- oder Niederschlags-Wasserleitungen.

Bei der Anordnung der Kondenswassersammelleitungen ist auf die Rückgewinnung des Kondensates besonderer Wert zu legen; denn das Kondensat ist das vorzüglichste Speisewasser, sowohl wegen seiner Reinheit als auch wegen der in ihm enthaltenen Wärme.

Die Kondenswassersammelleitungen sind deshalb bis zum Speisewasserbassin des Kesselhauses zurückzuführen (vgl. auch Kesselspeisevorrichtungen)

Je reiner das Speisewasser ist, desto geringer sind dann die Ablagerungen an den Kesseln, die die Wärmeaufnahme beeinträchtigen und den Wirkungsgrad der Kesselanlage herabsetzen[1]. An Stelle des verlorengehenden Kondensates muß frisches, stets Kesselstein enthaltendes und kaltes Wasser oder erst durch Speisewasserreiniger enthärtetes und durch Vorwärmer angewärmtes Wasser den Kesseln zugeführt werden. Alle diese Verfahren bedeuten gegen-

---

[1] Vgl. *Fischer*, Das Wasser.

über der Speisung mit Kondensat einen Mehraufwand, der im Laufe des Jahres sich recht fühlbar macht.

Am Ende der Kondenswasserleitungen befinden sich die Kondenstöpfe, welche den Dampf in der Heizungsanlage zurückzuhalten haben, dagegen nur das Kondensat in das Speisewasserbassin abführen sollen.

Die Temperatur, mit welcher das Kondensat die Leitungen verläßt, richtet sich nach dem Dampfdrucke, unter dem die Kondensleitungen stehen.

Da bei der Hochdruckdampfheizung die Dampfspannung vom Dampfverteiler aus nur geringen Spannungsabfall erfährt, weil besondere Drosselvorrichtungen, wie bei der Niederdruckdampfheizung, auf dem Wege vom Verteiler bis zum Austritt nicht vorhanden sind, so stehen auch die Kondenswasserleitungen unter Dampfdruck[1]). Das Kondensat hat also eine höhere Temperatur als die, welche dem Drucke der äußeren Atmosphäre (100°) entspricht. Infolgedessen verdampft es teilweise, sobald es mit der Außenluft in Verbindung tritt, entweicht als Wrasen oder Schwaden und ist als solcher für die Kesselanlage verloren.

Dieses Nachverdampfen stellt somit einen Verlust an Wärme und reinem Speisewasser dar, der um so größer wird, je höher die Dampfspannung in den Kondensleitungen ist.

Auch beim Austritt des Kondensates aus den Kondenswasserableitern wird das Kondensat von dem in der Heizungsanlage herrschenden Drucke entlastet und verdampft.

In vielen Fällen ist eine Zurückführung des Kondensates bis zur Speisewassergrube der Kesselanlage allerdings mit einigen Umständen verknüpft. Man läßt dann das Wasser in die Kanalisation abfließen. In diesem Falle sollte man aber vor dem Anschlusse an die Kanalisation gemauerte Gruben mit Wrasenrohr anlegen und die Abflußleitungen nicht aus Tonrohren, sondern auf eine längere Strecke aus gußeisernen Rohren herstellen, weil Tonrohre sehr heißes Wasser nicht vertragen können und zerspringen. Die meisten Tiefbauämter verbieten deshalb die Einführung heißen Wassers von mehr als 40° in die Kanalisation.

Über Rohrstücken der Kondenswasserleitungen siehe Seite 101.

e) Bedienung der Anlagen.

Im vorstehenden ist die Hochdruckdampfheizung in ihrer allgemeinen Ausführung beschrieben. Es bleibt nur noch übrig, einiges über die Bedienung zu sagen.

Soll bei Beginn der Arbeitszeit eine ausreichende Erwärmung der zu beheizenden Räume erzielt werden, was meist nicht nur im Interesse der Arbeiter liegt, sondern auch mit Rücksicht auf das Fabrikat und die Maschinen zu wünschen ist, so muß, je nachdem die Heizungsanlage für kürzere oder längere Anheizzeit berechnet ist, der Dampf schon einige Stunden vor

---

[1] Eine Ausnahme ergibt die Anordnung von Kondenswasserableitern hinter den Heizkörpern. Da indessen diese Kondenswasserableiter nach einiger Zeit versagen und oft viel Dampf durchlassen, so sind auch die Kondensleitungen mit Dampf gefüllt.

dem Arbeitsbeginn in die Anlage eingelassen werden. Hierbei hat der Heizer sämtliche Kondenswasserableiter nachzusehen, die geschlossenen Ventile der Heizkörper zu öffnen und für Entlüftung der Heizkörper zu sorgen.

Betrachtet man die obigen schematischen Darstellungen von Hochdruckdampfheizungen, so sieht man, daß dem Dampf kein Hindernis in den Weg gelegt wird, von der Dampfleitung aus direkt durch den ersten Heizkörper in die Kondensleitung zu gelangen, diese mit Dampf anzufüllen und somit bei den übrigen Heizkörpern den Austritt der Luft zu verhindern. Der erste Heizkörper wird demnach sogleich sich mit Dampf anfüllen, die weiteren Heizkörper aber werden — je entfernter sie vom Dampfverteiler liegen — nur wenig, bzw. gar keinen Dampf erhalten, da in ihnen die Luft von beiden Seiten zusammengepreßt und eingeschlossen wird.

Um sie zu entlüften, ist es notwendig, die einzelnen Lufthähne zu öffnen.

Bei großen Betrieben sind solche Manipulationen natürlich sehr umständlich. Es wird deshalb nicht selten über ungenügende Erwärmung der Räume, besonders bei Beginn der Arbeitszeit geklagt.

Die gewöhnlich verwendeten Schwimmer-Kondenswasserableiter an den Enden der Kondensleitungen — obwohl im Betriebe selbsttätig wirkend — müssen beim Einlassen des Dampfes in die Anlage von Hand entlüftet werden, sie können aber auch die zuerst infolge der Abkühlung in den kalten Rohren entstehende große Menge von Kondensat nicht schnell genug abführen und sind deshalb mit einer Umgehung versehen, die das Kondensat um den Kondenstopf herum leitet und dabei auch die in Heizkörpern und Leitungen enthaltene Luft austreten läßt. (Vgl. Fig. 119 im Abschnitt „Absperrorgane".)

f) Vor- und Nachteile der Hochdruckdampfheizung.

Der fast einzige Vorteil der Hochdruckdampfheizung sind die niedrigen Anlagekosten.

Infolge der hohen Temperaturen und des geringen spezifischen Volumens des Hochdruckdampfes sind Heizkörper und Rohrleitungen kleiner und von geringeren Abmessungen als bei der Niederdruckdampfheizung. Indessen wirken die hohen Heizkörpertemperaturen gesundheitsschädlich.

Selten auch arbeitet eine Hochdruckdampfheizung ganz geräuschlos und eine Wärmeregulierung am einzelnen Heizkörpern, wie sie z. B. in Büroräumen nötig wird, ist so gut wie ausgeschlossen.

Die Umständlichkeit der Entlüftung bei großen Anlagen führt dazu, daß das Bedienungspersonal die Entlüftung der Heizkörper nicht vornimmt, so daß dann über ungenügende Erwärmung geklagt wird.

Die hohe Temperatur, mit der das Kondensat in den Kondensleitungen abfließt und das Nachverdampfen beim Austritt des Kondensates, führen zu unwirtschaftlichem Betriebe.

Steht z. B. das Kondensat unter einem Drucke von 3 Atm, so besitzt es eine Temperatur von etwa 140°. Beim Austritt aus dem Kondenstopfe kann sich eine Wassertemperatur von 140° unter dem Drucke der äußeren Atmosphäre nicht halten. Das Wasser kühlt sogleich auf 100° ab; jedes Kilogramm Kondensat verliert also 40 w, die durch Wrasenbildung entweichen. Alle diese der Hochdruckdampfheizung anhaftenden Übelstände sollten, bevor man sich zur Ausführung einer Hochdruckdampfheizung entschließt, in Erwägung gezogen werden.

3. Niederdruck-Dampfheizung.

a) Vorbemerkungen und Wahl der Dampfspannung.

Unter einer Niederdruckdampfheizung versteht man eine Heizungsanlage,
welche mit einer Dampfspannung von 0,05 bis 0,50 Atm betrieben wird. Die
Temperatur des Dampfes beträgt dabei etwa 99,5 bis 110°.

Die Einrichtung einer Niederdruckdampfheizung unterscheidet sich im
allgemeinen in der Anordnung der Heizkörper und Rohrleitungen nur wenig
von der Hochdruckdampfheizung. Infolge der niedrigen Dampftemperatur
aber sind die Heizkörper größer zu wählen und, da auch der Druck ein niedrigerer,
das spezifische Volumen des Dampfes also größer ist, müssen die Rohrleitungen stärker gewählt werden. Daraus entstehen die höheren Anlagekosten
gegenüber der Hochdruckdampfheizung.

Die Wahl der Dampfspannung hängt einmal von der Ausdehnung der
Heizungsanlage, dann aber auch davon ab, ob neben der Heizung auch noch
andere Apparate, wie Kocheinrichtungen, Wasser- oder Leimkocher, Destillierapparate, Kochkessel von Küchenanlagen für Arbeitermenagen, Kaffekocher
und ähnliche durch Niederdruckdampf mit erwärmt werden sollen. Für solche
Apparate ist dann eine Dampfspannung von 0,25 bis 0,4 Atm anzuwenden, um
in kurzer Zeit den Kochprozeß herbeizuführen; nur ist dabei darauf zu achten,
daß die Apparate für Niederdruckdampf konstruiert sein müssen und dem
entsprechend größere Heizflächen besitzen, als für Hochdruckdampf.

Die Ausdehnung der Heizungsanlage, worunter man die Entfernung von
der Niederdruckdampferzeugungsstelle bis zum entferntest gelegenen Heizkörper zu verstehen hat und zwar in der Leitung gemessen, beeinflußt die
Wahl der Dampfspannung in sofern, als naturgemäß die Anfangsspannung
bei großen Entfernungen höher sein muß als bei kleinen; denn bei niedriger
Dampfspannung müssen die Leitungen stärker gewählt werden als bei hoher;
infolgedessen würden die Wärmeverluste der Leitungen bei niedriger Anfangsspannung schließlich so groß werden, daß eine Wirtschaftlichkeit der
Anlage in Frage gestellt ist.

Rietschel empfiehlt in seinem „Leitfaden zum Berechnen und Entwerfen von Lüftungs- und Heizungsanlagen" folgende Anfangsspannungen
für Niederdruckdampfheizungen.

0,05 Atm bei Anlagen, bei denen der Dampf nicht über 100 m zu leiten ist.
0,10 „ „ „ „ „ „ „ „ „ 200 „ „ „ „
0,15 „ „ „ „ „ „ „ „ „ 300 „ „ „ „
0,20 „ „ „ „ „ „ „ „ „ 500 „ „ „ „

Bei diesen geringen Dampfspannungen kann, ohne daß ein wesentlich
ungünstig wirkender Gegendruck entsteht, auch der Abdampf von Maschinen
zum Betriebe der Heizungsanlage benutzt werden. Im Nachstehenden ist
deshalb zwischen Niederdruckdampfheizungen ohne besondere Kesselanlage
und solchen mit eigener Kesselanlage unterschieden.

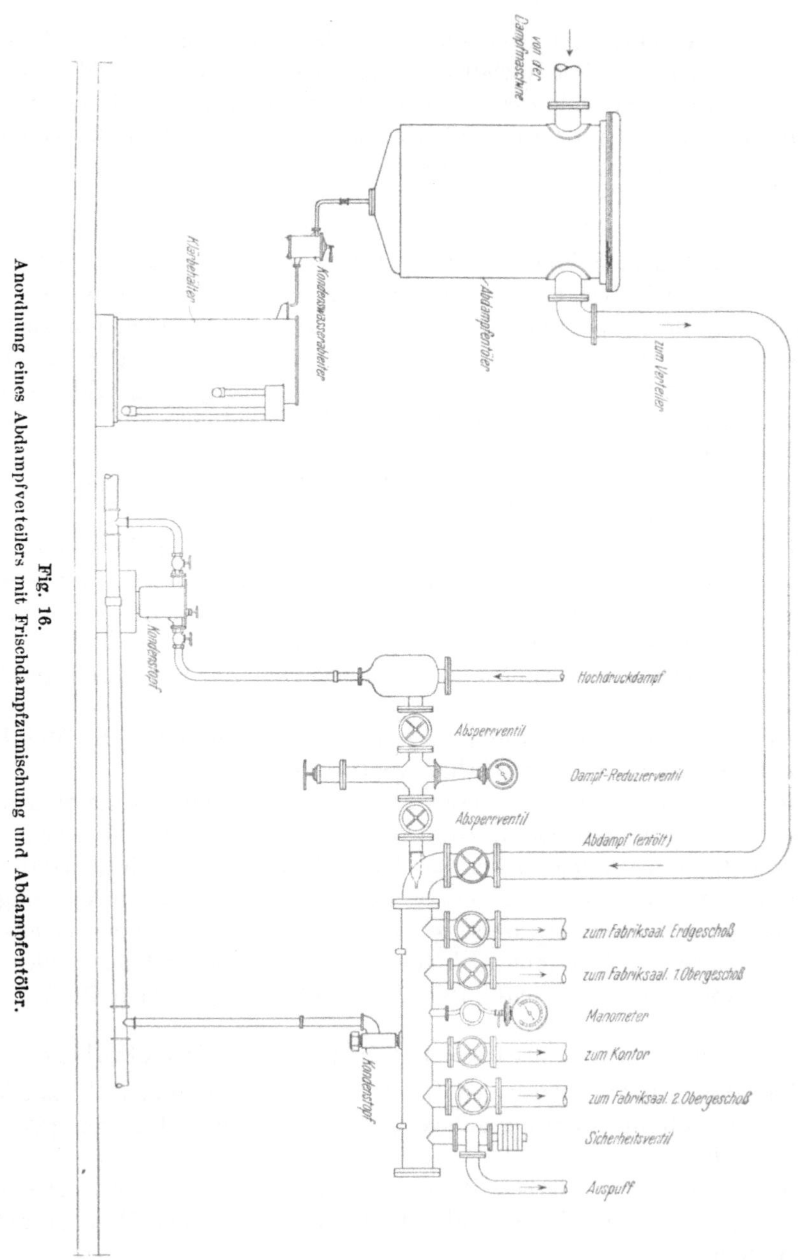

Fig. 16.
Anordnung eines Abdampfverteilers mit Frischdampfzumischung und Abdampfentöler.

b) Niederdruckdampfheizung ohne besondere Kesselanlage.

Für größere Anlagen, die von einer für Maschinenbetrieb bestimmten Hochdruckkesselanlage aus mit Dampf versorgt werden, wird man mehrere Reduzierstationen vorsehen, bis zu denen der Hochdruckdampf geleitet wird, um dann auf Niederdruckdampfspannung herabgemindert zu werden. Zu den Niederdruckdampfheizungen ohne Kesselanlage gehört auch die Abdampfheizung.

Bei Verwendung von Abdampf einer Dampfmaschine ist ein Dampfverteiler, ähnlich jenem der Hochdruckdampfheizung einzurichten (Fig. 16) und mit einem Reduzierventile zur zeitweisen Verwendung von Hochdruckdampf zu versehen, da der Abdampf der Maschinen, wenn es sich als zweckmäßig herausstellt, diesen zu Heizzwecken zu benutzen, nur während des Betriebes der Maschinen zur Verfügung steht.

Der Abdampf der Maschinen muß zunächst einen Entöler durchströmen, damit das von dem Schmiermateriale der Maschine herrührende Öl nicht die Leitungen und Heizkörper im Innern verschmutzt. Ebenso wie bei den Dampfkesseln der Wärmedurchgang durch Ölablagerung behindert wird, so setzen auch solche Ölablagerungen in Heizkörpern die Wirkung derselben herab. Die jetzt hergestellten Entöler zeigen meist so günstige Erfolge, daß nur noch geringe Mengen von Öl im Dampfe enthalten sind. (S. Dampfentöler, Seite 230).

Vom Entöler gelangt dann der Abdampf durch eine besondere Leitung nach dem Abdampfverteiler.

Genügt der Abdampf nicht, um die Heizungsanlage mit Dampf zu versorgen, so mischt man direkten, sogenannten Frischdampf aus der Kesselanlage dem Abdampfe bei, zu welchem Zwecke natürlich der Frischdampf auf die Spannung des Abdampfes herabzumindern ist.

Bei Stillstand der Maschinen ist die Anlage dann nur mit Frischdampf zu betreiben.

Zur Vermeidung einer Steigerung des Gegendruckes auf die Maschine ist am Dampfverteiler ein Sicherheitsventil anzubringen.

Geben mehrere Maschinen ihren Abdampf gemeinsam in eine Heizungsanlage, so empfiehlt es sich, ein sogenanntes Ausgleichgefäß oder einen Ausgleichbehälter aufzustellen, in welchen der Abdampf geleitet wird, so daß hier die Stöße der Maschinen gemildert werden und der Dampf gleichmäßig in die Heizungsanlage gelangt. Derselbe Zweck wird auch mit den verschiedenen Konstruktionen der Abdampfdruckregler angestrebt und mit mehr oder weniger Vollkommenheit erreicht. (S. Abdampfdruckregler, Seite 230.)

c) Niederdruckdampfheizung mit eigner Kesselanlage.

Steht nun Abdampf oder verminderter Hochdruckdampf nicht zur Verfügung, so muß die Heizungsanlage eine eigene Niederdruckdampfkesselanlage erhalten.

Bemerkenswert ist hierbei, daß die Niederdruckdampfkessel konzessionsfrei sind und unter bewohnten und von Menschen benutzten Räumen aufgestellt werden können.

Für die Lage des Kesselraumes gelten die allgemeinen Gesichtspunkte: möglichst bequeme Brennmaterialanfuhr, zentrale Anordnung mit Rücksicht auf das Rohrleitungsnetz, Zugänglichkeit usw., aber es ist hier noch ein Umstand zu erwähnen, der bei Neubauten stets rechtzeitig, noch vor Beginn der Kostenveranschlagung für das Gebäude, beachtet werden sollte: das ist die Vertiefung des Kesselraumes.

Bei der Niederdruckdampfheizung ist die Zurückführung des in der Heizungsanlage entstehenden Kondensates eine Notwendigkeit, die durch die einfache Bedienung einerseits, andererseits durch die Konstruktion der Niederdruckdampfkessel bedingt ist. (Vgl. Niederdruckdampfkessel Seite 143.)

Die Niederdruckdampfkessel sind im Innern nur schwer zugänglich, also nicht wie die Hochdruckdampfkessel reinigungsfähig. Besonders die gußeisernen Gliederkessel können im Innern nicht von Kesselstein und sonstigen Ablagerungen befreit werden. Es liegt auch hierzu keine Veranlassung vor, wenn — wie bei fast allen Niederdruckdampfheizungen mit eigner Kesselanlage — die Zurückführung des Kondensates nach dem Kessel erfolgt.

Soll dies mit unbedingter Zuverlässigkeit stattfinden, so muß die Einrichtung so getroffen sein, daß das Kondensat dem Kessel ohne Speisevorrichtungen, die doch besonderer Aufsicht und Wartung bedürfen, zufließt.

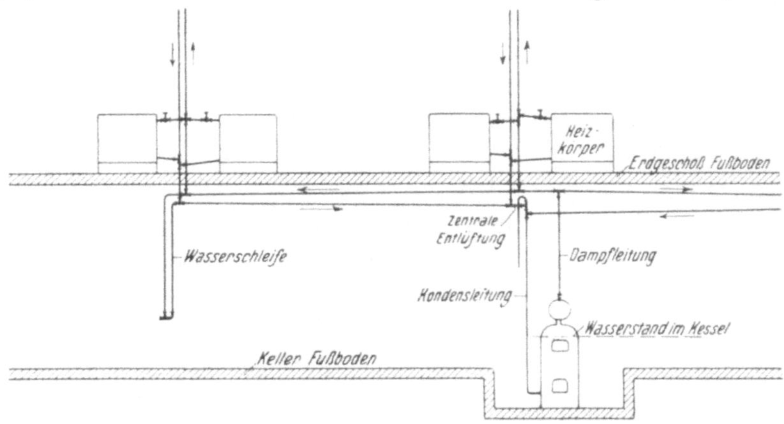

Fig. 17. Allgemeine Anordnung einer Niederdruckdampfheizung.

Deshalb bildet eine Niederdruckdampfheizung ein zusammenhängendes System, welches nur an einer Stelle zum Zwecke der Ent- und Belüftung der Heizkörper mit der Außenluft in Verbindung steht. Die Kondenswasserleitung ist direkt und unvermittelt an den Kessel angeschlossen. Die obenstehende Skizze (Fig. 17) zeigt die allgemeine Anordnung einer Niederdruckdampfheizung, die einer näheren Erklärung nicht bedarf.

Es ist nur die Frage zu beantworten: „Weshalb ist der Kessel vertieft aufzustellen?"

Vor Beginn der Dampfentwicklung steht das Wasser im Kessel und in der an diesen angeschlossenen Kondenswasserleitungen in der Höhe des mittleren Wasserstandes, in Fig. 18 bei $M\,W$. Entsteht nun im Kessel Druck, so lastet dieser auch auf dem Wasserspiegel im Kessel und drückt das in der Kondensleitung stehende Wasser in die Höhe.

Einer Dampfspannung von 1 Atm entspricht eine Wassersäule von rund 10 m. Für jedes Zehntel einer Atm Dampfdruck im Kessel steigt daher auch das Wasser in der vertikalen Kondensleitung um je 1 m.

Steht der Kessel nun nicht tief genug, so gelangt das Kesselwasser zuerst in die horizontalen, meist an der Kellerdecke liegenden Kondensleitungen und bald danach in die Heizkörper. Im Kessel selbst entsteht Wassermangel, der zum Ausglühen des Kessels führen kann.

Infolge der direkten Verbindung der Kondenswasserleitung mit dem Kessel muß dieser also so tief aufgestellt werden, daß auch bei vorübergehend höherem, als dem normalen Betriebsdrucke das Wasser des Kessels nicht in die Kondenswassersammelleitungen, noch weniger aber in die Heizkörper gelangen kann. Wird dieser Umstand bei Neubauten nicht von vornherein genügend berücksichtigt, so entstehen sehr häufig unvorhergesehene Mehrausgaben, die besonders dann erheblich werden, wenn Grundwasser die Vertiefung der Kellersohle erschwert.

Zur Bestimmung dieser Vertiefung ist es notwendig, auch das Gefälle der Rohrleitungen zu berücksichtigen.

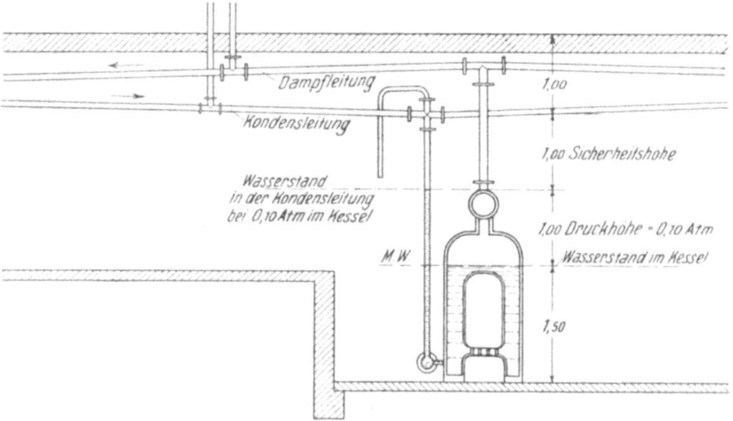

Fig. 18. Verbindung eines Niederdruckdampfkessels mit den Rohrleitungen.

Können die Dampf- und Kondenswasserleitungen an der Decke des Kellergeschosses untergebracht werden, was immer zu bevorzugen ist, so ist mit einem Abstande des tiefsten Punktes der Leitungen von der Oberkante des Erdgeschoßfußbodens von 0,75 bis 1,0 m zu rechnen. Von hier ab wählt man die Höhe bis zum Wasserspiegel des Kessels je nach dem Dampfdrucke der Anlage, außerdem aber ist dieser Höhe noch eine Sicherheitshöhe von etwa 1,0 m hinzuzugeben, weil es doch hin und wieder vorkommen kann, daß infolge mangelhafter Bedienung der Dampfdruck im Kessel und somit das Wasser in der Kondensleitung höher steigt, als dem normalen Betriebsdruck entspricht.

Die Darstellung in Fig. 18 zeigt den mittleren Wasserstand 1,50 m über Kesselsohle, den Betriebsdruck zu 0,1 Atm = 1,0 m, und darüber noch 1,0 m Sicherheitshöhe bis zum tiefsten Punkte der Kondensleitung, der wieder 1,0 m unter der Oberkante des Erdgeschoßfußbodens liegt.

Die Entfernung von Kesselsohle bis Erdgeschoßfußboden muß demnach für den vorliegenden Fall 4,50 m betragen.

Je höher nun die Dampfspannung gewählt wird, desto tiefer muß der Kessel gelegt werden, bei je 0,10 Atm größerer Spannung um 1,0 m. Man kann somit bei tiefster Stellung der Heizkörper im Erdgeschosse folgende, von der Dampfspannung abhängige Kesselvertiefungen gegen Erdgeschoßfußboden annehmen.

Dampfspannung in Atm	0,05	0,10	0,20	0,30	0,40 .
Steighöhe des Kesselwassers	0,50	1,00	2,00	3,00	4,00 m
Mittlerer Kesselwasserstand	1,50	1,50	1,50	1,50	1,50 m
Sicherheitshöhe	0,50	1,00	1,00	1,25	1,50 m
Abstand der Rohrleitungen	0,75	1,00	1,00	1,00	1,00 m
Höhe von Kesselsohle bis Oberkante Erdgeschoß-fußboden	3,25	4,50	5,50	6,75	8,00 m

Der Wasserstand der gußeisernen Gliederkessel ist meist noch etwas niedrigerer als 1,50 m, immerhin aber wird es sich empfehlen, die Vertiefung nicht bis auf das äußerste Maß zu beschränken. Ein höherer Wasserstand bedingt auch eine entsprechend größere Vertiefung. Bei Heizkörpern, die im

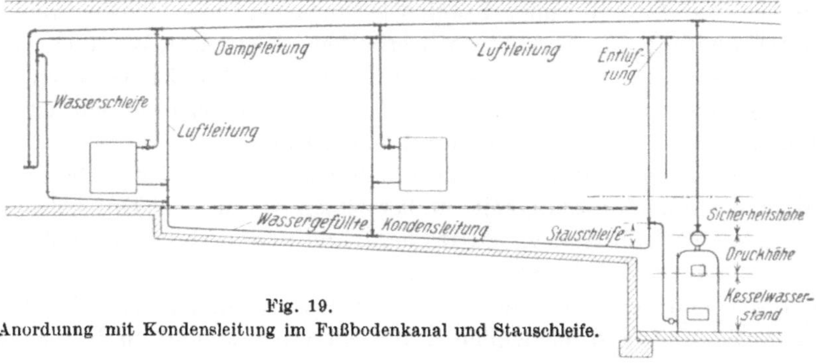

Fig. 19.
Anordnung mit Kondensleitung im Fußbodenkanal und Stauschleife.

Keller aufgestellt werden sollen, ist die Vertiefung des Kesselraumes von der Unterkante dieser Heizkörper an zu rechnen. (Vgl. Fig. 19.)

Da es sich im Keller zumeist um untergeordnete Räume handelt, so wird es gewöhnlich zulässig sein, die Heizkörper in einiger Höhe über dem Fußboden anzubringen. Ein Abstand von 50 cm von der Decke ist aber dann mindestens einzuhalten.

In Fabrikgebäuden sind die zu heizenden Räume oft nicht unterkellert, weshalb es nötig ist, die Kondenswassersammelleitung in einem Fußbodenkanale unterzubringen (siehe Fig. 19). Es ist dann durch Anwendung einer sogenannten Stauschleife die Kondensleitung mit Wasser gefüllt zu halten; dann ist aber für die Entlüftung der Heizkörper eine besondere Luftleitung zu legen. Da die Kondensleitung mit Wasser gefüllt ist, kann ein Überfließen des Kesselwassers in die Kondensleitung und daraus entstehender Wassermangel im Kessel nicht eintreten. Bei dieser Ausführung ist aber für gänzlich frostfreie Lage der Kondenswasserleitung zu sorgen, damit auch bei längeren Betriebsunterbrechungen ein Einfrieren der Kondensleitung nicht zu befürchten ist.

d) Anordnung der Niederdruckdampfkessel.

Da die Erwärmung der Arbeitsräume eine Bedingung zur Aufrechterhaltung des Fabrikbetriebes ist, so sollte die Kesselheizfläche einer Niederdruckdampfheizungsanlage stets eine genügende Reserve besitzen. Es empfiehlt sich deshalb, mehrere Dampfkessel aufzustellen und zwar so, daß bei zwei Kesseln einer allein imstande ist, noch bei einer Außentemperatur von etwa — 5° oder besser noch — 10° den Heizbetrieb allein zu versorgen. Bei mehr als zwei Kesseln sollte stets einer als Reserve zur Verfügung stehen.

Die Kessel sind durch eine Dampfsammelleitung im Dampfraume, sowie durch eine Leitung in Höhe des niedrigsten Kesselwasserstandes miteinander zu verbinden.

Außerdem stehen die Kessel noch durch die gemeinsame Kondensleitung in Zusammenhang. Die Verbindungsleitung in Höhe des niedrigsten Kesselwasserstandes dient zum Ausgleiche des Wassers in den einzelnen Kesseln. Will man jeden Kessel ausschaltbar machen, was immer zu empfehlen ist, so muß er im Dampf- und Kondensleitungsanschlusse, sowie auch in der Ausgleichleitung ein Absperrventil erhalten. Dann ist aber auch jeder Kessel mit dem gesetzlich vorgeschriebenen Standrohre zu versehen, was bei nicht gegeneinander absperrbaren Kesseln nicht erforderlich ist. Es genügt dann eine gemeinsame Standrohreinrichtung.

Die Dampfsammelleitung, welche die Kessel miteinander verbindet, ist für geringe Dampfgeschwindigkeit zu berechnen, damit ein Druckausgleich zwischen den einzelnen Kesseln stattfinden kann und auch ein Mitreißen von Wasser in die Dampfleitungen vermieden wird.

Sehr oft sind bei mehreren miteinander verbundenen Kesseln starke Schwankungen und Verschiedenheit im Kesselwasserstande zu beobachten, die auf verschieden große Dampfentwicklung oder auf ungleiche Dampfentnahme zurückzuführen sind.

Hiergegen hilft auch die oben erwähnte Ausgleichleitung nicht. Der Fehler liegt entweder in der ungünstigen Anordnung der Kessel zum Schornsteine oder in zu eng gewählter Dampfsammelleitung bei einseitigem Anschlusse der Hauptdampfleitung.

Als Sicherheitsvorrichtung gegen Explosion dient das gesetzlich vorgeschriebene Standrohr. Dasselbe darf nicht höher als 5,0 m hergestellt werden[1]. Es besteht in seiner einfachsten Form aus einem U-förmig gebogenen Rohre, das mit Wasser gefüllt und unverschließbar mit dem Dampfraum des Kessels verbunden ist. Die Stärke des Rohres richtet sich nach der Größe des Kessels. Bis 6 qm Kesselheizfläche genügt ein Rohr von 50 mm lichter Weite. Über 11,5 qm Heizfläche des Kessels muß das Standrohr 82,5 mm im Lichten stark sein. Mehrere Kessel dürfen an ein Standrohr angeschlossen werden, wenn sie nicht absperrbar sind. (Siehe auch Fig. 36 u. 37, Seite 151 u. 152.)

---

[1] Das Standrohr sollte stets nur die Höhe erhalten, welche sich aus Betriebsdruckhöhe und Sicherheitshöhe ergibt, damit dasselbe abbläst, noch bevor das Kesselwasser rückwärts in die Kondensleitung und Heizkörper gelangt.

Der Kesselraum einer Niederdruckdampfheizungsanlage soll geräumig und bequem zugänglich sein. Der Schürstand vor den Kesseln muß eine Länge von mindestens dem $1\frac{1}{2}$fachen der Kessellänge besitzen, weil es andernfalls dem Heizer nicht möglich ist, den Aschenfall gründlich zu reinigen.

Hierauf ist gerade bei den Gliederkesseln zu achten, da diese fast alle nicht auswechselbare Roste besitzen, die Roststäbe vielmehr an den einzelnen Kesselgliedern angegossen sind. Wird der Aschenfall nicht gereinigt, so wird die Kühlung der Roststäbe durch die Verbrennungsluft verhindert; die Roststäbe verbrennen dann sehr bald, wodurch der Kessel unbrauchbar wird.

Auch hinter den Kesseln sollte stets ein Abstand von mindestens 1,0 m zwischen Kesselrückwand und Gebäudewand gewahrt bleiben, damit die Reinigungsöffnungen der Rauchkanäle und des Schornsteines leicht zugänglich sind.

Ein Fußbodenabfluß in Verbindung mit der Kanalisation, sowie Anschluß an die Wasserleitung ist zum Entleeren und Füllen der Kessel im Kesselraume unbedingt erforderlich.

Für eine direkte Verbindung des Kesselraumes mit der Außenluft ist Sorge zu tragen, auch ist ein Abluftkanal von mindestens $26 \cdot 26$ cm lichter Weite zur Entlüftung des Raumes vorzusehen, damit die beim Abschlacken entstehenden Gase entweichen. (Vgl. auch Abschn. VI, 2.)

e) Heizkörper und Heizkörperventile der Niederdruckdampfheizung.

Bei der Niederdruckdampfheizung werden im allgemeinen dieselben Heizkörper, wie bei der Hochdruckdampfheizung, angewendet, weshalb das auf Seite 74, sowie das über Gruppenanordnung Seite 78 Gesagte auch hier zutrifft. Im übrigen ist auf Abschnitt VIII zu verweisen.

Die jetzt fast allgemein übliche Anwendung von einstellbaren Regulierventilen an Niederdruckdampfheizkörpern hat den großen Vorzug der Einfachheit in der Bedienung und der Zuverlässigkeit.

Diese Ventile sind mit einer Drosselvorrichtung versehen, welche es ermöglicht, die bei einem bestimmten Drucke in der Kesselanlage durch das Ventil in den Heizkörper einströmende Dampfmenge nur so groß zu bemessen, als der Heizkörper bei der durch ihn zu erzielenden Raumtemperatur zu kondensieren vermag. Infolgedessen tritt am Ende des Heizkörpers kein Dampf mehr aus und es werden die immer unzuverlässigen Kondenswasserableiter, welche das Übertreten des Dampfes in die Kondensleitung verhindern sollen, überflüssig. Das Einstellen der Ventile hat der Monteur nach der Fertigstellung der Anlage vorzunehmen. Man nennt diese Arbeit das „Einregulieren des Heizkörpers".

Kondenswasserableiter sollten nur da Anwendung finden, wo ihre Verwendung nicht umgangen werden kann (s. Seite 91).

Die Konstruktion der einstellbaren Regulierventile und ihre Wirkungsweise ist im Kapitel Absperrorgane näher beschrieben. Man hört nun oft die Behauptung, daß das Einstellen der Heizkörperventile erst dann erfolgen könne, wenn an die Heizungsanlage die höchste Anforderung gestellt wird, d. h., wenn die niedrigste Außentemperatur, für welche die Anlage berechnet wurde, eingetreten ist. Diese Ansicht wird vielfach vertreten, ist aber durchaus unberechtigt.

Würde man diese Bedingung an die Einstellbarkeit der Ventile knüpfen, so könnten nur sehr wenige Niederdruckdampfheizungen überhaupt jemals — wie man sagt — „einreguliert“ werden.

Ein sehr brauchbares Hilfsmittel für die Einregulierung der Ventile ist das Einsetzen eines T-Stückes in die vom Heizkörper abzweigende Kondenswasserleitung, wie nebenstehende Figur 20 zeigt. Dieses T-Stück wird beim Einregulieren eines Heizkörpers geöffnet und nun die Drosselvorrichtung des Ventils so lange eingestellt, bis nur noch ein Hauch von Dampf heraustritt.

Um bei der Einregulierung den Dampfverbrauch des Heizkörpers so zu gestalten, wie er sich später im Betriebe der Anlage ergibt, ist es nur notwendig, durch Öffnen der Türen und Fenster angenähert die Raumtemperatur zu schaffen, die mit dem Heizkörper erzielt werden soll. Die Wärmeabgabe eines Heizkörpers richtet sich nämlich nach der Temperatur der ihn umgebenden Luft, d. h. die Kondensation des im Heizkörper enthaltenen Dampfes wird um so größer sein, je niedriger die Lufttemperatur ist. Soll z. B. ein Raum auf 20° C erwärmt werden, so wird der Heizkörper bei 15° Lufttemperatur mehr Dampf kondensieren als dann, wenn die gewünschte Temperatur von 20° im Raume erreicht ist. Da nun bei höherer Außentemperatur die geforderte Raumtemperatur überschritten werden

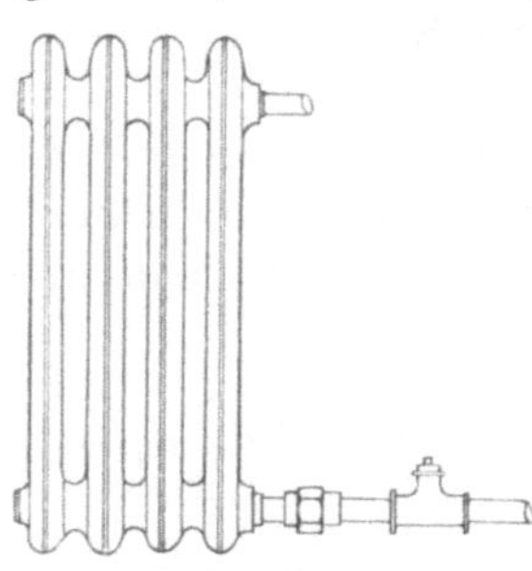

Fig. 20.
Heizkörper mit T-Stück in der Kondensleitung zum Zwecke des Einregulierens.

würde, so sind hiergegen entsprechende Maßnahmen, wie Öffnen der Fenster, der Türen oder der oberen Lüftungsklappen, wenn solche vorhanden sind, zu treffen.

Bei richtiger Einstellung des Regulierventils ist ein Durchschlagen d. i. ein Übertreten des Dampfes aus dem Heizkörper in die Kondenswasserleitung erst dann zu erwarten, wenn die Temperatur im Raume höher ist, als die, für welche die Einstellung erfolgte.

Es ist also sehr wohl möglich, die Ventile einer Heizungsanlage auch dann einzustellen, wenn die niedrigste Außentemperatur, für welche die Heizungsanlage berechnet wurde, nicht besteht. Da, wo von dem Einsetzen eines T-Stückes in die Kondensleitung des Heizkörpers abgesehen wird, ist man auf das Gefühl angewiesen. Man hat dann zu beobachten, wie weit der Heizkörper dampfheiß wird.

Durch die einstellbaren Regulierventile ist sowohl die Bedienung der einzelnen Heizkörper als auch die der ganzen Anlage eine äußerst einfache. Wenn die sämtlichen Heizkörperventile geöffnet sind, kann eine Niederdruckdampfheizung vom Kesselraume, bzw. vom Dampfverteiler in Betrieb genommen werden.

Die umständliche Bedienung des Öffnens der Lufthähne, wie bei der Hochdruckdampfheizung, das Versagen der selbsttätigen Entlüfter und der Kondenswasserableiter, und die daraus entstehenden Übelstände und Reparaturen entfallen bei der Niederdruckdampfheizung mit einstellbaren Regulierventilen gänzlich.

Die Anwendung von Regulierventilen bedingt niedrigen Dampfdruck vor den Ventilen, und zwar bei Radiatoren möglichst nicht über 200 kg/qm das sind 200 mm Wassersäule. Diese Dampfspannung ist schon reichlich hoch bemessen, da sie durch das Regulierventil auf kaum mehr als nur einige Millimeter herabgemindert werden muß, wenn der Dampf nicht aus dem Heizkörper in die Kondensleitung übertreten soll.

Um so geringe Dampfspannungen vor den Ventilen der Heizkörper zu erzielen, müssen hiernach die Dampfleitungen berechnet werden.

Ist man genötigt, höhere Dampfspannungen in einer Niederdruckdampfheizung anzuwenden, was z. B. der Fall sein kann, wenn an das Leitungsnetz der Heizungsanlage auch Wärme- oder Trockenschränke, Kochapparate, wie Kaffeekocher, Leimkocher usw. anzuschließen sind, die eine Dampfspannung von etwa 0,2 bis 0,3 Atm erfordern, so wird man die Regulierventile nicht anwenden können, ohne besondere Vorsichtsmaßregeln gegen das Übertreten des Dampfes in die Kondensleitung zu treffen.

Die Dampfspannung läßt sich dann in der Leitung zum einzelnen Heizkörper allein nicht immer soweit herabdrosseln, daß ein Durchschlagen des Heizkörpers, also ein Austreten des Dampfes in die Kondensleitung mit Sicherheit vermieden wird. In solchem Falle genügen einfache, sogenannte Schnellschlußventile, welche bei e i n e r Umdrehung des Handrades schon den Dampf absperren. Um das Übertreten des Dampfes in die Kondensleitung zu verhindern, sind Kondenswasserableiter, Kondenswasserstauer oder ähnliche Einrichtungen anzuwenden.

Empfehlenswert ist eine solche Anordnung der Niederdruckdampfheizung nicht.

Richtiger ist es vielmehr, für alle Apparate, welche eine höhere Dampfspannung als die Heizkörper benötigen, ein von dem Leitungsnetze der Heizungsanlage getrenntes Rohrnetz zu legen, was um so vorteilhafter ist, als diese Koch- und Wärmeapparate auch im Sommer benutzt werden, zu dieser Zeit also ein den Anforderungen der Apparate allein genügendes Leitungsnetz in Betrieb genommen werden kann.

Zu erwähnen ist noch, daß bei relativ hoher Dampfspannung vor den Ventilen der Niederdruckdampfheizung infolge des starken Drosselns der Ventile ein auffallend zischendes Geräusch entsteht, was wohl in Fabrikräumen angängig sein mag, in Büroräumen dagegen störend wirkt. Durch Wahl eines hohen Anfangsdruckes werden allerdings die Rohrleitungen enger, weshalb billigen Angeboten einer Niederdruckdampfheizung auch zumeist die Annahme eines solchen zugrunde liegt. Bei Ausschreibungen von Niederdruckdampfheizungen sollte stets der Dampfdruck in den Kesseln vorgeschrieben werden.

f) Rohrleitungen der Niederdruckdampfheizung.

a) Anordnung und Entwässerung der Dampfleitungen.

Die Anordnung der Rohrleitungen ergibt sich auch bei der Niederdruckdampfheizung aus der Aufstellung der Heizkörper.

Da hier wesentlich geringere Dampfdrücke als bei der Hochdruckdampfheizung Anwendung finden, so brauchen die Vorsichtsmaßregeln gegen Undichtheiten nicht so streng genommen zu werden. Ein gut ausgeschnittenes Gewinde bei Muffenleitungen, mit Hanf und Mennige versehen, genügt; ein Verbrennen des Hanfes wie bei Hochdruckdampf, ist nicht zu befürchten.

Bei allen Niederdruckdampfheizungen mit Regulierventilen oder Kondenswasserableitern ist die Kondensleitung drucklos, d. h. sie führt nur das in den Heizkörpern entstehende Kondensat nach den Kesseln zurück, enthält also keinen Dampf, hat aber noch die Aufgabe, die aus den Heizkörpern vom Dampfe verdrängte Luft abzuführen, bzw. die Heizkörper zu belüften. Muß die Kondensleitung infolge baulicher Verhältnisse tiefliegend angeordnet werden, so ist für die Ent- und Belüftung der Heizkörper eine besondere Luftleitung anzuordnen (vgl. Fig. 19). In beiden Fällen, wenn die Kondensleitung oder eine besondere Luftleitung die Ent- und Belüftung der Heizkörper versieht, soll möglichst nur e i n e Verbindung mit der Außenluft bestehen, die dann im Kesselraume oder im Bedienungsraume anzuordnen ist. An dieser Stelle tritt dann der Dampf aus, wenn die Anlage fehlerhaft mit zu hohem Drucke betrieben wird oder Heizkörperventile nicht ordnungsmäßig eingestellt sind.

Zur Entwässerung der Dampfleitungen wendet man die sogenannten Syphons oder Wasserschleifen an; dieselben stellen eine Verbindung der Dampfleitung mit der Kondenswasserleitung her, sind aber mit Wasser gefüllt, so daß der Dampf nicht in die Kondensleitung übertreten kann. Sie haben dieselbe Aufgabe, wie die zur Entwässerung von Hochdruckdampfleitungen dienenden Kondenstöpfe. Nebenstehende Skizze (Fig. 21) veranschaulicht eine solche Wasserschleife.

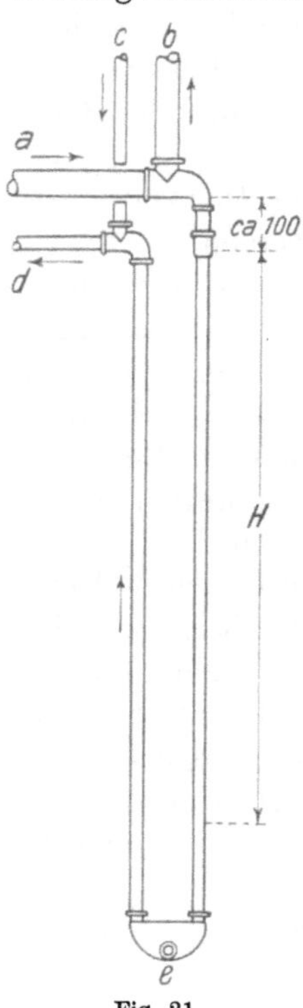

Fig. 21.
Entwässerungsschleife
für Niederdruckdampf-
leitungen.
H = Druckhöhe; a = Dampfleitung; b = Steigestrang; c = Fallstrang; d = Niederschlagswasserleitung; e = Entleerung.

An den Enden der Dampfleitungen, sowie überall da, wo eine Dampfleitung die Gefällerichtung verläßt und vertikal ansteigt, ist, zur Ableitung des in ihr entstehenden Kondensates, eine solche Wasserschleife anzubringen, deren Länge nach dem in der Anlage herrschenden Dampfdrucke zu bemessen ist (vgl. Fig. 17 und 19). Die Verteilungsleitungen sind mit Gefälle von 3 bis 5 mm pro m nach den Wasserschleifen hin zu legen. Durch die Wasserschleife fließt dann das Kondensat der Dampfleitungen mit dem übrigen, in den Heizkörpern entstehenden Wasser in der Kondensleitung nach den Kesseln, bzw. nach dem Kondenswassersammelgefäße zurück. Zuweilen wird man genötigt sein, von Wasserschleifen abzusehen; dann ist die Dampfleitung mit starker Steigung (1:10) anzuordnen und für geringe Dampfgeschwindigkeit zu berechnen.

Die Wasserschleife ist bei der ersten Inbetriebnahme der Anlage mit Wasser zu füllen, später ergänzt sich das Wasser von selbst durch das Kondensat der Dampfleitungen. Nach dem Gesetze der kommunizierenden Röhren steht anfangs das Wasser in beiden Schenkeln der Schleife gleich hoch. Sobald die Dampfbildung jedoch beginnt, drückt der Dampf auf den Wasserspiegel des einen Schenkels, die verdrängte Wassermenge fließt durch den anderen Schenkel nach der Kondenswasserleitung.

Die Länge der Schenkel bemißt man 1 bis 1,5 m größer als die dem Dampfdrucke entsprechende Wassersäule. Ist eine Niederdruckdampfheizung für 0,10 Atm Dampfdruck eingerichtet, so werden die Wasserschleifen 2,0 bis 2,50 m lang ausgeführt. Es ist dann mit Sicherheit zu erwarten, daß der Dampf nicht imstande ist, das Wasser ganz aus der Schleife herauszudrükken und in die Kondensleitung überzutreten, auch wenn der Dampfdruck vorübergehend die normale Betriebsspannung um einiges überschreitet.

Es kommt aber vor, daß Niederdruckdampfheizungen aus Unkenntnis mit höherem Drucke als demjenigen, für den sowohl die Regulierventile als auch die Wasserschleifen eingerichtet sind, betrieben werden, weil man glaubt, die Heizwirkung der Anlage dadurch erhöhen zu können. Besonders oft trifft man auf diese ganz unzweckmäßige Behandlung der Niederdruckdampfheizung bei Verwendung von reduziertem Hochdruckdampf, zumal hier nur das Reduzierventil auf höheren Druck eingestellt werden braucht.

Was geschieht in solchem Falle?

Die Regulierventile derjenigen Heizkörper, die am Anfang der Anlage stehen, also den Dampf zuerst erhalten, schlagen durch, d. h. der Dampf gelangt in die Kondensleitung, ebenso wird das Wasser in den Wasserschleifen herausgedrückt und auch hier tritt Dampf in die Kondensleitungen ein. Infolgedessen können sich die übrigen Heizkörper größtenteils nicht entlüften, sie erwärmen sich nicht, da die Luft durch die mit Dampf gefüllte Kondensleitung nicht entweichen kann. Es macht sich dann ein lautes Schlagen in den Leitungen bemerkbar, weil der Dampf in der Kondensleitung ein gleichmäßiges Abfließen des Wassers verhindert. Das Wasser staut sich auf, so daß eine Drucksteigerung im ganzen Systeme entsteht, bis der Dampfdruck das Wasser überwindet und vor sich herschleudert.

Reicht die Heizwirkung einer Niederdruckdampfheizung nicht aus, so bleibt nichts anderes übrig, als die Heizkörper zu vergrößern, eventuell auch die Rohrleitungen zu verstärken. Durch Erhöhung der Dampfspannung ist so gut wie nichts zu erreichen.

Die Kondensleitungen haben die Aufgabe, das in den Heizkörpern entstehende Kondenswasser nach dem Kessel zurückzuführen, gleichzeitig aber auch zur Ent- und Belüftung der Heizkörper zu dienen. Nur da, wo tiefliegende, wassergefüllte Kondensleitung durch örtliche Verhältnisse geboten ist, muß für

Ent- und Belüftung durch besondere Luftleitung gesorgt werden (vgl. Fig. 19). Der unvermeidliche Zutritt der Luft in die Leitungen hat Rostbildungen besonders in den Kondensleitungen zur Folge, wodurch die Lebensdauer der Dampfheizungen stark beeinträchtigt wird.

b) Berechnung der Leitungen.[1]

Zur Berechnung der Rohrleitung einer Niederdruckdampfheizung können die im Abschnitte: „Spannungsabfall in Dampfleitungen" angegebenen Formeln ebensfalls Anwendung finden. Im Leitfaden zum Berechnen und Entwerfen von Heizungs- und Lüftungsanlagen von *H. Rietschel*, V. Auflage, 1913 (Verlag von *Julius Springer*), ist die im Nachstehenden angegebene Berechnungsweise empfohlen.

Bei Heizungsanlagen wird die Leistung zumeist in Wärmeeinheiten ausgedrückt, weshalb an Stelle des bei Hochdruckdampfleitungen gegebenen Dampfgewichtes G die Wärmemenge Q in Wärmeeinheiten in die Berechnung der Rohrleitung einzuführen ist.

Nach *Rietschel* ist der Spannungsabfall in Niederdruckdampfleitungen

$$P_1 - P_2 = \frac{l\,Q\,(Q+Q')}{(1000\,d)^5} \tag{1}$$

P_1 bezeichnet den Anfangsdruck, P_2 den Enddruck einer Leitung (in der Richtung der Dampfströmung) in kg/qm.

l die Länge der Leitung in m,

Q die am Ende der Leitung stündlich geforderte Wärmemenge in w,

Q' die stündlich durch Wärmeabgabe der Leitung entstehenden Wärmeverluste in w,

d den inneren Durchmesser des Rohres in m.

Sind Einzelwiderstände, wie Ventile, rechtwinklige Krümmungen und ähnliche zu berücksichtigen, so beträgt der durch diese erzeugte Spannungsabfall in kg/qm gemessen,

$$P = \frac{(Q+Q')^2\,\Sigma\zeta}{(2330\,d)^4} \tag{2}$$

und der gesamte Spannungsabfall in der Leitung ergibt sich dann aus

$$(P_1 - P_2) + P = \frac{l\,Q\,(Q+Q')}{(1000\,d)^5} + \frac{(Q+Q')^2\,\Sigma\zeta}{(2330\,d)^4} \tag{3}$$

Für die Einzelwiderstände gibt *Rietschel* folgende Werte an:

eine rechtwinklige Ablenkung (Knie) . . . $\zeta = 1$

ein Bogen, von weniger als dem fünffachen Rohrdurchdurchmesser . . . . $\zeta = 0,3$ bis 0,5

ein geöffnetes Ventil . . . . $\zeta = 0,5$,, 1,0

ein geöffneter Hahn . . . . $\zeta = 0,3$,, 1,0

Die Abkühlung der Rohrleitung Q' wird aus der Rohroberfläche, der mittleren Dampftemperatur und der Lufttemperatur mit Hilfe der Wärmedurchgangskoeffizienten k für nacktes oder umhülltes Rohr ermittelt (vgl. Abschnitt „Isolierungen" und „Wärmedurchgang" 7, Seite 29).

---

[1] Anmerkung: Zum Verständnis dieses Abschnitts empfiehlt es sich, den Abschnitt IX, Spannungsabfall in Rohrleitungen zuvor zu beachten.

$$Q' = D\,\pi \cdot l\,k\,(t_d - t_l) \qquad (4)$$

worin D den äußeren Rohrdurchmesser in m, t_d die mittlere Dampftemperatur, t_l die Lufttemperatur bedeuten.

Überschlagswerte sind nach *Rietschel*:

$$\text{für umhüllte Rohre } \pi\,k\,(t_d - t_l) \ldots \ldots \ldots = 1000$$
$$\text{für nichtumhüllte Rohre } \pi\,k\,(t_d - t_l) \ldots \ldots = 3000$$

Demnach ist:

$$Q' = 1000 \cdot D \cdot l \text{ für umhüllte Rohre,}$$
$$Q' = 3000 \cdot D \cdot l \text{ für nackte Rohre}$$

zu setzen.

Die Einzelwiderstände ($\Sigma\zeta$) können nach Ansicht *Rietschels* vernachlässigt werden, so daß für den Druckabfall $P_1 - P_2$ nur der erste Ausdruck obiger Gleichung (3) gesetzt werden braucht.

Ist der Rohrdurchmesser bei gegebenem Spannungsabfalle zu ermitteln, so folgt aus Gleichung (1)

$$d = 0{,}001 \sqrt[5]{\frac{l\,Q\,(Q+Q')}{P_1 - P_2}} \text{ in m}$$

Hierin ist Q', da d gesucht wird und deshalb auch D nicht gegeben ist, zu schätzen.

Rietschel verweist hier auf seine Dampfleitungstabellen, nach welchen eine Rohrleitung zunächst zu dimensionieren und nachher die Tabellenangaben durch die Berechnung zu kontrollieren sind.

Zur Berechnung des Rohrleitungsnetzes geht man in der Weise vor, daß man die Länge der Leitung vom Kessel oder vom Dampfdruckreduzierventile bis zum entferntest gelegenen Heizkörper bestimmt, den Gesamtdruckabfall annimmt und diesen durch die Länge der Leitung dividiert. Man erhält damit den Spannungsabfall für 1 m der ganzen Leitung und kann somit den an jedem Abzweig der Leitung vorhandenen Druck bestimmen. Ist z. B. die Anfangsspannung mit $P_1 = 800$ kg $= 0{,}08$ Atm, die Endspannung $P_2 = 100$ kg gewählt worden und beträgt die Länge der Leitung 70 m, so ist der auf 1 m entfallende Spannungsabfall

$$\frac{P_1 - P_2}{l} = \frac{800 - 100}{70} = 10\,kg$$

Die Dampfspannung im Kessel oder am Reduzierventile ist nach den auf Seite 82 angegebenen Gesichtspunkten unter Berücksichtigung der Größe der Anlage zu bestimmen. Um den gesamten Spannungsabfall zu ermitteln, ist noch der Dampfdruck vor dem ungünstigst, d. h. in der Länge der Leitung entferntest gelegenen Heizkörper zu wählen.

Für gußeiserne Heizkörper, welche einen verhältnismäßig großen Hohlraum bilden und daher der Dampfströmung keinen großen Widerstand entgegenstellen, empfiehlt *Rietschel* den Druck mit 10 kg, das sind 10 mm Wassersäule, anzunehmen, dagegen ist bei Heizkörpern, welche aus längeren Rohrzügen

(Heizschlangen) bestehen, der Widerstand aus dem Rohrdurchmesser und der Länge des Rohrzuges, wie bei einer Dampfleitung, welche die Wärmemenge Q' zu fördern hat, zu berechnen. Da der Druck vor dem Ventile eines Heizkörpars von wesentlicher Bedeutung ist, hat Verfasser Versuche an einigen in der Praxis vielfach verwendeten Regulierventilen und Regulierhähnen vorgenommen und in der Zeitschrift „Gesundheitsingenieur'', Jahrgang 1906 und 1907, veröffentlicht. (Vgl. Fig. 114 bis 119, S. 224 u. f.)

Die Versuche richteten sich darauf, festzustellen, welche Dampfmengen durch ein solches Heizkörperregulierventil stündlich bei den verschiedenen Dampfdrücken vor dem Ventile hindurchgehen, der Dampf aber nur den im Heizkörper befindlichen Gegendruck der Außenluft zu überwinden hat.

Es ergaben sich folgende Mittelwerte als Dampfdurchgang in kg pro Stunde, bzw. Wärmemengen in Dampf von 100°.

I. Regulierventil[1]. (S. Fig. 116 bis 118.)

1. Eckform $\frac{1}{2}''$ oder 15 mm Rohranschluß:

Dampfdruck	Dampfmenge	Wärmemenge
10 kg/qm	2,2 kg/St.	1 185 w/St.
100 ,,	7,2 ,,	3 878 ,,
150 ,,	9,0 ,,	4 848 ,,
200 ,,	10,5 ,,	5 656 ,.
250 ,,	11,0 ,,	5 926 ,,

2. Durchgangsform $\frac{1}{2}''$ oder 15 mm Rohranschluß:

Dampfdruck	Dampfmenge	Wärmemenge
10 kg/qm	1,5 kg/St.	808 w/St.
100 ,,	5,0 ,,	2 694 ,,
150 ,,	6,5 ,,	3 500 ,,
200 ,,	7,2 ,,	3 878 ,,
250 ,,	8,0 ,,	4 310 ,,

3. Eckform $\frac{3}{4}''$ oder 20 mm Rohranschluß:

Dampfdruck	Dampfmenge	Wärmemenge
10 kg/qm	4,5 kg/St.	2 424 w/St.
100 ,,	14,3 ,,	7 703 ,,
150 ,,	18,5 ,,	9 966 ,,
200 ,,	20,3 ,,	10 936 ,,
250 ,,	22,7 ,,	12 228 ,,

4. Durchgangsform $\frac{3}{4}''$ oder 20 mm Rohranschluß:

Dampfdruck	Dampfmenge	Wärmemenge
10 kg/qm	3,0 kg/St.	1 616 w/St.
100 ,,	9,5 ,,	5 118 ,,
150 ,,	11,0 ,,	5 926 ,,
200 ,,	12,5 ,,	6 734 ,,
250 ,,	15,0 ,,	8 080 ,,

---

[1] Ventile und Hähne von mehr als $\frac{3}{4}''$ Durchgang kommen bei Niederdruckdampfheizung seltener in Anwendung. Ist der Dampfbedarf größer als ein Ventil oder Hahn von $\frac{3}{4}''$ Durchgang bei den angegebenen Drücken durchströmen läßt, so ist ein solches von $1''$ (25 mm) zu wählen.

II. Regulierhahn. (Siehe Fig. 114 und 115).

1. Eckform $1/_2''$ oder 15 mm Rohranschluß:

Dampfdruck	Dampfmenge	Wärmemenge
10 kg/qm	3,0 kg/St.	1 616 w/St.
100 ,,	10,5 ,,	5 656 ,,
150 ,,	13,0 ,,	7 000 ,,
200 ,,	14,5 ,,	7 811 ,,
250 ,,	16,2 ,,	8 726 ,,

2. Durchgangsform $1/_2''$ oder 15 mm Rohranschluß:

Dampfdruck	Dampfmenge	Wärmemenge
10 kg/qm	1,7 kg/St.	916 w/St.
100 ,,	6,5 ,,	3 500 ,,
150 ,,	8,0 ,,	4 310 ,,
200 ,,	9,5 ,,	5 117 ,,
250 ,,	10,5 ,,	5 656 ,,

3. Eckform $3/_4''$ oder 20 mm Rohranschluß:

Dampfdruck	Dampfmenge	Wärmemenge
10 kg/qm	5,0 kg/St.	2 694 w/St.
100 ,,	16,5 ,,	8 888 ,,
150 ,,	20,0 ,,	10 774 ,,
200 ,,	23,5 ,,	12 659 ,,
250 ,,	26,0 ,,	14 000 ,,

4. Durchgangsform $3/_4''$ oder 20 mm Rohranschluß:

Dampfdruck	Dampfmenge	Wärmemenge
10 kg/qm	3,0 kg/St.	1 616 w/St.
100 ,,	10,5 ,,	5 656 ,,
150 ,,	13,0 ,,	7 003 ,,
200 ,,	15,0 ,,	8 080 ,,
250 ,,	17,0 ,,	9 158 ,,

Bemerkenswert ist hier, daß die Eckform der Ventile dem Durchgange des Dampfes wesentlich geringere Widerstände als die Durchgangsform entgegenstellt, weil bei letzterer der Dampf einen ∞-förmigen Weg nehmen muß, während er bei dem Eckventile nur eine einmalige, rechtwinklige Ablenkung erfährt.

Ferner ist der Einfluß der Konstruktion zu beachten. Er kommt zum Ausdrucke bei einem Vergleiche des Ventils mit dem Hahn. Das Ventil bietet einen größeren Widerstand.

Nach vorstehenden Angaben kann nun der Druck vor dem Ventile des Heizkörpers gewählt werden, wenn das Ventil unmittelbar am Heizkörper angebracht wird.

Gewöhnlich wird in der Praxis ein Druck von 50 bis 200 kg/qm vor dem Ventile angenommen.

Hat man z. B. einen Heizkörper von 3400 w Leistung, der

$$\frac{3400}{540} = 6,03 \text{ kg } [1]$$

---

[1] 540 ist die Zahl der Wärmeeinheiten, welche bei der Kondensation von 1 kg Dampf von 100° frei werden. Vgl. Abschn. ,,Wasserdampf, Verdampfungswärme.'' In den Zahlentafeln I und II ist die Verdampfungswärme genauer mit 538,7 für eine Dampftemperatur von 100° angegeben.

Dampf stündlich verbraucht und ist man durch die örtlichen Verhältnisse, die von der Aufstellung des Heizkörpers abhängen, genötigt, ein Durchgangsventil zu wählen, so wird man ein Ventil von $1/_2''$ (15 mm Durchgang) mit einem Drucke von 150 kg/qm vor dem Ventile in die Rechnung einzusetzen haben, da das Ventil nach obiger Aufstellung stündlich 6,5 kg mit 3500 w hindurchströmen läßt. Der Überschuß ist durch die Einstellvorrichtung des Ventiles abzudrosseln.

Ist es nicht möglich, mit Rücksicht auf andere, kleinere Heizkörper, den Dampfdruck so hoch in die Berechnung einzustellen, so muß man ein größeres Ventil also ein solches von $3/_4''$ Durchgang (20 mm) wählen.

Durch die Wahl der Dampfspannung im Niederdruckdampfkessel oder am Dampfdruckreduzierventile und Bestimmung des Druckes vor dem Ventil des ungünstigst gelegenen Heizkörpers ist der zur Dimensionierung zur Verfügung stehende Druckabfall gegeben.

Eine Niederdruckdampfheizungsanlage habe beispielsweise eine in der Länge der Leitungen gemessene Ausdehnung von 130 m, so wird man nach dem auf Seite 82 Gesagten als Anfangsspannung 0,10 Atm oder 1000 kg/qm annehmen. Der Druck vor dem Ventile des letzten Heizkörpers sei nach dem Dampfdurchgange der entsprechenden Ventilkonstruktion mit 150 kg/qm ermittelt worden, dann ist der verfügbare Druckabfall

$$1000 - 150 = 850 \text{ kg oder } \frac{850}{130} = 6,6 \text{ kg pro m.}$$

Zur raschen Bestimmung der Rohrstärken würde die auf Seite 94 u. 95 angegebene Berechnung zu viel Zeit in Anspruch nehmen, zumal die Verluste Q' noch geschätzt werden müssen. Man benutzt deshalb zunächst Dampfleitungstabellen, bzw. graphische Darstellungen, die früher jede Heizungsfirma nach ihrem besonderen Rezepte aufgestellt hatte, bis *Rietschel* in der ersten Ausgabe seines Leitfadens vor jetzt etwa 25 Jahren eine einheitliche Berechnungsweise festlegte.

In den Tabellen sind die stündlich geförderten Dampf-, bzw. Wärmemengen bei bestimmtem Druckabfall für jede Rohrdimension angegeben.

Den meisten dieser Tabellen liegt immer noch die vor mehr als 30 Jahren von Prof. *Herrmann Fischer* in Hannover aus theoretischen Erwägungen heraus aufgestellte Formel über den Spannungsabfall in Dampfleitungen zugrunde. Die hiernach berechneten Dampfleitungen erhalten reichlich große Durchmesser. Da wir heute auf wissenschaftlich durchgeführten Versuchen basierende Resultate über den Widerstand in Rohrleitungen haben, liegt es um so näher, diese auch auf die Niederdruckdampfleitungen auszudehnen und für die Praxis brauchbar zu machen.

Verfasser hat deshalb die im Abschnitte X speziell für Hochdruckdampfleitungen behandelte Berechnungsweise auch auf Niederdruckdampfleitungen übertragen und hierzu die dem Anhange beigefügte graphische Darstellung der Leitungswiderstände aufgezeichnet. (S. Tafel XVIII.)

Die Gleichung, aus welcher der Spannungsabfall bei Hochdruckdampfleitungen bestimmt werden konnte, lautete:

$$\Delta p = \beta \cdot \frac{\gamma w^2}{d} \, l$$

Die für $\frac{\gamma w}{d}$ und β für Hochdruckdampfleitungen aufgestellte Zahlentafeln XIII läßt nun für Niederdruckdampf insofern eine Vereinfachung zu, als
bei den niedrigen Drücken der Wert von γ sich nur wenig ändert, er bewegt sich
innerhalb der Grenzen von 0,6 bis 0,7 kg/cbm. Infolgedessen kann man das
bei den verschiedenen Geschwindigkeiten stündlich geförderte Dampfgewicht
für die einzelnen Rohrquerschnitte aus der Gleichung:

$$G = f \cdot \gamma \cdot w \cdot 3600$$

unter Annahme eines Mittelwertes von γ bestimmen.

Ebenso wie sich das spez. Gewicht nur wenig ändert, ist auch die
in 1 kg Dampf enthaltene Wärmemenge als konstant anzusehen, so daß, da
der Dampf im Heizkörper unter dem äußeren Luftdrucke kondensiert, die
Verdampfungswärme für Dampf von 1,0 Atm abs. eingesetzt werden kann. Es
folgt somit die im Dampfgewichte G geförderte Wärmemenge Q.

$$Q = G \cdot 539{,}1 \, w.$$

Unter Benutzung der von Dr.-Ing. *Fritzsche* gemachten Angaben für den Reibungswiderstand sind dann die Werte von β in die zur Ermittlung des Spannungsabfalles gegebene Gleichung eingesetzt worden, so daß die Beziehungen
aus Wärmemenge und Spannungsabfall graphisch aufgetragen werden konnte.[1]

Die im Anhang enthaltene Tafel XVIII zeigt in schräg von links nach
rechts aufsteigenden Linien die in der Praxis verwendeten Durchmesser der
Muffen- und Siederohre in ein Liniennetz mit logarithmischer Teilung eingetragen.

Die Ordinaten geben die stündlich zu fördernden Wärmemengen, die Abszissen den dabei auftretenden Spannungsabfall in mm Wassersäule oder
kg/qm an.

Beispiele. 1. Ein Rohr von 34 mm l. W. fördert, wie die Tafel zeigt, eine Wärmemenge von 20 000 w bei einem Spannungsabfalle von 9,5 kg/qm für 1 m Länge.

2. Es sollen in einer Rohrstrecke 27 000 w mit einem Spannungsabfall von 6,5 kg
gefördert werden: Hierzu muß schon ein Rohr von 50 mm l. W. gewählt werden; da
das nächst kleinere Rohr (40 mm) bei 6,5 kg Spannungsabfall nur 24 500 w liefert.

Bei der Berechnung einer Niederdruckdampfheizungsanlage verfährt man
folgendermaßen.

Man ermittelt zunächst — wie oben schon angedeutet — den zur Verfügung stehenden Druckabfall, daraus dann den mittleren Druckabfall für jedes Meter der längsten Strecke, teilt diese in sogenannte Teilstrecken, worunter
eine, dieselbe Wärmemenge fördernde Rohrstrecke zu verstehen ist, und

---

[1] Die nach dem angegebenen Verfahren ermittelten Dampfleitungen fallen in den
Dimensionen von etwa 40 mm aufwärts schwächer, abwärts stärker aus als nach *Rietschel*.
Mehrere vom Verfasser nach der angegebenen Berechnung ausgeführte Niederdruckdampfheizungen haben dabei die Zulässigkeit der Berechnung bestätigt. — Daß die
großen Rohrdimensionen nach *Rietschel*s Berechnung reichlich sind, ist wohl eine allgemein gemachte Erfahrung. (S. d. Vergleich auf Tafel XX.)

trägt die zu leistenden Wärmemengen mit den übrigen gegebenen Größen in eine Zahlentafel ein. (Vgl. das Rohrschema Tafel XX.)

Es ist noch zu bemerken, daß die Einzelwiderstände zu berücksichtigen sind; und zwar empfiehlt es sich, nach dem Vorschlage von *Eberle* (Zeitschrift des Bayr. Revisionsvereins 1908) entsprechende Rohrlängen einzusetzen.

Für ein Ventil	16 m
Für eine rechtwinklige Ablenkung	5 m
Für einen Bogen etwa	2 bis 3 m
Für einen Kompensationsbogen	3 bis 5 m

Nun ist folgende Zahlentafel aufzustellen:

Berechnung der Leitungen einer Niederdruckdampfheizungsanlage.

1	2	3	4	5	6	7	8	9	10	11	12	13	14	15
Nummer der Teilstrecke	Wärmemenge	wirkliche Länge der Leitung	Einzelwiderstände	d. Einzelwiderst. entspr. Länge	in Rechnung z. stell. Länge	gewählter Durchmesser	Spannungsabfall pro m	Ges. Spannungsabfall	Verbrauchter Spannungsabfall	Verbesserter Spannungsabfall pro m	Verbesserter Spannungsabfall der ganzen Länge	Verbrauchter Spannungsabfall	Verbesserter Rohrdurchmesser	Condensleitung
	w	m	ζ	m	m	mm	kg	kg	kg	kg	kg	kg	mm	mm
1	152 000	25	1 Ventil 16 2 Krümmer 4		45	82	5,5	247,5			247,5		82	40
2	122 000	15	—		15	70	7,5	**112,5**	360,0		**112,5**	**360,0**	70	34
3	105 000	8	1 Krümmer	2	10	70	5,6	56,0			56,0		70	34
4	74 000	10	—	—	10	57	9,0	90,0		5,0	50,0		64	34
5	52 000	20	1 Kompensator	5	25	57	4,3	107,5			107,5		57	25
6	42 500	12	1 Krümmer	5	14	50	5,5	77,0			77,0		50	25
7	22 000	6	1 Krümmer	4	10	40	5,4	**54,0**	**744,5**		**54,0**	**704,5**	40	20
8	13 900	4	—	—	4	34	4,8	19,2			19,2		34	20
9	8900	4	—	—	4	25	9,4	37,6			37,6		25	20
10	4300	6	2 Krümmer	4	10	20	7,6	76,0	**877,3**		76,0	**837,3**	20	20

Gesamtlänge der Leitung: 110 m bzw. 147 m.

Zur Verfügung stehender Spannungsabfall 1000 — 150 = 850 kg.

$$\text{Spannungsabfall pro m } \frac{850}{147} = 5,8 \text{ kg.}$$

Diese Zahlentafel enthält in Spalte 1 die Nummer der Teilstrecke, in Spalte 2, die in der Teilstrecke zu fördernde Wärmemenge, in Spalte 3 die durch die örtlichen Verhältnisse gegebenen Rohrlängen und in Spalte 4 und 5 die Einzelwiderstände bzw. die diesen entsprechenden Rohrlängen, so daß Spalte 6 dann die in Rechnung zu stellenden Rohrlängen angibt. Aus der graphischen Darstellung der Widerstände ist nun der Spannungsabfall für 1 m Rohr zu entnehmen und mit der Länge der Leitung zu multiplizieren.

Wie das in der Zahlentafel gewählte Beispiel zeigt, ist die Summe aller Widerstände größer als der zulässige Spannungsabfall, es muß deshalb eine oder die andere Rohrdimension geändert werden. Die Teilstrecke 4 hat ein Rohr von 57 mm lichter Weite.

Durch Einsetzen des nächstgrößeren Rohres von 64 mm mit 5,0 kg/m Spannungsabfall wird der Verlust dieser Teilstrecke auf 50 kg vermindert, also um 26 kg, so daß die Summe der Widerstände auf 837,3 kg zurückgeht, womit der Bedingung eines Spannungsabfalles von 850 kg zur Genüge entsprochen ist. Die durch die Änderung des Rohrdurchmessers entstehenden übrigen Änderungen sind in der Spalte 11 bis 14 angegeben. Spalte 15 enthält noch die zur Dampfleitung gehörige Kondensleitung (vgl. weiter unten).

Für den Abzweig hinter Teilstrecke 2 mit 17000 w steht an dieser Stelle ein Druck von $1000 - 247,5 - 112,5 = 1000 - 360 = 640$ kg zur Verfügung (vgl. obige Zahlentafel Spalte 13 und Tafel XX).

Wird der Druck vor dem Ventile des letzten Heizkörpers dieser hinter Teilstrecke 2 abzweigenden Teilstrecke mit 100 kg angenommen, so sind die Leitungen dieser Teilstrecke für einen Druckabfall von $640 - 100 = 540$ kg in derselben Weise wie in der Zahlentafel angegeben, zu dimensionieren.

Es bleibt noch übrig, einiges über die Durchmesser der Kondenswasserleitungen zu sagen.

Man muß hier zwischen den Kondensleitungen, welche nur Kondensat führen, den sogenannten nassen Kondensleitungen, und solchen, welche gleichzeitig auch die Luft von und nach den Heizkörpern zu leiten haben, unterscheiden.

Da die zu fördernde Kondensatmenge in der Hauptsache doch von der Leistung der zugehörigen Dampfleitung abhängt, so kann man die Kondensleitungen nach der Stärke der zugehörigen Dampfleitungen, wie nachstehende Zahlentafel angibt, wählen. Eine derartige Bestimmung der Kondensleitung dürfte hier genügen.

Lichter Durchmesser der Dampfleitung	Lichter Durchmesser der Luft- und Kondensleitung	Lichter Durchmesser der nassen Kondensleitung
mm	mm	mm
15	15	15
20	20	15
25	20	15
34	20	20
40	20	20
50	25	20
57	34	25
64	34	25
70	34	25
82	39	34
94	39	34
102	50	34
114	50	40
119	64	40
143	64	40
169	64	40
192	70	50

Bei Dampffernheizungen ist die Kondenswasserleitung nach der gleichen Berechnungsweise wie eine Wasserleitung zu bestimmen.

Die Kondensleitungen werden gewöhnlich mit einem Gefälle von 5 bis

10 mm für 1 m Leitungslänge gelegt. — Hiernach ist dann der Durchmesser der Leitung mit Hilfe der Widerstandszahlen für Durchfluß des Wassers durch gefüllte Leitungen zu berechnen[1]). Als zur Verfügung stehende Druckhöhe ist die Höhe des Gefälles in die Berechnung einzustellen. (Vgl. auch Abschnitt „Warmwasserheizung".) Soll die Kondensleitung aber auch zur Entlüftung von Anlagen dienen, so ist sie entsprechend größer zu wählen, da sie alsdann nur teilweise mit Wassergefüllt sein darf, damit außer dem Wasser auch die Luft abgeführt wird.

Isolierung der Leitungen.

Die Dampfleitungen einer Niederdruckdampfheizung sind mit Wärmeschutzmasse zu umhüllen, sofern die Wärmeverluste der Leitungen nicht ohnehin den zu heizenden Räumen zugute kommen, wenn also die Leitungen außerhalb dieser Räume liegen. Die Wasserschleifen und mit Wasser stets gefüllte Kondensleitungen aber sollten, da in ihnen das Kondensat auch während der Betriebsunterbrechungen stehen bleibt, isoliert werden, wo nur angenähert die Möglichkeit des Einfrierens besteht.

Als Isoliermaterial für Niederdruckdampfleitungen genügt ein 20 bis 30 mm starker Aufstrich von Kieselgur mit Bandagen und Ölfarbenanstrich.

Will man Korkschalen verwenden, so empfiehlt es sich, einen etwa 10 mm starken Kieselgurunterstrich unter die Korkschalen zu bringen, da der Kork im Laufe der Zeit trotz der verhältnismäßig niedrigen Dampftemperatur verkohlt.

Im übrigen gibt der Abschnitt „Isolierung von Rohrleitungen" über die Wirkung der verschiedenen Wärmeschutzmittel weitere Auskunft.

4. Warmwasserheizung.

Die Warmwasserheizung ist für Fabrikbetriebe bisher wohl nur selten ausgeführt worden, dürfte aber in Zukunft besonders als Abdampfwarmwasserheizung mehr Anwendung finden. (Vgl. Abschnitt XVII 2b.)

a) Allgemeine Anordnung der Warmwasserheizung.

In ihrer Ausführung, in der Anordnung der Rohrleitungen und Heizkörper unterscheidet sie sich äußerlich wenig von der Niederdruckdampfheizung.

An Stelle des Dampfes bei der Niederdruckdampfheizung fließt in ihren Rohren und Heizkörpern Wasser, welches durch eigene Kessel oder durch Dampf-Warmwasserbereiter erwärmt wird und nun in den Leitungen oder Heizkörpern zirkuliert. Das ganze System der Warmwasserheizung ist mit Wasser ständig gefüllt. An der höchsten Stelle befindet sich das Ausdehnungsgefäß (Expansionsgefäß), welches anfänglich nur teilweise mit Wasser gefüllt ist und soviel Raum aufweist, daß es die Volumenvergrößerung bei der Erwärmung des Wasserinhaltes der Anlage aufzunehmen vermag. (Vgl. nebenstehende schematische Darstellung einer Warmwasserheizungsanlage, Fig. 22.)

Bei der Anordnung der Rohrleitungen ist auf eine Entlüftung des Systems zu achten. Eingeschlossene Luft hemmt die Zirkulation des Wassers und kann

---

[1] Vgl. *Hütte*, 21. Aufl. Seite 281; und *Biel*, Druckhöhenverlust bei Fortleitung von Flüssigkeiten. Forschungsarbeiten Heft 44.

sie sogar ganz aufheben. Die Rohrleitungen und auch langgestreckte Heizkörper aus Rippenrohren oder aus schmiedeeisernem Rohr sind deshalb mit Steigung so anzubringen, daß die Luft schon beim Füllen der Anlage mit Wasser herausgetrieben wird. Sogar in horizontalen Rohrstrecken haftet die Luft in Form von Luftblasen und unterbindet die Bewegung des Wassers.

Es ist nicht nur die Luft, welche anfänglich in dem System enthalten ist und welche beim Füllen vom Wasser verdrängt wird, sondern auch die bei der Erwärmung aus dem Wasser ausscheidende Luft, die sich immer wieder an jenen Stellen ansammelt, wo sie am Aufsteigen verhindert wird. Damit auch während des Betriebes entstehende Luftansammlungen aus dem Systeme

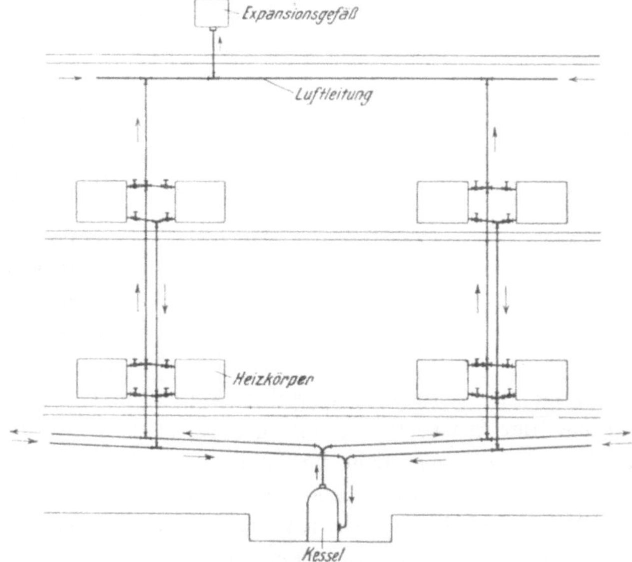

Fig. 22.   Schema einer Warmwasserheizungsanlage.

ausscheiden können, verbindet man die Vorlaufleitungen, d. h. diejenigen Leitungen, durch welche das Wasser seinen Weg nach den Heizkörpern nimmt, mit dem Ausdehnungsgefäße durch besondere Luftleitungen. Ein Hilfsmittel zur Beseitigung der Luft sind die Lufthähne, die an Heizkörpern und auch zum Teil an Rohrleitungen angebracht werden und zeitweilig zu öffnen sind, um etwa angesammelte Luft abzulassen.

b) Berechnung der Rohrleitungen.

Die Bewegung des Wassers wird in der sog. Schwerkraft-Warmwasserheizung durch den Unterschied der spez. Gewichte des aus den Wärmeerzeugern aufsteigenden warmen Wassers und des zurückkehrenden kälteren Wassers hervorgerufen.

Bei den neuerdings vielfach ausgeführten Pumpen-Warmwasserheizungen dagegen bewirkt außer diesem Gewichtsunterschiede eine durch einen Motor angetriebene Pumpe den Wasserumlauf.

Bezeichnet man mit γ_1 das spez. Gewicht (Gewicht eines Kubikmeters) des aufsteigenden erwärmten und mit γ_2 das des aus den sich abgekühlenden Heizkörpern zurückfließenden Wassers, ferner mit h die mittlere Höhe eines Heizkörpers über der Wärmequelle (vgl. nebenstehende Fig. 23 Skizze) so besteht zur Ermittlung der Geschwindigkeit, mit der eine bestimmte Wassermenge durch eine Rohrleitung fließen muß, um zu der Wärme abgebenden Stelle (Heizkörper) die erforderliche Wärmemenge hinzutragen, die Gleichung

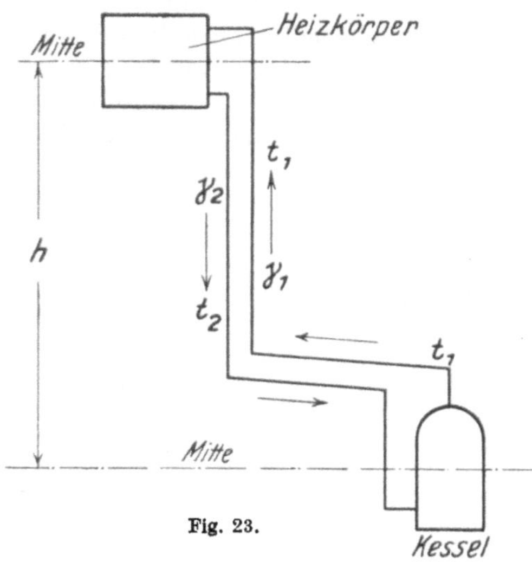

Fig. 23.

$$h\,(\gamma_2 - \gamma_1) = \frac{w^2}{2\,g}\,\frac{\gamma_1 + \gamma_2}{2}\left(\frac{\varrho}{d}\,l + \sum \zeta\right) \quad (1)$$

worin noch w die Geschwindigkeit des Wassers in m

g die Beschleunigung durch die Schwere,

ϱ den Reibungskoeffizienten,

d den Rohrdurchmesser in m,

l die Rohrlänge in m,

$\sum \zeta$ die Summe der Einzelwiderstände, die Widerstände, welche Abzweige, Ventile, Rohrkrümmungen usw. der Wasserbewegung entgegenstellen, bedeuten.

Auf Grund eingehender Versuche hat *Brabbée* an der Technischen Hochschule zu Berlin die Reibungswiderstände von Wasser in Rohrleitungen festgestellt und die Werte hierfür in Tabellen und in graphischen Darstellungen in dem bekannten Leitfaden zum Berechnen und Entwerfen von Lüftungs- und Heizungsanlagen von *Rietschel* wiedergegeben, weshalb auf diese hier verwiesen werden muß. (5. Aufl., Verlag v. Jul. Springer, Berlin.)

Brabbée hat dann die obige Gleichung vereinfacht und sie in folgender Form gebracht:

$$h\,(\gamma_2 - \gamma_1) = \sum lR + \sum Z \qquad (2)$$

worin er für Muffenrohr setzt

$$R = 2570\,\frac{w^{1,84}}{d^{1,26}}\ \text{mm Wassersäule pro m,} \qquad (3)$$

für Siederohre

$$R = 4920\,\frac{w^{1,80}}{d^{1,37}}\ \text{mm Wassersäule.} \qquad (4)$$

für Z den Ausdruck

$$\frac{w^2\gamma}{2\,g}\,\sum \zeta\ \text{in mm Wassersäule.}$$

Für die Einzelwiderstände gibt *Brabbée* folgende Werte an:

Radiator bei gleichseitigem Anschluß . . . . $\zeta = 2{,}5$
    „   „ wechselseitigem Anschluß . . . . $\zeta = 3{,}0$
Gußeiserner Gliederkessel . . . . $\zeta = 1{,}5$ bis $2{,}5$

Heizkörperventile (als Ventil ausgebildet) . . . . $\zeta = 9$ bis 30
„ (als Hahn) . . . . $\zeta = 2$ „ 7
Absperrschieber ($\frac{1}{2}''$ $\zeta = 1{,}5$; $\frac{5}{4}''$ $\zeta = 0{,}5$) . . . . $\zeta = 0{,}5$ „ 1,5
Kniestück ($\frac{1}{2}''$ $\zeta = 2$; $1''$ $\zeta = 1{,}5$; $2''$ $\zeta = 1{,}0$) . . . . $\zeta = 1{,}0$ „ 2
T-Stück in Durchgangsrichtung . . . . $\zeta = 1{,}0$
„ in der Abzweigrichtung . . . . $\zeta = 1{,}5$
„ mit gegenläufiger Wasserbewegung . . . . $\zeta = 3{,}0$
„ als Hosenstück . . . . $\zeta = 1{,}0$

Die Widerstände in T-Stücken sind von der Wassergeschwindigkeit in den einzelnen Abzweigen abhängig. *Brabbée* gibt hierfür genauere Werte an, sagt aber, daß da, wo keine oder nur geringe Geschwindigkeitsänderungen vorkommen, die obigen Werte verwendbar sind.

Sehr erhebliche Widerstände bilden die Heizkörperventile. Neuere Konstruktionen haben infolgedessen dazu geführt, die Widerstände auf etwa $\zeta = 1{,}5$ herabzusetzen. Eckventile haben einen geringeren Widerstand als Durchgangsventile, wie sich auch bei Dampf gezeigt hat.

Zur Ermittlung der Wassermenge, welche einem Heizkörper von bestimmter Wärmeabgabe zuzuführen ist, dient die Gleichung

$$Q = G\,(t_1 - t_2)\ {}^{1} \qquad\qquad (5)$$

welche besagt: die von einem Heizkörper in der Stunde abgegebene Wärmemenge Q ist gleich dem Wassergewichte in kg, multipliziert mit der Abkühlung des Wassers von der Eintrittstemperatur t_1 auf die Austrittstemperatur t_2.

Die Wassermenge G ergibt sich also aus

$$G = \frac{Q}{t_1 - t_2} \qquad\qquad (6)$$

Andererseits gilt zur Bestimmung der erforderlichen Geschwindigkeit bei Annahme des Rohrdurchmessers

$$G = 3600\,\frac{d^2\,\pi}{4}\cdot\frac{\gamma_1 + \gamma_2}{2}\cdot w \qquad\qquad (7)$$

oder

$$w = \frac{G}{3600\,\dfrac{d^2\,\pi}{4}\cdot\dfrac{\gamma_1 + \gamma_2}{2}} \qquad\qquad (8)$$

Die Warmwasserheizungen werden nun mit einer Höchsttemperatur von 90°, selten höher (mit 95°) im Abzweige von der Wärmequelle betrieben und das Wasser kehrt mit einer um 20 bis 25° niedrigeren Temperatur zurück. Die mittlere Wassertemperatur beträgt deshalb etwa 80 bis 85° und unter Annahme des hierfür gültigen spez. Gewichtes ergibt sich eine Vereinfachung der obigen Gleichung für die Geschwindigkeit, so daß noch unter Berücksichtigung der Zahlenwerte in Gleichung 8 ist

$$w = \frac{G}{2753700\,d^2} \qquad\qquad (9)$$

---

[1] In dieser Gleichung ist die spezifische Wärme des Wassers gleich 1 angenommen, was zulässig erscheint.

und wenn man für G den Wert aus der Gleichung 6: $G = \dfrac{Q}{t_1 - t_2}$ einsetzt,

$$w = \frac{Q}{2753700\, d^2\, (t_1 - t_2)}. \tag{10}$$

Nimmt man eine Geschwindigkeit an und berechnet hiernach den Durchmesser aus

$$d = \sqrt{\frac{Q}{2753700 \cdot w\, (t_1 - t_2)}} \tag{11}$$

so daß die Berechnung der Widerstände in der Rohrleitung aus Gl. 1 oder Gl. 2 möglich ist, so dürfen diese in mm Wassersäule sich ergebenden Widerstände, multipliziert mit der Länge l der Rohrleitung, nicht größer sein als die zur Bewegung des Wassers verfügbare Druckhöhe h $(\gamma_2 - \gamma_1)$, andernfalls ist der Durchmesser der Leitung zu ändern.

Die Berechnung ist natürlich umständlich, weshalb hierzu Zahlentafeln und graphische Darstellungen benutzt werden.

Bei Schwerkraftheizungen ist man an die verfügbare Druckhöhe h $(\gamma_2 - \gamma_1)$ gebunden. Die Differenz $(\gamma_2 - \gamma_1)$ ist durch die oben angegebenen Temperaturen begrenzt, weil einerseits ein Sieden des Wassers in der Anlage zu vermeiden ist, γ_1 also höchstens einer Temperatur $t_1 = 95°$ entsprechen darf, un andrerseits die Temperatur des nach dem Kessel zurückkehrenden Wassers t_2, von der die Größe γ_2 abhängt, nicht niedriger als höchstens 30° unter der Vorlauftemperatur gewählt werden sollte, denn die mittlere Wassertemperatur $t_m = \dfrac{t_1 + t_2}{2}$ ist für die Wärmeabgabe der Heizkörper bestimmend.

Das spezifische Gewicht des Wassers bei den verschiedenen Temperaturen ist (nach *Rietschel*) in nachstehender Zahlentafel in kg für 1 cbdm angegeben:

t	γ	t	γ	t	γ	t	γ	t	γ
40	0,9922	62	0,9822	72	0,9767	82	0,9706	92	0,9640
45	0,9903	64	0,9811	74	0,9755	84	0,9693	94	0,9626
50	0,9881	66	0,9800	76	0,9743	86	0,9680	96	0,9612
55	0,9857	68	0,9789	78	0,9731	88	0,9667	98	0,9598
60	0,9832	70	0,9778	80	0,9718	90	0,9653	100	0,9584

c) Berechnung der Heizkörper.[1]

Die Heizfläche der Warmwasserheizkörper ergibt sich für eine stündlich abzugebende Wärmemenge Q aus

$$F = \frac{Q}{k\left(\dfrac{t_1 + t_2}{2} - t_i\right)} \tag{12}$$

worin F die Heizfläche in qm,

---

[1] Vgl. auch Abschn. „VIII Heizkörper und Wärmeabgabe der Heizkörper".

k die Wärmedurchgangszahl der Heizfläche für 1 qm, 1° Temperaturunterschied und 1 Stunde,

$\frac{t_1+t_2}{2}$ die mittlere Wassertemperatur t_m zwischen Verlauf- und Rücklauftemperatur,

t_i die Raumtemperatur

bedeuten.

Gleichung 12 zeigt auch noch, daß $k\left(\frac{t_1+t_2}{2}-t_i\right)$ die Wärmeabgabe von 1 qm Heizfläche ist.

Die Wärmedurchgangszahlen k sind für die verschiedenen Heizkörperarten in der Zahlentafel X b enthalten und dieser zu entnehmen. (Vgl. Abschnitt „Heizkörper".)

Bei einer Temperatur im Vorlaufe von 90° und im Rücklaufe von 70° ist die mittlere Wassertemperatur $t_m=\frac{t_1+t_2}{2}=80°$. Handelt es sich um einen Heizkörper, dessen Wärmedurchgangszahl $k=6,5$ ist (Radiator von mittlerer Höhe), so beträgt für diesen Heizkörper bei einer Raumtemperatur $t_i=20°$ die Wärmeabgabe für 1 qm Heizfläche

$$F \cdot k\left(\frac{t_1+t_2}{2}-t_i\right)=1 \cdot 6,5 \cdot \left(\frac{90+70}{2}-20\right)=390\ \text{w}$$

Wählt man die Rücklauftemperatur t_2 niedriger, statt 70° etwa 60°, so ist die Wärmeabgabe:

$$6,5 \cdot \left(\frac{90+60}{2}-20\right)=357,5\ \text{w/qm}.$$

Man ersieht hieraus, daß bei dem Herabsetzen der Rücklauftemperatur die Wärmeabgabe um 32,5 w oder etwa 8% abnimmt. Um diesen Betrag muß zur gleichen Wärmeleistung die Heizfläche größer gewählt werden. Ohne weiteres ergibt sich durch den größeren Temperaturabfall eine größere, verfügbare Druckhöhe h $(\gamma_2 - \gamma_1)$; die Rohrleitungen können daher enger gewählt werden, weil aus der größeren Druckhöhe eine größere Geschwindigkeit resultiert, indessen ist dann die Heizfläche der Heizkörper größer zu gestalten, wenn der gleiche Wärmeeffekt erzielt werden soll.

Dazu kommt noch, daß die Wärmedurchgangszahl k in Abhängigkeit von der Wassertemperatur steht und mit dieser abnimmt, so daß auch hierdurch eine Vergrößerung der Heizkörper durch das Herabsetzen von t_m bedingt ist.

Im allgemeinen ist es bei den heutigen Preisen der Heizkörper und Rohre bei Schwerkraft-Warmwasserheizungen wirtschaftlicher, die Heizkörper nicht zu gunsten engerer Rohrleitungen zu bemessen.

Das Temperaturgefälle 90°—70° hat sich als das günstigste ergeben. Es ist aber zu bemerken, daß diese Temperaturen ev. für das Anheizen bzw. für die tiefste Außentemperatur in Frage kommen.

d) Schwerkraft-, Dampf- und Pumpen-Warmwasserheizung.

Infolge der Abhängigkeit der verfügbaren Druckhöhe von dem Unterschiede zwischen Vorlauf- und Rücklauftemperatur und der hieraus sich

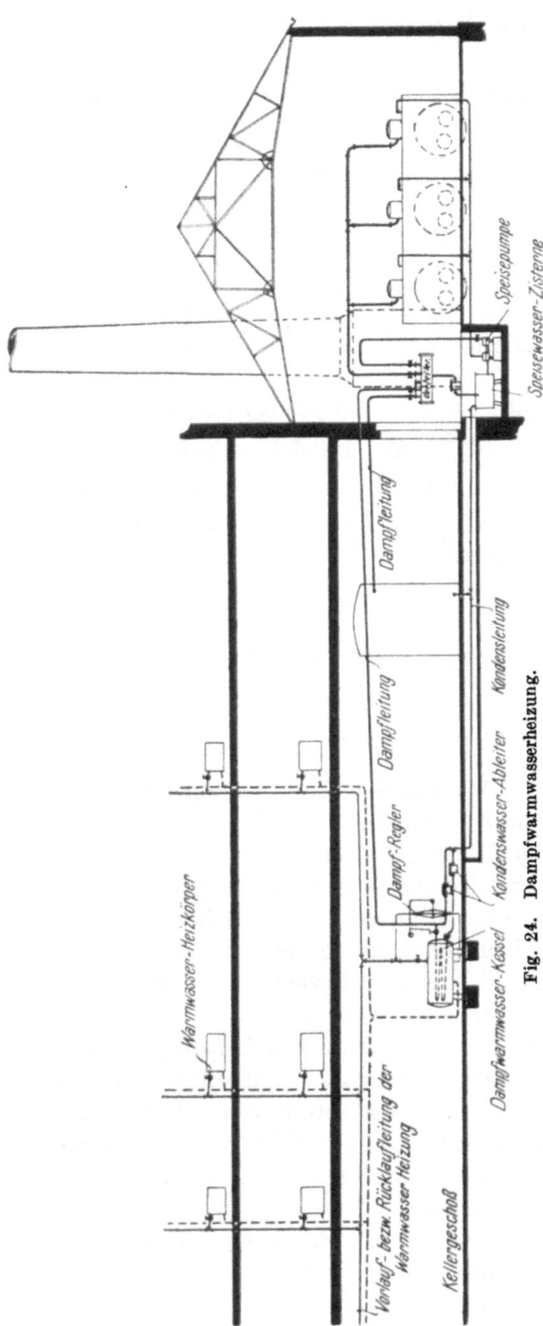

Fig. 24. Dampfwarmwasserheizung.

ergebenden Wassergeschwindigkeit zirkulieren unzureichende Schwerkraft-Warmwasserheizungen nur bei hoher Vorlauftemperatur. Anlagen mit zu engen Rohrleitungen arbeiten erst dann, wenn das Wasser eine das Bedürfnis oft weit überschreitende Temperatur erreicht hat. Nun liegen aber gerade die hygienischen und wirtschaftlichen Vorteile der Warmwasserheizung in der Anpassungsfähigkeit der Wassertemperatur an die jeweilig herrschende Außentemperatur. Durch ungenügend bemessene Heizkörper und Rohrleitungen verliert die Warmwasserheizung ihre Vorzüge vor der Niederdruckdampfheizung. Hierauf sollte bei der Anschaffung besondere Rücksicht genommen werden. Große Heizkörper und entsprechend große Rohrleitungen bieten den Vorteil, auch bei strenger Kälte mit verhältnismäßig niedriger Wassertemperatur heizen zu können und daher mit geringem Brennmaterialaufwande auszukommen.

Es kann nun der Fall eintreten, daß die verfügbare Druckhöhe, das ist bei einer Anlage im Ganzen genommen, der Höhenabstand des ungünstigst gelegenen Heizkörpers von der Wärmequelle (meist der von dieser entferntest gelegene, tiefste Heizkörper), multipliziert mit der Differenz der spezifischen Gewichte γ_1 und γ_2, nicht ausreicht, um die Widerstände der Rohrleitungen zu überwinden, wenn nicht die Rohrleitungen sehr stark gewählt werden, womit ihre Wärmeverluste und vornehmlich die Anlagekosten die Wirtschaftlichkeit der Anlage in Frage stellen.

Der Fall tritt ein bei horizontal sehr ausgedehnten Anlagen; die Grenze dürfte bei etwas mehr als 100 m liegen, wo man dann zweckmäßig von einer einfachen Schwerkraftheizung absieht. Noch vor etwa 10 Jahren hat man hier in einzelnen Gebäuden Dampfwarmwasserheizungen ausgeführt, so z. B. im Reichspatentamte in Berlin, im Rathause zu Leipzig u. a. m. Man ordnete an verschiedenen Stellen des Gebäudes Kesselgruppen an, deren Wasserinhalt von einer zentral gelegenen Dampfkesselanlage mit Dampf erwärmt wurde. Auf diese Weise hatte man also mehrere kleinere Warmwasserheizungen in demselben Gebäude geschaffen. Fig. 24 zeigt die generelle Anordnung einer Dampfwarmwasser-Fernheizung, Fig. 25 einen · Dampfwarmwasserkessel.

Seit etwa 8 Jahren wird zur Erzeugung der erforderlichen Druckhöhe motorische Kraft verwendet, indem man in die Leitung der Warmwasser-

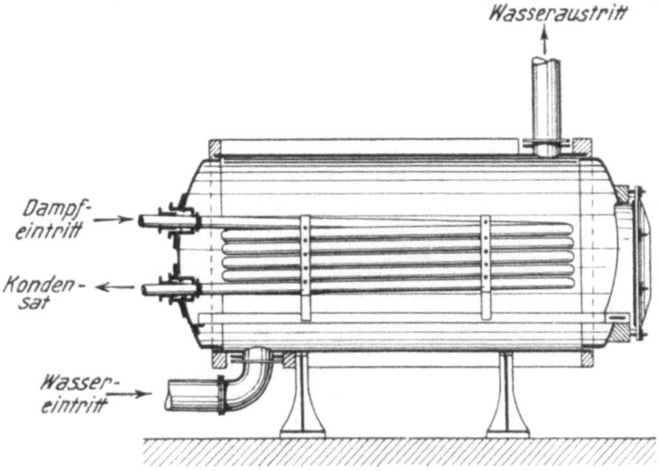

Fig. 25. Dampfwasserkessel.

heizung eine Pumpe — meist Zentrifugalpumpe mit Elektromotor — einschaltet und somit jede beliebige Druckhöhe erzielen kann.

Die Entfernungen, welche mit einer Pumpenwarmwasserheizung überbrückt werden können, sind fast unbegrenzt. Der Temperaturabfall des Wassers in den Leitungen ist nur gering, und die Sicherheit gegen Rohrbrüche ist wesentlich größer als bei Dampffernheizungen. Man führt jetzt Pumpenwarmwasserheizungen mit sehr gutem Erfolge für Kranken- und Irrenanstalten an Stelle der früheren Dampfwarmwasserheizungen aus.

Der Vorteil der Pumpenwarmwasserheizung für ein einzelnes Gebäude besteht in den verhältnismäßig geringen Anlagekosten, mit denen noch die Annehmlichkeiten der Warmwasserheizung verbunden sind. Eine solche Anlage unterscheidet sich von einer gewöhnlichen Warmwasserheizung außer in einigen Einzelheiten nur dadurch, daß an irgend einer geeigneten Stelle des Rohrnetzes eine durch einen Motor angetriebene Pumpe eingeschaltet wird. Infolge der Unabhängigkeit der Druckhöhe von der Wassertemperatur kann die Anlage bei jeder beliebigen Wassertemperatur angelassen werden, bietet also eine Anpassungsfähigkeit an die Außentemperatur, wie keine andere und hat darin gerade den Wert größter Wirtschaftlichkeit.

Die Betriebskosten des Motors müssen natürlich ein Mindestmaß darstellen. Hierauf ist bei der Bestimmung der Widerstandshöhe der Rohrleitungen Rücksicht zu nehmen.

Durch Antrieb der Pumpe mit Dampfturbine[1], deren Abdampf zur Erwärmung des Wassers wieder verwendet wird, können die Betriebskosten außerordentlich gering gestaltet werden.

Für Fabrikheizungen hat man die Warmwasserheizung bis vor kurzer Zeit nur wenig angewendet. Lithographische Anstalten und Druckereien, bei denen der Betrieb eine möglichst gleichmäßige Temperatur erfordert, damit nicht infolge von Temperaturschwankungen ein Verziehen der Steine und der Kartons stattfindet, haben sich allerdings schon früher zu Warmwasserheizungen entschlossen.

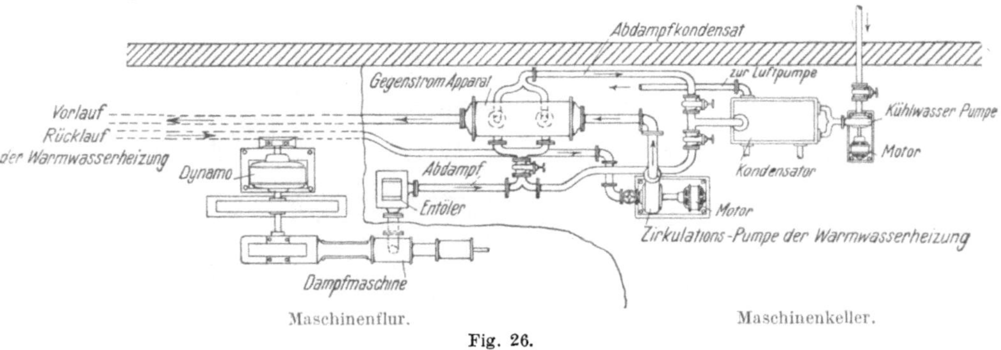

Fig. 26.

Durch die Bestrebungen der Abdampfverwertung aber sind in letzter Zeit eine ganze Anzahl von Fabriken mit Warmwasserheizungen versehen worden.

Die Unwirtschaftlichkeit unserer Dampfmaschinen ist im Abschnitte Abwärmeverwertung näher beleuchtet worden. Dort findet sich auch ein Beispiel für die Ersparnisse, die durch eine Abdampf-Warmwasserheizung erzielt werden können.

Gerade die Warmwasserheizung bietet mit ihren meist niedrigen Temperaturen eine ausgezeichnete Möglichkeit, den Abdampf von Kondensationsmaschinen unter Beibehaltung der Kondensation zu verwerten. Fig. 26 stellt eine Abdampfwarmwasserheizung mit Antrieb der Pumpe durch Elektromotor dar.

Der Dampf, der unter Vakuum steht, hat eine Temperatur, die z. B. bei 85% Luftleere nur 53,6° beträgt, kann also bei mittlerer Wintertemperatur, bei der auch das Wasser in der Heizungsanlage eine nur mäßige Temperatur zu haben braucht, sehr wohl Verwendung finden. Hierauf ist bei der Be-

---

[1] Der Dampfverbrauch dieser hierfür geeigneten kleinen Dampfturbinen ist sehr groß, er erreicht oft 60 bis 70 kg/PS, weshalb zu ermitteln ist, ob diese Dampfmenge auch jederzeit Verwendung finden kann.

stimmung der Heizkörper zu achten. Die Berechnung der Heizkörper ist deshalb in folgender Weise durchzuführen:

Macht man die Annahme, daß die höchsten Wassertemperaturen beim Anheizen erforderlich sind, also etwa 90° im Vorlaufe und 70° im Rücklaufe, was auch bei Vakuum-Abdampfwarmwasserheizungen zulässig ist, da das Anheizen meist mit direktem, den Kesseln entnommenen Dampfe erfolgt und erst z. Zt. des Arbeitsbeginns die Maschinen zur Abgabe ihres Abdampfes zur Verfügung stehen, so ergibt sich die Heizfläche der Raumheizkörper aus Gleichung 12

$$F = \frac{Q'}{k\left(\dfrac{t_1 + t_2}{2} - t_i\right)}$$

wenn Q' den Wärmebedarf für das Anheizen der Anlage bedeutet. Die Gesamtheizfläche eines Gebäudes ist außerdem schon in der Wärmeverlustberechnung bestimmt worden. Ist der Wärmebedarf des Gebäudes für die verschiedenen Außentemperaturen dann Q_1, Q_2, Q_3 usw. (vgl. Abschnitt Wärmeverlustberechnung), so kann die jedesmalige mittlere Wassertemperatur $t_m = \dfrac{t_1 + t_2}{2}$

aus

$$Q = k \cdot F \cdot (t_m - t_i) \tag{13}$$

zu

$$t_m = \frac{Q}{k \cdot F} + t_i \tag{14}$$

berechnet werden. Für t_i ist diejenige Raumtemperatur anzunehmen, welche in den hauptsächlichsten Räumen erzielt werden soll.

Die Heizfläche einer Anlage sei z. B. 2000 qm groß, und der Wärmebedarf bei irgend einer Außentemperatur 300 000 w, so ist, wenn $t_i = + 20°$ und $k = 6{,}5$ (für Radiatoren) angenommen wird,

$$t_m = \frac{300\,000}{6{,}5 \cdot 2000} + 20 = 43{,}1°$$

Die Temperatur des Vorlaufes und des Rücklaufes ergibt sich aus der in der Anlage zirkulierenden Wassermenge G und dem für den ungünstigsten Fall gewählten Temperaturgefälle $t_1 - t_2$ aus Gleichung 6

$$G = \frac{Q'}{t_1 - t_2}$$

Dieselbe Wassermenge zirkuliert auch bei anderen Temperaturen, nur ist, sofern die Vorlauftemperatur niedriger gehalten wird, der Temperaturabfall ein geringerer, weil die Wärmeabgabe der Heizkörper infolge des Unterschiedes $t_m - t_i$ geringer ist. Ist der Wärmebedarf Q_1, so folgt hieraus das Temperaturgefälle

$$t_1 - t_2 = \frac{Q_1}{G} \tag{15}$$

Der Wärmebedarf soll z. B. wieder 300 000 w, die stündlich zirkulierende Wassermenge aber 40 000 l betragen, dann ist

$$t_1 - t_2 = \frac{300\,000}{40\,000} = 7{,}5$$

weshalb sich bei der oben berechneten mittleren Wassertemperatur von 43,1° die Vorlauftemperatur ergibt zu

$$t_1 = 43,1 + \frac{7,5}{2} = 46,85°$$

die Rücklauftemperatur

$$t_2 = 43,1 - \frac{7,5}{2} = 39,35°$$

Man ersieht daraus, daß bei diesen Temperaturen in der Heizungsanlage Dampftemperaturen, wie sie bei Kondensationsmaschinen zur Verfügung stehen, sehr wohl zur Erwärmung des Wassers eingehalten werden können.

Eine Vakuum-Abdampf-Warmwasserheizung ist in ihrer Ausführung außerordentlich einfach (s. Fig. 26). Ein zwischen Niederdruckzylinder und Kondensator eingeschalteter Gegenstromapparat und eine kleine Zentrifugalpumpe mit Elektromotor bilden mit einigen Umschaltschiebern und einem Dampfdruckreduzierventile zur Benutzung direkten Kesseldampfes beim Anheizen die ganze Einrichtung. Thermometer sind im Vorlaufe und im Rücklaufe anzubringen, um dem Maschinisten die Temperaturen anzuzeigen.

Zur Beobachtung der Temperaturen in den Räumen sollten die Kosten einer Fernthermometeranlage nicht gescheut werden, denn die Regulierung der Wassertemperatur wird hier am Gegenstromapparate im Maschinenraume durch Einstellen des Kondensatordruckes vorgenommen.

An einem Beispiele ist im Abschnitte „Abwärmeverwertung" der Nachweis erbracht, daß mit Hilfe einer solchen Vakuum-Abdampfwarmwasserheizung schon bei einer mittleren Fabrikanlage jährliche Ersparnisse von über 3000 Mk. erzielt werden können.

Der Kraftbedarf der Pumpe beträgt

$$N = \frac{H \cdot G}{3600 \cdot 75 \cdot \eta} \text{ in PS} \tag{16}$$

worin H die Summe aller Widerstände, also $\Sigma l R + \Sigma Z$ in Gleichung 2 und η den Wirkungsgrad der Pumpe, G die stündlich in der Anlage umzuwälzende Wassermenge bedeuten.

Machen wir die Annahme, daß in der oben angeführten Anlage die Widerstandshöhe $H = 5,0$ m und der Wirkungsgrad der Zentrifugalpumpe 0,6 seien, so ist der an der Welle der Pumpe gemessene Kraftbedarf bei $G = 40\,000$ l/St.

$$N = \frac{5 \cdot 40\,000}{270\,000 \cdot 0,6} = 1,23 \text{ PS}$$

Die durch den Temperaturunterschied zwischen Vor- und Rücklauf gebotene, verfügbare Druckhöhe h $(\gamma_2 - \gamma_1)$ vernachlässigt man bei der Berechnung, da sie bei niedrigeren Wassertemperaturen, bei denen das Wasser auch in Umlauf gehalten werden soll, fast unwirksam wird.

Den Motor wählt man zweckmäßig etwas reichlich. Bei den kleinen Elektromotoren ist der Wirkungsgrad mit etwa $\eta = 0,70$ anzunehmen; es würde hier also ein Motor von 1,8 bis 2,0 PS in Frage kommen. Der Kraftbedarf ist auch bei großen Anlagen nicht erheblich, sofern nur die Rohrleitungen für mäßige Geschwindigkeiten, etwa bis 2,0 m/sec, bemessen sind.

e) Frostgefahr und hygienische Vorteile.

Man hat der Warmwasserheizung immer den Vorwurf gemacht, sie sei der Frostgefahr sehr ausgesetzt. Die Frostgefahr besteht nur in Gebäuden, die längere Zeit gänzlich unbenutzt sind. Es kommt wohl zuweilen vor, daß in Villen, die im Winter unbewohnt sind, die Warmwasserheizung einfriert, weil die Raumtemperaturen unter den Gefrierpunkt gesunken sind; ein rechtzeitiges Entleeren der Anlage hätte dann vorgebeugt. In einem fast täglich geheizten, massiven Gebäude, wie in einem Fabrikgebäude, ist ein Herabsinken der Raumtemperatur unter den Gefrierpunkt so gut wie ausgeschlossen. Man wird stets Vorsorge treffen, einzelne Teile der Anlage so absperrbar einzurichten, daß sie für sich entleert werden können. Sollte also wirklich einmal wegen eines offengelassenen Fensters der eine oder andere Heizkörper einfrieren, so kann der Schaden schnell repariert werden. (Auch Dampfheizungen sind vor dem Einfrieren nicht gänzlich geschützt.)

Daher empfiehlt es sich, die Heizkörper in ihren beiden Anschlußleitungen und die vertikalen Leitungen mit Absperrventilen zu versehen.

Infolge von Änderungen in der Raumeinteilung kommen auch Änderungen an der Heizungsanlage vor, die dann durch Ausschalten und Entleeren des betreffenden Anlagenteiles ausgeführt werden können, ohne daß die ganze Anlage entleert werden muß.

Außer den wirtschaftlichen Vorteilen, welche die Warmwasserheizung durch Anpassen der Wassertemperatur an die jeweilige Außentemperatur bietet, ist sie, vom hygienischen Standpunkte betrachtet, diejenige Zentralheizung, welche infolge ihrer niedrigen Temperaturen der Heizfläche als die beste bezeichnet werden kann.

Die Klagen über Trockenheit der Luft, die bei Zentralheizungen im allgemeinen, insbesondere bei der Niederdruckdampfheizung geführt werden, beruhen meist auf einer Täuschung. Die Luft ist nicht trockner als bei Ofenheizung, nur konzentriert sich die Luftbewegung bei der Zentralheizung auf den kleinen Raum, den der Heizkörper einnimmt und ist deshalb intensiver; infolgedessen ist die Staubaufwirbelung bei Zentralheizungen größer als bei Kachelöfen. Es ist also hauptsächlich der von der Luft mitgerissene Fußbodenstaub, der das Gefühl der Trockenheit hervorruft. Je niedriger die Temperatur der Heizflächen ist, desto langsamer ist auch die Luftbewegung und um so geringer ist die Staubaufwirbelung. Dazu kommt noch, daß auf heißen Flächen von mehr als 70° eine Zersetzung des mitgerissenen Staubes stattfindet, bei der — da der Staub in Wohnräumen und auch in vielen Fabrikbetrieben organischer Natur ist — Ammoniakgase auftreten, die einen Reiz auf die Schleimhäute der Atmungsorgane ausüben und somit ebenfalls das Gefühl der Trockenheit auslösen. Bei den niedrigen Temperaturen der Warmwasserheizkörper wird dieses Trockenheitsgefühl daher immer geringer sein als bei den heißen Heizflächen der Dampfheizungen[1].

---

[1] Bei eisernen Öfen und bei Gasöfen bestehen ebenfalls die Klagen über zu trockene Luft, offenbar deshalb, weil auch hier ähnliche Verhältnisse vorliegen, wie bei dem Heizkörper.

VI. Dampfkessel.

1. Hochdruck-Dampfkessel.

a) Allgemeines.

Die Bestimmung der Größe der Wärmeerzeuger eines Fabrikbetriebes erfolgt auf Grund der Ermittlung des größten Wärmebedarfs, wobei zu beachten ist, daß nicht immer die Summe aller Wärmemengen, die an den einzelnen Verbrauchsstellen benötigt werden, der Berechnung der Kessel zugrunde gelegt werden muß, sondern daß in den weitaus meisten Fällen erst eine zeitliche Zusammenstellung des Wärmeverbrauchs der einzelnen Wärmeentnahmestellen und eine Unterteilung, wie z. B. bei der Ausnutzung von Abwärme, ein richtiges Bild für den maximalen Wärmebedarf geben.

Soweit Fabrikanlagen in Frage kommen, bei denen wohl immer Dampfkessel als Wärmeerzeuger Verwendung finden, so sind hier drei Anwendungsgebiete zu unterscheiden:

1. reiner, maschineller Betrieb,

2. maschineller Betrieb in Verbindung mit Heizungs-, Trocken-, Koch- und Warmwasserbereitungsanlagen,

3. Heizungs-, Trocken-, Koch- und Warmwasserbereitungsanlagen allein.

Die ersten beiden Anwendungsgebiete beherrschen die Hochdruckkessel fast ausschließlich; erst in allerneuster Zeit hat man auch Niederdruckturbinen mit Niederdruckdampfkessel betrieben, doch bildet diese Anordnung vorläufig noch eine Ausnahme.

Für die unter 3. genannten Anlagen kommen zunächst Niederdruckdampfkessel in Frage, obwohl man natürlich auch hier Hochdruckdampfkessel verwenden kann.

Der Unterschied zwischen Hochdruck- und Niederdruckdampfkesseln wird schon durch die Bestimmungen der Dampfkesselgesetzgebung gekennzeichnet.

Als Hochdruckdampfkessel sind vom heiztechnischen Standpunkte alle diejenigen Kessel zu bezeichnen, welche nicht als konzessionsfreie Dampfkessel gelten, d. h. welche nicht das bei Niederdruckdampfkesseln vorgeschriebene und diese gerade dadurch kennzeichnende, offene Standrohr besitzen.

Dieses Standrohr darf eine Höhe von 5,0 m nicht überschreiten, es ist deshalb eine höhere Dampfspannung als 0,5 Atm ausgeschlossen, und somit kann man als Grenze des Niederdruckdampfes die Spannung von 0,5 Atm ansehen.

Hochdruckdampfkessel sind daher in der Heizungstechnik alle Kessel, welche für Dampfspannungen von mehr als 0,5 Atm eingerichtet sind.

Über die Aufstellung von Dampfkesseln gelten im Deutschen Reiche die Bestimmungen des Bundesrates gemäß Bekanntmachung des Reichskanzlers vom 5. VIII. 1890 und die Ergänzungen vom 16. XII. 1909.

Hier seien nur die einschlägigen Bestimmungen erwähnt:

§ 1.

1. Als Dampfkessel im Sinne der nachstehenden Bestimmungen gelten alle geschlossenen Gefäße, die den Zweck haben, Wasserdampf von höherer als der atmosphärischen Spannung zur Verwendung außerhalb des Dampfentwicklers zu erzeugen.

2. Als Landdampfkessel (Dampfkessel) gelten außer den an Land benutzten, feststehenden und beweglichen Dampfkesseln auch die vorübergehend auf schwimmenden und im Wasser beweglichen Bauten aufgestellten Dampfkessel.

3. Den Bestimmungen für Landdampfkessel werden nicht unterworfen:

A. Behälter, in denen Dampf, der einem anderen Dampfentwickler entnommen ist, durch Einwirkung von Feuer besonders erhitzt wird (Dampfüberhitzer).

B. Kessel, die mit einer Einrichtung versehen sind, welche verhindert, daß die Dampfspannung $^1/_2$ Atm Überdruck übersteigen kann (Niederdruckkessel). Als Einrichtungen dieser Art gelten:

    a) ein verschließbares, vom Wasserraum ausgehendes Standrohr von nicht über 5000 mm Höhe und mindestens 80 mm Lichtweite;

    b) ein vom Dampfraume ausgehendes, nicht abschließbares Rohr in Heberform oder mehreren mit auf- und absteigenden Schenkeln, dessen aufsteigende Äste bei Wasserfüllung zusammen nicht über 5000 mm, bei Quecksilberfüllung nicht über 370 mm Länge haben dürfen, wobei die Lichtweite dieser Rohre so bemessen werden muß, daß auf 1 qm Heizfläche ein Rohrquerschnitt von mindestens 350 qmm entfällt. Die Lichtweite der Rohre muß mindestens 30 mm betragen und braucht 80 mm nicht zu überschreiten;

    c) jede andere von der Zentralbehörde des zuständigen Bundesstaats genehmigte Sicherheitsvorrichtung.

C. Zwergkessel, d. h. Dampfentwickler, deren Heizfläche $^1/_{10}$ qm und deren Dampfspannung 2 Atm Überdruck nicht übersteigt, sofern sie mit einem zuverlässigen Sicherheitsventil ausgerüstet sind.

4. Für die Kessel in Eisenbahnlokomotiven bleiben die auf Grund der Artikel 42 und 43 erlassenen besonderen Bestimmungen in Kraft.

§ 15. Aufstellungsort.

1. Dampfkessel für mehr als 6 Atm Überdruck und solche, bei welchen das Produkt aus der Heizfläche in qm und der Dampfspannung in Atm Überdruck für einen oder mehrere gleichzeitig im Betriebe befindliche Kessel zusammen mehr als 30 beträgt, dürfen unter Räumen, die häufig von Menschen betreten werden, nicht aufgestellt werden. Das gleiche gilt für die Aufstellung von Dampfkesseln über Räumen, die häufig von Menschen betreten werden, mit Ausnahme der Aufstellung über Kellerräumen. Innerhalb von Betriebsstätten und in besonderen Kesselräumen ist die Aufstellung solcher Dampfkessel unzulässig, wenn die Räume mit fester Wölbung oder fester Balkendecke versehen sind. Feste Konstruktionsteile über einem Teile des Kesselraumes, die den Zwecken der Rostbeschickung dienen, sind nicht als feste Balkendecken anzusehen. Trockeneinrichtungen oberhalb des Dampfkessels, sowie das Trocknen auf dem Kessel sind nicht zulässig. Bei gemauerten Dampfkesseln, deren Plattform betreten wird, muß oberhalb derselben eine mittlere verkehrsfreie Höhe von mindestens 1800 mm vorhanden sein.

2. Dampfkessel, die in Bergwerken unterirdisch oder auf Kraftfahrzeugen aufgestellt werden und solche, welche ausschließlich mit Wasserrohren von weniger als

100 mm Lichtweite oder aus derartigen Rohren und den zu ihrer Verbindung angewendeten Rohrstücken bestehen, unterliegen den vorstehenden Bestimmungen nicht, Dampfkessel letzterer Art auch dann nicht, wenn sie mit Schlammsammlern und mit Oberkesseln, die nur als Dampfsammler dienen, versehen sind. Auf Wasserkammerrohrkessel mit Rohren unter 100 mm Lichtweite finden die Bestimmungen des Abs. 1 dann keine Anwendung, wenn ihre Rohre nahtlos hergestellt sind, die Wandungen ihrer Oberkessel von den Heizgasen nicht berührt werden und ihr Dampfdruck 6 Atm Überdruck nicht übersteigt.

§ 16. Kesselmauerung.

Zwischen dem Mauerwerk, das den Feuerraum und die Feuerzüge feststehender Dampfkessel einschließt und den dieses umgebenden Wänden muß ein Zwischenraum von mindestens 80 mm verbleiben, der oben abgedeckt und an den Enden verschlossen werden darf. Die Feuerzüge müssen durch genügend weite Einfahröffnungen zugänglich und in der Regel so groß bemessen sein, daß sie befahrbar sind. Werden die Feuerzüge benachbarter Kessel durch eine gemeinsame Mauer getrennt, so ist diese mindestens 340 mm dick herzustellen. Das Kesselmauerwerk darf nicht zur Unterstützung von Gebäudeteilen benutzt werden.

b) Anordnung der Dampferzeuger.

Die Wahl des Platzes der Dampfkesselanlage eines Fabriketablissements richtet sich natürlich nach den gegebenen örtlichen Verhältnissen.

Im allgemeinen kommen folgende Gesichtspunkte in Betracht:

1. Es ist unter allen Umständen anzustreben, die Kesselanlage in gleiche Entfernung von allen Dampfverbrauchsstellen zu legen, wobei allerdings auch noch die Menge des Dampfverbrauchs einer einzelnen Verbrauchsstelle, also gewissermaßen ihre Wertigkeit, in Berücksichtigung zu ziehen ist.

Mit Rücksicht auf die Anlagekosten und die Wirtschaftlichkeit sind die kürzesten Wege für die Fortleitung des Dampfes, bei den geringsten zulässigen Leitungsstärken zu wählen, damit die unvermeidlichen Wärmeverluste der Leitungen auf das Mindestmaß beschränkt werden.

Eine am Ende eines Fabriketablissements gelegene Kesselanlage wird bei gleicher Gesamtlänge wesentlich stärkere Leitungen benötigen als eine in der Mitte gelegene, von der aus die Dampfleitungen nach beiden Seiten abzweigen.

2. Für die Lage des Kesselhauses ist die Brennmaterialanfuhr bestimmend.

Ist es nicht durchführbar, das Brennmaterial im Eisenbahnwagen bis zum Lager zu schaffen, so muß wenigstens für bequeme Anfuhr der Kohlenwagen gesorgt werden. Auch der Lagerplatz kann für die Anordnung des Kesselhauses von Bedeutung werden. Da der Betrieb einer Fabrik doch schließlich von der regelmäßigen Anfuhr des Brennmaterials abhängig ist, empfiehlt es sich, einen gewissen Vorrat für den Streikfall der Kohlenbergarbeiter ständig auf dem Lager zu halten. Ist erst ein Streik in Sicht, dann ist es meist zu spät, sich mit Brennmaterial zu versorgen. Abschlüsse und Verträge schützen hier nicht. Dieser Vorrat sollte doch immerhin den Brennmaterialbedarf von zwei Monaten decken; er nimmt natürlich viel Raum ein, ist aber gleichwohl in die Nähe des Kesselhauses zu legen, denn das hier aufgespeicherte Material ist ständig in Bewegung zu halten, wenn es nicht an Wert verlieren soll. Die Lage des Kesselhauses wird also auch hiervon abhängig zu machen sein.

3. Bei Maschinenbetrieb ist die Nähe eines Baches oder Flusses für Entnahme und Abfluß des Kühlwassers der Kondensationsanlage zu beachten. Man wird daher hierauf bei der Anordnung des Maschinenhauses, das ja meist unmittelbar an das Kesselhaus anstößt, Rücksicht nehmen, sofern auch in trockener Jahreszeit dem Gewässer genügend Kühlwasser entnommen werden kann. Die Höhenlage des Maschinenhauses muß sich sowohl nach dem Hochwasserstande als auch nach möglichst geringer Saugarbeit der Kühlwasserpumpe richten.

4. Die Rückgewinnung alles in der Fabrikanlage aus Kesseldampf entstehenden Kondensates ist besonders bei Röhrenkesseln von außerordentlicher Wichtigkeit, da das Kondensat — auch dasjenige der Maschinen, wenn es vom Öl gut gereinigt ist — ein kesselsteinfreies Speisewasser darstellt.

Das aus direktem Dampfe in Heizungs-, Trocken- und ähnlichen Anlagen sowie in Dampfturbinen entstehende Kondensat ist infolge seiner Reinheit besonders wertvoll und sollte stets der Speisewasserzisterne im Kesselhause wieder zugeführt werden.

Um dies ohne Anwendung von Apparaten zu erreichen, empfiehlt es sich, das Kesselhaus an der tiefsten Stelle des Fabrikgeländes anzulegen. Es ist hierbei an ausgedehnte Fabriketablissements gedacht, bei denen der Dampf auf größere Entfernungen geleitet werden muß und das in den Dampfverbrauchsstellen entstehende Kondensat in eigenen Leitungen aus den einzelnen Gebäuden zum Kesselhause zurückzuführen ist.

5. Bei der Lage des Kesselhauses ist eine spätere Vergrößerung des Betriebes und daher eine Erweiterung des Kesselhauses in Betracht zu ziehen. Ist die Erweiterung des Betriebes in absehbarer Zeit zu erwarten, so empfiehlt es sich, diejenige Außenwand, nach welcher hin die Vergrößerung des Kesselhauses erfolgen kann, aus Fachwerk herzustellen und auch die Lage des Schornsteins hier schon zu berücksichtigen.

6. Bei der Grundrißgestaltung des Kesselhauses ist das Herausbringen der Kessel in der Weise zu berücksichtigen, daß womöglich jedem Kessel ein Fenster von mindestens der Breite eines Kessels gegenüberliegt.

Außer diesen hier angegebenen Gesichtspunkten können natürlich auch noch andere in Frage zu ziehen sein.

Nicht immer werden alle die hier vom wirtschaftlichen Standpunkte aus gestellten Forderungen gleichzeitig erfüllt werden können; sie sind alsdann gegeneinander abzuwägen, und man wird denjenigen den Vorzug einräumen, die unter Berücksichtigung der baulichen Verhältnisse und des gegebenen Geländes am meisten ins Gewicht fallen.

c) Bauarten der Hochdruckdampfkessel.

Die Hochdruckdampfkessel haben infolge der erhöhten Ansprüche, die der Dampfturbinenbau und die stetige Erweiterung der Licht- und Kraftwerke auch an die Dampfkessel stellten, in den letzten Jahren ganz besondere Formen angenommen. Auch der Kampf der Dampfmaschine mit dem Dieselmotor hat hierzu beigetragen.

Durch Verwendung der Dampfturbine, die bei verhältnismäßig geringer Platzbeanspruchung große Leistungen aufzuweisen hat, ist das Größenverhältnis des Kesselhauses zum Maschinenhause immer ungeschickter geworden. Beim Dieselmotor kommt die Platzfrage des Kesselhauses überhaupt nicht in Betracht, wodurch ihm in den Anlagekosten ein bedeutender Vorsprung gegenüber der Dampfmaschine entsteht. Aus diesen Gründen haben sich die Kesselkonstrukteure bemüht, das Mißverhältnis zwischen Kessel- und Maschinenhaus durch die Erhöhung der Kesselleistung soweit als möglich zu beseitigen.

Von allen den früher gebauten Kesseltypen werden in neuster Zeit fast nur noch die als Großwasserraumkessel zu bezeichnenden Zwei- und Dreiflammrohrkessel und die Wasserrohrkessel in ihren verschiedensten Ausführungen als Zweikammer-Wasserrohrkessel gebaut.

Hinzugekommen sind nun die sog. Hochleistungskessel, die ebenfalls als Wasserrohrkessel ausgeführt werden, und die Steilrohrkessel.

Die früher als Maximalleistung eines stationären Dampfkessels angesehene Dampferzeugung von 20 bis etwa 24 kg für 1 qm Heizfläche eines Großwasserraumkessels und von 12 bis 15 kg eines Wasserröhrenkessels wird jetzt weit überschritten, und während man früher die Dampfspannung von 10 Atm schon als eine hohe betrachtete, sind jetzt Dampfspannungen von 14, 15 und sogar 18 Atm nicht mehr selten.

Dabei hat man ausgiebige Verwendung vom Dampfüberhitzer für maschinelle Betriebe gemacht.

Die Bestrebungen, die Leistung der Dampfkessel zu erhöhen, sind besonders auf folgende Punkte gerichtet.

1. Rückgewinnung des aus dem Kesseldampfe entstehenden Wassers, da hierdurch nicht nur die noch im Wasser enthaltene Wärme wenigstens teilweise wiedergewonnen wird, sondern weil die Kesselsteinbildung vermieden und der Wärmedurchgang der Heizflächen damit nicht herabgesetzt wird.

Die Verunreinigung durch Maschinenöl kommt bei Dampfturbinen nicht in Frage; bei Kolbenmaschinen kann man heutzutage durch gute Ölabscheider und durch Klärverfahren das Öl bis auf Spuren aus dem Wasser entfernen. Das aus dem Kesseldampfe gewonnene Speisewasser hat vornehmlich den Vorzug, frei von Kesselstein bildenden Substanzen zu sein und daher die inneren Kesselwandungen nicht mit dem die Wärmeüberführung hindernden Kesselstein zu belegen, was besonders bei Wasserrohrkesseln von großer Wichtigkeit ist, da eine innere Reinigung bei diesen Kesseln umständlicher ist als bei Großwasserraumkesseln.

2. Vorwärmung des Kesselspeisewassers durch den Abdampf von Speisepumpen in Gegenstromapparaten, durch Rauchgasvorwärmer und ähnliche Einrichtungen.

Mit der Vorwärmung des Kesselspeisewassers durch den Abdampf der Speisepumpen wird zunächst das Kondensat und auch die Wärme des für den Betrieb der Speisepumpen aufzuwendenden Dampfes gewonnen. Außerdem werden Kesselstein bildende Substanzen des Zusatzwassers, das die Verluste an Kondensat zu ergänzen hat, ausgeschieden, und es wird etwaige im Speisewasser enthaltene Luft wenigstens teilweise schon durch die Erwärmung entfernt. Die Aufgabe der Rauchgasvorwärmer ist dann, das Speisewasser womöglich noch bis nahe an die Dampftemperatur weiter zu erwärmen, etwaige Luft noch auszuscheiden und vor allen Dingen die in den Schornstein abziehende Wärme der Rauchgase möglichst auszunutzen. Man wird heute den Gesamtwirkungsgrad einer Kesselanlage unter Einbeziehung der Wirkung des Rauchgasvorwärmers und des Überhitzers beurteilen müssen, wenn man den Bestrebungen der Kesselkonstrukteure auf höchste Ausnutzung der Brennstoffe gerecht werden will. weil sowohl Vorwärmer als auch Überhitzer bei den neueren Kesselkonstruktionen als Bestandteile des Kessels anzusehen und häufig dem Kessel konstruktiv angegliedert sind.

3. Die Bestrebungen im Dampfkesselbau gehen ferner dahin, den Wärmedurchgang von den Heizgasen an das Kesselwasser zu erhöhen. Wir wissen, daß der Wärmedurchgang nicht allein proportional der Temperaturdifferenz der beiden Wärme austauschenden Medien ist, sondern daß Wärmestrahlung und die auf beiden Seiten der Wand auftretenden Strömungen den Wärmeaustausch hervorragend beeinflussen.

Eine erhöhte Ausnutzung der Wärmestrahlung erzielt man bei Wasserrohrkesseln in der Weise, daß man dem breiten Roste eine möglichst große Heizfläche gegenüberstellt, welche die Strahlen des auf dem Roste glühenden Brennmaterials aufzunehmen hat.

Dementsprechend muß aber auch für eine gute Wasserzirkulation, rasches Entfernen von Dampf- und Luftblasen gesorgt werden, damit keine Wärmestauungen im Rohrmaterial auftreten, denn der Wärmeübergang von Heizgasen an Dampf ist etwa zwei -bis dreimal geringer als an Wasser. Außerdem aber sorgt eine intensive Wasserströmung im Innern des Kessels und eine mit Wirbelbildungen verbundene Strömung der Heizgase andererseits für Herantreten immer neuer Teilchen der Wärme austauschenden Medien an die Kesselwandungen.

In Erkenntnis dieser Umstände hat man zunächst mit der bisherigen Ansicht, daß eine langsame Strömung der Heizgase den Wärmedurchgang begünstige, gebrochen und dafür wiederholte Richtungsänderungen in der Führung der Heizgase bevorzugt, um Wirbelbildung zu erzielen. Zur Erhöhung der Wasserzirkulation bringt man bei den Wasserrohrkesseln sowohl außerhalb des Mauerwerkes als auch im Innern des Kessels besondere Zirkulationsrohre an, die gegen Wärmeaufnahme so geschützt sind, daß in ihnen das Wasser kälter bleibt und infolgedessen durch sein größeres spezifisches Gewicht das wärmere Wasser in den die Wärme aufnehmenden Rohren zum Aufsteigen veranlaßt.

Hierdurch wird auch das Entweichen von Dampf- und Luftblasen begünstigt, was man noch durch steile Stellung der Rohre zu fördern sucht. Aus diesen Erwägungen heraus sind dann die Steilrohrkessel entstanden, die sich in kurzer Zeit viele Anhänger verschafft haben.

Zwar hat zu Anfang die zwangläufige Führung der Wasserzirkulation einige Schwierigkeiten gemacht, weil die Entstehung von Dampfblasen auch in den zur Abwärtsführung des Wassers bestimmten Rohren die Zirkulation bisweilen aufhob, zuweilen sogar entgegengesetzt richtete, doch sind nunmehr diese Schwierigkeiten durch den Einbau geschützter Rohre sowie durch Benutzung ganz bestimmter Rohre zur Einführung des kälteren Speisewassers behoben.

Zur Erhöhung des Wirkungsgrades der Kessel haben auch die vervollkommneten mechanischen Feuerungen geführt. Der Kettenrost hat sich dabei recht gut bewährt. Die gleichmäßige Verbrennung durch die mechanische Beschickung ist vor allen Dingen für einen hohen Wirkungsgrad eine hervorragende Bedingung.

Die Wahl des Kesselsystems ist von den verschiedensten Gesichtspunkten aus zu betrachten. Es wird sich in der Hauptsache zunächst um die Entscheidung zwischen Großwasserraumkessel und Wasserrohrkessel handeln.

Der Großwasserraumkessel besitzt hinsichtlich seiner gediegenen Bauart viele Vorzüge. Man wird ihn mit Vorteil da anwenden, wo besondere Rücksichtnahme auf die chemische Beschaffenheit des Speisewassers geboten ist, da die Reinigung von anhaftendem Kesselsteine und Schlamm sich bei keiner Kesselkonstruktion so durchführen läßt wie beim Flammrohrkessel.

Diesen Vorzug büßt ein solcher Kessel dann schon ein, wenn er mit Siederohr-Oberkessel (kombinierter Flammrohr-Siederohrkessel) versehen wird, wenn auch die Ablagerung der Kesselstein bildenden Substanzen hauptsächlich im Unterkessel stattfindet.

Für viele Betriebe wird der Großwasserraumkessel auch wegen seiner Wärmeaufspeicherung, auf der eine lange Nachverdampfung beruht, zu empfehlen sein.

An Dauerhaftigkeit ist der Großwasserraumkessel kaum von einer anderen Kesselkonstruktion zu übertreffen, es ist daher auch seine Zuverlässigkeit eine sehr große. Die Nachteile der Großwasserraumkessel sind ihre lange Anheizdauer und ihre große Grundflächenbeanspruchung.

Großwasserraumkessel, als Doppelkessel ausgebildet, von 300, 600 und sogar 720 qm Heizfläche, wie sie die Firma *Piedbœuf* und die *Sächsische Maschinenfabrik vorm. R. Hartmann* schon ausgeführt haben, werden immer Ausnahmen bilden. (Vgl. Zahlentafel XVI, Versuch Nr. 4 und 5.)

Die Rostgröße, von der in der Hauptsache die spezifische Verdampfungsleistung eines Kessels abhängt, die nur noch durch künstlich erhöhten Abbrand der auf dem Roste stündlich verfeuerten Brennmaterialmenge gesteigert werden kann, ist bei Innenfeuerung in der Breite durch die lichte Weite der Flammrohre und in der Länge durch die Wurfweite beschränkt.

Ein Rost von mehr als 2 m Länge kann von Hand schon nicht mehr wirksam beschickt werden. Außerdem aber ist dem Querschnitte für den Luftzutritt unter dem Roste ebenfalls durch die Lichtweite der Flammrohre ein Maß gegeben, so daß auch bei mechanischer Beschickung die Länge des Rostes nicht übermäßig ausgedehnt werden kann.

Dem Verhältnisse von Kesselheizfläche zu Rostfläche sind also bei Innenfeuerung (Planrost in den Flammrohren) ziemlich enge Grenzen gezogen. (Vgl. die Zahlentafel XVI über Zusammenstellung von Verdampfungsversuchen Spalte 12, in welcher das Verhältnis von Heizfläche zu Rostfläche angegeben ist.)

Man wird sich deshalb zu Großwasserraumkesseln von solchen Abmessungen wie die oben genannten nur in besonderen Fällen entschließen.

Großwasserraumkessel werden gewöhnlich als einfache Zwei- oder Dreiflammrohrkessel bis 100 und 120 qm Heizfläche ausgeführt. Ohne besondere Anstrengung erzielt man, sogar mit Handbeschickung, eine Verdampfung von 22—25 kg für 1 qm Heizfläche bei 68—73 Proz. Wirkungsgrad (im Kessel nutzbar gemachte Wärmemenge in Prozenten vom Brennstoffheizwerte.)

Überall da, wo die Platzfrage eine besondere Rolle spielt, oder wo stark wechselnde Dampfentnahme stattfindet, wird man die Wasserröhrenkessel bevorzugen. Ihre Rostkonstruktion gestattet auch meist die Verwendung minderwertigen Brennmaterials.

Die Wasserröhrenkessel werden gewöhnlich in Größen bis zu 450 qm Heizfläche gebaut, und da die Größe der Rostfläche nicht den Beschränkungen unterliegt wie bei den Flammrohrkesseln, vielmehr Rostflächen von 12—15 qm geschaffen werden können, die natürlich mit mechanischer Beschickung versehen sein müssen, so kommt auch die Verdampfungsziffer

$$\frac{\text{verdampfte Wassermenge pro Stunde}}{\text{Heizfläche des Kessels}}$$

trotz der großen Heizfläche derjenigen der einfachen Großwasserraumkessel gleich, ist sogar bei den sogenannten Hochleistungskesseln wesentlich höher. Es ist dies allerdings auch erst eine Errungenschaft der jetzigen Vervollkommnung der Wasserrohrkessel; denn noch vor etwa 15 Jahren erzielte man bei ihnen Verdampfungen von nur 12—15 kg für 1 qm Heizfläche.

Für die verschiedenen Kesselarten gibt die „Hütte"[1] folgende Zahlen für die beanspruchte Grundfläche an:

Kesselart:		Grundfläche in qm für 1 qm Heizfläche:	höchste Verdampfung in kg für 1 qm Heizfläche	Grundfläche in qm für 1000 kg Dampf Mittelwerte:
Einflammrohrkessel		0,5 bis 0,7	20 bis 25	27
Zweiflammrohrkessel		0,45 bis 0,50	20 bis 28	31,5
Flammrohre oben und unten	2 Dampfräume	0,22 bis 0,24	20 bis 22	10,9
	1 Dampfraum	0,25	20	12,5
Flammrohre unten, Heizrohre oben:	2 Dampfräume	0,15	18 bis 20	7,9
	1 Dampfraum	0,125	18	6,9
Wasserröhrenkessel mit 2 Wasserkammern und 1 Oberkessel		0,125 bis 0,150	20 bis 22	6,64
Desgl. mit 2 Wasserkammern und 2 Oberkesseln		0,075 bis 0,150	20 bis 25	5,06
Ohne Wasserkammer und ohne Oberkessel		0,07 bis 0,100	12 bis 14	6,54

[1] „Hütte", des Ingenieurs Taschenbuch, herausgegeben vom akademischen Verein Hütte, E. V. Verlag von Wilh. Ernst & Sohn.

Hiernach beansprucht der Zweiflammrohrkessel, bezogen auf die Erzeugung von 1000 kg Dampf, die größte und der Wasserrohrkessel mit 2 Wasserkammern und 2 Oberkesseln die geringste Grundfläche.

Die Wasserrohrkessel sind in den Anlagekosten und auf die stündlich erzeugte Dampfmenge bezogen, billiger als die Großwasserraumkessel, indessen dürften die Unterhaltungskosten wesentlich höhere sein. Besonders wird die Instandhaltung durch die häufig erforderlichen Reparaturen des Mauerwerks beeinflußt, während bei den Großwasserraumkesseln die Einmauerung seltener Reparaturen erfordert. Außerdem sind auch Undichtheiten an den vielen Rohrverbindungen und den Einwalzstellen der Rohre keine seltene Erscheinung, was ja auch bei der hohen Inanspruchnahme des Materials erklärlich ist.

Dringend zu empfehlen ist aber, bei Anfragen und Auftragserteilungen auf Wasserrohrkessel sich nur an allererste Firmen zu wenden und dabei den Kostenbetrag erst in zweiter Linie in Betracht zu ziehen.

Zur Herstellung von Wasserrohrkesseln gehören außerordentlich viel Erfahrungen, die durch jahrelange, mühevolle und kostspielige Versuche erworben worden sind.

Die Auswahl des Materials, die Dimensionierung der Rohre, die Beachtung der Wasserzirkulation zur Vermeidung von Gegenströmungen, das Befestigen der Rohre in den Wasserkammern und den runden Quer- und Längsbehältern, die Art der Einbauten in den letzteren und das Verhüten des Mitreißens von Wasser in die Dampfleitungen und viele andere Fragen sind es, die den Konstrukteuren große Schwierigkeiten bereitet haben, und zu deren Lösung jahrelange Mühen und große Kosten aufgewendet werden mußten.

Die Konstruktion der Großwasserraumkessel und der normalen Wasserröhrenkessel ist zur Genüge bekannt. Es seien hier nur einige neuere Typen der Garbe-Steilrohr- und Stirlingkessel dargestellt, die wegen ihrer gedrängten Form und der Anordnung der Überhitzer besonderes Interesse bieten.

So stellen Fig. 27a und 27b einen Garbekessel der *Düsseldorf-Ratinger Röhrenkesselfabrik, vorm. Dürr & Co.* Ratingen von 540 qm Heizfläche dar. Fig. 28a bis 28d zeigen einen Steilrohrkessel von 400 qm Heizfläche, 190 qm Überhitzer- und 300 qm Vorwärmerheizfläche der *Sächsischen Maschinenfabrik, vorm. Rich. Hartmann* in Chemnitz.

In Fig. 29a und 29b ist ein Steilrohrkessel der *Borsigwerke* in Tegel dargestellt, und Fig. 30 zeigt einen Stirling-Kessel der *Deutschen Babcock & Wilcox-Dampfkessel-Werke A.-G.* in Oberhausen. Bemerkenswert ist, daß alle diese Kesselkonstruktionen mit dem Kettenroste ausgestattet sind.

d) Wärmeleistung und Beanspruchung der Kesselheizflächen, Wirkungsgrade.

Die Berechnung der Heizflächen von Hochdruckdampfkesseln erfolgt nach allgemeinen Grundsätzen, die sowohl für Großwasserraumkessel als auch für Wasserröhrenkessel Geltung haben.

Es sind hierzu natürlich entsprechende Annahmen zu machen, die sich auf Erfahrungen an ausgeführten Anlagen stützen.

Additional material from *Heizungs- und Lüftungsanlagen in Fabriken,*
ISBN 978-3-662-33568-0 (978-3-662-33568-0_OSFO1),
is available at http://extras.springer.com

Die Zahlentafel (XVI) enthält die Untersuchungen an 40 Dampfkesseln neuerer Bauart, die zum Teil in der Zeitschrift des Vereins deutscher Ingenieure veröffentlicht und von *Fr. Münziger* zusammengestellt und in einer Abhandlung in derselben Zeitschrift behandelt wurden, zum Teil in freundlicher Weise von den in der Zahlentafel angegebenen Firmen dem Verfasser zur Verfügung gestellt worden sind.

Die Zahlentafel ist gegenüber den Zahlenangaben der Versuche vom Verfasser um einige Spalten erweitert, insbesondere wird die Verdampfungszahl in Wärmeeinheiten sowohl für das Brennmaterial wie auch für die stündlich verdampfte Wassermenge angegeben (Spalte 42 und 46).

Um die Werte vergleichbar zu gestalten, ist bei allen solchen Angaben die in 1 Stunde verdampfte Wassermenge auf eine einheitliche Speisewassertemperatur zu reduzieren.

So hat z. B. in Versuch 1 der Großwasserraum-Zweiflammenrohrkessel 21 kg Wasser verdampft. Das Speisewasser hatte dabei eine Wassertemperatur von 98° am Austritte aus dem Vorwärmer. Die Umrechnung erfolgt nun gewöhnlich auf Dampf von 100° und in der Annahme einer Speisewassertemperatur von 0°. Die Gesamtwärme des vom Kessel erzeugten Dampfes ist $\lambda = 666{,}96$ (vgl. Dampftabelle I). Die Flüssigkeitswärme des Speisewassers von 98° ist $q = 98{,}0$ w. Demnach sind zur Verdampfung von 1 kg des verwendeten Speisewassers bei 12,4 Atm

$$\lambda - q = 666{,}96 - 98{,}0 = 568{,}96 \text{ w}$$

aufzuwenden. (In Spalte 43—45 der Tafel XVI sind die Werte von λ und q sowie die Differenz angegeben.)

Da der Kessel in 1 Stunde bei 72,5 qm Heizfläche 1523 kg Wasser verdampfte (vgl. Spalte 6 und 33 der Zahlentafel XVI), so ergibt sich eine spezifische Verdampfung von

$$\frac{1523}{72{,}5} = 21{,}0 \text{ kg,}$$

wie auch Spalte 34 zeigt.

Hierzu waren aufzuwenden

$$21{,}0 \cdot (666{,}96 - 98{,}0) = 11948 \text{ w (siehe Spalte 46).}$$

Zur Erwärmung von 1 kg Wasser von 0° auf 100° und nachträglicher Verdampfung sind 638,7 w erforderlich. (Siehe Dampftabelle I.)

Daher würde der Kessel, wenn ihm das Speisewasser mit 0° zugeführt und die Versuche bei einem Barometerstande von 760 mm Hg mit offenem Mannloche, also bei Dampf von 100°, vorgenommen worden wären

$$\frac{11948}{638{,}7} = 18{,}7 \text{ kg (vgl. Spalte 35 der Tafel XVI)}$$

und nicht 21,0 kg Wasser verdampft haben.

Man sieht hieraus, daß die Leistungen der einzelnen Kessel nur mit Hilfe dieser Umrechnung miteinander verglichen werden können. Diese Umrechnung ist in der Zahlentafel XVI vorgenommen worden (Spalte 35), und ebenso ist auf Grund dieser Umrechnung die stündliche Leistung der Kessel in w für 1 qm Heizfläche angegeben (Spalte 46). Die Zahlen in den Spalten 35 und 46 sind also untereinander direkt vergleichbar.

Die Leistungen schwanken bei den Großwasserraumkesseln zwischen 15,0 und 27,8 kg bzw. 9950 w und 17 700 w für 1 qm Kesselheizfläche. (Vgl. Spalte 35 und 46.)

Als normale Verdampfung nimmt man 20 kg bzw. 12 000 w für 1 qm Kesselheizfläche bei Großwasserraumkesseln an.

Die Verdampfung der Wasserrohrkessel (vgl. Versuch Nr. 6—16) liegt zwischen 12 und 25 kg bzw. zwischen 7770 w und 16 300 w.

Die Leistung dieser Kessel sowie auch der in den Versuchen 17—40 aufgeführten, ist sehr verschieden; sie ist hauptsächlich abhängig von der Konstruktion des Kessels und der Rostfläche, und hierüber lassen sich nur allgemein gehaltene Angaben machen.

Als Mittelwert ergeben sich für Wasserrohrkessel aus der Zahlentafel XVI, Spalte 35 und 46 (Versuch Nr. 6—40), für Zweikammer-Wasserrohrkessel

normale Ausführung. . . . . 18,4 kg bzw. 11 750 w
für die Steilrohrkessel . . . . 26,5 „ „ 16 900 „
für die Hochleistungskessel . . . . . . 31,7 „ „ 20 200 „

In der Hauptsache ist aber der Wirkungsgrad einer Kesselanlage maßgebend, weil durch ihn die Ausnutzung des Brennstoffes, bei dem natürlich auch der Preis eine Rolle spielt, gekennzeichnet wird.

Unter dem Wirkungsgrade einer Kesselanlage ist das Verhältnis der im Kessel nutzbar gemachten Wärme zum sog. Heizwerte des Brennmaterials zu verstehen.

Der Heizwert des Brennmaterials wird am zweckmäßigsten durch den Versuch und gleichzeitig durch chemische Analyse vermittelt. Zur praktischen Bestimmung des Heizwertes eines Brennmaterials dient in bester Weise das Calorimeter von *Junkers*.

Als Beispiel für die Bestimmung des Wirkungsgrades sei der Verdampfungsversuch Nr. 12 der Zahlentafel XVI gewählt.

Es liegen folgende Verhältnisse vor:

Kesselheizfläche (Spalte 6) . . . . 253,2 qm
Überhitzerheizfläche (Spalte 7) . . . . 60,4 „
Vorwärmeheizfläche (Spalte 8) . . . . 350,0 „
Rauchgastemperatur hinter dem Vorwärmer (Spalte 23) . . . . . 118,1°
Dampftemperatur im Kessel (Spalte 24) . . . . 194,9°
„ „ Überhitzer (Spalte 25) . . . . 302,8°
Speisewassertemperatur vor dem Vorwärmer (Spalte 18) . . . . . 22,9°
„ hinter dem Vorwärmer (Spalte 19) . . . . 96,9°
Brennmaterialverbrauch in 1 Stunde (Spalte 31) . . . . 891,7 kg
Heizwert der Kohle (Braunkohlenbriketts) (Spalte 14) . . . . . . 4691 w/kg
Verdampfte Wassermenge in 1 Stunde (Spalte 33) . . . . 4928,8 kg
Gesamtwärme entspr. 13,3 Atm Überdruck (Spalte 43) . . . . . . 668,6 w

a) Spezifische Verdampfungsleistung des Kessels in der Stunde:

$$\frac{4928,8 \text{ kg Wasser von } 96,9°}{638,7 \cdot 253,2} = \frac{4928,8 \, (668,6 - 96,9)}{638,7 \cdot 253,2} = 17,5 \text{ kg Wasser von } 0° \text{ bei } 100° \text{ verdampft. (Spalte 35)}$$

b) Wirkungsgrad des Kessels:

4928,8 kg Wasser bei 13,3 Atm mit 891,7 kg Kohle von 4691 w Heizwert.

$$\frac{4928,8 \cdot (668,6 - 96,9)}{891,7 \cdot 4691} = 0,6754 = 67,54 \ \% \ \text{(Spalte 36)}$$

c) Wirkungsgrad des Überhitzers:

4928,8 kg Dampf bei 13,3 Atm von 194,9° auf 302,8° erwärmt.

$$\frac{4928,8 \ (302,8 - 194,9) \cdot 0,562}{891,7 \cdot 4691} = 0,0714 = 7,14 \ \% \ [1]$$

d) Wirkungsgrad des Vorwärmers:

4928,8 kg Wasser von 22,9° auf 96,9° erwärmt.

$$\frac{4928,8 \ (96,9 - 22,9)}{891,7 \cdot 4691} = 0,0872 = 8,72 \ \%$$

Gesamtwirkungsgrad:

Kessel	67,54 Proz.	(Spalte 36)	
Überhitzer	7,14 „	zusammen 74,68 Proz.	(Spalte 37)
Vorwärmer	8,72 „	zusammen 83,40 Proz.	(Spalte 38).

Der Wirkungsgrad der Kesselanlage mit Einschluß des Überhitzers und des Vorwärmers erreicht also die Höhe von 83,40 Proz. Ohne die beiden Nebenapparate beträgt die Wärmeausnutzung des Brennmateriales nur 67,54 Proz. In gleicher Weise sind auch die Wirkungsgrade der übrigen Kessel ermittelt und in die Spalten 36—38 der Zahlentafel XVI eingetragen worden.

Zur Bestimmung der Wärmeverluste in den Rauchgasen gibt *Bunte* folgende Berechnungsweise an, welche sich auf den Kohlensäuregehalt der Rauchgase stützt.

Wird 1 cbm Kohlensäure durch Verbrennung von reinem Kohlenstoff in atmosphärischer Luft erzeugt, so werden 43,43 w entwickelt. Enthält ein Heizgas 1 Proz. CO_2, so sind demnach 43,43 w erzeugt worden, bei 10 Proz. also 434,3 w. Diese Wärmemenge hat das Verbrennungsgas auf eine bestimmte Temperatur erhitzt, die sich berechnen läßt, wenn man die aus dem Kohlensäuregehalte berechnete Wärmemenge Q durch die spezifische Wärme der Rauchgase dividiert[2]. Es ist also die Verbrennungstemperatur

$$T = \frac{Q}{c}.$$

Wird nun die Temperatur t_e der entweichenden Rauchgase durch diese Temperatur T — nach Abzug der Temperatur der Verbrennungsluft t_l — dividiert, so ergibt sich der Verlust, welcher durch die Rauchgase entsteht. Es ist also

$$\frac{t_e - t_l}{T} = V$$

Bei Steinkohle, welche neben Kohlenstoff noch mehr oder weniger Wasserstoff enthält, ist die Verbrennungstemperatur noch höher als bei reinem Kohlenstoff.

---

[1] Die spez. Wärme des Dampfes $c_p = 0,562$ ist der Zahlentafel III zu entnehmen.

[2] Hier ist die spezifische Wärme c der Rauchgase auf 1 cbm, nicht auf 1 kg Rauchgase bezogen.

Bunte stellt deshalb folgende Zahlentafel für die Anfangstemperatur und die spezifische Wärme der Rauchgase auf:

a Kohlensäuregehalt der Heizgasse in %	b Spezifische Wärme der Heizgase c	c Anfangstemperatur $\dfrac{Q}{c}$ Kohlenstoff	d Steinkohle	e Unterschied für 0,1 % CO_2
1	0,308	141	167	—
2	0,310	280	331	16
3	0,311	419	493	16
4	0,312	557	652	16
5	0,313	694	808	15
6	0,314	830	961	15
7	0,315	962	1112	15
8	0,316	1096	1261	15
9	0,318	1229	1407	15
10	0,319	1360	1550	14
11	0,320	1490	1692	14
12	0,322	1620	1830	14
13	0,323	1750	1968	14
14	0,324	1880	2108	13
15	0,324	2005	2237	13
16	0,325	2130	2366	13

Die verschiedenen natürlichen Brennstoffe zeigen jedoch in bezug auf T nur verhältnismäßig geringe Abweichungen voneinander, so daß die für Steinkohle gegebenen Werte der Zahlentafel auch für andere Kohlen benutzt werden können.

Beispiel. In Versuch Nr. 12 entweichen die Heizgase — infolge der Ausnutzung in dem sehr großen Rauchgasvorwärmer — mit nur 118,1°. — Der Kohlensäuregehalt der Rauchgase, der durch Messung festgestellt worden ist, beträgt 10,7 Proz. (vgl. Spalte 27 der Tafel XVI).

Nach obiger Tabelle liegt der Wert für T bei 10,7 Proz. CO_2 zwischen 1550° und 1692° (vgl. Spalte d) entsprechend 10 und 11 Proz. CO_2; für 0,7 Proz. Unterschied wird durch Interpolation

$$T = 1550 + 7 \cdot \frac{1692 - 1550}{10} = 1649°,$$

was auch durch $1550 + 7 \cdot 14 = 1648°$ also mit Hilfe der letzten Spalte e der obigen Zahlentafel, für die Verbrennungstemperaturen bequem ermittelt werden kann.

Die Kesselhaustemperatur betrug 21,9°; demnach ist der Temperaturüberschuß $(t_e - t_l) = 118,1 - 21,9 = 96,2°$, der Verlust in den Rauchgasen daher

$$\frac{96,2}{1649} = 0,058$$

oder 5,8 Proz.

Die Ausnutzung der Rauchgase bis zu diesem Prozentsatz ist aber nur durch den großen Vorwärmer von 350 qm Heizfläche möglich.

Eine ebenfalls sehr einfache Berechnung des Gesamtwirkungsgrades ergibt sich aus

$$\frac{T - (t_e - t_l)}{T}$$

worin die obigen Bezeichnungen beibehalten sind. Das Resultat nennt *Bunte* den Bruttonutzeffekt, der die Verluste für Strahlung und Leitung des Kessels einschließt. Hat man den Wirkungsgrad des Kessels allein wie oben bestimmt und ebenso den Bruttonutzeffekt berechnet, so ergibt die Differenz die Verluste durch Strahlung und Leitung der ganzen Kesselanlage. Die Berechnung ist für obiges Beispiel (Vers. Nr. 12) folgendermaßen durchzuführen:

$T = 1649°$ (wie oben berechnet).

$(t_e - t_l) = 96,2$ (desgl.).

Bruttonutzeffekt: $\dfrac{1649 - 96,2}{1649} = 0,942 = $ . . . . . 94,2 Proz.

Wirkungsgrad der Kesselanlage (wie berechnet) . . . 83,4 „

Verluste durch Leitung und Strahlung . . . . 10,8 Proz.

Wärmebilanz:

Wirkungsgrad der Kesselanlage . . . . 83,4 Proz.

Verlust durch Leitung und Strahlung (Restverlust) . 10,8 „

Rauchgasverluste . . . . 5,8 „

100,0 Proz.

Diese Berechnungsweise des Wirkungsgrades einer Kesselanlage hat den außerordentlichen Vorteil, an Hand der Kohlensäure- und Temperaturmessungen jederzeit Rechenschaft über die Ausnutzung des Brennstoffes geben zu können. Die Anschaffung der hierzu erforderlichen Meßinstrumente sollte auch bei kleinen Kesselanlagen nicht gescheut werden, da sie durch die Kohlenersparnis sich sehr bald bezahlt macht. — Rauchgasanalysatoren liefert *G. A. Schultze*, Fabrik für Meßinstrumente, Berlin-Charlottenburg. — Dampfmesser und Speisewassermesser werden von den Firmen: *Eckardt* in Cannstatt, *Hallwachs* in Malstatt-St. Johann, *Gehre-Dampfmesser G. m. b. H.*, Berlin N. gebaut.

Die hier beigefügte graphische Darstellung der Rauchgasverluste in Abhängigkeit von der Rauchgastemperatur wird diese Rechnung noch wesentlich erleichtern (Fig. 31).

Der Gesamtwirkungsgrad η einer Kesselanlage ist das Produkt aus dem Wirkungsgrade der Feuerung η_1 und dem Wirkungsgrade der Heizfläche η_2. Es ist also

$$\eta = \eta_1 \cdot \eta_2$$

Der Wirkungsgrad der Feuerung hängt von der Größe und der Ausführungsart des Rostes, von den Zugverhältnissen des Schornsteins, von der Art und Beschaffenheit des Brennmaterials und der mehr oder weniger vollkommenen Verbrennung desselben — also von der Bedienung ab. Bei der Berechnung eines Kessels wird der Wirkungsgrad η_1 mit 0,8—0,9 angenommen.

Der Wirkungsgrad der Kesselheizfläche ist wiederum abhängig von der Anordnung der Heizfläche, von der Wasserbewegung im Innern des Kessels, von der Führung und der Geschwindigkeit der Heizgase, wesentlich aber auch von der Reinhaltung der äußeren und inneren Kesselflächen.

Man ersieht hieraus, daß die Konstruktion des Kessels gar nicht den gewünschten Effekt allein bewirkt; zu all dem kommt noch die Art und Beschaffenheit des Brennmaterials. Nicht jedes eignet sich für eine Kesselkonstruktion. Ist man auf ein bestimmtes Brennmaterial nicht angewiesen, hat man vielmehr die Auswahl, so empfiehlt es sich, stets vor dem Abschlusse auf

Lieferung des Brennmaterials Verdampfungsversuche mit verschiedenen Sorten anzustellen, wobei natürlich auch der Einheitspreis Berücksichtigung finden muß.

Im allgemeinen wird man bei langen Transportwegen mit dem wenn auch teuersten Brennmaterial am günstigsten abschneiden, da die Frachtkosten für minderwertiges wie für hochwertiges die gleichen sind.

Infolge der vielen Umstände, welche den Wirkungsgrad eines Kessels beeinflussen, läßt sich unter gewissen Voraussetzungen wohl ein unterer Wir-

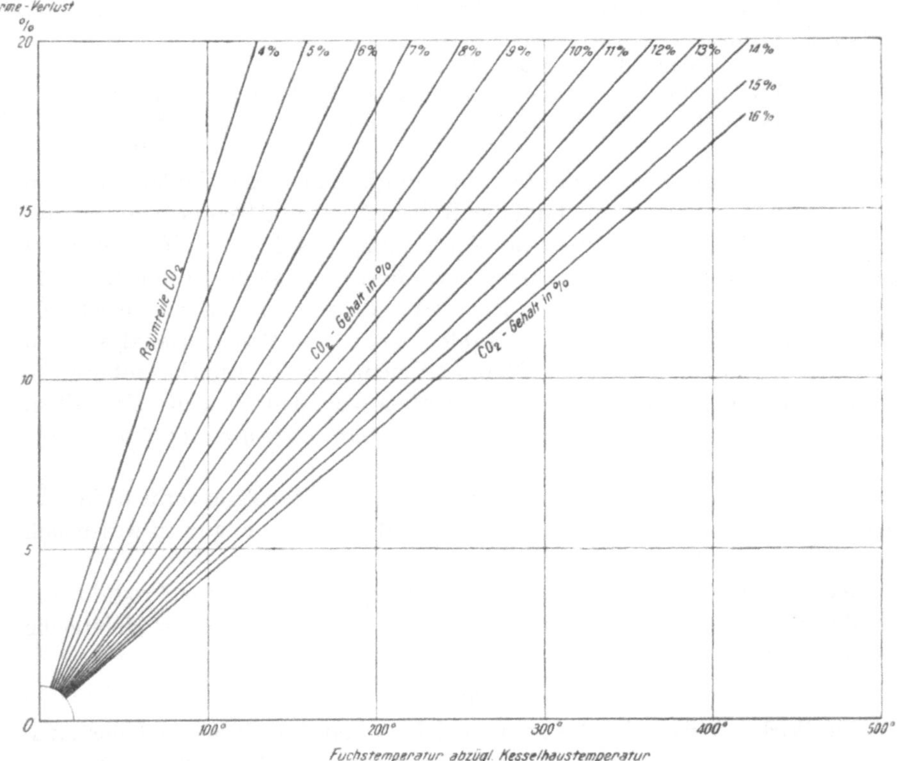

Fig. 31.   Zur Bestimmung der Rauchgasverluste nach dem CO_2-Gehalt.

kungsgrad einer Kesselanlage von vornherein angeben, für den auch der Fabrikant eine Gewähr übernehmen wird; unabhängig hiervon ist aber die tatsächliche Leistung des Kessels, die bei entsprechender Bedienung wohl um 20 bis 40 Proz. der normalen Leistung gesteigert werden kann.

Den Wirkungsgrad der Heizfläche η_2 nimmt man gewöhnlich bei stationären Kesseln zu 0,65—0,85 an.

Hiernach würde sich dann der Gesamtwirkungsgrad des Kessels

$$\eta = \eta_1 \cdot \eta_2 = 0,8 \cdot 0,65 = 0,520$$
$$\text{bis} \ = 0,9 \cdot 0,85 = 0,765$$

ergeben.

An Kesseln, die längere Zeit im Betriebe waren, stellte Lewicki einen Durchschnitt-Wirkungsgrad von $\eta = 0,63$ fest. Als ausreichend wird man $\eta = 0,68$ bis $0,71$ bezeichnen können.

Infolge der immerhin großen Verluste ist man bemüht, diese geringer zu gestalten, was durch Anwendung von Rauchgasvorwärmern zur Erwärmung des Speisewassers sowie durch Überhitzer erreicht wird. Damit können die Verluste auf die Hälfte verringert werden, so daß der Gesamtwirkungsgrad einer Kesselanlage bis zu 86 Proz. steigt. Die übrigen Verluste erstrecken sich dann auf die mit den Rauchgasen abgeführte und durch Strahlung, Leitung und unverbrannte Brennmaterialteile verloren gehende Wärme.

Bei den in Zahlentafel XVI enthaltenen und von Dampfkessel-Überwachungsvereinen oder sonstigen Sachverständigen vorgenommenen 40 Verdampfungsversuchen ergeben sich folgende Mittelwerte der Wirkungsgrade:

1. Großwasserraumkessel:
   - a) Kessel allein . . . . $\eta = 70,0$ (68,54 bis 72,4)
   - b) Kessel mit Überhitzer . . . . $\eta = 76,80$ (74,9 bis 79,8)
2. Normale Zweikammer-Wasserrohrkessel:
   - a) Kessel allein . . . . $\eta = 67,7$ (65,3 bis 72,7)
   - b) mit Überhitzer . . . . $\eta = 76,30$ (74,3 bis 76,7)
   - c) Kessel mit Überhitzer und Vorwärmer . . . $\eta = 81,5$
3. Hochleistungs-Wasserrohrkessel:
   - a) Kessel allein . . . . $\eta = 65,9$ (62,8 bis 70,0)
   - b) mit Überhitzer . . . . $\eta = 75,4$ (73,4 bis 79,0)
   - c) Kessel mit Überhitzer und Vorwärmer . . . $\eta = 82,6$ (80,1 bis 83,4)
4. Steilrohrkessel:
   - a) Kessel allein . . . . $\eta = 67,7$ (58,1 bis 73,0)
   - b) mit Überhitzer . . . . $\eta = 74,4$ (69,0 bis 80,8)
   - c) Kessel mit Überhitzer und Vorwärmer . . . $\eta = 81,3$ (78,1 bis 85,5)

Die Verluste durch die abziehenden Rauchgase schwanken zwischen 7,1 und 18,4 Proz., im Mittel 12 Proz., während die Verluste durch Strahlung usw. sich zwischen 5,1 und 12 Proz. bewegen, niedrig aber bei den Steilrohrkesseln sind.

Die in der Zahlentafel XVI angegebenen Resultate sind nun zum Teil durch sog. Paradeversuche ermittelt worden, die in dem Alltagsbetriebe nicht erreicht werden. Trotzdem sind sie von Interesse, da aus ihnen hervorgeht, welche Leistungen mit den Kesseln erzielt werden können. Man wird deshalb bei Neuanschaffungen von Kesseln mit geringeren Wirkungsgraden bzw. mit niedrigeren Verdampfungsziffern rechnen müssen. Dem Kesselbesitzer aber werden die Resultate einen Maßstab bieten, der ihm zeigt, bei welcher Leistung die äußerste Grenze eines Kessels erreicht ist, wobei natürlich der Heizwert des Brennmaterials nicht unberücksichtigt bleiben darf. Auch für die Kontrolle des Heizers bieten die Versuchsresultate einen Anhalt.

Die erste Bedingung zur Erreichung eines guten Wirkungsgrades ist aber ein sachverständiger, zuverlässiger und geschulter Heizer, auch bei mechanischer Beschickung des Kessels. Man findet leider noch in sehr vielen Betrieben aus „Sparsamkeitsgründen" auch ungeschulte, gänzlich unwissende Heizer, weil die Ansicht besteht, hier an Lohn sparen zu können. Außerdem aber sollte jede Kesselanlage mit den erforderlichen Meßapparaten ausgestattet sein, nicht allein, um den Heizer zu kontrollieren, sondern ihm Gelegenheit zu geben, seine Tätigkeit selbst beobachten zu können.

e) Berechnung der Hochdruckdampfkessel.

Je nach der Art des Betriebes oder nach dem zur Verfügung stehenden Platze, auch unter Berücksichtigung der chemischen Beschaffenheit des Speisewassers wird man sich zunächst für die Art der Kessel entscheiden.

Hat man sodann auch den Wärme- oder Dampfbedarf, den die Kesselanlage unter normalen Betriebsverhältnissen leisten soll, bestimmt, so ist die Berechnung der Heizfläche der Kesselanlage nach folgenden Gesichtspunkten aufzustellen.

Bei gegebenem Wärmebedarf an den Verwendungsstellen in Wärmeeinheiten ist die vom Kessel zu erzeugende Wärmemenge zu ermitteln, wobei die Verluste in Leitungen sowie die Erwärmung des Speisewassers in die Rechnung einzubeziehen sind.

Hieraus kann dann die vom Kessel zu erzeugende Dampfmenge in Kilogramm und von derjenigen Spannung, welche als Betriebsdruck gewählt wird, berechnet werden.

Ist die stündlich zu leistende Wärmemenge Q, einschließlich der Wärmeverluste in den Dampfleitungen, so ergibt sich die zu erzeugende Dampfmenge aus:

$$D = \frac{Q}{\lambda - q_0} \text{ in kg} \tag{1}$$

worin λ die Gesamtwärmemenge (vgl. Abschn. Wasserdampf) von 1 kg im Kessel erzeugten Dampfes und q_0 die Flüssigkeitswärme des nach der Wärmeabgabe an der Verwendungsstelle austretenden Kondensates bzw. die des Speisewassers bezeichnen.

Beispiel 1. Beträgt z. B. die Dampfspannung im Kessel 11 Atm Überdruck, so ist $\lambda = 666{,}4$ w (vgl. Dampftabelle). Der Dampf werde auf eine längere Strecke fortgeleitet und soll in einer Heizungsanlage eines Gebäudes 300 000 w bei einer Dampfspannung von 0,10 Atm abgeben. Die Wärmeverluste der Dampfleitungen mögen 12 000 w betragen; alsdann ist der Dampfdruck durch ein Reduzierventil im Gebäude auf 0,10 Atm herabzumindern, der Dampf behält indessen den Wärmeinhalt, den er, nach Abzug der Wärmeverluste in den Leitungen, im Kessel, also vor dem Reduzierventil, hat. Das Kondensat aber tritt mit derjenigen Temperatur aus der Heizungsanlage heraus, welche der Dampfspannung in den Heizkörpern entspricht. Da diese in einer mit 0,10 Atm Dampfdruck betriebenen Heizungsanlage (einer Niederdruckdampfheizung) nur wenig höher ist, als der Druck der äußeren Atmosphäre, so wird das Kondensat die Temperatur von etwa 100° besitzen (je nach dem Barometerstande). Die Flüssigkeitswärme ist dann $q_0 = 100$ w. Die stündlich in die Dampfleitung vom Kessel hineinzusendende Dampfmenge ergibt sich danach zu

$$D = \frac{300\,000 + 12\,000}{666{,}4 - 100} = 550{,}85 \text{ kg;}$$

denn diese 550,85 kg, welche in die Leitungen eintreten, besitzen einen Wärme-

inhalt von . . . . 550,85 · 666,4 = 367 085 w

Entzogen werden ihnen durch Abkühlung in den Leitungen und in der

Heizungsanlage . . . . 300 000 + 12 000 = 312 000 w

verbleiben: 55 085 w

oder
$$\frac{55085}{550,85} = 100 \text{ w pro kg}$$

des in die Leitungen gesandten Dampfes im Kondensate.

Auf dem Wege zurück zum Kessel möge sich das Kondensat von 100° auf 85° abkühlen, und die hier entstehende Abkühlung muß der Dampfkessel wieder übernehmen.

Die Flüssigkeitswärme für 85° ist $q_0 = 84,9$ (vgl. Dampftabelle), und hieraus ergibt sich·die tatsächlich vom Kessel zu leistende Wärmemenge zu

$$550,85 \, (666,4 - 84,9) = 320\,319 \text{ w.}$$

Es geht hieraus deutlich hervor, daß die Leistungsangaben einer Dampfkesselanlage in Kilogramm nur unter Berücksichtigung der Gesamtwärme und der Speisewassertemperatur zu Vergleichen herangezogen werden können.

Beispiel 2. Eine Dampfmaschine von 400 PSi verbrauche 5,5 kg Dampf von 12 Atm Überdruck und 300° Überhitzung für 1 PSi und Stunde bei einem Vakuum von 85 Proz. im Kondensator.

Dann ist $\lambda = 728,1$ w; q_0 entspricht der Kondensatortemperatur bei 85 Proz. Vakuum; es ist $q_0 = 53,5$ w.

Der Wärmeverbrauch der Maschine ist dann
$$400 \cdot 5,5 \, (728,1 - 53,5) = 1\,484\,120 \text{ w.}$$
Hierzu ist noch der Wärmeverlust der Dampfleitung, der mit etwa 1,5 Proz. zu 22000 w angenommen sei, sowie die Abkühlung des Kondensates bis zur Wiederverwendung im Kessel zu berücksichtigen, die 1° für jedes Kilogramm betragen möge.

Die erforderliche Dampfkesselleistung ist alsdann
$$\frac{1\,484\,120 + 22\,000}{(728,1 - 53,5) - 1} = 2235,9 \text{ kg}$$

Dampf von 12 Atm Überdruck, 300° Überhitzung und 52,5° Speisewasser.

Die Leistung des Überhitzers ist nun von der des Kessels allein unabhängig, wenn man annimmt, daß der Kessel trockengesättigten Dampf liefert. Der Überhitzer hat nur den Dampf von der Sättigungstemperatur auf die gewünschte oder geforderte Überhitzungstemperatur zu bringen.

Nach der gestellten Aufgabe sind 2236,2 kg Dampf auf 300°, und zwar von der Sättigungstemperatur $t_s = 190,8°$ zu erwärmen.

Die spezifische Wärme des überhitzten Dampfes ist hierfür nach der Tabelle III $c_{pm} = 0,555$ und die Leistung des Überhitzers ist

$$Q_{\ddot{u}} = G \, c_{pm} \, (t_{\ddot{u}} - t_s)$$
$$= 2236 \cdot 0,555 \, (300 - 190,8) = \underline{135\,515} \text{ w}$$

Die Gesamtleistung des Dampfkessels ergibt sich:

für den Kessel allein . . . . . . 1 370 605 w
für den Überhitzer . . . . . . 135 515 „

Gesamtleistung: 1 506 120 w.

Ist die Gesamtwärmemenge, welche eine Kesselanlage abzugeben hat, bestimmt, so kann man zunächst für überschlägige Berechnung die erforderliche Heizfläche durch Annahme der Wärmeleistung des Kessels für 1 qm Heizfläche ermitteln, wozu die oben gemachten Angaben für die einzelnen Kesselarten zu benutzen sind. (Vgl. Zahlentafel XVI, Spalte 46.)

Die genauere Ermittlung der Heizfläche ergibt sich aus folgendem:

Man bestimmt unter Berücksichtigung des zur Verwendung kommenden Brennmaterials die stündlich aufzuwendende Brennmaterialmenge. Das

Brennmaterial hat die Aufgabe, das dem Kessel zugeführte Wasser zunächst auf die der gewählten Dampfspannung entsprechende Temperatur zu bringen und dann zu verdampfen.

Bezeichnet h den Heizwert des zu verwendenden Brennmaterials, dessen Zusammensetzung bekannt sein möge oder aus Zahlentafel XV entnommen werden kann, η den angenommenen Wirkungsgrad der Kesselanlage (vgl. S. 129), dann ist die stündlich aufzuwendende Brennmaterialmenge

$$B = \frac{Q}{\eta \cdot h} \tag{2}$$

oder wenn die zu leistende Dampfmenge D in kg gegeben ist,

$$B = \frac{D\,(\lambda - q_o)}{\eta \cdot h} \tag{2a}$$

Beispiel. Es sei $D = 2000$ kg, der Dampfdruck 10 Atm ($= 11$ Atm abs.), demnach $\lambda = 665{,}2$ w; die Speisewassertemperatur betrage 80°, danach ist $q_o = 79{,}9$; ferner sei $\eta = 0{,}70$, $h = 7000$ w, so ergibt sich

$$B = \frac{2000\,(665{,}2 - 79{,}9)}{0{,}70 \cdot 7000} = \frac{1\,170\,600}{4900}$$

$$B = \mathbf{238{,}9}\ \text{kg.}$$

Die theoretisch zur vollkommenen Verbrennung von 1 kg Brennstoff erforderliche Menge Sauerstoff ist

$$2{,}667\ \mathrm{C} + 8\ \mathrm{H} + \mathrm{S} - \mathrm{O}\ \text{in kg,} \tag{3}$$

worin C die in 1 kg Brennstoff enthaltene Gewichtsmenge Kohlenstoff, H, S und O die Gewichtsmengen von Wasserstoff, Schwefel und Sauerstoff bezeichnen. Die zur vollkommenen Verbrennung erforderliche Luftmenge ist:

$$L = (2{,}667\ \mathrm{C} + 8\ \mathrm{H} + \mathrm{S} - \mathrm{O})\,\frac{100}{23{,}6} \tag{3a}$$

oder $\qquad L = 11{,}3\ \mathrm{C} + 33{,}9\ \mathrm{H} + 4{,}24\,(\mathrm{S} - \mathrm{O}).$

Enthält z. B. 1 kg Steinkohle 81 Proz. Kohlenstoff, 5 Proz. Wasserstoff, 12,5 Proz. Sauerstoff und 1,5 Proz. Schwefel, so ist die zur Verbrennung erforderliche theoretische Luftmenge

$$\begin{aligned}
L &= 11{,}3 \cdot 0{,}81 + 33{,}9 \cdot 0{,}05 + 4{,}24\,(0{,}015 - 0{,}125) \\
&= 11{,}3 \cdot 0{,}81 + 33{,}9 \cdot 0{,}05 - 4{,}24 \cdot 0{,}11 \\
&= 9{,}153 + 1{,}695 - 0{,}466 = \mathbf{10{,}382}\ \text{kg.}
\end{aligned}$$

Eine gute Feuerungsanlage soll nach *F. Fischer* mindestens 10 bis 12 Proz. CO_2, besser noch 13 bis 15 Proz., kein CO (Kohlenoxyd) in den abziehenden Rauchgasen enthalten.

Nehmen wir daher einen Gehalt von 13 Proz. Kohlensäure, 7 Proz. Sauerstoff und 80 Proz. Stickstoff als Zusammensetzung der Rauchgase an, so ergibt sich der sog. Luftüberschußkoeffizient m aus

$$m = \frac{21}{21 - 79\,\dfrac{o}{n}} \tag{4}$$

worin o den Sauerstoffgehalt, n den Stickstoffgehalt in Gewichtsprozenten bezeichnen. Mit obigen Annahmen ist

$$m = \frac{21}{21 - 79\,\frac{7}{80}} = 1,49$$

Die einem Kilogramm Brennmaterial also tatsächlich zuzuführende Luftmenge beträgt danach

$$m\,L = 10,382 \cdot 1,49 = \mathbf{15,47}\ \text{kg.} \tag{4a}$$

Hieraus kann nun die Verbrennungstemperatur t_r auf dem Roste ermittelt werden[1] aus

$$t_r = \eta_1\,\frac{(1 - \sigma)\,h}{(1 + mL)\,c_p} + t_k \tag{5}$$

Es bezeichnen:

η_1 den Wirkungsgrad der Feuerung: im allgemeinen $= 0,8$ bis $0,9$;

σ das Ausstrahlungsverhältnis:

für Innenfeuerung $\sigma = 0,25$ bis $0,30$,

für Unterfeuerung $\sigma = 0,20$ bis $0,25$;

h den Heizwert des Brennmaterials in w/kg;

c_p die spezifische Wärme der Heizgase bei unveränderlichem Drucke $c_p = 0,24$;

t_k die Temperatur der Verbrennungsluft vor dem Eintritt in den Kessel (Kesselhaustemperatur).

Nehmen wir an:

$$\eta_1 = 0,85; \quad \sigma = 0,25; \quad h = 7000\ \text{w}; \quad t_k = 20°,$$

so ist die Temperatur über dem Roste

$$t_r = 0,85\,\frac{(1 - 0,25)\,7000}{(1 + 15,5) \cdot 0,24} + 20$$
$$= 1127 + 20 = 1147°.$$

Wählt man nun noch die Endtemperatur der aus dem Kessel austretenden Heizgase, die, je nach der Beanspruchung des Kessels, 50 bis 150° über der Temperatur des Kesselinhaltes liegt, so kann mit Hilfe der oben berechneten Werte die Heizfläche der Kesselanlage ermittelt werden.

Je größer die Heizfläche ist, bei gleicher Leistung, desto besser ist die Ausnutzung des Brennmaterials, und desto tiefer liegt die Endtemperatur.

Wie aus der nachstehenden *Redtenbacher*schen Formel hervorgeht, ist die Heizfläche vom Temperaturgefälle $t_r - t_e$ abhängig.

$$H = B\,\frac{(1 + m\,L)\,c_p}{k}\,\log\,\text{nat}\,\frac{t_r - t_d}{t_e - t_d}$$

---

[1] Aus der obigen Zahlentafel nach *Bunte* sowie auch aus Gleichung (4) geht deutlich der Einfluß des Kohlensäuregehaltes der Rauchgase auf die Verbrennungstemperatur t_r hervor. Je höher der CO_2-Gehalt der Rauchgase ist, desto höher ist auch die Verbrennungstemperatur und damit das zur Verfügung stehende Temperaturgefälle. Je geringer der zur Verbrennung unvermeidliche Luftüberschuß ist, desto geringer ist auch die Wärmemenge, welche zur Anwärmung der Luft bis zur Verbrennungstemperatur t_r erforderlich ist. Die hierauf verwendete Wärme ist lediglich als Verlust zu betrachten.

Hierin bezeichnen:

H die Heizfläche in qm.

B die stündlich aufzuwendende Brennmaterialmenge.

t_d die Dampftemperatur bzw. die Temperatur des Kesselinhaltes.

t_e die Temperatur der Heizgase beim Verlassen des Kessels.

k die Wärmedurchgangszahl für 1 qm Heizfläche, 1° Temperaturdifferenz und für 1 Stunde (nach *Redtenbacher* ist $k = 23$ zu setzen).

Wenn das oben gewählte Beispiel beibehalten wird und dazu noch folgende Annahmen gemacht werden:

$$t_d = 180° \quad t_e = (180 + 70) = 250°$$
$$k = 23$$

so ist
$$H = 239 \frac{(1 + 15,5)\,0,24}{23} \cdot \log \text{nat} \frac{1147 - 180}{250 - 180}$$
$$H = 112,02 \text{ qm.}$$

Die Wärmedurchgangszahl k ist von *Redtenbacher* mit 23 w für 1° Temperaturunterschied zwischen der mittleren Temperatur der Heizgase und
der mittleren Temperatur des Kesselinhaltes angegeben worden, bezogen auf
1 Stunde und 1 qm Heizfläche. Man kann diesen Wert nur als einen Durch-
schnittswert ansehen.

Nach *Fuchs* (Mitteilungen über Forschungsarbeiten des V. D. Ing. Heft 22)
ist die Wärmedurchgangszahl k an den verschiedenen Stellen eines Kessels
sehr verschieden und bewegt sich zwischen 54,5 und 12,56. Ersterer Wert
wurde an der über dem Roste liegenden untersten Rohrreihe eines Zweikammer-
Wasserrohrkessels beobachtet, der zweite Wert ergab sich an den obersten
Rohren unter einer die Richtung der Rauchgase bestimmenden Abdeckung.

Fuchs macht in seiner Abhandlung auf folgende Umstände, die den Wärmeübergang von Heizgasen an den Kesselinhalt beeinflussen, aufmerksam, er
sagt: „Bei gleichem Brennstoff und gleicher Heizfläche nimmt die Wärme-
aufnahmefähigkeit mit der Verstärkung des Wasserumlaufes zu. Ausschlaggebend hierfür ist neben der Verteilung der Heizfläche innerhalb der Wege
des Wärmeträgers (Heizgase) die Bemessung der Querschnitte, welche das
Dampfwassergemisch zu- und abzuführen haben."

Ferner: „Bei gleichen Zustandbedingungen des Wärmeaufnehmers,
aber verschiedenartig zusammengesetztem Wärmeträger (Brennstoff) ergeben sich verschieden große Wärmeausnutzungen, hervorgerufen durch das
mit der Zusammensetzung des Wärmeträgers veränderliche Temperaturgefälle."

Fuchs ermittelt dann die Wärmedurchgangszahl k in zwei Versuchen
für die Kesselheizfläche allein zu $k = 15,2$ und durch zwei andere Versuche zu
$k = 15,8$.

In einer späteren Abhandlung (Z. d. V. d. Ing. 1909, S. 265) hat *Fuchs*
dann weitere Versuche über die Wärmedurchgangszahl eines von der Firma
L. & C. Steinmüller hergestellten Wasserrohrkessel auf der Grube *Renate* der
Ilse-Bergbau-A.-G. mitgeteilt, und zwar sind die Versuche mit sehr minder-
wertigem Brennmateriale angestellt worden.

Es wurden dabei die Temperaturen an vier Stellen der Rauchwege gemessen und die Wärmedurchgangszahl durch Berechnung des mittleren Temperaturunterschiedes festgestellt, und zwar nach der von *Grashof* angegebenen Formel

$$\delta_m = \frac{t_a - t_e}{\log \mathrm{nat} \dfrac{t_a - t_d}{t_e - t_d}} \tag{7}$$

worin δ_m den mittleren Temperaturunterschied zwischen Heizgasen und Kesselinhalt,

t_a die jedesmalige Anfangstemperatur,
t_e die Endtemperatur der Heizgase,
t_d die Temperatur des Kesselinhaltes

bedeuten.

Die Temperatur des Kesselinhaltes nahm *Fuchs* als unveränderlich an, was auch die angestellten Messungen als berechtigt erwiesen.

Für die Überhitzerheizfläche führt er die mittlere Temperatur zwischen Dampfeintritt t_{da} und Dampfaustritt t_{de} ein, so daß sich hier für den mittleren Temperaturunterschied die Formel ergibt

$$\delta_m = \frac{\left(t_a - \dfrac{t_{da}+t_{de}}{2}\right) - \left(t_e - \dfrac{t_{da}+t_{de}}{2}\right)}{\log \mathrm{nat} \dfrac{\left(t_a - \dfrac{t_{da}+t_{de}}{2}\right)}{\left(t_e - \dfrac{t_{da}+t_{de}}{2}\right)}} \tag{8}$$

Die Temperaturen der Heizgase an den Meßpunkten, in der Strömungsrichtung der Heizgase geordnet, waren folgende:

Versuch Nr.	I	II	III	IV	V
Meßpunkt 1	1019	1047	1046	1029	1032°
2	488	524	557	589	610°
3	361	406	436	454	481°
4	232	249	256	281	286°

und die nach obiger Formel (7) ermittelten Temperaturunterschiede δ_m zwischen Heizgastemperatur und Kesselinhalt:

Versuch Nr.		I	II	III	IV	V
Für den vorderen Teil der Dampfkesselheizfläche.	$\delta_{m1} =$	486	510	521	528	538°
für den hinteren Teil der Dampfkesselheizfläche.	$\delta_{m2} =$	88	119	138	159	173°
und hieraus der Mittelwert	$\dfrac{\delta_{m1}+\delta_{m2}}{2} =$	287	314	329	343	355°

Fuchs hat nun die Wärmedurchgangszahl k nach der allgemeinen Gleichung für den Wärmedurchgang

$$Q = k\,H\,(t_1 - t_2) \qquad\qquad (9)$$

ermittelt, worin $(t_1 - t_2) = \delta_m$ und für Q die aus der verdampften Wassermenge D ermittelte Wärmemenge zu setzen ist.

$$k = \frac{D\,(\lambda - q_o)}{H\,\delta_m}$$

Es ergeben sich hiernach die Wärmedurchgangszahlen:

Versuch Nr.	I	II	III	IV	V
$k =$	27,7	31,1	36,6	36,6	41,8

Für die Überhitzerheizfläche ist für Q die Überhitzung des Dampfes in Rechnung zu stellen, und zwar ist

$$Q = D\,c_{pm}\,(t_{de} - t_{da})$$

worin D die stündlich verdampfte Wassermenge, c_{pm} die spezifische Wärme des überhitzten Dampfes und $(t_{de} - t_{da})$ die Überhitzung des Dampfes über die Sättigkeitstemperatur, d. h. also die Differenz zwischen der End- und Anfangstemperatur des Dampfes am Überhitzer bedeuten.

Für den Überhitzer sind die folgenden Wärmedurchgangszahlen ermittelt worden:

Versuch Nr.	I	II	III	IV	V
$k =$	18,9	20,7	21,8	22,4	26,3

Die übrigen Versuchsresultate sind in der Zahlentafel XVI über Verdampfungsversuche unter Versuchsnummer 11 enthalten.

Es fragt sich nun, inwieweit diese Resultate zur Berechnung von Wasserrohrkesseln benutzt werden können.

Da die Temperaturen an den einzelnen Zwischenmeßstellen nicht von vornherein bekannt sind, die Anfangstemperatur je nach der Zusammensetzung des zu verwendenden Brennmaterials jedoch angenähert ermittelt, die Endtemperatur aber angenommen werden kann, so läßt sich die Heizfläche einer Kesselanlage immerhin hiernach berechnen.

Nach den Versuchen von *Fuchs* lagen die nachstehend angegebenen Verhältnisse vor. Es soll mit diesen Werten, die ohnehin in der Wahl des Konstrukteurs liegen, und zwar mit der bekannten Zusammensetzung des Brennmaterials, der Dampfspannung, der zu leistenden Wärmemenge und der Kesselhaustemperatur, die Heizfläche ermittelt werden. Alle übrigen Werte sind zu schätzen oder zu berechnen.

1. Brennstoffzusammensetzung: (Gegeben)

Kohlenstoff C	25,99	Proz.
Wasserstoff H	2,07	,,
Schwefel S	0,19	,,
Wasser	58,10	,,
Rückstände	2,37	,,
Sauerstoff und Stickstoff	11,28	,,
Heizwert des Brennstoffes	2019	w.

Theoretisch erforderliche Luftmenge nach Gleichung (3a):

$$L = 11{,}3 \cdot 0{,}2599 + 33{,}9 \cdot 0{,}0207 + 4{,}24 \,(0{,}0019 - 0{,}1128)$$
$$L = 3{,}31 \text{ kg}$$

2. Zusammensetzung der Rauchgase: (Angenommen)

$$CO_2 = 13$$
$$O \ = \ 6$$
$$N \ = 81$$

Hieraus der Luftüberschuß nach Gleichung (4):

$$m = \frac{21}{21 - 79 \dfrac{6}{81}} = 1{,}38$$

Wirkliche Luftmenge für 1 kg Brennstoff:

$$L\,m = 3{,}31 \cdot 1{,}38 = 4{,}57 \text{ kg}$$

3. Temperatur über dem Roste nach Gleichung (5)

$$\eta_1 = 0{,}85;\ \sigma = 0{,}20;\ t_k = 20°;$$

$$t_r = 0{,}85 \frac{(1 - 0{,}20)\ 2019}{(1 + 4{,}57) \cdot 0{,}24} + 20$$

$$= 1025 + 20 = 1045°$$

(Gemessen wurde eine Temperatur von 1019° mit Thermoelement, die Übereinstimmung ist daher gut, da der Unterschied gegenüber der Berechnung nur 26° beträgt.)

4. Bestimmung des mittleren Temperaturunterschiedes aus der berechneten Anfangstemperatur t_r und einer angenommenen Endtemperatur der Heizgase.

Die Dampf- bzw. Wassertemperatur im Kessel betrug 193,3°; die Endtemperatur sei, wie sie sich erfahrungsgemäß bei Kesselanlagen zu etwa 50 bis 150° höher als die Temperatur des Kesselinhaltes ergibt, mit $t_d + 80 = 273°$ angenommen; dann ist nach Gleichung (7):

$$\delta_m = \frac{1045 - 273}{\log \text{nat} \ \dfrac{1045 - 193}{273 - 193}}$$
$$\delta_m = 326°$$

5. Bestimmung der Kesselheizfläche unter Annahme einer Wärmedurchgangszahl $k = 35$, aber als gegeben betrachtet die bei Versuch III ermittelte Leistung von 19,2 kg/qm Dampf.

Die in 1 Stunde verdampfte Wassermenge betrug 5124 kg. Die Gesamtwärme ist im Versuch für einen Dampfdruck von 12,8 Atm $\lambda = 665{,}5$; die Speisewassertemperatur betrug 36,4°. Die Wärmeaufnahme des Kessels in 1 Stunde ergibt sich somit aus:

$$D\,(\lambda - q_o) = 5124\,(665{,}5 - 36{,}4) = 3\,223\,510 \text{ w}$$

(also als zu erreichende Leistung gegeben) und die Heizfläche aus Gleichung (10)

$$H = \frac{D\,(\lambda - q_o)}{k \cdot \delta_m} = \frac{3\,223\,510}{35 \cdot 326} = 282{,}5 \text{ qm}$$

Die Heizfläche des Dampfkessels betrug 267,0 qm.

Würde man die gleiche Wärmedurchgangszahl in die Berechnung einsetzen, die sich aus Versuch III ergeben hat, nämlich $k = 36{,}6$, so folgt daraus eine Heizfläche von 281,4 qm.

Das Fehlen der Zwischentemperaturen ist deshalb nicht von so ausschlaggebender Bedeutung und man gelangt auch ohne sie bei Wahl einer mittleren Wärmedurchgangszahl zu annehmbaren Resultaten.

Man ersieht aus den Versuchen von *Fuchs*, daß für die neueren Kesselkonstruktionen die Wärmedurchgangszahl k wesentlich höher ist als die von *Redtenbacher* angegebene Zahl 23, die jedenfalls eher für Großwasserraumkessel zutrifft, wie aus Spalte 47 der Zahlentafel XVI hervorgeht. Für Versuch 1 und 3 ergibt sich $k = 24{,}72$ bzw. 25,17.

Die in der Zusammenstellung der Verdampfungsversuche (Zahlentafel XVI) in Spalte 47 vom Verfasser ermittelten Wärmedurchgangszahlen k können nur als Annäherungswerte gelten, da genaue Angaben über die Zusammensetzung der Brennmaterialien fehlen. Die Temperatur t_r über dem Roste wurde nach den Angaben über Heizwert und Herkunft des Brennmaterials nach der Zusammenstellung von *Bunte* (Zahlentafel XV) berechnet.

Die Werte von k zeigen bei den gleichen Kesselkonstruktionen annähernde Übereinstimmung, sie wachsen mit der auf 1 qm Kesselheizfläche verdampften Wassermenge.

Man kann demnach wohl sagen, daß die Wärmedurchgangszahl besonders bei Röhrenkesseln von der Bauart des Kessels bzw. von der Führung der Rauchgase und der Wasserzirkulation im Kessel abhängig ist.

Aus der oben angeführten Berechnung der Heizfläche geht außerdem hervor, daß mit Hilfe der in der Zahlentafel (XVI) angegebenen Werte von k die Heizfläche eines Kessels bestimmter Konstruktion mit Zuhilfenahme der Gleichung (7) aus der Gleichung

$$H = \frac{D\,(\lambda - q_o)}{k\,\dfrac{t_a - t_e}{\log \operatorname{nat} \dfrac{t_a - t_d}{t_e - t_d}}} \tag{12}$$

angenähert ermittelt werden kann.

Die Berechnung der Überhitzerheizfläche würde in ähnlicher Weise vorzunehmen sein, wobei indessen außer der Bauart des Überhitzers im allgemeinen seine Anordnung bzw. Einfügung in den Kessel, sowie das verwendete Material in Betracht zu ziehen sind. — Nach den auf S. 24 gemachten Angaben ist mit einer Wärmedurchgangszahl $k = 10$ bis 17 zu rechnen. Nach den Ermittlungen von *Fuchs* ergab sich $k = 18{,}9$ bis 26,3 für einen in die Züge des Kessels eingebauten, schmiedeeisernen Überhitzer.

Zum Schlusse sei noch bemerkt, daß die Berechnung einer Kesselheizfläche immer nur eine angenäherte sein kann. — Zunächst unterliegt die Bestimmung der vom Kessel zu erzeugenden Dampfmenge der Annahme; denn wie sich die Verhältnisse des Betriebes gestalten werden, ist nicht mit mathematischer Genauigkeit im voraus festzustellen; ebenso sind Annahmen bezüglich des Brennmateriales und des Wirkungsgrades der Feuerungsanlage zu machen. Schließlich hängt die Leistung des Kessels von dem Grade der Aufmerksamkeit des Heizers, von der Beschaffenheit und der Temperatur des Speisewassers und den durch den Schornstein zu erzielenden Zugverhältnissen ab, wobei nicht nur die Abmessungen des Schornsteins, sondern auch die Wetterlage und sonstigen klimatischen Einflüsse eine Rolle spielen. — Jedenfalls wird man stets gut daran tun, nicht die günstigsten

Verhältnisse vorauszusetzen, vielmehr die Kesselheizfläche reichlich zu bemessen.

Ist die erforderliche gesamte Heizfläche der Kesselanlage festgestellt, so ist dieselbe in einzelne Kessel zu zerlegen, so zwar, daß hierbei eine gewisse Reserveheizfläche zur Verfügung steht; denn es ist auf vorzunehmende Reinigung der Kessel im Innern, auf Wiederherstellung des Mauerwerkes und etwaige sonstige Reparaturen Rücksicht zu nehmen. — Eine Anzahl kleinerer Kessel wird stets vorteilhafter sein als nur ein oder wenige Kessel mit großer Heizfläche; zu dem kommt noch, daß alsdann ein Kessel stets in Reserve stehen kann, dessen Kosten nicht allzusehr ins Gewicht fallen. — Allerdings erfordert eine Anzahl von Kesseln auch ein größeres Kesselhaus, dafür bietet sich aber wieder der Vorteil einer guten Anpassung an stark wechselnden Betrieb. — Alle diese Erwägungen sind bei Neuanlagen vornehmlich in Betracht zu ziehen.[1]

f) Angenäherte Berechnung des Schornsteines von Hochdruckdampfkesselanlagen.

Auch die Berechnung des Schornsteines einer Hochdruckdampfkesselanlage kann nur unter Annahme der zu erwartenden Betriebsverhältnisse durchgeführt werden, wobei eine etwaige Vergrößerung der Kesselanlage, aber auch das Stillegen einzelner Kessel in Betracht zu ziehen ist.

Bei einem Schornsteine, dessen Zugwirkung nicht durch künstliche Mittel, wie Gebläse, herbeigeführt wird, sondern auf dem Unterschiede der Temperaturen der Rauchgase und der äußeren Luft allein beruht, wobei also die äußere kältere Luft die innere wärmere und daher spezifisch leichtere Luftsäule unter Überwindung der Widerstände, welche Rost, Brennmaterial, Rauchkanäle, Rauchschieber u. dgl. der Bewegung der Rauchgase entgegenstellen, in die Höhe drückt, liegen ganz ähnliche Verhältnisse vor, wie sie bei der Berechnung des Umlaufes des Wassers einer Warmwasserheizung auf S. 104 dargelegt wurden. (Über künstlichen Zug, siehe Seite 263 u. f.)

Die Zugwirkung oder Zugkraft eines Schornsteines ergibt sich aus dem Produkt aus Schornsteinhöhe und der Differenz der spezifischen Gewichte der äußeren Luft und der Rauchgase.

Es ist die Zugkraft z des Schornsteines

$$z = H_r \, (\gamma_2 - \gamma_1) \text{ in kg/qm} = \text{mm Wassersäule}, \qquad (13)$$

worin H_r die Höhe des Schornsteines über dem Roste bis zur Mündung,

γ_1 das Gewicht von 1 cbm Außenluft,

γ_2 das Gewicht von 1 cbm Rauchgas

bedeuten.

Das spezifische Gewicht γ_2 der Luft ist aus Zahlentafel XI zu entnehmen, das spezifische Gewicht γ_1 der Rauchgase ist bei mittlerer Zusammensetzung etwa

---

[1] Sehr lesenswerte Aufsätze über Dampfkessel bringt stets die im Verlage von O. Spamer, Leipzig, erscheinende Zeitschrift „Feuerungstechnik".

$$\gamma_2 = 1{,}25 - 0{,}0027\,t,$$

worin t die Temperatur der Rauchgase bezeichnet.

Beispiel. Bei 20° Außentemperatur und 250° Rauchgastemperatur ist die Zug-kraft eines Schornsteines von der Höhe $H_r = 40$ m und bei 760 mm Barometerstand $z = 40\,(1{,}205 - 0{,}675) = 21{,}20$ mm WS.

Dieser Zugwirkung des Schornsteines stehen die Widerstände des Rostes, der Kohlenschicht auf dem Roste, der Siederohre und Rohrbündel des Kessels, des Rauchschiebers und die Reibungswiderstände der Rauchgase in den Zügen entgegen. Bei mittlerer Geschwindigkeit der Rauchgase in den Zügen kann man (nach der Hütte) mit einer Widerstandshöhe von 0,3 mm Wassersäule für 1 m Rauchgasweg rechnen.

Die Widerstandshöhe muß natürlich kleiner bleiben als die durch den Schornstein bewirkte Zugkraft.

Eine für die Querschnittbestimmung der oberen Schornsteinmündung gültige Gleichung beruht auf der Annahme einer Ausströmungsgeschwindig-keit der Rauchgase nach Erfahrungssätzen, die von *G. Lang* in der Zeitschrift des Vereins deutscher Ingenieure, Jahrg. 1899, S. 894, vorgeschlagen werden.

Für mittlere Verhältnisse ist nach diesen Vorschlägen mit einer Aus-strömungsgeschwindigkeit $w = 4$ m/sec zu rechnen, ferner

$$\text{für} \quad 3 \ \text{Kessel} \ w = 5 \ \text{m/sec,}$$
$$\text{,,} \quad 7 \quad \text{,,} \quad \text{,,} = 6 \quad \text{,,}$$
$$\text{,,} \quad 12 \quad \text{,,} \quad \text{,,} = 7 \quad \text{,,}$$
$$\text{,,} \quad 12 + x \ \text{Kessel ist} \ w = 7 + \frac{x}{20} \ \text{m/sec.}$$

Trägt man diese Angaben graphisch auf, so erhält man nachstehende Zahlen-tafel:

Anzahl der Kessel	1—2	3	4	5	6	7	8	9	10	11	12
Ausströmungsgeschwindigkeit w in m/sec	4	5,0	5,2	5,5	5,8	6,0	6,2	6,4	6,6	6,8	7,0

Es ist dann der lichte Querschnitt F_0 der **oberen** Schornsteinmündung in qm

$$F_0 = \frac{B \cdot G\,(1 + \alpha\,t_o)}{\gamma \cdot 3600 \cdot \delta \cdot w} \tag{14}$$

und hieraus

beim Kreisquerschnitte der lichte Durchmesser

$$d_o = \sqrt{\frac{4 \cdot F_o}{3{,}142}} \ \text{in m,} \tag{15a}$$

beim Achteckquerschnitte der Durchmesser des eingeschriebenen Kreises

$$d_o = \sqrt{\frac{4 \cdot F_o}{3{,}314}} \ \text{in m,} \tag{15b}$$

beim Quadratquerschnitte die Seitenlänge

$$d_o = \sqrt{F_o} \ \text{in m.} \tag{15c}$$

In Gleichung (14) bedeuten:

B die von der Kesselanlage stündlich verbrauchte Brennmaterialmenge in kg,

G die bei der Verbrennung von 1 kg Brennstoff wirklich erzeugte Gasmenge in kg, die durch Ermittlung der theoretischen Luftmenge und des Luftüberschusses nach Gleichung (4) und (4a) zu bestimmen ist, $G = (1 + m\,L)$,

$a = 0{,}003665 = \dfrac{1}{273}$ die Ausdehnungszahl,

γ das Gewicht von 1 cbm Luft bei mittlerem Barometerstande,

δ die Dichte der Rauchgase, bezogen auf Luft von $0°$.

Es ist nach *Rietschel* zu setzen

> für Steinkohle . . . . $\delta = 1{,}022$
>
> „ Braunkohle . . . . $\delta = 1{,}012$
>
> „ Koks . . . . $\delta = 1{,}039$

t_o die Temperatur der Rauchgase an der Schornsteinmündung.

Für mittlere Verhältnisse ist (nach der Hütte)

$$w = 4 \text{ m/sec}, \; t_o = 235°, \; 1 + a\,t_o = 1{,}86, \; \delta = 1, \; \gamma = 1{,}29$$

$$F_o = \frac{B \cdot G}{10\,000} \text{ qm}$$

Die Schornsteinhöhe ergibt sich aus

$$H_r = [15\,d_o + 2{,}5\,w + a\,l - b]\frac{700 - t_m}{200 + t_m} \tag{16}$$

Es bezeichnen hierin noch:

> l die Länge der Feuerzüge und des Fuchses (bei mehreren Kesseln vom mittleren Kessel aus zu rechnen),
>
> a einen Erfahrungswert, welcher meist zu 0,04 angenommen wird, aber zwischen 0,03 und 0,15, je nach Form und Weite der Feuerzüge, schwankt,
>
> $b = \dfrac{d_o - d_u}{2\,H_r} \cdot 160$ eine von dem Verhältnisse des oberen zum unteren lichten Durchmesser und der doppelten Höhe H_r abhängige Zahl, welche mit $0{,}008 \cdot 160$ bis $0{,}010 \cdot 160$ eingesetzt werden kann.
>
> t_m die mittlere Rauchtemperatur im Schornsteine.

Beispiel. Angenommen, es seien $B = 600$ kg, $w = 5$ m/sec, $G = 21$, $\delta = 1{,}022$, $\gamma = 1{,}25$ (Lufttemperatur bei $+10°$ und 760 mm Barometerstand), $t_o = 220$, $t_m = 230$, $1 + a\,t_o = 1{,}81$, l im Mittel 40 m, $b = 0{,}008 \cdot 160 = 1{,}28$, $a = 0{,}05$, dann ist:

$$F_o = \frac{600 \cdot 21 \cdot 1{,}81}{1{,}25 \cdot 3600 \cdot 1{,}022 \cdot 5} = 0{,}9918 \text{ qm}$$

oder ein Durchmesser eines runden Schornsteines:

$$d_o = \sqrt{\frac{4 \cdot F_o}{\pi}} = \sqrt{\frac{4 \cdot 0{,}9918}{3{,}14}} = 1{,}124 \text{ m}$$

Die Höhe:

$$H_r = [15 \cdot 1{,}124 + 2{,}5 \cdot 5 + 0{,}05 \cdot 40 - 1{,}28]\frac{700 - 230}{200 + 230}$$

$$H_r = 30{,}08 \cdot \frac{470}{430} = 32{,}88 \text{ m}.$$

Ist die Rauchgastemperatur infolge Ausnutzung in einem Vorwärmer niedriger ($t_m = 180°$, $t_o = 155°$), so daß auch der Rauchgasweg länger wird, $l = 45$ m und $a = 0,06$, so ist $1 + a\,t_0 = 1,57$ und

$$F_o = \frac{600 \cdot 21 \cdot 1,57}{1,25 \cdot 3600 \cdot 1,022 \cdot 5} = 0,860 \text{ qm}$$

und $d_o = 1,046$ m,

$$H_r = [15 \cdot 1,046 + 2,5 \cdot 5 + 0,06 \cdot 45 - 1,28]\frac{700 - 180}{200 + 180}$$

$$H_r = 29,61 \cdot \frac{520}{380} = 40,51 \text{ m}$$

Hieraus geht deutlich hervor, welchen Einfluß in der Hauptsache die Erniedrigung der mittleren Rauchgastemperatur auf die Höhe des Schornsteines hat. — Ist daher ein Schornstein zu niedrig, so muß mit höherer Temperatur geheizt werden, was natürlich auch eine Erhöhung der Verluste bedeutet.

Zur angenäherten Ermittlung der Temperatur t_o der Rauchgase beim Austritt aus der Schornsteinmündung kann folgende Berechnung angestellt werden:

Es ist die Wärmemenge, welche die Rauchgase vom Eintritt in den Schornstein bis zum Austritt aus demselben verlieren:

$$Q = B \cdot G \cdot c\,(t_u - t_o), \tag{17}$$

worin c die spezifische Wärme derselben, genau genug mit 0,24 eingesetzt werden kann.

Die Wärmemenge, welche stündlich durch die Schornsteinwandungen hindurchgeht, ist

$$Q = k \cdot H_r \cdot u_m \frac{t_u + t_o}{2}, \tag{17a}$$

worin k die Wärmedurchgangszahl und u_m den mittleren Umfang des Schornsteines, in der Mitte der Wand gemessen, bezeichnen.

Nun ist für gemauerte, runde Schornsteine der untere, lichte Durchmesser

$$d_u = d_o + 0,016\,H_r \text{ bis } d_o + 0,020\,H_r,$$

so daß der lichte, mittlere Umfang:

$$u_l = (d_o + 0,008\,H_r)\pi \text{ bis } (d_o + 0,010\,H_r)\pi.$$

Hierzu kommt noch die auf die ganze Höhe bezogene mittlere Wandstärke e_m des Schornsteines, die durch eine einfache Handskizze sofort bestimmt werden kann. Es ist dabei zu beachten, daß die obere Wandstärke für $d_o = 1,0$ bis 1,5 m 12 cm, für 1,5 bis 2,0 m 20 cm und für $d_o > 2,0$ m 25 cm betragen soll. Die Wandstärke nimmt bei Verwendung von Formsteinen auf etwa je 5 m Höhe um 5 cm, bei Normalziegeln in Höhenabsätzen von 5 bis 8 m um 13 cm zu.

Der mittlere Umfang des Schornsteines ist dann

$$u_m = (d_o + 0,008\,H_r + e_m) \cdot \pi \text{ bis } (d_o + 0,010\,H_r + e_m)\,\pi \text{ in m.}$$

Durch Vereinigung der Gleichungen (17) und (17a) ergibt sich die Ausströmungstemperatur

$$t_o = \frac{t_u \left(2\,B \cdot G \cdot c - k\,H_r\,u_m\right)}{2\,B \cdot G \cdot c + k\,H_r\,u_m} \tag{19}$$

Über die Wärmedurchgangszahl k ist noch zu sagen, daß sie der Zahlentafel IX entnommen werden kann. — Indessen, da die hier aufgeführten Wärmedurchgangszahlen für Mauerwerk unter der Annahme ruhender Luft auf einer Seite der Wand, außerdem für Temperaturunterschiede von etwa 40° ermittelt wurden, Annahmen, die für Schornsteinwandungen durchaus nicht zutreffen, so empfiehlt es sich, die Wärmedurchgangszahlen mit einem Aufschlage von 200 Prozent einzusetzen, zumal im Innern des Schornsteines Geschwindigkeiten von 5 bis 8 m/sec auftreten[1].

Beispiel. Es sei $B = 3000$, $G = 19$, $c = 0,24$, $H_r = 50$ m, $d_o = 2,0$ m, $t_u = 240°$, dann ist in der mittleren Höhe von 25 m $e_m = 50$ cm, $u_m = (2,0 + 0,008 \cdot 50 + 0,50) \cdot 3,14 = 9,11$ m.

Die Wärmedurchgangszahl k für eine 50 cm starke Wand ist nach Zahlentafel IX $k = 1,10$, und hier mit $k = 1,1 + 2 \cdot 1,1 = 3,3$ einzusetzen. Es ergibt sich dann nach Gleichung (19):

$$t_o = \frac{240\,(2 \cdot 3000 \cdot 19 \cdot 0,24 - 3,3 \cdot 50 \cdot 9,11)}{2 \cdot 3000 \cdot 19 \cdot 0,24 + 3,3 \cdot 50 \cdot 9,11}$$

$t_g = 215°$.

Im übrigen ist zu bemerken, daß die Temperaturabnahme in der Hauptsache von der stündlich abgeführten Rauchgasmenge abhängt. Je geringer diese ist, desto größer ist der Temperaturabfall.

2. Niederdruck-Dampfkessel.

a) Allgemeines.

Die ersten Heizungsanlagen, in denen Dampf als Wärmeträger benutzt wurde, waren Hochdruckdampfheizungen. Nach und nach ging man mit der Dampfspannung zum Betriebe von Heizungsanlagen immer mehr herunter und beobachtete dabei, daß der Dampf auch bei niedrigeren Spannungen sich sehr wohl auf größere Strecken fortleiten läßt. Noch in den letzten 80er Jahren baute man Niederdruckdampfheizungen mit mindestens 0,2 Atm Spannung in der Kesselanlage. Die Dampfheizungen der damaligen Zeit hatten aber den Übelstand, daß die Wärmeabgabe der Heizkörper nicht regulierbar war.

Nun bemühte man sich, die Wärmeabgabe der Heizkörper regelbar zu gestalten. Solange man dies nicht erreichte, konnte die Dampfheizung nur in solchen Fällen angewendet werden, wo es sich um Beheizung großer Räume handelte, in denen auf Regelung der Temperatur weniger Wert gelegt wurde. Die Wirtschaftlichkeit war dabei natürlich durchaus in Frage gestellt. Da die Heizkörper auch für die niedrigste Außentemperatur groß genug gewählt werden mußten, also auch bei höheren Außentemperaturen ihre volle Wärme abgaben, so konnte der Aufenthalt in kleineren Räumen unerträglich werden.

---

[1] Versuche über die Wärmedurchgangszahlen bei gemauerten Schornsteinen sind bisher nicht bekannt geworden. Betrachtet man aber die Steigerung des Wärmedurchganges mit zunehmender Strömungsgeschwindigkeit, so erscheint der Zuschlag von 200 Proz. durchaus gerechtfertigt.

Die Firma *Bechem & Post* in Hagen i. W. kam nun auf den Gedanken, die Heizkörper zu ummanteln und durch einen auf dieser Ummantelung angebrachten Schieber die Luftzirkulation und damit die Wärmeabgabe des Heizkörpers zu regulieren.

Das war eine für die Zentralheizung epochemachende Erfindung, die der Firma *Bechem & Post*, die sich diese Ausführung schützen ließ, Anfragen und Aufträge aus ganz Europa einbrachte. Durch die Möglichkeit der Wärmeregulierung des einzelnen Heizkörpers war die Niederdruckdampfheizung lebensfähig geworden, und heute findet man noch die bis in die Mitte der neunziger Jahre nach diesem System ausgeführten *Bechem-Post-Heizungen*.

Die Ummantelungen der Heizkörper waren indessen nicht abnehmbar, die Staubansammlungen in einer solchen, heutzutage abgenommenen Ummantelung erreichen eine Höhe von 25 bis 30 cm. Wie aufeinander gelegte Watteschichten, an deren Zahl man beinahe die Jahre abzählen könnte, zeigen sich die in der Ummantelung angehäuften Staubmengen.

Da war es das Verdienst der Firma *Käufer* in Mainz, zu zeigen, daß man bei niedrigen Drücken von nur $^1/_{10}$ Atm und noch weniger die Dampfzufuhr zum Heizkörper mit Ventilen so regeln kann, daß sich nur ein Teil des Heizkörpers mit Dampf füllt, während der übrige Teil mit Luft gefüllt, Wärme nicht abgebend bleibt. Von jetzt ab begann die Verbreitung der Niederdruckdampfheizung. Als etwas Neues wurde sie auch in solchen Fällen ausgeführt, wo man heute die Warmwasserheizung zweifellos bevorzugt. Mit der Entwicklung der Niederdruckdampfheizung nahmen auch die Ausführungen der Niederdruckdampfkessel immer verbesserte Formen an.

Nach dem Vorbilde der Hochdruckdampfkessel stellte man die Niederdruckdampfkessel aus Schmiedeeisen her. Man gab ihnen stehende und liegende Formen, durchzogen von Siederohren und Flammrohren, und die verschiedensten Konstruktionen wurden ersonnen, bis der geniale Ingenieur *Joseph Strebel*, der Mitinhaber der Firma *Rud. Otto Meyer* in Hamburg, von einer Studienreise aus Amerika zurückkam, wo er die gußeisernen Gliederkessel kennengelernt hatte.

Seinem Talente als Konstrukteur ist die Einführung der gußeisernen Gliederkessel, zuerst nur für Warmwasserheizung, später auch für Niederdruckdampfheizung, in Deutschland zu verdanken. Nach ihm wurde auch das später gegründete Strebelwerk benannt.

Die unter dem Namen Strebelkessel bekannten gußeisernen Gliederkessel haben die schmiedeeisernen Kessel fast vollständig verdrängt. Im Laufe der Zeit ist eine große Anzahl von Konstruktionen gußeiserner Gliederkessel entstanden. Die ersten Typen reichten über mehr als 10 qm Heizfläche kaum hinaus. Seit einigen Jahren werden dagegen Gruppengliederkessel mit Heizflächen über 250 qm ausgeführt.

Es sind hauptsächlich drei große Werke, die sich mit der Herstellung der gußeisernen Kessel befassen. An der Spitze stand von jeher das *Strebelwerk* in Mannheim. Ebenfalls sehr verbreitet sind die Kessel der *Lollarwerke* und die der *Nationalen Radiator-Gesellschaft*.

Allen diesen Kesseln gemeinsam ist ihre Zusammensetzung aus mehr oder weniger ringförmigen Gliedern, an denen die zugehörige Rostfläche sogleich mit angegossen ist; die gußeisernen Gliederkessel bedürfen keiner Einmauerung, stehen frei und sind mit einer Wärmeschutzmasse umgeben, die von einem schmiedeeisernen Mantel umschlossen wird. Sie sind alle für Dauerbrand eingerichtet und werden deshalb mit Verbrennungsreglern ausgestattet.

Die zu überwindenden Schwierigkeiten, ein Gußeisen zu finden, mit dem Hohlkörper geschaffen werden, welche so verschiedenartige Beanspruchung durch Erwärmung auszuhalten vermögen, wie es bei Kesseln der Fall ist, waren gewiß nicht gering.

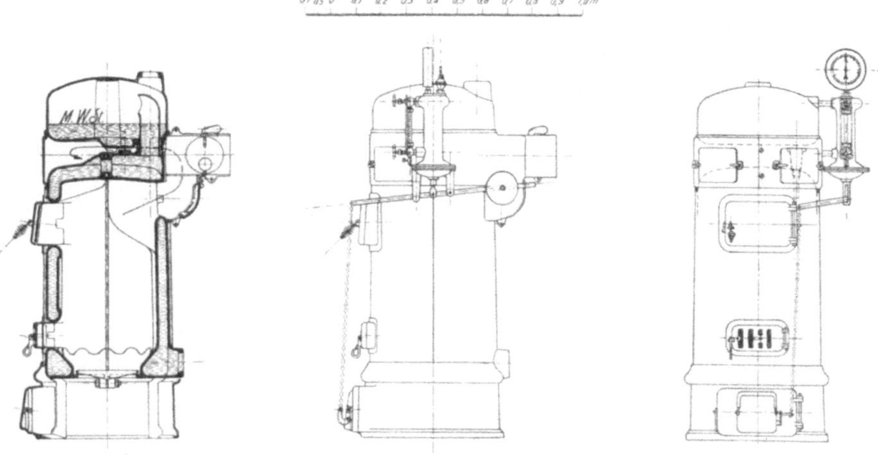

Fig. 32 a—c. Rova-Dampfkessel.

Die Zahl der Fälle, wo Gliederkessel bei sonst sachgemäßer Behandlung zersprungen sind, ist gegenüber der großen Anzahl der jährlich aufgestellten Kessel so verschwindend klein, daß man die anfangs gegen die Verwendung des Gußeisens gemachten Bedenken nicht mehr aufrecht erhalten kann. Infolgedessen haben die gußeisernen Kessel die schmiedeeisernen fast gänzlich verdrängt, und es hat kaum Wert, auf die verschiedenen Konstruktionen der schmiedeeisernen Kessel, soweit diese eben für Zentralheizungen in Frage kommen, noch näher hier einzugehen.

Im nachstehenden sollen nun die Typen gußeiserner Niederdruckdampfkessel, welche die oben genannten Werke ausführen, erwähnt werden.

b) Strebelkessel.

Das *Strebelwerk*, mit seinem Hauptsitze in Mannheim, führt für Niederdruckdampf folgende Kesselkonstruktionen aus.

1. **Rova**kessel (Fig. 32 a—c), kleine, freistehende Rundkessel von 0,8 bis 4,0 qm Heizfläche; hauptsächlich geeignet für Zentralheizungen kleinsten Umfanges (Etagenkessel) und vornehmlich für Warmwasserbereitung in

Hüttig, Heizung u. Lüftung usw. 10

Entleerungshahn.
Original-Strebel-Kessel.
Vorderansicht.
Rauchabgang.
Schnitt A-B.
Reinigung.
Niederdruck-Dampfkessel Serie C.
Grundriss.
A
B

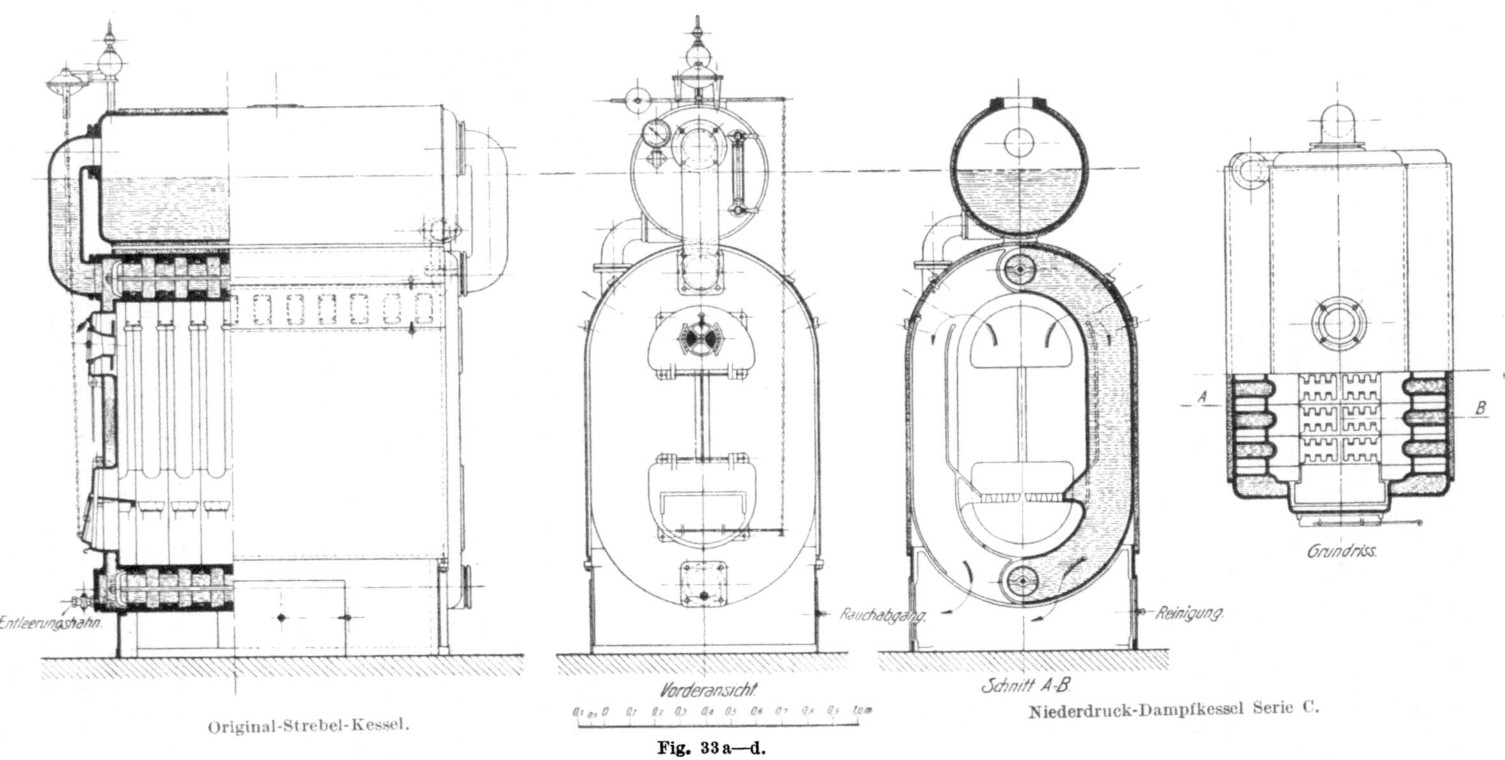

Fig. 33a—d.

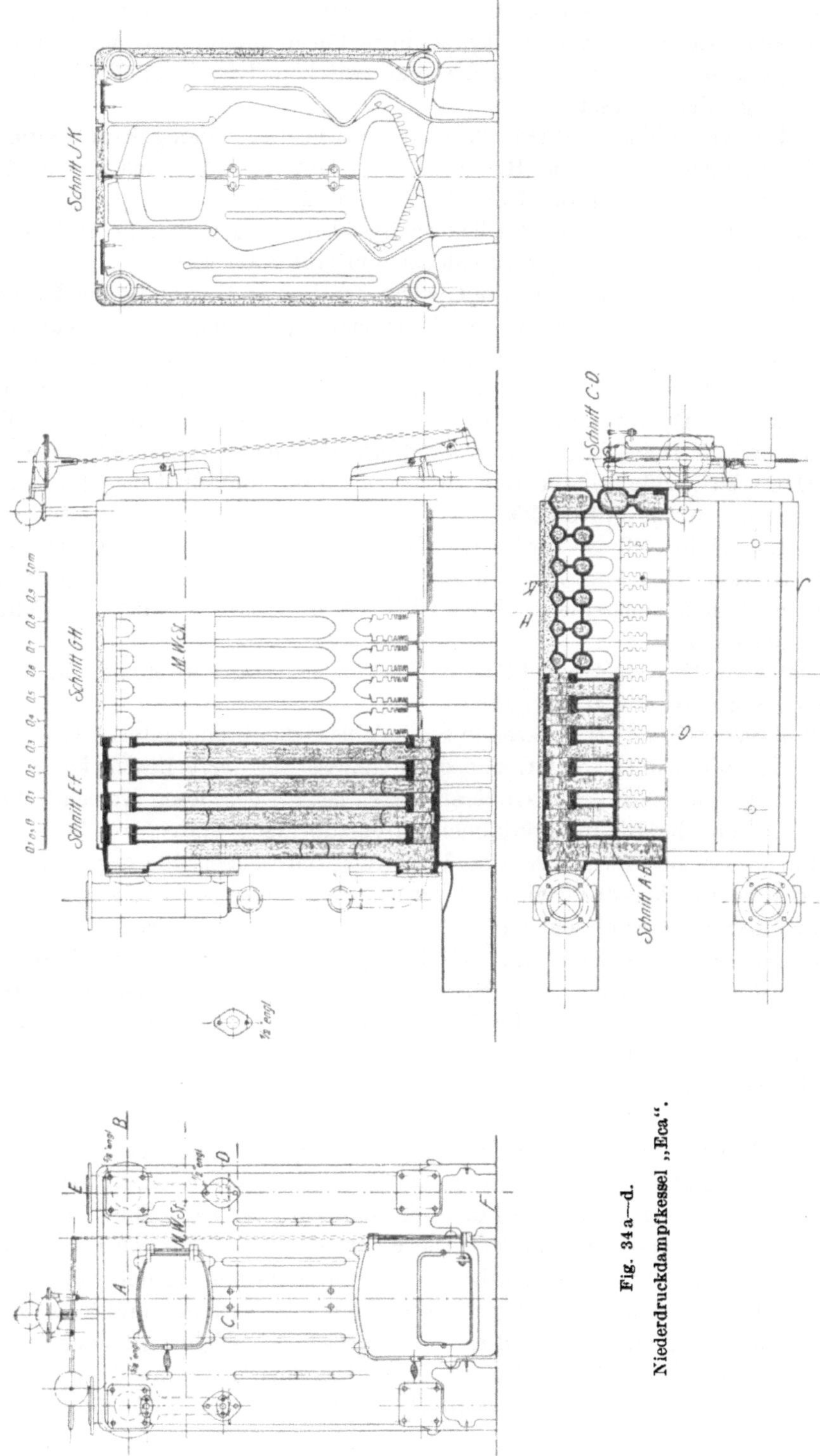

Fig. 34a—d. Niederdruckdampfkessel „Eca".

Wohnhäusern und kleinen Wirtschaftsbetrieben. Auch der Rovakessel ist aus Gliedern zusammengesetzt. Die kleinste Form umfaßt nur zwei Glieder, bei der größten von 4 qm Heizfläche sind zwischen diese zwei Glieder noch vier Mittelglieder eingesetzt.

2. Der Strebelkessel (Fig. 33 a—d) wird in drei Serien gebaut. Serie A und B umfassen 3 bis 11 qm Heizfläche. Sie unterscheiden sich nur in der Breite der Glieder und in der Höhe des Wasserstandes.

Der kleinste Kessel mit 4 Gliedern ist 50 cm lang und kann 90 l Koks aufnehmen; der größte besitzt 12 Glieder und faßt 330 l Koks.

Da, wo es darauf ankommt, mit jedem Zentimeter Vertiefung der Kesselsohle zu sparen (vgl. Abschn. Niederdruckdampfheizung), wird man die Serie A der Kessel mit dem niedrigen Wasserstande von 117 cm verwenden.

Serie C ist ganz ähnlich wie A und B gebaut, besitzt aber einen großen Oberkessel als Dampfsammler, der auch teilweise noch mit Wasser gefüllt ist. Dadurch wird zwar der Wasserstand erhöht, indessen ergibt sich eine ruhige Dampfentwicklung. Die Heizfläche der Kessel umfaßt 5 bis 11 qm; die Koksfüllung beträgt 140 bis 290 l.

3. Die nächste Type wird mit „Ecakessel" bezeichnet (Fig. 34 a—d). Sie bildet den Übergang von den Kleinkesseln zu den Großkesseln und ist letzteren ähnlich konstruiert. Jedes Glied dieser Kessel ist aus zwei Teilen zusammengesetzt.

Der kleinste Kessel hat 13,5 qm Heizfläche, der größte 40 qm, und die Koksfassung beträgt 390 bzw. 1230 l.

Während bei den Strebelkesseln Serie A bis C das Brennmaterial von vorn in den Kessel einzubringen ist, sind die Ecakessel für obere Beschickung eingerichtet, was insofern ein besonderer Vorteil ist, als bei diesen Kesseln schon nicht unerhebliche Brennmaterialmengen einzubringen sind.

Da in den meisten Fällen eine Vertiefung der Kesselsohle gegen Kellerfußboden notwendig wird (vgl. Niederdruckdampfheizung), so trägt die obere Beschickung der Kessel sehr zur Bequemlichkeit in der Bedienung bei.

4. Bei großen Anlagen für Schulen und sonstige öffentliche Gebäude war man bis noch vor etwa 4 oder 5 Jahren auf die schmiedeeisernen Kessel angewiesen, die bis zu 50 qm Heizfläche ausgeführt wurden, wollte man nicht mit Rücksicht auf die Bedienung eine sehr große Anzahl von gußeisernen Kesseln verwenden.

Um die schmiedeeisernen Kessel gänzlich zu verdrängen, brachte das *Strebelwerk* seine gußeisernen Großkessel auf den Markt und gab ihnen den Namen Catenakessel (von Catena, die Kette), da bei diesen Kesseln zwar die Feuerungen getrennt, wie bei den Einzelkesseln, der Kesselinhalt aber ein zusammenhängendes Ganze bildet. Die Konstruktion ist aus nebenstehender Abbildung (Fig. 35 a—b) ersichtlich. Die Catenakessel werden mit 2 bis 12 Feuerstellen gebaut. Der kleinste Kessel mit 2 Feuerungen und 9 Gliedern besitzt eine Heizfläche von 28,5 qm. Der größte Kessel mit 12 Feuerungen und 14 Gliedern hat 276 qm Heizfläche und beansprucht eine Grundfläche von 11,15 m Breite und 1,81 m Tiefe, bei einer Höhe von 1,605 m.

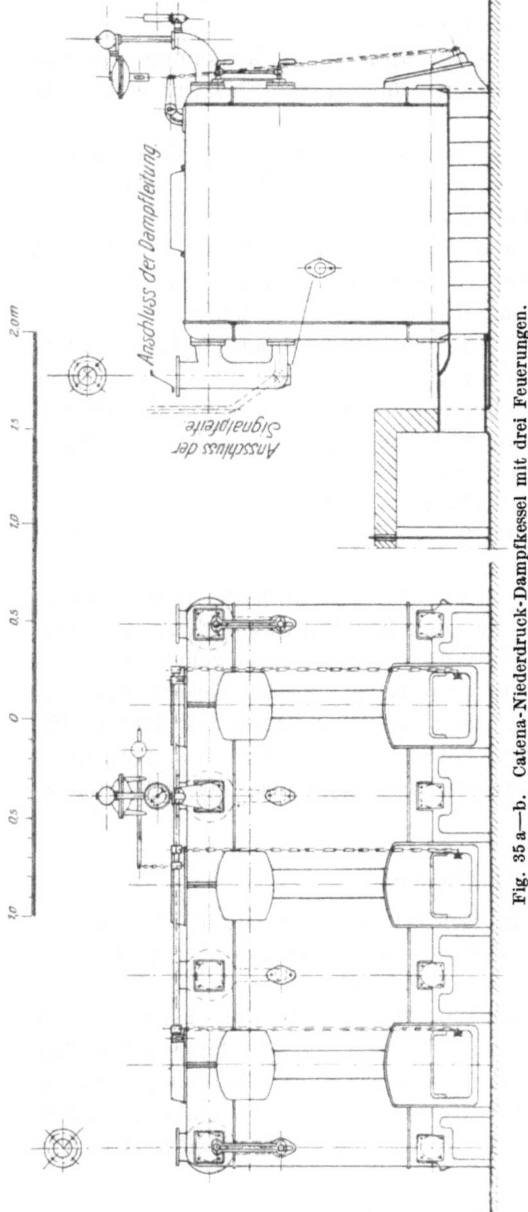

Fig. 35 a—b. Catena-Niederdruck-Dampfkessel mit drei Feuerungen.

Da es bei den Niederdruck-kesseln darauf ankommt, den Wasserstand der Kessel möglichst niedrig zu halten (er liegt bei den Catenakesseln nur 1,25 m über der Kesselsohle), so muß man sagen, daß bei diesen Kesseln wohl die gedrängteste Form von Dampfkessel gefunden wurde, zumal die Kessel auch noch eine beträchtliche Menge Brennmaterial aufnehmen müssen. Fig. 36 und 37 stellen eine Niederdruck-Dampfkesselanlage, aus zwei Catenakesseln mit zwei Feuerungen bestehend und mit Gleis und Kohlenwagen versehen, dar.

Die Wärmeleistung der Kessel beträgt nach Angabe des Werkes 8000 w/qm normal und 12 000 w/qm bei erhöhter Beanspruchung, was etwa einer 14,5- bis 22 fachen Verdampfung entspricht.

5. Die vorgenannten Kesselkonstruktionen sind für Koksfeuerung, ev. Koks mit $^1/_3$ Braunkohle gemischt, eingerichtet. Um dem Bedürfnisse mancher koksarmen Gegenden, wo die Braunkohle vorherrscht, nachzukommen, stellt das *Strebelwerk* seit etwa einem Jahre auch Kessel für Braunkohlenfeuerung her, die es mit dem Namen Bricokessel bezeichnet. Als Brennmaterial kommen Braunkohlenbriketts in Betracht. Die Kessel werden sogar bis 49 qm Heizfläche ausgeführt.

Eine zu überwindende Schwierigkeit besteht darin, zur Verwendung von Braunkohle eine Dauerbrandfeuerung zu schaffen.

Die Braunkohle bedingt zur rauchschwachen Verbrennung einen großen Feuerraum, in dem sich die Flamme entwickeln kann, und Zuführung vorgewärmter Verbrennungsluft. Diese Bedingungen in der gedrängten Form eines Gliederkessels zu erfüllen, ist nicht leicht[1].

Die Braunkohlenkessel erfordern eine aufmerksame Bedienung, weshalb sie wohl für industrielle Betriebe, weniger für Zentralheizungen in Privathäusern geeignet sind.

6. Für Dauerbrand ist unterer Abbrand des Brennmaterials nach den Erfahrungen, die man bei allen Ofenkonstruktionen für Dauerbrand gemacht hat, die geeignetere Verbrennungsmethode.

Bei der Heizgasführung der Strebelkessel findet zwar auch der Abbrand direkt auf dem Roste statt, die Heizgase durchstreichen aber das darüberliegende Brennmaterial, und bei unachtsamer Bedienung kann es wohl vorkommen, daß das ganze Füllmagazin des Kessels in Glut gerät. (Wenn Feuer- oder Aschenfalltür nicht geschlossen werden.)

Um auch diesen Anforderungen gerecht zu werden, hat sich das *Strebelwerk* nun entschlossen, Kessel mit unterem Abbrande herzustellen, bei denen die Heizgase nicht mehr durch das Füllmagazin, sondern seitlich im Kessel aufsteigen und dann erst ihren Weg nach unten nehmen.

Diese Neuerung ist zunächst nur bei den Eca- und Catenakesseln durchgeführt worden.

Der Vollständigkeit halber sei noch darauf hingewiesen, daß dieselben Kesselkonstruktionen des *Strebelwerkes* auch für Warmwasserheizungen verwendbar sind; nur entfallen bei diesen die Wasserstandsanzeiger, an deren Stelle ein Thermometer im Kessel befestigt wird, welches die Wassertemperatur anzeigt. Die Strebelkessel sind jetzt seit etwa 20 Jahren mit bestem Erfolge in Benutzung. Sie haben das eroberte Gebiet nicht nur behauptet, sondern auch erweitert, was ein Beweis für ihre Brauchbarkeit und Betriebssicherheit ist.

c) Lollarkessel.

Die *Buderusschen Eisenwerke* in Wetzlar stellen in ihrer Eisengießerei Lollar die unter dem Namen Lollarkessel bekannten gußeisernen Gliederkessel her.

Die Konstruktion der Lollarkessel ist im Prinzipe die gleiche wie die der Strebelkessel. Sie weicht von dieser insofern ab, als die Feuerung seitlich angeordnet ist; die Kanäle für die Heizgase besitzen nicht die glatten Flächen der Strebelkessel, sondern sind mit Rippen versehen, die allerdings innen ganz von Wasser umspült werden. Die Rippen haben den Zweck, die Heizfläche zu vergrößern.

Die Haupttypen der Lollar-Niederdruckdampfkessel sind:

1. Serie L. D. I. (Lollardampfkessel I) (s. Fig. 38a—c) von 3,5 qm

---

[1] Die Braunkohle und ebenso die Braunkohlenbriketts haben die unangenehme Eigenschaft, einen hohen Prozentsatz Wasser zu enthalten. Das Wasser verdampft bei der Verbrennung, schlägt sich dann an den Schornsteinwandungen nieder und durchdringt nach einiger Zeit die Wände, wenn nicht besondere Vorsichtsmaßregeln hiergegen getroffen werden.

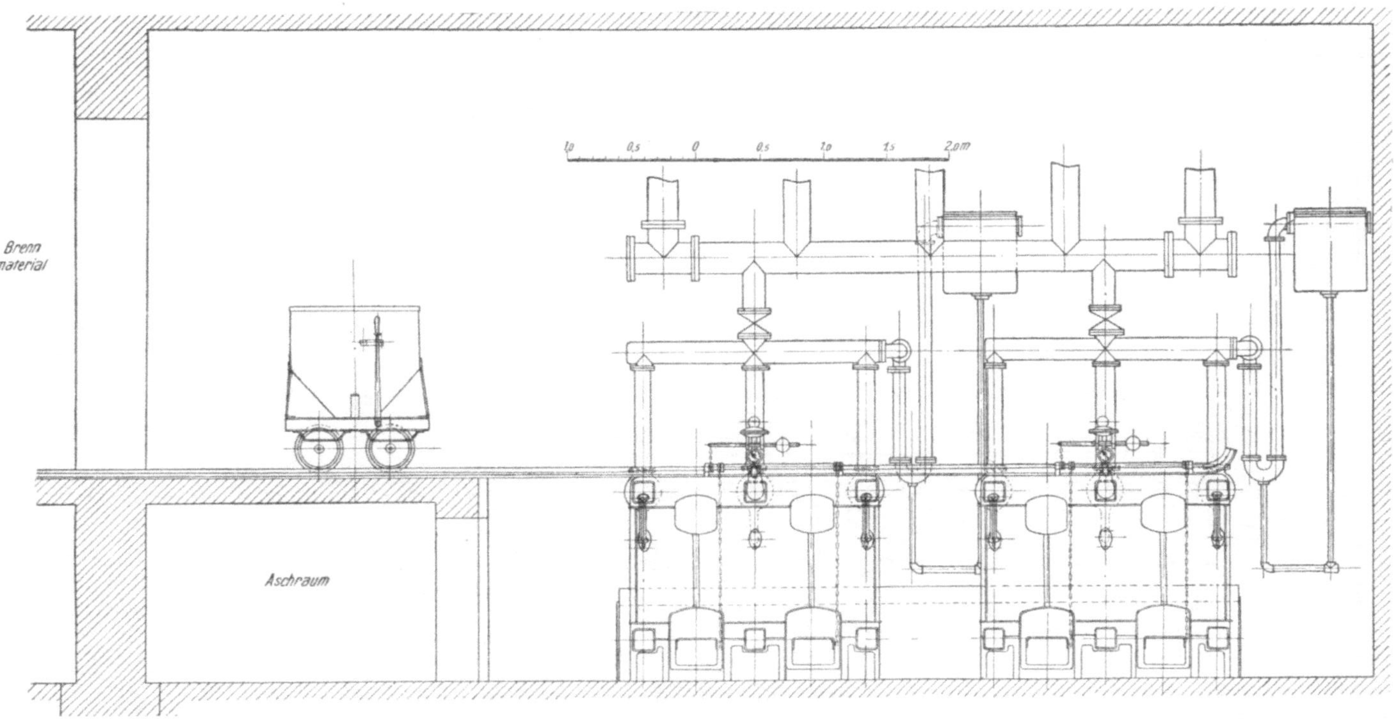

Fig. 36.

Aufstellung von zwei Catena-Kesseln. (Brennmaterialwagen auf Schienen laufend mit aufklappbarem Boden. — Standrohre für jede Kesselgruppe und Auffanggefäße mit Rückführungsleitung für das ausgeworfene Wasser.)

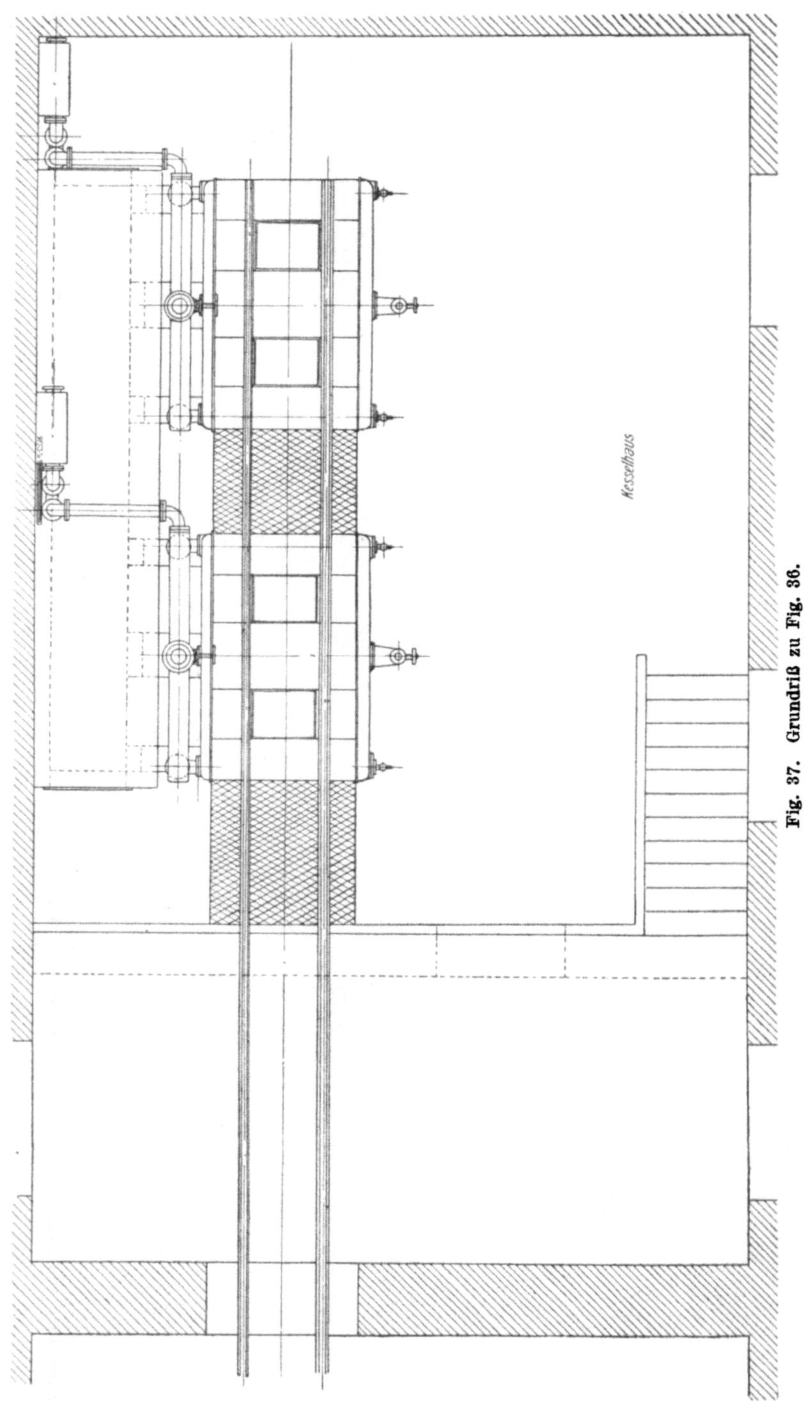

Fig. 37. Grundriß zu Fig. 36.

bis 14,5 qm Heizfläche, ausreichend mit einem Brennmaterialmagazin von 80 bis 355 l.

Die normale Wärmeaufnahme wird vom Werke, wie bei den Strebelkesseln, mit 8000 w/qm Heizfläche und bei Höchstleistung mit 12 000 w/qm angegeben.

Die Dampfkessel besitzen alle Oberkessel als Dampfsammler, was entschieden ein Vorzug ist. Dabei liegt auch der mittlere Wasserstand in einer Höhe von nur 113 cm über der Kesselsohle.

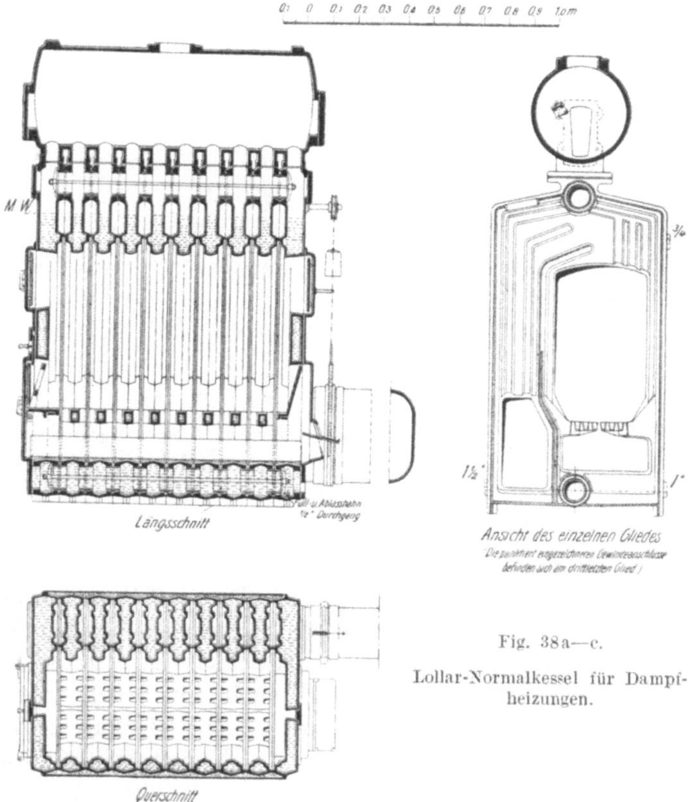

Fig. 38 a—c.

Lollar-Normalkessel für Dampfheizungen.

Der Serie I ganz ähnlich ist auch

2. die Serie L. D. II, nur hat bei ihr der kleinste Kessel 6,5 qm, der größte 21,5 qm Heizfläche; das Brennmaterialmagazin faßt 160 bis 560 l Koks.

3. Entsprechend den Ecakesseln des *Strebelwerkes* führen die *Buderus-Werke* auch Groß kessel von 16,0 bis 38,5 qm Heizfläche aus (Fig. 39a—c). Bei diesen Kesseln liegt das Brennmaterialmagazin in der Mitte, der Abbrand erfolgt unten, und die Beschickung der Kessel kann sowohl von vorn als auch von oben erfolgen.

Sollen größere Heizflächen erzielt werden, so müssen mehrere Kessel nebeneinander aufgestellt werden, was jedenfalls den einen Vorzug vor den

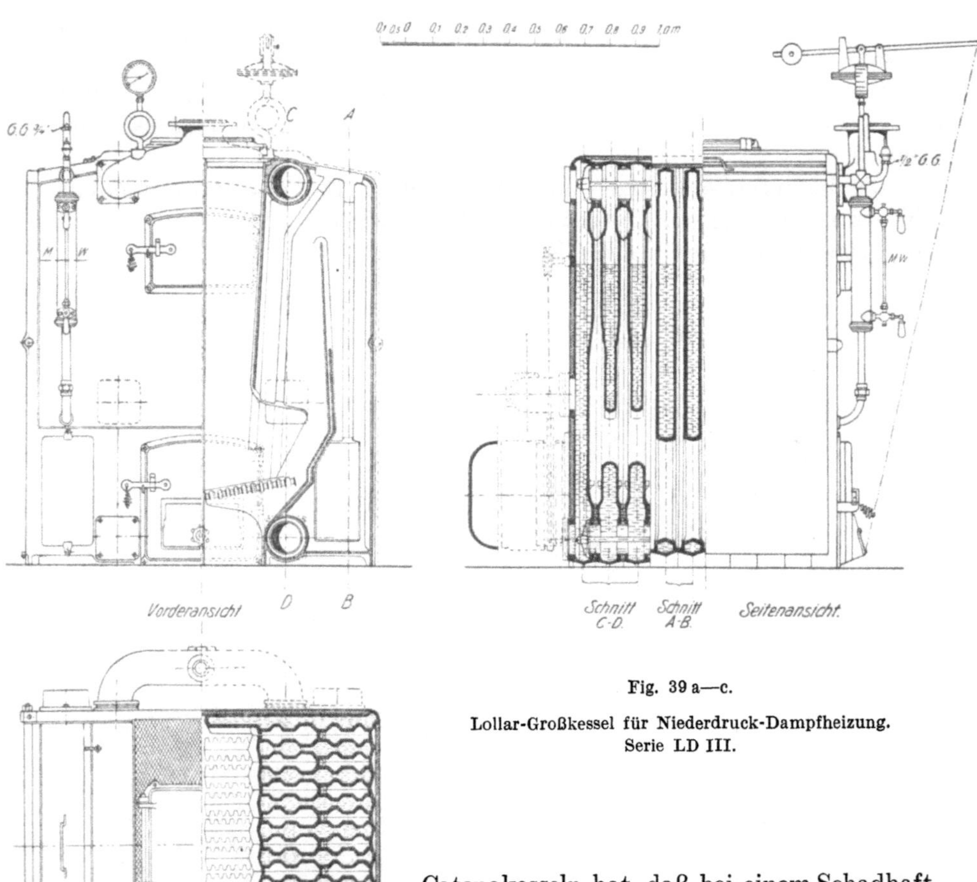

Fig. 39 a—c.
Lollar-Großkessel für Niederdruck-Dampfheizung.
Serie LD III.

Catenakesseln hat, daß bei einem Schadhaftwerden eines Kessels die übrigen Feuerungen nicht in Mitleidenschaft gezogen werden. (So selten auch ein Bruch oder sonstiger Schaden an einem Catenakessel bisher vorgekommen ist, so ist er doch nicht unbedingt ausgeschlossen, außerdem können auch mehrere Ecakessel des Strebelwerks nebeneinandergestellt werden. Zweckmäßig ist jedenfalls die Anordnung eines Ecakessels neben einem Mehrfeuerungen-Kessel.)

4. Auch die *Lollarwerke* sind mit einem Brikettkessel herausgekommen (Fig. 40 a bis d). Die Zeit der Beobachtungen in der Praxis ist allerdings noch kurz (wie auch bei den Bricokesseln des *Strebelwerkes*) und erstreckt sich bis heute etwa auf zwei Jahre. Der kleinste Kessel hat 5,4 qm, der größte 18,4 qm Heizfläche. Die Wärmeleistung der Kessel wird von dem Werke mit 7000 w/qm angegeben.

Die Warmwasserkessel der *Lollarwerke* sind den Dampfkesseln ganz ähnlich; es entfallen die Dampfsammler.

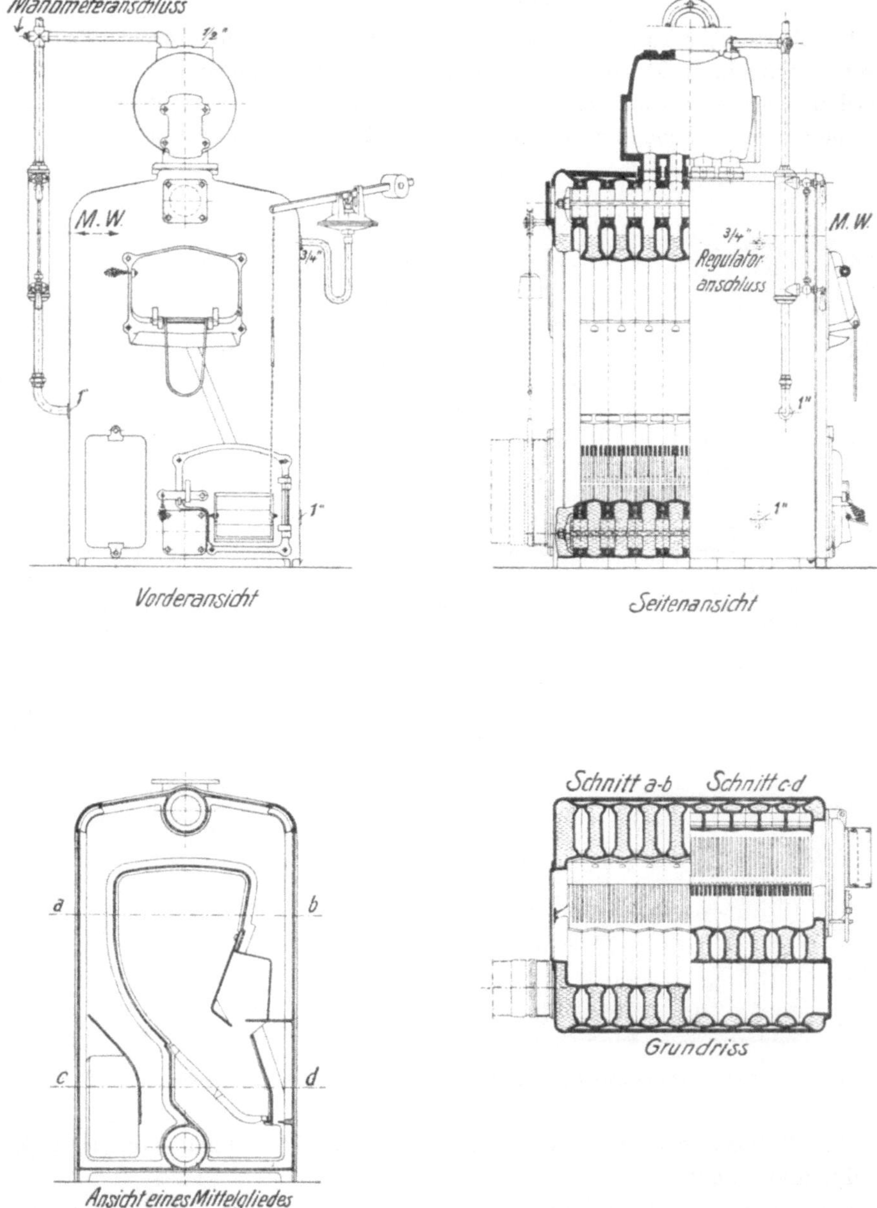

Fig. 40a—d.
Lollar-Braunkohlenbrikettkessel. Serie LD V.

d) Nationalkessel.

Ein drittes Werk, welches sich mit der Herstellung gußeiserner Gliederkessel in großem Maßstabe befaßt, ist die *National-Radiator-Gesellschaft*, ein amerikanisches Unternehmen, das in Deutschland seinen Sitz in Berlin hat und Gießereien in Schönebeck a. Elbe und in Neuß a. Rh. besitzt.

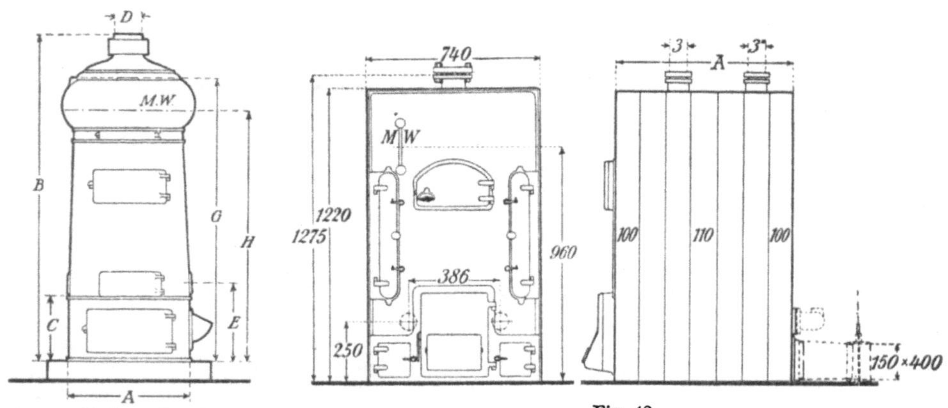

Fig. 41. National-Rundkessel „Premier" für Niederdruckdampf.

Fig. 42.
National-Normalkessel, Serie „1-F" (D. R. P.) für Niederdruckdampf.

Fig. 43.
National-Normalkessel, Serie „2-F" (D. R. P.) für Niederdruckdampf.

Die *National-Radiator-Gesellschaft* baut 4 Ausführungen von Dampfkesseln, und zwar:

1. einen kleinen Rundkessel (Fig. 41), den sie mit Modell Premier bezeichnet, und der eine Heizfläche von 1,65 qm bis 4,85 qm besitzt. Er kommt, wie der Rovakessel der *Strebelwerke*, hauptsächlich für Warmwasserbereitungsanlagen in Betracht, bei denen in einem Behälter mittels einer Dampfheizschlange warmes Wasser hergestellt wird;

2. den mit Serie 1-F und 2-F (Fig. 42 und 43) bezeichneten Dampfkessel mit Heizflächen von 4,5 bis 9,5 qm bzw. 10,25 bis 20,75 und einem Brenn-

materialfüllmagazin von 120 bis 245 l bzw. 270 bis 510 l. Die Wärmeleistung wird auch hier vom Werke mit 8000 w/qm Heizfläche angegeben.

3. Ferner Serie 3-E (Fig. 44) mit 11,0 bis 33,5 qm und 320 bis 1040 l Koksfassung.

4. National-Füllschachtkessel Nr. 3 mit 22 bis 52 qm Heizfläche und 580 bis 1380 l Brennmaterialfassung (Fig. 45).

Die Nationalkessel, wie sie kurz genannt werden, haben im Innern viele Flächen, welche zum Reinigen nicht überall zugänglich sind, lassen also in diesen Beziehungen zu wünschen übrig.

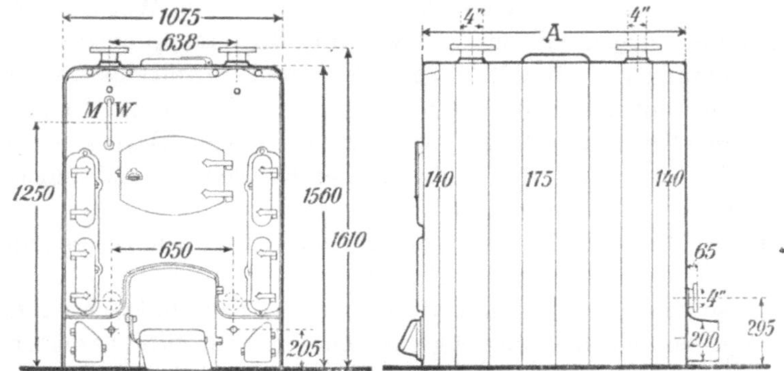

Fig. 44.
National-Normalkessel, Serie „3-E" (D. R. P.) für Niederdruckdampf.

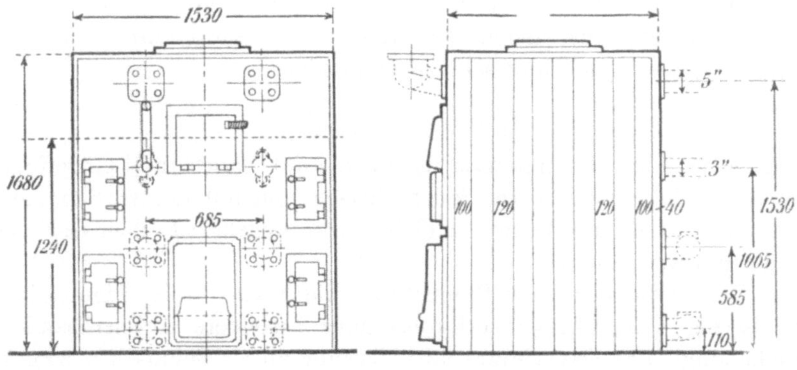

Fig. 45.
National-Füllschachtkessel Nr. 3 für Niederdruck.

Für Warmwasserheizung werden dieselben Typen von 0,55 qm bis 52,0 qm Heizfläche hergestellt.

e) Leistung der gußeisernen Gliederkessel.

Von den Werken wird, wie oben schon mehrfach angedeutet wurde, die Wärmeaufnahme der Kessel mit 8000 bis 12 000 w/qm angegeben.

Es entspricht diese Wärmeaufnahme einer stündlichen Verdampfung von

14,5 bis 22,0 kg Wasser von 100°. Hierzu ist zu bemerken, daß diese An
gaben mit einer gewissen Vorsicht aufzufassen sind.

Die Werke rechnen heute als Heizfläche der Kessel nicht nur diejenigen
Flächen, welche einerseits vom Wasser, andrerseits von den Heizgasen umspült werden, sondern auch die dampfberührten Flächen.

Das *Strebelwerk* macht hierauf in seinen Listen ausdrücklich aufmerksam,
während es früher nur die feuer- und wasserberührten Flächen als Heizflächen rechnete, ist es durch die Angaben anderer, ebenfalls Gliederkessel
herstellender Fabrikanten, davon es eine Anzahl gibt, zu den heutigen Angaben genötigt worden. Es empfiehlt sich deshalb, die Wärmeleistung der
Kessel im Dauerbetriebe mit nur 7000 w in die Berechnung einzustellen, was
einer Verdampfung von etwa 13 kg entspricht, und nur für das Anheizen mit
einer Wärmeleistung von 8000 w/qm zu rechnen, weil während des Anheizens
ein lebhafteres Feuer unterhalten wird. Eine zu hohe Beanspruchung der
Kessel hat ein Überreißen von Wasser in der Rohrleitung und andere Übelstände zur Folge.

Bei den für Braunkohlenbriketts eingerichteten Kesseln ist die günstigste
Wärmeleistung noch nicht genau festgelegt.

Die Ausnutzung des Brennmaterials ist in den gußeisernen Gliederkesseln, wenn sie nicht überanstrengt werden, eine sehr gute, besonders wenn
für langsamen Abbrand des Brennmaterials gesorgt wird. Die Zugstärke im
Schornstein, kurz hinter der Einmündung des Fuchses, soll dabei nicht mehr
als 4 bis 6 mm Wassersäule betragen. In den meisten Fällen wird mit zu
starkem Zuge gefeuert, weshalb dann Klagen über zu großen Brennmaterialverbrauch bei Zentralheizungen laut werden. Die Anwendung von Schorn-
steinzugmessern ist auch hier sehr zu empfehlen.

f) Brennmaterial.

Das geeignetste Brennmaterial ist für die auf Dauerbrand eingerichteten
Kessel der Koks, zumal dieser rauchschwach und mit kurzer Flamme verbrennt. Zechenkoks ist da, wo er nicht zu kostspielig ist, dem Gaskoks im
allgemeinen vorzuziehen.

Die Verwendung anderer Brennstoffe, wie Kohle, Holz, Sägespäne usw.
in gußeisernen Gliederkesseln erfordert ganz besondere Aufmerksamkeit in
der Bedienung. Ein Dauerbrand läßt sich nur durch Beimischen zum Koks
erzielen. So können Braunkohlenbriketts zu etwa $1/_3$ des gesamten Brenn-
materialverbrauches ebenfalls verwendet werden, auch wenn die Kessel nicht
speziell für Braunkohle konstruiert sind.

Die Stückgröße des Brennmaterials richtet sich nach der Größe der
Feuerung. Für kleine Kessel sollte der Koks gebrochen, in Stücken von
40 bis 60 mm, für mittlere Kessel in Größen von 50 bis 80 mm und für Großkessel von 60 bis 100 mm gewählt werden.

Die Roste sind von Asche und Schlacken täglich mindestens einmal
— je nach dem Verhalten des Brennmaterials beim Verbrennen — zu be-
freien. Ascheanhäufung im Aschenfall verhindert den Zutritt der kühlenden

Verbrennungsluft und hat dann ein Verbrennen der Roststäbe zur Folge. Da die Roste bei den Gliederkesseln nicht auswechselbar sind, so ist der Schaden, der durch unsachgemäße Behandlung entstehen kann, erheblich und erfordert meist das Auswechseln der betreffenden Kesselglieder.

Die Verbrennungsrückstände sind durch ein Drahtsieb von etwa 15 mm Maschenweite zu sieben, wodurch unverbrannter Brennstoff leicht ausgelesen und wieder verwendet werden kann.

g) Schornsteinquerschnitt.

Zur angenäherten Bestimmung des Schornsteinquerschnittes einer aus Gliederkesseln bestehenden Kesselanlage gibt das *Strebelwerk* die nachstehende Zahlentafel in seinen Katalogen bekannt:

Erforderlicher Schornsteinquerschnitt
in cm $\times$ cm (Normalziegel-Maße) für alle Kessel gültig.

Obere Beanspruchungsgrenze in Wärmeeinheiten	Schornsteinhöhe in m					
	5	10	15	20	25	30
7 500	14×14	14×14	14×14	14×14	14×14	14×14
10 000	14×14	14×14	14×14	14×14	14×14	14×14
12 500	14×14	14×14	14×14	14×14	14×14	14×14
15 000	14×14	14×14	14×14	14×14	14×14	14×14
20 000	14×20	14×14	14×14	14×14	14×14	14×14
25 000	14×20	14×20	14×14	14×14	14×14	14×14
30 000	14×27	14×20	14×14	14×14	14×14	14×14
35 000	14×33	14×20	14×20	14×20	14×14	14×14
40 000	14×23	14×27	14×20	14×20	14×14	14×14
50 000	20×27	14×33	14×20	14×20	14×20	14×20
60 000	27×27	20×27	14×27	14×20	14×20	14×20
70 000	27×33	27×27	14×27	14×20	14×20	14×20
80 000	27×33	27×27	20×27	14×27	14×20	14×20
90 000	33×33	27×27	27×27	14×27	14×27	14×27
100 000	33×38	27×33	27×27	20×27	14×27	14×27
110 000	33×38	27×33	27×27	20×27	20×27	20×27
120 000	38×38	33×33	27×27	20×27	20×27	20×27
130 000	38×51	33×33	27×33	20×27	20×27	20×27
150 000	38×51	33×38	27×33	27×27	27×27	20×27
170 000		38×38	33×33	27×33	27×27	27×27
200 000		38×51	33×38	33×33	27×33	27×33
230 000		38×51	33×38	33×33	27×33	33×33
250 000			38×38	33×38	33×33	33×33
300 000			38×38	38×38	33×38	33×33
350 000			38×51	38×38	33×38	33×38
400 000			38×51	38×51	38×38	38×38
500 000			38×51	38×51	38×38	38×38
600 000			51×51	51×51	38×51	38×51
700 000			51×51	51×51	51×51	38×51
800 000			51×64	51×64	51×51	51×51
900 000			64×64	64×64	51×64	51×64
1 000 000			74×77	64×64	64×64	51×64

Eine vielfach angewendete Formel für die Bestimmung des Schornsteinquerschnittes ist folgende: Der Querschnitt f in qm ergibt sich aus

$$f = \frac{\dfrac{Q}{W}}{b\sqrt{h}} \qquad (16)$$

Hierin ist

Q die aus der Wärmeverlustberechnung bestimmte Wärmemenge des Gebäudes;

W = 3500 bis 4000, die in 1 kg Brennmaterial (Koks) nutzbare Wärmemenge;

b = 70 bis 90 eine Erfahrungszahl;

h = Schornsteinhöhe in m vom Fuchs bis Mündung.

Es empfiehlt sich aber, bei Aufstellung mehrerer Kessel auch mehrere Schornsteine anzulegen, um auf diese Weise den Wechsel in der Beanspruchung der Kesselanlage zu berücksichtigen. — Der Betrieb einer Heizungsanlage unterliegt infolge der Verschiedenheit der Außentemperaturen großen Schwankungen, denen man durch Aufstellung mehrerer Kessel Rechnung zu tragen pflegt. — Tritt also der Fall ein, daß nur eine geringe Brennstoffmenge erforderlich ist, um den Wärmebedarf zu decken, dann ist ein Schornstein, welcher für die gesamte Kesselanlage ausreicht, zu groß, es entstehen erhebliche Wärmeverluste, übermäßiger Brennmaterialverbrauch und oft wird ein Zurücktreten der Rauchgase aus dem Kessel in den Bedienungsraum durch abwärtsgerichtete, kalte Luftströme innerhalb des Schornsteines verursacht, weil die Rauchgasmenge nicht hinreicht, die im Schornsteine befindliche Luft genügend zu erwärmen und zur Aufwärtsbewegung zu veranlassen.

VII. Kesselspeisevorrichtungen.

Für den Betrieb der Dampfkessel ist die Wiedergewinnung des in Dampfform den Kessel verlassenden Wassers außerordentlich wichtig. Bei Niederdruckdampfkesseln von Heizungsanlagen fließt das in der Heizungsanlage
entstehende Kondenswasser von selbst in den Kessel zurück (vgl. Fig. 16
bis 18), selten tritt der Fall ein, daß hier besondere Speisevorrichtungen
eingeschaltet werden müssen. Bei Hochdruckdampfkesseln ist eine ebenso

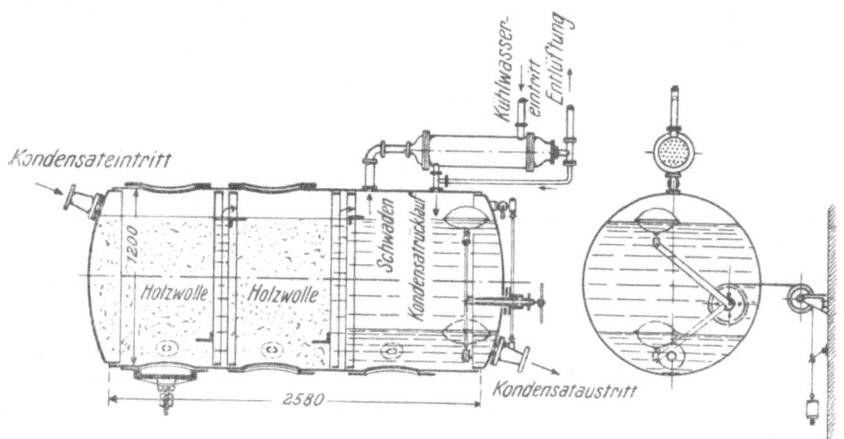

Fig. 46. Kondensatfilter zur Abscheidung von Öl aus Abdampfkondensat.

einfache Zurückführung des Wassers nicht möglich, weshalb Injektoren,
Speisepumpen oder sogenannte automatische Rückspeiser angewendet werden
müssen. Der Wert des aus dem Dampfe entstehenden Wassers liegt in der
in ihm enthaltenen Wärme, und darin, daß das Wasser frei von Kesselstein
bildenden Substanzen ist. In dieser Beziehung ist das aus Heizungsanlagen
austretende Kondensat besonders dann für die Einführung in die Kessel geeignet, wenn es aus direkt den Kesseln entnommenem Dampfe entstanden ist.
Das aus dem Abdampf der Kolbenmaschine herrührende Kondensat wieder
zum Kesselspeisen zu verwenden, ist bei den heutigen Konstruktionen der
Ölabscheider ebenso unbedenklich. Ein nochmaliges Reinigen mittels Holzwollefilter ist zu empfehlen. Nebenstehende Skizze (Fig. 46) stellt ein solches
Filter dar (vgl. *Eberle*, Zeitschr. d. Ver. deutsch. Ing. 1908, S. 736). Da der
Oberflächenkondensator das Kondensat ohne Beimengung von Kühlwasser
wiedergibt, ist derselbe daher dem Einspritzkondensator vorzuziehen.

Bei der Wahl der Ölabscheider ist nur darauf zu achten, daß ein ausreichend großes Modell gewählt wird. Ungünstige Erfahrungen sind meist darauf zurückzuführen, daß aus Sparsamkeitsrücksichten ein ungeeigneter und zu kleiner Apparat gewählt wurde. Durch die Wiedergewinnung des ausgeschiedenen Öles und des Kondensates wird eine Preisdifferenz bald ausgeglichen, dazu kommt, daß bei guter Absonderung des Öles aus dem Dampfe der Kondensator länger rein bleibt und damit der Wärmeübergang an das Kühlwasser durch Ölablagerungen nicht behindert wird.

Fließt das Kondensat des Abdampfes in die Kanalisation ab, so muß den Kesseln stets frisches Wasser von niedrigerer Temperatur zugeführt werden, und es entstehen Wärmeverluste, die im Laufe des Jahres recht erheblich sind, wie folgendes Zahlenbeispiel zeigt.

Bei Annahme eines Vakuums im Kondensator von 85% hat das Dampfwasser eine Temperatur von 54°, ist also um etwa 44° wärmer als Brunnenwasser. Bei einer 300 PS-Kolbenmaschine mit einem Dampfverbrauche von 6,5 kg PS fließen demnach stündlich $300 \cdot 6,5 = 1950$ kg in die Kanalisation und mit ihnen $1950 \cdot 44 = 85\,800$ w ab. Eine Kohle von 6500 w, die in einer Dampfkesselanlage mit einem Wirkungsgrade von 68% verwendet wird, leis.et $6500 \cdot 0,68 = 4420$ w. Es gehen also stündlich

$$\frac{85\,800}{4420} = 19 \text{ kg}$$

oder täglich, bei 10stündigem Betriebe 190 kg oder bei 300 Arbeitstagen 57 000 kg, d. s. 57 t Kohle im Jahre verloren, die zur Erwärmung des Frischwassers von 10° auf die Temperatur des Abdampfkondensates aufgewendet werden müssen, die aber erspart würden, wenn das Abdampfkondensat den Kesseln wieder zugeführt würde.

Noch viel größer sind die Ersparnisse bei Hochdruck- oder Niederdruckdampfheizungen, bei denen das Kondensat mit einer Temperatur von 80 bis 90° nach dem Speisewasserbehälter zurückgeführt werden könnte. Trotzdem kann man in vielen Fabrikanlagen beobachten, wie das Kondensat direkt aus den Heizungsanlagen in die Kanalisation abgeführt wird und hier infolge seiner hohen Temperatur die Tonrohre zerstört.

Ist es nicht möglich, das Wasser mit natürlichem Gefälle nach dem Kesselhause und dort in die Speisewassergrube zurückzuleiten, so wird es doch an einer oder der andern Stelle des Fabrikgeländes in einem besonderen Behälter aufgefangen werden können, von wo es dann durch eine selbsttätig sich einschaltende Pumpe nach dem Kesselhause zu fördern ist. Zu diesem Zwecke eignen sich die kleinen, mit Elektromotor angetriebenen Zentrifugalpumpen; es ist dabei nur die einzige Vorsichtsmaßregel zu beachten, daß der Pumpe das Wasser zufließt, weil sie heißes Wasser nicht anzusaugen vermag; die Pumpe ist deshalb neben dem Auffangbehälter, ev. in einer Grube, aufzustellen. (Vgl. Fig. 47.)

Die Einschaltung muß durch einen mit einem Schwimmer verbundenen Momentschalter erfolgen. Sobald der Behälter vollgelaufen ist und der Schwimmer seine höchste Stellung erreicht hat, wird von einem Mitnehmer der Momentschalter eingerückt. Die Pumpe läuft an und fördert das Kondensat aus dem Behälter nach dem Kesselhause in die dort befindliche Speisewasser-Zysterne. Ist der Behälter annähernd leer gepumpt, so ist auch der

Schwimmer entsprechend gesunken, und ein zweiter Mitnehmer schaltet den Momentschalter des Motors wieder aus.

Durch die Wiedergewinnung des Kondensates wird nicht nur ein Teil der im Kondensate enthaltenen Wärme gewonnen, sondern, was mindestens ebenso wichtig ist, vornehmlich bei Röhrenkesseln, es wird die Kesselsteinbildung in den Dampfkesseln um so mehr vermieden, je weniger frisches Speisewasser als Ersatz für das verloren gehende Kondensat den Kesseln zugeführt wird.

Der nachteilige Einfluß des Kesselsteines ist zur Genüge bekannt, und die oben berechneten Ersparnisse von 57 t Kohle im Jahre erhalten einen um so größeren Wert, je ungeeigneter das für die Kesselspeisung zur Verfügung stehende Wasser überhaupt ist. Manche Gegenden Deutschlands zeigen so ungünstige Speisewasser-

Fig. 47.

verhältnisse, daß es unverständlich ist, wenn nicht die vollständige Rückgewinnung des Kondensates angestrebt wird. Mit den Einrichtungen zur Kesselspeisewasserreinigung ist nicht alles getan, was sich zur Vermeidung von Kesselstein tun läßt. Durch die Speisewasserreinigung sollte nur so viel Wasser präpariert werden als durch unvermeidliche Verluste an Wasser verloren geht.

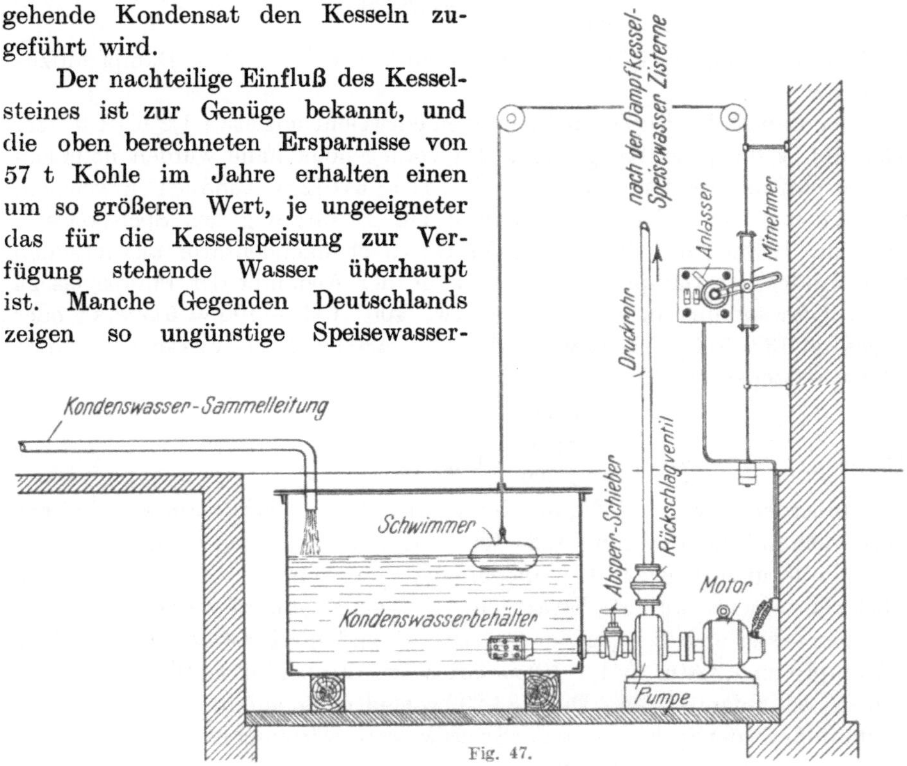

Auch die Kesselspeisepumpen geben nicht unbeträchtliche Verluste, wenn ihr Abdampf nicht niedergeschlagen und das entstehende Kondensat nicht der Speisewasserzisterne zugeführt wird; ebenso findet man in großen Fabrikbetrieben die kleinen Nebenmaschinen mit Auspuff arbeiten.

Gerade diese kleinen Maschinen haben meist einen sehr niedrigen Wirkungsgrad und zeigen daher großen Dampfverbrauch.

Die vielfach angewendeten Duplex-Dampfpumpen, die für die Kesselspeisung außerordentlich bequem sind, da sie sich in ihrer Gangart dem jeweiligen Dampfverbrauche gut anpassen, benötigen etwa 35 bis 50 kg Dampf pro 1 PS. Läßt man sie mit Auspuff arbeiten, so gehen ganz erhebliche Dampfmengen verloren. Es sei angenommen, einer Kesselanlage von 300 qm Heizfläche und 16facher Verdampfung müßten stündlich 4800 kg Speisewasser zugeführt werden. Bei einer Dampfspannung von 12 at und einem Wirkungsgrade der Pumpe von 65% sind demnach stündlich

$$\frac{4800 \cdot 120^{\,1}}{3600 \cdot 75 \cdot 0,65} = 3,28 \text{ PS.}$$

für Kesselspeisung oder bei 40 kg/PS Dampfverbrauch 132 kg Dampf aufzuwenden.

Der Dampf der Duplexspeisepumpen entweicht mit etwa 1,2 bis 1,3 Atm oder 641 w für jedes Kilogramm. Im vorliegenden Falle würden demnach bei Auspuff der Speisepumpen $3,3 \cdot 40 \cdot 641 = 84612$ w stündlich entweichen. Benutzt man aber den Auspuffdampf zur Erwärmung des Speisewassers bzw. zur Erwärmung des aus einem Oberflächenkondensator austretenden Kondensates der Dampfmaschine, so kann der Abdampf der Pumpe bis zu seiner Umwandlung in Wasser von etwa 100° $641 - 100 = 541$ w/kg oder insgesamt $132 \cdot 541 = 71412$ w abgeben. Bei 4800 kg Speisewasser pro Stunde erfährt dasselbe eine Temperaturerhöhung von

$$71412 = 4800\,(t_2 - t_1)$$

oder
$$\frac{71412}{4800} = 14,9°$$

Außerdem wird noch die im Kondensate des Auspuffdampfes enthaltene Flüssigkeitswärme von rund $132 \cdot 100 = 13\,200$ w zurückgewonnen.

Würde man dagegen den Auspuff ins Freie leiten, so müßten stündlich 132 kg Brunnenwasser als Ersatz den Kesseln zugeführt werden. Hat das Brunnenwasser eine Temperatur von 10°, so sind zur Umwandlung desselben in Dampf von 1,3 Atm $(641 - 10) = 631$ w/kg, also bei 132 kg Wasser 83292 w vom Kessel aufzuwenden. Diese 83 292 w sind nicht aufzuwenden, wenn der Auspuffdampf der Speisepumpe zur Speisewassererwärmung herangezogen wird.

Nehmen wir wieder die effektive Leistung von 1 kg Kohle mit 4420 w an, so werden durch die Verwendung des Auspuffdampfes stündlich

$$83\,292 : 4420 = 18,84$$

oder bei 3000 Arbeitsstunden im Jahre $18,84 \cdot 3000 = 56\,520$ kg = 56,5 t Kohle erspart, die bei einem Preise von 17,0 Mk. pro t einen Wert von 960,50 M. repräsentieren. Man ersieht hieraus, daß es sich wohl verlohnt, auch die Abwärme der kleinen Maschinen zu beachten. Die Verbindung einer Duplexkesselspeisepumpe mit einem Gegenstromapparate zur Übertragung der Abdampfwärme an das von der Pumpe geförderte Wasser ist in Fig. 48 dargestellt.

---

[1] Die Zahl 120 bedeutet die Förderhöhe der Pumpe, welche sich hier als ein Gegendruck von $12 \cdot 10$ m, bei 12 Atm, deren jede einem Drucke einer Wassersäule von 10 m entspricht, darstellt. Eigentlich müßten auch noch die Widerstände in der Speiseleitung berücksichtigt werden.

Es ist selbstverständlich, daß man den Gegenstromapparat vor einen etwa vorhandenen Rauchgasvorwärmer schalten wird, daß man also das Speisewasser zuerst durch den Gegenstromapparat und nachher durch den Rauchgasvorwärmer leitet. Gelangt das Kondensat mit hoher Temperatur zur Speisewasserzisterne im Kesselhause zurück, wie z. B. aus Heizungsanlagen, wo es mit etwa 90° bis 95° aus den Heizkörpern austritt, dann ist

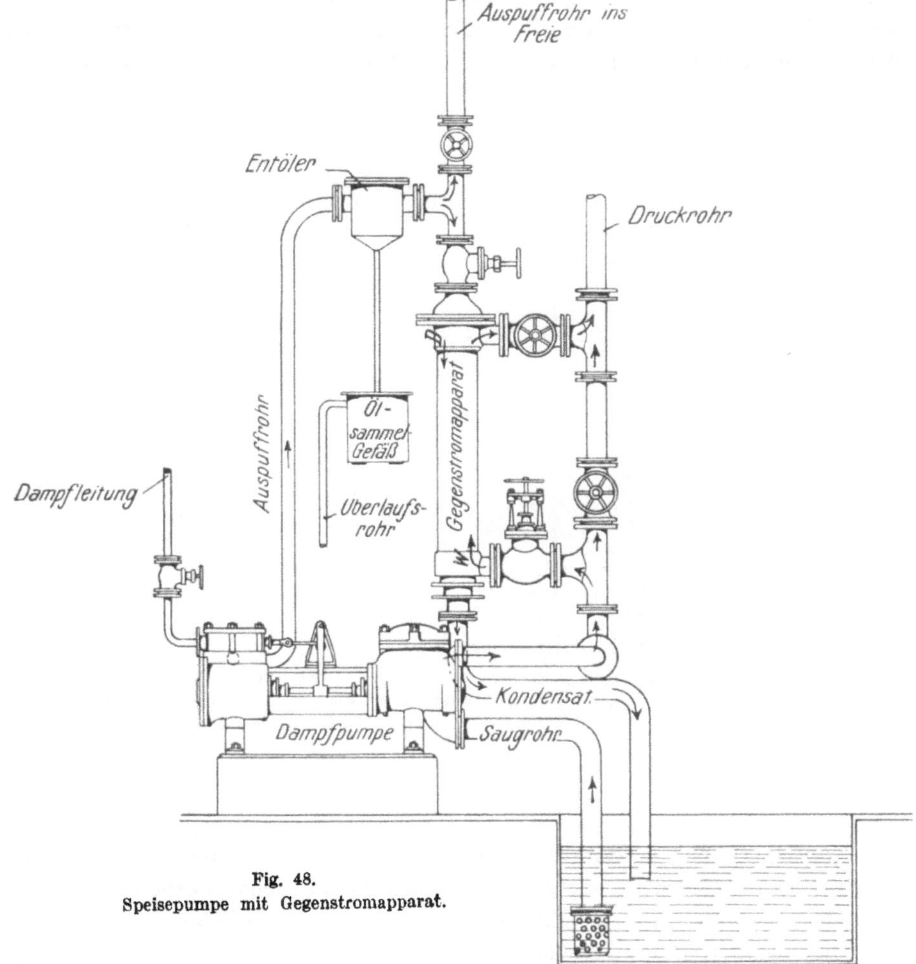

Fig. 48.
Speisepumpe mit Gegenstromapparat.

es natürlich zwecklos, den Abdampf der Speisepumpe, der selbst etwa nur eine Temperatur von 104 bis 105° hat, zur Erwärmung von Wasser von fast gleichhoher Temperatur verwenden zu wollen. In diesem Falle muß der Abdampf eine anderweite Ausnutzung erhalten, etwa zur Erwärmung von Gebrauchswasser in einem mit kupferner Heizschlange ausgestatteten Warmwasserbereiter.

Die automatisch wirkenden Rückspeiseanlagen sind hier noch zu erwähnen. Sie sollen die Speisepumpe ersetzen, und drücken, indem ein Schwimmer ein Ventil öffnet, sobald das Kondensatauffanggefäß sich gefüllt hat, mit direktem Dampfdrucke das Speisewasser bis in ein über den Kesseln stehendes zweites Gefäß (s. Fig. 49). Auch hier wird ein Ventil für direkten Kesseldampf selbsttätig geöffnet, und nun steht dieses zweite Gefäß unter dem Kesseldrucke. Da aber das Wasser in dem Gefäße über dem Kessel höher steht, als der Wasserspiegel in dem Kessel, so übt die Wassersäule in dem Rohre vom Gefäß bis zum Wasserspiegel einen Überdruck aus und das Wasser fließt in den Kessel zurück. Bei dem jedesmaligen Hochdrücken des Wassers aus dem unteren in das obere Gefäß muß das untere voll Dampf ge-

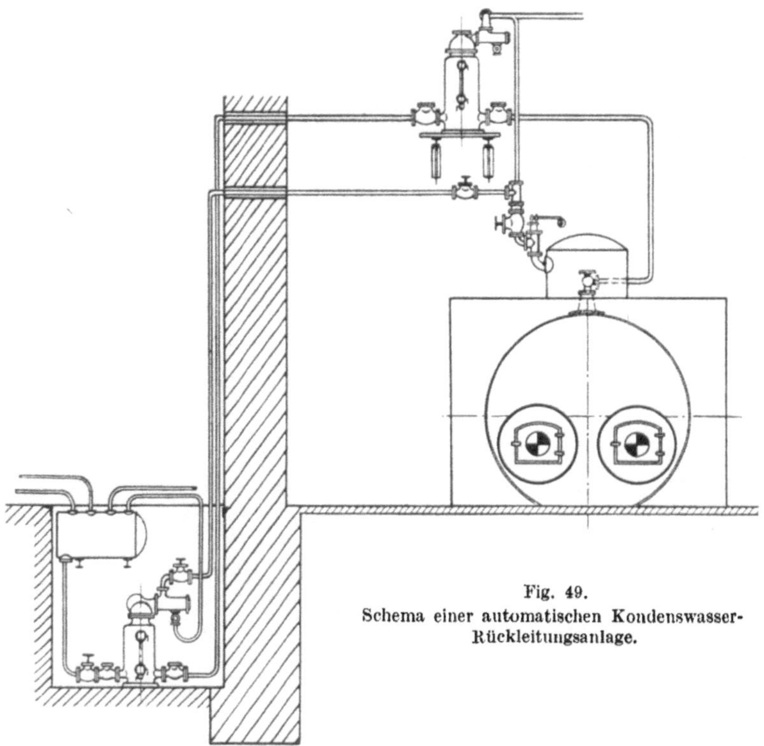

Fig. 49.
Schema einer automatischen Kondenswasser-
Rückleitungsanlage.

füllt werden, weil der Dampf an Stelle des hochgedrückten Wassers tritt. Dieser Dampf entweicht nachher und bildet einen nicht unerheblichen Verlust. Dasselbe gilt von der Einschaltung des oberen Gefäßes.

Die automatischen Rückspeiser werden gewöhnlich in Prospekten mit vielen Versprechungen auf Kohlenersparnisse angepriesen. Aus den Referenzen, die meist dahin lauten, daß die Apparate bisher gut funktioniert haben — andere Referenzen werden natürlich nicht der Öffentlichkeit übergeben — ersieht man, wie viele Betriebe bis zur Verwendung der Rückspeiser das Kondensat weglaufen ließen. Es ist dann ganz selbstverständlich, daß nachher Kohlenersparnisse eingetreten sind, die nicht erst durch die angeblich besonders vorteilhafte Konstruktion des Rückspeisers erzielt wurden, sondern schon längst bei Rückführung des Kondensates auf irgendeine andere Weise ebenso entstanden wären. Bei der Anzahl von Rückschlag- und Schwimmerventilen, die solche Apparate benötigen, ist ihre unbedingte Zuverlässigkeit eine fragliche, und es ist jedenfalls zu empfehlen, eine Speisepumpe, welcher das Kondensat zufließt, oder welche eine nur geringe Saughöhe hat, neben der automatischen Rückspeiseanlage stets in Reserve zu halten. Es ist auch zweifelhaft, ob die automatischen Rückspeiser als eine der gesetzlich vorgeschriebenen Speisevorrichtungen angesehen werden können.

Die Zahl der Konstruktionen automatischer Rückspeiser ist außerordentlich groß. Im allgemeinen ist ihre Wirkungsweise eine ganz ähnliche, wie die der Kondenstöpfe, welche für ein Hochdrücken des Wassers eingerichtet sind.

Es sei noch bemerkt, daß da, wo der Druck in der Kondenswasserleitung so hoch ist, daß das Kondensat durch den in der Leitung herrschenden Dampfdruck bis über die Höhe des Kesselmauerwerkes gedrückt werden kann, nur ein Rückspeiseapparat

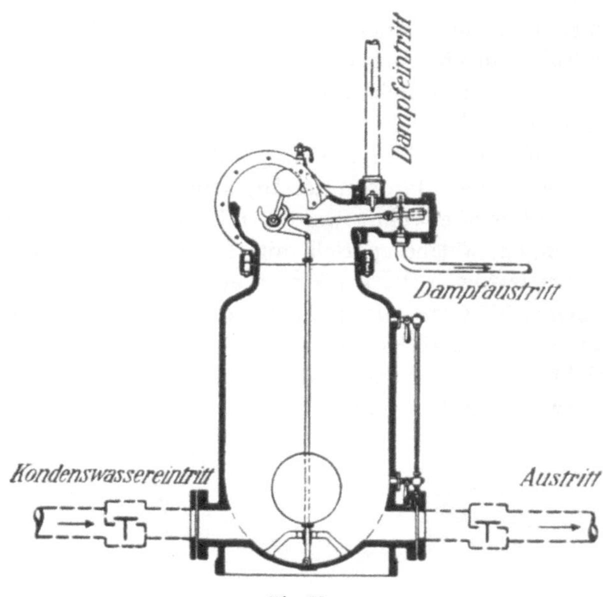

Fig. 50.
Automatischer Kondenswasser-Rückspeiser.

erforderlich ist, welcher das in ihn übergeführte Wasser in den Kessel leitet. Dieser Apparat muß dann in einiger Höhe über dem Kessel angebracht sein.

Zuverlässiger ist in jedem Falle eine Speisepumpe einer bewährten Spezialfirma. Die Kosten der Rückspeiser sind übrigens meist nicht geringer als die der Speisepumpen. Die automatischen Rückspeiser sollen den Vorteil haben, das Kondensat auch bei hoher Temperatur in den Kessel fördern zu können, ohne daß hier, außer durch den Dampfverlust, der beim Auspuffen des Rückspeisers entsteht, ein Nachverdampfen des Kondensates stattfindet, sofern dasselbe unter Druck steht.

Man kann aber auch mittels einer Speisepumpe das Kondensat bei höherem Drucke als dem der äußeren Atmosphäre in die Kessel zurückbringen, wenn nur der Behälter, in den das Kondensat einfließt, dampfdicht geschlossen ist und die Pumpe das Wasser nicht ansaugen muß. Der Behälter ist aber dann mit einem Luftsaugventil gegen äußeren Druck zu schützen, wenn er nicht stark genug hergestellt ist.

Der in vorstehender Abbildung (Fig. 50) dargestellte Rückspeiser enthält eine Schwimmkugel, die durch das eintretende Kondensat gehoben wird, bis sie durch ein Kippgewicht in dem oberen Kopfteile einen Hebel betätigt, der das Dampfeinlaßventil öffnet und das Dampfauslaßventil schließt. Der eintretende Dampf drückt nun das Kondensat aus dem Apparate, wobei die Schwimmkugel wieder an dem Führungsstabe herabgleitet und, unten angekommen, den Hebel oben wieder umschaltet. Das Dampfeintrittventil wird geschlossen und das Dampfaustrittventil geöffnet. Das Kondensat gelangt von neuem in den Apparat. Während des Ausblasens des Apparates wird der Zufluß des Kondensates durch ein Rückschlagventil zurückgehalten. Durch das Auslaßventil steht auch hier das Kondensat mit der Atmosphäre in Verbindung, und es ist anzunehmen, daß demnach ein, wenn vielleicht auch geringes Nachverdampfen stattfindet.

Die Konstruktionen der Injektoren sind wohl allgemein bekannt, so daß sie nicht erst erwähnt werden müssen; es sollten hier auch nur Speisevorrichtungen, welche speziell mit Heizungsanlagen in Verbindung stehen, aufgeführt werden. Die Injektoren eignen sich meist nicht für die Rückspeisung so heißen Wassers, wie es aus Heizungsanlagen austritt. — In dieser Beziehung bieten die selbstätigen Rückspeiser einen Vorteil. Auch in der selbsttätigen Rückführung des Kondensates ist ein Vorteil zu erblicken, der ihre Anwendung in gewissen Fällen empfehlenswert erscheinen läßt. —

VIII. Heizkörper.

1. Allgemeines.

Mit „Heizkörper“ einer Zentralheizung bezeichnet man diejenigen Apparate, deren Aufgabe es ist, die an entfernter Stelle erzeugte Wärme an die zu heizenden Räume abzugeben.

Das Material, aus dem die gebräuchlichen Heizkörper hergestellt werden, ist Schmiedeeisen und Gußeisen, seltener Kupfer; in neuester Zeit hat man auch Heizkörper aus Feuerton herzustellen versucht, die als „keramische“ Heizkörper bezeichnet werden.

Wie man bei allen Neuerungen auf irgend einem Gebiete der Technik die Beobachtung machen kann, daß sogleich nach deren Bekanntwerden eine ganze

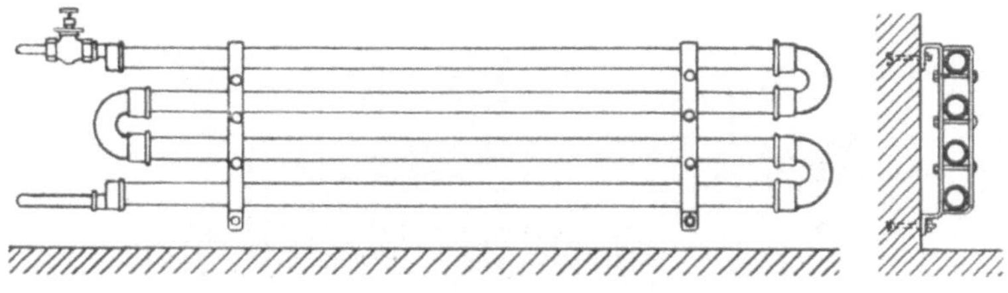

Fig. 51.

Anzahl von ähnlichen, denselben Zweck verfolgenden Konstruktionen in den verschiedensten Formen auftauchen, so sind auch den heute gebräuchlichen Heizkörperformen die verschiedenartigsten Konstruktionen vorangegangen. Die nicht lebensfähigen Ideen verschwinden nach und nach, und es bildet sich eine einheitliche Form heraus, welche den Markt beherrscht, bis neue, von den früheren gänzlich abweichende Voraussetzungen und Anforderungen auftreten, die wieder auch neue Formen bedingen.

Der älteste Heizkörper ist das einfache, glatte Rohr, das auch gegen inneren Druck am widerstandsfähigsten ist. Die ersten Heizungsanlagen, welche einige Ähnlichkeit mit unseren heutigen Zentralheizungen hatten und bei denen die Wärme, wenn auch nicht auf allzugroße Entfernungen, weiter geleitet wurde, waren die Rauchröhrenheizungen. Die Heizgase eines Ofens wurden durch lange, in den Stockwerken hin- und zurückgeführte Rohre zur Erwärmung der Räume ausgenutzt. Später entstanden die Hochdruckdampfheizung und die Heißwasserheizung, die widerstandsfähigere Rohrleitungen erforderten, da sie mit hohen Drücken arbeiteten. Die Heizkörper aber waren aus demselben glatten Rohre hergestellt, wie die Leitungen.

Noch heute ist das glatte, starkwandige Muffenrohr eine beliebte Heizfläche. In Form von sogenannten Rohrschlangen oder Heizschlangen wird es vielfach in Schulen und Krankenhäusern bei Niederdruckdampfheizung sowie auch bei Warmwasserheizung angewendet, indem man die langen Außenwände unter den Fenstern damit versieht. Eine solche Heizschlange zeigt vorstehende Abbildung (Fig. 51).

Aus dem einfachen, glatten Rohre wurde das Rippenrohr (Fig. 52), dem man die Bestrebungen, die Wärme abgebende Oberfläche zu vergrößern,

Fig. 52.

sogleich ansieht. Die Herstellung der Rohre aus Gußeisen fällt schon in die Zeit der ersten Warmwasserheizungen, die hauptsächlich für Gewächshäuser in Anwendung kamen. Aus dem langgestreckten, gußeisernen Rippenrohre, entwickelten sich die verschiedensten Konstruktionen von Rippenheizkörpern, indem man kurze, $1/2$ bis 1 m lange Rippenrohre übereinander setzte und mit-

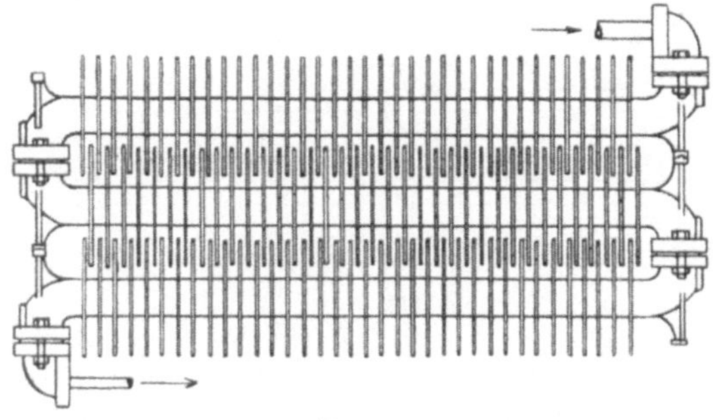

Fig. 53.

einander verband, womit die Anordnung getroffen wurde, die wir jetzt schlechthin als Rippen-Heizkörper (Fig. 53) bezeichnen.

Die Rippenheizkörper nahmen lange Zeit hindurch die erste Stelle ein, bis aus Amerika der „Radiator" (Fig. 54) kam, dessen Form so vollendet zu sein scheint, daß sie nicht mehr verbessert werden kann, wenigstens hat sie sich in den 25 Jahren ihrer Einführung in Deutschland nicht wesentlich geändert.

Die an einen Heizkörper zu stellenden Anforderungen sind:

1. Niedrige Gestalt, damit der Temperaturunterschied zwischen den oberen, wärmeren Schichten und denen über Fußboden eines Raumes möglichst gering ausfällt;

2. Zusammenstellbarkeit aus einzelnen Gliedern zu jeder beliebigen Größe;

3. Vermeidung horizontaler und staubsammelnder Flächen;

4. leicht reinigungsfähig, damit Staubablagerungen beseitigt werden können;

5. geringes Gewicht (einschließlich des Gewichtes des Wärmeträgers), weil andernfalls Trägheit in der Erwärmung und Abkühlung und daher mangelhafte Anpassung an die gewünschte Raumtemperatur besteht;

6. ein unauffälliges, dem Zwecke angemessenes Äußere, so daß ein Verkleiden nicht notwendig ist;

7. Anpassung an bauliche Verhältnisse.

Diesen Anforderungen haben nicht alle im Laufe der Zeit im Handel erschienenen Heizkörperformen entsprochen, weshalb sie jetzt entweder gar nicht mehr oder nur noch selten Verwendung finden.

So sind z. B. die hohen Säulenöfen für Warmwasserheizung (Fig. 55) und die stehenden Rohrregister (Fig. 56), die den Bedingungen unter 1, 2 und 5 nicht nachkommen, die Batterieheizkörper, deren horizontale Rippen die Staubablagerung begünstigten und die Reinigung außerdem erschwerten, die sternförmigen und fächerförmigen Heizkörper aus dem gleichen Grunde nur noch in alten, vor mehr als 15 Jahren erbauten Anlagen zu finden.

Der Radiator dagegen erfüllt bis jetzt die obengenannten Anforderungen am ehesten, nur sollte man sich auch in Wohngebäuden mehr noch an seinen Anblick gewöhnen und den Vorzug leichter Reinigungsfähigkeit nicht durch Verkleidungen wieder beseitigen. Die Rippenrohre sind zwar als zweckmäßig zu bezeichnen, aber sie erfüllen die Bedingung leichter Reinigungsfähigkeit nicht; noch schwerer zu reinigen sind die Rippenheizkörper, die aus mehreren, übereinander gelegten Rippenheizgliedern bestehen, wobei noch häufig die Rippen ineinander greifen, so daß ein gründliches Reinigen fast ausgeschlossen ist.

Der Forderung, die Heizkörper möglichst niedrig anzuordnen, damit die untersten Schichten der Raumluft und der Fußboden erwärmt werden, kommt das einfache, glatte, nur wenig über dem Fußboden angeordnete, im Raume verteilte Rohr am besten nach.

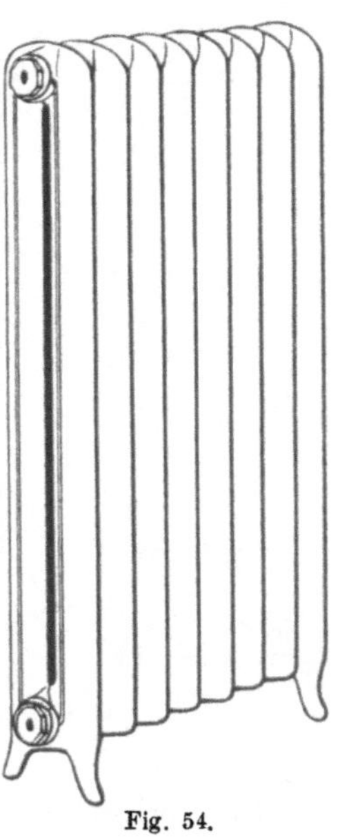

Fig. 54.

Eine Erwärmung des Fußbodens ist gewiß anzustreben, indessen sind Heizkörper in Fußbodenkanälen, mit Gittern abgedeckt, wie man sie häufig in Fabriken findet, als durchaus unzulässig zu bezeichnen. Im Laufe der Zeit sammelt sich in diesen Kanälen eine solche Unmenge von Schmutz an, daß die Wärmewirkung fast gänzlich aufgehoben, die Staubverbrennung in denkbar bester Weise begünstigt und daher jede hygienische Rücksicht außer acht gelassen wird.

Die Reinigung des Fußbodens wird überhaupt durch diese mit Gittern verdeckten Kanäle erschwert, denn es ist gar nicht zu vermeiden, daß beim Kehren der Staub in die Kanäle gelangt. Erfahrungsgemäß werden schon aus Bequemlichkeit die Kanäle als Ablagerungsplatz für den Kehricht benutzt. Dazu kommt der mit dem Schuhwerk hereingetragene Schmutz. Eine bakterielle Untersuchung des Inhaltes eines solchen Fußbodenkanals in einer Fabrik müßte die schönsten Kulturen zu Tage fördern.

Man findet die vergitterten Fußbodenkanäle mit innenliegenden Rippenrohren gerade in Textilfabriken, wo schon durch die Fabrikation die Luft mit einer Unmenge von Staubteilchen durchsetzt ist. Solche Heizungsanlagen sollten beseitigt werden, da sie direkt gesundheitsschädlich sind.

Soll der Fußboden erwärmt werden, so kann dies nur durch Heizkörper geschehen, welche unter dem Fußboden an der Decke des darunterliegenden Geschosses oder in eigens dazu hergestellten, mindestens bekriechbaren und gegen den darüberliegenden Raum abgeschlossenen Kanälen untergebracht sind.

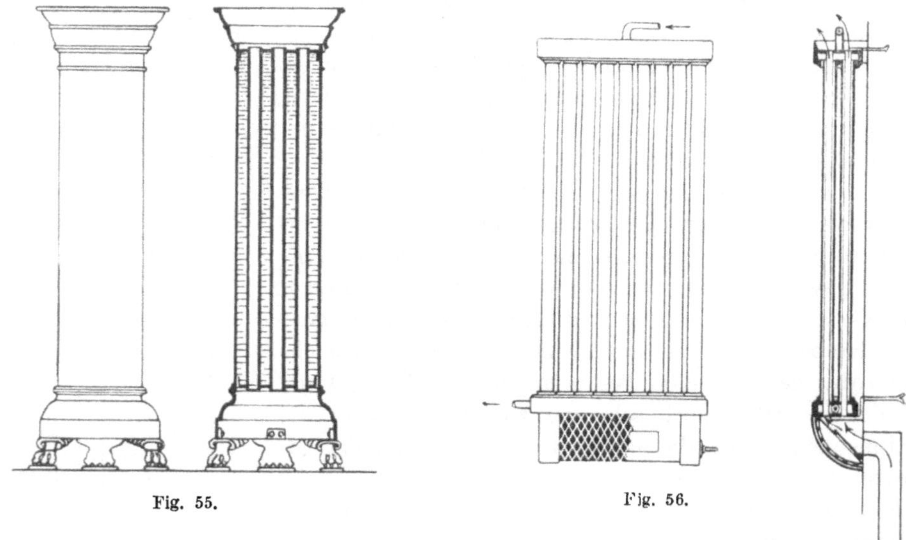

Fig. 55.   Fig. 56.

Im übrigen ist der geeignetste Platz der Heizkörper in einem Raume dort, wo sich die größte Abkühlungsfläche befindet.

Da in der Regel nur an einzelnen Stellen eines Raumes Heizkörper aufgestellt werden können, so ist auf möglichste Verteilung im Raume zu achten. Durch jeden Heizkörper wird eine Luftströmung hervorgerufen. Diese Luftströmung ist um so intensiver, je größer der Heizkörper und je höher die Temperatur des Wärmeträgers (Dampf, Luft, Heizgase, Wasser) ist.

Die Luftströmungen können sich so steigern, daß sie gesundheitsschädlich wirken, was besonders in Fabriken mit großen Fensterflächen und Oberlichtern zutrifft.

Ebenso wie einerseits die Wärmeabgabe des Heizkörpers über diesem eine aufwärts gerichtete Luftströmung hervorruft, so bewirken die Abkühlungsflächen ein Herabströmen der abgekühlten Luft, und zwar um so mehr, je höher die Abkühlungsflächen sind. Um diesem an Fenstern und hohen Außenwänden herabfallenden Luftstrome entgegenzuwirken, ist die Aufstellung von Heizkörpern gerade an solchen Flächen geboten.

Allzu oft kann man beobachten, wie gegen diese, aus einfacher Überlegung hervorgehenden Regeln so häufig gefehlt wird. Die Vermittlung zwischen der Wärmeabgabe des Heizkörpers und der Raumerwärmung bildet die Luft; denn zur Erhöhung und Erhaltung der Temperatur in einem Raume gehört außer der Erwärmung der Raumluft die Erwärmung der Umfassungswände und der im Raume befindlichen Gegenstände und ferner eine ständige weitere Wärmezufuhr, welche der Wärmeabgabe der Umfassungswände nach außen entspricht.

Die Übertragung der Wärme vom Heizkörper an die den Raum bildenden Wände erfolgt, abgesehen von der vom Heizkörper ausgestrahlten Wärme, durch die Vermittlung der Raumluft, indem diese sich auf etwa 40 bis 70°, je nach der Art des Heizkörpers, erwärmt, sich im Raume verteilt und ihre Wärme dabei abgibt.

Bei verkleidetem Heizkörper wird die Strahlung fast ganz aufgehoben; es bleibt also hier nur die Luft als Wärmeträger. Verhindert man aber diese Luftzirkulation, oder erschwert man sie, so ist natürlich die Raumerwärmung eine entsprechend geringere. In dieser Beziehung wirken fast alle Heizkörperverkleidungen hindernd auf die Wärmeübertragung vom Heizkörper an den zu heizenden Raum, wie wir später noch sehen werden. Aber wie oft findet man gerade in Fabriken, Lager- und Verkaufsräumen die freistehenden Heizkörper durch Einrichtungsgegenstände, Tische, Regale, Werkbänke und Waren derartig verbaut, daß die beabsichtigte Wärmewirkung nur ganz mangelhaft erzielt wird, dann wird über ungenügende Erwärmung der Räume geklagt. Die Fensterplätze sind in Fabriken und Laboratorien gewiß die wertvollsten, indessen müssen geringe Abstände der Arbeitstische von der Außenwand bei der Anordnung der Heizkörper an dieser gewahrt bleiben.

Die umstehenden Abbildungen zeigen eine richtige (Fig. 57) und eine falsche (Fig. 58) Anordnung von Heizkörpern unter Arbeitstischen.

Die unter dem Arbeitstische hervorquellende warme Luft (vgl. Fig. 58) belästigt nicht nur den Arbeiter, sondern, da sie Staubteilchen in großer Menge direkt in seine Atemzone mit sich führt, wirkt sie auch gesundheitsschädlich. Dabei fließt der kalte Luftstrom vom Fenster herab auf den Arbeitstisch und macht sich als Zug bemerkbar.

Fig. 57 zeigt die richtige Anordnung des Arbeitstisches, die Luftströmungen sind angedeutet; der am Fenster herabfallende kalte Luftstrom wird aufgefangen und gelangt mit der vom Heizkörper aufsteigenden, warmen Luft gemischt in den Raum.

Bei sehr hohen Fenstern ist es notwendig, in einiger Höhe noch einen zweiten Heizkörper anzubringen, weil sonst der kalte Luftstrom den aufsteigenden warmen niederdrückt und in horizontaler Richtung ablenkt. Die Arbeiter klagen dann über Zugerscheinungen am Kopfe. Ein in richtiger Höhe angebrachtes Heizrohr hilft dem Übelstande bald ab (Fig. 57).

Es war oben gesagt, der geeignetste Platz für den Heizkörper ist da, wo sich die Abkühlungsflächen eines Raumes befinden. Bei Fabrikgebäuden

mit Sheddach liegt die größte Abkühlung in den Oberlichten und den meist
aus leichtem Material hergestellten Dachflächen. Es ist deshalb unerläßlich,
hier Heizkörper unter den Dachflächen anzubringen, wozu entweder glattes,
schmiedeeisernes Leitungsrohr, auch Blechrohre von 2 bis 3 mm Wandstärke
und 100 bis 150 mm Durchmesser, oder — wenn die Dachkonstruktion die
Belastung erträgt — gußeiserne Rippenrohre verwendet werden. Auch die
in neuerer Zeit hergestellten schmiedeeisernen Rippenrohre eignen sich hierfür. Von der Aufstellung von Heizkörpern an den meist fensterlosen
Außenwänden darf nicht abgesehen werden, denn andernfalls werden
durch die Heizkörper unter dem Dache nur die oberen Luftschichten des

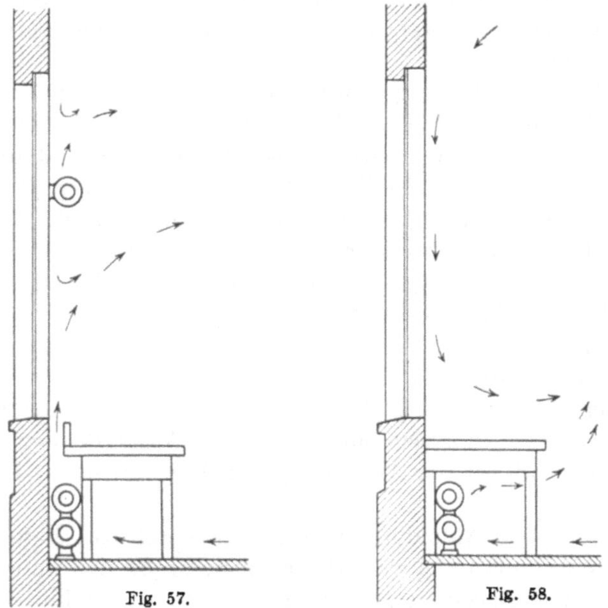

Fig. 57.   Fig. 58.

Anordnung von Rippenrohren unter einem Arbeitstische.
Links richtige, rechts falsche Anordnung.

Raumes erwärmt, während die kalte Luft über dem Fußboden nicht zur
Erwärmung kommt. Langgestreckte, aus Muffenrohren hergestellte Heizschlangen sind sehr angebracht.

Auf die im Kapitel „Hochdruckdampfheizung" erwähnte Gruppenteilung der Heizfläche sei hier besonders hingewiesen.

Über die Frage, ob ein Heizkörper in einem Raume zweckmäßiger an der
Innenwand oder an der Außenwand bzw. vor der Fensterbrüstung anzuordnen
sei, ist mehrfach gestritten worden. Nach dem Vorhergesagten steht zweifellos
der Heizkörper an der Außenwand oder vor der Fensterbrüstung richtiger.
Es muß zugegeben werden, daß bei Anordnung von Fensternischen infolge
der geringeren Wandstärke und der Bestrahlung des Heizkörpers gerade dieser
verjüngten Wandfläche die dadurch sich ergebenden Wärmeverluste nicht
ganz ohne Bedeutung sind, während bei der Aufstellung an der Innenwand

die vom Heizkörper strahlend an die Wand abgegebene Wärme nicht in demselben Maße verloren geht.

Den größeren Wärmeverlusten in der Fensternische aber kann man durch Anwendung von Wärmeschutz, wie Korkplatten oder dünner Leichtwand mit Luftschicht, entgegenwirken.

Ferner wird gegen die Aufstellung des Heizkörpers vor oder in der Fensterbrüstung die lästige, strahlende Wärme erwähnt, wenn — wie in Büroräumen — die Schreibtische in der Nähe des Heizkörpers stehen. Dem Übelstande ist durch Aufstellung eines einfachen, glatten Schirmes in einigem Abstande vom Heizkörper sofort abzuhelfen.

Die Anordnung der Heizkörper an den Innenwänden hat den Nachteil, daß an den Fenstern Zugerscheinungen auftreten, die um so lästiger werden, je höher die Fenster sind. Doppelfenster mildern wohl diese Zugerscheinungen, können sie aber doch nicht aufheben.

Es ist aber eine irrige Ansicht, wenn man glaubt, diese Zugerscheinungen seien auf Undichtheiten der Fenster allein zurückzuführen. Auch bei solchen Fenstern, die nicht geöffnet werden können und die mit dem Mauerwerke durch feste Rahmen verbunden sind, wo also Undichtheiten kaum bestehen, wird man die Zugerscheinungen beobachten können; man braucht nur einmal Zigarrenrauch gegen die Fensterscheibe zu blasen, um den mit großer Geschwindigkeit herabfallenden Luftstrom beobachten zu können. In Wirklichkeit ist die Geschwindigkeit der am Fenster herabfallenden Luft noch größer, als durch dieses einfache Experiment festgestellt werden kann; denn der warme Rauch hat eigentlich das Bestreben, aufwärts zu steigen, ferner ist dem Rauche die feuchte und daher leichtere Atemluft von etwa 37° beigemischt, und schließlich erzeugt die vom Körper des Beobachters abgegebene Wärme noch einen Auftrieb.

Je größer und höher die Fenster — aber auch Außenwände — sind und je weniger die Heizfläche im Raume verteilt ist, desto intensiver sind die Luftströmungen. Deshalb sind auch in Kirchen die Zugerscheinungen oft so lebhaft, daß bittere Klagen darüber geführt werden.

Wenn die Aufstellung der Heizkörper an den Innenwänden empfohlen wird, besondere Gründe hierfür aber nicht sprechen, so kann man nur die geringeren Anlagekosten anführen.

Das Rohrleitungsnetz wird kürzer, die Zahl der Heizkörper wird meist geringer, und bei Verwendung von Radiatoren sind die hohen Heizkörper billiger als die niedrigen, weil zur Zusammenstellung derselben Heizfläche eine geringere Zahl von hohen als von niedrigen Gliedern gehört, so daß die Fabrikationskosten bei hohen Radiatoren geringer sind.

In nicht unterkellerten Gebäuden stößt die Unterbringung der Verteilungsleitungen nach den Heizkörpern hin manchmal auf Schwierigkeiten. Einfacher ist dann eben das Rohrnetz bei Aufstellung der Heizkörper an den Innenwänden, und man könnte diesen Umstand als einen besonderen Grund ansehen, welcher für die Anordnung der Heizkörper an den Innenwänden spricht, muß aber dann die oben erwähnten Übelstände in Kauf nehmen. —

2. Bauart der Heizkörper.

Wir kommen nun zum Zusammenbau der einzelnen Heizkörper, wobei nur die jetzt gebräuchlichen behandelt werden sollen.

Ein Heizkörper soll so konstruiert sein, daß er dem jeweiligen Bedürfnisse in Größe und Heizfläche angepaßt werden kann.

Es werden deshalb einzelne Glieder von verschiedenen Längen bzw. Höhen hergestellt, und aus diesen Einzelgliedern wird dann der Heizkörper nach der berechneten Größe zusammengesetzt.

a) Rippenrohre.

Zunächst die gußeisernen Rippenrohre (vgl. Fig. 52). Die normale Fabrikationslänge des Rippenrohres beträgt 2,0 m.

Kürzere Rohre werden in Längen von 1,50 m und 1,0 m hergestellt.

Die nachstehende Tabelle gibt die Baulänge, die Durchmesser und die Heizflächen der gebräuchlichen Rippenrohre an.

Bezeichnung:	Baulänge m	Flansch. Durchm.	Heizfläche in qm	Rippen Anzahl	Durchm.	Gewicht: kg
70 mm licht. Durchm. . Rippen weitstehend . .	2,0 1,5 1,0	160	2,75 2,00 1,38	68 — —	160	44
70 mm licht. Durchm.. Mittl. Rippenstand . .	2,0 1,5 1,0	160	4,00 3,00 2,00	74 — —	180	62
70 mm licht. Durchm. . Rippen engstehend . .	2,0 1,5 1,0	160	5,00 3,75 2,50	95 — —	190	76
100 mm licht. Durchm. Mittl. Rippenabstand .	2,0 1,5 1,0	200	5,00 3,75 2,50	76 — —	210	85

Die Angaben über die Anzahl der Rippen beziehen sich auf das 2,0 m lange Rohr. Die Längen von 1,5 und 1,0 m haben eine entsprechend geringere Anzahl an Rippen.

Die Rippenrohre dienen zumeist als Heizkörper in langgestreckten, an den Außenwänden verlegten Strängen.

Es empfiehlt sich, nicht mehr als zwei Rohre übereinander anzuordnen, weil mit jedem weiteren Rohre die Wärmeabgabe vermindert wird.

Zur Unterstützung verwendet man Rollen und Füße. Die Rollen sind für lange Stränge erforderlich, um die Ausdehnung bei der Erwärmung zu berücksichtigen.

Zwischen übereinander liegenden Rohren werden Zwischenstützen eingesetzt, die auch verstellbar hergestellt werden, um den Rippenrohren bei größerer, horizontaler Ausdehnung das nötige Gefälle geben zu können.

Zur Verbindung dienen dann Doppelbogen und T-Stücke, je nach Bedarf. Die Rohre mit engstehenden Rippen sind nicht zu empfehlen, man sollte vielmehr die Rippenrohre mit geringster Anzahl von Rippen wählen; indessen werden gerade mit Rücksicht auf die Kosten die Rippenrohre mit engstehenden Rippen bevorzugt. Das Bestreben, viel Heizfläche mit Aufwand geringsten Materials zu schaffen, hat zu dieser Fabrikation von Rohren mit engstehenden Rippen geführt; außerdem werden die Rippen noch sehr dünn hergestellt, so daß ihre Wärmeaufnahme von dem sie tragenden Rohre sehr gering ist. Die Heizflächen der Rippen sind nicht als vollwertig anzusehen.

Eigentlich sollte die Rippe auf dem Rohre mit breitem Fuß aufsitzen, damit sie auch imstande ist, entsprechend ihrer Höhe die nötige Wärme aufzunehmen (Fig. 59). Statt dessen stellt man die Rippen mit parallel laufenden Seitenflächen her.

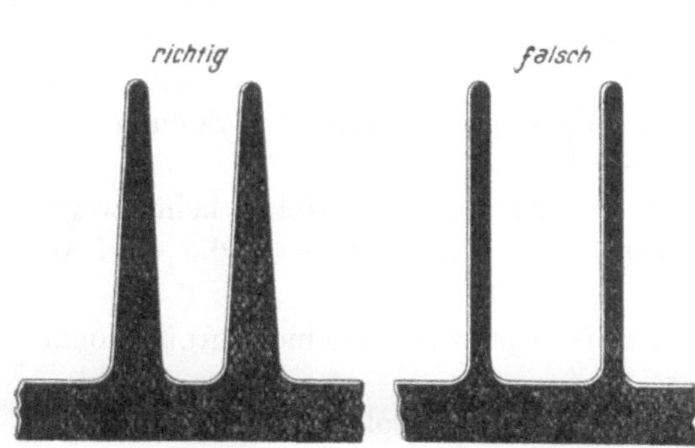

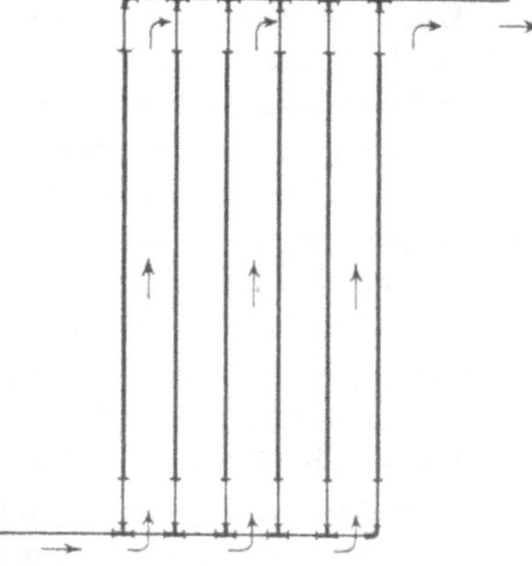

Fig. 59.   Fig. 60.
Ausgebildete Rippen eines Rippenheizrohres.

Fig. 61. Anordnung von Rippenrohren in Trockenkammern. Überall gleiche Länge des Dampfweges.

Alle im Handel vorkommenden Rippenrohre sind daher eigentlich falsch konstruiert (Fig. 60).

Durch Aufbau mehrerer Rippenrohre übereinander werden ganze Heizkörper hergestellt. Je größer die Anzahl der übereinander liegenden Rohre ist, desto geringer ist die Wärmeabgabe der oberen Rohre.

Mehr als 6 Rohre übereinander sind keinesfalls zu verwenden.

Die Rippenrohre werden vielfach in Trockenkammern in horizontaler Lage und größerer Anzahl nebeneinander angeordnet.

Dabei ist darauf zu achten, daß jedes Rohr gleichmäßig vom Wärmeträger durchströmt wird, was man dadurch erreicht, daß man dem Wärmeträger gleiche Wege gibt. Es ist deshalb die in Fig. 61 skizzierte Anordnung zu treffen.

b) Rippenheizkörper aus Rippenelementen.

Die den Rippenrohren ganz ähnlichen, sog. Rippenelemente, auch Scheibenelemente genannt (vgl. Fig. 53), sind für den Zusammenbau zu Rippenheizöfen besonders eingerichtet.

Sie werden im Handel in Längen von ungefähr 0,60, 0,90 und 1,20 m hergestellt und haben die in nachstehender Tabelle angegebenen Heizflächen und Gewichte.

Längen in mm	Bauhöhe in mm	Rippenzahl	Heizfläche in qm	Gewicht in kg
685		26	1,00	14
965	120	40	1,50	20
1200		53	2,00	26

Als Zubehör bezeichnet man die bekannten Anschlußflanschen, Sockel und Füße.

Man verwendet zwei Modelle, das eine mit ineinander greifenden Rippen der einzelnen Elemente, das andere mit nicht ineinander greifenden Rippen.

Letzteres Modell ist wegen der leichteren Reinigung entschieden vorzuziehen, doch wird gerade das mit ineinander greifenden Rippen für Heizkörper in Fensternischen viel verwendet, da es in der Bauhöhe niedriger ist.

Infolge des Widerstandes, welchen die am Heizkörper aufsteigende Luft an den ineinander greifenden Rippen findet, ist auch die Wärmeabgabe dieser Heizkörper geringer; dazu kommt noch die gegenseitige Bestrahlung der Rippen, die als ein Verlust anzusehen ist.

Bezüglich leichter Reinigung entsprechen die Rippenrohre keineswegs, noch weniger aber die Rippenheizkörper, den Anforderungen, die man an einen guten Heizkörper stellen muß.

Die Staubablagerung auf solchen Heizkörpern ist ungemein groß, zumal eine gute Reinigung sehr mühsam ist.

Von der Verwendung von Rippenheizkörpern sollte deshalb in allen industriellen Betrieben, die organischen Staub abgeben (Textilindustrie), entschieden abgesehen werden.

Der Staub ist der Bakterienträger und der Verbreiter von Krankheitserregern.

Durch die Luftbewegung, die ein im Betrieb befindlicher Heizkörper hervorruft, ist er um so gefährlicher, je größer die Möglichkeit einer Staubansammlung und je geringer die Zugänglichkeit zwecks Reinigung ist.

Die vorgenannten Heizkörper sind sowohl für Warmwasserheizungen als auch für Dampfheizungen verwendbar. Je nach der Art des Wärmeträgers aber ist das Dichtungsmaterial zu wählen, welches zwischen die Rohre bzw. Elemente einzulegen ist.

Bei Warmwasserheizungen hat man früher vielfach aus Gummi hergestellte und mit einer oder mehreren Leinwandschichten durchzogene Dichtungen verwendet.

Die Gummidichtungen aber haben den Nachteil, unter dem Einflusse der Wärme weich zu werden und bei dem Drucke, der durch die Verbindungsschrauben beim Zusammenziehen ausgeübt wird, sowohl nach außen, wie auch nach dem Innern des Rohres seitlich herauszuquellen und den lichten Querschnitt des Rohres zu verengen.

Eine durchaus haltbare Dichtung für Warmwasserheizung ist die in Firnis gekochte Pappscheibe. Asbest, wie er in der Asbestpappe im Handel erscheint, ist für Warmwasserheizungen als Dichtmaterial nicht verwendbar, auch wenn er mit Gummimasse getränkt oder überzogen ist. Asbest weicht durch Wasser auf, und es entstehen Undichtheiten.

Ein sehr gutes Dichtmaterial ist „Klingerit", das nach einem patentierten Verfahren hergestellt wird und in der Hauptsache wohl aus Asbest besteht, der, mit irgend einem Bindemittel unter hohen Druck gesetzt, sehr widerstandsfähig auch gegen Wasser wird.

(Wegen des verhältnismäßig hohen Preises aber wendet man Klingerit nur bei Leitungen an, die wegen ihres hohen inneren Druckes sehr sorgfältig ausgeführt werden müssen.)

Dem Klingerit ähnliche Fabrikate sind Leupolit, Durit und andere dem Klingerit nachgemachte Dichtungsmaterialien wie „Ersatz - Klingerit". — Bei genauerem Betrachten ergibt sich der Unterschied.

Bei Dampfheizungen hat man früher allgemein in Firnis getränkte Asbestpappescheiben als Dichtungsmaterial für Rippenheizkörper benutzt. In neuerer Zeit verwendet man auch hier die schon genannten dem Klingerit ähnlichen Fabrikate, die etwas billiger sind als das Original-Klingerit.

c) Schmiedeeiserne Rippenrohre.

In den letzten Jahren sind Rippenrohre und Rippenheizkörper aus Schmiedeeisen hergestellt worden, indem auf schmiedeeiserne Rohre die Rippen aus spiralförmig gewundenem Flacheisen hergestellt und aufgeschweißt werden.

Den auf diese Weise gebildeten Rippen gibt man noch eine wellige Form, um damit die Heizfläche zu vergrößern.

Diese schmiedeeisernen Rippenrohre sind den gußeisernen ganz ähnlich, haben aber den Vorteil, leicht und in Fabrikationslängen bis zu 5,0 m erhältlich zu sein, auch kann man beliebige Längen durch Abschneiden erhalten. Die Rippen unterliegen nicht so leicht der Gefahr, abgebrochen zu werden, was bei gußeisernen Rippen sehr häufig vorkommt.

Wo besondere Rücksicht auf geringes Gewicht der Heizkörper zu legen ist, wie bei leichten Dachkonstruktion, da sind die schmiedeeisernen Rippenrohre sehr bequem.

Ein Nachteil gegenüber den gußeisernen Rohren ist ihr Durchrosten; auch sind sie im Preise heute noch höher, ohne hinsichtlieh der Wärmewirkung die gußeisernen Rippenrohre entsprechend zu übertreffen.

d) Radiatoren.

Der bis jetzt vollkommenste Heizkörper ist der Radiator. Er besitzt nur wenig Flächen, die zur Staubablagerung dienen können. Da er in den verschiedensten Größen angefertigt wird, läßt er sich den baulichen Verhältnissen leicht anpassen, zumal die Anzahl der einzelnen Glieder, aus denen er zusammengesetzt ist, mit verhältnismäßig geringer Mühe auch am Bau geändert werden kann. Zum Auseinandernehmen und Zusammensetzen der Radiatoren braucht man einen eigens hierfür konstruierten Schlüssel.

Die Radiatoren werden in 6 Abstufungen, und zwar von etwa 35 cm bis

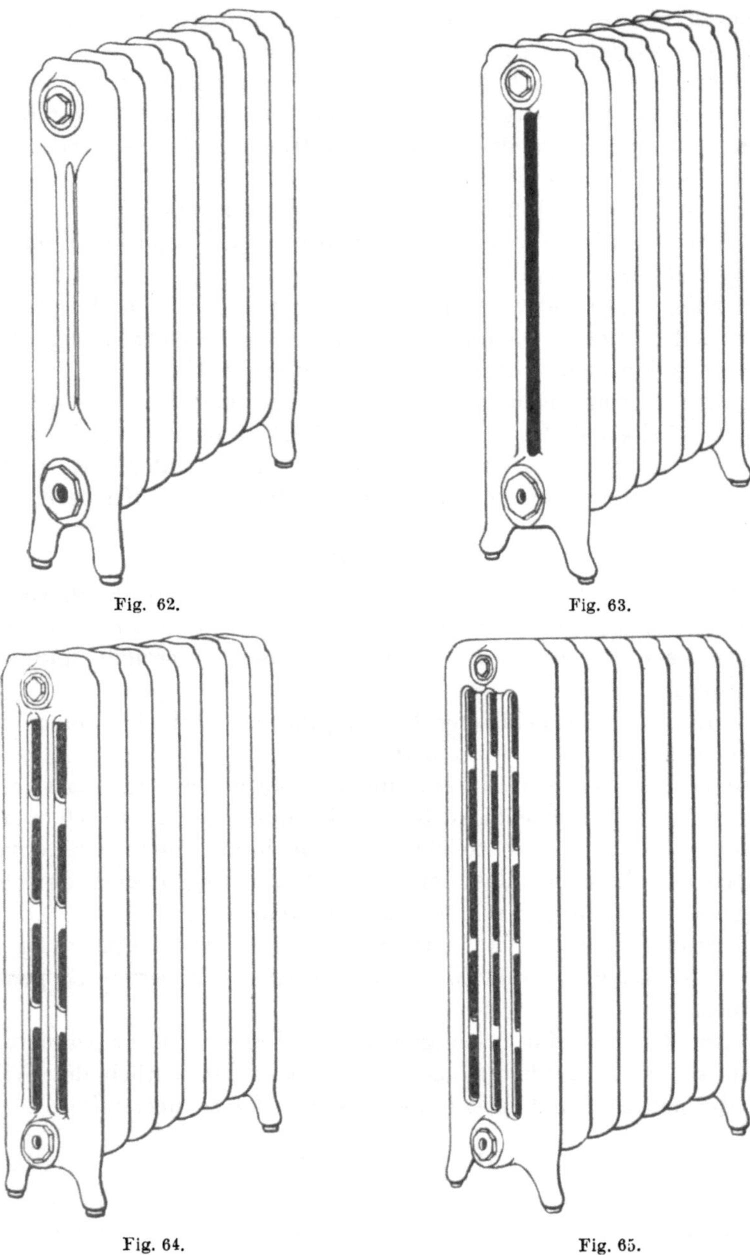

Fig. 62.   Fig. 63.

Fig. 64.   Fig. 65.

120 cm Höhe hergestellt, und je nach der Anzahl der vertikalen Hohlräume unterscheidet man ein-, zwei-, drei- und viersäulige Radiatoren, die in Figg. 62, 63, 64 und 65 dargestellt sind.

Die am meisten verwendete Form ist die zwei- und dreisäulige, Fig. 63 und 64; sie ist auch die billigste im Preis.

Einige Modelle tragen Verzierungen, die recht überflüssig sind; man hat auch in letzter Zeit von den verzierten Radiatoren weniger Gebrauch gemacht; die ganz glatten werden meist bevorzugt.

Bei den Höhenangaben sind zu unterscheiden:

1. Ganze Höhe mit Fuß = A in Fig. 66.
2. Ganze Höhe ohne Fuß = B in Fig. 66.
3. Bauhöhe, d. i. die Entfernung der Mitte der oberen Verbindung der einzelnen Glieder von der unteren Verbindung = C in Fig. 66.

Unter Bautiefe des Radiators versteht man das in nebenstehender Skizze (Fig. 66) mit E bezeichnete Maß, das bei dem einsäuligen Radiator 14 cm, bei den viersäuligen 32 cm beträgt.

Die Baulänge eines Gliedes ist die Entfernung G von Mitte des einen Gliedes bis zur Mitte des anderen, sie beträgt etwa 7,5 bis 9 cm (Fig. 67).

Die Radiatoren werden sowohl für Dampf als auch für Warmwasserheizung ohne Unterschied in der Ausführung gebaut. Drücke von 40 m Wassersäule bei Warmwasser- und 2 Atm bei Hochdruckdampfheizung sollten nicht überschritten werden, da alsdann die Wandstärken von etwa 3 bis 5 mm nicht mehr die gewünschte Sicherheit bieten.

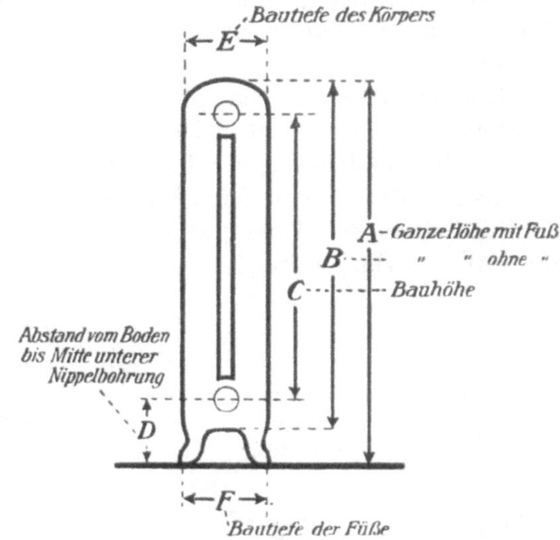

Fig. 66.

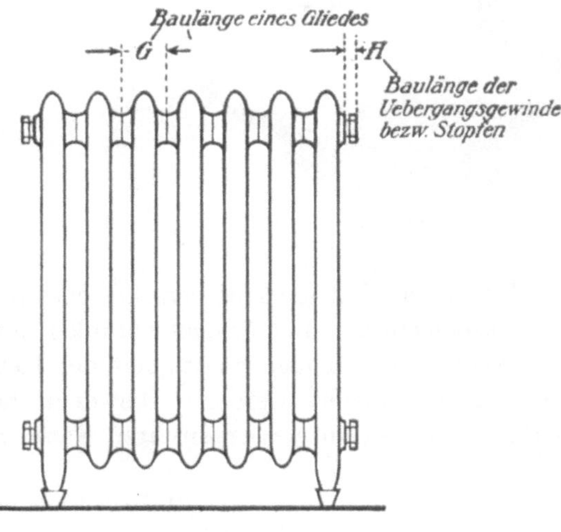

Fig. 67.

Die Art der Verbindung der einzelnen Glieder miteinander ist aus dem Schnitte (Fig. 68) ersichtlich.

Jedes Radiatorglied besitzt einerseits Linksgewinde, andrerseits Rechtsgewinde, so daß immer ein Links- und ein Rechtsgewinde zweier Glieder zusammentreffen. Die Verbindung wird nun durch sogenannte konische „Gewinde-Nippel" hergestellt, die mit Rechts- und Linksgewinde versehen in die Verbindungsgewinde der Glieder eingeschraubt werden und die Glieder mit ihren Dichtflächen aneinanderpressen. Als Dichtungsmaterial dient nur eine Scheibe aus Papier von einer Stärke, wie man es etwa für Werkzeichnungen verwendet.

Kommen Dampfdrücke von mehr als 1 Atm in die Radiatoren, so werden an Stelle der Papierscheiben Dichtungen aus Klingerit angewendet.

Die Verwendbarkeit der Radiatoren ist sehr vielseitig.

Man stellt sie gern infolge ihres gefälligen Aussehens auch in Wohnräumen frei vor der Wand und ohne Verkleidungen auf, wobei man Konsolen zur Unterstützung anwendet, um die beim Reinigen des Fußbodens hinderlichen Füße zu vermeiden. (Fig. 69.)

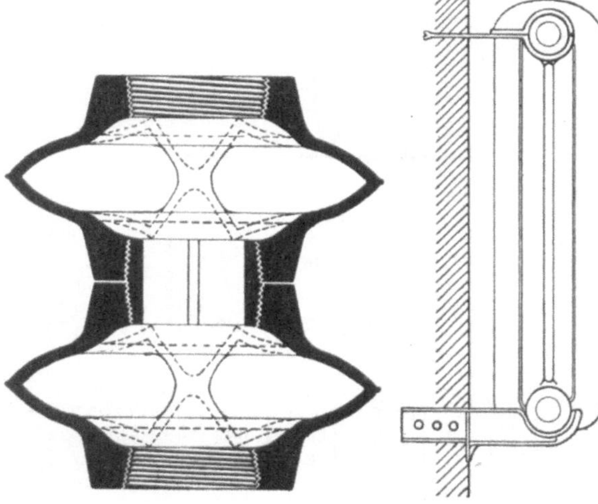

Der Abstand von der Wand betrage 6 cm. Durch Versuche ist festgestellt, daß dieser Abstand auch für die Wärmeabgabe des Heizkörpers der vorteilhafteste ist.

Ist der Abstand geringer, so sind die Widerstände, welche die aufsteigende Luft findet, zu groß, so daß die Wärmeabgabe leidet. Bei größerem Abstande wird die Luftgeschwindigkeit geringer, wodurch ebenfalls eine verminderte Wärmeabgabe entsteht.

Fig. 68.   Fig. 69.

Im übrigen hat man die verschiedensten Kombinationen von Radiatoren mit Gasofeneinsatz und Wärmeschränken geschaffen.

Wegen der Verschiedenartigkeit der Heizflächen können Angaben hierüber nicht gemacht werden. Die deutsche Radiatoren-Verkaufsstelle in Berlin stellt aber Interessenten ihren Katalog gern zur Verfügung.

e) Blechrohre.

Bei Abdampf- und Luftheizungsanlagen kommt eine Heizfläche in Anwendung, die aus Blechrohren hergestellt ist.

Diese Blechrohre sind auch unter dem Namen „Kunze-Rohre" bekannt und werden aus Eisenblech von 1 bis 4 mm Wandstärke in den verschiedensten Durchmessern hergestellt.

Früher wurden die Blechrohre genietet; seit der Einführung des neuen Schweißverfahrens werden sie auch geschweißt.

Man benutzt sie gern da, wo es sich um große Rohrdimensionen mit geringem inneren Drucke handelt, also bei Abdampfheizungen, bei denen ohnehin möglichst geringe Widerstände angestrebt werden, damit der Gegendruck auf die Maschine nicht unnötig erhöht wird.

Bei Luftheizungen für Hallen und große Werkstätten haben die Rohre die Aufgabe, die warme Luft im ganzen Raume zu verteilen, es genügen deshalb Wandstärken von 1 bis 2 mm auch für Rohre, die 30 und 40 cm Durchmesser haben.

Als Flanschen dienen aufgenietete Winkeleisenringe oder Flacheisenringe mit Bördelung des Rohres, die, mit Schrauben versehen, die Verbindung der Rohre herstellen. Das Dichtungsmaterial ist bei Dampf Asbest, bei Luft in Firnis getränkte Pappe.

Innerer und äußerer Anstrich der Rohre zum Schutze gegen den Rost ist zu empfehlen.

3. Wärmewirkung der Heizkörper.

a) Bestimmung der Heizfläche.

Aus dem Abschnitte über Wärme wissen wir, daß der Wärmeaustausch zweier, durch eine Wand getrennter Körper angenähert proportional der Temperaturdifferenz ist.

Man kann also auch bei Heizkörpern die im Abschnitt Wärme angeführte Gleichung (20)

$$Q = Fk \, (t_i - t_a) \tag{1}$$

anwenden, welche alsdann besagt: Die Wärmeabgabe eines Heizkörpers ist gleich dem Produkte aus Heizfläche F, Temperaturdifferenz $(t_i - t_a)$ und einer Zahl k, welche in Abhängigkeit von dem Wärmeträger und der Gestalt des Heizkörpers den Wärmedurchgang für 1 qm Oberfläche, 1° Temperaturunterschied und 1 Stunde angibt.

In der der Technischen Hochschule zu Berlin angegliederten Prüfungsanstalt für Heizungs- und Lüftungsanlagen, welcher Prof. *Dr. Brabbée* vorsteht, sind nun durch Versuche die Wärmedurchgangszahlen k für die verschiedensten Arten und Formen der jetzt gebräuchlichen Heizkörper ermittelt worden. Veröffentlicht sind diese Versuche in den von der Prüfungsanstalt herausgegebenen Mitteilungen, sowie in der neuesten Auflage des Leitfadens zum Berechnen und Entwerfen von Heizungs- und Lüftungsanlagen von *Rietschel*. Mit Hilfe dieser einwandfrei und unter Berücksichtigung der in der Praxis vorkommenden Verhältnisse festgestellten Werte von k läßt sich die Wärmeabgabe der Heizkörper bestimmen. (Vgl. Zahlentafel X a u. b.)

Ist z. B. die Wärmedurchgangszahl für ein glattes, horizontales Rohr von 70 mm ä. D. $k = 12$, die Temperatur des im Innern des Rohres strömenden Dampfes $t_i = 120°$ und die an das Rohr herantretende Luft $t_a = 20°$, so ergibt sich hieraus die stündlich von 1 qm Oberfläche des Rohres abgegebene Wärmemenge zu

$$Q = 1 \cdot 12 \cdot (120 - 20) = 1200 \text{ w}.$$

Für die Temperatur der Luft ist bei der Berechnung der Größe eines Heizkörpers stets die Raumtemperatur einzusetzen. In Wirklichkeit wird

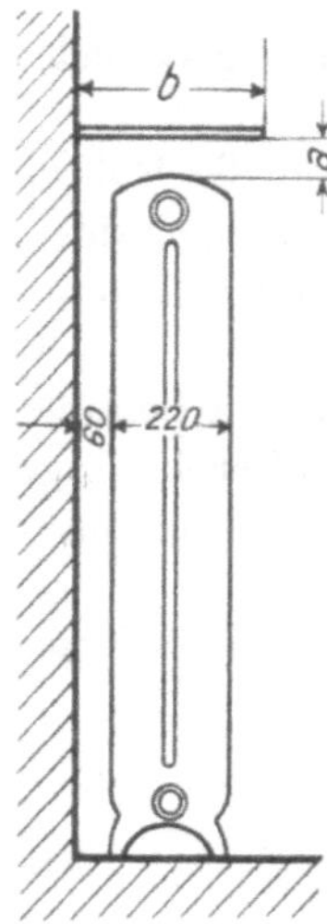

Fig. 70.

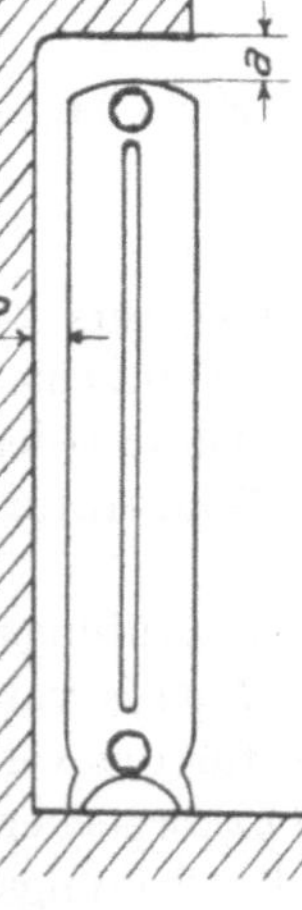

Fig. 71, a u. b.

ja die Luft am Fußboden meist eine geringere Temperatur besitzen, je höher sie aber am Heizkörper aufsteigt, desto höher wird sie sich auch erwärmen.

Da die Ermittlung der Wärmeabgabe eines Heizkörpers indessen unter jedesmaliger Bestimmung der Temperaturzunahme der Luft zu umständlich für die Praxis wäre, sind die Versuche so durchgeführt worden, daß sich die Wärmedurchgangszahl auf die etwa mittlere Raumtemperatur bezieht.

Bei Wasser als Wärmeträger (Warmwasserheizungen) ist für t_i die mittlere Temperatur zwischen Ein- und Austritt am Heizkörper in die Gleichung (1) einzusetzen. Beträgt die Eintrittstemperatur, wie meist angenommen wird, z. B. 90° und die Austrittstemperatur 70°, so ist

$$t_i = \frac{90 + 70}{2} = 80°$$

In der Zahlentafel X a u. b sind die Werte von k enthalten und größtenteils dem Leitfaden zum Berechnen und Entwerfen von Lüftungs- und Heizungsanlagen von *Rietschel* (Ausgabe 1913) entnommen.

Diese Wärmedurchgangszahlen k haben aber nur Gültigkeit bei nicht umkleideten Heizkörpern und natürlichem Auftriebe der Luft, wie er sich durch die Gestalt und die Wärmewirkung des Heizkörpers ergibt. Wird dagegen die Luftbewegung künstlich gefördert, wie z. B. durch Anwendung eines Ventilators, so ist die Wärmeabgabe der Heizkörper wesentlich höher. Mit zunehmender Luftgeschwindigkeit steigt auch der Wert von k. (Vgl. Einfluß der Luftbewegung auf die Wärmeabgabe der Heizkörper, S. 186.)

b) Bezugnahme auf die Wärmeverlustberechnung.

Mit den gefundenen Werten der Wärmeabgabe der Heizkörper sind nun unter Benutzung der für die einzelnen Räume ermittelten Wärmeverluste die Heizkörpergrößen zu berechnen und in die Tabelle, welche die Wärmeverluste sämtlicher Räume enthält (s. S. 69) einzutragen. Das weitere findet sich in Kapitel „Wärmeverlustberechnung" (Seite 53). Bezüglich der Verteilung der Heizkörper in einem Raume gilt das bereits oben Gesagte. (Seite 172 u. f.)

c) Einfluß der Heizkörperverkleidungen auf die Wärmeabgabe der Heizkörper.

Es war schon im vorigen Abschnitte darauf hingewiesen, daß die Wärmeabgabe der Heizkörper wesentlich von dem Zutritt der Raumluft abhängig ist. Die Prüfungsanstalt für Heizungs- und Lüftungseinrichtungen an der technischen Hochschule zu Berlin hat sich auch hier ein großes Verdienst durch die Untersuchungen des Einflusses der Heizkörperverkleidungen auf die Wärmeabgabe erworben, zumal in unzähligen Prozessen gerade diese Frage so häufig umstritten wird, wenn der Bauherr wegen ungenügender Erwärmung der Räume den Ersteller der Heizungsanlage gerichtlich belangt.

Um Andeutungen zu geben, inwieweit die Heizkörperverkleidungen die Wärmeabgabe der Heizkörper ungünstig beeinflussen, seien nur einige Beispiele hier aus der sehr ausführlichen Arbeit der Prüfungsanstalt wiedergegeben[1].

1. Ein über einem Heizkörper angebrachtes Brett (Fig. 70), welches über die Vorderkante des Heizkörpers hervorsteht, vermindert bei einem Abstande von 40 mm die Wärmeabgabe um 5 Proz., bei 80 mm Abstand um 3,5 Proz., bei 100 mm um 2 Proz.

2. Eine offene Nische (Fig. 71a u. b), gerade so tief, daß der Heizkörper nicht vor die Wand tritt, setzt die Wärmeabgabe des Heizkörpers bei einem Abstande des Mauerwerks über dem Heizkörper von 40 mm um 11 Proz., bei 80 mm Abstand um 7,3 Proz. und bei 100 mm Abstand noch um 6 Proz. herab.

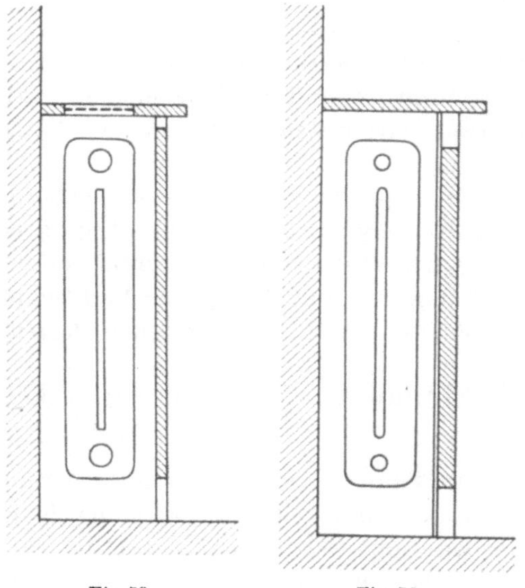

Fig. 72.   Fig. 73.

3. Die in nebenstehender Abbildung (Fig. 72) wiedergegebene Verkleidung findet man sehr häufig angewendet. Die untere Lufteintrittsöffnung ist frei und erstreckt sich über die Verkleidung in der Breite des Heizkörpers. Die obere Öffnung auf der Abdeckung der Verkleidung ist mit einem der gebräuchlichen Gitter versehen, welches die Länge des Heizkörpers und die in den nachstehenden Zahlenangaben angeführten Breiten besitzt; unter den Maßen sind die Verluste an Wärmeabgabe gegenüber der Wärmeabgabe des freistehenden Heizkörpers in Prozenten angegeben.

Breite des Gitters $b = 260$ 220   180   150
Wärmeabgabe vermindert um 12,2   13,4   19,2   25,1 Proz.

4. Verkleidung mit Luftein- und Austritt in der Vorderwand (s. obenstehende Abbildung Fig. 73):

a) obere und untere Öffnung frei und
   130 mm hoch   20 Proz. Verlust
b) beide Öffnungen vergittert
   200 mm hoch   20 Proz. Verlust.

---

[1] Ein Sonderabdruck der in der Zeitschrift „Gesundheits-Ingenieur" erschienenen Arbeiten ist vom Verlage R. Oldenbourg, München, zu erhalten.

Besonders ungünstig wirken die Heizkörperverkleidungen mit Metallgehängen in Fensternischen. Hier wurden Verluste an Wärmeabgabe bis zu 37 Proz. beobachtet. Auch Gitter in der Vorderwand beeinträchtigen die Wärmeabgabe sehr und haben durchaus nicht den günstigen Einfluß, den man oft annimmt.

Es ist daher erklärlich, daß manche Heizungsanlage versagt, wenn noch dazu die Heizflächen ohnehin nicht ausreichend bemessen sind und die Heizkörperverkleidungen bei der Berechnung der Heizfläche nicht berücksichtigt wurden.

Die Prüfungsanstalt kommt in ihrer Abhandlung zu dem Ergebnisse, daß bei allen Heizkörperverkleidungen mit einer verminderten Wärmeabgabe zu rechnen ist, andernfalls sind die Verkleidungen in so ungeschickten Abmessungen herzustellen, wie sie in der Praxis gar nicht zur Ausführung kommen würden.

Es empfiehlt sich, will man späteren Streitigkeiten mit dem Ersteller einer Heizungsanlage aus dem Wege gehen, ihn, falls die Heizkörper Verkleidungen erhalten sollen, darauf aufmerksam zu machen und seine Zustimmung zur Ausführung der Verkleidungen einzuholen. Die Heizflächen müssen um die oben angegebenen Prozentsätze größer gewählt werden.

d) Einfluß der Luftgeschwindigkeit auf die Wärmeabgabe der Heizkörper.

Auf Seite 27 war bereits auf die Abhängigkeit des Wärmedurchgangs von der Geschwindigkeit der Strömung hingewiesen worden.

Da nun Heizungseinrichtungen zur Erwärmung großer Luftmengen (z. B. bei Lüftungsanlagen) neuerdings fast immer mit mechanischen Antrieben zur Luftbeförderung verbunden sind, so ist der Einfluß der Luftgeschwindigkeit auf die Wärmeabgabe der Heizkörper von besonderem Interesse, und zu diesem Zwecke hatte auch hierüber die Prüfungsanstalt an der Technischen Hochschule in Berlin eingehende Versuche angestellt, die im 3. Hefte der Mitteilungen der Anstalt veröffentlicht sind (Verlag von R. Oldenbourg, München).

Die Untersuchungen erstrecken sich auf die Wärmeabgabe von Röhrenkesseln, welche häufig als Lufterhitzer, ebenso wie Röhrenheizkörper (vgl. Fig. 132) und Radiatoren benutzt werden. Sie wurden mit Dampf von 1 bis 5 Atm (abs.) und mit Wasser von 80° mittlerer Temperatur vorgenommen. Die Luftgeschwindigkeiten betrugen 1,0 bis 30,0 m/sec bei den Röhrenkesseln, 0,5 bis 20,0 m bei den Rohrheizkörpern und 0,2 bis 3,0 bei den Radiatoren.

1. Röhrenkessel.

Die untersuchten Röhrenkessel hatten einen Durchmesser von 367 mm. Sie wurden in einen mit den erforderlichen Meßinstrumenten versehenen Versuchsapparat eingebaut, durch welchen mittels Ventilator die zu erwärmende Luft hindurchgedrückt wurde.

Fig. 74.

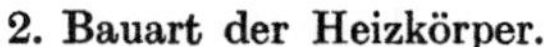

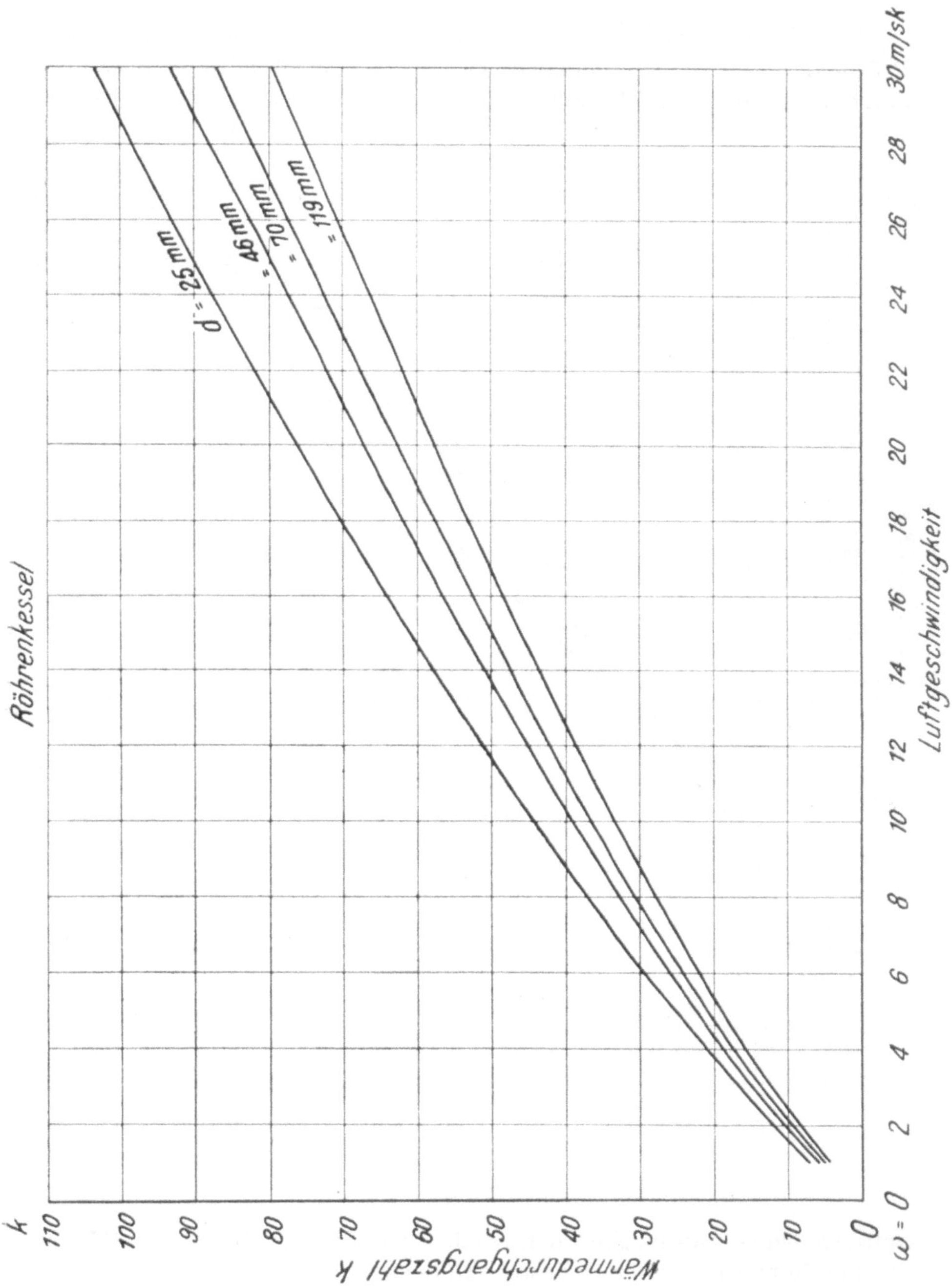

Die Länge der Kessel betrug 1 bis 1,5 m. Der Dampf strömte durch den Kessel, also um die eingezogenen Rohre, während die Luft durch die Rohre des Kessels geführt wurde. Die Form des Kessels war wie die eines Lokomotivkessels mit Siederohre.

Zur Untersuchung kamen Kessel mit patentgeschweißten Rohren von 21,5 bis 119 mm lichtem Durchmesser. Die sich ergebenden Wärmedurchgangzahlen sind in Fig. 74 graphisch in Abhängigkeit von der in den Rohren

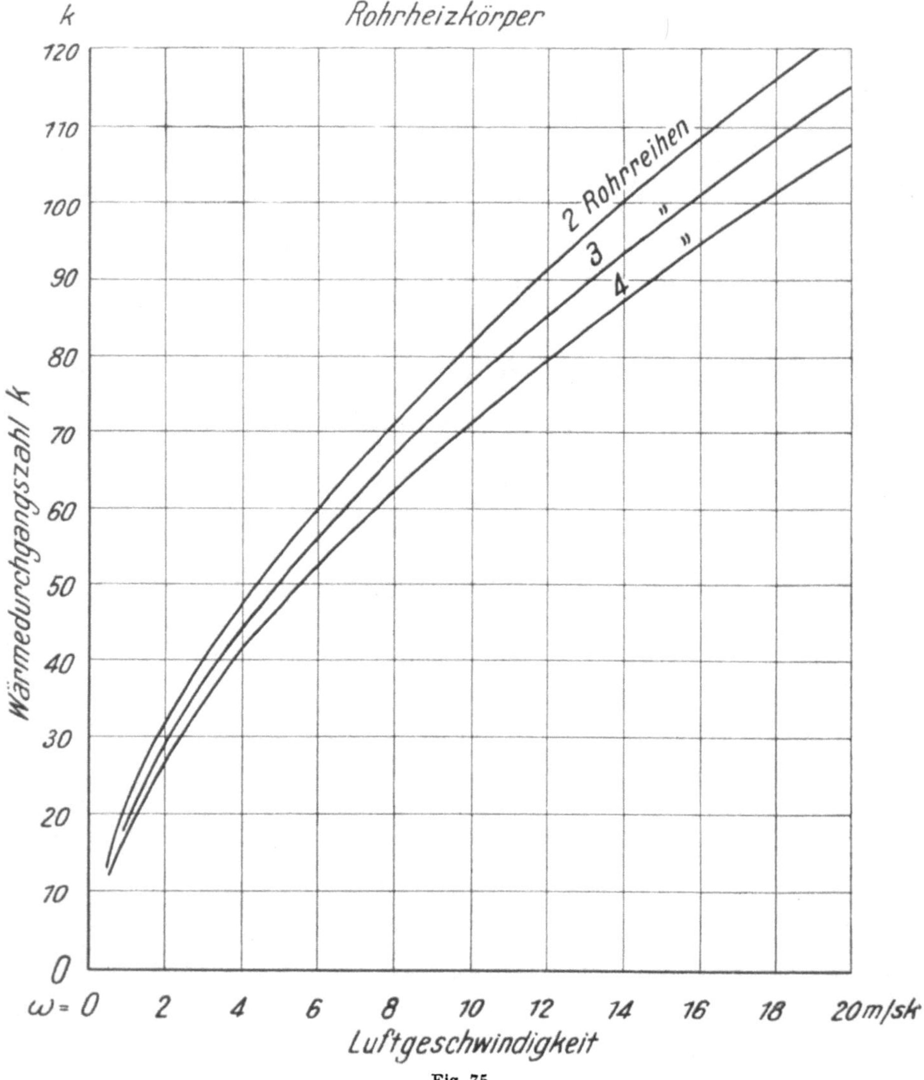

Fig. 75.

auftretenden Geschwindigkeit dargestellt, und zwar für Rohre von 25 mm, 46 mm, 70 mm und 119 mm lichtem Durchmesser.

Die Wärmedurchgangszahlen k zeigen folgende Werte

Bei 1,0 m Luftgeschwindigkeit, 21,5 mm Rohrdurchmesser, $k =$ 7,1
„ 30,0 „   „   21,5 „   „ $k = 104,3$
„ 1,0 „   „   119 „   „ $k =$ 5,4
„ 30,0 „   „   119 „   „ $k =$ 79,3

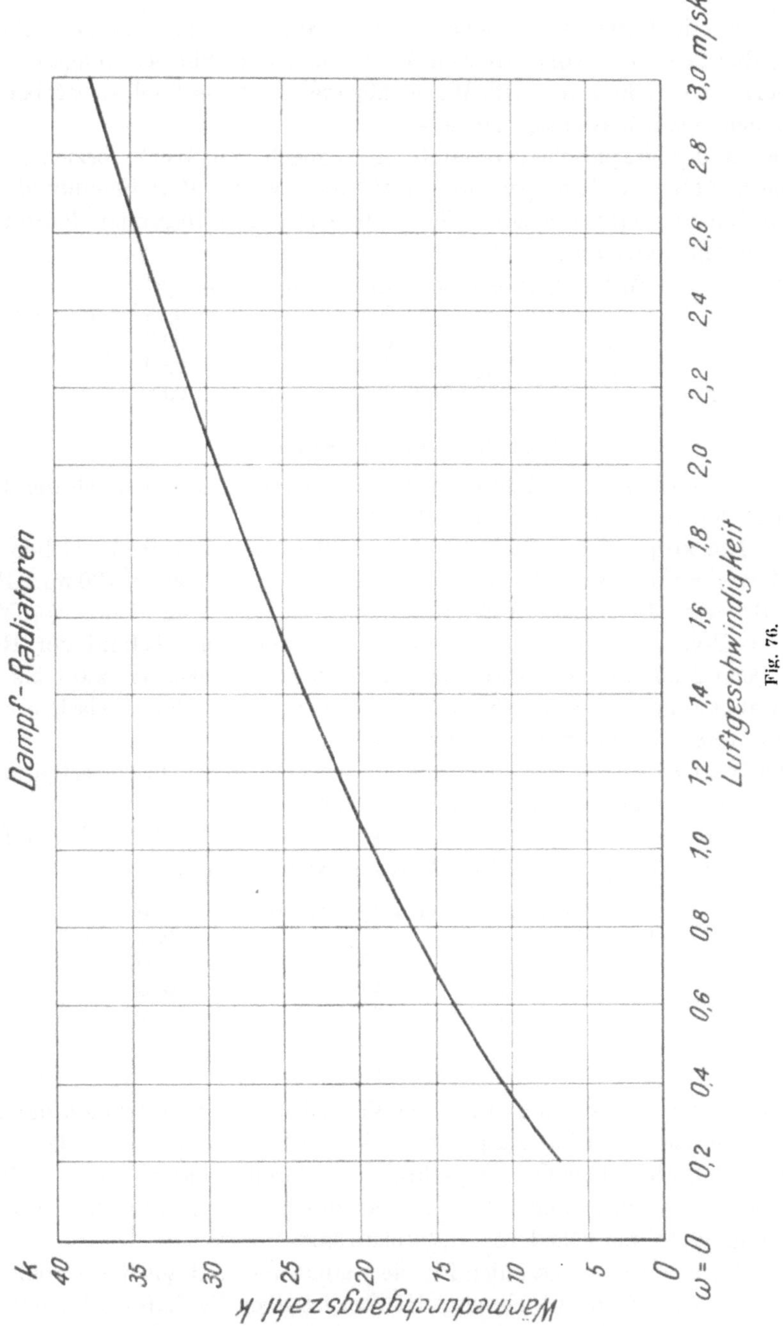

Fig. 76.

Man ersieht hieraus den außerordentlichen Einfluß der Geschwindigkeit, mit der die Luft die Rohre durchströmt, auf den Wärmedurchgang.

Weniger von Einfluß ist der Rohrdurchmesser. Die Versuche wurden

dann noch mit Einsätzen, welche die Wirbelung des Luftstromes erhöhen
sollten, durchgeführt, wobei es sich zeigte, daß der Wärmedurchgang noch
gesteigert werden konnte. Die Wärmeabgabe der Kessel selbst ist bei Berechnungen unberücksichtigt zu lassen.

Die in der graphischen Darstellung angegebenen Werte beziehen sich
auf eine mittlere Lufttemperatur von 0° und 760 mm Barometerstand. Bei
höheren Lufttemperaturen sind die Werte von k mit folgenden Korrekturzahlen zu multiplizieren:

Mittlere Lufttemperatur	10°:	Korrekturzahl		0,97
,,	,,	20°:	,,	0,95
,,	,,	30°:	,,	0,92
,,	,,	40°:	,,	0,90
,,	,,	50°:	,,	0,88

2. Röhrenheizkörper.

Als weiteres Versuchsobjekt wurde ein Röhrenheizkörper nach der Konstruktion der Rohrregister behandelt. (Vgl. Fig. 56.)

Der Heizkörper bestand aus zwei Sammelstücken, zwischen welchen eine
Anzahl von Rohren von 33 mm äuß. Durchmesser und etwa 430 mm Höhe
eingewalzt war. Der Abstand der Rohre einer Reihe betrug 38 mm von Mitte
bis Mitte Rohr, also 5 mm zwischen den Rohren; der Abstand der Rohrreihen betrug 33 mm von Mitte bis Mitte Rohr. Es wurden zwei bis vier
Reihen angewendet, wobei jedesmal eine Rohrreihe vor dem Zwischenraume
der dahinterstehenden Rohre angeordnet wurde.

Die Wärmedurchgangszahlen sind in der Fig. 75 graphisch aufgetragen,
und zwar unter Angabe der Anzahl der Rohrreihen.

Auch hier ist die mittlere Lufttemperatur 0°, so daß bei höheren Lufttemperaturen folgende Korrekturzahlen anzuwenden sind.

Mittlere Lufttemperatur	+10°:	Korrekturzahl		0,98
,,	,,	20°:	,,	0,96
,,	,,	30°:	,,	0,94
,,	,,	40°:	,,	0,92
,,	,,	50°:	,,	0,90

3. Radiatoren.

Die Anordnung der Radiatoren im Versuchsapparate entsprach der Aufstellung, wie sie in Luftheizkammern sehr häufig gewählt wird. Die Heizkörper werden über einer Öffnung schräg (dachförmig), mit den oberen Enden
gegeneinander geneigt, angeordnet, so daß die Luft von unten her zwischen
den schräg gestellten Gliedern hindurchströmt.

Die Wärmedurchgangszahlen für die Radiatoren sind aus der graphischen
Darstellung Fig. 76 zu entnehmen. Hierbei ist aber die Luftgeschwindigkeit
im Zuluftkanale der Versuchseinrichtung und nicht die zwischen den Radiatorgliedern auftretende eingesetzt. Infolgedessen ist die Geschwindigkeit durch
die Radiatorglieder größer, und die Wärmedurchgangszahlen müßten noch
höher eingesetzt werden. Behält man aber die angegebenen Werte bei, so

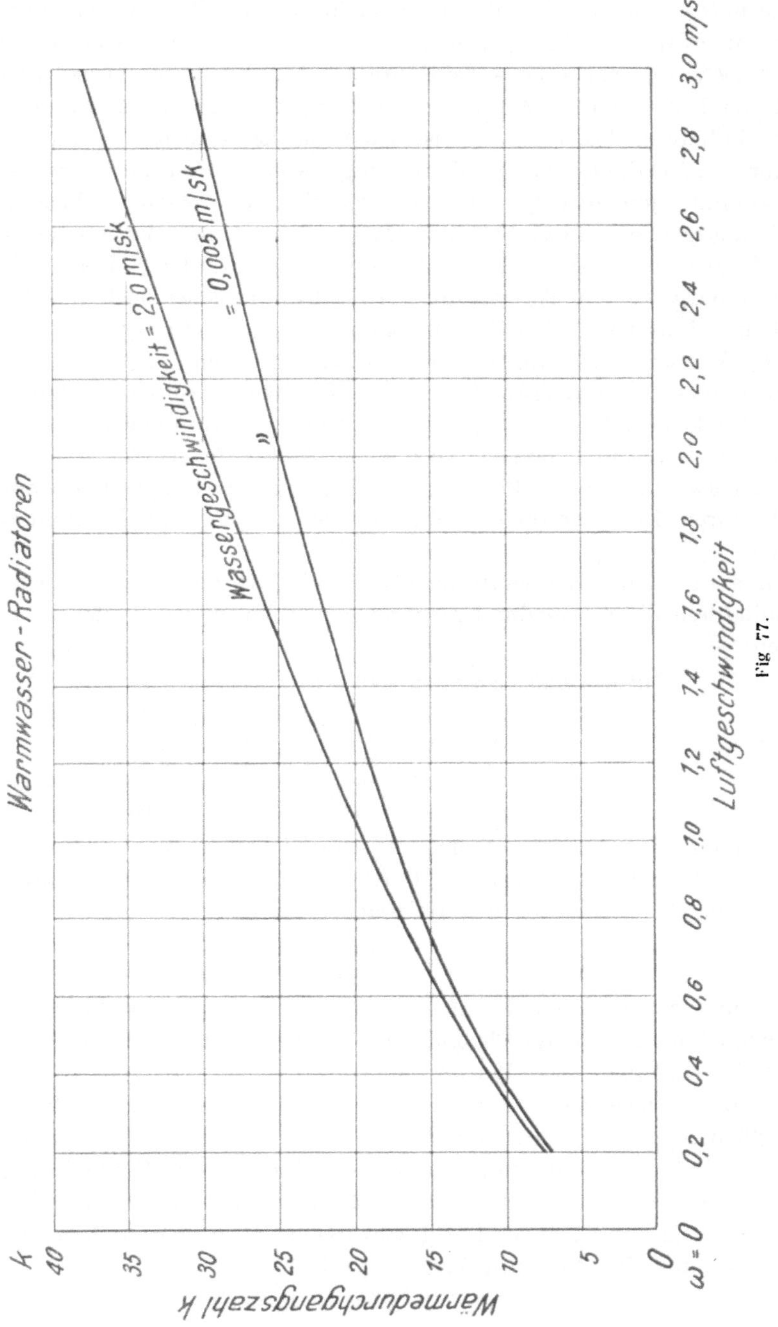

Fig. 77.

rechnet man mit einer größeren Sicherheit, die auch zu empfehlen ist, da ein mittels Ventilator durch Radiatorenglieder hindurch geführter Luftstrom sich nicht immer gleichmäßig auf die ihm dargebotenen Flächen verteilt.

Die unter 1 bis 3 aufgeführten Versuche sind mit Dampf vorgenommen
worden, die Wärmedurchgangszahlen gelten — wie in dem ausführlichen Be-
richte *Brabbées* angegeben ist — bei Röhrenkesseln und Röhrenheizkörpern für
Dampf von 1 bis 5 Atm absolut, also für Dampftemperatur von 100 bis 150°,
bei den Radiatoren bis 3 Atm. Dieselben Versuche wurden auch mit Wasser
vorgenommen, da dieses aber als Wärmeträger wohl nur bei Radiatoren hier in
Frage kommt, sind auch nur für diese die Wärmedurchgangszahlen in der
Fig. 77 angegeben. (Bezüglich der Röhrenkessel und Röhrenheizkörper
muß auf die oben genannte Abhandlung verwiesen werden.) Die in Fig. 77
graphisch dargestellten Wärmedurchgangszahlen beziehen sich auf Wasser
von 80° und Luft von 0° bei 760 mm Barometerstand. Hier ist noch der Einfluß der Wassergeschwindigkeit in Betracht gezogen. Bei der üblichen
Annahme eines Temperaturabfalles von 20° für 1 kg des durch die Radiatoren
hindurchfließenden Wassers beträgt die Wassergeschwindigkeit gewöhnlich
nicht mehr als etwa 0,005 m/sec, so daß die Zahlen der hierfür angegebenen
Kurve anzuwenden sind. Für größere Wassergeschwindigkeiten wäre der
Einfluß durch Zwischenwerte leicht aus der graphischen Darstellung zu
schätzen.

Für andere Luft-Temperaturen als für die Diagramme gültig, sind bei
den Radiatoren die Wärmedurchgangszahlen mit folgenden Zahlen zu multiplizieren:

Mittlere Lufttemperatur	—10°:	Korrekturzahl	1,02
„	„	+10°:	„	0,98
„	„	20°:	„	0,96
„	„	30°:	„	0,94
„	„	40°:	„	0,92
„	„	50°:	„	0,90

Im übrigen ist die Berechnung der Heizflächen in ganz gleicher Weise
wie für Heizkörper mit natürlicher Luftbewegung durchzuführen, also nach
der Gleichung 1, aus der sich die Heizfläche

$$F = \frac{Q}{k\,(t_i - t_a)}$$

ergibt. Für t_a ist die mittlere Lufttemperatur einzusetzen und hiermit k aus
einer anzunehmenden Luftgeschwindigkeit zu bestimmen. Die ersten Versuche
über Wärmeabgabe von Warmwasserheizkörpern bei Ventilatorbetrieb
wurden vom Verfasser im Jahre 1907 angestellt, sie sind in der Zeitschrift
„Gesundheitsingenieur" 1907, Heft 52 und 1908, Heft 1 und 39 enthalten.

Man ersieht aus den graphischen Darstellungen der Wärmedurchgangzahlen den großen Einfluß der Luftgeschwindigkeit. Bei Dampfradiatoren
ist z. B. $k = 7{,}2$ bei 0,2 m/sec Luftgeschwindigkeit und $k = 37{,}5$ bei 3 m/sec
Luftgeschwindigkeit, also etwa 5 mal so groß.

IX. Rohrleitungen.

Der Ausführung der Rohrleitungen sowohl hinsichtlich des Materials als auch des Verlegens der Rohre ist die größte Aufmerksamkeit entgegenzubringen, da hiervon die Betriebssicherheit einer Anlage abhängt.

1. Material.

Als Material kommt hauptsächlich Schmiedeeisen, und bei hohem Drucke, auch Stahl in Betracht.

Gußeisen verwendet man für Wasser- und Abflußleitungen, die hohen Temperaturen nicht ausgesetzt sind, für Dampfleitungen sind Gußrohre nicht verwendbar, da sie gegen die bei der Erwärmung auftretenden Spannungen nicht widerstandsfähig genug sind.

Kupferne Leitungen werden wegen des hohen Preises des Kupfers seltener angewendet, auch unterliegt das Kupfer bei Erwärmung inneren Veränderungen, so daß es z. B. für hohe Dampfdrücke nicht geeignet ist.

Die schmiedeeisernen Rohre werden durch Schweißen hergestellt. Stumpfgeschweißt werden die sogenannten, schmiedeeisernen Gewindemuffenrohre, Dampfleitungsrohre, Gasrohre, die im allgemeinen bis zu etwa 50 mm lichtem Durchmesser verwendet werden. Für stärkere Rohrleitungen verwendet man die überlappt geschweißten, schmiedeeisernen Siederohre, die auch patentgeschweißte Siederohre genannt werden.

Die Abmessungen der Gewindemuffenrohre, sowie der Siederohre sind in Zahlentafel (XIV) des Anhanges enthalten.

Für hochgespannten und überhitzten Dampf kommen die nahtlosen Mannesmann-Stahlrohre in Anwendung. Sie werden auf einen Druck von 50 Atm mit kaltem Wasser geprüft. Ihre Abmessungen sind die gleichen, wie die der Siederohre. Für besondere Zwecke werden sie auch in größeren Wandstärken hergestellt, sind dann aber auch entsprechend teurer.

Der Verband deutscher Zentralheizungsindustrieller läßt für die Herstellung von Zentralheizungsanlagen starkwandiges Muffenrohr unter der Bezeichnung „Verbandsrohr" herstellen. Die äußern Durchmesser sind die gleichen, wie die des gewöhnlichen Muffenrohres. Die Wandstärken sind dagegen größer. Es soll hiermit das Schwächen der Wandstärken beim Aufschneiden des Gewindes und das Abrosten des Rohres im Laufe der Zeit berücksichtigt werden.

Die Maße des Verbandsrohres sind ebenfalls in der Zahlentafel (XIV) angegeben. Gekennzeichnet ist das Verbandsrohr durch Einprägung des Verbandswarenzeichens (·→) und des das Werk bezeichnenden Buchstabens.

2. Rohrverbindungen.

Das schmiedeeiserne Muffenrohr wird — wie schon der Name sagt — durch aufgeschnittenes Gewinde und Muffe aneinander gefügt, wobei besonders darauf zu achten ist, daß das Gewinde gut ausgeschnitten und nicht mit schlechtem Werkzeuge zerrissen wird.

Das Gewinde soll konisch geschnitten sein; die Muffe darf nicht locker aufgeschraubt werden. Für die Rohrabzweige verwendet man die Gewindeformstücke, auch Fittings genannt.

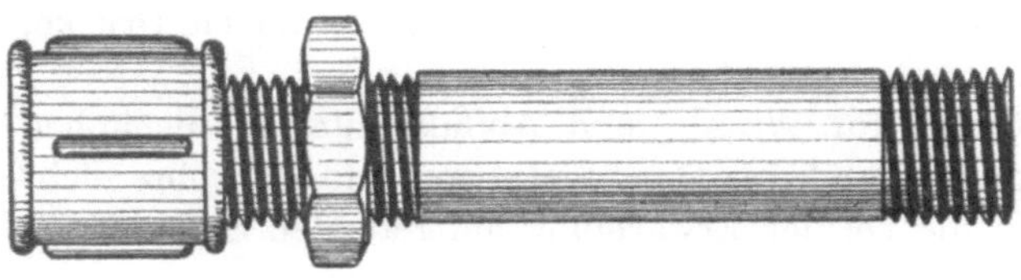

Fig. 78.Fig. 79.

Die früher hergestellten Muffen aus Schmiedeeisen sollten keine Verwendung mehr finden, da sie leicht aufreißen und ihr Gewinde sehr oft auch schief eingeschnitten ist. Die jetzt aus Temperguß hergestellten Muffen und Formstücke sind ungleich zuverlässiger. Bei langen Rohrstrecken oder zwischen zwei Festpunkten einzusetzenden Rohrstücken ist eine leicht lösbare Verbindung einzuschalten, damit das Rohr auch nach dem Verlegen herausgenommen werden kann. Zu diesem Zwecke verwendet man das sogenannte Langgewinde, nach obiger Abbildung (Fig. 78) oder die Verschraubung (Fig. 79).

Die Rohrverbindung mit Rechts- und Linksgewinde (Fig. 80), welche zwar auch ein Auseinandernehmen des Rohres gestattet, wenn die Rohrstrecke nicht zu kurz und dabei nicht beiderseits festgelegt ist, erfordert eine sehr sorgfältige Herstellung. Früher legte man zwischen die Rohrenden Kupferringe ein, doch haben sich hier elektrolytische Erscheinungen gezeigt, die zu Korrosionen des Rohres führten. Eine andere Ausführung mit flach und scharf gefrästen Rohrenden hat auch sehr oft den Übelstand nach sich, daß die scharfe Kante des Rohres durch Rost zerstört wird und danach Undichtigkeit der Verbindung auftritt.

Bei niedrigen Temperaturen des fortzuleitenden Mediums (Niederdruckdampf, Warmwasser) werden die Gewinde mit Hanf umwickelt und mit Mennige bestrichen, worauf dann die Muffe aufgeschraubt wird.

Bei hohen Temperaturen (Hochdruckdampf) dagegen darf Hanf nicht angewendet werden, weil er verbrennt, so daß danach die Muffenverbindung

undicht wird. Hier sind nur mit sehr großer Sorgfalt und stark konisch ge-
schnittene Gewinde zu verwenden.

Sicherer ist die Flanschenverbindung, und zwar nicht der Gewinde-
flansch, bei dem durch Aufschneiden des Gewindes die Wandstärke des Rohres
geschwächt wird, sondern der Drillflansch, der bei den Siederohren benutzt
wird.

Für die Verbindung der
Siederohre sind schon die verschiedensten Vorschläge gemacht worden.

Von den im Jahre 1900
vom Verein deutscher Ingenieure vorgeschlagenen Rohrverbindungen haben nur einige
in der Praxis Eingang ge-
funden.

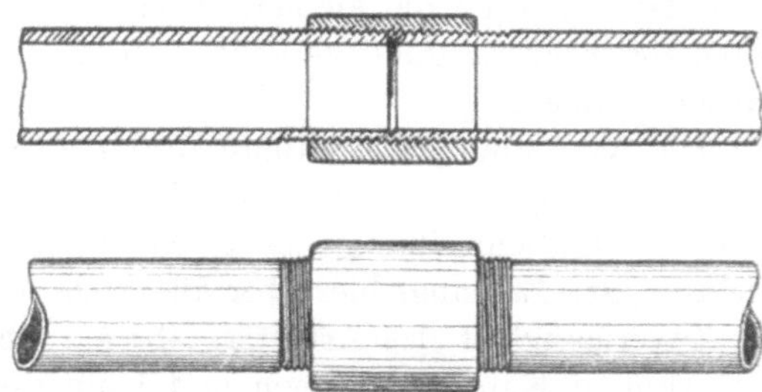

Fig. 80.
Rohrverbindung mittels Muffe mit Rechts- und Linksgewinde.

Am gebräuchlichsten ist der aufgedrillte Flansch und der hartaufgelötete
oder aufgeschweißte Bordring mit dahinterliegendem losen Flansch geworden.
Eine durchaus zuverlässige Rohrverbindung auch für Hochdruckdampf ist

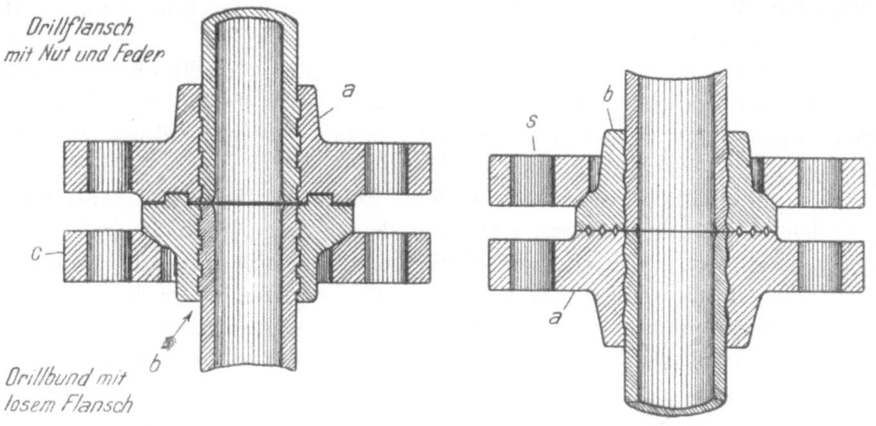

Fig. 81.
Flanschenverbindung für hohe Drücke. In Nut und
Feder eingelegte Dichtung.

Fig. 82.
Flanschenverbindung mit Flachdichtung für
Drücke bis etwa 4 Atm.

der Winkelflansch mit eingedrehten Rillen und Dichtfläche mit Nut und
Feder (Fig. 81 u. 82 mit a bezeichnet).

Der flache Bordring mit dahinterliegendem losen Flansch ist aufzulöten
oder aufzuschweißen; beim Aufdrillen weitet er sich und erreicht infolgedessen nicht festen Sitz auf dem Rohre.

Auch der einfache, flache Flansch ohne Winkelansatz ist nur an Leitungen für niedrige Drücke bis etwa 2 Atm anwendbar, weil er nicht genügend
Auflagefläche auf dem Rohre besitzt.

Dagegen ist der lose Flansch mit Winkelbordring, auch Drillbund
genannt (in Fig. 81 u. 82 mit b u. c bezeichnet), eine gute Verbindung.

Beim Drillen des Rohres zeigt dasselbe oft solche Härte, daß ein Eindrücken in die Flanschenrillen nicht möglich ist. Dann ist das Rohr auszuglühen und langsam erkalten zu lassen. Zum Aufdrillen der Flanschen auf das Rohr werden sogenannte Drillwalzen benutzt, welche aus einem mit kleinen Rollen oder Walzen versehenen, konischen Hohlkörper bestehen. Durch einen Dorn werden die kleinen Walzen beim Hineindrehen des Hohlkörpers gegen die Rohrwandung gepreßt, so daß diese sich in die Nuten des Drillflansches hineinlegt.

Die Verbindung der Rohre durch autogene Schweißung ist häufig in letzter Zeit angewendet worden. Man kann wohl sagen, daß bei guter Ausführung die Schweißung der guten Flanschenverbindung gleichwertig zu erachten ist. Es hängt hier aber alles von der Güte der Ausführung, also von der Zuverlässigkeit des Arbeiters ab; ein Versehen seitens des Arbeiters ist immerhin in Kauf zu nehmen und kann doch bei Hochdruckdampf großes Unheil anrichten. Das Abdrücken der Leitungen mit Wasser auch bei 5 bis 10fachem Betriebsdrucke gewährt keine unbedingte Zuverlässigkeit, da die Rohre wohl den inneren, ruhenden Druck aushalten mögen. Bei der Erwärmung treten indessen ganz andere Beanspruchungen der Rohre auf und zwar, infolge ihrer Einspannung und der durch die Erwärmung hervorgerufenen Ausdehnung auf Zug und Biegung, die bei einer Kaltwasserdruckprobe gar nicht in Erscheinung treten.

Das Schweißen der Rohre bei sehr langen Strecken (Fernheizanlagen) stößt auch auf manche praktische Schwierigkeit, wenn die Rohre z. B. hochliegend angeordnet werden müssen und für den Arbeiter schwer zugänglich sind.

Man kann dann nur Strecken von 15 bis 20 m durch das Schweißverfahren verbinden. Die Rohre müssen erst nach dem Schweißen in die geforderte Lage gebracht werden. Je umständlicher dem Arbeiter das Schweißen gemacht wird, desto weniger zuverlässig ist die ausgeführte Arbeit.

Im übrigen empfiehlt es sich ohnehin, bei langen Rohrstrecken in Abständen von 20 bis 30 m je eine auseinandernehmbare Verbindung einzusetzen. Nur Erdleitungen, die später gar nicht mehr zugänglich sind, wird man ganz schweißen. Solche Fälle sind aber — wenn irgend möglich — zu vermeiden; wenigstens sind Revisionsschächte anzulegen.

Abzweige von schmiedeeisernen Rohrleitungen geschweißt herzustellen, hat sich durchaus bewährt, besonders da, wo die Schweißstelle nicht weit vom Rohrende liegt, so daß die Schweißung auch von innen besichtigt werden kann, was beim Zusammensetzen von 4 bis 5 m langen Rohren nicht mehr möglich ist.

Für Abzweige werden sonst bei Flanschenrohren gußeiserne Flanschenformstücke benutzt. Bei überhitztem Dampfe soll nach den behördlichen Vorschriften nicht Gußeisen, sondern Stahlguß, auch für die Ventilkörper, verwendet werden.

Die Stahlgußformstücke haben nur den Nachteil, daß sie nicht selten porös sind, was sich oft erst bei der Inbetriebnahme der Leitung zeigt. Ist die

Undichtheit nicht erheblich, so wird die Stelle angebohrt und mit einem Gewindestift wieder verschlossen. Auch die Flanschen der Formstücke sind mit Eindrehung (Nut) bzw. Ansatz (Feder) herzustellen, um die Dichtung aufzunehmen und das Herausschleudern derselben unmöglich zu machen. (Vgl. Fig. 81.)

3. Dichtungsmaterial.

Als Dichtungsmaterial kommt für Dampfleitungen bei niedrigem Drucke Asbest in Firnis gut getränkt, bei hohem Drucke Klingerit oder ein diesem gleichwertiges Material in Anwendung. Bei Warmwasserfernleitungen verwendet man ebenfalls Klingerit oder dergleichen, auch in Firniß gekochte Pappscheiben sind ein gutes Dichtungsmaterial für Warmwasserleitungen.

4. Lagerung der Rohre.

Leichte Muffenrohre werden in Bandeisenschleifen aufgehängt oder mit Rohrschellen (Fig. 83) befestigt. Die Durchführung durch Decken und

Fig 83.

Wände soll mittels Rohrhülsen geschehen, weil ein erwärmtes Rohr stets der Ausdehnung durch die Wärme unterliegt und sich deshalb in seiner Längsrichtung frei bewegen muß.

Bei den in neuerer Zeit vielfach hergestellten, massiven Decken aus Eisenbeton wird oft ein Fußbodenestrich verwendet, der als Bindemittel Magnesia enthält. Gegen die zersetzende Wirkung der Magnesia sind eiserne Rohre zu schützen. Am zweckmäßigsten geschieht dies durch Korkschalen, mit welchen an Stelle der schmiedeeisernen Hülsen das durch den Fußboden hindurchgehende Rohr umgeben wird. Die Korkschalen können oberhalb des Fußbodens mit gußeisernen Hülsen geschützt werden; an der darunter befindlichen Decke werden sie in der Form der Deckenvoute abgeschnitten und verputzt.

In Fabrikgebäuden legt man gewöhnlich die Rohre frei vor die Wände der Arbeitsräume. In Wohn- und Bürogebäuden kann man sie ganz unbedenklich in hierzu besonders hergestellte Mauerschlitze legen, die entweder mit einer Flachschicht von Mauersteinen zugesetzt oder mit Gipsdiele verschlossen werden. Jedenfalls empfiehlt es sich, über die so geschlossenen Schlitze ein grobmaschiges Drahtgewebe zu spannen und hierauf erst den Putz aufzutragen, damit Risse im Putz vermieden werden.

Die Herstellung der Mauerschlitze und der Wand- und Deckendurchbrüche sollte schon bei der Aufführung des Gebäudes Berücksichtigung finden. Dadurch können erhebliche Kosten an Maurerarbeiten gespart werden. Es ist nur die Vergebung der Zentralheizung rechtzeitig in die Wege zu leiten,

damit von der beauftragten Firma die erforderlichen Angaben noch vor Inangriffnahme der Bauarbeiten gemacht werden können. Sofern nicht besondere Verhältnisse vorliegen, genügt für vertikale Mauerschlitze eine Breite
von 20 cm und eine Tiefe von 14 cm.

Für die Wanddurchbrüche der im Keller unterzubringenden Verteilungsleitungen sind im Verbande des Mauerwerks Lücken von etwa 50 cm Höhe,
von der Decke ab gemessen, und 25 cm Breite zu lassen. Nach der Durchführung der Rohre werden diese Löcher dann wieder im Verbande zugesetzt, nachdem über das Leitungsrohr ein Stück schmiedeeisernes Rohr von etwas größerem Durchmesser geschoben wurde. Die so gebildete Rohrhülse ist fest einzumauern.

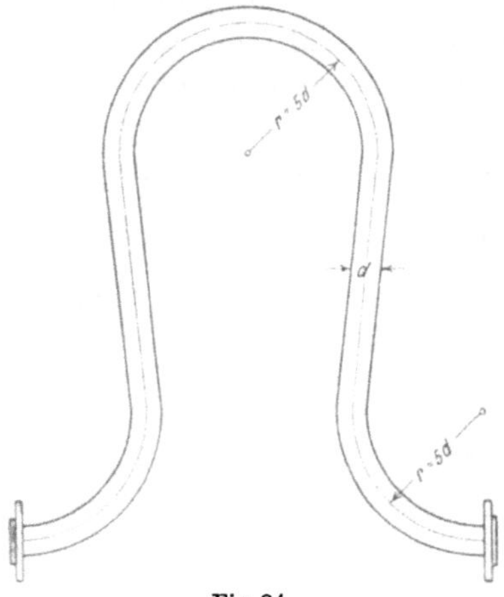

Fig 84.

Lange, horizontale Leitungen erfordern ganz besondere Aufmerksamkeit beim Verlegen.

Hier ist auf die Ausdehnung des Rohres um so mehr Rücksicht zu nehmen, je stärker das Rohr ist, weil gelegentliche Durchbiegungen wie bei Muffenrohren nicht vorkommen, vielmehr das Rohr frei beweglich gelagert sein muß. Wird ein Rohr in seiner Ausdehnung behindert, so entstehen Undichtheiten an den Verbindungsstellen. Muffenrohre bis etwa $1^1/_4''$, wie sie meist zu den vertikalen Leitungen benutzt werden, biegen sich bei genügender Länge noch leicht seitlich durch, wenn nur die Rohrschellen nicht zu nahe

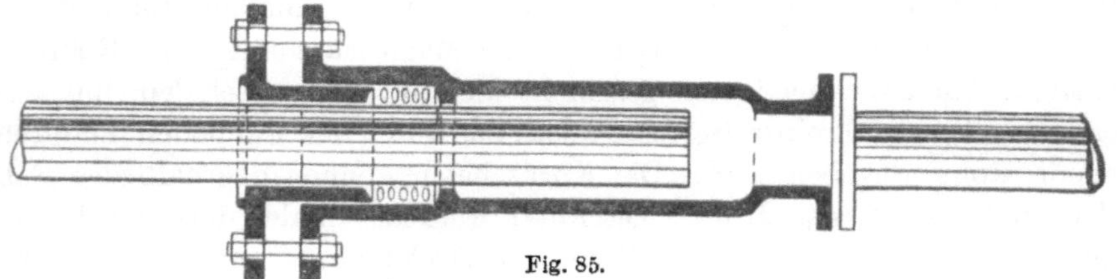

Fig. 85.

aneinander sitzen. Stärkere Rohre dagegen werden meist nur zu den horizontalen Verteilungsleitungen erforderlich und müssen dann beweglich aufgehängt werden. In horizontalen Strecken von mehr als 30 m ist ein Längenausgleicher, in Form eines Kompensationsbogens (Fig. 84), aus Kupfer oder auch aus dem Rohre selbst hergestellt, einzusetzen. Kupfer eignet sich für hohe Dampftemperaturen nicht, weil es im Laufe der Zeit brüchig wird. Diese Ω-förmigen Bogen sind so herzustellen, daß der Krümmungshalbmesser jedes Bogens mindestens dem fünffachen Durchmesser des Rohres entspricht (vgl. Fig. 84). In der Regel werden die Bogen falsch hergestellt, indem die Krümmungen der an den Flanschen abzweigenden Bogen einen viel zu kurzen Radius erhalten. Dadurch wird das Material auf der Innenseite des Bogens zusammengestaucht, auf der Außenseite aber so gedehnt, daß es seine Elastizität verliert.

Bei starken Rohren, über etwa 100 mm Durchmesser, fallen die U-förmigen Kompensatoren sehr groß aus. Man wendet dann zuweilen Stopfbüchsenkompensatoren (Fig. 85) an, die allerdings einer ständigen Wartung

Fig. 86.
Bewegung einer Rohrleitungsstrecke bei der Längenausdehnung durch die Erwärmung.

bedürfen, wenn sie nicht „festbrennen" sollen. Ein solches Festbrennen des Stopfbüchsenkompensators an der Dichtung verhindert die Ausdehnung des Rohres und ist dann um so gefährlicher, weil gerade der Kompensator die ganze Ausdehnung der Leitung aufzunehmen hat. Rohrbrüche können daher

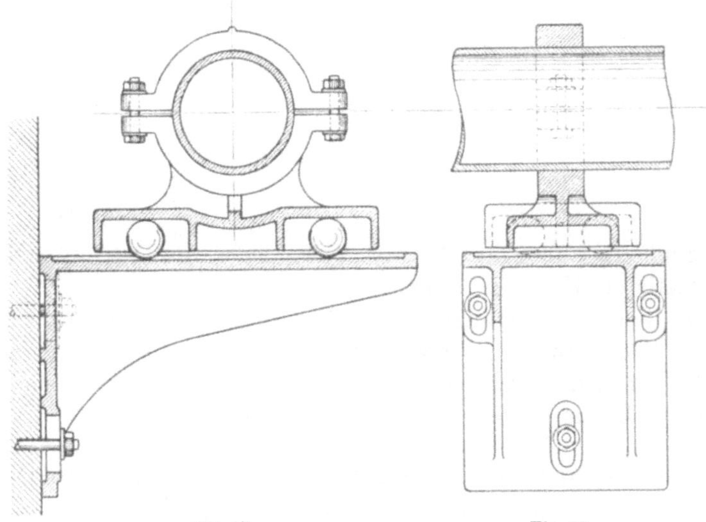

Fig. 87.　　　　　　　　Fig. 88.

sehr leicht entstehen. Die Stopfbüchsenkompensatoren sollten nur dort angewendet werden, wo sie stets unter Aufsicht stehen.

Die Kompensationsbogen sind deshalb, wenn sie auch unbequem unterzubringen sind, vorzuziehen.

Bei Fernleitungen wird man aber noch durch die Lage der Rohre selbst Kompensation in die Leitungen bringen können, indem man kleine Umwege macht, oder, bei geraden Strecken, dem Rohre selbst eine Durchbiegung von vornherein gibt, die es bei der Erwärmung dann befolgt, während es zu beiden Seiten durch Fixpunkte eingespannt ist.

Diese Ausführung wurde zum ersten Male von der Firma *Rietschel & Henneberg*, G. m. b. H., Berlin—Dresden, bei dem in Dresden erbauten Königl. Fernheizwerke angewendet. Die Rohre liegen hier in wellenförmigen, unterirdischen Gängen. Die Fixpunkte sind etwa 60 m voneinander entfernt. (Fig. 86) zeigt einen Horizontalschnitt durch einen unterirdischen Fernkanal. Die Ausdehnung des Rohres ist in punktierter Linie angedeutet.

Damit das Rohr sowohl seine Längenveränderung als auch seine seitliche Durchbiegung ungehindert ausführen kann, ist es auf Kugelschlitten nach vorstehender Skizze (Fig. 87 u. 88) zu lagern, wie sie von der Firma *Rietschel & Henneberg* bei den vielen von ihr ausgeführten Fernheizungsanlagen verwendet wurden.

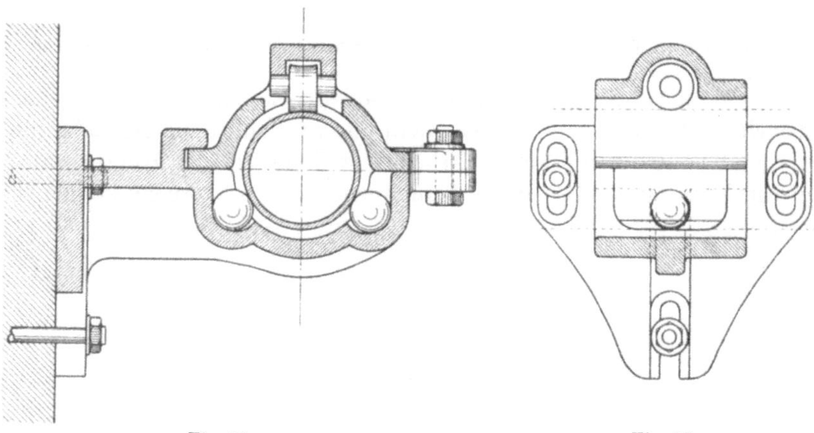

Fig. 89.   Fig. 90.

Die Schlitten ruhen auf Stahlkugeln, welche auf den an dem Mauerwerke befestigten Konsolen rollen.

Außer dieser Befestigungsart und Lagerung der Rohrleitungen werden noch andere Ausführungen angewendet, wie die obigen Darstellungen zeigen. Fig. 89 ist ein Kugellager im Querschnitt, Fig. 90 im Längsschnitt. Das Rohr kann sich nur in der Längsrichtung ausdehnen.

5. Berechnung der Längenausgleicher (Kompensatoren).

In dem Abschnitte „Wärme" ist auf Seite 13 die auf Erwärmung beruhende Längenveränderung eines Eisenstabes berechnet. Die Ausdehnung der Rohrleitungen ist in gleicher Weise zu berechnen. Bei Rohrleitungen muß ein Teil derselben die Verlängerung aufnehmen, so daß eine Durchbiegung erfolgt. Damit nun die Beanspruchung auf Biegung nicht das Maß der Festigkeit des Rohres überschreitet, ist die Länge des für die Aufnahme der Biegung ausersehenen Rohrteiles zu berechnen.

Die mit Rücksicht auf Ausdehnung angeordnete Rohrleitung wird durch nachstehende Skizze (Fig. 91) veranschaulicht. l ist die Länge des Rohrteiles, welcher die Durchbiegung infolge der Verlängerung der Leitung B um die Strecke f aufzunehmen hat. Bei A ist ein Fixpunkt.

Betrachtet man l als einen Stab, der bei A eingespannt ist und die Durchbiegung f erfährt, so geht die Aufgabe dahin, die Länge l so zu bestimmen, daß eine Biegungsfestigkeit k_b nicht überschritten wird.

Die Durchbiegung f ergibt sich aus der Ausdehnung der Leitung B.

Bei der Kraft P, dem Elastizitätsmodul E und dem Trägheitsmomente J ist die Durchbiegung für den an einem Ende eingespannten Stab

$$f = \frac{P}{E \cdot J} \frac{l^3}{3} \text{ in cm} \tag{1}$$

Das Trägheitsmoment J für den ringförmigen Querschnitt der Rohrleitung ist:

$$J = \frac{\pi}{64}(D^4 - d^4) \tag{2}$$

Das Widerstandsmoment ist:

$$W = \frac{\pi}{32} \cdot \frac{D^4 - d^4}{D} \tag{3}$$

Hieraus ist

$$\frac{W}{J} = \frac{2}{D} \tag{4}$$

worin D den äußeren und d den inneren Rohrdurchmesser in cm bezeichnen.

Die Kraft ist

$$P = \frac{k_b \cdot W}{l} \tag{5}$$

und damit folgt aus Gleichung (1)

$$f = \frac{k_b}{l} \cdot \frac{W}{J} \cdot \frac{l^3}{E\,3}$$

$$f = \frac{k_b}{3} \cdot \frac{2}{D} \cdot \frac{l^2}{E} \tag{6}$$

Die Länge l, welche bei Einhaltung einer nicht zu überschreitenden Biegungsfestigkeit k_b sich aus Gleichung (6) ergibt, ist

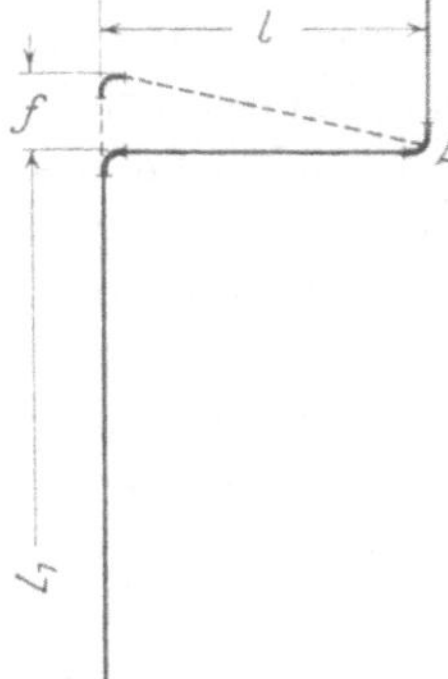

Fig. 91.

$$l = \sqrt{\frac{3\,E D f}{2 \cdot k_b}} \text{ in cm} \tag{7}$$

Hierin ist zu setzen:

$E\ = 2\,000\,000,$

$D\ =$ äußerer Durchmesser des Rohres in cm,

f ergibt sich aus der Längenausdehnung der Rohrstrecke, welche vor der Ausdehnung mit L_1 und nachher mit L_2 bezeichnet sei. (Vgl. Abschn. „Wärme", Gleichung 8a.)

$$f = L_2 - L_1 = L_1 \left(\frac{1 + \beta t_2}{1 + \beta t_1} - 1 \right) \tag{8}$$

(f ist unter der Wurzel in cm einzusetzen.)

$k_b = 600$ kg/qcm, die zulässige Biegungsbeanspruchung bei Schweiß- und Flußeisen; $= 800$ bis 900 bei Flußstahl.

$\beta = 0{,}000\,011$ für Schweißeisen (vgl. Taf. VI). (Die hiermit berechnete Ausdehnung ergibt sich in m.)

Beispiel. Es sei eine Rohrstrecke von $L_1 = 50$ m Länge und einem äußeren Durchmesser $D = 8{,}9$ cm gegeben; die Dampftemperatur t_2 betrage $150°$; t_1 die Anfangstemperatur sei mit $10°$ angenommen.

Die Längenveränderung:

$$f = 50 \left(\frac{1 + 0{,}000011 \cdot 150}{1 + 0{,}000011 \cdot 10} - 1 \right) = 50 \cdot (1{,}00153 - 1) = 0{,}0765 = 7{,}65 \text{ cm}$$

$$l = \sqrt{\frac{3 \cdot 2\,000\,000 \cdot 8{,}9 \cdot 7{,}65}{2 \cdot 600}} =$$

$$l = \sqrt{340\,425} = 583{,}74 \text{ cm}$$

Die Länge der rechtwinklig abbiegenden Rohrstrecke, welche die Längenausdehnung aufnehmen soll, muß demnach 5,83 m betragen, wenn die Beanspruchung des Materials nicht mehr als 600 kg/qcm betragen soll.

Bei Ferndampfleitungen werden diese rechtwinkligen Ablenkungen in die Gebäude gelegt, wo sie meist auch leicht untergebracht werden können. Ist dies nicht möglich, so muß die Strecke L_1, auf welche sich die Ausdehnung bezieht, kürzer gewählt werden.

6. Entwässerung und Entlüftung der Dampf- und Wasserleitungen.

Für ein Abfließen des in Dampfleitungen entstehenden Wassers ist gewissenhaft zu sorgen, weil Wasserschläge bei raschem Einströmen des Dampfes — besonders in unterirdischen engen Gängen der Fernheizungen — Rohr- und Maschinenbrüche verursachen und Menschenleben gefährden können.

Nicht nur am Ende jeder Dampfleitung, sondern auch bei vertikaler Richtungsänderung ist eine Entwässerung in Form eines Wasserabscheiders (Fig. 93) anzubringen und der Wasserabscheider mit einem sicher arbeitenden Kondenstopfe zu verbinden. Sehr zweckmäßig wirken hier die Kondenstöpfe der Firma *Klein, Schanzlin & Becker* in Frankenthal, welche mit automatischer Entlüftung versehen sind.

Vor dem Anschlusse einer Dampfleitung an eine Dampfmaschine muß unbedingt ein Wasserabscheider eingeschaltet sein, andernfalls tritt das ganze Kondensat in die Maschine und kann hier durch Wasserschlag die Zylinderdeckel zerstören. Bei den unter Maschinenflur liegenden Dampfleitungen wird gewöhnlich ein Wasserabscheider in Eckform angewendet (Fig. 93). Die Wasserabscheider werden aber sehr oft zu klein gewählt, oder sind schon an und für sich falsch konstruiert.

Im Wasserabscheider soll der Dampf eine geringere Geschwindigkeit annehmen als er in der Rohrleitung besitzt. Bei seinem Austritte aus dem Wasserabscheider nimmt er wieder die vorherige Geschwindigkeit an, indessen bleibt das Wasser zurück, da zur Annahme der Dampfgeschwindigkeit für das Wasser, infolge seines größeren spezifischen Gewichtes eine größere Kraft erforderlich ist.

Bei manchem Wasserabscheider ist aber die Verminderung der Dampfgeschwindigkeit so gering, daß ein genügendes Abscheiden des Wassers gar nicht stattfindet. Hierher gehören die Kugelwasserabscheider. Außer der Ausscheidung des Wassers durch den Wechsel in der Geschwindigkeit des

Dampfes müssen auch noch Stoßflächen im Innern des Wasserabscheiders eingebaut sein, gegen welche das Wasser geschleudert, an Geschwindigkeit verliert und nach unten abfließt. (Vgl. Fig. 92.)

Über die Entwässerung von Niederdruckdampfleitungen gilt das auf Seite 93 Gesagte.

Die Dampfleitungen sind zum Zwecke des Wasserabscheidens in der Richtung des Dampfstromes mit Gefälle zu verlegen.

Im allgemeinen wird ein Gefälle von 5 mm auf jedes Meter genügen.

Entgegengesetzt sind die Rohrleitungen einer Warmwasserheizung zu

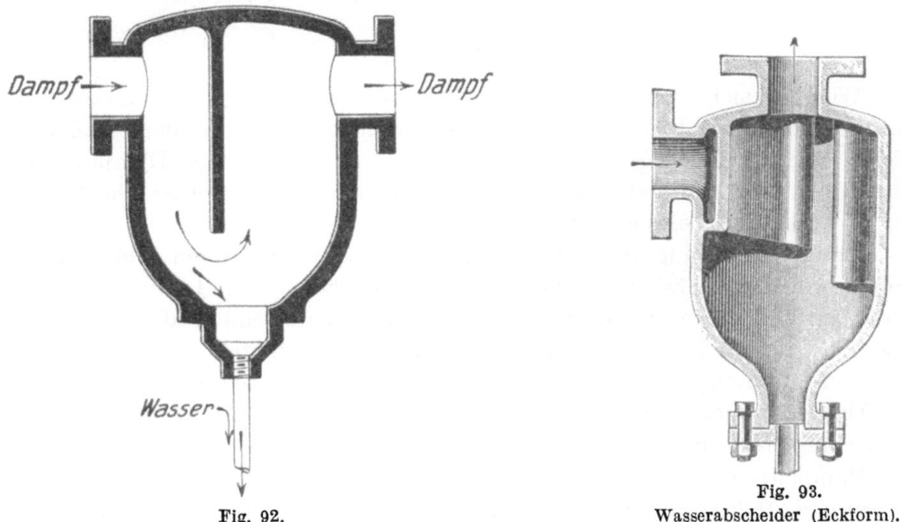

Fig. 92.

Fig. 93.
Wasserabscheider (Eckform).

legen. Bei diesen ist auf das Ausscheiden der Luft beim Erwärmen des Wassers Rücksicht zu nehmen.

Manches Wasser ist außerordentlich lufthaltig, es sondern sich — hauptsächlich während der Betriebspausen — Luftblasen ab, denen Gelegenheit zum Entweichen gegeben werden muß, weil sie den Rohrquerschnitt verengen. Die Verengung kann so groß werden, daß die Wasserströmung gänzlich behindert wird. (Vgl. den Abschnitt: Warmwasserheizung, Seite 102.)

Bei Warmwasserfernheizungen können dagegen die Leitungen fast horizontal gelegt werden, weil der durch eine Pumpe erzeugte Wasserumlauf die Luft mitreißt; nur ist an höchster Stelle einer solchen Leitung für Entlüftung zu sorgen.

Die hierfür hergestellten selbsttätigen Entlüfter haben sich nicht bewährt.

Am zweckmäßigsten ist eine Entlüftung von Warmwasser-Fernleitungen durch ein besonderes Rohr, welches bis zum nächsten Expansionsgefäße geleitet wird. Ist die Entfernung zu groß, so bringt man kleine Windkessel am höchsten Punkte der Strecke an, aus denen von Zeit zu Zeit etwa angesammelte Luft durch Öffnen eines bequem zugänglichen Lufthahnes abzulassen ist.

X. Spannungsabfall bei strömender Bewegung des Wasserdampfes in Rohrleitungen.

1. Allgemeines.

Wenn es sich darum handelt, den Wasserdampf weiterzuleiten, um ihn entfernt von seiner Erzeugungsstelle nutzbar zu machen, so bedient man sich hierzu eiserner Leitungsrohre. Man kann nun jede beliebige Dampfmenge durch ein Rohr hindurch schicken, wenn nur der hierzu erforderliche Druck am Anfange der Leitung vorhanden ist.

Bei der Strömung des Dampfes durch die Leitungen treten Widerstände auf, die von der Adhäsion an den Rohrwandungen herrühren. Die an der Rohrwand entlang streichenden Flüssigkeitsteilchen bleiben infolgedessen gegenüber den in der Mitte strömenden zurück und so entsteht im Rohre eine „rollende" Bewegung, die zugleich Wirbel auslöst. Die Geschwindigkeit des Dampfstromes ist in der Mitte des Rohres am größten und nimmt nach außen hin mehr und mehr ab, so daß sich also auch die einzelnen Teilchen des Dampfstromes nicht nur an den Wandungen, sondern auch aneinander reiben und stoßen, weil in ein und demselben Querschnitte des Dampfstromes verschiedene Geschwindigkeiten herrschen. Die Geschwindigkeit, welche der Bestimmung der in der Zeiteinheit durch einen Rohrquerschnitt fließenden Dampfmenge zugrunde gelegt wird, ist als die mittlere Geschwindigkeit anzusehen.

In den meisten Fällen ist die Dampfspannung am Anfange der Leitung und die Länge der Leitung gegeben, indem gewöhnlich diese durch die Dampfspannung der Kesselanlage, die Länge aber durch die örtlichen Verhältnisse bestimmt wird. Es entsteht alsdann die Frage, welche Dampfspannung soll am Ende der Leitung noch vorhanden sein und hiernach richtet sich dann — sofern eben eine bestimmte Dampf- oder Wärmemenge am Ende der Leitung austreten soll — der Durchmesser der Leitung.

Ist dieser zu klein bemessen, so sind die Widerstände in der Leitung zu groß und die Endspannung oder die Dampfmenge ist geringer als verlangt wird; ist der Durchmesser der Leitung zu groß, so werden die Anlagekosten höher und die unvermeidlichen Wärmeverluste sind größer als notwendig[1].

---

[1] Wärmeverluste sind immer vorhanden, auch wenn die Rohrleitungen isoliert sind; nicht selten trifft man bei Laien auf die Ansicht, daß eine isolierte Leitung keine Wärme abgeben könne. Das ist natürlich unrichtig; denn jeder Körper ist mehr oder weniger wärmedurchlässig.

Es handelt sich also darum, die wirtschaftlich günstigste Stärke der Leitung zu ermitteln, was durch genaue, unter Umständen mehrfach zu wiederholende Berechnung erfolgen kann.

Die erforderliche Spannung oder der Druck (was dasselbe ist) am Ende der Leitung ist durch die Verwendungsart des Dampfes bedingt. Soll der Dampf Arbeitszwecken dienen, soll er also z. B. eine Dampfmaschine treiben, so muß der Druck am Ende der Leitung möglichst groß sein, denn durch den Druckabfall wird die Arbeit in der Dampfmaschine geleistet, man muß demnach vor der Maschine einen möglichst hohen Druck zur Verfügung haben. Soll dagegen der Dampf zu Heiz- und Kochzwecken herangezogen werden, so genügt meist eine Dampfspannung von 0,1 bis 1,0 Atm an der Dampfverbrauchsstelle und der Spannungsabfall in den Leitungen kann dann groß sein, sofern die Anfangsspannung nicht ohnehin schon — wie bei Niederdruckdampfheizungen — eine niedrige ist.

Ist ein großer Spannungsabfall zulässig, dann wird auch die Dampfleitung verhältnismäßig kleinen Durchmesser erhalten, dafür aber wird die Dampfgeschwindigkeit groß, die Leitungen sind dann mit Rücksicht auf die schnelle Erwärmung beim Anstellen des Dampfes und das mitgeführte Wasser, das bei zu raschem Öffnen des Ventiles durch Wasserschläge die Leitungen zerstören kann, mit großer Sorgfalt zu legen.

In den meisten Fällen werden bei der Bestimmung des Durchmessers einer Dampfleitung gewisse Verhältnisse von vorn herein gegeben sein und zwar: die Länge der Leitung, die Anfangs- oder die Endspannung, die Dampfmenge oder die Wärmemenge, welche am Ende der Leitung austreten soll und hieraus, eventuell unter Annahme einer noch fehlenden Bedingung, ist dann der Durchmesser der Leitung zu berechnen. Bei gegebenem oder angenommenem Durchmesser einer Dampfleitung würde es sich um Feststellung des Spannungsabfalles und der am Ende der Leitung austretenden Dampfmenge handeln.

Die Berechnungen von Dampfleitungen basieren auf Versuchen über die Größe des Widerstandes, welchen eine strömende Flüssigkeit durch die Reibung an den Rohrwandungen und durch innere Reibung erfährt.

Theoretische Erörterungen können nur die durch die Versuche ermittelten Resultate für andere Verhältnisse übertragbar machen.

Es ist ganz eigenartig, daß trotz der Wichtigkeit der Aufgabe, zuverlässige und die Verhältnisse der Praxis berücksichtigende Versuche in entsprechendem Umfange nur wenig ausgeführt wurden. Von den neueren dieser Untersuchungen sind zurzeit die von Dr. *Ing. Fritzsche* veröffentlichten maßgebend[1]. Es erübrigt sich daher, die älteren Berechnungen anzuführen. *Fritzsche* hat im Laboratorium der technischen Hochschule zu Dresden eingehende Versuche über den Strömungswiderstand von Gasen in geraden, zylindrischen Rohrleitungen angestellt und dabei in sehr umfangreichem Maße die bisher

---

[1] Mitteilungen über Forschungsarbeiten, herausgegeben vom Ver. Deutscher Ingenieure. Heft 60. Verlag v. Julius Springer.

bekannt gewordenen Versuchsergebnisse älterer und neuerer Forschungen gegenübergestellt und mit den eigenen Versuchen verglichen.

Aus der Übereinstimmung der von *Fritzsche* mit Luft vorgenommenen Versuche mit denen anderer Forscher (*Berner, Eberle*), welche den Spannungsabfall in Dampfleitungen beobachteten, geht hervor, daß die von *Fritzsche* gefundenen Resultate unter Einsetzen der entsprechenden Gaskonstanten auch für andere Flüssigkeiten, Leuchtgas und überhitzten und gesättigten Wasserdampf verwendbar sind. Auf die Entwicklung der diesbezüglichen Formeln soll hier nicht weiter eingegangen werden.

2. Bestimmung des Rohrwiderstandes.

Die von *Fritzsche* benutzte Formel ist die allgemein bekannte, die auch bei der Bestimmung der Strömungswiderstände tropfbarer Flüssigkeiten angewendet wird. Je nach der Art der Flüssigkeit richtet sich nun die Widerstandszahl, die *Fritzsche* in der Veröffentlichung seiner Versuche für Luft mit φ und für andere Flüssigkeiten mit φ' bezeichnet. Für Dampfleitungen sei dagegen im folgenden die Bezeichnung β gewählt, weil hierfür noch für den praktischen Gebrauch eine weitere Umformung vorzunehmen ist.

Da für Lüftungsanlagen, besonders in Gießereien und großen Hallen, in denen die Beheizung durch erwärmte Luft erfolgt, auch hier die Widerstände in Luftleitungen von Interesse sind, so sind die Werte von φ nach *Fritzsche* in Zahlentafel (XII) ebenfalls wiedergegeben.

Die von *Fritzsche* benutzte Formel lautet:

$$\varDelta p = \varphi \, \frac{l}{d} \, \frac{pw^2}{T} \tag{1}$$

worin $\varDelta p$ den Spannungsabfall in kg/qcm oder Atm,

$\quad p$ die Spannung oder den Druck in kg/qcm oder Atm,

$\quad l$ die Länge der Leitung in m,

$\quad d$ den Durchmesser der Leitung in mm,

$\quad w$ die Strömungsgeschwindigkeit in m/sek,

$\quad T$ die Temperatur vom absoluten Nullpunkt, also $(t + 273°)$ in Celsiusgraden,

$\quad \varphi$ die Widerstandszahl

bedeuten.

$$\varDelta p = p_1 - p_2 = \text{Anfangsdruck} - \text{Enddruck.}$$

Für die Widerstandszahl φ hat *Fritzsche* nun für feuchte Luft mit der Gaskonstanten $R = 29{,}4$ folgende Gleichung aufgestellt:

$$\varphi = 0{,}0864 \left(\frac{T}{pw}\right)^{0,148} d^{-0,269} \tag{2}$$

und diese Werte sind in der im Anhange wiedergegebenen Zahlentafel (XII) für die Rohrdurchmesser von 10 bis 1000 mm in Abhängigkeit des in der Gleichung (1) vorkommenden Ausdruckes $\dfrac{T}{pw}$ geordnet, enthalten.

Bei der Anwendung der Formel auf andere Gase sind die Werte von φ umzurechnen, und zwar sind die in der Zahlentafel enthaltenen mit

$$0{,}001\ 782\ R'\ ^{0{,}148} \tag{3}$$

zu multiplizieren, worin R' die neue Gaskonstante bezeichnet.

Für Wasserdampf, dessen Gaskonstante $R' = 47{,}1$ ist, ergibt sich:

$$\varphi' = 0{,}001\ 782 \cdot 47{,}1^{\circ\,0{,}148} = 0{,}00\ 315 \cdot \varphi \tag{4}$$

Zur Vereinfachung der Berechnung von Dampfleitungen kann nun aus der bekannten Gleichung (vgl. Abschn. „Wärme", Gleichung (13)

$$Pv = RT$$

oder, da $v = \dfrac{1}{\gamma}$ ist, auch aus $\dfrac{P}{\gamma} = RT$,

das spezifische Gewicht γ in die oben angegebene Formel für den Druckverlust eingeführt werden, denn es ist:

$$TR = \frac{P}{\gamma} = \frac{10\,000\,p}{\gamma} \tag{5}$$

demnach

$$\frac{TR}{w} = \frac{10\,000\,p}{w\gamma}$$

Hieraus ergibt sich nun

$$\gamma w = \frac{10\,000}{R} \cdot \frac{p \cdot w}{T} \tag{6}$$

oder

$$\gamma w = \frac{10\,000}{R\,\dfrac{T}{pw}} \tag{7}$$

Mit der Einführung von γw in die Gleichung (1)

$$\varDelta p = \varphi\,\frac{l}{d}\,\frac{pw^2}{T}$$

geht dieselbe über in

$$\varDelta p = \beta\,\frac{l}{d}\,\gamma w^2 \tag{8}$$

worin β die von γw abhängige Widerstandszahl bedeutet (vgl. Gleichung (4).

Zur Ermittelung von β wurden vom Verfasser die Werte von φ' nach $\dfrac{T}{pw}$ graphisch aufgetragen, wobei die Ordinaten die Werte von φ' und die Abszissen die Werte $\dfrac{T}{pw}$ angaben. Alsdann wurden die, bestimmten Werte von γw, entsprechenden Werte $\dfrac{T}{pw}$ nach obigem Verfahren ermittelt und auf die Abszissen aufgetragen. Danach konnten die Werte von β für die in der Zahlentafel angegebenen Werte γw abgelesen werden. Die Widerstandszahlen β in Abhängigkeit von γw und dem Durchmesser d der Leitung sind in der Zahlentafel (XIII) enthalten. Es sei nur bemerkt, daß sämtliche Werte β 6 Dezimalen aufweisen, von denen in der Zahlentafel nur 2, bzw. 3 angegeben sind. Es ist also z. B. für $\gamma w = 350$ die Widerstandszahl eines Rohres von 80 mm lichtem Durchmesser $\beta = 0{,}000\ 078$, während in der Zahlentafel nur 78 steht.

Außerdem enthält die Zahlentafel, da β noch von den Durchmessern der Rohre abhängig ist, die Werte von $\dfrac{\gamma w}{d}$, zur bequemeren Benutzung der obigen Gleichung, sowie die sich hieraus ergebenden Dampfgewichte G pro Stunde.

Am Kopfe der Tafel stehen die Rohrquerschnitte f für jeden Rohrdurchmesser in qm.

Da nun das in einer Stunde durch den Querschnitt f mit der Geschwindigkeit w und dem spez. Gewichte γ hindurchgehende Dampfgewicht

$$G = f \cdot w \cdot \gamma \cdot 3600 \tag{9}$$

ist, muß jedem Werte von γw und dem Rohrquerschnitte f ein Wert G entsprechen und es kann daher bei angenommenem oder gegebenen γw das stündliche Dampfgewicht direkt aus der Zahlentafel abgelesen werden.

Ist der Spannungsabfall $\varDelta p$ zu bestimmen, und sind die Länge l der Leitung, das Produkt γw, die Geschwindigkeit w und der Durchmesser gegeben oder sonst in irgend einer Weise berechnet worden, wie weiter unten gezeigt werden soll, so sind die Tabellenwerte

$$\beta; \; \frac{\gamma w}{d}; \; w$$

mit der Länge l zu multiplizieren.

Beispiel. Es soll die Dampfleitung für eine Dampfmaschine von 300 PS mit einem Dampfverbrauche von 6 kg für jede PS berechnet werden, wobei noch folgende Daten zu beachten sind:

Länge der Leitung	$l = 30$ m,
Anfangsspannung	$p_1 = 11,0$ Atm (abs.),
Endspannung (mindestens)	$p_3 = 10,8$ Atm (abs.),
Geschwindigkeit (angenommen)	$w = 25$ m/sec.

Es ist, entsprechend einer mittleren Spannung in der Leitung von 10,9 Atm das spez. Gewicht des Dampfes $\gamma = 5,46$ (aus der Dampftabelle durch Interpolation zu entnehmen), somit ergibt sich

$$\gamma w = 5,46 \cdot 25 = 136,50.$$

Die stündlich zu fördernde Dampfmenge ist nach der Aufgabe

$$G = 300 \cdot 6 = 1800 \text{ kg}.$$

Für $\gamma w = 125$ und $G = 1732$ gibt die Zahlentafel (XIII) eine Dampfleitung von 70 mm an. Es ist nun zu ermitteln, wie groß der Druckverlust sich gestaltet.

Entsprechend $\gamma w = 136$ ist bei $d = 70$ mm ein Mittelwert für β aus der Zahlentafel zu entnehmen, der zwischen $\gamma w = 150$; $\beta = 0,000091$ und $\gamma w = 125$; $\beta = 0,000093$ liegen wird, so daß $\beta = 0,000092$ angenommen werden kann.

Für $l = 30$ und $w = 25$ ergibt sich:

$$\varDelta p = \beta \cdot l \cdot \frac{\gamma w}{d} \cdot w$$

$$= 0,000\,092 \cdot 30 \cdot \frac{136,50}{70} \cdot 25$$

$$\varDelta p = 0,000\,092 \cdot 30 \cdot 1,95 \cdot 25$$

$$= 0,134 \text{ Atm}.$$

Die Dampfleitung ist demnach immer noch reichlich groß gewählt, da ein Spannungsabfall $p_1 - p_2 = 0,2$ Atm zur Verfügung gestellt wurde, indessen sind noch die Einzelwiderstände, wie Ventile, Krümmungen, Wasserabscheider, sowie auch die durch die Kondensation in der Leitung bedingte Vergrößerung der Dampfmenge zu berücksichtigen.

Vorläufig soll durch obiges Beispiel nur die Anwendung der Zahlentafel als Hilfsmittel gezeigt werden. Weitere Beispiele folgen.

Was nun die Gültigkeit der Werte β anbetrifft, so liegen als Parallelversuche zu den von *Fritzsche* mit Luft angestellten die von *Eberle* an Dampfleitungen vor, welche in der Zeitschrift des Vereins deutscher Ingenieure im Jahrgange 1908, Seite 663 veröffentlicht sind. Infolge der Schwierigkeit einer ganz genauen Messung des Druckabfalles und der durchfließenden Dampfmenge, schwanken die von *Eberle* gefundenen Werte zwischen 0,0 001 019 und 0,0 001 141.

Eberle setzt als Mittelwert $10,5 \cdot 10^{-8}$ also $\beta = 0,000\,000\,105$, gibt aber den Durchmesser der Rohrleitung in Metern an. Bei Einsetzen des Durchmessers in mm wird daher $\beta = 10,5 \cdot 10^{-5} = 0,000\,105$.

Eine Gesetzmäßigkeit der von ihm gefundenen Werte β konnte *Eberle* aber nicht ermitteln.

Wenn wir indessen einige dieser Versuchsresultate mit den in der Zahlentafel enthaltenen Werten von β vergleichen, so besteht doch eine ziemliche Übereinstimmung.

So sind die an einer Leitung von 70 mm lichtem Durchmesser gefundenen Werte γw und $\beta \cdot 10^{-8}$

nach *Eberle*:		nach Zahlentafel XIII:
$\gamma w = 32,5$;	$\beta = \mathbf{11,41}$	$\beta = \mathbf{11,5}$
$\gamma w = 36,4$;	$\beta = 10,39$	$= 11,3$
$\gamma w = 42,2$;	$\beta = 10,32$	$= 10,9$
$\gamma w = 53,6$;	$\beta = 11,08$	$= 10,6$
$\gamma w = 62,49$;	$\beta = 10,55$	$= 10,3$
$\gamma w = 66,03$;	$\beta = 10,66$	$= 10,3$
$\gamma w = 75,14$;	$\beta \doteq \mathbf{10,19}$	$= \mathbf{10,1}$

Daß eine Abhängigkeit der Widerstandszahlen von der Dampfgeschwindigkeit, sowie auch vom Rohrdurchmesser, wie sie durch die Versuche von *Fritzsche* und anderer Forscher nachgewiesen ist, besteht, ist zweifellos. Die verhältnismäßig gute Übereinstimmung der Versuchsergebnisse lassen die Übertragung der von *Fritzsche* für Luft gefundenen Widerstandszahlen auch auf Dampfleitungen, nach entsprechender Umrechnung, zu.

Eberle schlägt nun, auf Grund seiner Versuche, vor, den Wert β für alle Leitungsdurchmesser und alle Dampfgeschwindigkeiten mit 0, 000 105 einzusetzen, fügt aber hinzu, daß bei Ausschaltung der zweifelhaften Versuchsresultate der Wert sich noch niedriger ergibt. Es liegt indessen keine Veranlassung vor, diesen Vorschlag anzunehmen, da die Versuche von *Fritzsche* inzwischen die Abhängigkeit der Widerstandszahlen von Durchmesser und Geschwindigkeit nachgewiesen haben, die Versuche von *Eberle* sich aber nur auf eine Rohrdimension beziehen.

Wie aus der Zahlentafel (XIII) hervorgeht, schwanken die Werte von β zwischen 0,000 227 für ein Rohr von 15 mm lichtem Durchmesser bei $\gamma w = 5$

und 0,000 057 für ein Rohr von 200 mm lichtem Durchmesser und $\gamma w = 425$. Im übrigen nimmt β mit zunehmendem Werte von γw ab, ebenso mit zunehmendem Durchmesser.

Die Wahl der Dampfgeschwindigkeit w ist nun ganz in das Belieben des Ausführenden gestellt, wenn nur der vorgeschriebene Spannungsabfall eingehalten wird.

In der Praxis wählt man die Dampfgeschwindigkeit gewöhnlich nicht über 100 m/sec, wenn großer Spannungsabfall zur Verfügung steht, wie bei Fernheizungsanlagen; doch ist auch hier meist mit Dampfgeschwindigkeiten von 50 bis 60 m gewöhnlich gerechnet worden, weil eine hohe Dampfgeschwindigkeit leicht zu Wasserschlägen, die der Haltbarkeit der Leitungen nicht förderlich sind, führen kann.

Soll dagegen der Spannungsabfall nur gering sein, wie bei Dampfmaschinenbetrieben, so wird für die Zuleitung eine Dampfgeschwindigkeit von 20 bis 30 m angenommen, dagegen wählt man für Auspuffleitungen, um den Gegendruck auf die Maschine möglichst gering zu gestalten, nur Geschwindigkeiten von 10 bis 15 m/sec.

Das spez. Gewicht γ ist durch den gewählten Spannungsabfall gegeben. Bei langen Leitungen ist eine Einteilung der Leitungsstrecke in mehrere Strecken vorzunehmen, der Gesamtspannungsabfall dementsprechend für jede Strecke festzulegen und aus Anfangs- und Endspannung jeder Strecke die mittlere Spannung und aus dieser wieder das mittlere spez. Gewicht γ zu bestimmen.

Hiermit und nach der Wahl der Dampfgeschwindigkeit läßt sich nun mit Hilfe der Zahlentafel XIII der Durchmesser und der Druckabfall, wie oben angegeben wurde, ermitteln.

Soll für einen einzuhaltenden Druckabfall der Durchmesser der Leitung bei gegebenem Dampfgewichte ermittelt werden, so ist die Entwicklung der hierzu zu verwendenden Gleichung folgende:

Aus der Gleichung (9)

$$G = w f \gamma \cdot 3600$$

ergibt sich die Geschwindigkeit

$$w = \frac{G}{f \cdot \gamma \cdot 3600} \tag{10}$$

Wird hierin der Querschnitt f durch

$$\frac{d^2 \pi}{4 \cdot 1000^2}$$

ersetzt, so ist

$$w = \frac{G \cdot 4 \cdot 1000^2}{\gamma \cdot 3600 \cdot \pi \cdot d^2} \tag{10a}$$

oder

$$w = 353{,}67 \cdot \frac{G}{\gamma \cdot d^2} \tag{10b}$$

Dieser Wert in die Gleichung für den Spannungsabfall eingesetzt, ergibt

$$\varDelta p = \beta \frac{l}{d} \gamma \left(353{,}67 \frac{G}{\gamma d^2}\right)^2 \tag{11}$$

oder

$$\varDelta p = 125\,089 \cdot \beta \frac{l}{d^5} \frac{G^2}{\gamma} \tag{11a}$$

woraus mit $\varDelta p = p_1 - p_2$

$$d = \sqrt[5]{125\,089\, \beta \frac{l}{(p_1 - p_2)} \frac{G^2}{\gamma}} \tag{12}$$

Eine bequemere Schreibweise für die Berechnung entsteht, wenn man die Werte von β mit 10 000 multipliziert und $\beta \cdot 10^4$ schreibt, also z. B. statt $\beta = 0{,}000\,093$ den Wert $\beta \cdot 10^4 = 0{,}93$ einsetzt.

Alsdann ist

$$d = \sqrt[5]{12{,}51\, \beta \cdot 10^4 \frac{l}{(p_1 - p_2)} \frac{G^2}{\gamma}} \tag{13}$$

Beispiel. Es sollen 5000 kg Dampf auf eine Entfernung von 300 m geleitet werden, wobei der Spannungsabfall von 6 auf 4 Atm sinken darf.

Das spez. Gewicht ist für den mittleren Druck $p = 5$ Atm (absol.)
$$\gamma = 2{,}616.$$

Wird eine Geschwindigkeit von 60 m/sec gewählt, so ist $\gamma w = 2{,}616 \cdot 60 = 156{,}96$. Die Zahlentafel für die Widerstandszahlen β zeigt bei $\gamma w = 150$:

mit $\quad G = 4241$ kg; $\quad \beta = 0{,}000083$; $\quad$ einen Leitungsdurchmesser $d = 100$ mm;

mit $\quad G = 6626$ kg; $\quad \beta = 0{,}000078$; $\quad\quad$ „ $\quad\quad\quad\quad$ „ $\quad\quad\quad\quad d = 125$ mm;

bei $\gamma w = 175$ mit $G = 4947$ kg; $\quad \beta = 0{,}000081$; ist $d = 100$ mm.

Der Wert von β wird deshalb für das Beispiel zwischen diesen Werten mit 0,000081 liegen. Danach ist nach Gleichung (13)

$$d = \sqrt[5]{12{,}51 \cdot 0{,}81 \cdot \frac{300}{2} \cdot \frac{5000^2}{2{,}616}} \quad d = 107{,}76 \text{ mm.}$$

Man wird deshalb ein Rohr von 106,5 mm lichtem und 114 mm äußerem Durchmesser wählen. (Vgl. Zahlentafel XIV: schmiedeeiserne Rohre.)

Aus dem Beispiele geht hervor, wie einfach sich die Berechnung mit Hilfe der Zahlentafel für die Widerstandswerte β gestaltet. Will man die Berechnung möglichst genau durchführen, so ist die Länge der Leitung in mehrere Strecken von 20 bis 25 m zu zerlegen, der jeweilige Spannungsabfall für eine Strecke nach Maßgabe ihrer Länge zu bestimmen, d. h. der gewählte gesamte Spannungsabfall aufzuteilen und alsdann aus dem mittleren Drucke zwischen Anfang und Enddruck an jeder Strecke das spez. Gewicht zu ermitteln.

Es bleibt noch die Berücksichtigung der Einzelwiderstände und der Kondensationsmenge übrig, da erstere den Spannungsabfall wesentlich beeinflussen, letztere die in die Leitung hineinzuschickende Dampfmenge aber vergrößert.

3. Bestimmung der Einzelwiderstände.

Da die Dampfleitungen Absperrorgane (Ventile, Drosselklappen), Apparate zur Absonderung des in den Leitungen durch Abkühlung des Dampfes entstehenden oder aus den Kesseln mitgerissenen Wassers, ferner Krümmungen, die dem Dampfstrome Richtungsänderungen aufzwingen, Ausdehnungsbogen zur Aufnahme der Längenausdehnung usw. enthalten, so werden die Widerstände nicht unwesentlich erhöht.

Nach den schon oben angeführten Versuchen von *Eberle* ist der Widerstand eines ganz geöffneten Absperrventils gleich zu setzen der Länge einer Rohrleitung von 16 m von dem gleichen Durchmesser wie das Ventil. Hiernach zu schätzen, wären für einen Wasserabscheider etwa 10 m Rohrleitung anzunehmen; (Versuche über die Widerstände von Wasserabscheidern sind bisher noch nicht veröffentlicht worden), ebenso kann der Widerstand eines Ölabscheiders mit etwa 10 m Rohrleitung gleichgesetzt werden. Allerdings verursachen manche Konstruktionen von Ölabscheidern, soweit aus den in der Zeitschrift des Vereins deutscher Ingenieure veröffentlichten Versuchen des Bayrischen Revisionsvereins (Z. 1910, Seite 1971) ersichtlich ist, nicht unerhebliche Widerstände, für welche als Äquivalent eine Rohrstrecke von 10 m nicht ausreichen würde.

Versuche von *Bach* haben für Ω-förmige Kompensationsbögen Widerstände von 2,0 m ergeben.

Drosselklappen bilden nur ganz geringen Widerstand und können daher unberücksichtigt bleiben.

Dagegen dürfte es sich empfehlen, rechtwinklige, aus Guß hergestellte Krümmer mit etwa 3 m, rechtwinklige Abzweige aber mit 5,0 m Rohrlänge zu berücksichtigen.

Die Werte sind allerdings nur geschätzt, da Versuche hierüber zurzeit nicht bekannt geworden sind.

4. Bestimmung und Berücksichtigung der Wärmeverluste.

Zu der in eine Dampfleitung hineinzuschickenden Dampfmenge, welche am Ende der Dampfleitung austreten soll, kommt noch diejenige Dampfmenge hinzu, welche auf der ganzen Länge der Leitung infolge der Wärmeverluste in Wasser übergeht, sofern es sich nicht um überhitzten Dampf handelt. — Bei letzterem tritt an Stelle der Kondensation eine Herabminderung der Dampftemperatur ein.[1]

Die in der Leitung durch Abkühlung verloren gehende Dampfmenge ergibt sich aus

$$G' = \frac{D\,\pi\,(t_m - t_l)\,k\,l}{1000\,r_m},$$

worin D den äußeren Durchmesser des Rohres in mm, $\pi = 3{,}14$, k die Wärmedurchgangszahl des nackten bzw. isolierten Rohres (vgl. Abschn. „Isolierung"), t_m die mittlere Temperatur des Dampfes, r_m die mittlere Verdampfungswärme (vgl. Abschn. „Wasserdampf", S. 41), t_l die Temperatur der die Rohrleitung umgebenden Luft, und l die Länge der Leitung in Metern bedeuten.

t_m und r_m sind aus dem gewählten Spannungsabfalle, ebenso wie das mittlere spezifische Gewicht γ, zu bestimmen, t_l ist zu schätzen. Da nun

---

[1] Verschiedene Beobachter wollen auch in Dampfleitungen, in welchen überhitzter Dampf geführt wurde, Kondensat bemerkt haben. Inwieweit diese Behauptungen zutreffend sind, ist noch nicht einwandfrei festgestellt.

am Ende der betrachteten Leitungsstrecke durch Kondensation die Dampfmenge G' ganz verschwunden, am Anfange der Leitung aber in die Leitung hineinzuschicken ist, so muß in der Mitte der Leitung etwa die halbe Menge vom G' vorhanden sein, die dann für die Berechnung der mittleren Geschwindigkeit des Dampfes auf der Strecke in Betracht kommt. Es ist deshalb in den obigen Gleichungen 10, 10a und 10b und den folgenden das stündlich durch die Leitung hindurchströmende Dampfgewicht G um $\dfrac{G'}{2}$ zu vergrößern, so daß die Gleichung 10b danach übergeht in

$$w = 353{,}67 \; \frac{G + \dfrac{G'}{2}}{\gamma\, d^2}.$$

In derselben Weise sind auch die übrigen Gleichungen 11 bis 13 bei Berücksichtigung der Kondensation zu erweitern. (Für die Berechnung der Dampfmenge, welche von den Kesseln abzugeben ist, kommt die gesamte Dampfmenge G' in Betracht.)

Die Gleichungen lauten daher:

$$\Delta p = \beta \, \frac{l}{d} \, \gamma \left(353{,}67 \; \frac{G + \dfrac{G'}{2}}{\gamma\, d^2}\right)^2 \tag{11c}$$

oder

$$\Delta p = 125\,089 \cdot \beta \cdot \frac{l}{d^5} \, \frac{\left(G + \dfrac{G'}{2}\right)^2}{\gamma}, \tag{11d}$$

so daß auch

$$d = \sqrt[5]{12{,}51 \cdot \beta \cdot 10^4 \, \frac{l\left(G + \dfrac{G'}{2}\right)^2}{(p_1 - p_2)\,\gamma}}. \tag{13a}$$

Für Niederdruckdampfleitungen ergibt sich noch eine wesentliche Vereinfachung dieser Gleichungen, weil bei Niederdruckdampf infolge des geringen Spannungsabfalles sowohl das spezifische Gewicht γ als auch der Wärmeinhalt des Dampfes eine nur geringe Veränderung erfahren) (vgl. Abschnitt V, Seite 94 bis 100).

5. Beispiele und Vergleich mit anderen Berechnungsarten.

Eine bestehende Dampfleitung von 50 m Länge, 82,5 mm innerem und 89 mm äußerem Durchmesser, mit einer Isolierung, deren Wärmedurchgangszahl $k = 2{,}75$ ist (Diatomit), soll am Ende eine Dampfmenge von 3000 kg liefern. Der Druck im Kessel beträgt dabei 11 Atm. Es ist der Druck am Ende der Leitung zu ermitteln, wenn noch 2 Absperrventile, 4 Krümmer und 1 Wasserabscheider als Einzelwiderstände in Betracht gezogen werden.

a) Bestimmung der Wärmeverluste.

Bei 50 m Länge sind etwa 16 Flanschenpaare vorhanden, da die Leitung auch Krümmungen aufweist.

Oberfläche der Flanschen	$16 \cdot 0{,}0755 =$	1,20 qm
„ „ Ventile	$2 \cdot 0{,}080 \;=$	0,16 „
„ des Wasserabscheiders	$=$	0,90 „
„ „ Leitungsrohrs	$50 \cdot 0{,}2796 =$	13,98 „
Gesamtabkühlungsfläche	$=$	16,24 qm.

Unter Annahme eines Spannungsabfalles von 1,0 Atm ist der mittlere Druck 10,50 Atm, die mittlere Dampftemperatur $t_m = 181,2°$. Bei 25° Lufttemperatur betragen die stündlichen Wärmeverluste der Leitung:

$$16,24 \cdot 2,75 \cdot (181,2 - 25) = 6979 \text{ w/Std}.$$

Die dem mittleren Drucke entsprechende Verdampfungswärme ist $r_m = 481,2$, daher das in der Leitung entstehende Kondensat

$$G' = \frac{6979}{481,2} = 14,5 \text{ kg}.$$

b) Überschlägliche Ermittlung des Spannungsabfalles.

Die Zahlentafel XIII gibt bei einem Durchmesser von 80 mm und einem stündlichen Dampfgewichte von 3166 kg einen Wert für $\beta = 0,000086$ und für $\gamma w = 175$. Bei dem mittleren Drucke $p_m = 10,5$ ist $\gamma_m = 5,2743$; daher ist

$$w = \frac{175}{5,3} = 33 \text{ m}.$$

Hieraus ist dann unter Berücksichtigung der Widerstände in 2 Ventilen, 4 Krümmern und 1 Wasserabscheider

$$l = 50 + 2 \cdot 16 + 4 \cdot 3 + 10 = 104 \text{ m}$$

und aus

$$\Delta p = \beta \cdot l \cdot \frac{\gamma w}{d} \cdot w$$

$$\Delta p = 0,000086 \cdot 104 \cdot 2,187 \cdot 33 = 0,646 \text{ Atm}.$$

c) Nach der überschläglichen Berechnung beträgt der Spannungsabfall 0,646 Atm. Es ist daher der mittlere Druck in der Leitung

$$11,0 - \frac{0,646}{2} = 10,677 \text{ Atm rd. } 10,7 \text{ Atm},$$

so daß durch Interpolation der Werte der Zahlentafel I gefunden wird:

$$t_d = 182°$$
$$\gamma_m = 5,3685$$
$$r_m = 480,6.$$

Demnach betragen die Wärmeverluste:

$$16,24 \cdot 2,75 \, (182 - 25) = 6994 \text{ w/Std}.$$

Das Kondensat beträgt

$$G' = \frac{6994}{480,6} = 14,55 \text{ kg}.$$

Der Spannungsabfall Δp ergibt sich aus Gleichung (11d):

$$\Delta p = 125089 \cdot \beta \, \frac{l}{d^5} \frac{\left(G + \frac{G}{2}\right)^2}{\gamma_m}.$$

Die mittlere Geschwindigkeit w auf der ganzen Strecke und damit γw ergibt sich aus

$$w = 353,67 \cdot \frac{G + \frac{G}{2}}{\gamma_m \, d^2}.$$

Es ist

$$w = 353,67 \cdot \frac{\left(3000 + \frac{14,55}{2}\right)}{5,3685 \cdot 82,5^2} = 29,108 \text{ m/Sec}.$$

$$\gamma w = 29,108 \cdot 5,3685 = 156.$$

Daher liegt nach Zahlentafel XIII β zwischen 0,000087 und 0,000086

$$\varDelta p = 125089 \cdot 0,0000868 \cdot \frac{104}{82,5^2} \cdot \frac{3007,3^2}{5,3685} = 0,5485 \text{ Atm}.$$

Vergleich mit anderen Berechnungsarten.

Eine Dampfleitung von 100 m Länge soll bei einem Spannungsabfalle von 0,5 Atm 2000 kg Dampf fördern. Der Druck am Anfange betrage 11,0 Atm, er ist daher am Ende der Leitung 10,5 Atm. Es ist der lichte Durchmesser der Leitung zu bestimmen.

Nach Zahlentafel XIII ergibt sich mit $\gamma w = 150$ ein Durchmesser $d = 70$ mm, so daß die Wärmeverluste und die daraus entstehende Kondensatmenge zu etwa 15 kg berechnet wird.

Es ist dann nach Gleichung (13) mit $\beta = 0,000091$ und $\gamma_m = 5,392$

$$d = \sqrt[5]{12,51 \cdot 0,91 \cdot \frac{100}{0,5} \cdot \frac{2007,5^2}{5,39}} = 70,17 \text{ mm}.$$

Nach der von *Rietschel* angegebenen Formel (vgl. Leitfaden zum Berechnen und Entwerfen von Lüftungs- und Heizungsanlagen, Verlag von Julius Springer, Berlin, 5. Auflage), welche lautet:

$$d = 0,0707 \sqrt[5]{\frac{l\,\{3\,Q^2 + Q'\,(3\,Q + Q')\}}{(p_2 - p_1)\,(p_2 + p_1 + 6120)}},$$

in welcher Q die stündlich zu liefernde Dampfmenge (entspr. G) in kg,

$\quad\quad$ Q' die Verluste durch Abkühlung (entspr. G') in kg,

$\quad\quad$ p_2 den Druck am Anfange in kg/qm der Leitung,

$\quad\quad$ p_1 „ „ „ Ende „ „ „ „

$\quad\quad$ d „ Durchmesser der Leitung im Lichten und in m,

$\quad\quad$ l die Länge desselben in m

bezeichnen, ist mit obigen Daten:

$$d = 0,0707 \sqrt[5]{\frac{100\,\{3 \cdot 2000^2 + 15\,(3 \cdot 2000 + 15)\}}{(110\,000 - 105\,000\,(110\,000 + 105\,000 + 6120)}}$$

$$d = 0,072 \text{ m}.$$

Die Übereinstimmung mit der obigen Berechnung ist also beinahe vollständig.

Dagegen ergeben die Leitungen bei großen Rohrdimensionen doch wesentliche Unterschiede, wie die nachstehende Zahlentafel deutlich zeigt. In derselben ist unter gleichen Voraussetzungen der Rohrdurchmesser einmal nach Gleichung (13) und dann nach der von *Rietschel* angegebenen Gleichung ermittelt.

Der Grund für die Verschiedenheit der Rohrdurchmesser liegt darin, daß in der Formel von *Rietschel* für alle Durchmesser und alle Dampfgeschwindigkeiten die gleiche Widerstandszahl, nämlich $\beta = 0,000105$, benutzt wird, während alle Beobachtungen über strömende Bewegung von Flüssigkeiten auf eine von dem Rohrdurchmesser und der Geschwindigkeit abhängige Widerstandszahl hinweisen. Die in der Formel von *Rietschel* eingesetzte Widerstandszahl ist den schon erwähnten Versuchen von *Eberle* entnommen.

In der Hütte (21. Auflage, Seite 468, Band I) ist die Widerstandszahl β nach dem stündlichen Dampfgewichte G geordnet, in guter Übereinstimmung mit den in Zahlentafel XIII angegebenen Werten, jedoch ohne Berücksichtigung des Rohrdurchmessers.

In der 5. Auflage des *Rietschel*schen Leitfadens findet man die Bemerkung, daß die angegebene Berechnungsweise in der Praxis genügend große Rohrdurchmesser ergeben habe. — Damit ist noch nicht gesagt, daß die Rohrdurchmesser nicht auch hätten kleiner sein können. Vom Verfasser nach obiger Berechnungsweise ausgeführte Fernheizanlagen haben die Zulässigkeit durchaus bestätigt. Die bei den großen Rohrdimensionen besonders hervortretenden Ersparnisse in den Anlagekosten sowie in den Wärmeverlusten geben alle Veranlassung, die Berechnung der Rohrquerschnitte nach den obigen Gleichungen mit den Widerstandszahlen nach *Fritzsche* durchzuführen.

Vergleich der Berechnungsresultate mit veränderlicher Widerstandszahl β nach Fritzsche und der Berechnung nach Rietschel.

Widerstandszahl n.Fritzsche	Stündliches Dampfgewicht	Stündliches Kondensat-Gewicht	Mittleres spez. Gew. d. Dampfes	Mittlere Dampfgeschwindigk.	$\gamma\,w$	Länge der Leitung	Rohrdurchmesser in mm		Anfangs- und End-druck in Atm absol.	Mittlerer Dampf-druck in Atm absol.	Spannungs-abfall
							Fritzsche	Rietschel			
$\beta \cdot 10^4$	G i. kg	G^1 i. kg	γ	w		l i. m			$p_1 - p_2$	$p\,m$	$\varDelta\,p$
1,52	50	6	0,903	26	23	100	27,16	24,5	2,0 − 1,6	1,8	0,4
1,33	120	7	1,361	38	52	100	28,75	27,02	3,0 − 2,0	2,5	1,0
0,91	2000	15	5,392	27	146	100	70,17	72,13	11,0 − 10,5	10,75	0,5
0,91	2000	15	4,557	69	317	100	47,46	49,2	11,0 − 7,0	9,0	4,0
0,81	5000	50	2,616	58	151	300	107,76	113,75	6,0 − 4,0	5,0	2,0
0,69	16000	40	4,557	117	538	100	103,10	112,79	11,0 − 7,0	9,0	4,0
0,64	26000	40	3,600	113	407	100	149,70	165,13	8,0 − 6,0	7,0	2,0
1,02	1000	10	0,143	148	21	20	129,05	114,96	0,25 − 0,20	0,225	0,5
1,02	1000	10	0,134	106	14	20	157,03	138,75	0,22 − 0,20	0,210	0,2

Bei den beiden letzten Vergleichen ist zu beachten, daß es sich hier um Dampfdrücke unterhalb des äußeren Atmosphärendruckes (also bei Vakuum) handelt und infolge eines niedrigen Wertes von γ auch γw klein ausfällt, dafür aber die Werte von β groß werden. Dasselbe gilt auch von den beiden ersten Vergleichen. Aus diesem Grunde werden die Durchmesser der Leitungen größer als nach der Berechnungsweise von *Rietschel*.

In der Z. d. V. deutsch. Ing. 1915, S. 344, ist von *Guilleaume* der Spannungsabfall, welcher durch Ventile und Schieber in Hochdruckdampfleitungen verursacht wird, angegeben. Hiernach ist der Spannungsabfall abhängig von der Dampfgeschwindigkeit, was auch zu erwarten ist. Nach *Guilleaume* soll er bei einem 300 mm Absperrventile und 60 m Dampfgeschwindigkeit 0,62 Atm. erreichen und dem Widerstande einer 102 m langen Leitung von 300 mm Durchmesser entsprechen. Diese Angaben erscheinen sehr reichlich. Es ist aber anzunehmen, daß der Widerstand der Absperrventile der üblichen Ausführung, besonders bei hohen Geschwindigkeiten, nicht unwesentlich größer ist als 16 m Rohrlänge nach *Eberle*.

XI. Absperrorgane für Leitungen.

1. Absperrventile und Hähne.

Die Gestaltung der Absperrorgane für technische Leitungen ist, trotz des ihnen allen gemeinsamen Zweckes, die Flüssigkeitsbewegung in der Leitung zu unterbrechen oder zu hemmen, so vielseitig, daß ein besonderer Abschnitt gerechtfertigt erscheint.

Man unterscheidet bei den Absperrvorrichtungen hauptsächlich vier Konstruktionen: das Ventil, den Hahn, den Schieber und die Drosselklappe.

Fig. 94.

Fig. 95.

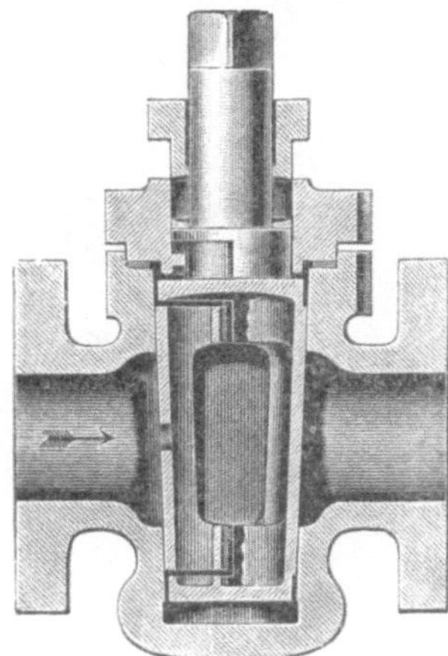

Fig. 96.

Das Absperrventil zeigt gewöhnlich eine tellerförmige Vorrichtung, welche durch eine Schraubenspindel senkrecht zur Achse der Leitung gegen eine Öffnung, den Ventilsitz, bewegt werden kann, so daß man in der Lage ist, das Abdichten zwischen Teller und Sitz durch starkes Anpressen zu bewirken. Die Ebene der Öffnung, welche der Teller abschließt, liegt zumeist in der Achse der Leitung (eine Ausnahme bildet das Eckventil). Bei Hahn, Schieber und Drosselklappe steht die Absperröffnung senkrecht zur Leitungsachse.

Der Hahn, offenbar das älteste Absperrorgan, zeigt einen drehbaren zylindrischen oder kegelförmigen Körper, das Kücken, mit einer Bohrung, die je nach der Stellung, welche man dem Hahnkücken gibt, den Querschnitt der Leitung freigibt oder verschließt (Fig. 94, 95 und 96).

Der Schieber ist im Grunde genommen eine Scheibe, die mittels einer Schraubenspindel von oben her in die Leitung eingeschoben wird und auf diese Weise die Bewegung der Flüssigkeit aufhält (Fig. 97 und 98), wogegen die Drosselklappe eine im Querschnitte der Leitung bewegliche Scheibe zeigt, die mit ihrer Ebene in die Achse der Leitung gelegt, den Durchfluß freigibt, senkrecht zur Achse aber den Querschnitt der Leitung verschließt (Fig. 101 und 102).

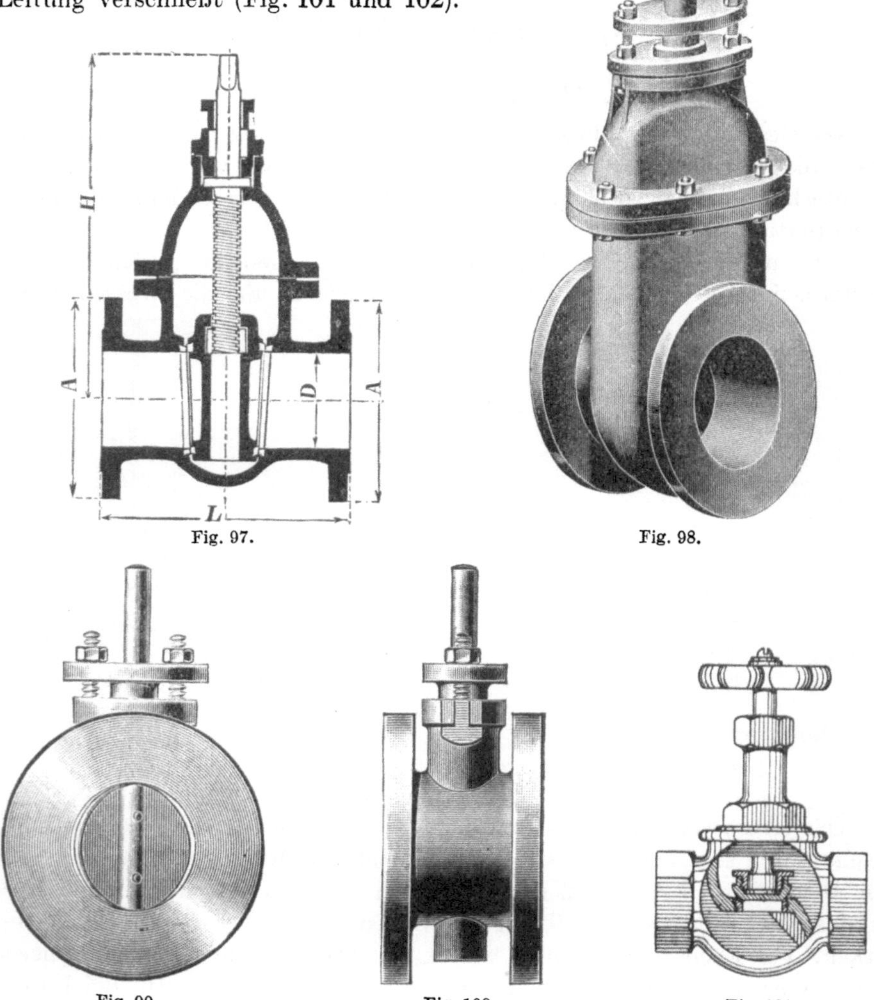

Fig. 97.   Fig. 98.

Fig. 99.   Fig. 100.   Fig. 101.

Ventil, Schieber und Drosselklappe werden für Dampf und gasförmige, der Hahn fast ausschließlich nur für tropfbare Flüssigkeiten angewendet.

Für hohe Drücke eignet sich das Ventil bei dampf- und gasförmigen, der Schieber bei tropfbaren Flüssigkeiten und großem Leitungsquerschnitte, während der Hahn nur bei engeren Leitungen, etwa bis zu 60 mm lichtem

Durchmesser angewendet werden kann, weil seine großen Reibungsflächen bei größeren Querschnitten die Beweglichkeit behindern.

Die Drosselklappe ist zum dichten Abschlusse nicht geeignet, sie kann deshalb nur für niedrigere Drücke in Frage kommen und soll hier in der Hauptsache die Bewegung des Flüssigkeitsstromes hindern.

Kleinere Ventile, bis etwa 50 mm Durchgangsöffnung, werden aus Rotguß oder Messing hergestellt (vgl. Fig. 101). Bei größeren Dimensionen besteht

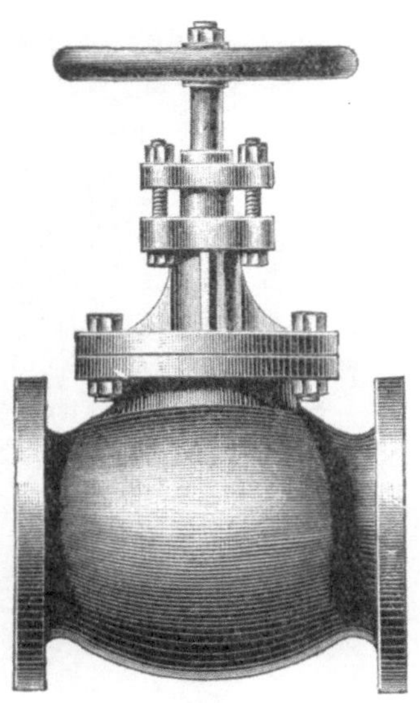 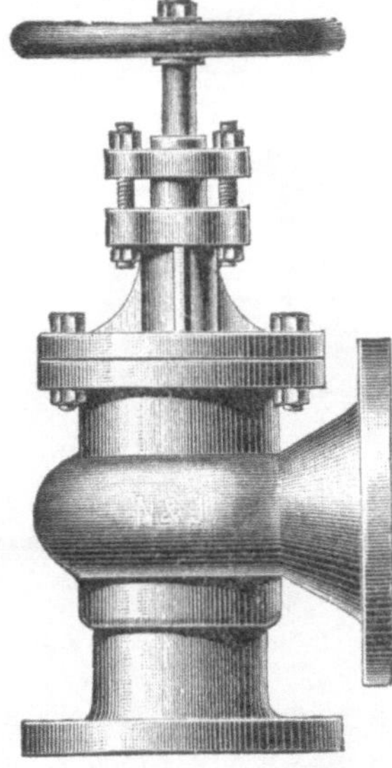

Fig. 102.　　　　　　　　　　Fig. 103.
Gußeiserne Absperrventile mit Rotguß-Garnitur.
Leichteres Modell für Sattdampf bis zu 8 Atm Betriebsdruck.

das Gehäuse aus Gußeisen, bei überhitztem Hochdruckdampfe aus Stahlguß, während die inneren, den Abschluß herbeiführenden, meist beweglichen Teile aus Rotguß, und für überhitzten Dampf aus Nickel, Nickellegierung oder Bronze hergestellt werden.

Man unterscheidet nun bei den Ventilen solche, welche reine Absperrorgane sind und solche, mit welchen zugleich eine Drosselung des Flüssigkeitsstromes vorgenommen werden soll, d. h. es soll die Intensität des Stromes vor dem Ventile in ihrer Wirkung nach Bedarf abgeschwächt werden. Wasser soll nicht mit dem vollen Strahle, Dampf nicht mit dem ihm gegebenen Drucke hinter dem Ventile auftreten; es soll vielmehr nur eine bestimmte Menge der Flüssigkeit durch die Leitung fließen. Hierzu wendet man die Druck-Reduzierventile und die Regulierventile an, wenn es sich um Einstellung eines besonders genau einzuhaltenden Druckes hinter dem Ventile handelt.

Die vorstehenden Abbildungen zeigen Absperrventile für Dampfleitungen. Bei niedrigen Drücken und bis etwa 100 mm Durchgang kommt das Ventil mit innenliegender Ventilspindel in Anwendung (Fig. 102 u. 103). Bei größeren Dimensionen und hohen Drücken sollte stets das Ventil mit

Säulenaufsatz und Brücke (Fig. 104 und 105), wie der technische Ausdruck heißt, verwendet werden, weil derselbe in seiner Ausführung durch Verlegen der Schraubenspindel nach außen die beste Gewähr für einen dichten Abschluß der Stopfbüchse bietet.

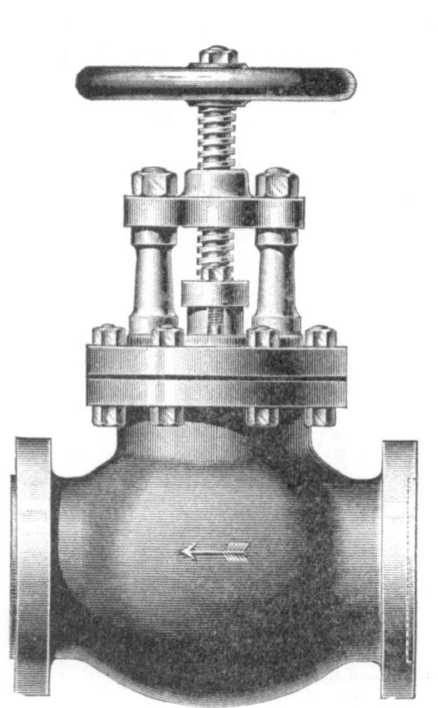

Fig. 104.

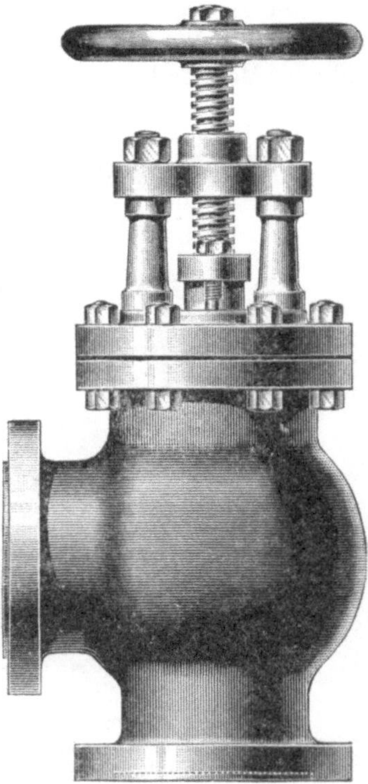

Fig. 105.

Gußeiserne Absperrventile.
Starkwandiges Modell für Drucke über 12 Atmosphären.   Flanschen mit Nut und Feder.

Je nach den örtlichen, durch die Anordnung der Leitungen gegebenen Verhältnissen wendet man Durchgangsventile (Fig. 102 u. 104) oder Eckventile (Fig. 103 und 105) an.

Der Absperrschieber (Fig. 97 u. 98) kann nur in Durchgangsform verwendet werden. Er kommt für Niederdruckdampf in Betracht, weil bei Hochdruckdampf ein dauerndes Dichthalten der Verschlußflächen nicht zu erzielen ist, außerdem aber auch ein hoher Druck das Öffnen des Schiebers erschwert.

2. Schnellschlußventil.

Eine Sonderkonstruktion ist das Schnellschlußventil, welches den Zweck hat, bei plötzlicher, abnormal großer Dampfentnahme, wie bei Rohrbrüchen, automatisch zu schließen und ein weiteres Ausströmen des Dampfes zu verhindern. Diese Schnellschlußventile — auch Rohrbruchventile genannt (Fig. 106 und 107) — haben noch den Vorteil, bei zu raschem

Öffnen eines Ventiles — z. B. einer Fernleitung oder einer Maschinendampf-
leitung — die Dampfzufuhr selbsttätig abzuschneiden und den Maschinisten
zu nötigen, den Dampf nur langsam in die Leitungen einströmen zu lassen,
weil sonst Zerstörungen an Maschinen und Leitungen durch Wasserschläge
die Folgen sein können. Das selbsttätige Schließen des Ventils beruht auf
Erhöhung der Dampfgeschwindigkeit über ein zulässiges Maß hinaus, so daß
vor und hinter dem Ventile ein größerer Druckunterschied entsteht als der
normale, für den das am Ventil angebrachte Hebelgewicht eingestellt ist.

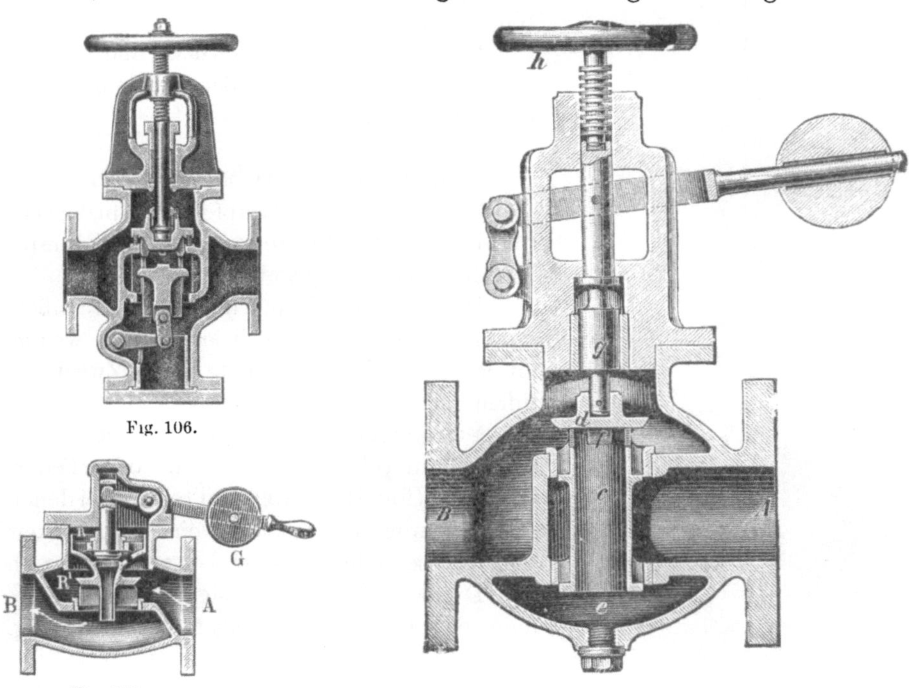

Fig. 106.

Fig. 107.

Fig. 108.

Der Ventilteller — oder auch Ventilkegel genannt — wird durch ein
Gegengewicht offen gehalten. Erreicht die Dampfgeschwindigkeit eine gewisse Grenze, so wird der Ventilteller vom Dampfstrome mitgerissen und
verhindert die weitere Dampfentnahme.

Es ist bei diesen Ventilen auf richtiges Einbauen in die Leitungen zu achten, ferner darauf, daß sie öfter, womöglich täglich einmal durch Anheben
des Hebels bewegt werden, weil sonst die Ventilspindel festbrennt und das
Ventil im Augenblicke der Gefahr versagt.

Bei Fernheizanlagen mit Dampfleitungen in unterirdischen, begehbaren
Kanälen führt man zweckmäßig ein Drahtseil in leicht erreichbarer Höhe mit
den Dampfleitungen und verbindet das Drahtseil mit dem Hebel des nächsten
Schnellschlußventiles, so daß man das Ventil sofort auch aus der Ferne be-
tätigen kann, zumal ein Versagen doch nicht ausgeschlossen ist.

Die Gefahr, welche ein plötzliches Austreten großer Dampfmengen infolge eines Rohrbruches mit sich bringt, besteht nicht nur in der verheerenden und Menschenleben gefährdenden Wirkung des Dampfes, sondern auch darin, daß hierdurch eine Explosion der Kessel herbeigeführt werden kann, indem durch Wassermangel die Flammrohre erglühen und die Dampfbildung dadurch ungeheuer gesteigert wird.

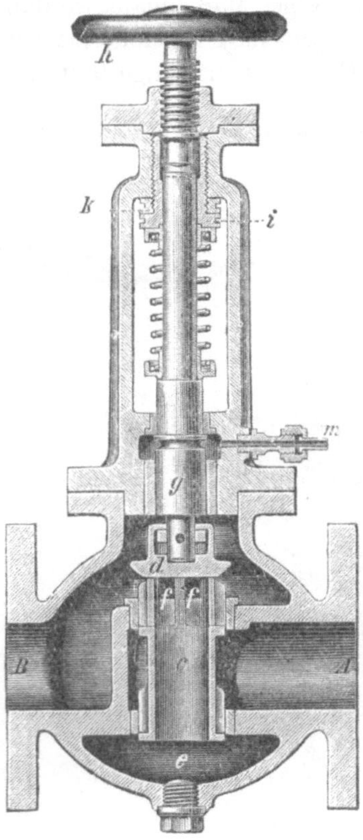

Fig. 109.

Es gibt eine ganze Anzahl von Konstruktionen solcher selbstschließenden Ventile, von denen nur einige hier abgebildet sind (Fig. 106 u. 107).

Die ähnlich den Kugelrückschlagventilen ausgebildeten, selbstschließenden Ventile sind weniger zuverlässig.

3. Dampfdruckreduzierventile.

Der Zweck der Dampfdruckreduzierventile ist im Abschnitte „Niederdruckdampfheizung" näher angegeben.

Die Zahl der Konstruktionen ist außerordentlich groß, und doch sind es nur wenige unter ihnen, die zuverlässig ihren Zweck erfüllen.

Man kann die Dampfdruckreduzierventile einteilen in solche mit Gewicht- oder Federbelastung (Fig. 108 u. 109) und solche, bei denen ein Schwimmkörper sich in einer Flüssigkeit (Quecksilber oder Wasser) bewegt und durch den Druck auf diese Flüssigkeit die Drosselung des Dampfes herbeigeführt wird (Fig. 110—113).

In der Hauptsache beruht die Wirkung des Druckreduzierventiles darauf, daß von dem höher gespannten Dampfe nur ein Teil in einen Raum, in dem eine niedrigere Spannung herrscht übertritt. Der Dampf nimmt demnach hier ein größeres Volumen ein und dementsprechend auch einen niedrigeren Druck. Das Reduzierventil hat nun die Aufgabe, immer nur so viel Dampf von höherem Drucke in den Raum mit niedrigerem Drucke einströmen zu lassen — und hierfür selbsttätig zu sorgen — als notwendig ist, diese bestimmte Niederdruckspannung aufrecht zu erhalten.

Ein Dampfdruckmesser (Manometer) sollte stets am Druckreduzierventil angebracht sein, damit das Belastungsgewicht oder die Feder dementsprechend eingestellt und der Druck beobachtet werden kann.

Ein Reduzierventil kann niemals die Stelle eines Absperrventils vertreten. Es ist deshalb notwendig, vor dem Reduzierventil stets ein Absperrventil anzubringen, auch ist hinter demselben ein Sicherheitsventil, welches bei Versagen des Reduzierventiles und eintretendem höheren Drucke abbläst, anzuordnen.

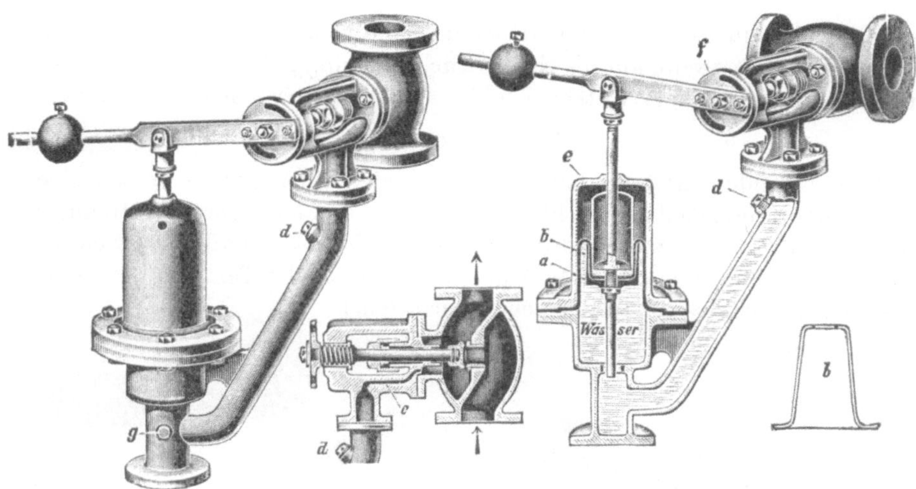

Fig. 110 bis 113.

Die Dampfmenge, welche durch ein Reduzierventil hindurchgeht, ist abhängig von dem Druckunterschiede vor und hinter dem Ventile und dem Öffnungsquerschnitte.

Zur Bestimmung der Größe eines Reduzierventils hat die Firma *Schäffer & Budenberg* in Magdeburg-Buckau die nachstehend angegebene Tabelle ausgearbeitet.

Tabelle für den lichten Durchmesser von Reduzierventilen.

Lichter Durchmesser des Reduzierventils	Druckdifferenz vor und hinter dem Reduzierventil:											
	1	2	3	4	5	6	7	8	9	10	11	12 Atm
	Dampfverbrauch in kg pro Stunde:											
25	150	250	350	400	500	600	650	700	800	850	900	950
30	250	350	500	600	700	850	950	1050	1150	1250	1300	1400
40	450	650	850	1050	1250	1450	1650	1850	2050	2200	2350	2450
50	600	1000	1400	1700	2000	2300	2600	2900	3200	3500	3700	3800
60	900	1400	1900	2400	2900	3400	3800	4200	4600	5000	5300	5500
70	1300	2000	2700	3300	3900	4500	5100	5500	6100	6700	7200	7500
80	1700	2600	3500	4300	5100	5900	6700	7400	8100	8800	9400	9800
90	2100	3200	4300	5400	6500	7500	8500	9400	10300	11100	11900	12400
100	2700	4000	5400	6700	8000	9300	10500	11500	12600	13700	14700	15300
125	4200	6300	8400	10500	12500	14500	16400	18100	19800	21500	22900	23900
150	6100	9100	12100	15100	18000	20800	23500	25900	28300	30700	33000	34500
175	7900	11700	15700	19600	23100	27100	30500	33600	35700	39800	40700	44500
200	10200	15300	20500	25500	30300	35000	39000	43700	47800	51800	55600	58000
225	13000	19500	26000	32300	38000	44500	50500	55500	60500	65500	70500	73700
250	16000	24000	32000	39500	47500	55300	62000	68300	74000	81000	87000	90000

Dieselbe enthält die stündlich durch das Ventil hindurchgehende Dampfmenge bei den Druckunterschieden von 1 bis 12 Atm in kg.

Bei Herabminderung hohen Dampfdruckes auf Niederdruckdampfspannung von etwa 0,05 bis 0,5 Atm empfiehlt es sich, zwei Reduzierventile hintereinander einzuschalten, von denen das eine vom hohen Druck auf etwa 2 oder 3 Atm, das zweite auf die Niederdruckspannung reduziert. Einige Konstruktionen der Reduzierventile sind zugleich mit Absperrvorrichtung versehen.

4. Regulierventile.

Eine besondere Aufgabe haben die Regulierventile. Durch sie soll eine bestimmte Flüssigkeitsmenge hindurchströmen, damit ein vorausbestimmter Effekt erzielt wird. Sie müssen deshalb so eingerichtet sein, daß es möglich ist, nach Beobachtungen an einem Meßapparate (Druck- oder Temperaturmesser) die durchströmende Flüssigkeitsmenge einzustellen.

Fig. 114.   Fig. 115.

Die Regulierventile sind aus diesem Grunde mit äußeren Teilungen versehen, an denen die Stellung des Ventilkegels und damit der jeweilige, freie Querschnitt des Ventiles kenntlich gemacht ist.

Über die durch einige Ventilkonstruktionen bei verschiedenen Drücken vor dem Ventile hindurchgehenden Dampfmengen finden sich Angaben im Abschnitt „Niederdruckdampfheizung" unter „Berechnung der Leitungen" S. 96 und 97.

Hauptsächlich kommen die Regulierventile an Heizkörpern jeglicher Art in Anwendung, wo es sich darum handelt, eine bestimmte Wärmeabgabe des Heizkörpers und damit eine bestimmte Raumtemperatur zu erreichen. Damit nun die Übersicht über die Einstellung nicht durch mehrere Umdrehungen des Ventilkegels verloren geht, ist die Einrichtung so getroffen, daß schon $1/4$ oder $1/2$ einer Umdrehung genügt, um das Ventil ganz zu öffnen bzw. zu schließen. Man nennt solche Ventile auch Schnellschlußventile oder Ventile mit stark steigender Spindel.

Einige Konstruktionen sind hahnförmig ausgebildet (Fig. 114 und 115), andere zeigen als Verschlußvorrichtung den Ventilkegel (Fig. 116 u. 117). Die Ausführungen sind jedenfalls sehr vielgestaltig. Die neueren Konstruktionen können sowohl für Dampf- als auch für Wasserheizkörper verwendet werden.

Nach den Darlegungen im Abschnitte „Niederdruckdampfheizung“ hat das Heizkörperregulierventil drei Aufgaben zu erfüllen: es dient zum gänzlichen Absperren der Dampfzufuhr zum Heizkörper, dann aber auch zur ganzen und teilweisen Füllung des Heizkörpers, je nach der Wärmemenge, die der Heizkörper abgeben soll, und schließlich muß es noch so eingerichtet sein, daß auch in ganz geöffnetem Zustande die Dampfmenge, welche in den Heizkörper einströmt, nicht größer ist, als der Heizkörper niederschlagen kann; andernfalls tritt ein Verlust an Dampf ein, indem dieser durch die Kondenswasserleitung des

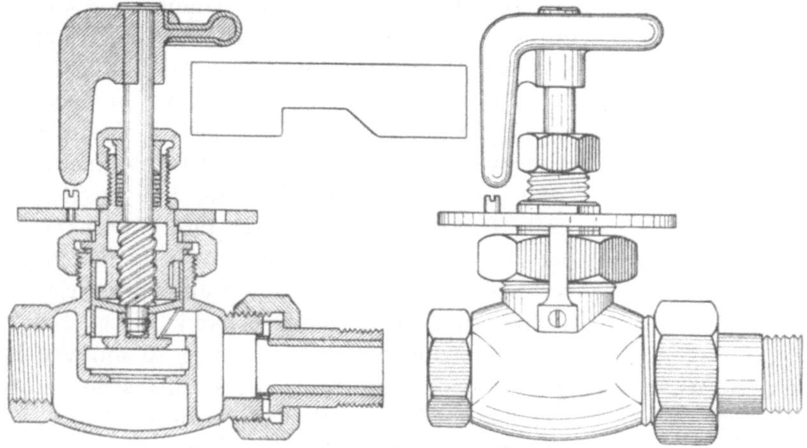

Fig. 116 und 117. Präzisions-Regulierventil.

Heizkörpers ausströmt, in andere Heizkörper gelangt, die nicht Wärme abgeben sollen oder durch die zentrale Entlüftung der Anlage ins Freie entweicht.

Eine solche Vorrichtung des Regulierventils, welche das Austreten des Dampfes aus dem Heizkörper in die Kondensleitung verhindert, wird die „Voreinstellung“ genannt. Sie ist von dem die Heizungsanlage herstellenden Monteure allein sogleich bei der Probeheizung zu handhaben. Man spricht dann vom „Einregulieren“ der Heizungsanlage.

Das „Einregulieren“ geschieht in der Weise, daß im Dampfkessel oder am Dampfdruckreduzierventil der höchste, für die Anlage zulässige Druck eingestellt und dauernd gehalten wird, worauf ganz besonders zu achten ist; dabei wird an jedem Heizkörperventil mit der Voreinstellungseinrichtung die Dampfzuströmung zum Heizkörper gedrosselt, bis man eine deutlich wahrnehmbare, geringere Erwärmung der Kondenswasserleitung beobachtet. Der Monteur kann sehr wohl infolge der Übung beurteilen, ob die Kondensleitung noch dampfheiß ist oder nicht.

Erleichtert wird das Einregulieren durch ein in die Kondensleitung eingesetztes T-Stück (vgl. Niederdruckdampfheizung Fig. 20).

Die Voreinstellungseinrichtung besteht meist in einer Verstellbarkeit des hierzu besonders konstruierten Ventilkegels, oder, bei hahnförmiger Konstruktion, in einem Niederschrauben des Hahnkückens. Andere Konstruktionen haben, wie die umstehenden Abbildungen zeigen (Fig. 116—117), einen drehbaren Zylinder (dessen Abwicklung ebenfalls in der Abbildung angegeben ist). Dieser drehbare Zylinder gestattet mit dem Ventilhube den Querschnitt des Ventils beliebig zu verkleinern[1].

Fig. 118 ist ein Regulierventil, bei welchem die Drosselung zum Zwecke der Einregulierung durch einen in der Ventilspindel beweglichen Kegel unterhalb des Ventilsitzes bewirkt wird.

Unrichtig konstruiert sind alle jene Regulierventile, bei denen die Voreinstellung unabhängig vom Ventilhube angeordnet ist.

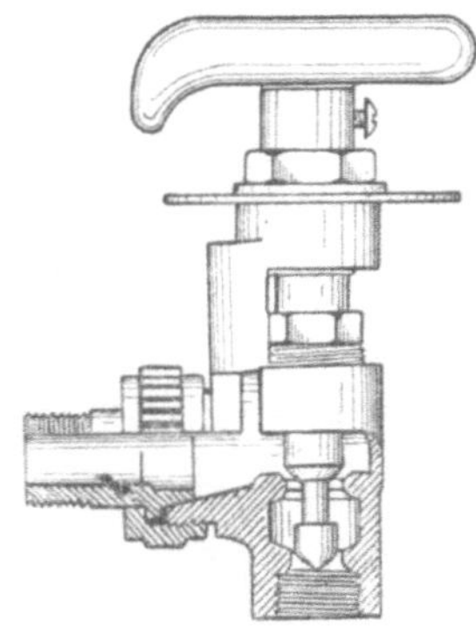

Fig. 118.

Das Regulierventil soll nämlich — wie schon oben erwähnt wurde — ermöglichen, die Dampfzufuhr zum Heizkörper noch weiter einzuschränken.

Da die Heizkörper einer Niederdruckdampfheizung für den größten Wärmebedarf, also in Deutschland durchschnittlich für eine Außentemperatur von —20° bemessen sein sollen, so sind sie für höhere Außentemperaturen zu groß. Ihre Wärmeabgabe ist dann zu beschränken, was mit Hilfe des Regulierventiles von Hand oder durch automatisch wirkende Temperaturregler geschehen kann.

Liegt nun die Voreinstellung so am Ventil angeordnet, daß der Ventilquerschnitt schon vor der Handeinstellung auf ein Mindestmaß verringert wird, so beginnt die Verminderung der Dampfzufuhr und damit die Regulierung der Wärmeabgabe des Heizkörpers erst dann, wenn der durch den Ventilhub bedingte Querschnitt kleiner wird als der Querschnitt der Voreinstellung. Es ist dies so ähnlich, wie wenn man mit dem Haupthahne einer Gasleitung die Größe einer einzelnen Flamme regulieren wollte. Erst dann, wenn der Querschnitt des Haupthahnes beinahe ganz geschlossen ist, beginnt die Drosselwirkung. Ist die Voreinstellung bereits klein, so muß die Handeinstellung auf der Skala des Ventiles noch weiter geschlossen werden, bis die Drosselwirkung eintritt, dann ist aber bei unabhängiger Voreinstellung das Ventil schon so weit geschlossen, daß ein Regulieren in den Grenzen des ganzen Ventilhubes nicht möglich ist. Solche Ventile sind zwar billig, aber sie verfehlen ganz den Zweck des Regulierens, da die Regulierung „toten Gang" besitzt, wie man sich ausdrücken könnte.

5. Kondenswasserableiter (Kondenstöpfe).

Zu den Absperrorganen gehören auch die Kondenswasserableiter oder Kondenstöpfe, nur sollen sie nicht von Hand bedient werden, wie die Ventile,

---

[1] Für Warmwasserheizungen werden Regulierventile an den Heizkörpern von ganz ähnlicher Konstruktion mit Voreinstellung verwendet. Der Zweck dieser Einstellvorrichtung ist, einen gleichmäßigen Wasserzufluß zu allen Heizkörpern herzustellen.

Schieber und Hähne, sondern sie sollen unter gewissen Umständen selbsttätig abschließen, und zwar sobald aus einer Leitung Dampf austritt. Sie haben also die Aufgabe, nur das Kondensat aus den Leitungen oder Heizapparaten austreten zu lassen, den Dampfaustritt aber zu verhindern.

In der Hauptsache sind es zwei Konstruktionen, und zwar die Kondenstöpfe mit Schwimmer und die Kondenstöpfe mit Ausdehnungskörper, welche in Anwendung kommen. (S. Fig. 15 auf Seite 76.)

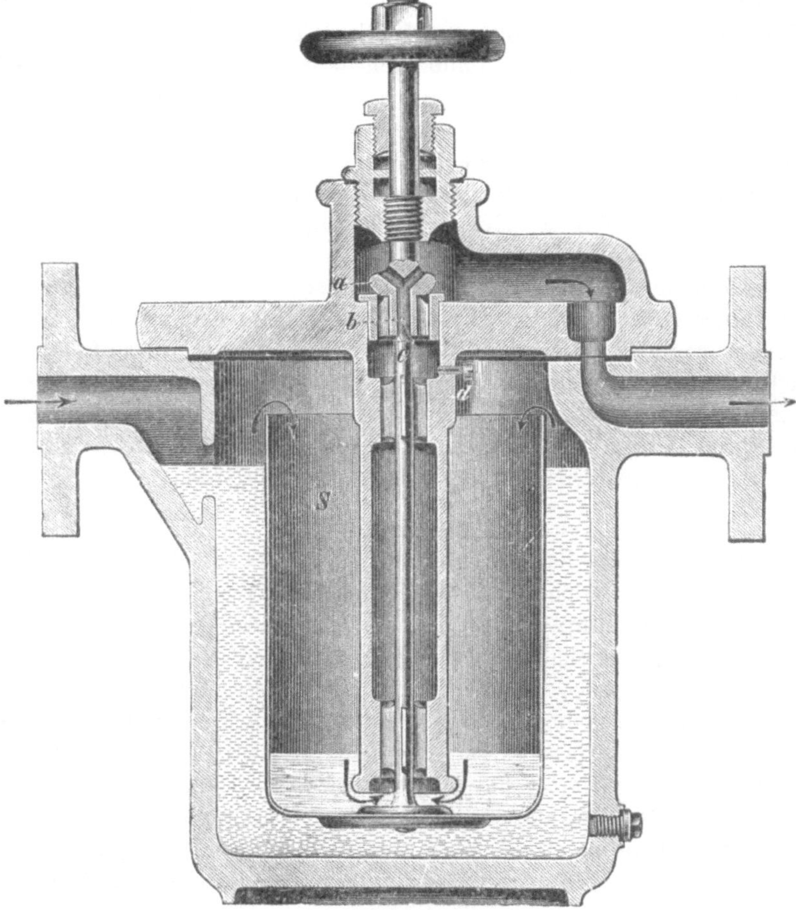

Fig. 119.

Fig. 119 zeigt einen solchen Schwimmer-Kondenstopf, bei dem der Schwimmer aus einem runden, oben offenen Gefäß besteht, welches durch das zufließende Kondensat mit seiner in der Mitte befindlichen Spindel gegen einen Ventilsitz gedrückt wird.

Wenn sich nun genügend Kondensat im Topfe angesammelt hat, so läuft es über den Rand des Schwimmers und drückt diesen nieder, so daß die Ventilöffnung frei wird und der nachströmende Dampf das Wasser durch die in der Mitte befindliche Röhre aus dem Topfe ausstoßen kann.

15*

Nachdem sich der Topf entleert hat, also auch der Schwimmer wieder leer geworden ist, wird durch den Auftrieb des Schwimmers auch der Ventilsitz wieder geschlossen.

Die Kondenstöpfe sind meist mit einer Umführung versehen[1], weil beim Anstellen einer Dampfleitung oder einer Heizungsanlage die Kondensatmenge zuerst so reichlich ist, daß der Topf sie nicht fassen kann. Man öffnet daher zunächst die Umführung solange, bis der Dampf austritt, worauf die Umführung geschlossen wird und der Topf nun selbsttätig weiter arbeiten muß.

Eine andere Konstruktion von Kondenswasserableitern oder Kondenstöpfen ist den bekannten Schwimmkugelgefäßen ganz ähnlich. Während es aber möglich ist, mit den erstgenannten das Kondensat durch den Dampfdruck noch um einige Meter hochzudrücken, läßt dies die nach Art der Schwimmkugelgefäße ausgebildete Konstruktion nicht zu.

Die Kondenswasserableiter mit Ausdehnungskörper und ihre Verwendung war bereits im Abschnitte „Niederdruckdampfheizung" behandelt worden (vgl. Fig. 15).

Alle Kondenswasserableiter, welcher Art sie nun sein mögen, sind Apparate, die einer ständigen Beobachtung bedürfen; sie sollten deshalb nur dort angewendet werden, wo sie unbedingt erforderlich sind. Jedenfalls müssen sie auch leicht zugänglich gemacht und womöglich so angeordnet sein, daß sie vom Bedienungspersonale immer im Auge behalten werden können. Sie lassen oft viel Dampf verloren gehen oder sie versagen den Durchfluß, womit die Gefahr des Einfrierens und des Zerspringens auftritt.

6. Dampfentöler.

Der Dampfentöler hat die Aufgabe, das in den Zylinder der Dampfmaschine eingeführte Schmieröl aus dem Abdampfe zu entfernen, da es selbst zum Teil verdampft und daher in Dampfform, zum Teil in Tropfenform im Abdampfe enthalten ist. Das Ausscheiden des Öles aus dem Abdampfe hat den Zweck der Wiedergewinnung des Öles und der Wiederverwendbarkeit des aus dem Abdampfe entstehenden Kondensates zur Kesselspeisung. Ölhaltiges Speisewasser überzieht die Dampfkesselheizflächen im Innern des Kessels mit einer Fettschicht, welche den Wärmedurchgang stark behindert; es treten Wärmestauungen in den Kesselwandungen auf, so daß bleibende Deformationen und Kesselexplosionen entstehen können. Auch da, wo das mit dem Abdampfe direkt in Berührung kommende Kühlwasser (Einspritzkondensation) in Flußläufe oder nach Rückkühlanlagen geleitet oder der Abdampf zu Heizzwecken in Braupfannen, Warmwasserbereitern und Heizungsanlagen ausgenutzt wird, ist ein Entölen erforderlich. Der Dampfentöler ist demnach ein wichtiger Bestandteil einer Dampfmaschinenanlage.

Über die Wirkung der vielen auf dem Markte erscheinenden Konstruktionen herrscht eine große Unklarheit, ebenso darüber, inwieweit mit den heutigen verschiedenen Ausführungen ein Abscheiden des Öles möglich ist. In dankenswerter Weise hat sich die Versuchsanstalt des Bayrischen Re-

---

[1] Die Umführung wird durch den in Fig. 119 mit *b* bezeichneten Ventilkegel geschlossen bzw. geöffnet.

visionsvereins in München daher mit der Klärung dieser Fragen befaßt und die mit 16 Apparaten verschiedener Konstruktion vorgenommenen Versuche in ihrer Zeitschrift, sowie in der des Vereins deutscher Ingenieure (1910, Seite 1969) veröffentlicht. Es wurde hierbei etwa folgendes festgestellt:

1. Eine Entölung bis auf 10 bis 15 g Öl auf 1000 kg Dampfwasser ist mit einem guten Dampfentöler erreichbar und kann als zufriedenstellende Leistung betrachtet werden. Zur Wiederverwendung des Kondensates zur Kesselspeisung ist aber ein weiteres Reinigen des Wassers durch Filter erforderlich (vgl. Fig. 46 und Zeitschr. d. Ver. deutscher Ingenieure 1904, S. 551; Zeitschr. d. Bayrischen Revisionsvereins 1908, Seite 77, 102).

2. Öl mit niedrigem Flammpunkt verdampft teilweise, weshalb die Abscheidung des Öles erschwert wird, ebenso hat ein hoher Fettgehalt des Öles wegen des Überganges der entstehenden Fettsäure in den Dampf einen nachteiligen Einfluß auf die Absonderung, worauf besonders bei Verwendung überhitzten Dampfes zu achten ist.

3. Eine gute Entölung ist bei Auspuff und Gegendruck eher zu erreichen als bei Kondensationsbetrieb, weil bei letzterem infolge des größeren Dampfvolumens die Dampfgeschwindigkeit eine größere ist und daher Öltropfen leichter mitgerissen werden.

4. Das Verhältnis der ausgeschiedenen zu der im Dampfe im Maschinenzylinder enthaltenen Ölmenge schwankt bei einigen Apparaten zwischen etwa 50 bis 90 Proz., bei anderen zwischen 85 und 95 Proz.

Der Ölgehalt des Wassers wurde durch chemische Analyse festgestellt.

Bei den Versuchen wurde auch der Spannungsabfall gemessen, welchen der Dampfentöler unter den verschiedenen Verhältnissen, also bei Gegendruck, Auspuff und Kondensatorbetrieb verursacht. — Leider sind Angaben hierüber nicht veröffentlicht. — Die für die untersuchten Apparate aufgestellten Zahlentafeln weisen nur vereinzelt Angaben über Dampftemperatur vor dem Entöler und den mittleren Dampfdruck hinter demselben auf, so daß nur für einige Beobachtungen aus der Temperatur auf den Druck vor dem Entöler geschlossen werden kann; auch fehlen, bedauerlicherweise, die Angaben über die Größe bezw. den Rohranschlußdurchmesser. Nachstehende Zusammenstellung gibt aber noch einigermaßen einen Überblick über den vom Entöler verursachten Spannungsabfall.

Wie die Zahlentafel zeigt, ist der Spannungsabfall durch den Entöler zumeist gering. In jedem Falle spielt die Größe des Apparates eine Rolle, sowohl hinsichtlich der Wirkung als auch des Spannungsabfalles. Da ein geringer Spannungsabfall wegen des sonst entstehenden Gegendruckes auf die Maschine anzustreben ist, sollte bei der Bestellung eines Entölers nicht der Preis maßgebend sein.

Von dem Entöler gelangt das Öl in einen zweiten, einem Kondenswasserableiter (Kondenstopf) ähnlichen Apparat, der bei Kondensationsbetrieb der Maschine mit dem Kondensator durch eine Rohrleitung zu verbinden ist. Dieser Ölableiter drückt das Öl in einen Behälter, wo es vom Wasser getrennt wird, um nach Filtrierung wieder verwendet werden zu können.

Spannungsabfall in Dampfentölern.

Dampftemperatur vor dem Entöler	Dampfdruck vor dem Entöler	Dampfdruck hinter dem Entöler	Spannungsabfall im Entöler	Durch den Entöler strömende Dampfmenge
° C	Atm (absol.)	Atm (absol.)	Atm	kg/Std.

Schleuderentöler mit schraubenförmigen Abscheideflächen von einer Siebtrommel umgeben in schmiedeeisernem Gehäuse.

| 129,7 | 2,70 | 2,45 | 0,25 | 600 |

Schleuderentöler mit beweglicher Schleudertrommel in gußeisernem Gehäuse mit Leitrad.

| 121 | 2,05 | 2,00 | 0,05 | 390 |
| 123 | 2,09 | 2,03 | 0,06 | 395 |

Stoßkraftentöler mit vertikalen Winkelflächen ($\gg$) in gußeisernem Gehäuse.

| 72 | 0,35 | 0,24 | 0,11 | 405 |

Desgl. mit vertikalen $<\!\Box$förmigen Blechstreifen in autogen geschweißtem Gehäuse.

| 71 | 0,34 | 0,14 | 0,20 | 340 |

Desgl. mit gelochten Siebblechen (Schlitzen) versetzt und mit $<$förmigen Blechen vor den Schlitzen in gußeisernem Gehäuse.

| 120 | 2,02 | 1,99 | 0,03 | 545 |
| 100 | 1,03 | 1,00 | 0,03 | 470 |

Desgl. mit $\approx$förmig gebogenen und hakenartig ineinandergreifenden, vertikalen Blechen in gußeisernem Gehäuse.

| 125 | 2,37 | 2,23 | 0,14 | 610 |
| 101 | 1,07 | 1,00 | 0,07 | 475 |

7. Abdampf-Druckregler.

Bei Verwendung des Maschinenabdampfes zu Heiz-, Koch- und ähnlichen Zwecken muß ein bestimmter Druck hinter der Maschine, also im Abdampfrohre, eingehalten werden, weil andernfalls einmal die Maschinenleistung fortwährend Schwankungen unterliegt, dann aber auch in den Apparaten, welche zur Abdampfausnutzung bestimmt sind, ungleichmäßige Heizwirkungen entstehen. Die Ursachen der Schwankungen können nun sein:

1. verminderter Kraftbedarf an der Maschine, wodurch die Abdampfmenge geringer wird und gegebenenfalls für die Abwärmeapparate nicht mehr ausreichend ist; es muß dann der Fehlbetrag durch Beimischen direkten Dampfes aus den Kesseln ersetzt werden;

2. erhöhter Kraftbedarf und dadurch bedingte größere Abdampfmenge, die in den Abwärmeapparaten nicht mehr Verwendung finden kann; der überschüssige Abdampf muß abgelassen werden;

3. verminderter Wärmebedarf in den Abwärmeapparaten; die Abdampfmenge ist zu groß und muß ebenfalls abgeleitet werden;

4. erhöhter Wärmebedarf in den Abwärmeapparaten, die fehlende Abdampfmenge muß durch Frischdampf ersetzt werden.

In jedem Falle tritt eine Veränderung des Druckes im Abdampfrohre ein. Im Falle 1 und 4 sinkt der Druck im Abdampfrohre, im Falle 2 und 3 steigt er. Nun würde es doch zu umständlich sein, das Zumischen von direktem Kesseldampfe bzw. das Ablassen des überschüssigen Abdampfes von Hand vorzunehmen. Man verwendet deshalb selbsttätig wirkende Apparate.

Die untenstehende Abbildung (Fig. 120)[1] zeigt einen solchen Apparat im Schnitt. Die beiden Kolben A und B sind die den Druck im Abdampf-rohre aufnehmenden Teile. Steigt der Druck, so wird der Kolben B gehoben und gibt die um ihn herumliegenden Auspufföffnungen frei. Sinkt der Druck, so werden die Kolben von den unter bzw. über ihnen angebrachten Federn heruntergedrückt, wobei der rechte Arm des Hebels C ebenfalls eine Ab-wärtsbewegung mitmacht, durch die das Frischdampfventil D gehoben und daher geöffnet wird.

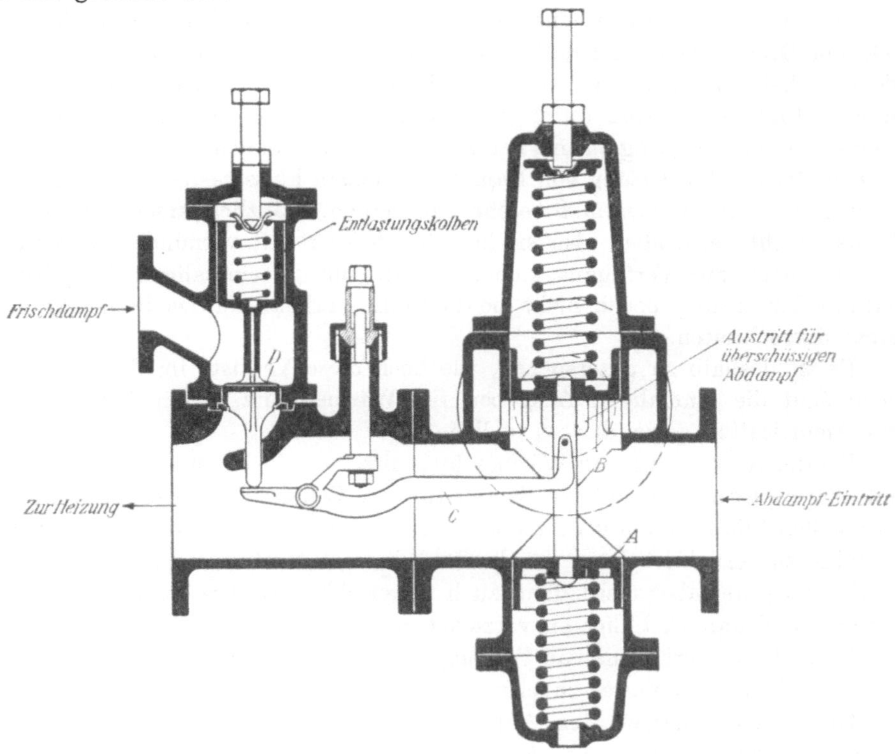

Fig. 120.

Durch das Austreten des Abdampfes bzw. das Eintreten des Frisch-dampfes wird der Druck im Abdampfrohr immer wieder auf denjenigen Druck gebracht, für den die an den Kolben befindlichen Federn eingestellt sind.

Es ist durchaus zu empfehlen, den Frischdampf vor dem Überhitzer des Kessels zu entnehmen, da der überhitzte Dampf die Metallteile des Apparates angreift und in verhältnismäßig kurzer Zeit unbrauchbar macht, während gesättigter Dampf diese unangenehmen Eigenschaften weniger besitzt. — Die Kolben müssen gut beweglich gehalten werden, sind also öfter zu schmieren.

---

[1] Abdampf-Druckregler von *Eckardt* in Stuttgart-Cannstatt.

XII. Isolierung der Rohrleitungen.

Die Wirtschaftlichkeit eines Betriebes hängt wesentlich davon ab, in welchem Grade die unvermeidlichen Verluste vermindert werden. Ebenso, wie man bei einer Dampfkesselanlage die noch in den abziehenden Rauchgasen enthaltene Wärme durch Speisewassererwärmer auszunutzen sucht, um die Verluste so gering als möglich zu gestalten, so können auch die Wärmeverluste der zur Fortleitung von Dampf und heißen Flüssigkeiten bestimmten Leitungen auf ein Mindestmaß beschränkt werden. Gänzlich lassen sich diese Verluste nicht vermeiden, aber sie können doch so weit vermindert werden, als uns Mittel zur Verfügung stehen, sofern nur die einmaligen Ausgaben und ihre Verzinsung hierfür nicht die durch die Verluste verursachten Kosten selbst überschreiten.

Es ist deshalb zu untersuchen, wie hoch diese Verluste im Jahre sind; ihnen sind die einmaligen Ausgaben für Wärmeschutz, deren Verzinsung und Amortisation gegenüber zu stellen.

Bei der Anwendung von Wärmeschutzmitteln — insbesondere für Dampf und Warmwasserleitungen, für Kälteleitungen, Behälter, welche mit Dampf oder heißen Flüssigkeiten gefüllt sind u. a. — ist die Zahl der Betriebsstunden im Jahre zu berücksichtigen. Ist die Zahl dieser Betriebsstunden eine große, so wird ein guter aber meist dann auch teurer Wärmeschutz einem geringerwertigen und danach billigeren vorzuziehen sein.

Nun ist das Verhältnis von Wirkungsgrad und Preis eines Wärmeschutzmittels nicht ohne weiteres zu prüfen.

Unter den reklamehaften Anpreisungen in Annoncen und Beiblättern zu Zeitschriften liest man oft „90 und 95 Proz. Ersparnisse“ oder „$^1/_2$° Temperaturabnahme auf 1 m Rohrlänge garantiert“ und Ähnliches.

Solche Angaben sind mit der größten Vorsicht aufzunehmen, zumal der Auftraggeber in den meisten Fällen gar nicht in der Lage ist, dieselben nachzuprüfen, da hierzu außer den erforderlichen Meßinstrumenten auch die nötigen wärmetechnischen Kenntnisse gehören.

So geben z. B. auch Messungen mit Anlegthermometer an die Isolierung keine genauen Resultate.

Besonders beliebt sind die Angaben über den Temperaturabfall auf die Länge der Leitung. Solche Angaben sind unsinnig, wenn sie nicht auf die in der Zeiteinheit durch die Leitung hindurchströmende Flüssigkeitsmenge bezogen werden.

Es ist ganz klar, daß z. B. in einer Leitung, welche eine heiße Flüssigkeit zu fördern bestimmt ist, 100 l eine größere Abkühlung aufweisen, als 1000 l, die in derselben Zeit hindurchgehen; der Temperaturabfall ist also ganz von der in der Zeiteinheit hindurchfließenden Menge abhängig.

Bei Garantieangaben über den Wirkungsgrad einer Isolierung ist auf die näheren Angaben zu achten, unter welchen die zugesicherte Gewähr übernommen wird, insbesondere darauf, ob es überhaupt möglich ist, unter den gegebenen Verhältnissen diese Bedingungen zu erfüllen.

Kann diesen Bedingungen nicht entsprochen werden, so entzieht sich der Ersteller der Isolierung seinen Garantieverpflichtungen.

Je schwerer die Nachprüfung einer gelieferten Ware ist, desto besser gedeiht der Schwindel auf diesem Gebiete, denn um so mehr finden sich unlautere Elemente, die unter diesem Schutze ihre Existenz suchen.

Unter den Isoliermaterialien ist die Kieselgur den meisten Fälschungen unterworfen.

Kieselgur oder Infusorienerde ist Siliciumdioxyd; als Fälschung wird eine in der Farbe ganz ähnliche Tonerde benutzt.

Andere Isoliermaterialien, wie z. B. Kork, können nicht so leicht durch billigere Substanzen ersetzt werden.

Zweckmäßig ist es, auf Angaben über Temperaturabfall keinen Wert zu legen, sondern den Wirkungsgrad einer Isolierung zu ermitteln.

Man bezieht den Wirkungsgrad einer Isolierung auf die Wärmeverluste des nackten, nicht mit Wärmeschutz umgebenen Leitungsrohres, indem man die Wärmeverluste des nackten Rohres unter gleichen Verhältnissen, d. h. bei gleicher Temperatur der Flüssigkeit und gleicher Temperatur der das Rohr umspülenden Luft mit denen des isolierten Rohres vergleicht.

Betragen z. B. die Wärmeverluste des nackten Rohres 1763 w in der Stunde, während das isolierte Rohr nur 405 w an Verlusten aufweist, so ist der Wirkungsgrad der Isolierung

$$100 - \frac{405}{1763} = 100 - 22,9 = 77,1 \text{ Proz.}$$

Man kann auch diese 77,1 Proz. als Ersparnisse durch die Isolierung gegenüber den Wärmeverlusten des nackten Rohres bezeichnen.

Der Bayrische Revisionsverein in München hat sich unter seinem Direktor *Eberle* durch Untersuchungen verschiedener Isoliermaterialien ein großes Verdienst erworben. Die Untersuchungen sind in der Zeitschrift des Vereins im Jahrgange 1909 Heft 11 bis 15 veröffentlicht und in der Weise durchgeführt, daß ein 26,6 m langes schmiedeeisernes Rohr von 70 mm lichter Weite an eine Dampfkesselanlage angeschlossen wurde. Vor dem Eintritt des Dampfes in die Leitung war eine besonders hierfür eingerichtete Entwässerung angebracht, am Ende der Leitung befand sich ein mit einem Wasserstandglase versehenes Gefäß, darunter ein zweites mit einer Kühlschlange ausgestattetes, durch welches dauernd Kühlwasser geleitet wurde.

Der Leitung selbst wurde bei den Versuchen mit gesättigtem Dampf kein Dampf entnommen, sondern es strömte nur so viel Dampf hinein, als durch Kondensation verloren ging. Das aus der Heizschlange austretende Kondensat wurde gewogen. Die Temperaturen im Innern des Dampfstromes sowie an verschiedenen Stellen der Isolierung wurden mit Thermoelementen gemessen.

Eine genaue Beschreibung der Versuche findet sich auch im Heft 13 bis 17 der Zeitschr. d. Ver. deutsch. Ing. vom Jahrgange 1908.

Im nachstehenden sind nun die gebräuchlichsten der untersuchten Isolierungen dargestellt und die durch sie zu erzielenden Ersparnisse angegeben. Die graphische Darstellung (Tafel XVII des Anhanges) gibt eine Übersicht des Wärmedurchgangs der verschiedenen Isolierungsarten.

Als Abszissen sind die Temperatur-Unterschiede zwischen Dampftemperatur und Temperatur der das Rohr umspülenden Luft, als Ordinaten die Wärmedurchgangszahlen angegeben. Das Verhältnis dieser Wärmedurchgangszahl der Isolierung zu der des nackten Rohres ergibt die durch die Isolierung zu erzielenden Ersparnisse, wie schon oben angedeutet wurde.

Bei der Beurteilung einer Isolierung kommt —.außer der Wirkung und dem Preise — auch noch die Haltbarkeit in Betracht. Haltbarkeit und hoher Wirkungsgrad sind bei den meisten Isolierungen nicht vereint; im Gegenteil ist mit erhöhter Isolierwirkung gewöhnlich eine verringerte Dauerhaftigkeit gegen äußere Einwirkung (Beschädigung durch Stoß usw.) verbunden, da die festeren Materialien meist auch geringere Isolierwirkung besitzen.

Die mit Luftschichten versehenen Ausführungen sind wohl sehr wirksam, sie bedingen aber eine äußerst gewissenhafte Arbeit, sonst sinken die die Luftschicht bildenden Zwischenräume im Laufe der Zeit zusammen, so daß schließlich die isolierende Wirkung schlechter wird als bei einem festeren, widerstandsfähigen Material mit von Anfang an geringerem Wirkungsgrade.

So besitzen z. B. die aus Abfallseide ausgeführten Isolierungen mit Luftschichten einen sehr hohen Wirkungsgrad, indessen ist oft die Seide einem allmählichen Zerfall unterworfen, wird staubförmig, und die Bandagen der Isolierung hängen dann schlaff herunter. Diesem Übelstande soll die von der Firma *Pasquai* in Wasselheim i. E. hergestellte Remanit-Isolierung nicht unterworfen sein.

Sehr widerstandsfähig sind dagegen Kieselgur und die aus Kieselgur von der Firma *Grünzweig & Hartmann*, Ludwigshafen, hergestellten gebrannten Diatomit-Formsteine; auch Patentgur oder Patentgurit, eine aus gemahlener Hochofenschlacke mit Asbestfasern gemischte Masse, die wie die lose Kieselgur aufgetragen wird, ist gegen äußere Einflüsse wenig empfindlich. In neuerer Zeit ist Glaswolle zu Isolierzwecken verwendet worden.

Der Wirkungsgrad der Isolierung wird durch Umhüllen der Flanschen um 25 bis 33% erhöht, was einen ganz wesentlichen Einfluß bedeutet. Aus den nachstehenden Zahlentafeln ist dieser Einfluß ersichtlich, da bei den Versuchen die Dampftemperaturen bei freien Flanschen und bei umhüllten Flanschen fast gleich gehalten wurden. Ein direkter Vergleich der Resultate ist daher zulässig.

Bei der Herstellung der Flanschenisolierung ist besonders auf leichte Abnehmbarkeit zu achten, damit ein Nachziehen der Flanschenschrauben nicht mit zu großen Umständen oder gar mit einer Zerstörung der Isolierung verbunden ist. Das Einsetzen eines Tropfröhrchens unterhalb der Flanschenverbindung ist empfehlenswert, obgleich alsdann durch den Luftzutritt die Isolierwirkung etwas beeinträchtigt wird; ein Beobachten der Flanschenverbindung auf Dichtheit ist aber möglich.

In der folgenden Zusammenstellung der Wärmedurchgangszahlen gebräuchlicher Isolierungen bedeuten:

t_d die Dampftemperatur,

$t_d - t_l$ den Temperaturunterschied zwischen Dampftemperatur und Lufttemperatur der Umgebung,

k die Wärmedurchgangszahl der Isolierung,

η den Wirkungsgrad, d. h. die Ersparnisse gegenüber den Wärmeverlusten des nackten Rohres.

Die Temperaturangaben sind Mittelwerte zwischen Anfang- und Endtemperatur des Dampfes bzw. der Luft.

Man ersieht aus der Zusammenstellung, wie die Wärmedurchgangszahl mit der Dampftemperatur bzw. der Temperaturdifferenz steigt. Die graphische Darstellung einiger Isolierungen zeigt dies besonders deutlich (Tafel XVII).

Die in den Zahlentafeln enthaltenen Angaben über die Wärmedurchgangszahl k beziehen sich nicht auf die Oberfläche der Isolierung, sondern auf die des nackten Rohres und der Flanschen selbst.

Ist z. B. eine 60 m lange Dampfleitung von 143 mm lichtem Durchmesser und 152 mm äußerem Durchmesser mit einer Oberfläche von 0,478 qm für jedes Meter, sowie 12 Flanschenpaaren, von 290 mm Durchmesser und 20 mm Stärke gegeben, und strömt überhitzter Dampf von 320° mittlerer Temperatur durch die Leitung, so sind die Wärmeverluste folgendermaßen zu bestimmen.

Berechnung der Oberfläche:

Rohr: 60 · 0,478 =   28,680 qm

Flanschen (12 Paare)

Seitliche Oberfläche:

$$\frac{(0{,}290^2 - 0{,}152^2) \cdot 3{,}14}{4} \cdot 2 = 0{,}09582$$

Oberfläche am Umfange: 0,290 · 3,14 · 0,02 · 2 = 0,03644

$$12 \cdot 0{,}13226 = \underline{1{,}587 \text{ qm}}$$

Gesamtoberfläche   30,267 qm

Angenommen eine Isolierung mit Diatomitschalen nach Isolierung III mit einer Wärmedurchgangszahl $k = 2{,}25$ bei umhüllten Flanschen und einer Lufttemperatur $t_l = 20°$, so ergibt sich der Wärmeverlust von

$$30{,}267 \cdot 2{,}25 \, (320 - 20) = 20430 \text{ w/St.}$$

Bei Verwendung einer minderwertigeren Isolierung mit einem Wirkungsgrade von etwa 70%, wie sie in der Praxis so häufig angewendet wird, und welcher eine Wärmedurchgangszahl $k = 4$ bei nicht umhüllten Flanschen entspricht, ergibt sich ein stündlicher Wärmeverlust von

$$30{,}267 \cdot 4 \,(320 - 20) = 36\,320 \text{ w.}$$

Der Unterschied beträgt daher 15 890 w in 1 Stunde und in 300 Arbeitstagen des Jahres mit 12 Betriebsstunden

$$15\,890 \cdot 12 \cdot 300 = 57\,204\,000 \text{ w.}$$

Nimmt man einen Wirkungsgrad der zugehörigen Dampfkesselanlage von 68 Proz. und ein Brennmaterial mit einem Heizwerte von 7000 w an, so sind zur Deckung dieses Wärmeverlustes

$$\frac{57\,204\,000}{0{,}76 \cdot 6500} = 11\,580 \text{ kg Kohle im Jahre}$$

erforderlich. Bei einem mittleren Preise von etwa Mk. 20,— pro t ergibt sich ein Mehraufwand von Mk. 230,— pro Jahr.

Die Kosten der erstgenannten Isolierung mit Diatomitschalen betragen nach Mitteilung der Firma *Grünzweig & Hartmann*[1] bei 55 mm Stärke für 1 qm Oberfläche der Isolierung Mk. 8.—, die der geringwertigeren bei 40 mm Auftragstärke Mk. 4,50. Im ersteren Falle hat die Isolierung einen Durchmesser von 262 mm, demnach eine Oberfläche von

$$60 \cdot 0{,}823 = 49{,}38 \text{ qm.}$$

Die Kosten betragen daher $49{,}4 \cdot 8{,}0 =$ M. 395,20
dazu 12 Flanschenkappen mit Isolierung im Betrage von M. 9,50 ,, 114,—
Gesamtkosten   M. 509,20

Dagegen hat die zweite Isolierung eine Oberfläche von 43,68 qm bei einem Preise von Mk. 197,—. Die Mehrkosten von Mk. 312,— der ersteren Isolierung werden demnach schon nach $1\tfrac{1}{2}$ Jahren gedeckt, während größere Wärmeverluste eine ständige Ausgabe bedeuten, solange die Anlage besteht.

Die in den nachstehenden Zahlentafeln und durch die Abbildungen näher bezeichneten Isolierungsarten sind für Dampfleitungen geeignet. Im allgemeinen gilt, daß brennbare organische Stoffe auf Dampfleitungen direkt nicht aufgetragen werden dürfen, da sie, wenn auch schwer entzündlich, wie z. B. Kork, nach längerer oder kürzerer Zeit verkohlen. Bei Anwendung solcher Materialien ist stets ein Aufstrich, auch Unterstrich genannt, eines anorganischen Materials, Kieselgur oder einer Mischung von Kieselgur mit Asbest auf das nackte Rohr aufzutragen, und zwar in einer Stärke von 10 bis 30 mm, je nach der Dampftemperatur einerseits und der Entzündbarkeit des Isoliermaterials andererseits.

Dagegen kann für Warmwasserleitungen bei Temperaturen bis 100° ein Material wie Kork direkt auf das Rohr aufgelegt werden.

---

[1] Grünzweig und Hartmann, Ludwigshafen a. Rh.

Bei Isoliermaterial, welches in breiartigem Zustande, wie Kieselgur, Patentgur usw. auf die Leitungen aufzutragen ist, muß die Leitung schwach erwärmt werden, weil sonst das Material während des Auftragens abfällt.

Kann die Leitung nicht durch Einlassen von Dampf oder der zu führenden Flüssigkeit angewärmt werden, so ist ein anderes Isoliermaterial zu wählen.

Man verwendet bei kalt zu isolierenden Leitungen mit Kieselgur gefüllten Asbestschlauch von 20 bis 30 mm Stärke, der spiralförmig um das Rohr gewickelt wird, oder Asbestpappe von 5 mm Stärke in mehreren Lagen, die man auf dem Rohr mit Draht befestigt. Auf einer so geschaffenen Unterlage können dann Korkschalen, ev. auch Seidenzopfisolierungen angebracht werden.

Die Enden der Isolierung vor den Flanschen sind mit Blechkappen abzuschließen, damit das Isoliermaterial einen festen Halt bekommt. Der Abstand vom Flansch muß so groß sein, daß man die Flanschenschrauben herausnehmen kann, ohne die Isolierung zu beschädigen.

Bei wenig sorgfältiger Ausführung werden an den Enden nur Bänder aus Blechstreifen mit Draht befestigt. Eine solche Ausführung ist nicht empfehlenswert.

Die Isolierung ist zylindrisch herzustellen, worauf besonders zu achten ist. Die häufig verwendete Wellpappe als äußerer Abschluß hat den Nachteil, sich zusammenzudrücken und dann schlaff zu werden, weshalb glatte Pappe den Vorzug verdient, wenn sie auch in der Isolierwirkung der Wellpappe um einiges nachsteht.

Die Nesselbandage, mit denen gewöhnlich die fertiggestellte Isolierung umwickelt wird, soll spiralförmig und nicht in Längsstreifen aufgeklebt, die Isolierung umfassen.

Vielfach wird zu den Bandagen ein so dünner Stoff benutzt, daß sie nur wenig Widerstandsfähigkeit besitzen. Es liegt dies aber auch oft daran, daß der Preis für die Isolierung aufs Äußerste gedrückt wird. Der Lieferant ist dann genötigt, das billigste Material zu verwenden.

Der Anstrich einer Isolierung soll hell sein. Es ist hierzu Ölfarbe zu benutzen und diese mehreremals aufzutragen. Die helle Farbe hat die geringste Wärmestrahlung.

Im Abschnitte „Wärme" ist eine Berechnungsweise des Wärmedurchganges bei isolierten Leitungen angegeben, auf die hier verwiesen wird (vgl. „Wärme", S. 29).

Die in Tafel XVII des Anhanges graphisch dargestellten Wärmedurchgangszahlen zeigen zumeist eine Steigerung mit zunehmendem Temperaturunterschiede, nur einzelne Abnahme, andere wieder eine Zunahme mit darauffolgender Abnahme. Da in der Abhandlung des Bayer. Revisionsvereins eine Erklärung für diese Erscheinung nicht gegeben ist, so wurden die Kurven den Angaben direkt entsprechend aufgezeichnet.

Wärmedurchgangszahlen für Rohrisolierungen

nach den Untersuchungen des Bayrischen Revisionsvereins unter *Dir. Eberle.*

Isolierung I. Rohrisolierung: 55 mm Kieselgur, 3 mm Bandage.
(Fig. 121) Flanschen: doppelwandige Blechkappen mit Kieselgur gefüllt.

	Dampftemperatur.	Temperaturgefälle.	Wärmedurchgg.	Ersparnisse.
	t_d	$t_d - t_l$	k	η
Flanschen frei	136,8	130,0	3,33	75,6
	162,3	153,1	3,35	77,1
	191,1	182,1	3,49	78,0
Flanschen umhüllt	136,6	131,1	3,09	77,1
	162,4	154,6	2,90	80,3
	190,6	184,1	2,85	82,0

Isolierung II. Rohrisolierung: a) 30 mm Kieselgur, b) 60 mm Kieselgur.
(a. Fig. 122) Flanschenisolierung: Kieselgur (ohne Blechkappe).

	t_d	$t_d - t_l$	k	η
Flanschen um-hüllt (30 mm Auftragstärke)	136,3	124,2	3,50	73,9
	162,3	147,4	3,64	75,3
	191,3	177,5	3,49	78,3
(b. Fig. 123) Flanschen um-hüllt (60 mm Auftragstärke)	136,7	124,0	2,72	79,8
	162,9	147,3	2,82	80,8
	191,3	175,3	2,82	82,5

Isolierung III. Rohrisolierung: 5 mm Kieselgurasbeststreifen für Luftschicht; 50 mm Diatomitschalen, 5 mm Kieselgurasbest — Glattstrichbandagen — Ölfarbenanstrich.
Flanschenisolierung: Asbestschläuche mit Kieselgur gefüllt, Blechmantel darüber.

	t_d	$t_d - t_l$	k	η
Flanschen frei	134,6	116,8	3,22	76,2
	162,0	141,2	3,23	78,0
	190,7	166,8	3,33	78,9
Flanschen umhüllt	133,6	122,3	2,27	83,2
	160,7	146,4	2,29	84,3
	190,9	169,2	2,28	85,6

Isolierung IV. Rohrisolierung: 6 mm Drahtspiralen für Luftschicht und Asbeststreifen dazwischen; 22 mm Seidenzopf auf einem Weißblechmantel, Remanit-(Abfall-)Seide; 5 mm Wellpappe.
Flanschenisolierung: Doppelwandige Blechkappen mit Seidenpolster darüber und Nesselbandage.

	t_d	$t_d - t_l$	k	(k)	η	(η)
Flanschen frei	106,2	85,2	2,55	2,49	79,3	79,7
	136,1	117,4	2,79	2,75	79,3	79,7
	162,2	141,6	2,93	2,82	79,8	80,6
Flanschen umhüllt	106,0	84,9	1,87	1,77	84,7	85,5
	136,4	117,1	1,88	1,86	86,0	86,1
	161,4	140,5	1,97	1,87	86,3	87,1

Anm. Die eingeklammerten Werte für k und η gelten für dieselbe Isolierung mit 12 mm Luftschicht, statt 6 mm. (Isolierung ähnlich wie **Fig. 125.**)

Left-column labels: **Kieselgur** (Isolierung I and II); **Diatomit** (Isolierung III); **Seidenisolierung mit Luftschicht** (Isolierung IV).

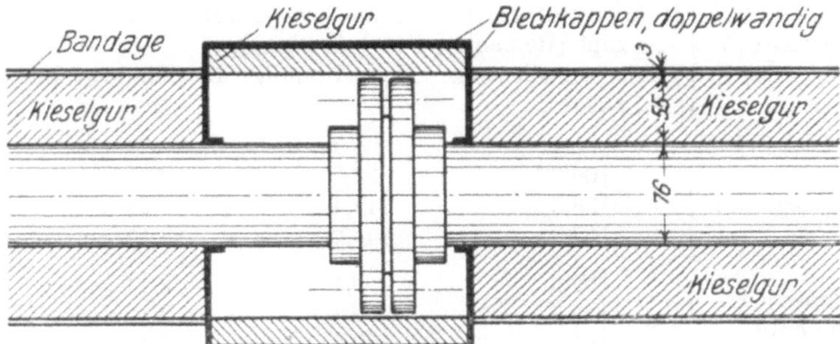

Fig. 121. Isolierung I.

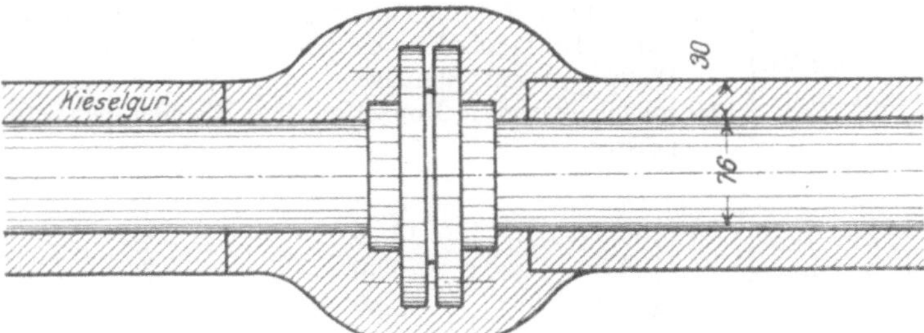

Fig. 122. Isolierung II a.

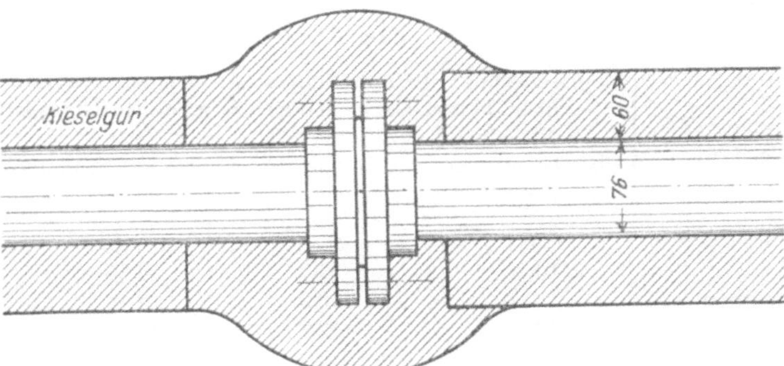

Fig. 123. Isolierung II b.

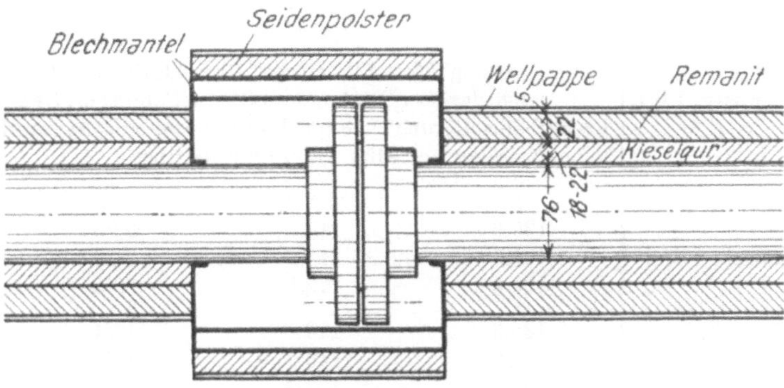

Fig. 124. Isolierung V.

Isolierung V. (Fig. 124)
Rohrisolierung: 18—22 mm Kieselguraufstrich; 22 mm Seidenzopf (Remanit); 5 mm Wellpappe.
Flanschenisolierung: Doppelwandige Blechkappen mit Seidenpolster.

Seidenisolierung mit Unterstrich

	t_d	$t_d - t_l$	k	η
Flanschen frei	106,2	88,2	2,94	76,1
	136,3	119,4	3,23	76,1
	162,3	144,2	3,15	78,3
Flanschen umhüllt	106,5	90,1	2,14	82,6
	136,3	120,1	2,12	84,3
	161,1	143,6	2,11	85,4

Isolierung VI. (Fig. 125)
Rohrisolierung: 15 mm Patentguraufstrich; 10 mm Luftschicht durch Drahtspiralen hergestellt; 22 mm Remanit; 5 mm Wellpappe mit Bandage.
Flanschenisolierung: Doppelwandige Blechkappen mit Seidenpolster.

Seidenisolierung m. Luftschicht und Unterstrich

	t_d	$t_d - t_l$	k	η
Flanschen frei	136,3	121,8	2,59	81,0
	162,0	147,0	2,74	81,3
	191,3	173,6	2,93	81,4
Flanschen isoliert	136,8	122,8	1,70	87,5
	162,1	148,1	1,71	88,4
	191,5	177,0	1,71	89,1

Isolierung VII. (Fig. 126)
Rohrisolierung: 10 mm Unterstrich aus Kieselgurmasse, darüber 35 mm starke Korkschalen, außen Gipsabstrich und Nesselbandage.
Flanschenisolierung: Doppelblechmantel mit Seidenpolster und Nesselbandage.

Korkisolierung

	t_d	$t_d - t_l$	k	η
Flanschen frei	106,5	87,7	3,36	72,8
	135,9	118,3	3,46	74,4
	162,4	142,2	3,64	75,0
Flanschen umhüllt	106,2	87,9	2,44	80,2
	136,7	118,9	2,48	81,6
	162,1	142,8	2,65	81,7

Isolierung VIII. (Fig. 127)
Rohrisolierung: 20 mm Patentgur, 10 mm Luftschicht mit Drahtspiralen, darüber Blechmantel, 35 mm Patentgur, Nesselbandage.
Flanschenisolierung: Doppelblechmantel mit Asbestkissen, mit Kieselgur gefüllt, Patentgur darüber.

Patentgur

	t_d	$t_d - t_l$	k	η
Flanschen frei	135,6	117,7	2,75	79,7
	161,5	145,2	2,93	79,7
	190,8	172,1	3,05	80,6
Flanschen umhüllt	135,3	119,1	1,74	87,1
	162,0	143,0	1,77	87,7
	191,3	173,9	1,93	87,7

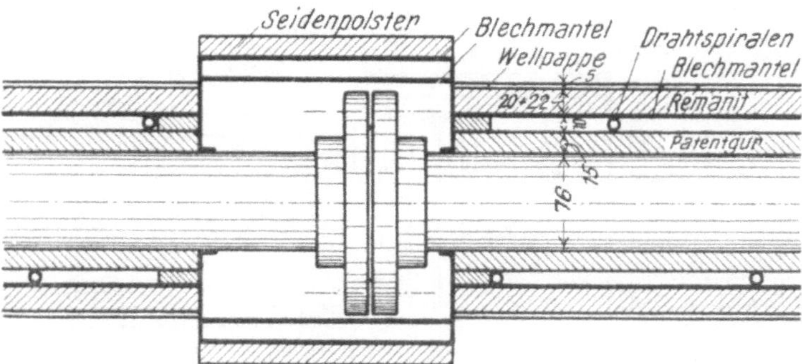

Fig. 125. Isolierung VI.

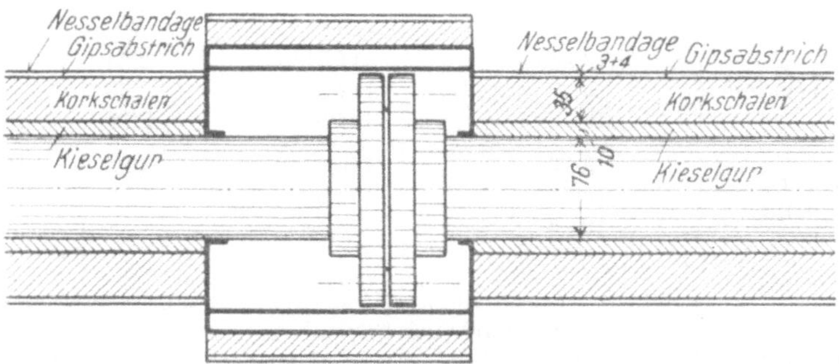

Fig. 126. Isolierung VII.

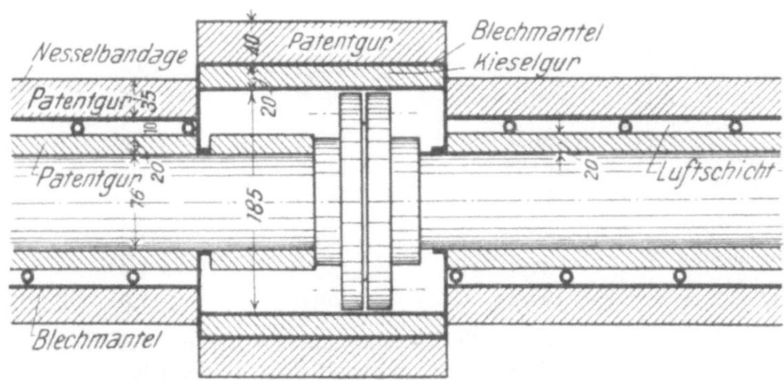

Fig. 127. Isolierung VIII.

Isolierung IX. {
Rohrisolierung: Kieselgur-Asbestschnüre, 25 mm in Ringform um das Rohr gelegt, dazwischen Glaswolle lose geschichtet, Asbestpappe darüber und eine zweite Schicht mit Ringen und Glaswolle 30 mm stark. Wellpappe auf Jutegewebe und 2 mm Kieselgurüberstrich.
Flanschenisolierung: Blechmantel mit Glaswolle lose gefüllt.

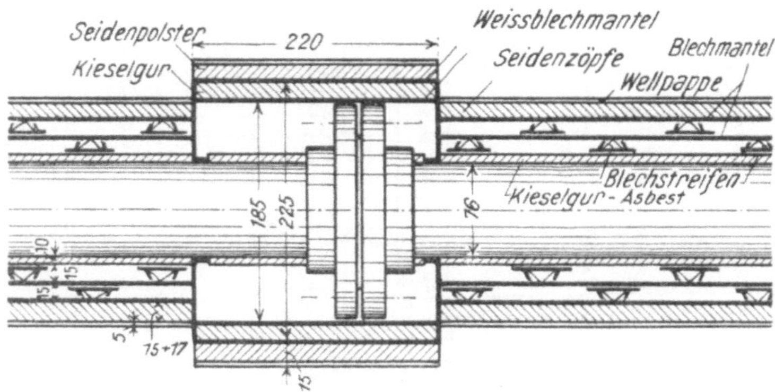

Fig. 128. Isolierung X.

		t_d	t_d-t_l	k	η
Glaswolle	Flanschen frei	136,4	114,7	2,34	82,6
		161,9	142,6	2,50	82,9
		191,2	165,5	2,70	82,9
	Flanschen umhüllt	136,4	119,3	1,35	90,0
		162,1	141,6	1,37	90,6
		191,6	173,5	1,48	90,6

Isolierung X.
(Fig. 128)

Rohrisolierung: 10 mm Kieselgur-Asbestaufstrich; 15 mm Luftschicht durch gelochte Blechstreifen, Blechmantel, wieder 15 mm Luftschicht wie vor, wieder Blechmantel, 15 bis 17 mm Seidenzopf.

Flanschenisolierung: Blechmantel, doppelwandig mit Kieselgur ausgefüllt, Seidenpolster.

	t_d	t_d-t_l	k	η
Flanschen frei	135,3	110,4	2,26	83,2
	162,0	134,5	2,40	83,5
	191,1	164,9	2,55	83,8
a) Flanschen umhüllt	136,0	112,9	1,62	88,0
	161,6	137,7	1,70	88,3
	190,7	166,9	1,76	88,8
b) Flanschen umhüllt	135,6	113,5	1,54	88,6
	161,9	135,8	1,57	89,3
	190,7	166,0	1,57	90,0

Anm. Bei a) waren die Flanschenkappen nur mit Kieselgur ausgefüllt.
Bei b) wurden noch über die Flanschenkappen Seidenpolster gelegt.

XIII. Lüftung.

1. Allgemeines und Bestimmung des Luftwechsels.

Die Luft, insbesondere der in ihr enthaltene Sauerstoff, ist für den Menschen eigentlich das Hauptnahrungsmittel, denn ohne die Luft können wir nicht, auch nur wenige Minuten, bestehen.

Bei 16 Atemzügen in der Minute gehen mit jedem Atemzuge etwa $^1/_3$ bis $^1/_2$ l, also in der Stunde etwa 400 l Luft durch die Lunge. In 24 Stunden atmet der Mensch demnach 9600 l oder, da 1 cbm Luft von 20° etwa 1,2 kg wiegt, 11,5 kg Luft ein.

Demgegenüber steht die normale tägliche Einnahme von festen und flüssigen Nahrungsmitteln von 2,5 bis 3,0 kg. Wir nehmen also täglich über das Dreifache an Luft von dem zu uns, was wir unserm Körper an Nahrungsmitteln zuführen.

Während der Mensch instinktiv verdorbene Nahrung zurückweist, ist er gegen schlechte Luft weit weniger empfindlich. Offenbar liegt hier Gewohnheit vor, die nur dadurch zu erklären ist, daß die nachteilige Wirkung verdorbener Luft nicht so offenbar zutage tritt, wie der Genuß von verdorbenen Nahrungsmitteln. Trotzdem ist die Einwirkung der schlechten Luft deutlich erkennbar an der blassen Gesichtsfarbe aller jener Personen, die durch ihren Beruf zum Aufenthalte in schlecht gelüfteten Räumen genötigt sind.

Der unausgesetzte Aufenthalt in schlechter Luft hat außer dem Gefühl der Mattigkeit, das die Arbeitsfähigkeit stark herabmindert, Störungen des Verdauungs- und Blutbereitungsapparates im menschlichen Körper zur Folge.

Wer an gute Luft gewöhnt ist, wird ihren Mangel recht deutlich merken, sobald er aus einem schlecht gelüfteten Raume ins Freie tritt. Hier atmet der Körper ganz unwillkürlich auf; die Lunge saugt begierig die frische Luft ein. Es ist dies ein deutlicher Beweis für das natürliche Bedürfnis des Körpers nach frischer, unverdorbener Luft.

Die Ursachen der Luftverderbnis in geschlossenen Räumen sind zunächst die Ausdünstungs- und Ausatmungsprodukte der Insassen, die hauptsächlich aus Kohlensäure, Wasserdampf, Darmgasen, organischen, fäulnisfähigen Ausscheidungen der Atmungsorgane und Zersetzungsprodukten von Schweißabsonderungen bestehen. Ferner aber unterliegen auch die Einrichtungsgegenstände, die Baumaterialien und der durch den Verkehr eingebrachte Schmutz und Staub, soweit sie organischer Natur sind, Zersetzungsprozessen, die die Güte der Luft beeinflussen.

In Fabriken, welche organische Materialien verarbeiten, sind die Zersetzungsprozesse des bei der Fabrikation abfallenden Staubes von ganz besonderem Einflusse auf die Zusammensetzung der Luft. Außerdem entstehen bei vielen Fabrikationen schädliche Dämpfe. Zu diesen gasförmigen Beimengungen der Raumluft kommen noch mechanische verschiedenster Art, die in Staubform in der Luft enthalten sind und mit der Atemluft in die Atmungsorgane der Insassen gelangen.

Die in einem Kubikmeter Luft enthaltenen Staubteilchen zählen oft nach Tausenden von Millionen.

Da nachgewiesen ist, daß der Staub der Träger von Infektionskeimen ist, so ergibt sich ohne weiteres hieraus sein nachteiliger Einfluß auf den Gesundheitszustand des Menschen. Außerdem aber rufen viele Staubarten Vergiftungserscheinungen und schädliche Ablagerungen in den Atmungsorganen hervor.

Infolge der Verschiedenheit der Beimengungen der Luft sind auch die Einwirkungen auf den Menschen verschieden.

Tatsache ist, daß der Aufenthalt in schlechter Luft die Widerstandsfähigkeit des menschlichen Körpers gegen Erkrankungen herabsetzt, wenn auch eine — nach dem landläufigen Empfinden — als schlecht zu bezeichnende Luft selbst nicht direkt Krankheitserscheinungen hervorzurufen vermag.

Es ist aber zwischen voller Arbeitsfähigkeit und einem Zustande, welcher Krankheitssymptome zeigt, ein großer Unterschied, der viele Abstufungen zuläßt und es ist zweifellos, daß sich nach dem Grade dieses Unterschiedes die Leistung des Arbeiters und die Güte der geleisteten Arbeit richten. Bei der Bedeutung der Luft für die Ernährung des menschlichen Körpers sollte auf die Güte derselben mehr Wert als bisher, besonders in Fabriken, die doch die höchste Ausnutzung des menschlichen Organismus anstreben, gelegt werden.

Inwieweit der Feuchtigkeitsgehalt der Luft und im Verein mit ihm die Temperatur die Arbeitsfähigkeit und das Wohlbefinden der Menschen beeinflussen, haben neuere Forschungen zur Aufgabe gehabt.

Bisher hat man den Zusammenhang zwischen Feuchtigkeitsgehalt und Lufttemperatur wenig systematisch beobachtet, und die Frage nach dem geeignetsten Feuchtigkeitsgehalte der Luft wurde früher eifrig ohne rechte wissenschaftliche Grundlage diskutiert.

Offenbar besteht ein Zusammenhang darin, daß feuchte Luft bei niedrigerer Temperatur angenehmer und erträglicher ist, als bei hoher Temperatur.

In der neuen Auflage von *Weyls* Handbuch der Hygiene[1]) ist in dem Abschnitte ,,Lüftung" von *Dr. ing. M. Berlowitz* die nachstehend wiedergegebene graphische Darstellung von Grenzkurven (Fig. 129) enthalten, aus welcher ersichtlich ist, bis zu welchen Temperaturen und zugehörigem Feuchtigkeitsgehalte ein dauerndes Wohlbefinden des normalen, gesunden Menschen besteht. Dabei ist noch der Unterschied zwischen bewegter Luft (1 m Luftgeschwindigkeit pro Sekunde) und ruhender Luft und bei körperlicher Arbeit

---

[1] Verlag von Johann Ambrosius Barth. Leipzig 1913.

und bei Ruhe des Körpers gemacht. — Ein Überschreiten der Kurven ist —
soweit bis heute Versuche an einer Anzahl von Personen vorliegen — als un-
hygienisch zu bezeichnen. Die Versuche wurden von *Flügge*[1] vorgenommen
und führten zu dem Ergebnisse, daß weniger die Verunreinigungen der Luft
in geschlossenen Räumen es sind, welche auf den menschlichen Körper nachteilig einwirken, als vielmehr ein Überschreiten der Raumtemperatur bei
einem gewissen Feuchtigkeitsgehalte; daß hierdurch hervorgerufene Wärme-

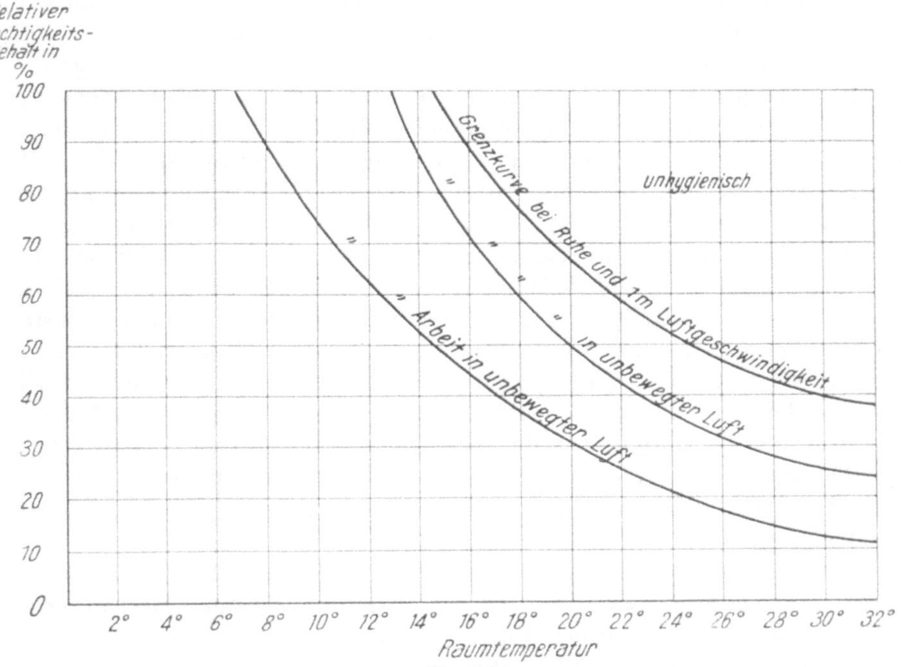

Fig. 129.

Grenzkurven für Temperatur und Feuchtigkeitsgehalt. Alle Zustände der Raumluft rechts von den Kurven sind als hygienisch unzulässig zu bezeichnen.

stauungen im Körper die Leistungsfähigkeit und das Wohlbefinden herabsetzen und das dabei auftretende Unbehagen bis zu Ohnmachtsanfällen gesteigert werden kann.

Die Beobachtungen haben weiter ergeben, daß Temperatur- und Feuchtig-
keitsverhältnisse, die bei ruhender Luft schon unerträglich sind, bei bewegter
Luft weniger unangenehm empfunden werden. Die Ursache für diese Erscheinung ist in der infolge der Luftbewegung vermehrten Wärmeabgabe des
Körpers zu suchen. *Berlowitz* schreibt in seiner Abhandlung: „Auf jeden Fall
läßt das bisher gewonnene Material erkennen, daß bei allen Temperaturen der
Feuchtigkeitsgehalt für den Arbeitenden erheblich niedriger als für den
Ruhenden sein muß, und daß die Luftbewegung noch Feuchtigkeitsgrade
erträglich macht, die bei unbewegter Luft bereits unzulässig hoch sind.

---

[1] *C. Flügge*, Über Luftverunreinigung, Wärmestauung und Lüftung in geschlossenen
Räumen. Zft. f. Hygiene 1909.

Versuchen wir einmal diese Beobachtungen am menschlichen Körper physikalisch zu erklären, so müssen wir in Betracht ziehen, daß bei der körperlichen Arbeit des Menschen genau dieselben thermischen Gesetze in Frage kommen, wie bei unseren kalorischen Maschinen. Der Vergleich ist schon oft gezogen worden. Die beim Atmen infolge der Oxydation des Blutes entstehende Wärme erfordert eine um so größere Ableitung, je lebhafter die körperliche Tätigkeit ist.

Genau so, wie bei einer Wärmekraftmaschine ein Teil der zugeführten Wärme in Arbeit umgesetzt, der andere Teil abgeführt wird, so muß auch der menschliche Körper einen Teil der in ihm erzeugten Wärme wieder abgeben und diese Wechselwirkung zwischen Wärmeerzeugung und Arbeitsleistung ist um so lebhafter, je größer die körperliche Anstrengung ist. Die Wärmeableitung geschieht, außer durch die Ausatmung von Wasserdampf, Stickstoff und Kohlensäure mit Bluttemperatur, noch durch Wärmeabgabe an die Umgebung an der ganzen Hautoberfläche. Reicht diese Wärmeableitung infolge lebhafterer Wärmeentwicklung nicht aus, so tritt Schweißbildung ein, die durch Verdunstung die Wärmeabgabe steigert und so gewissermaßen einen Regulator darstellt. Je höher nun die Raumtemperatur ist, desto schwerer vollzieht sich die Wärmeableitung; je höher der Feuchtigkeitsgehalt der Luft ist, desto mehr wird die Ausdunstung behindert. Nun sind wir bei unseren kalorischen Maschinen ängstlich darauf bedacht — besonders bei den Dampfturbinen —, durch Einhalten bestimmter Temperaturen den günstigsten Wirkungsgrad zu erzielen. Jeder Grad Temperaturerhöhung im Kondensator bringt eine deutlich wahrnehmbare Herabsetzung des Wirkungsgrades der Maschine mit sich.

Wenn sich auch die Natur möglichst den gegebenen Verhältnissen anzupassen sucht, so liegt doch gerade **da, wo es sich um Leistung mechanischer Arbeit durch den menschlichen Körper handelt, wie eben in Fabriken, alle Veranlassung vor,** auch hier hinsichtlich der **Temperatur** und — da auch der **Feuchtigkeitsgehalt** der umgebenden Luft die Wärmeableitung beeinflußt — auch in bezug auf diesen die günstigsten Verhältnisse zu schaffen, um einen **möglichst hohen Wirkungsgrad der Menschenarbeit** zu erzielen.

Wir empfinden den Einfluß der Atmosphäre am deutlichsten bei Gewitterschwüle; nur durch vermehrte, geistige Energie, durch Erhöhung eines geistigen Druckes zwingen wir uns zu einer Arbeit, die uns sonst leicht wird. Es muß also einen Zustand unserer Umgebung geben, bei welchem die Arbeitsfähigkeit ein Maximum ist.

Trotz der außerordentlich wertvollen Feststellungen *Flügges*, daß Überschreitungen von gewissen Temperatur- und Feuchtigkeitsverhältnissen ganz besonders schädlichen Einfluß auf den menschlichen Organismus ausüben, wird man doch die bisherigen Anschauungen, daß verbrauchte und mit allerlei Beimengungen durchsetzte Luft dem menschlichen Körper nachteilig ist, nicht gänzlich aufgeben.

Aus diesem Grunde und da ein bestimmter Feuchtigkeitsgehalt der Luft **nur durch einen Luftwechsel** eingehalten werden kann, sind Lüftungseinrichtungen vornehmlich in allen jenen Fabrikbetrieben erforderlich, wo die Atmungsluft durch die große Zahl der beschäftigten Personen, oder durch die Art der Fabrikation eine Veränderung erfährt.

Um einen Maßstab für die Luftverschlechterung durch die anwesenden Personen zu erhalten, damit man hiernach die ab- und wieder einzuführenden Luftmengen bestimmen kann, hat man die durch die Atmung bedingte Zunahme des Kohlensäuregehaltes in gewisser Zeit, sowie auch durch Beobachtungen das Befinden des Menschen bei bestimmtem CO_2-Gehalte der Luft festgestellt.

Nach *v. Pettenkofer* wurde ein CO_2-Gehalt von 1 l im Kubikmeter als die Grenze angesehen, bis zu welcher sich der Mensch noch daurend wohl befindet. Andere Forscher halten eine Grenze von 1,5 pro Mille für zulässig.

Die Kohlensäureausscheidung des Menschen ist verschieden, je nach Alter, Geschlecht, Körpergewicht und Tätigkeit. Die nachstehende Zusammenstellung gibt die CO_2-Ausscheidungen in cbm pro Stunde an.

Person	Alter Jahr	Körpergewicht	CO_2 cbm/St.
Kräftiger Arbeiter bei der Arbeit . . .	28	72	0,0363
Kräftiger Arbeiter in Ruhe	28	72	0,0226
Mann	28	82	0,0186
Frau	35	65	0,0170
Jüngling	16	58	0,0174
Jungfrau	17	56	0,0129
Knaben	10	22	0,0103
Mädchen	10	23	0,0097

Ist p ein nicht zu überschreitender CO_2-Gehalt in cbm/cbm und ebenso a der CO_2-Gehalt der atmosphärischen Luft, k die von den Insassen des Raumes stündlich abgegebene CO_2-Menge in cbm, so ergibt sich die stündlich einem Raume zuzuführende Luftmenge L, damit der Grenzwert p nicht überschritten wird, aus

$$L = \frac{k}{p - a} \qquad (1)$$

In einem Raume von 750 cbm sollen 70 Arbeiterinnen beschäftigt sein. Die CO_2-Ausscheidung eines Mädchens von 17 Jahren ist stündlich 0,0129 cbm. Der Grenzwert $p = 0,001$ cbm/cbm soll nicht überschritten werden. a ist 0,0003 bis 0,0007 im Freien.

Die stündlich einzuführende Luftmenge beträgt demnach:

$$L = \frac{70 \cdot 0,0129}{0,001 - 0,0005} = 1806 \text{ cbm.}$$

Dies entspricht etwa einem $2^1/_2$ maligen Luftwechsel in dem Raume oder einer Luftmenge von 26 cbm pro Kopf.

In ähnlicher Weise kann die Wärmeproduktion und die Wasserdampfabgabe der Personen durch Zuführung frischer Luft ausgeglichen werden, wenn man berücksichtigt, daß ein erwachsener Mensch in ruhiger Beschäftigung etwa 80 bis 100 w, bei anstrengender, körperlicher Tätigkeit bis zu 200 w stündlich abgibt, während die stündliche Wasserdampfabgabe etwa 50 bis 60 g beträgt.

In Fabrikbetrieben sind aber die Ursachen der Luftverschlechterung meist in der Fabrikation selbst zu suchen. Hier treten Wärmemengen durch Trockenöfen, Maschinen, Dampfleitungen usw. auf, denen gegenüber die Wärmeabgabe der Arbeiter als zu vernachlässigen angesehen werden kann.

Der zu bemessende Luftwechsel ist daher Erfahrungssache und wird in den verschiedenen Sälen einer Fabrik auch ganz verschieden sein.

Für Fabrikräume mit dichter Besetzung bei sitzender Tätigkeit der Arbeiter, in denen jedoch die Luft nicht verderbende Materialien verarbeitet werden, wird man eine Luftmenge von 25 bis 35 cbm pro Kopf als ausreichend betrachten können.

In Fabrikräumen mit üblen und die Gesundheit schädigenden Dünsten wird man bis zu fünffachem eventuell auch noch größerem Luftwechsel gehen müssen. Ganz besondere Aufmerksamkeit ist auch den Betrieben zu schenken, welche staubentwickelnde Materialien, wie Lumpen und Hadern, Tabak und ähnliche, verarbeiten. Hier sind Staubabsaugeanlagen, mit denen dann auch eine intensive Lüftung bewirkt wird, einzurichten.

2. Lüftungseinrichtungen.

Infolge der Luftdurchlässigkeit der Baumaterialien und der Undichtheiten in Fenstern und Türen findet in jedem in normaler Bauweise hergestellten Raume ein Luftwechsel statt, der von dem Temperaturunterschiede zwischen innen und außen abhängig ist.

Bei mittlerer Wintertemperatur, also etwa 0° und 20° Raumtemperatur, erfolgt — je nach der Bauausführung und der Lage des Raumes in bezug auf den Windanfall — eine einmalige Erneuerung des Luftinhaltes in zwei bis einer Stunde, d. h., es findet ein halbmaliger bis einmaliger Luftwechsel in der Stunde statt.

Bei geringer Besetzung der Räume kann eine solche natürliche Lüftung wohl genügen, obwohl auch ein einzelner Mensch nach längerem Aufenthalte in demselben Raume das Bedürfnis nach frischer Luft empfinden wird. Diesem Bedürfnisse nachzukommen, ist die einfachste Lüftung in dem Öffnen der Fenster gegeben.

Bei sitzender Beschäftigung ist aber eine solche Lüftung für längere Zeit unerträglich, sobald die Temperatur im Freien erheblich niedriger ist als die Raumtemperatur. Es machen sich sehr bald kalte Luftströmungen am Fußboden bemerkbar und die Raumtemperatur sinkt unter das zulässige Maß.

Die viel angewendeten Kippfenster können nur dann als Lüftungseinrichtung dienen, wenn der Temperaturunterschied zwischen innen und außen ein mäßiger ist. Unmittelbar am Fenster beschäftigte Personen werden auch die Lüftung durch Kippflügel auf längere Zeit nicht ertragen können, da ein kalter Luftstrom, und zwar in gleicher Menge, als durch den oberen Teil der Öffnung entweicht, durch den unteren Teil eintritt und am Fenster herunterfällt.

Die Lüftung durch Kippfenster wird viel empfohlen, dem ausführenden Architekten ist sie bequem, da sie ihm sorgfältig herzustellende Lüftungskanäle erspart, dem Arzte, der sie für Krankenräume sogar empfiehlt, scheint sie hygienischer, als durch lange Zuluftkanäle, deren Reinigung er öfter vornehmen lassen und kontrollieren müßte. Bei kaltem, windigem und regnerischen Wetter ist eine dauernde Lüftung durch die Kippfenster unmöglich.

Man kann wohl die Lüftung durch Fenster und Türen mehr zur natürlichen Lüftung rechnen.

Die einfachste Einrichtung einer künstlichen Lüftung ist der Abluftkanal (Fig. 130 a u. b.).

Ein solcher Abluftkanal ist sowohl in der Ausführung als auch in der Wirkung einem Schornstein durchaus ähnlich. Er hat die Aufgabe, einen Luftwechsel in dem Raume, in welchem er angelegt ist, durch Abführung der Raumluft zu bewirken, wobei die abgeführte Luft infolge der Luftdurchlässigkeit der Baumaterialien und der Undichtheiten in Türen und Fenstern durch eindringende Außenluft ersetzt wird. Die Luftbewegung im Abluftkanale wird durch den Gewichtsunterschied der Innen- und Außenluft hervorgerufen. Die im Raume und im Kanal enthaltene wärmere Luft wird durch die äußere kältere Luft in die Höhe gedrückt. Es kann also nur eine Luftabführung

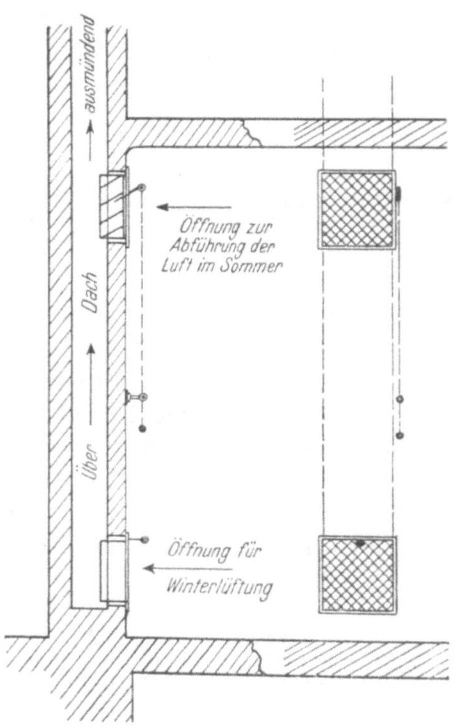

Fig. 130 a und b.

aus dem Raume stattfinden, wenn Temperaturunterschiede bestehen. Die Luftbewegung im Abluftkanale ist um so lebhafter, je größer der Temperaturunterschied zwischen innen und außen ist. Wie aber ein hoher Schornstein einen stärkeren Zug hervorzubringen vermag, als ein niedrigerer, so ist auch die Geschwindigkeit in dem Abluftkanale von dessen Höhe abhängig.

Wenn wir mit γ_1 das spez. Gewicht der Außenluft und mit γ_2 das der Innenluft und mit H die Höhe des Kanals bezeichnen, so ist der Druck, welcher die Luftbewegung im Kanale hervorbringt,

$$P = H\,(\gamma_1 - \gamma_2) \text{ mm Wassersäule.} \tag{2}$$

Diesem Drucke entspricht eine gewisse Geschwindigkeit nach der bekannten Gleichung

$$P = \frac{w^2\,\gamma}{2\,g} + \frac{w^2\,\gamma}{2\,g} \cdot (R + \Sigma\zeta) \tag{3}$$

worin w die Geschwindigkeit in m/sec,

γ das spez. Gewicht der bewegten Luft,

R den Reibungswiderstand der Luft an den Kanalwandungen,

$\Sigma\zeta$ die Widerstände, welche durch Richtungsänderungen, Gitter, Klappen usw. hervorgerufen werden.

Die Reibungswiderstände sind abhängig von der Art der Kanalausführung, ausgedrückt durch den Reibungskoeffizienten ϱ, die Länge l des Kanals und das Verhältnis von Umfang zu Querschnitt $\frac{u}{q}$.

Es ist

$$R = \varrho\,\frac{u}{q}\,l \tag{4}$$

worin für gemauerte Kanäle nach *Rietschel*

$$\varrho = 0{,}00643 + 0{,}000053\,\frac{u}{q} \tag{5}$$

ferner der Umfang u des Kanals in m und q der Querschnitt in qm, ebenso l, die Länge in m einzusetzen sind.

$\Sigma\zeta$ ist die Summe der Einzelwiderstände, welche z. B. bei einer rechtwinkligen Ablenkung mit $\zeta = 1{,}5$, bei einer nicht abgerundeten Eintrittsöffnung mit $\zeta = 1{,}5$, bei einem Gitter je nach der Größe im Verhältnisse zum Kanale und je nach der Größe der Lochung mit $\zeta = 0{,}75$ bis $2{,}50$ einzusetzen sind[1].

Aus obiger Gleichung ergibt sich nun die Luftgeschwindigkeit in m/sec.

$$w = \sqrt{\frac{2\,g\,P}{\gamma} \cdot \frac{1}{1 + R + \Sigma\zeta}} \tag{6}$$

Hat man die Luftgeschwindigkeit berechnet, so ist der Kanalquerschnitt aus der Gleichung:

$$F = \frac{L}{3600 \cdot w}\ \text{in qm} \tag{7}$$

zu ermitteln, worin L die stündlich zu fördernde Luftmenge in cbm von Raumtemperatur bedeutet.

Die nachstehende Zahlentafel gibt überschlägliche Werte für die erreichbare Geschwindigkeit in Abluftkanälen bei verschiedenen Höhen und Temperaturunterschieden. Die Höhe ist von Mitte Raum bis zur Ausmündung des Kanals über Dach zu messen; als Widerstand für die Lufteinströmung ist ein Gitter von 1,5 maligem Kanalquerschnitt und 50 Proz. freier Gitterfläche angenommen.

---

[1] Genaue Berechnungsweise der Lüftungsanlagen findet sich im Leitfaden zum Berechnen und Entwerfen von Lüftungs- und Heizungsanlagen von *H. Rietschel*. Verlag von Julius Springer, Berlin. 5. Aufl.

Erreichbare Luftgeschwindigkeit in vertikalen Abluftkanälen in m/sec.[1]

Abstand von Mitte Raum bis Ausmündung in m	$(t_i - t_a)$ Temperaturunterschied zwischen Innen- und Außenluft in °C										
	5°	6°	7°	8°	9°	10°	11°	12°	13°	14°	15°
3	0,43	0,47	0,50	0,54	0,57	0,60	0,63	0,66	0,69	0,71	0,73
4	0,49	0,54	0,58	0,62	0,66	0,70	0,73	0,76	0 79	0,82	0,85
5	0,55	0,60	0,65	0,70	0,74	0,78	0,82	0,85	0,89	0,92	0,95
6	0,60	0,66	0,71	0,76	0,81	0,85	0,89	0,93	0,97	1,01	1,04
7	0,65	0,71	0,77	0,82	0,87	0,92	0,96	1,01	1,05	1,09	1,13
8	0,70	0,76	0,82	0,88	0,93	0,98	1,03	1,08	1,12	1,16	1,20
9	0,74	0,81	0,87	0,93	0,99	1,04	1,09	1,14	1,19	1,23	1,27
10	0,78	0,85	0,92	0,98	1,04	1,10	1,15	1,20	1,25	1,30	1,34
11	0,82	0,89	0,96	1,03	1,09	1,15	1,21	1,26	1,32	1,36	1,41
12	0,85	0,93	1,01	1,08	1,14	1,20	1,26	1,32	1,38	1,43	1,47
13	0,89	0,97	1,05	1,12	1,19	1,25	1,32	1,38	1,43	1,49	1,54
14	0,92	1,01	1,09	1,16	1,23	1,30	1,36	1,43	1,49	1,54	1,60
15	0,95	1,04	1,13	1,20	1,27	1,34	1,41	1,47	1,54	1,60	1,65
16	0,98	1,08	1,17	1,24	1,32	1,38	1,45	1,52	1,58	1,65	1,71
17	1,01	1,11	1,20	1,28	1,36	1,43	1,50	1,57	1,63	1,69	1,76
18	1,00	1,14	1,23	1,32	1,40	1,47	1,55	1,62	1,68	1,74	1,80
19	1,00	1,18	1,27	1,35	1,44	1,52	1,59	1,66	1,73	1,79	1,85
20	1,00	1,20	1,3 0	1,39	1,48	1,56	1,63	1,70	1,77	1,84	1,90

Z. B. $H = 10\,\mathrm{m}$, $t_i = 20°$, $t_a = +10°$, $t_i - t_a = 10°$, $w = 1{,}10\,\mathrm{m/sec}$.

Es besteht vielfach die Ansicht, daß den hygienischen Bedürfnissen schon Genüge geleistet ist, wenn für eine Abführung der verbrauchten Luft durch einen solchen Abluftkanal gesorgt wird. Diese Ansicht ist nur insoweit zutreffend, wenn ein etwa einmaliger, stündlicher Luftwechsel allen Anforderungen entspricht. Man bedenke aber dabei, daß zunächst bei der Abführung der Luft auch für einen Ersatz gesorgt werden muß, und daß diese Ersatzluft unter Umständen aus Räumen kommt, deren Luftverhältnisse noch viel ungünstiger sein können, als die des gelüfteten Raumes. (Solche Fälle liegen häufig in Gasthäusern vor, in denen man zur Ableitung des Tabakrauches Ablufteinrichtungen, oft noch durch einen Ventilator verstärkt, vorfindet. Aborte und Küchenaufzugmündung liegen nicht selten in nächster Nähe, und nun wird Abort- und Küchenluft durch die Gasträume abgeführt.)

Sind nur Abluftvorrichtungen vorhanden, so unterliegt die Zuströmung frischer Luft den Zufälligkeiten, nämlich inwieweit die Umfassungen des Raumes Undichtheiten aufweisen; aber es handelt sich doch in der Hauptsache nicht darum, schlechte Luft abzuführen, sondern bessere Luft in die zu lüftenden Räume hereinzubekommen, und so ergibt sich ohne weiteres die Notwendigkeit, dem Zutritte frischer, unverdorbener Luft bestimmte Wege anzuweisen, wobei man es auch gleichzeitig in der Hand hat, durch vorherige

---

[1] Die Zahlentafel ist dem Kalender für Gesundheitstechniker von *H. Recknagel* entnommen. Verlag R. Oldenbourg.

Reinigung und Erwärmung die Beschaffenheit und die Temperatur der einströmenden Luft den Bedürfnissen anzupassen.

Ebenso wie bei der Abluft Temperaturunterschied und Kanalhöhe die
Luftbewegung hervorrufen, so lassen sich auch für die Zuluft ähnliche Verhältnisse schaffen, nur muß hier für eine Erwärmung der Zuluft gesorgt
werden. Hierauf beruhen die früher ausgeführten Feuerluftheizungen, auch
Calorifère-Luftheizungen genannt.

Die Luft wird an einem aus gußeisernen oder schmiedeeisernen Rohren
hergestellten Ofen so hoch erwärmt, daß sie außer zur Lüftung gleichzeitig
zur Erwärmung der Räume dient. Der Ofen wird meist in einem, unterhalb
der zu heizenden Räume liegenden Geschosse untergebracht, kann aber auch
neben den Räumen angeordnet werden. Für jeden einzelnen Raum ist dann
ein von diesem Ofen abzweigender Warmluftkanal als Luftzuführung vorzusehen, zugleich aber hat auch jeder Raum einen Abluftkanal zur Abführung
der Luft. Beträgt die zur Erwärmung eines einzelnen Raumes stündlich erforderliche Wärmemenge Qw und ist ferner die Raumtemperatur t und
die Temperatur der in den Raum einströmenden Luft t', so ist die stündlich
einzuführende Luftmenge von der Temperatur t, also Raumtemperatur,

$$L = \frac{Q\,(1 + \alpha\,t)}{0{,}306\,(t' - t)}\ \mathrm{cbm} \qquad (8)$$

worin noch $\alpha = 0{,}003\ 663$ zu setzen ist. (Vgl. *Rietschel*, Leitfaden zum Berechnen und Entwurf von Heizungs- und Lüftungsanlagen, 5. Aufl. S. 383).
Beim Durchströmen des Raumes kühlt sich die Luft von der Temperatur t'
auf die Raumtemperatur t ab, verliert also einen Teil der mitgebrachten
Wärme, um diese an den Raum abzugeben, was durch den Ausdruck: 0,306
(t'—t) dargestellt wird. Da hier der Luftwechsel von der genügenden Erwärmung des Raumes abhängig ist, nicht aber von dem Lüftungsbedürfnisse, so
ist die Luftheizung im Betriebe meist eine sehr kostspielige Lüftungsanlage,
denn gewöhnlich übertrifft der zur Erwärmung der Räume erforderliche Luftwechsel das Lüftungsbedürfnis.

Aus diesem Grunde und infolge mancher anderen Unzuträglichkeiten ist
die Luftheizung von der Warmwasserheizung und der Niederdruckdampfheizung aus Gebäuden verdrängt worden, in denen man sie vor 30 und mehr
Jahren mit Vorliebe anwandte. Bei Lüftungsanlagen, die mit einer Nieder-
druckdampf- oder Warmwasserheizungsanlage verbunden sind, werden zur
Erwärmung der Zuluft besondere Luftvorwärmungskammern angelegt.

Alle diese Lüftungsanlagen, deren Luftbewegung auf Temperaturunterschieden beruht, haben den Nachteil, von den Witterungsverhältnissen abhängig zu sein; da außerdem die Kraft, welche die Luftbewegung hervorruft, natürlich sehr gering ist, denn die wirksamen Temperaturunterschiede
bewegen sich in den Grenzen von etwa 10 bis 40°, so dürfen die der Luftbewegung entgegentretenden Widerstände in den Kanälen nicht sehr groß
sein. Daher ist die räumliche Ausdehnung eines solchen Lüftungssystems beschränkt; lange, horizontale Kanäle sind nicht ausführbar. Dazu kommt nun
noch, daß Witterungsänderungen einen fortwährenden Wechsel in der Wir-

kung der Anlage hervorrufen, Windanfall aber sogar ein vollständiges Umkehren der Luftbewegung bewirken kann.

Diese unliebsame Abhängigkeit der auf Temperaturunterschieden beruhenden Lüftungsanlagen von den Witterungsverhältnissen einerseits und die immer weitere Verbreitung und Verbilligung des elektrischen Stromes andererseits haben die Anwendung elektrisch betriebener Ventilatoren mehr und mehr gefördert.

Fast alle neueren Lüftungsanlagen in Schulen und öffentlichen Gebäuden sind mit mechanischem Antriebe zur Luftbewegung ausgestattet; nur in Fabriken, die gerade eine ausgiebige Lüftung so oft recht notwendig hätten, findet man umfangreiche und zweckmäßig durchgebildete Lüftungsanlagen nur da, wo sie durch die Fabrikation selbst bedingt sind.

Die gewerbepolizeilichen Vorschriften lassen einen sehr weiten Spielraum. Sie sind offenbar absichtlich nicht in bestimmte Vorschriften eingezwängt, weil dann die Behörde genötigt wäre, durch ihre Beamten Vorschläge für Abänderungen zu machen, die unter Umständen nicht den gewünschten Erfolg haben könnten.

3. Lüftungsanlagen in Fabriken.

Die einfachsten Lüftungseinrichtungen in Fabriken sind die Dachlüfter auf Shedbauten, deren Wirkung wie die der Kippfenster ist und deshalb dieselben Nachteile aufweisen wie diese.

Infolge der Abführung der Luft durch die Dachlüfter dringt die Außenluft durch die Undichtheiten des Gebäudes ein. Die warme Raumluft entweicht; an ihre Stelle tritt die kalte Außenluft, die sich im Raume wieder erwärmen muß, denn andernfalls würde die Raumtemperatur nach und nach unter das zulässige Maß sinken. Eine Regelung des Luftwechsels findet bei dieser Lüftung nicht statt. Die Raumheizung muß für die Erwärmung der von außen einströmenden Luft in einem oft viel reichlicheren Maße sorgen, als bei der Einrichtung einer zweckmäßigen Lüftungsanlage notwendig wäre.

Man wird deshalb auch in Fabriken finden, daß die Regelung der Raumtemperatur nicht durch Abstellen von Heizflächen vorgenommen wird, was mit Rücksicht auf den Wärmeverbrauch das richtige wäre, sondern allenfalls durch Öffnen oder Schließen der Fenster und Lüftungsklappen. Eine solche Regelung der Heizung, bzw. eine solche Lüftung der Fabrikräume ist natürlich so unrationell, wie man sich nur denken kann. Dafür aber muß bei schlechtem und stürmischem Wetter und bei niedrigen Außentemperaturen das Öffnen der Fenster und Dachlüfter gänzlich unterbleiben, weil andernfalls Zugerscheinungen und ungenügende Erwärmung den Aufenthalt unerträglich machen.

Zur Einführung frischer Luft werden zuweilen hinter den an den Fensterbrüstungen aufgestellten Heizkörpern Öffnungen in der Außenwand angebracht, die mit Gitter und Klappe ausgestattet sind. Bei dieser, gewöhnlich in äußerst primitiver Ausführung gehaltenen Luftzuführung findet eine genügende Erwärmung der einströmenden Außenluft nicht statt. Man stelle sich vor, daß

ein Arbeiter stundenlang an seinem Arbeitstische vor dieser Öffnung sitzen
soll! Ganz selbstverständlich wird er nicht nur die Klappe an der Öffnung
schließen, sondern sogar noch alle Fugen verstopfen. Bei abgestellten Heizkörpern kann während des größten Teiles des Jahres die Öffnung überhaupt
nicht unverschlossen bleiben. Damit hört dann der Lüftungsbetrieb auf.
Außerdem bringen diese Lüftungseinrichtungen noch die Gefahr des Einfrierens der Heizkörper mit sich und begünstigen das Eindringen des Straßen-
staubes. Es sei hier noch bemerkt, daß der zu sitzender Tätigkeit genötigte
Arbeiter im Laufe der Zeit gegen Luftströmungen sehr empfindlich wird, weil
der Mangel an körperlicher Bewegung den Stoffwechsel herabsetzt. Die
Ablagerung harnsaurer Salze in einzelnen Teilen des Körpers wird dadurch
begünstigt und verursacht allerlei Beschwerden, die durch Zugerscheinungen
eine Steigerung erfahren.

Eine ebenso unzweckmäßige, aber mit nicht geringen Kosten verbundene
Lüftungseinrichtung besteht darin, an der Decke der Räume bis weit in diese
hineinreichend, Kanäle anzubringen, welche mit der Außenluft durch Öffnungen in den Außenwänden direkt in Verbindung stehen. Diese Kanäle,
die trotz der Feuergefährlichkeit oft aus Holz hergestellt werden und eine
Breite von 15 bis 20 cm und etwa ebensolche Höhe haben, besitzen Längsschlitz
von 5 bis 7 mm Höhe, durch welche die kalte Außenluft, fein verteilt von der
Decke des Raumes her einströmen soll.

In übergroßen Abluftschächten wird dann die Raumluft über Dach abgeführt.

Es ist nachgewiesen, daß die Zuführung kalter Luft von oben her sofort
zu Klagen über Zugerscheinungen Anlaß gibt. Wenn also bei diesem System
ein ausreichender zwei-, drei- und mehrfacher Luftwechsel erzielt werden soll,
wie er für manche Fabrikbetriebe erforderlich ist, so muß die Luft durch die
zwar engen Längsschlitze der Deckenkanäle mit so großer Geschwindigkeit
auf die Rauminsassen herunterfallen, daß ein Aufenthalt unter den Kanälen
nicht möglich ist, oder die Raumtemperatur muß sehr hoch, auf 22 bis 25°, gehalten werden, wie Untersuchungen von Prof. *Ch. Nußbaum* in Hannover
ergaben. Dadurch werden die Betriebskosten außerordentlich hohe und führen
zu einer wesentlichen Einschränkung der Lüftung, womit der Zweck der
Anlage unerfüllt bleibt.

[Es sind nämlich für niedrige Außentemperaturen, bei denen die Abluftkanäle mit erheblicher Wirkung einsetzen, in den Zuluftkanälen vorsichts-
halber Klappen angebracht, die dann geschlossen werden.[1]]

---

[1] Es ist selbstverständlich, daß bei Einführung kalter Außenluft die Erwärmung
von der Raumheizfläche übernommen werden muß; denn sonst würde die Raumtemperatur nach und nach immer niedriger werden. Die Heizungsanlage muß deshalb größer
angelegt werden, als zur Aufrechterhaltung einer bestimmten Raumtemperatur notwendig ist, sie wird also zugunsten der Lüftungsanlage teurer und verbraucht daher
mehr Brennstoff. Nun wird aber derselbe Zweck erreicht, wenn in die zu lüftenden
Räume bereits vorgewärmte Luft eingeführt wird, wobei man als wesentliche Vorteile
die bei gesteigerter Luftgeschwindigkeit größere Wärmeabgabe der Heizkörper und eine
zentrale Regelung der Lüftung benutzen kann. (Vgl. weiter unten.)

Bei allen Betrieben, bei denen eine intensive Lüftung der Räume stattfinden muß, genügt eine solche Lüftungsanlage nicht, denn die Mischung der einströmenden kalten Luft mit der warmen Raumluft, welche durch die feine Verteilung angestrebt wird, ist nur sehr unvollkommen. Mit Rücksicht auf die Gesundheit der Insassen ist es unzulässig, kalte, unvorgewärmte Luft in die Räume direkt einzuführen.

Die beiden erstgenannten Einrichtungen von Lüftungsanlagen, die Dachlüfter und die Luftöffnungen an Außenwänden hinter Heizkörpern, sind — wenn man sie richtig betrachtet — nur Beruhigungsmittel für den Fabrikbesitzer selbst und der Aufsichtsbehörde gegenüber. Man kann sagen, es sind Lüftungseinrichtungen vorhanden. Das gleiche gilt von jenen Anlagen, die nur Abluftkanäle aufweisen.

Die Zuführung der Luft durch Verteilungskanäle an der Decke zeigt schon mehr Verständnis für das Bedürfnis nach Lufterneuerung, nur ist die Lösung der Aufgabe noch eine unvollkommene, auch wenn für die Abführung der Luft Ventilatoren vorgesehen werden und die Lüftung dadurch von der Wirkung des Windanfalls und der Temperaturunterschiede unabhängig gemacht wird.

Den Lüftungseinrichtungen in Versammlungssälen, besonders aber in Theatern, hat man die größte Aufmerksamkeit zugewendet; daher liegen gerade für Theater umfangreiche Versuchs- und Beobachtungsergebnisse vor.

Solche Anlagen werden natürlich mit viel umfangreicheren Mitteln hergestellt werden als Lüftungsanlagen in Fabrikbauten, aber sie zeigen, was sich erreichen läßt und welche Wege einzuschlagen sind[1].

Die Frage der zweckmäßigsten Lufteinführung für Theater ist viel erörtert worden, wobei es sich um die Beantwortung handelte, ob die Luft durch die Decke oder durch den Fußboden des Zuschauerraumes einzuführen sei. Hierauf näher einzugehen, ist hier nicht angängig, nur so viel sei erwähnt, daß überall die Beobachtung gemacht wurde, daß die Einführung der Luft durch die Decke — auch fein verteilt, aber mit niedrigerer Temperatur als der im Raume herrschenden — zu Klagen über Zugerscheinungen Anlaß gibt, daß dagegen diese Klagen verstummen, wenn die Luft mit Raumtemperatur und höher, von der Decke herunter, auf die Zuschauer herabströmt und am Fußboden abgesaugt wird.

Diese Beobachtungen zeigen die Notwendigkeit der Vorwärmung der Luft bei allen Lüftungsanlagen, bei denen die Luft an der Decke des zu lüftenden Raumes verteilt eingeführt wird.

Dieselbe Notwendigkeit besteht da, wo die Luft an einer Stelle des Raumes etwa über Kopfhöhe aus einem vertikalen Kanale austretend in den Raum hineingetrieben wird. Eine Verteilung durch Deckenkanäle ist natürlich vorzuziehen.

Nachstehende Abbildung (Fig. 131) zeigt eine solche Lüftungsanlage eines mehrstöckigen Fabrikgebäudes. Zur Erwärmung der Räume dient eine

---

[1] Vgl. auch: Vortrag in der Vereinigung behördlicher Ingenieure des Maschinen- und Heizungswesens von Stadtbauinspektor *Schmidt* über „Hauchlüftung“. Zeitschr. Ges.-Ingen. 1913. Heft Nr. 20.

Niederdruckdampfheizung. In der Übergangszeit, also bei milder Witterung, können die Räume allein durch die Lüftungsanlage erwärmt werden.

Die Anlage besteht aus der Luftkammer, im Kellergeschosse, den vertikalen Warmluftkanälen, welche von der Luftkammer bis zur Decke jedes Geschosses reichen, und den horizontalen, an der Decke angebrachten Warmluftverteilungskanälen.

In der Luftkammer, die in Frischluft- und Warmluftraum geteilt ist, sind die Luftfilter in Taschenform, der Zentrifugalventilator mit Elektromotor und die aus glatten Radiatorgliedern bestehende Heizfläche zur Erwärmung der Luft untergebracht.

Die Heizflächen können zur Regelung der Warmlufttemperatur gruppenweise ausgeschaltet werden.

Im Sommer wird die Heizfläche nicht in Betrieb genommen, vielmehr die Luft unerwärmt in die Räume geblasen.

Wo Abdampf einer Maschine zur Verfügung steht, wird dieser zur Lufterwärmung benutzt werden, so daß die Betriebskosten nur gering ausfallen.

Die Luft strömt mit 20 bis 35° je nach der Außentemperatur — durch Öffnungen in den Seitenwänden der Verteilungskanäle aus[1].

Aufklappbare Gitter an diesen Ausströmungsöffnungen gestatten eine Reinigung der Kanäle.

Zur Aufnahme der verdorbenen Luft dienen die Abluftkanäle, die in jedem Geschosse über Fußboden beginnen und bis über das Dach hinaus zu führen sind. Ein Teil der Raumluft wird, da der Ventilator einen geringen Überdruck in den Räumen erzeugt, durch die Undichtheiten des Gebäudes nach außen gedrückt, so daß weder die Luft aus den Aborten noch die Außenluft eindringen kann.

Eine solche Lüftungsanlage erfordert mechanischen Antrieb durch einen Ventilator schon aus dem Grunde, weil die Filter, die Heizkörper und die horizontalen Kanäle der Luftbewegung einen Widerstand entgegenstellen, der durch den natürlichen Auftrieb durch Temperaturunterschiede nicht überwunden wird.

Dafür ist aber die Anlage im Betriebe von allen Witterungseinflüssen unabhängig und bietet auch im Sommer, wo ein Auftrieb nur gering oder überhaupt nicht vorhanden ist, die Möglichkeit, die Räume stets mit frischer Luft zu versorgen.

Im vorliegenden Falle wird die eigentliche Erwärmung der Räume durch eine Niederdruckdampfheizung übernommen. Es ist immerhin zweckmäßig, für Lüftung und Erwärmung eine getrennte Anlage zu schaffen, vor-

---

[1] Die Luft wird nur dann mit höherer Temperatur als Raumtemperatur eingeführt, wenn mit der Lüftung der Räume auch eine Erwärmung verbunden sein muß; also etwa an kalten Sommertagen oder in der Übergangszeit. — Man wird gewöhnlich die Heizkörper in der Luftkammer so bemessen, daß sie zur Erwärmung der Räume bis zu einer Außentemperatur von +5° ausreichen. Bei niedrigerer Außentemperatur sind dann die Raumheizflächen mit in Benutzung zu nehmen. Zur Bestimmung der Heizflächen in Luftheizkammern kommen die im Abschnitte „Heizkörper“ unter „Wärmeabgabe der Heizkörper bei gesteigerter Luftgeschwindigkeit“ gemachten Angaben zur Anwendung.

nehmlich dann, wenn die Arbeitstische für sitzende Beschäftigung der Arbeiter an den Fensterwänden angeordnet sind.

Bei mehrfachem Luftwechsel eines Raumes stellen sich an den Abkühlungsflächen, besonders an hohen Fenstern, herabfallende Luftströme ein, die infolge ihrer Stetigkeit sehr lästig werden können, da sich hier die Luft stark abkühlt. Durch die Anordnung von Heizkörpern an den Abkühlungsflächen werden diese Luftströme wieder erwärmt und durch den vom Heizkörper erzeugten Auftrieb etwa über Kopfhöhe nach dem Innern des Raumes abgelenkt. (Vgl. Abschnitt: Heizkörper, Fig. 57.)

Solche Vorsichtsmaßregeln sind bei großen Hallen, in Eisengießereien, Schmieden und Werkstätten, in denen der Arbeiter nicht an einen bestimmten Platz gebunden ist, vielmehr sich frei und angestrengt bewegt, nicht erforderlich.

Hier kann die Lüftung mit der Heizung direkt verbunden werden. Es tritt dann die Heizung um so mehr in den Vordergrund, weil in solchen großen Räumen die Luftverderbnis meist gering ist und durch den natürlichen Luftwechsel ausgeglichen wird.

In dieser Verbindung von Heizung und Lüftung werden in Amerika die umfangreichsten Gebäude mit Wärme und Luft versorgt. Nach den von *K. Oh-mes* herausgegebenen Mitteilungen über Heizungs-, Lüftungs- und Dampfkraftanlagen in den Vereinigten Staaten in Amerika (Verlag von

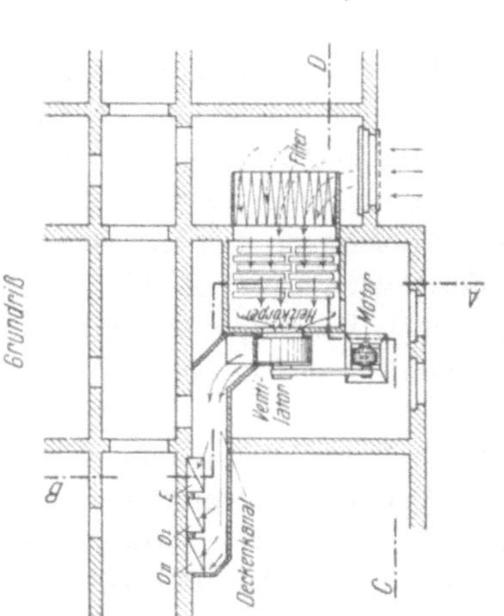

Fig. 131.

Lüftungsanlage in einem Fabrikgebäude. Luftförderung durch Zentrifugal-Ventilator mit Elektromotor-Antrieb. Vertikale Einzelkanäle bis zur Decke jedes Geschosses. Ausströmen der erwärmten Luft aus horizontalen Deckenkanälen. Reinigung der Luft mittels Taschenfilter. Erwärmung der Luft mittels Radiatorheizfläche.

R. Oldenbourg, München), wird die Dampfluftheizung den anderen, bei uns verbreiteten Systemen, der Niederdruckdampf- und Warmwasserheizung, bei weitem vorgezogen.

Daher finden wir auch dort für Fabrikheizungen fast ausschließlich die Dampfluftheizung, ähnlich wie die oben beschriebene Lüftungsanlage des mehrstöckigen Gebäudes, angewendet.

Besonders ist das Sturtevant-System ausgebildet, bei welchem Ventilator und Heizapparat zu einem Ganzen in äußerst zweckmäßiger und wenig Platz beanspruchender Weise zusammengefügt sind (vgl. nebenstehende Fig. 132).

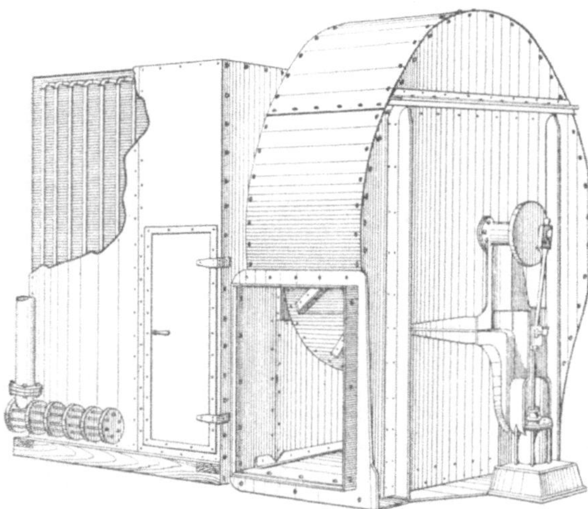

Der Heizkörper besteht aus Stahlrohren von zumeist 26 mm lichter Weite. Die Rohre sind in Sammelstücke eingelassen, welche zugleich Dampfverteiler, wie auch Kondenswassersammler sind. Rohre und Sammelstück sind eine Sektion. Je nach dem Wärmebedarfe wird die Zahl der Sektionen gewählt, die so den Heizkörper, durch den der Ventilator die Luft ansaugt, bilden.

Eine oder mehrere Sektionen sind aber von den übrigen getrennt, haben besondere Einströmung und Kondensatabfluß und dienen dazu, den Abdampf,

Fig. 132.   Ventilator mit Sturtevant-Heizkörper, durch Dampfmaschine angetrieben.

der den Ventilator antreibenden Maschine aufzunehmen. Die übrigen Sektionen werden mit direktem Dampf geheizt, da der Abdampf der kleinen Antriebmaschine nicht ausreicht, den großen, viel Dampf verzehrenden Heizkörper zu füllen. Durch die Ausnutzung des Abdampfes der Antriebmaschine werden die Betriebskosten für Fortbewegung der Luft äußerst gering.

Als Luftleitungen werden verzinkte Blechrohre von runder und rechteckiger Form verwendet, die bis zum äußersten Ende des zu heizenden Raumes, in großen Hallen meist zu beiden Seiten der Außenwände in einigem Abstande von diesen, so hoch liegend geführt werden, daß sie nicht hinderlich sind.

In Entfernungen von 3 bis 4 m sind Abzweige mit Ausblaseöffnungen an diesen Blechrohren vorgesehen.

Wo auf die Arbeiter besonders Rücksicht zu nehmen ist, münden die Abzweige etwa 1 m über Fußboden aus.

Handelt es sich nur um Beheizung der Räume und wird auf Lüftung weniger Wert gelegt, so saugt der Ventilator die Raumluft direkt durch den Heizkörper.

Es findet also nur eine Umwälzung der Raumluft bei immer sich wiederholender Erwärmung statt. In mehrstöckigen Gebäuden ist die Rückführung der Luft zum Ventilator mit Schwierigkeiten verbunden, weshalb der Ventilator dann Außenluft entnimmt und diese erwärmt in die Räume hineinführt. In diesem Falle stehen Ventilator und der Heizapparat im untersten Geschosse und ein gemauerter Verteilungskanal führt die Luft zu vertikalen Schächten, aus denen sie in die Räume einströmt. Hierbei liefert ein solcher Schacht die Luft für alle übereinander liegenden Räume, verbindet diese also miteinander. Aus Gründen der Feuersicherheit ist diese Ausführung nicht zu empfehlen, vielmehr wird man in Deutschland auch von seiten der Feuerversicherungsgesellschaften beansprucht, daß die Schächte für jedes Stockwerk getrennt aufgeführt werden, wie in Fig. 131 angegeben ist.

Alle die verschiedensten Arten der Lüftungsanlagen hier aufzuführen, ist nicht möglich. Das Wesentlichste bei allen Lüftungseinrichtungen ist aber eine genaue, rechnerische Bestimmung der Einzelteile, des Ventilators und seines Antriebmotors, der Luftkanalquerschnitte und der Widerstände, welche sich dem Luftstrom entgegenstellen, Reinigungsfähigkeit in allen Teilen und bequeme, übersichtliche Bedienungsmöglichkeit. Da, wo der Kraftbedarf ein zu großer ist, was seine Ursache in zu engen Luftkanälen mit zu großem Widerstande oder in einem zu klein bemessenen, mit schlechtem Wirkungsgrade arbeitenden Ventilator haben kann, da werden Klagen über die hohen Betriebskosten bald auftreten.

Bei Neuanlagen sollte auf die Einrichtung der Ventilationsanlage von vornherein und rechtzeitig, vor Beginn der Bauausführung, Rücksicht genommen werden. Erachtet man eine solche Anlage als eine Notwendigkeit, so darf sie nicht als Nebensache behandelt werden, sondern es ist dem Ventilator und dem Motor, sowie allen anderen erforderlichen Einrichtungen auch ein geeigneter, leicht zugänglicher Platz anzuweisen.

Bei der Vergebung der Anlagen sind nur Firmen heranzuziehen, die ausreichende Erfahrung und eine auf wissenschaftlichen Kenntnissen beruhende Urteilsfähigkeit über die Art und den Umfang der im einzelnen Falle anzuwendenden Einrichtungen besitzen. Es wird — geradeso wie im Heizungsfache — in der Ventilationstechnik so unendlich viel gepfuscht. Viele maßen sich ohne Berechtigung Verständnis und Urteil an und die Folgen davon sind unzureichende und unwirtschaftlich arbeitende Anlagen.

Für den Fabrikbesitzer und Betriebsleiter sollten nicht der Preis und die erstmaligen Anlagekosten, sondern der wahre Wert des Entwurfes und die Leistungen für die Übertragung ausschlaggebend sein.

Es ist eine betrübende Tatsache, daß in Deutschland das geistige Eigentum und mancher in Konkurrenzentwürfen wertvoller Gedanke so gar keinen Schutz und keine Bewertung genießt. Man findet nichts dabei, die Ideen eines guten, aber in den Preisen höheren Entwurfes an den Mindestfordernden, oft unter Vorgabe der eigenen Ideen, auszuliefern. Der Nachweis des geistigen Diebstahls ist sehr schwer zu erbringen; der Schutz kann nur in der rechtlichen Gesinnung desjenigen gefunden werden, dem die Entwürfe übergeben wurden.

4. Ventilatoren.

Zur Fortbewegung von Luftmengen, sei es zum Zwecke der Lüftung geschlossener Räume oder zum Zwecke der Absaugung von staubhaltiger Luft oder Rauchgasen werden Ventilatoren verwendet. Man hat zwischen Schraubenventilatoren oder Schraubenradgebläsen und Zentrifugalventilatoren, auch Luftturbinen genannt, zu unterscheiden.

Die Aufgabe des Ventilators ist es, einen Druckunterschied in der Luftbahn, in der er sich befindet, zu schaffen, damit die Luft sich von dem Orte mit höherem Drucke zu dem mit niedrigerem bewegt.

Dieser Druckunterschied oder die Pressung, welche der Ventilator erzeugt, wird in mm Wassersäule (oder kg/qm, was dasselbe ist) gemessen. Man unterscheidet „statischen Druck", das ist die Pressung oder der Druck, den die Luft bei ihrer Fortbewegung gegen die Kanalwand ausübt, und „dynamischen Druck" (Geschwindigkeitshöhe), das ist der Druck, welcher erforderlich ist, um der Luft die Geschwindigkeit, mit der sie sich fortbewegt, zu geben. Die Summe dieser Drücke ist der „Gesamtdruck".

Nach dem Drucke, der erzielt werden soll, wendet man die eine oder die andere Art der Ventilatoren an.

Die Schraubenventilatoren werden für große Luftmengen mit geringem Drucke angewendet. Für Drücke von mehr als 4 bis 6 mm Wassersäule kommen schon die Zentrifugalventilatoren in Betracht, die Pressungen bis 500 mm Wassersäule zu erzeugen imstande sind.

Der Durchmesser des Flügelrades eines Schraubenventilators ergibt sich aus

$$D = 1,3 \sqrt{\frac{L}{c}} \text{ in m} \tag{9}$$

worin L die zu fördernde Luftmenge in cbm/sec und c die Eintrittsgeschwindigkeit der Luft in den Ventilator bedeuten. Letztere wählt man mit 7 bis 10 m/sec. Die Umfangsgeschwindigkeit des Rades ist für mittlere Verhältnisse:

$$v_a = 2,8 f \sqrt{h} \text{ [1]} \tag{10}$$

worin für Schraubenräder

mit geraden Schaufeln $f = 2,8$ bis $3,5$
mit gekrümmten Schaufeln $f = 2,2$ bis $2,9$

zu setzen ist und h die zu erzeugende Druckhöhe in mm Wassersäule bedeutet.

---

[1] Genauer ist $v_a = f \sqrt{h g V}$; $h = $ mm Wassersäule, $g = 9,81$ $V = $ cbm/kg. Bei 10° wiegt 1 cbm Luft etwa 1,25 kg, es ist daher $V = 0,8$ und hiermit $v_a = 2,8 f \sqrt{h}$. — Aus v_a ergibt sich die Zahl der minutlichen Umdrehungen $n = 60 \dfrac{v_a}{\pi D}$.

Die erforderliche Betriebskraft N in Pferdestärken ist dann:

$$N = \frac{L\,h}{75\,\eta} \tag{11}$$

η ist der Wirkungsgrad des Ventilators, der mit 0,2 bis 0,3 anzunehmen ist.

Man ersieht aus diesem niedrigen Wirkungsgrade, daß ein solcher Schraubenventilator nicht gerade wirtschaftlich arbeitet, wenn auch neuere Konstruktionen einen Wirkungsgrad von etwa 0,4 aufweisen.

Bei großen Leistungen und hohem Drucke werden deshalb die Zentrifugalventilatoren den Vorzug erhalten. — Für einen gegebenen Ventilator, dessen Fördermenge L bei irgendeiner Pressung h bekannt ist, ist $\frac{L^2}{h} = \text{Const.}$, und man bestimmt die Pressung, welche unter anderen Verhältnissen erzielt werden kann, aus

$$h = \mu\,\frac{v_a^2\,\gamma}{g}\ \text{mm Wassersäule}, \tag{12}$$

worin μ bei guten, großen Ventilatoren mit vorwärts gekrümmten Flügeln mit 0,78, bei radial endigenden Flügeln 0,66, bei rückwärts gekrümmten 0,54 zu setzen ist.

v_a ist die Umfangsgeschwindigkeit in m/sec.,

γ ist das spez. Gewicht der Luft und

g die Erdbeschleunigung $= 9,81$. Für mittlere Verhältnisse kann $\frac{\gamma}{g} = \frac{1}{8}$ gesetzt werden.

Die Umfangsgeschwindigkeit v_a ergibt sich aus

$$v_a = \sqrt{\frac{g\,h}{\gamma\,\mu}}\ \text{oder}\ \sqrt{\frac{8\,h}{\mu}} \tag{13}$$

Der Kraftbedarf N in PS wird wie oben aus

$$N = \frac{L\,h}{75\,\eta} \tag{14}$$

mit den gleichen Bezeichnungen bestimmt. Dagegen ist der Wirkungsgrad $\eta = 0,4$ bis 0,65 anzunehmen[1].

Zur Berechnung der Widerstände in Rohrleitungen muß auf das Kapitel „Dampfleitungen" verwiesen werden, wo auch die Druckverluste für bewegte Luft in Leitungen bei der Besprechung der Versuche des Dr. ing. *Fritzsche* erwähnt wurden. (Hierzu die Zahlentafel XII.)

Der Wirkungsgrad der Ventilatoren ist nicht gerade sehr günstig zu nennen, um so mehr ist darauf zu achten, daß wenigstens die angegebenen Werte erreicht werden. Jeder Ventilator hat bei einem bestimmten Verhältnis zwischen Gesamtdruck und geförderter Luftmenge einen höchsten Wirkungsgrad. Ändert sich aber dieses Verhältnis z. B. durch Erhöhung der Widerstände, so nimmt der Wirkungsgrad sehr rasch ab.

---

[1] Die Kataloge der Firmen *Meidinger & Co.* in Basel, *Schiele & Co.* in Frankfurt a. M.-Bockenheim, *Sirocco-Werke* in Berlin NW 7 geben über Leistung und Kraftbedarf der von diesen Firmen ausgeführten Ventilatoren genaue Auskunft.

Als Antriebmaschine werden gewöhnlich Elektromotore verwendet; aber auch kleine Dampfturbinen, deren Abdampf dann zur Lufterwärmung sehr zweckmäßig benutzt wird, sind in letzter Zeit speziell für diese Zwecke gebaut worden.

Die Regulierung der Luftförderung erfolgt entweder durch Drosselung der Luftmenge mittels eines Schiebers oder durch Regulierung der Umdrehungszahl des Ventilators, was jedenfalls hinsichtlich des Kraftverbrauches wirtschaftlicher ist. Bei Riemenantrieb muß man Stufenscheiben zur Änderung der Umdrehungszahl anwenden, wenn nicht durch Regulieranlasser des Elektromotors ein Herabsetzen derselben gegeben ist. Allerdings hat auch ein Abdrosseln des elektrischen Stromes Verluste nach sich, wenn der Motor bei Gleichstrom nicht als Nebenschlußmotor gebaut ist.

Bei Wechselstrom und Drehstrom empfiehlt sich die Verwendung von Kommutatormotoren, bei denen durch Bürstenverstellung die Umdrehungen fast ohne Verluste geregelt werden können.

Die Konstruktion der Ventilatoren nähert sich mehr und mehr einem Typus, der sich als der günstigste herausgestellt

Fig. 133.
Flügelrad eines Sirocco-Ventilators

hat. Während man noch vor etwa 20 Jahren die verschiedensten Bauarten finden konnte, damals wurden hauptsächlich Schraubenventilatoren ausgeführt, bevorzugt man in den letzten Jahren turbinenähnliche Zentrifugalventilatoren, die, wie oben schon angedeutet wurde, einen wesentlich besseren Wirkungsgrad aufweisen.

Ein solches Turbinenrad, welches in einem eisernen Gehäuse läuft, zeigt Fig. 133. An Stelle des eisernen Gehäuses wird auch häufig ein solches aus Beton mit Eiseneinlage hergestellt, um die Geräuschübertragungen durch das Gehäuse zu vermindern. Legt man besonderen Wert auf Geräuschlosigkeit, so sollte die Umdrehungszahl des Ventilators nicht über 400 pro Minute gewählt werden; außerdem sind die Auflager des Ventilators, wie auch des Motors mit elastischen Unterlagen zu versehen. Gemauerte Fundamente sind durch einen um das Fundament herum gehenden Schlitz vom Fußboden zu trennen.

Einen Zentrifugalventilator ohne Gehäuse stellt die Firma *G. Meidinger & Co.* in Basel her, die auch die zugehörigen Motore baut. (Vgl. Fig. **136.**)

Die Anwendung der Ventilatoren ist in dem heutigen Fabrikbetriebe eine äußerst vielseitige. Außer für Lüftungsanlagen werden Ventilatoren für Staubsauganlagen, zur Späneförderung, als Elevatoren zum Heben von Getreide, als Sandgebläse usw. benutzt. Alle diese Verwendungsarten gehören

Fig. 134.
Sirocco-Ventilator für künstlichen Saugzug an einer eisernen Esse.

hier nicht her, nur einige seien noch erwähnt und zwar die Erzeugung künstlichen Zuges bei Dampfkesselanlagen und die Anwendung bei Entnebelungs- und Trockenanlagen.

Für die Einrichtung künstlichen Zuges kommen nur Kesselanlagen in Betracht, bei denen der natürliche, durch den Schornstein hervorgebrachte Zug nicht mehr ausreicht, die also aus irgendwelchen Gründen stark beansprucht werden müssen. (Vgl. Fig. 134 u. 135.)

Anlagen, mit einem Verhältnis der Rostfläche zur Kesselheizfläche von $^1/_{50}$ bis $^1/_{25}$ und einem stündlichen Brennstoffverbrauch von 50 bis 100 kg auf

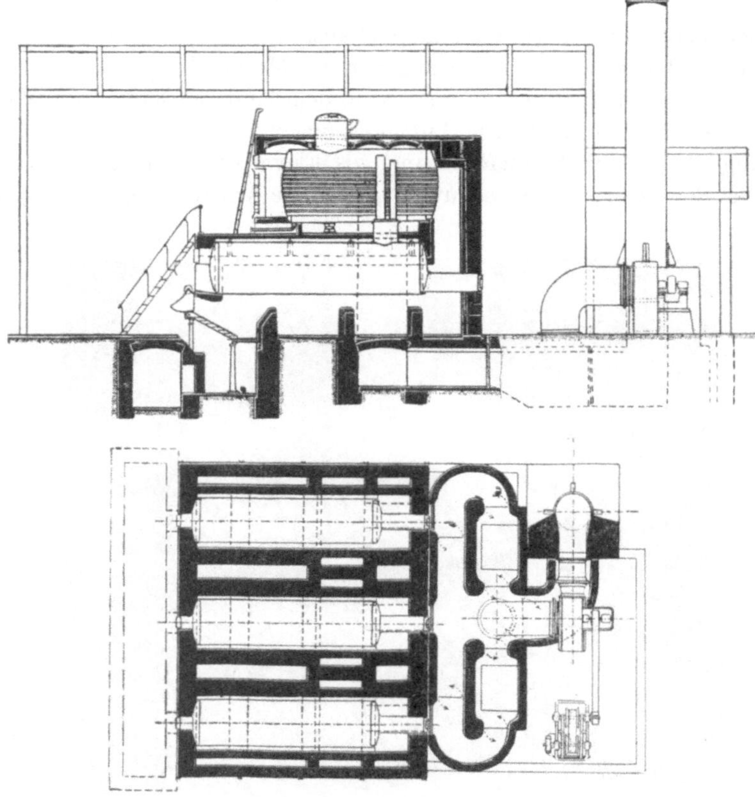

Fig. 135.
Anordnung einer künstlichen Saugzuganlage.

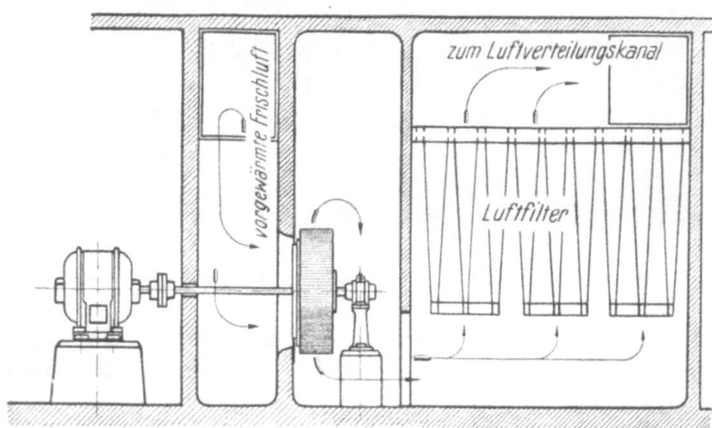

Fig. 136.
Anordnung der Luftturbine von Meidinger-Basel mit Gleichstrommotor für Lüftungsanlagen.

1 qm Rost kommen nicht in Frage; hier genügen noch normale Schornsteintemperaturen zur Erzielung eines guten, die Wirtschaftlichkeit der Anlage nicht überschreitenden Zuges, sofern nur die Rauchkanäle richtige Abmes-

sungen besitzen und das Mauerwerk sich in ordnungsmäßigem Zustande befindet.

Dagegen kann der Fall eintreten, daß eine Kesselanlage vorübergehend sehr stark in Anspruch genommen wird, während sie zu anderer Zeit eine geringere Dampferzeugung aufzuweisen hat. Alsdann ist künstlicher Zug anzuwenden, weil sonst allein für die vorübergehende, erhöhte Inanspruchnahme eine größere Kesselheizfläche erforderlich sein würde. Für die normale Leistung der Kessel ist dann aber der künstliche Zug auszuschalten.

Ferner kommen für künstlichen Zug Anlagen in Betracht, die infolge eines vergrößerten Betriebes überanstrengt werden müssen, so daß auf 1 qm Rostfläche schon 120 kg Brennmaterial und mehr verbrannt werden. Hier wird man durch den Einbau eines Ventilators meist günstigere Verhältnisse erzielen als durch forcierten Betrieb mit hohen Abgastemperaturen, die notwendig sind, um den für starke Rostbeanspruchung erforderlichen Zug hervorzurufen.

Ohne Zweifel bietet auch hier der Ventilator den Vorteil, wie bei der Lüftungsanlage, den Feuerungsbetrieb von den Witterungsverhältnissen unabhängig zu machen und die Kunst des Heizers, die nicht immer auf der Höhe ist, wenigstens teilweise zu ersetzen. Der Kraftbedarf des Ventilators ist nicht so erheblich, als man vielleicht anzunehmen geneigt ist, wenn man die Verluste in Betracht zieht, welche durch die Abgase bei Erzeugung gleicher Zugstärke entstehen würden.

Bei Neuanlagen aber, bei welchen abnorme Verhältnisse, wie oben erwähnt, nicht auftreten, ist dem gemauerten Schornsteine schon aus Rücksicht auf die Umgebung der Vorzug vor dem niedrigen Saugzugausblaserohre zu geben, denn es ist die Aufgabe des Schornsteins, die Rauchgase in Höhen zu führen, wo sie möglichst unschädlich gemacht werden.

Die Anwendung des Ventilators bei Trocken- und Entnebelungsanlagen ist in den diesbezüglichen Abschnitten behandelt.

5. Luftreinigungseinrichtungen.

Bei Einführung großer Luftmengen in geschlossene Räume zum Zwecke der Lüftung ist ein vorheriges Reinigen der Luft besonders dann geboten, wenn es nicht möglich ist, die Entnahmestelle für die Luft an einen staubfreien Ort zu legen. Dieser Fall trifft fast immer bei Gebäuden innerhalb der Städte zu. Hier ist man in Verlegenheit, woher man überhaupt die den Räumen zuzuführende Luft entnehmen soll, da eigentlich nur die Straße in Frage kommt. Um dem Straßenstaube zu entgehen, hat man oft Luftschächte bis über das Dach des Gebäudes geführt. Es besteht aber dann die Gefahr, unter Umständen eine von Rauch durchsetzte noch schlechtere Luft zu erhalten.

Man ist deshalb genötigt, die Luft vor ihrer Einführung in die Räume zu reinigen, wozu eine Anzahl von Vorrichtungen zur Verfügung steht, die mehr oder weniger ihren Zweck erfüllen.

Es ist dabei zu unterscheiden, ob es sich um Reinigung der Luft von mechanischen oder chemischen Beimengungen handelt.

Für das Zurückhalten mechanischer Beimengungen, wie Staub, Ruß, Fasern usw., werden Staubkammern, das sind Erweiterungen des Luftweges, angelegt, in denen die Strömungsgeschwindigkeit so vermindert wird, daß die gröbsten und schwersten Beimengungen zu Boden fallen und nur noch der feinste Staub, die Schwebestäubchen, ihren Weg mit der Luft weiternehmen.

Bei Luftleitungen, welche gewerblichen Zwecken dienen, schaltet man Apparate ein, in ihrer äußeren Gestalt und in ihrer Wirkung den Wasserabscheidern bei Dampfleitungen nicht unähnlich, in welchen die Luft durch eine Schraubenfläche eine drehende Bewegung erhält, so daß durch zentrifugale Wirkung die spezifisch schwereren Beimengungen aus der Luft ausgeschieden werden, nach unten fallen und durch einen trichterförmigen Ansatz entweichen, während die Luft nach oben ausströmt. Solche Vorrichtungen werden Zyklone oder Zentrifugalabscheider genannt (Fig. 137). Sie eignen sich nur für Abscheidung groben Staubes, ferner von Spänen, Sägemehl, Mehlstaub und ähnlichen Beimengungen. Die verbreitetste Art der Luftreinigungseinrichtungen sind die Filter, bei

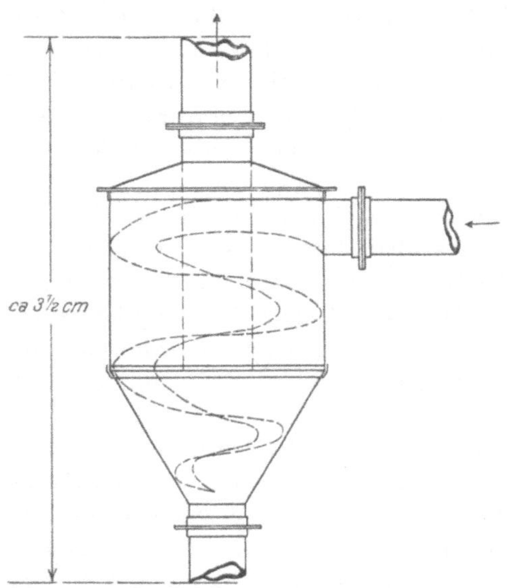

Fig. 137.　Zyklone.

denen die Luft entweder an rauhen, aus faserigem Gewebe hergestellten Flächen vorübergeführt wird, und die man daher mit „Streiffilter“ bezeichnet, oder bei denen man die Luft durch geschichtete Körper oder Gewebe hindurchführt und die daher Durchgangfilter genannt werden. Bei den Streiffiltern gibt man der Luft möglichst viele Richtungsänderungen, weshalb man Winkelflächen schafft, auf die die Luft aufstößt; an dem gerauhten Gewebe bleibt der Staub haften. Die Streiffilter sind natürlich weniger wirksam als die Filter, bei denen die Luft den Filterstoff durchströmt. Dementsprechend ist auch der Widerstand der Streiffilter geringer.

Bei der Wahl des Filters kommt es darauf an, in welchem Grade die Beimengungen der Luft zurückgehalten werden sollen. Ist die Luft sehr stark verunreinigt, und soll eine gute Reinigung erzielt werden, so empfiehlt es sich, mehrere Reinigungsvorkehrungen hintereinander zu schalten, etwa eine Staubkammer mit darauffolgendem Streiffilter und danach angeordnetem Durchgangsfilter.

Für die Durchgangsfilter werden die verschiedenartigsten Materialien verwendet; geschichteter Koks, Holzwolle, Watte, Jute- und Baumwollstoff, gerauhter Barchent und anderes. Geschichtete Körper werden zwischen Rahmen, die mit Drahtgeweben bespannt sind, gelagert.

Über die Verwendung und Größenbemessung der Filter, besonders der Durchgangsfilter, bestehen die sonderbarsten Auffassungen, und die aus einfachster Überlegung hervorgehenden Regeln werden außer acht gelassen.

Bei großen Luftmengen ist mit wenigen Quadratmeter Filterfläche nicht viel zu erreichen; denn innerhalb ganz kurzer Zeit werden durch die Staubablagerungen die kleinen Zwischenräume zwischen den Fäden des Filtertuches immer enger und durch die Einwirkung der Luftfeuchtigkeit werden die Filtertücher bald so dicht, daß sie kaum noch luftdurchlässig sind.

Je größer die in der Zeiteinheit durch ein Filter hindurchströmende Luftmenge ist, desto schneller erfolgt die Verschmutzung des Filters und desto größer wird der Widerstand[1].

Nun bietet jedes Filter dem Luftstrome ohnehin einen nicht unerheblichen Widerstand, der von der Art des Filtermaterials, sowie von der Luftmenge abhängig ist. Mit zunehmendem Widerstande nimmt aber bei gleichbleibender, die Luftströmung verursachender Kraft die Luftmenge ab. Soll stets die gleiche Luftmenge gefiltert werden, so muß auch infolge des wachsenden Widerstandes die zur Luftförderung erforderliche Arbeitsleistung eine entsprechende Steigerung erfahren, oder der Widerstand des Filters ist durch häufige Beseitigung der Ablagerungen immer wieder zu verringern. Bei Stoffiltern wendet man zweckmäßig Staubsaugevorrichtungen an. In Gebäuden, in denen solche Vorrichtungen bestehen, ist deshalb in den Filterkammern ein Anschluß für die Staubabsaugung vorzusehen. Auch die fahrbaren Staubsauger eignen sich zur Reinigung der Stoffilter.

Im Interesse eines wirtschaftlichen Betriebes sollte der Widerstand der Filter möglichst gering gehalten werden, weil andernfalls der Kraftbedarf für die Luftbewegung zu groß wird. Bei Durchgangsfiltern wird man ohnedies kaum ohne mechanischen Antrieb der Luft auskommen, also Ventilatorbetrieb anwenden müssen. Es sind also große Filterflächen zu schaffen.

Um große Filterflächen mit möglichst geringer Raumbeanspruchung unterzubringen, werden die Filterflächen in Winkelform und als Taschenfilter ausgebildet, eng aneinander gefügt. Die Winkelfilter bestehen aus mit Filtertuch oder Jute überspannten Holzrahmen, die vertikal nebeneinander angeordnet und oben, sowie unten durch horizontale Holzflächen, auf denen sie mit Haken oder Schrauben befestigt sind, abgeschlossen werden.

Die Abbildungen 138 bis 143 zeigen ein Filter der Firma *K. u. Th. Möller*, G. m. b. H. in Brackwede, welches aus einzelnen Taschen besteht, die über Holzrahmen gezogen werden. Die Taschen selbst wieder ruhen in einem Hauptrahmen, der mit Spannvorrichtungen versehen ist. Jede Tasche kann einzeln herausgenommen und gereinigt werden. Fig. 138 u. 139 zeigen

---

[1] Die Verschmutzung der Filter wird oft als ein Nachteil betrachtet; sie ist aber doch nur ein Beweis für die Notwendigkeit der Luftreinigung.

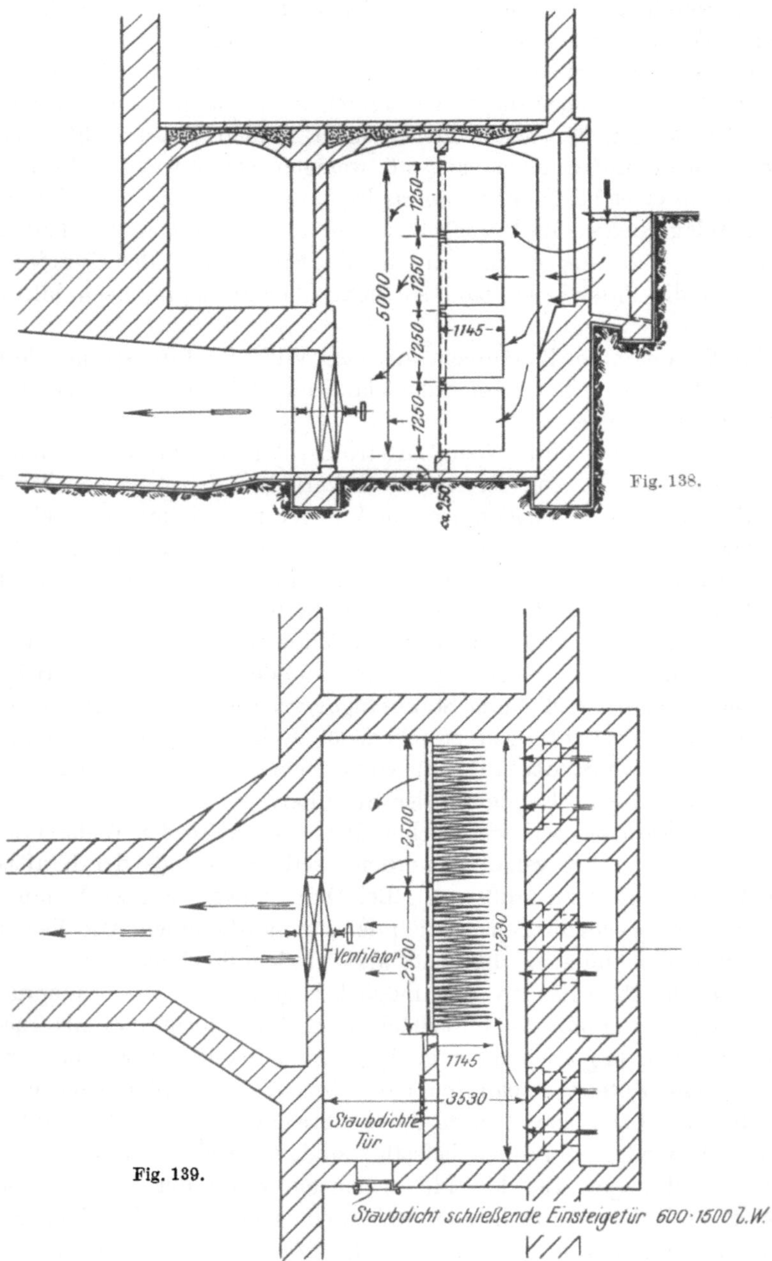

Filter aus acht Rahmenelementen.

eine Filterkammer mit Ventilator im Aufriß und Grundriß, Fig. 140 einen
Filterrahmen mit eingebauten Taschen und Fig. 141 bis 143 eine einzelne
Tasche, ihren Rahmen und die Art der Einspannung.

Die Firma *K.* u. *Th. Möller* befaßt sich schon seit etwa 30 Jahren mit
der Herstellung dieser Taschenfilter, die bei den meisten großen Lüftungsanlagen Verwendung finden.

Das folgende Diagramm, Fig. 144, gibt den durch Versuche ermittelten Luftwiderstand verschiedener von der Firma *Möller* verwendeter

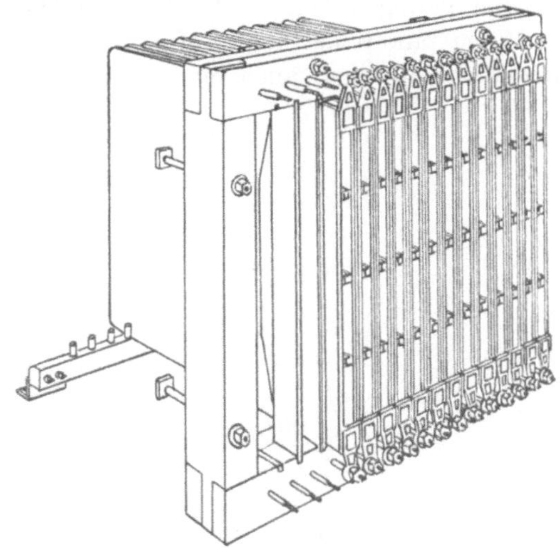

Fig. 140.
Möllerscher Einzeltaschenluftfilter.

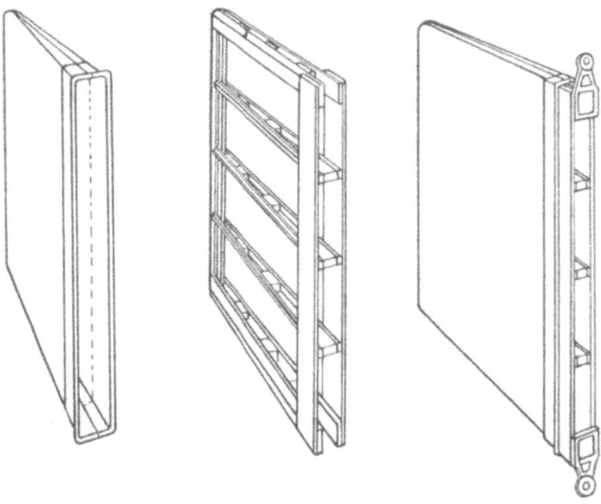

Fig. 141.   Fig. 142.   Fig. 143.
Teile eines Möllerschen Einzeltaschenluftfilters.

Filterstoffe in Abhängigkeit von der stündlich hindurchstreichenden Luftmenge an. Je nach der Dichtheit des Gewebes steigt der Luftwiderstand z. B.
bei dem mit *a* bezeichneten Filterstoffe und einer stündlichen Luftmenge
von 200 cbm für 1 qm Filterfläche auf 3,8 mm Wassersäule. Derselbe Filterstoff zeigt aber bei 100 cbm nur 1,2 mm Wassersäule.

Man rechnet in der Praxis gewöhnlich auf 100 cbm Luft 1 qm Filterfläche. Bei Bestimmung des Kraftbedarfs für die Luftbewegung aber sollte man stets den mit der Verschmutzung des Filters zunehmenden Widerstand nicht unberücksichtigt lassen. Infolge der vielen äußeren Umstände, welche den Widerstand eines Durchgangsfilters beeinflussen, ist eine genaue rechnerische Ermittlung von nur geringem Werte. Das folgende Diagramm gibt einigen Anhalt für den Widerstand reiner Filterstoffe. Filterstoffe mit geringem Widerstande haben dementsprechend auch eine geringere, reinigende Wirkung.

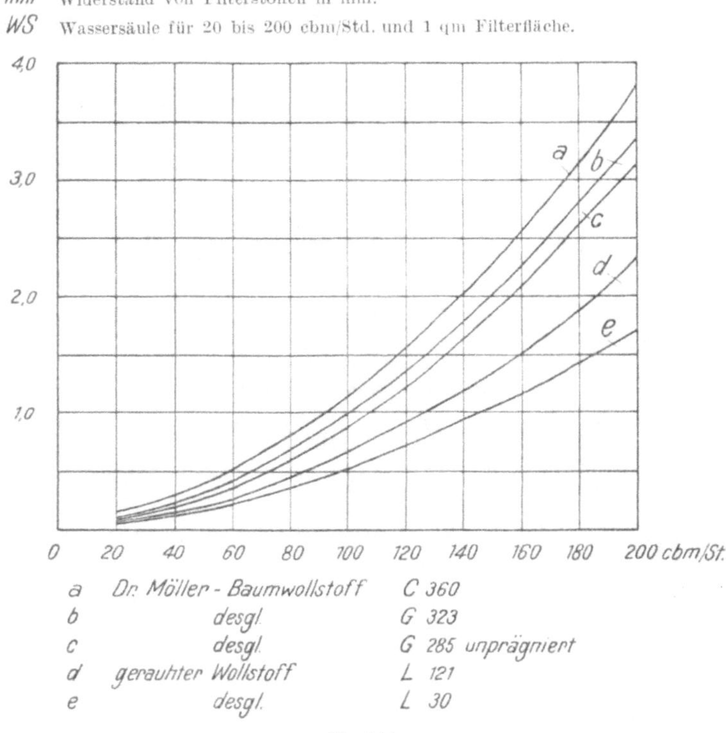

Fig. 144.

Chemische Beimengungen der zu reinigenden Luft sind wesentlich schwieriger auszuscheiden.

Will man ein Gebäude, in dessen unmittelbarer Umgebung die Luft durch Gase und Dämpfe verunreinigt wird, mit möglichst guter Luft versorgen, so dürfte ein einfaches Mittel in einem langen Zuluftkanal zu finden sein, welcher außerhalb des Bereiches der Entstehung dieser chemischen Verunreinigungen, seine Schöpfstelle besitzt. Ähnliche Einrichtungen findet man in Krankenhäusern, wo ein kleines, vergittertes Häuschen die Frischluftentnahmestelle bildet und von dem aus ein unterirdischer Gang die frische Luft bis zu der Filterkammer führt.

Sind die Beimengungen organischer Natur, so versucht man neben der Filterung die Luft durch Ozonisierung zu reinigen. Derartige Anlagen führt die Firma *Siemens & Halske A.-G.* und die *Aktiengesellschaft für Ozonverwertung* in Stuttgart aus. Indessen wird neuerdings der Wert der Ozonierung zur Herstellung reiner Atmungsluft für Lüftungsanlagen stark bezweifelt, und es wird eine Oxydation organischer Beimischungen und eine Vernichtung der in der Luft enthaltenen Bakterien von anderer Seite in Abrede gestellt.

Jedenfalls aber ist eine Ozonanlage stets mit einer Lüftungsanlage zu verbinden. Das Ozon ist der durch die Lüftungsanlage in die Räume eingeführten Luft beizumischen.

Unter Umständen leistet auch eine Wasserberieselung oder eine Waschung der Luft gute Dienste, sofern nicht dadurch der Feuchtigkeitsgehalt der Luft über das zulässige Maß hinaus erhöht wird.

Streudüsen in schmiedeeisernen Rohren, durch deren Sprühregen die Luft geleitet wird, oder einfache Berieselung mittels gelochter Rohre, die an der Decke des Frischluftraumes angebracht werden, so daß ein Sprühregen die einströmende Luft durchsetzt, führen eine Reinigung der Luft herbei. Der große Wasserverbrauch derartiger Einrichtungen ist allerdings ein Nachteil.

Im Winter ist für eine Erwärmung der Luft über Null Grad vor der Berieselung zu sorgen, damit nicht die Berieselungsapparate einfrieren.

Hinter der Berieselung hat dann eine Nachwärmung zu erfolgen, wenn die Luft lediglich zu Lüftungszwecken in Arbeitsräume eingeführt wird. Würde die Luftreinigung durch Berieselung erst hinter der vollen Erwärmung stattfinden, so würde sich die Luft derartig stark mit Feuchtigkeit beladen, daß ein Ausscheiden des Wassers an den kalten Außenwänden und an den Fenstern die Folge wäre. Hierauf ist besonders da zu achten, wo es sich aus Rücksicht auf Fabrikationen um Luftbefeuchtung handelt.

Die Heizfläche zur Erwärmung der Luft ist infolgedessen in Vor- und Nachwärmeheizflächen zu trennen, zwischen denen die Berieselungs-Vorrichtungen anzubringen sind.

Das Thema der Luftreinigung und Reinhaltung der Luft in Arbeitsräumen ist von Prof. Dr.-Ing. *Conrad Hartmann* in Weyls Handbuch der Hygiene sehr eingehend behandelt worden.

XIV. Trocknen und Trockenanlagen.

Beim Trocknen handelt es sich darum, dem zu trocknenden Gegenstande die in ihm enthaltene Feuchtigkeit bis zu einem gewissen Grade zu entziehen. Zu dem Zwecke muß die Feuchtigkeit an einen anderen, weniger feuchten Körper übergehen. Das Trocknen kann infolgedessen in der Weise erfolgen. daß man den zu trocknenden Gegenstand mit einem andern in direkte Berührung bringt, wie man z. B. ein feuchtes Blatt Papier zwischen Löschblätter legt, bandartige Stoffe durch heiße Walzen preßt, wobei das Wasser sowohl durch Pressung als auch durch Verdampfen beseitigt wird, oder indem man das Trockengut der Luft aussetzt, damit diese die Feuchtigkeit aufnimmt. Ferner gibt es Stoffe, wie Schwefelsäure, Chlorkalium usw., welche die Feuchtigkeit begierig aufsaugen und daher zum Trocknen im Kleinen geeignet sind. Handelt es sich wie in industriellen Betrieben um große Mengen von Trockengut, so benutzt man ausschließlich zur Aufnahme der Feuchtigkeit die Luft. Die Luft hat das Bedürfnis, sich mit Feuchtigkeit, d. h. mit Wasserdampf, zu beladen, und dieses Bedürfnis ist um so größer, je wärmer sie ist. Jeder Temperatur entspricht eine bestimmte Menge Wasser, welche die Luft aufzunehmen vermag, über diese Menge hinaus findet keine weitere Aufnahme mehr statt; man nennt alsdann die Luft gesättigt.

Das Verhältnis des in einer bestimmten Luftmenge vorhandenen Wassergehaltes zu dem, welchen dieselbe Luftmenge bei der gleichen Temperatur überhaupt aufzunehmen vermag, nennt man den relativen Feuchtigkeitsgehalt der Luft. Unter absoluter Feuchtigkeit aber versteht man die in Dampfform in der Luft gerade enthaltene Wassermenge. So kann z. B. 1 cbm Luft bei $+ 20°$ 17,18 g Wasser aufnehmen und ist alsdann mit Wasserdampf gesättigt. Beträgt der Wassergehalt nur 8,59 g, so ist die absolute Feuchtigkeit angedeutet, die relative Feuchtigkeit ist

$$\frac{8,59}{17,18} = 0,5 \text{ oder } 50 \text{ Proz.}$$

Um einen Gegenstand durch Luft zu trocknen, wird man im allgemeinen derartig verfahren, daß man ihn relativ trockener Luft aussetzt, wozu man die Luft erwärmt; sie ist alsdann zur weiteren Aufnahme von Feuchtigkeit befähigt.

Bei der Erwärmung der Luft bleibt der absolute Feuchtigkeitsgehalt der gleiche. Will man sehr wirksam vorgehen, so kühlt man die Luft soweit ab, daß ihr Sättigungsgrad unterschritten wird. Es scheidet dann ein Teil der

Feuchtigkeit in Tropfenform aus. Die nachträgliche Wiedererwärmung ergibt eine Luft, welche einen geringeren Feuchtigkeitsgehalt — trotz gleicher Temperatur — besitzt, als anfänglich.

Auf diese Weise wird z. B. in den Kühlräumen der Schlachthöfe bei Regenwetter verfahren.

Für Trockenzwecke ist das Verfahren der Abkühlung und nachträglichen Erwärmung meist zu kostspielig. Man begnügt sich deshalb damit, die Luft nur zu erwärmen, unter Umständen muß der Mangel an trockener Luft durch größere Luftmengen ersetzt werden. Bei allen Trockenprozessen im Großen ist die Luft der die Feuchtigkeit aufnehmende Körper. Es ist eine ganz verkehrte Anschauung, zu glauben, mit Wärme allein könne ein Trockenprozeß durchgeführt werden. Eigentümlicherweise ist diese Ansicht außerordentlich verbreitet.

Nehmen wir an, irgend ein Trockengut sei in einem luftdichten Behälter eingeschlossen, der Inhalt dieses Behälters werde nun stark erwärmt; dann entsteht ein den ganzen Behälter ausfüllender Dunst, bei dem vom Trocknen nicht die Rede sein kann. Ein Trocknen kann nur dann erfolgen, wenn die Luft, die sich mit der Feuchtigkeit des Trockengutes beladen hat, entfernt und durch neue, aufnahmefähige ersetzt wird.

Um einen Trockenprozeß mit Erfolg durchzuführen, muß man folgendes wissen.

1. Wieviel wiegt eine bestimmte Menge des Trockengutes in dem Zustande, in dem es in den Trockenapparat oder in den Trockenraum hineingebracht wird?

2. Wieviel wiegt das Trockengut, nachdem es den Trockenprozeß durchgemacht hat und als genügend trocken befunden wird?

   Die Differenz der Gewichte ergibt die Feuchtigkeitsmenge, die dem Trockengute zu entziehen ist.

3. In welcher Zeit soll die durch 1 und 2 ermittelte Gewichtsmenge von Feuchtigkeit beseitigt werden.

4. Welche Temperatur kann das Trockengut vertragen, d. h. bei welcher Temperatur soll der Trockenprozeß vor sich gehen.

5. Wie groß ist die in einer gewissen Zeit zu trocknende Menge (in kg).

6. Welche Wärmemengen sind notwendig, um die Gewichtseinheit Trockengut in trockenem Zustande um $1°$ zu erwärmen (Spezifische Wärme).

7. Wie groß ist die Wärmeabgabe des Trockenapparates nach außen?

8. Welche Wärmequelle steht zur Verfügung?

Die Beantwortung dieser Fragen ist unbedingt erforderlich, wenn eine gute Wirkung der Trockeneinrichtung erzielt werden soll. Dabei ist aber noch die Stapelung des Trockengutes, d. h. seine Lage und Richtung zum trocknenden Luftstrom von besonderer Wichtigkeit.

Je verteilter das Trockengut im Trockenraume untergebracht ist, desto gleichmäßiger und schneller wird das Abtrocknen vor sich gehen. Vornehmlich ist aber auch darauf zu achten, daß der trocknende Luftstrom gleichmäßig das gesamte Trockengut trifft.

Sehr viele Materialien vertragen ein rasches Trocknen nicht. Bei ihnen ist das Gegenstromprinzip anzuwenden, so zwar, daß sich das Trockengut dem eintretenden Luftstrom entgegen bewegt.

Beim Eintritt der Luft in den Trockenapparat ist die Temperatur hoch, der Feuchtigkeitsgehalt gering. Beim Verlassen des Apparates ist die Temperatur niedrig, der Feuchtigkeitsgehalt hoch.

Viele Trockengüter würden reißen, sich werfen, ihre Farbe verändern, unscheinbar und wertlos werden, wollte man sie sogleich nach dem Einbringen in den Trockenapparat dem heißen, trockenen Luftstrome aussetzen.

Man hat deshalb in der Hauptsache zwei Systeme von Trockeneinrichtungen ausgebildet. Das eine ist das Kanaltrockensystem, bei welchem das Trockengut dem eintretenden Luftstrome entgegenbewegt wird und das schon fast getrocknete Material der höchsten Lufttemperatur, das erst eingebrachte, noch ganz feuchte Material mit der niedrigsten Lufttemperatur in Berührung kommt.

Das andere System ist das Luftumwälzungsverfahren. Bei diesem wird die Luft erwärmt und relativ trocken zuerst in den Apparat eingelassen. Bei jedesmaligem Kreislaufe wird ein Teil der Trockenluft ins Freie abgelassen und durch frische Luft ersetzt, so daß nach und nach die gesamte zirkulierende Luft durch weniger feuchte ausgewechselt wird. Je nach der Luftmenge, die von der Zirkulationsluft entlassen bzw. ihr beigemischt wird, kann der Trockenprozeß verlangsamt und beschleunigt werden, es kommt somit darauf an, in welcher Zeit die gesamte umgewälzte Luftmenge gänzlich erneuert wird. Durch Einstellung der Temperatur der jedesmal einströmenden Luft wird in beiden Systemen, dem Kanaltrockensystem und dem Luftumwälzsystem, der Feuchtigkeitsgehalt der Luft geregelt und damit auch die Geschwindigkeit des Trocknungsvorganges. Die Fig. 145 bis 147 zeigen eine Trockenkammer, bei welcher die Heizfläche, aus Rippenrohren bestehend, unter dem Fußboden angeordnet ist. Die vom Ventilator angesaugte Luft kann sowohl von außen wie auch von dem über der Kammer angebrachten Abluft-Sammelkanale entnommen werden. Die Luft tritt durch den Fußboden und durch seitlich vertikal angeordnete Kanäle ein, korrespondierend dazu durch vertikale Abluftkanäle und Deckenöffnungen aus. Wechselklappen im Frischluft- und Abluftkanale gestatten, den Betrieb mit Umluft und mit reiner Frischluft einzurichten.

Bei wenig empfindlichem Trockengute, wie z. B. bei Wäsche, trocknet man ohne besondere Regelvorrichtung Die von außen entnommene Luft wird an Heizkörpern unter einem Lattenroste erwärmt und direkt ins Freie wieder durch einen Abluftschacht abgeleitet. In dieser Weise sind die Wäsche-Kulissentrockenapparate kleiner Waschanstalten eingerichtet. In größeren findet man die Kettentrockenapparate, welche nach dem Kanaltrockensystem ausgebildet sind, bei denen jedoch die Heizflächen zum Erwärmen der Luft unter dem Apparate, und zwar in seiner ganzen Länge, angeordnet sind.

Die Berechnung der Trockenapparate erstreckt sich auf die Größe der Heizflächen, welche zur Erwärmung der Trockenluft erforderlich sind, auf die Größe der Ventilatoren und der Kanäle zur Luftförderung und auf den stündlichen Wärme- bzw. Dampfverbrauch.

Zur Berechnung eines Trockenapparates ist die gewissenhafte Beantwortung der oben angeführten Fragen unbedingt erforderlich. Für den Fabrikanten, der sich einen Trockenapparat beschaffen will, wird es nicht schwer sein, das Gewicht des Trockengutes vor und nach dem Trockenprozesse durch Wägung kleiner Mengen festzustellen.

Für die nicht zu überschreitenden Temperaturen, sowie für die spezifische Wärme des Trockengutes liegen meist Erfahrungswerte vor. Die stündlich zu trocknenden Mengen richten sich nach dem Umfange der Fabrikation.

Zunächst ist der Gesamtwärmebedarf zu bestimmen, aus dem dann die Heizfläche zur Erwärmung der Trockenluft zu berechnen ist. Der Gesamtwärmebedarf setzt sich zusammen aus

1. $Q_1 =$ Wärmemenge zur Erwärmung des Trockengutes auf die Temperatur, bei welcher der Trockenprozeß vor sich geht.

2. $Q_2 =$ Wärmemenge zur Erwärmung und Verdunstung des aus dem Trockengute zu beseitigenden Wassers.

3. $Q_3 =$ Wärmemenge zur Erwärmung der Trockenluft, welche das zu beseitigende Wasser aufzunehmen hat.

4. $Q_4 =$ Wärmeverlust der Trockenkammer.

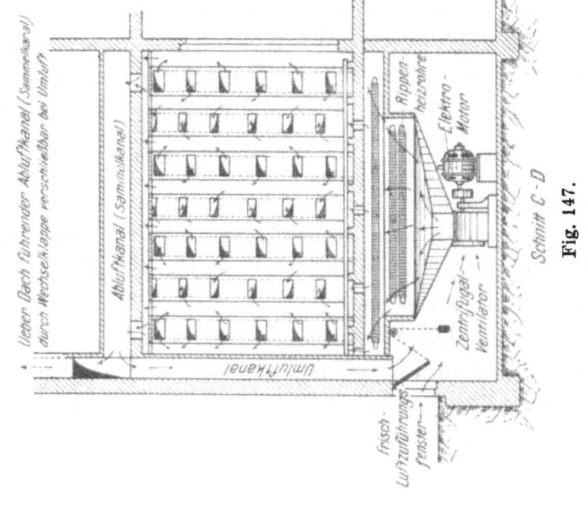

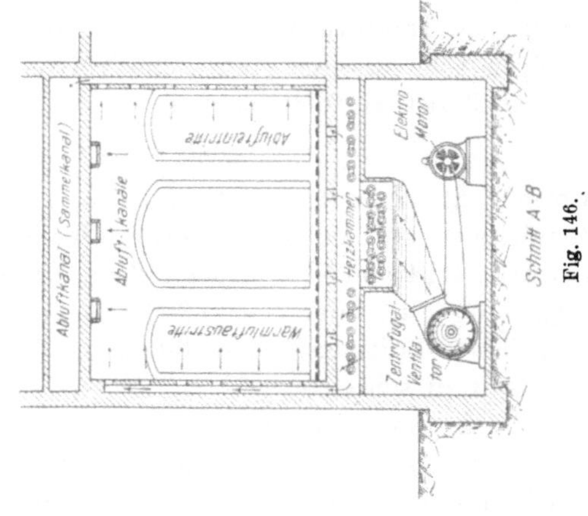

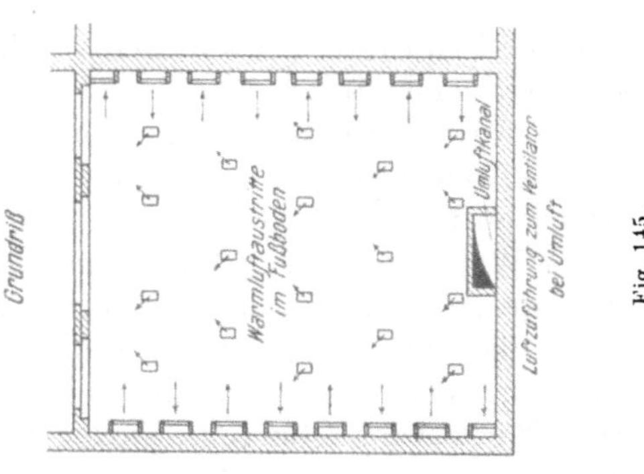

Zu 1. Die Wärmemenge Q_1, welche zur Erwärmung des Trockengutes erforderlich ist, ergibt sich durch das Produkt aus Temperaturzunahme, spezifischer Wärme und Gewicht des Trockengutes. In Tabelle V ist die spezifische Wärme verschiedener Trockengüter angegeben.

$$Q_1 = G_1 c \, (t_2 - t_1) \tag{1}$$

worin t_2 die Temperatur, bei welcher getrocknet wird, t_1 die Temperatur des Trockengutes vor dem Einbringen in den Trockenraum, c die spezifische Wärme und G_1 das Gewicht (in kg) des Trockengutes und zwar im trockenen Zustande bezeichnen.

Zu 2. Die Wärmemenge Q_2, welche zur Erwärmung und Verdunstung des im Trockengute enthaltenen Wassers erforderlich ist, beträgt etwa 640 w abzüglich der Temperatur t_1, welche das Trockengut also vor dem Einbringen in den Apparat besitzt.

$$Q_2 = G_2 \, (640 - t_1) \tag{2}$$

worin G_2 die von der Luft aufzunehmende Wassermenge bedeutet.

Zu 3. Die durch den Trockenapparat hindurchzuführende Luftmenge ist auf die Temperatur zu erwärmen, bei welcher die Feuchtigkeitsaufnahme erfolgen soll. Da die spezifische Wärme der Luft bei konstantem Drucke $c_p = 0{,}237$ ist, so folgt hieraus

$$Q_3 = G_3 \; 0{,}237 \; (t_2 - t_1) \tag{3}$$

worin G_3 die zuzuführende Luftmenge in kg bedeutet. Bequemer ist es, die zur Erwärmung von 1 cbm Luft erforderliche Wärmemenge zu benutzen. 1 cbm trockene Luft von $0°$ wiegt 1,293 kg. Es ist daher für 1 cbm Luft $Q = 1{,}293 \cdot 0{,}237 \, (t_2 - t_1)$ oder $Q = 0{,}306 \, (t_2 - t_1)$, wenn die in den Trockenapparat eingeführte Luftmenge in Kubikmetern berechnet wurde. (Statt 0,306 genügt auch 0,3 zu schreiben[1].

Zu 4. Außer diesen Wärmemengen kommen nun auch die Wärmeverluste des Trockenapparates in Betracht, die auf die Abkühlung des Inhaltes des Trockenapparates von Einfluß sind und daher ersetzt werden müssen; sie werden, wie die eines Raumes, in welchem durch eine Heizvorrichtung eine bestimmte Temperatur erhalten bleiben soll, bestimmt (vgl. Abschnitt „Wärmeverlustberechnung").

Die Wärmemengen Q_1 und Q_2 sind durch das Gewicht und den Wassergehalt des Trockengutes bestimmt, ebenso ist Q_4 durch die Gestaltung des Trockenapparates gegeben oder vorläufig anzunehmen.

Die Wärmemenge Q_3 zur Erwärmung der Trockenluft ist aus der für den Trockenprozeß erforderlichen Luftmenge L in cbm zu bestimmen.

Hierbei sind Annahmen zu machen, und zwar sowohl hinsichtlich der Temperatur der Außenluft, als auch des Feuchtigkeitsgehaltes derselben. Da die Trockeneinrichtung auch unter den ungünstigsten Verhältnissen noch

---

[1] Genau genommen muß die in cbm eingesetzte Luftmenge mit $\dfrac{1}{1 + \alpha t}$ multipliziert werden, worin t die Temperatur der Außenluft bezeichnet. Vergl. Abschnitt: „Wärme" Seite 13, Beispiel 2.

den gewünschten Effekt erzielen soll, so sind dementsprechend ungünstige Annahmen der Berechnung zugrunde zu legen.

Die Feuchtigkeit der Luft im Freien ist an ein und demselben Tage außerordentlich verschieden, sie erreicht oft 100 Proz. Außerdem ist die absolute Feuchtigkeit um so geringer, je niedriger die Temperatur ist. Dagegen kann die Luft eine um so größere Feuchtigkeitsmenge aufnehmen, je höher sie erwärmt wird.

Die im Anhange enthaltene Zahlentafel XI zeigt den maximalen Wassergehalt der Luft bei den Temperaturen von $-25°$ bis zu $100°$. So enthält z. B. Außenluft von $+10°$ im Sättigungszustande $0,00939\,kg = 9,39\,g$ Wasserdampf und bei 80 Proz. relativer Feuchtigkeit $9,39 \cdot 0,8 = 7,512\,g$ in 1 cbm. Bei $50°$ und ebenfalls 80 Proz. relativer Feuchtigkeit dagegen sind $82,63 \cdot 0,8 = 66,104\,g$ Wasser in 1 cbm Luft enthalten. Infolge der Erwärmung von $10°$ auf $50°$ ist daher die Luft imstande, bis zu 80 Proz. relativer Feuchtigkeit

$$66,10 - 7,51 = 58,59\,g$$

Wasser aufzunehmen, ohne sich sogar vollständig zu sättigen.

Wenn z. B. einem Trockengute 10 000 g Wasser zu entziehen sind, so würden hierzu unter den obigen Temperatur- und Feuchtigkeitsverhältnissen

$$\frac{10\,000}{58,59} = 171,4\,cbm$$

Luft erforderlich sein.

Bei höherer Außentemperatur, etwa bei $+20°$ und 80 Proz. relativer Feuchtigkeit ist die Differenz geringer und beträgt, wie die Tabelle zeigt:

$$66,10 - 13,76 = 52,34\,g/cbm$$

Demnach wären zur Beseitigung von 10 000 g 192 cbm Luft erforderlich.

Der Aufwand zur Erwärmung der Luft ist in dem einen Falle[1]

$$Q_3 = 171,4 \cdot 0,3\,(50 - 10) = 2056,8\,w$$

in dem anderen Falle

$$Q_3 = 192 \cdot 0,3\,(50 - 20) = 1728\,w.$$

Man ersieht hieraus, daß auch bei der Bestimmung der Heizfläche zur Erwärmung der Luft die jeweils ungünstigsten Verhältnisse anzunehmen sind, wenn die Trockeneinrichtung in allen Fällen genügen soll.

Wir können nun den Gesamt-Wärmebedarf einer Trockenanlage bestimmen.

Es sollen 1000 kg eines Trockengutes, welches in nassem Zustande 60 Proz. Wasser enthält und eine spezifische Wärme $c = 0,3$ besitzt, in 10 Stunden bei höchstens $45°$ getrocknet werden. Die Werte für den Feuchtigkeitsgehalt der Luft sind der Zahlentafel XI zu entnehmen.

Das Naßgewicht x der 1000 kg ist

$$(x - x \cdot 0,6) = 1000 \qquad \text{oder} \qquad x\,(1 - 0,6) = 1000.$$

$$x = \frac{1000}{1 - 0,6} = 2500\,kg.$$

Der Wassergehalt ist demnach $2500 \cdot 0,6 = 1500\,kg$; Nehmen wir an, das Trockengut, 2500 kg Naßgewicht, werde ganz in die Trockenkammer eingebracht und 10 Stunden lang der Einwirkung der Heizflächen und der Trockenluft ausgesetzt, die Temperatur der Außenluft, sowie die des Trockengutes sei $+5°$, der Feuchtigkeitsgehalt der Außenluft sei ferner 100 Proz., der abströmenden Luft 80 Proz.

---

[1] Vgl. die Fußnote auf S. 276.

Feuchtigkeitsgehalt der Abluft: $65,14 \cdot 0,8 =$ . . .   52,112 g/cbm
„   „ Zuluft . . . .   6,820 „
Aufnahmefähigkeit der Luft für 1 cbm . . . . .   45,292 „

1. Erwärmung des Trockengutes (nach Gl. 1):
$$Q_1 = 1000 \cdot 0,3 \, (45 - 5) = \ \dots \dots \dots \quad 12\,000 \ \text{w}$$

2. Verdampfung des Wassers (nach Gl. 2):
$$Q_2 = 1500 \, (640 - 5) = \ \dots \dots \dots \dots \quad 952\,500 \ \text{„}$$

3. Erwärmung der Trockenluft (nach Gl. 3):
$$Q_3 = \frac{1\,500\,000}{45,292} \cdot 0,3 \, (45 - 5) = 33118 \cdot 12 = \quad 397\,416 \ \text{„}$$

4. Wärmeverluste der Trockenkammer:
$$Q_4 = (\text{geschätzt}) \ \dots \dots \dots \dots \dots \quad \underline{60\,000 \ \text{„}}$$
$$1\,421\,916 \ \text{w}$$

Der bei 10 Stunden Trockendauer auf 1 Stunde entfallende Wärmebedarf ist somit 142200 w.

Es ist nun die Frage, wie sich die Verhältnisse bei niedriger und hoher Außentemperatur gestalten.

1. Machen wir die Annahme, daß die Luft nicht mit $+5°$, sondern mit $-10°$ von außen entnommen wird, das Trockengut aber eine Anfangstemperatur von $+5°$ habe, so ergeben sich zunächst nach der Zahlentafel XI als Aufnahmefähigkeit der Luft: $52,112 - 2,310 = 49,802$ g/cbm und demnach an Trockenluft

$$\frac{1500000}{49,802} = 30119 \ \text{cbm}.$$

Für Lufterwärmung sind erforderlich

$$Q_3 = 30\,119 \cdot 0,30 \, (45 - (-10)) = 496\,963 \ \text{w}.$$

Der Wärmeverlust der Trockenkammer wächst im Verhältnisse der Unterschiede zwischen Innen- und Außentemperatur (vgl. Abschnitt „Wärmeverlustberechnung"), also

$$Q_4 = \frac{6000 \cdot 55}{40} = 8250 \ \text{w/Std.}$$

Q_1 und Q_2 bleiben wie im ersten Beispiele. Demnach ist:

$$
\begin{aligned}
Q_1 &= \quad 12\,000 \ \text{w} \\
Q_2 &= \quad 952\,500 \ \text{„} \\
Q_3 &= \quad 496\,963 \ \text{„} \\
Q_4 &= \quad \underline{\ \ 82\,500 \ \text{„}} \\
&\quad \ 1\,543\,963 \ \text{w}
\end{aligned}
$$

Bei $-10°$ ist demnach ein Wärmebedarf von 154400 w für 1 Stunde vorhanden.

2. Die Außentemperatur betrage $+25°$ und die Luft habe eine Feuchtigkeit von 70 Proz., dann ist auch für die Temperatur des Trockengutes eine andere Annahme zu machen.

Das Trockengut habe eine Temperatur von $+20°$.

Mit diesen Annahmen ergeben sich:

Feuchtigkeitsgehalt der Abluft: $65,14 \cdot 0,8 =$ . . .   52,112 g
„   „ Zuluft: $22,93 \cdot 0,7 =$ . . .   16,051 g
Aufnahmefähigkeit der Luft für 1 cbm . . . . .   36,061 g

1. Erwärmung des Trockengutes:
$$Q_1 = 1000 \cdot 0,3 \, (45 - 20) = \ \dots \dots \dots \quad 7\,500 \ \text{w}$$

2. Verdampfung des Wassers:
$$Q_2 = 1500 \, (640 - 20) = \ \dots \dots \dots \dots \quad 930\,000 \ \text{„}$$

3. Erwärmung der Trockenluft:
$$Q_3 = \frac{1\,500\,000}{36,061} \cdot 0,3 \, (45 - 25) = 41596 \cdot 0,3 \cdot 20 \quad 249\,576 \ \text{„}$$

4. Wärmeverlust der Trockenkammer: $Q_4 = (\text{etwa}) \quad \underline{30\,000 \ \text{„}}$
$$\text{zusammen: } 1\,217\,076 \ \text{w.}$$

Es sind also stündlich 121 700 w bei +25° Außentemperatur aufzuwenden.

Bei —10° ergeben sich demnach mit einem stündlichen Wärmeaufwande von 154 400 w die ungünstigsten Verhältnisse für die Heizfläche, dagegen sind bei +25° an Luft 41 596 cbm, bei —10° nur 30 119 cbm einzuführen.

Während also die Heizfläche zur Erwärmung der Luft für die Verhältnisse bei —10° zu bemessen ist, muß der Ventilator für die Luftmenge bei 25° bestimmt werden.

Für die Bestimmung der Heizflächen und der Ventilatoren sind die in den Abschnitten „Heizkörper" und „Lüftungsanlagen" angegebenen Berechnungen maßgebend.

Bei der Vielgestaltigkeit der Trockenanlagen kann auf alle Einzelheiten und Methoden des Trocknens hier nicht eingegangen werden. In der oben angegebenen Berechnungsweise einer Trockenanlage ist nur der Grundgedanke wiedergegeben, nach welchem die einzelnen Größen einer Trockenanlage bestimmt werden. Eingehender wird der Stoff in dem Buche von *E. Hausbrand*, „Trocknen mit Luft", Verlag von *Julius Springer*, Berlin, behandelt; im allgemeinen ist aber bisher nur wenig über Trockenanlagen in der Literatur zu finden.

Zur Ausführung von Trockenanlagen sind umfangreiche Erfahrungen erforderlich, insbesondere bei jenen Anlagen, die nicht mit direkter Heizfläche im Trockenraume, sondern mit der Zuführung erwärmter Luft bei außerhalb des Trockenraumes angebrachter Heizfläche betrieben werden. Hier ist die gleichmäßige Verteilung der Luft außerordentlich schwierig, und infolgedessen findet man oft auch ein ungleichmäßiges Abtrocknen des eingebrachten Trockengutes.

Außer einer möglichst gleichmäßigen Verteilung ist vor allen Dingen eine gute Regelbarkeit der Temperaturen und der Luftmengen anzustreben.

Zur Beobachtung des Trockenvorganges dürfen die entsprechenden Instrumente, Thermometer, Feuchtigkeitsmesser für Außen- und Innenluft nicht fehlen.

Die Anwendung selbsttätiger Temperaturregler[1] ist sehr zu empfehlen, nur muß man sich auf sie nicht allein verlassen. Da der Wert des Trockengutes oft ein recht bedeutender ist, so kann durch Unachtsamkeit und im Vertrauen auf die automatischen Regler, die doch auch nur Werk von Menschenhänden sind und gelegentlich versagen, ein recht empfindlicher Schaden entstehen.

---

[1] Selbsttätige Temperaturregler bauen die Firmen *G. A. Schultze*, Berlin-Neukölln. *R. Fuehs* in Steglitz bei Berlin (System Brabbée-Fuehs); *Gesellschaft für selbsttätige Temperaturregelung*, G. m. b. H. Berlin.

XV. Entnebelungsanlagen.

Die Beseitigung des Nebels in Färbereien und vielen ähnlichen Betrieben ist eine bis heute noch nicht in der wünschenswerten Weise gelöste Aufgabe. Eine von *G. Adam* auf Veranlassung des Vereins deutscher Textilveredelungsindustrie verfaßte Abhandlung: „Die Entnebelung von gewerblichen Betriebsräumen" (Verlag von *Friedr. Vieweg & Sohn*, Braunschweig) enthält eine ganze Reihe von Berichten über Entnebelungsanlagen, (teils von Gewerbeaufsichtsbeamten,) welche zusammengenommen, hinsichtlich der Erfolge auf diesem Gebiete ein negatives Resultat ergeben. Die Schwierigkeit, einwandfreie Entnebelungsanlagen zu schaffen, besteht — außer in technischer Hinsicht — in der Begrenzung durch die Anlage- und Betriebskosten und durch die gegebenen, oft äußerst ungünstigen örtlichen und baulichen Verhältnisse.

So wünschenswert die Beschaffung von Entnebelungsanlagen für viele Betriebe sein mag, so ist sie doch nicht immer eine unbedingt gebotene Notwendigkeit, wie viele Betriebe heute noch zeigen, und es ist daher fraglich, ob bei dem ohnedies schweren Konkurrenzkampfe der Industrie die Forderung nach solchen Einrichtungen, ohne die ein Betrieb immerhin auch bestehen kann, auch dann noch gerechtfertigt ist, wenn hieraus eine erhebliche finanzielle Belastung durch Anschaffungs- und Betriebskosten entsteht.

Die bisher mit Entnebelungsanlagen erzielten Mißerfolge sind sicherlich zum großen Teil auf Unkenntnis der Entstehung des Nebels und der Mittel und ihrer richtigen Anwendung, welche zu dessen Beseitigung zu Gebote stehen, also auf mangelnde, rechnerische Grundlage, dann wohl aber auch, wegen zu hoher Kosten, auf halbe Maßnahmen zurückzuführen.

So wird z. B. in dem oben angeführten Buche von *Adam* mehrfach berichtet, daß mit einer Entnebelungsanlage wohl eine wesentliche Besserung der bisherigen Zustände erzielt wurde, daß aber in dem entnebelten Raume Temperaturen entstanden, bei denen ein Arbeiten auf längere Zeit nicht möglich war.

Hier drängt sich ohne weiteres der Gedanke auf, daß die zur Entnebelung des betreffenden Raumes eingeführte Luftmenge zu gering war und daher — um einen Erfolg zu erzielen — entsprechend hohe Temperaturen haben mußte. Wahrscheinlich hatte man, wie so oft, auch hier den Ventilator entweder zu klein bemessen oder die Widerstände waren größer, als sie mit Rücksicht auf den günstigsten Wirkungsgrad des Ventilators sein durften.

Die bis jetzt einzige Möglichkeit, einen großen Raum, in dem Nebelbildung stattfindet, unter Einhaltung wirtschaftlicher Grenzen nebelfrei zu machen, besteht in der Einführung trockener, warmer Luft. Alle anderen Vorschläge sind, wie die Verhältnisse heute liegen, vorläufig gar nicht diskutabel. Schon die Abkühlung der Luft bis unter den Taupunkt durch Kühlmaschinen zum Zwecke der Feuchtigkeitsentziehung und ein darauf folgendes Erwärmen zur weiteren Erhöhung der Aufnahmefähigkeit für den in der Raumluft enthaltenen Wasserdampf stellen sich für die meisten Betriebe so kostspielig, daß die wirtschaftliche Grenze überschritten wird und hieran die Ausführung scheitert.

Es bleibt vorläufig immer nur der eine Weg offen, in den zu entnebelnden Raum eine ausreichende Menge warmer und daher relativ trockener Luft einzuführen. Nur gilt es, diese Luftmenge und ihre Temperatur richtig zu bestimmen. Eine Entnebelungsanlage wird daher in der Hauptsache aus einem Heizapparate, einem Ventilator, einem Motor zum Antriebe des Ventilators und etwa erforderlichen Luftkanälen, die auch als Rohre ausgebildet sein können, bestehen.

Bevor auf die Einzelheiten näher eingegangen wird, sei noch erwähnt, daß gesetzliche Bestimmungen über die Entnebelung von Arbeitsräumen, sofern es sich nur um Beseitigung von Nebel aus Wasserdampf, ohne erhebliche andere, der Gesundheit der Arbeiter schädliche Beimengungen handelt, in Deutschland nicht bestehen.

Soll eine Entnebelungsanlage den gestellten Anforderungen genügen, so ist zunächst die stündlich entstehende Dampfmenge, welche sich der Raumluft beimischt, zu ermitteln.

Hiernach muß — unter Annahme der ungünstigsten Witterungsverhältnisse — die Luftmenge bestimmt werden, welche die berechnete Dampfmenge aufzunehmen vermag, wobei eine nicht zu überschreitende, höchste Raumtemperatur in die Berechnung einzubeziehen ist.

Nachdem die Luftmenge festgestellt wurde, ist die Größe des Ventilators und die zur Erwärmung der Luft erforderliche Heizfläche zu bestimmen.

Die von einer Wasserfläche an die Luft in Dampfform übergehende Wassermenge, die Verdunstungsmenge, ist abhängig von der Größe der Fläche, von dem Luftdrucke, von der Dampfspannung, d. i. dem Feuchtigkeitsgehalte der Raumluft, der Temperatur des Wassers und dem Grade der Luftbewegung, die über dem Wasser herrscht.

Nach einer von *Dalton* aufgestellten Formel ist die in der Stunde auf 1 qm Wasseroberfläche verdunstende Wassermenge G in kg

$$G = \frac{45{,}6 \cdot c \, (S_1 - S_2)}{B} \tag{1}$$

worin

S_1 die Maximalspannung des Wasserdampfes in mm Hg bei der Temperatur
    des verdunstenden Wassers, (Siehe Zahlentafel XI)

S_2 die des Wasserdampfes der Raumluft in mm Hg,

B den Barometerstand in mm Hg,

c eine von der Luftbewegung abhängige Zahl, die für ruhige Luft = 0,55, für mäßig bewegte Luft = 0,71 und für stark bewegte Luft = 0,86 zu setzen ist,

bezeichnen.

Die Spannung des Wasserdampfes bei den verschiedenen Temperaturen des Wassers bzw. der Luft ist aus Zahlentafel XI zu entnehmen.

Dazu ist zu bemerken, daß die Spannung des Wasserdampfes in der Luft sich ganz nach dem relativen Feuchtigkeitsgehalte derselben richtet.

Beträgt derselbe bei 20° Lufttemperatur z. B. 50%, so ist die Spannung des Wasserdampfes in der Luft, da die Maximalspannung bei 20° 17,391 mm Hg beträgt, 8,695 mm Hg.

Die stündlich verdunstende Wassermenge eines Bottichs, der mit 75° heißem Wasser gefüllt ist und einen Wasserspiegel von 0,8 qm besitzt, beträgt bei 25° Raumtemperatur, 70% relativer Feuchtigkeit und einem Barometerstande von 750 mm, wenn mäßig bewegte Luft angenommen wird,

$$G = \frac{45,6 \cdot 0,8 \cdot 0,71\,(288,5 - 23,5 \cdot 0,7)}{750} = 9,396 \text{ kg}$$

Erreicht die Wassertemperatur dagegen durch ständige Zuführung von Wärme, etwa durch eine Dampfheizschlange, welche am Boden des Bottichs liegt, die Siedetemperatur, so ist die der Wärmezufuhr entsprechende Verdampfungsmenge in Rechnung zu stellen. Die Verdampfung findet nicht wie die Verdunstung allein auf dem Wasserspiegel, sondern auch im Innern der Wassermenge statt.

Es kommen hier die für den Wärmedurchgang von Dampf an siedendes Wasser im Abschnitte „Wärme" angegebenen Werte und die Größe der Heizfläche der Dampfschlange in Anwendung.

Bei der Bestimmung der Wasserdampfmenge, welche durch Verdunsten oder Verdampfen an die Luft abgegeben wird, ist nicht nur der Wasserspiegel der Bottiche in Betracht zu ziehen, sondern auch zu berücksichtigen, daß in den hier in Frage kommenden Betrieben der Fußboden meist ganz mit Wasser bedeckt ist, weshalb auch die hier verdunstende Wassermenge nach Größe der Fußbodenfläche unter Annahme einer entsprechenden Temperatur in die Berechnung einzustellen ist.

Nach Beobachtungen in der Praxis ist die Verdunstungsmenge um einiges geringer, als sich nach der obigen Formel von *Dalton* ergibt, indessen sollte doch mit diesen aus der Formel sich ergebenden Werten gerechnet werden, so daß ein gewisser Sicherheitszuschlag besteht.

Zur Berechnung der in den Raum einzuführenden Luftmenge ist zunächst die höchste, zulässige Raumtemperatur anzunehmen.

Für den Winter wird man sie mit etwa + 20°, für den Sommer etwa mit 25° annehmen können.

Über die Fähigkeit der Luft, sich mit Wasserdampf zu sättigen, ist im Abschnitte „Trocknen und Trockenapparate" Näheres gesagt, weshalb hierauf verwiesen wird. (Siehe Seite 277.)

Die in den Raum einzuführende Luftmenge ergibt sich aus

$$L = \frac{G}{m_1 - m_2} \text{ in cbm} \tag{2}$$

worin

G die stündlich in dem zu entnebelnden Raume entstehende Wasserdampfmenge in g,

m_1 das Wasserdampfgewicht von 1 cbm Luft bei der Raumtemperatur und
der hierfür zugelassenen Sättigung in g,

m_2 das der Außenluft unter der Annahme voller Sättigung, als dem ungünstigsten Falle, in g

bedeuten.

Der zulässige Sättigungsgrad der Raumluft ist mit etwa 85% anzunehmen,
um die Nebelbildung mit Sicherheit hintanzuhalten. Es ist nicht gesagt,
daß die Nebelbildung erst bei Überschreitung der vollkommenen Sättigung
eintritt, sondern man hat beobachtet, daß sie unter Umständen schon bei
90% relativer Feuchtigkeit der Raumluft entsteht.

Sind z. B. stündlich 100 kg Wasserdampf zu beseitigen, und nehmen wir
eine Außentemperatur von $+ 10°$, eine Raumtemperatur von $+ 22°$, ferner
100 Proz. relative Feuchtigkeit der Außenluft und 85 Proz. der Raumluft an,
so ergibt sich mit Hilfe der Zahlentafel XI nach Gleichung (2) eine stündlich
in den Raum einzuführende Luftmenge

$$L = \frac{100\,000}{19,3 \cdot 0,85 - 9,4} = 14\,300 \text{ cbm}$$

Die eingeführte Luft kühlt sich, sofern sie mit höherer Temperatur als
der im Raume herrschenden eingeführt wird, auf Raumtemperatur von $22°$
ab und enthält bei 85 Proz. relativer Feuchtigkeit $19,3 \cdot 0,85 = 16,4$ g/cbm
Wasserdampf, sie besitzt aber vor der Einführung nur 9,4 g/cbm, kann also
bis auf 85 Proz. Sättigung $16,4 - 9.4 = 7,0$ g/cbm Wasserdampf aufnehmen.
Zur Aufnahme von 100 kg Wasserdampf sind somit

$$\frac{100\,000}{7} = 14\,300 \text{ cbm}$$

Luft in den Raum stündlich einzuführen. Die Erwärmung der Luft auf höhere
als Raumtemperatur ist erforderlich, wenn die einströmende Luft auch
gleichzeitig zur Erwärmung des Raumes beitragen muß, wie das im Winter
der Fall ist. Die eingeführte Luft hat dann die Aufgabe, die Wärmeverluste
des Raumes zu decken, wie bei der Luftheizung (s. Abschn. „Lüftung")[1]. Man
muß aber hierbei berücksichtigen, daß die Luft sich auf Raumtemperatur
abkühlt und diese Temperatur für ihre Aufnahmefähigkeit in Betracht kommt.

Infolgedessen ist die Berechnung von Entnebelungsanlagen nach verschiedenen Gesichtspunkten aufzustellen, wobei die ungünstigsten Verhältnisse zugrunde zu legen sind. Zunächst ist die höchste Temperatur der
Außenluft und deren höchster Feuchtigkeitsgehalt anzunehmen.

---

[1] Siehe Seite 252, Gleichung (8).

Bei hohem Feuchtigkeitsgehalte herrscht gewöhnlich Bewölkung, und infolgedessen kaum eine höhere Temperatur als $+ 20°$. Die relative Feuchtigkeit erreicht dabei selten mehr als 90 Proz.

Für diesen Fall sind in 1 cbm Luft $17,22 \cdot 0,9 = 15,5$ g Wasserdampf enthalten. Wird eine Raumtemperatur von $+ 25°$ als zulässig erachtet, so zwar, daß durch die Einführung warmer Luft eine Temperaturerhöhung im Raume nicht eintritt, und soll im Raume selbst ein Feuchtigkeitsgehalt von 85 Proz. nicht überschritten werden, so enthält 1 cbm Raumluft 19,5 g. Es darf also die eingeführte Luft bis zur Grenze von 85 Proz. noch 4,0 g/cbm aufnehmen.

Für 100 kg entstehenden Wasserdampfes sind

$$L = \frac{100\,000}{4} = 25\,000 \text{ cbm/St.}$$

Luft von $25°$ in den Raum einzublasen.

Hierzu ist ein Ventilator von mittlerer Größe und ein Motor von etwa 4 bis 5 PS erforderlich.

Nehmen wir nun als niedrigste Außentemperatur $— 20°$ an, bei welcher der zu entnebelnde Raum 40 000 w an Wärmeverlusten haben möge, so muß der einzuführenden Luft zur Deckung dieser Wärmeverluste, wenn im Raume selbst $+ 20°$ erhalten werden sollen, eine bestimmte Temperatur gegeben werden. Bei Einführung von 25 000 cbm der oben berechneten Leistung des Ventilators ist diese Temperatur aus der Gleichung, welche bei Luftheizungen anzuwenden ist, zu ermitteln (vgl. Abschn. „Lüftung", Gl. 8). Sie ist

$$t' = t + \frac{Q\,(1 + at)}{0,306\,L}.$$

In Gleichung 8 wird gewöhnlich die Temperatur der Warmluft angenommen und es wird die Luftmenge gesucht. Im vorliegenden Falle ist die Luftmenge L angegeben, und die Einströmungstemperatur ist zu berechnen. Bei 40 000 w an Wärmeverlust des Raumes und einer Luftmenge

$$L = 25\,000 \text{ cbm ist } L = \frac{40\,000\,(1 + a \cdot 20)}{0,306\,(t' — 20)}$$

woraus sich

$$t' = \frac{40\,000 \cdot 1,073}{25\,000 \cdot 0,306} + 20 = 25,6°$$

als die Temperatur ergibt, mit der die Luft zur Deckung der Wärmeverluste im Winter einzuführen ist. Hierbei wurde die Wärmeabgabe der Bottiche und des Wassers an die Luft nicht berücksichtigt.

Zur Beseitigung des Nebels, also zur Aufnahme des entwickelten Wasserdampfes der Raumluft ist eine viel geringere Luftmenge als im Sommer notwendig. Bei $— 20°$ und voller Sättigung sind in 1 cbm Außenluft 1,05 g Wasser enthalten. Nach Erwärmung der Luft auf $+ 25°$ und einer zulässigen Feuchtigkeit von 60 Proz. im Raume kann die Luft

$$0,6 \cdot 22,93 — 1,05 = 12,7 \text{ g/cbm}$$

aufnehmen.

Für 100 kg Wasserdampf sind also nur

$$\frac{100\,000}{12,7} = 7874 \text{ cbm/St.}$$

Luft erforderlich.

Man könnte somit — um an Kraft für den Ventilator zu sparen, die einzuführende Luftmenge auf etwa 8000 cbm herabsetzen, müßte sie aber dafür zur Raumerwärmung entsprechend höher als auf 25,6° erwärmen.

Die hier nur überschläglich durchgeführte Berechnung zeigt, daß bei den Temperaturannahmen, wie oben, sich immer noch ausführbare Verhältnisse ergeben.

Eine genaue Berechnung einer Entnebelungsanlage ist natürlich ein unbedingtes Erfordernis. Bei derselben ist noch zu ermitteln, wie sich die Betriebsverhältnisse hinsichtlich des Luftbedarfs bei den verschiedenen, zwischen — 20° und + 20° liegenden Außentemperaturen ergeben, um hiernach die Anlage so einzurichten, daß auch in wirtschaftlicher Beziehung möglichst günstige Ergebnisse erzielt werden.

Die angenommenen extremen Fälle sind zwar mit in die Berechnung einzubeziehen, kommen aber doch nur selten im Laufe des Jahres vor, so daß man wohl einige Zugeständnisse hinsichtlich der Anforderungen machen kann.

Bei den Wärmeverlusten des Raumes sind die Wärmeabgabe der Bottiche und der Wärmeübergang von Wasser an Luft, sowie die Kondensation des Wasserdampfes an den Außenwänden, durch welche Wärme frei wird, zu berücksichtigen. Diese Wärme kommt der Raumerwärmung zugute.

Der Raum selbst ist möglichst vor Abkühlung zu schützen. Oberlichte sind doppelt herzustellen und der Zwischenraum zwischen ihnen ist durch Heizschlangen womöglich auf Raumtemperatur zu erwärmen.

Was nun die Einrichtungen in dem zu entnebelnden Raume anbetrifft, so liegt es nahe, diese so zu gestalten, daß der sich bildende Wasserdampf womöglich direkt über dem Entstehungsorte abgeführt werden kann. So findet man Anlagen, bei denen in einiger Entfernung über Brühbottichen und Farbbädern Hauben mit direkt über Dach geführten Abzugsschächten angebracht sind. Die Dampfentwicklung ist meist größer, als der Abzugsschacht fassen kann, die umgebende Luft im Raume sättigt sich, an Stelle der durch die Abzugsschächte entweichenden Luft tritt ebensoviel kalte Luft von außen ein, die sich mit der Raumluft mischt; die Nebelbildung ist unvermeidlich. In manchen Fällen kann man die Beobachtung machen, daß durch den Abzugsschacht selbst kalte Luft neben dem Abzuge der warmen Luft eintritt. Die beiden in demselben Abzugsrohre sich entgegengesetzt bewegenden Luftströme sind scharf voneinander abgegrenzt. Die eintretende kalte Luft hat natürlich erst recht Nebelbildung zur Folge. Ebenso zeigt es sich, daß bei mehreren, an der Decke des Raumes angebrachten Abzugsschächten die warme Luft durch die einen entweicht, dagegen durch die anderen eintritt, was selbstverständlich auch zu Mißerfolgen führt.

Mit so einfachen Mitteln ist eine Entnebelung des Raumes nicht durchzuführen. So unzweckmäßig wie eine Abführung der Luft durch einzelne, über den Bottichen angebrachte Abzugsschächte ist, so wenig ist auch die Anordnung nur eines großen Abzugsschachtes in der First des Daches zu empfehlen.

Um einen Raum nebelfrei zu halten, ist es vor allen Dingen notwendig, das Zuströmen der kalten Außenluft zu verhindern. Dies kann nur durch Erzeugung eines Überdruckes im Raume ermöglicht werden. In einem Raume, welcher eine höhere Temperatur als die Außenluft aufweist, herrscht an der Decke Überdruck, am Fußboden Unterdruck, d. h. die Luft im Innern des Raumes ist von der Decke herab bis zu einer gewissen Grenze, einer im Raume gedachten Ebene, welche man die neutrale Zone nennt, bestrebt, durch die Undichtheiten des Gebäudes nach außen zu strömen. Unterhalb dieser Ebene dagegen hat die kältere Außenluft das Bestreben, in den Raum einzudringen, es herrscht hier Unterdruck. Um nun das Eindringen der kalten Außenluft bei einem zu entnebelnden Raume zu verhindern, muß derselbe unter Überdruck gesetzt werden, so daß die Innenluft auch an den unteren Türspalten nach außen strömt. Dabei würde die neutrale Zone noch unter dem Fußboden liegen. Liegt sie gerade auf dem Fußboden, so findet hier weder ein Ein- noch Ausströmen statt[1].

Nun könnte man die neutrale Zone in beliebige Höhenlage bringen, wenn Wände, Decken, Fenster und Türen des Raumes für die Luft undurchlässig wären, man brauchte nur in der gewünschten Höhe in einer Raumwand eine Verbindung mit der Außenluft herzustellen. Dann findet — immer unter der Voraussetzung, daß die Raumwandungen luftundurchlässig sind — ein Druckausgleich zwischen innen und außen an der Durchbruchstelle statt. In dieser Höhe liegt dann horizontal die neutrale Zone.

Durch eine über derselben angebrachte kleine Öffnung würde die Raumluft von innen nach außen, unterhalb derselben von außen nach innen strömen.

Die Undurchlässigkeit eines für praktische Zwecke eingerichteten Raumes ist aber nur bis zu einem gewissen Grade zu erreichen, infolgedessen muß die Luftmenge, welche über der neutralen Zone durch Undichtheiten entweicht, immer wieder, und zwar in erhöhtem Maße, ersetzt werden, will man die neutrale Zone möglichst tief herabdrücken, d. h. also einen Überdruck im Raume auch über dem Fußboden gegen außen erzeugen. Man kann dies bei der Undichtheit unserer Baumaterialien bei großen Räumen nur mittels eines Ventilators erreichen.

Bei der Verschiedenheit der Baumaterialien und der Bauausführung ist es bis heute noch nicht gelungen, für die Größe der Luftmenge, welche einem Raume zur Erzeugung eines Überdruckes und zum Herabdrücken der neutralen Zone in ihm bis auf eine bestimmte Höhe zugeführt werden muß, eine

---

[1] Hält man ein brennendes Licht an die Türspalte eines geheizten Raumes, dessen Tür nach einem kühleren Raume geht, so wird man oben unter dem Türsturze die Flamme nach außen, am Fußboden dagegen nach innen zeigend beobachten. Zwischen diesen durch die Flamme angedeuteten Luftströmungen muß eine Schicht liegen, in der die Flamme weder nach außen noch nach innen abgelenkt wird. — Diese Schicht liegt in der neutralen Zone.

zahlenmäßige Berechnung zu finden. Die an Theatern gemachten Beobachtungen weisen darauf hin, daß unter Umständen ein etwa fünf- bis sechsfacher
Luftwechsel genügt, um auch ohne besondere bauliche Vorkehrungen einen
Überdruck und ein Herabdrücken der neutralen Zone bis in die Höhe der Parketteingänge zu erreichen. Entnebelungsanlagen erfordern unter Annahme
der ungünstigsten meteorologischen Verhältnisse so große Luftmengen, daß
bei ihnen wohl in jedem Falle ein Überdruck erzielt werden kann, mit dessen
Hilfe das Eindringen der kalten Außenluft abgehalten wird. Unverschließbare Dunstabzüge dürfen natürlich nicht vorhanden sein. Ergibt die Berechnung einen Luftwechsel, mit dem voraussichtlich ein Überdruck nicht erzielt
wird, so ist die einzuführende Luftmenge dementsprechend größer zu wählen.

Für die Abführung der durch den Ventilator in den Raum eingeführten
Luft sind Abzugsschächte vorzusehen, welche bis auf den Fußboden des
Raumes herabreichen. Außerdem aber sind auch in der Decke bzw. im Dach
reichlich Abzugsöffnungen für den Fall günstigerer Witterungsverhältnisse
anzubringen; denn während des Sommers wird der Ventilator häufig unbenutzt
bleiben können, die Dämpfe werden dann direkt durch diese Abzugsöffnungen
und die sich daran anschließenden Schlote abgeführt.

Es ist nur dafür zu sorgen, daß diese Öffnungen dicht verschlossen werden
können, sie sind also mit Klappen und handlichen Stellvorrichtungen auszustatten[1].

Die Lufteinströmungsöffnungen sind im Raume verteilt anzuordnen, und
womöglich so, daß die ausströmende Luft den aus den Bottichen aufsteigenden
Dampf mitreißt, ihn gewissermaßen zerstiebt, denn es kommt darauf an,
möglichst viele Luftteilchen mit dem Dampfe in kürzester Zeit in Berührung
zu bringen und eine durchgreifende Mischung von Dampf und warmer Luft
herbeizuführen.

In den hier in Frage kommenden Betrieben wird Hochdruckdampf wohl
immer zur Verfügung stehen, es empfielht sich deshalb, den Antrieb des Ventilators durch eine kleine Dampfmaschine oder Dampfturbine erfolgen zu
lassen, deren Abdampf in dem Heizapparate zur Verwendung kommt. Da zur
Lufterwärmung der Dampf ohnehin erforderlich ist, so werden die Betriebskosten des Ventilators auf ein Mindestmaß beschränkt (vgl. Fig. 132).

Eine von der Firma *Rietschel & Henneberg, G. m. b. H.*, Dresden, in der
Großkuttelei des städt. Schlachthofes zu Dresden ausgeführte Entnebelungsanlage hat sich sehr gut bewährt. Ein Siroccoventilator für eine stündliche
Leistung von 69 000 cbm wird durch eine kleine Dampfmaschine von 10 PS
angetrieben. Die Heizkörper bestehen aus Radiatoren. Die Kosten der maschinellen Einrichtungen beliefen sich auf Mk. 8800.—.

Es wird eine so große Anlage nicht überall zur Anwendung kommen
müssen.

Die neuerdings ausgeführten kleinen Dampfturbinen von 5 bis 20 PS, die
mit einem Ventilator direkt gekuppelt werden können, sind wesentlich billiger,

---

[1] Verstellbare Jalousien in Dachreitern sind meist nicht dicht genug herzustellen
und daher nicht zu verwenden.

auch die Ventilatorenpreise sind inzwischen herabgegangen, so daß die Kosten
der Anlage heute nach etwa 6 Jahren schon um 20 bis 25% niedriger ausfallen
würden.

Von einer anderen, in einer Teppichfabrik ansgeführten Anlage wird
berichtet:

„In einer Heizkammer wird die Luft mäßig erwärmt und mittels Ventilators und
Luftverteilungsleitungen in die Räume gedrückt. — Absaugung der Luft durch Ventilatoren ist nicht vorgesehen, die feuchte Luft entweicht vielmehr durch offene Dachreiter
und Fenster.

Der Farbraum hat bei 400 qm Bodenfläche 3000 cbm Rauminhalt. Die Anlagekosten
betrugen 4700 Mk. Trotz einer den Witterungsverhältnissen stark ausgesetzten Lage
betrugen die Betriebskosten bei durchschnittlich 75 Proz. relativer Feuchtigkeit der
Außenluft und 60 qm Bottichkochfläche höchstens 0,90 Mk., im Mittel 0,75 Mk., pro
Stunde.

Die Gesamtkosten waren bei 10stündigem Betriebe und 200 Tagen 1500 Mk.

Die Temperatur im Raume betrug in 2,50 m Höhe gemessen 16 bis 20°, und es wurden zeitweise 800 kg Wasser in der Stunde, also 13 kg/qm Bottichfläche, verdampft.

Der Bericht sagt weiter: „Infolge der Entnebelungsanlage war es möglich in 4 m
Höhe über dem Fußboden weitere Bottiche aufzustellen."

Wenn auf dem Gebiete der Entnebelungsanlagen bisher nur recht spär-
liche Erfolge erzielt wurden, so kommt zu den schon oben erwähnten Gründen
noch der Umstand hinzu, daß in bestehenden Betrieben der Einbau einer
Entnebelungsanlage mit Schwierigkeiten verbunden ist. Auch die damit
verbundenen Kosten beschränken sich nicht allein auf die maschinellen Einrichtungen, sondern es kommen noch bauliche Änderungen hinzu, ganz abgesehen von den Unkosten, die durch unvermeidliche Betriebsstörungen entstehen.

In bestehenden Betrieben ist also mit gegebenen Verhältnissen manches
Mal ein Kompromiß zu schließen, der meist die Wirkung der getroffenen
Maßnahmen ungünstig beeinflußt.

Weitere Fortschritte im Ventilatorbau und die Verbindung des Ventilators mit kleiner Dampfturbine, deren Abdampf ausgenutzt wird, werden
auch das Problem der Entnebelung in nicht langer Zeit zu einer vollständigen
Lösung führen.

Es wird aber nur zu oft der Fehler begangen, auf halbem Wege stehen zu
bleiben. Solch halbe Maßnahmen führen unbedingt zu Mißerfolgen, haben
aber außerdem noch den Nachteil, daß aus ihnen Schlüsse gezogen werden,
bei denen vergessen wird, daß die Bedingungen nur teilweise erfüllt sind.
„Rechnen" und „Berechnen" und nicht „Probieren!" —

XVI. Verwendung des Wasserdampfes in Dampf-
maschinen.[1]

1. Das Wärmeinhalt-Entropiediagramm, Dampfverbrauch der verlust-
losen Maschine, Wirkungsgrade.

Die Erzeugung des Wasserdampfes ist in Abschnitt III behandelt. Bei der Bedeutung des Wasserdampfes in technischen Betrieben ist noch einiges über sein Verhalten bei seiner Verwendung zu sagen.

Ebenso wie sich der Dampf unter Wärmezuführung aus dem Wasser entwickelt hat, erfolgt die Rückführung in den flüssigen Zustand durch Wärmeentziehung.

Wir hatten zwischen gesättigtem oder Naßdampf und überhitztem Dampfe unterschieden. Zwischen beiden bildet der trocken gesättigte Dampf die Grenze, weshalb man von der Grenzkurve im Dampfdiagramme spricht (vgl. Fig. 7).

Während eine auch nur geringe Wärmeentziehung bei trocken gesättigtem Dampfe sofort den Übergang in Naßdampf zur Folge hat, so daß hierbei sogleich ein Niederschlag stattfindet, bleibt bei Heißdampf immer noch die ganze vorhandene Dampfmenge solange in Dampfform bestehen, bis die Grenze des trocken gesättigten Dampfes unterschritten ist. Erst dann beginnt Niederschlag (Kondensation).

Wenn wir also 1 kg überhitzten Dampfes haben, dessen Druck aber durchaus nicht höher ist als der des gesättigten Dampfes, so können wir diesem Dampfe die Wärmemenge

$$Q = c_p \left(t_{\ddot{u}} - t_s \right) \tag{1}$$

entziehen, ohne einen Niederschlag zu erhalten.[2]

Dementsprechend ist auch der Wärmeinhalt des Heißdampfes um den Betrag $Q = c_p \left(t_{\ddot{u}} - t_s \right)$ größer als der des gesättigten Dampfes.

Die spez. Wärme des überhitzten Wasserdampfes bewegt sich, wie Zahlentafel III zeigt, zwischen den Werten $c_p = 0{,}473$ bei 250° und 1 Atm und $c_p =$

---

[1] In den folgenden Abschnitten ist bei Angabe des Dampfdruckes stets der „absolute Druck" zu verstehen.

[2] Von einigen Beobachtern wird behauptet, in Dampfleitungen, welche überhitzten Dampf führen, Kondensat festgestellt zu haben. Ob diese Beobachtungen zutreffend sind, ist noch nicht einwandfrei ermittelt. Den meisten solcher Angaben fehlen Bericht über die näheren Umstände. — Nach der Entstehung überhitzten Dampfes kann Kondensat in unmittelbarer Berührung mit überhitztem Dampf nicht bestehen.

0,707 bei 200° und 14 Atm. Bei letzterem Drucke und 300° Überhitzung ist z. B. der Wärmeinhalt des Dampfes nur um $(300 - 194{,}2) \cdot 0{,}562 = 59{,}46$ w höher als der Wärmeinhalt des zugehörigen, gesättigten Dampfes (668,4 w). Nun ist aber nachgewiesen, daß der Wärmedurchgang durch metalle Wände bei überhitztem Dampfe geringer ist als bei gesättigtem, bedenkt man noch, daß der überhitzte Dampf ein größeres Volumen als der gesättigte bei gleichem Drucke besitzt, also auch noch größere Rohrleitungen zu seiner Fortleitung erfordert, daß ferner der Wärmeaufwand zur Erzeugung der Überhitzung nicht unbedeutende, unvermeidliche Verluste mit sich bringt, daß ferner der Heißdampf die unangenehme Eigenschaft hat, Armaturteile aus Metall anzugreifen, so wird man von der Anwendung von Heißdampf für Heizungszwecke, außer vielleicht in besonderen Fällen, Abstand nehmen. Anders liegen die Verhältnisse da, wo die Wärme des Dampfes in mechanische Arbeit umgesetzt werden soll.

Wir wissen, daß Wärme und Arbeit in ganz bestimmter Beziehung zu einander stehen; ja wir wissen — so weit die heutigen Forschungen reichen — daß einer Wärmeeinheit eine Arbeitsleistung von 427 mkg entspricht.

Wir machen aber überall die Erfahrung, daß da, wo Arbeit zu leisten ist, Wärme von einem höheren Temperaturniveau zu einem niederen Temperaturniveau übergehen muß, und daß wir bei einem Aufwand einer bestimmten Wärmemenge Q_1, die wir in einen Apparat hineinschicken, der die Fähigkeit besitzt, Wärme in Arbeit umzusetzen, auch eine gewisse Wärmemenge Q_2 aus dem Apparate herausbekommen, die, sofern sie auf dem Temperaturniveau der Umgebung den Apparat verläßt, nicht mehr zu Arbeitszwecken verwendet werden kann.

Nur die Differenz $Q_1 - Q_2$ ist die in Arbeit umsetzbare Wärmemenge. Ist A der Wert, welchem die zur Leistung der Arbeitseinheit (mkg) erforderliche Wärmemenge entspricht, so erhalten wir aus der Differenz $Q_1 - Q_2$ die Arbeit L in Wärmeeinheiten. Es ist:

$$AL = Q_1 - Q_2 \tag{2}$$

Führen wir z. B. einer Dampfmaschine mit jedem kg Dampf eine Wärmemenge von 725 w zu und unterhalten wir im Kondensator einen Druck, bei dem 1 kg Dampf nur noch 525 w besitzt, so daß in der Maschine die Differenz $Q_1 - Q_2$ verbraucht wird, dann ist

$$Q_1 - Q_2 = 725 - 525 = 200 \text{ w} = AL$$

Da $A = \dfrac{1}{427}$ ist, so müßte die Arbeitsleistung

$$L = \frac{Q_1 - Q_2}{A} = 427 \cdot 200 \tag{3}$$

$$= 85400 \text{ mkg}$$

für jedes kg Dampf sein. Zutreffend wäre dies für eine Maschine, welche ohne jegliche Verluste arbeitet. Sehen wir zunächst von diesen Verlusten ab, so folgt daraus, daß, je geringer die aus der Maschine austretende Wärmemenge Q_2 ist, desto größer die Ausnutzung, d. h. desto größer auch die Differenz Q sein muß, so daß das Verhältnis der nutzbar gemachten Wärme Q zu der zugeführten Wärme Q_1, also

$$\frac{Q}{Q_1} \text{ oder } \frac{Q_1 - Q_2}{Q_1} = 1 - \frac{Q_2}{Q_1} = \eta_{th} \tag{4}$$

den thermodynamischen oder thermischen Wirkungsgrad angibt.

Die oben berechnete Leistung von einem Kilogramm Dampf kann nur, wie schon erwähnt, in einer idealen Maschine erreicht werden, bei welcher weder Wärmeverluste noch Reibungswiderstände auftreten.

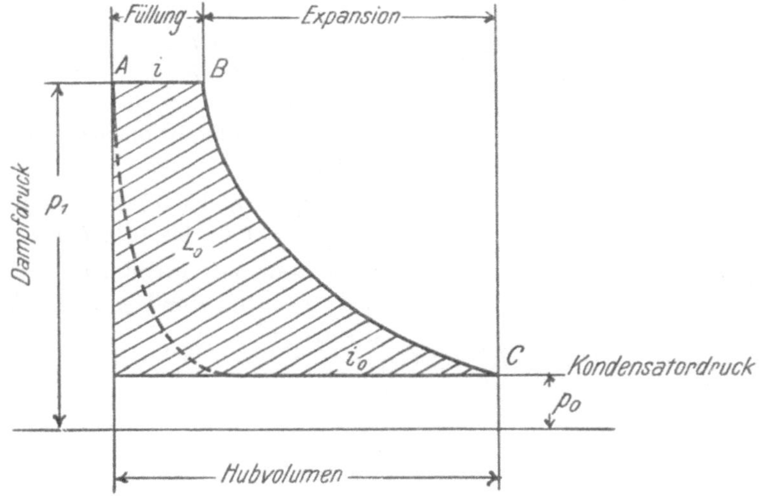

Fig. 148.
Diagramm mit vollkommener Expansion bis auf Kondensatordruck p_0.

Die Arbeit wird dadurch hervorgebracht, daß der Dampf sich in dem Zylinder der Maschine ausdehnt, indem er den Kolben vor sich her schiebt. Die Ausdehnung soll dabei auf Kosten der im Dampfe selbst enthaltenen Energie — und in der vollkommenen Maschine — ohne Wärmezufuhr noch Wärmeableitung erfolgen. Eine solche Ausdehnung ist eine adiabatische Zustandsänderung des die Arbeit verrichtenden Mediums, und die bei vollständiger, adiabatischer Ausdehnung geleistete Arbeit wird durch die Gleichung

$$L = P \cdot v \frac{\varkappa}{\varkappa - 1} \left[1 - \left(\frac{p_0}{p}\right)^{\frac{\varkappa-1}{\varkappa}} \right] \tag{5}$$

ermittelt,[1] in welcher

---

[1] Die Gleichungen (5) und (6) gelten als Näherungsformeln, bei denen es auf die richtige Wahl des Wertes $\varkappa$ ankommt, um Übereinstimmung mit der späteren Ausführung zu erzielen (vgl. Zeitschr. d. Ver. deutscher Ingenieure 1903, *Schröter* und *Koob*). Für überhitzten Dampf ist nach *Mollier*

$$L = \frac{13}{3} \cdot P \cdot v \left[1 - \left(\frac{p_0}{p}\right)^{\frac{3}{13}} \right] \tag{6a}$$

oder

$$A L = (i - 464{,}7) \left[1 - \left(\frac{p_0}{p}\right)^{\frac{3}{13}} \right] \tag{6b}$$

19*

L die Arbeitsleistung in mkg,

P den Anfangsdruck (in kg/qm)

v das spezifische Volumen, dem Drucke P entsprechend,

$\varkappa = 1{,}035 + 0{,}1x$ für Naßdampf,

$ = 1{,}135$ (also $x = 1$) für trocken gesättigten Dampf,

p den Anfangsdruck und p_0 den Enddruck in Atm

bezeichnen (vgl. Diagramm Fig. 148).

Erfolgt die Expansion nicht bis zum Enddrucke p_0, sondern nur bis p_e (Fig. 149), so ist

$$L = \frac{\varkappa}{\varkappa - 1} P v \left[1 - \frac{1}{\left(\dfrac{p}{p_e}\right)^{\frac{\varkappa-1}{\varkappa}}} \left(\frac{1}{\varkappa} + \frac{\varkappa - 1}{\varkappa} \frac{p_0}{p_e} \right) \right] \tag{6}$$

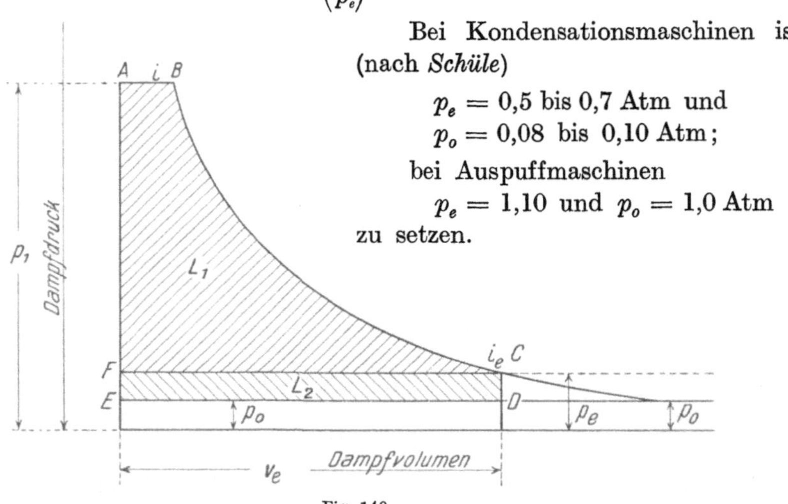

Bei Kondensationsmaschinen ist (nach *Schüle*)

$$p_e = 0{,}5 \text{ bis } 0{,}7 \text{ Atm und}$$
$$p_0 = 0{,}08 \text{ bis } 0{,}10 \text{ Atm};$$

bei Auspuffmaschinen

$$p_e = 1{,}10 \text{ und } p_0 = 1{,}0 \text{ Atm}$$

zu setzen.

Fig. 149.

Der Vorgang der Arbeitsleistung in der verlustlosen Maschine wird in der wirklich ausgeführten natürlich niemals erreicht, weil bei letzterer mit der Arbeitsleistung stets Wärmeübergänge und durch Reibung in Wärme umgesetzte Arbeit den Idealprozeß beeinflussen, eine wirklich adiabatische Zustandsänderung also niemals möglich ist.

Trotzdem gilt dieser Idealprozeß als ein Maßstab, den wir an die Arbeitsleistung der ausgeführten Maschine anlegen, um uns zu veranschaulichen, inwieweit diese sich der vollkommenen Maschine nähert.

Bei diesen Betrachtungen müssen wir uns noch mit einem zweiten Begriffe, der Entropie[1], befassen. Gleich wie wir die Energie eines Körpers nur

---

[1] Entropie, eine von *Clausius* zuerst gebrauchte Bezeichnung. *Zeuner* hat die Entropie mit einem Gewichte, welches von einem höheren Niveau auf ein niederes arbeitleistend herabsinkt, verglichen. Man hat für Entropie auch die Bezeichnung „Verwandlungswert" oder „Verwandlungsinhalt" gewählt. — Eine die Entropie eingehend behandelnde Schrift ist: „Die Thermodynamik der Dampfmaschine" von *F. Kraus*, Verlag von J. Springer, Berlin.

nach ihrer Änderung messen können, indem wir einen Ausgangspunkt als Normalzustand wählen, so kann auch die Entropie nur von einem solchen Normalzustande aus betrachtet werden, als welcher, wie in den Dampftabellen für die Energie, der Zustand bei $0°$ angenommen wird.

Als Maßzahl der Entropie gilt die Summe der Quotienten aus den absoluten Temperaturen in die Maßzahlen der auf dem Wege der Erwärmung aufgenommenen Wärmemengen. Die Entropie ist

$$s = \int \frac{dQ}{T} \tag{7}$$

Da ganz allgemein $Q = c\,(t_1 - t_0)$ ist, so ergibt sich die Entropie der Flüssigkeitswärme:

$$s' = \int c\,\frac{dT}{T} \tag{8}$$

die Entropie des gesättigten Wasserdampfes:

$$s'' = s' + \frac{r}{T} \tag{9}$$

wobei als Ausgangspunkt der Zustand bei $0°$ gewählt wird.

Die Entropie eines Körpers bleibt unverändert, wenn die während eines Vorganges verbrauchte Wärme $Q = Q_1 - Q_2$, wie oben erwähnt, ganz in Arbeit umgesetzt wird, wie bei der adiabatischen Zustandsänderung der vollkommenen Maschine. Die Entropie aber nimmt zu, wenn z. B. nur ein Teil der Wärme $Q = Q_1 - Q_2$ oder die zugeführte Wärmemenge Q_1 ganz wieder als solche nach dem Vorgange auftritt. So ist z. B. das Ausströmen von Dampf aus einer Düse wohl als adiabatischer Vorgang anzusehen, bei dem aber die Entropie wächst.

Der Umstand, daß bei der vollkommenen Maschine die Entropie konstant bleibt, hat Professor Dr. *Mollier* zur Ausführung eines nach ihm benannten Wärmeinhalt-Entropiediagrammes veranlaßt, aus dem die Wärmemenge, welche aus 1 kg Dampf theoretisch in Arbeit umgesetzt werden könnte, direkt ablesbar ist.

Das hier im Anhange beigefügte Wärmeinhalt-Entropiediagramm Tafel XIX (J.-S.-Diagramm) ist vom Verfasser nach dem Muster des *Mollierschen* berechnet und aufgezeichnet worden, wobei die schon im Abschnitte „Wasserdampf" angeführten Forschungsarbeiten benutzt wurden.

In dem J.-S.-Diagramm sind die Entropieeinheiten auf der Abszissenachse, die Wärmeinhalte auf der Ordinate aufgetragen. Die starke Linie in der Mitte gibt Wärmeinhalt und Entropie des trocken gesättigten Dampfes an. Über dieser Linie liegt das Überhitzungsgebiet, unter derselben das Gebiet des Naßdampfes. Da bei der adiabatischen Zustandsänderung in der vollkommenen Maschine die Entropie unverändert bleibt, so gibt die parallel zur Ordinate gezogene Verbindung zweier übereinander liegender Punkte das zur Arbeitsleistung AL eines Kilogramm Dampfes ausnutzbare Wärmegefälle an. Es ist $AL = i - i_0$ aus dem J.-S.-Diagramm direkt abgreifbar;[1] zumal der Maßstab des Diagramms so gewählt ist, daß 1 w = 0,5 mm ist.

Die hier beigefügte Abbildung eines Teiles des Wärmeinhalt-Entropiediagramms (Fig. 150) zeigt das Wärmegefälle $AL = 189$ w für 1 kg Dampf, und zwar liegt i (wie als Beispiel angenommen ist) auf der Dampfdrucklinie von $p_1 = 10{,}0$ Atm und auf der Temperaturlinie von 300°. Der Wärmeinhalt

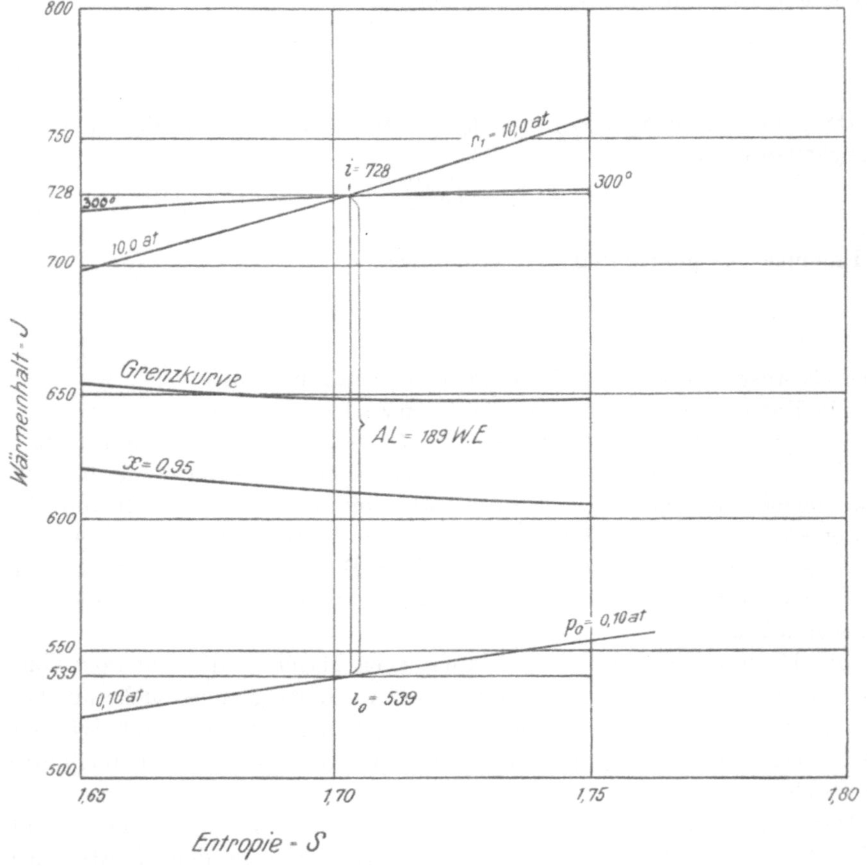

Fig. 150.

Abbildung eines Teiles des I-S-Diagrammes. Beispiel zur Bestimmung des Wärmegefälles.
$i - i_0 = 728 - 539 = AL.$

des mit 10 Atm und 300° in die Maschine eintretenden Dampfes ist $i = 728$ w[2]. Die Entropie ist, wie man aus dem Diagramme abmessen kann, 1,703. Auf dem Schnittpunkte der Parallelen zur Ordinate mit der Drucklinie der End-

---

[1] Für Q_1 und Q_2 ist hier der Wärmeinhalt i von 1 kg Dampf eingeführt.

[2] Der genaue Wert ist $i = 728{,}6$ w. $i = i'' + (c_p)m\,(t_{\ddot{u}} - t_s) = 663{,}8 + 0{,}536$ (300 — 179,1) = 728,6 (vgl. Abschnitt „Wasserdampf"). — Hier und im folgenden ist an Stelle der Gesamtwärme λ wegen der allgemein üblichen Bezeichnung für Wärmeinhalt i gesetzt. Über den nur geringen Unterschied zwischen λ und i vgl. Abschnitt III, Seite 46.

spannung p_0 (die hier mit 0,10 Atm angenommen ist), also bei der unveränderlichen Entropie 1,703, liegt nun der Wärmeinhalt i_0. Der adiabatischen Expansion, welche bei dem Vorgange in der verlustlosen Maschine Voraussetzung ist, wird hier durch die unveränderliche Entropie entsprochen. Die Ordinate zeigt für i_0 einen Wärmeinhalt von 539 w.

Da nun

$$(i - i_o) = AL$$

oder in unserem Beispiele

$$(728 - 539) = 189 = AL$$

ist, so zeigt das J.-S.-Diagramm an, daß bei der adiabatischen Expansion von einem Kilogramm Dampf von 10 Atm Anfangsspannung und 300° Überhitzung auf 0,10 Atm Endspannung ein nutzbares Wärmegefälle von 189 w in Arbeit umgesetzt werden kann. Die Arbeitsleistung ist

$$L = 427\,(i - i_0)$$

$$L = \frac{189}{A} = 427 \cdot 189 = 80\,703 \text{ mkg}$$

Denselben Wert muß die Gleichung 6a ergeben da hier überhitzter Dampf in Frage kommt; er bedeutet die Ausmittlung des in Fig. 148 dargestellten Diagrammes.

Es ist nun vollkommene Expansion des Dampfes in der Maschine, d. h. ein Herabsinken des Dampfdruckes bei der Ausdehnung bis auf die Kondensatorspannung p_0 vorausgesetzt, wie obiges Diagramm (Fig. 148) einer Kolbendampfmaschine andeutet.

Ist dagegen der Druck, bis zu welchem die Expansion herabgeht, p_e, so kann (nach *Schüle*, Zeitschr. d. Ver. deutsch. Ing. 1911) zur Bestimmung der Arbeitsleistung L das J.-S.-Diagramm ebenfalls benutzt werden. Die der Fläche $ABCF = L_1$ entsprechende Arbeitsleistung des obigen Diagramms Fig. 149 ist, wie oben gezeigt wurde, aus dem J.-S.-Diagramm zu entnehmen, und zwar ist

$$L_1 = 427\,(i - i_e) \text{ mkg.} \tag{10}$$

Die der Fläche $CDEF$ entsprechende Arbeitsleistung ist

$$L_2 = v_e\,(p_e - p_o) \cdot 10\,000 \text{ mkg} \tag{11}$$

$$(p_e \text{ u. } p_o \text{ in Atm abs.})$$

Die Gesamtarbeitsleistung ergibt sich somit zu

$$L = 427\,(i - i_e) + 10\,000 \cdot v_e\,(p_e - p_o) \tag{12}$$

Hierbei ist $v_e = x \cdot v''$ und v'' das Volumen des gesättigten Dampfes (siehe Dampftabelle), x ist dem J.-S.-Diagramm zu entnehmen, entsprechend dem für i_e gefundenen Punkte, welcher zumeist unterhalb der Grenzkurven liegen wird. In Fig. 150 ist die Linie für $x = 0,95$ angegeben. Sie deutet an, daß alle auf ihr liegenden Wärmeinhaltpunkte einem Dampf mit 5% Wassergehalt entsprechen. (Vgl. auch das J.-S.-Diagramm im Anhange und in Abschnitt Wasserdampf „Naßdampf").

Eine Dampfmaschine arbeite z. B. mit $p = 13$ Atm abs. und 250° Überhitzung. Die Endspannung sei $p_e = 0,6$, die Kondensatorspannung $p_o = 0,1$ Atm. Es ist

$$i = 702; \quad i_2 = 568 \text{ (vgl. Tafel XIX J.-S.-Diagramm des Anhangs)}$$
$$L_1 = 427\,(702 - 568) = 427 \cdot 134 = 57\,218 \text{ mkg.}$$

Für $p_e = 0,6$ ist das Volumen v'' des trocken gesättigten Dampfes nach der Dampftabelle $v'' = 2,775$, aus dem J.-S.-Diagramm aber ergibt sich bei dem Wärmeinhalte $i_2 = 568$ $x = 0,88$.

Daher ist das Endvolumen $v_e = v' + \varkappa\,(v'' - v')$, s. Gl. 8, S. 38;

oder, genau genug, $v_e = 0,88 \cdot 2,775 = 2,442$ cbm/kg

und nach Gleichung 11

$$L_2 = 10\,000 \cdot 2,442\,(0,60 - 0,10) = 12\,210 \text{ mkg.}$$
$$L_1 + L_2 = L = 69\,428 \text{ mkg.}$$

Die Arbeitsleistung, welche durch das Diagramm Fig. 149 dargestellt wird, beträgt also unter Voraussetzung adiabatischer Expansion von p auf p_e, 69 428 mkg.

Auf diese Weise kann die Arbeitsleistung der verlustlosen Maschine, sei es einer Kolbenmaschine oder einer Dampfturbine, mit Hilfe des J.-S.-Diagramms bei vollkommener Expansion bis zur Austrittspannung und bei Expansion bis zu einem gegebenen Enddrucke ermittelt werden.

Das von *Mollier* so genial entworfene J.-S.-Diagramm gestattet uns, wie soeben gezeigt wurde, die theoretische Leistung einer Maschine in einfachster Weise zu bestimmen.

Diese theoretische Leistung L_0, die wir im J.-S.-Diagramm in Wärmeeinheiten messen, weshalb wir sie in diesem Maßstabe mit $AL_0 = \dfrac{L_o}{427}$ bezeichnen müssen, ist nun ein Maßstab für die Nutzleistung der Maschine. Die Nutzleistung N_e, auf die es doch schließlich ankommt, ist die von der Maschine tatsächlich nach außen abgegebene Arbeit, und zwar in der Größe, wie sie z.B. an eine Dynamomaschine oder an die Hauptwelle einer Maschinentransmission abgegeben wird.

Außer der Nutzleistung oder der effektiven Leistung der Maschine sprechen wir noch von der indizierten Leistung N_i, und zwar verstehen wir unter dieser diejenige vom Dampfe in der Maschine geleistete Arbeit, welche uns durch Messungen mit dem Indikator, also durch das Indikatordiagramm dargestellt wird. Der Indikator zeichnet ein der Fig. 148 u. 149 ähnliches Druck-Volumen-Diagramm auf, aus dem wir den thermischen Vorgang in der ausgeführten Maschine berechnen können; in dem Indikatordiagramm finden wir den Verlauf der Expansionslinie, deren idealer Verlauf die Adiabate ist. Durch Vergleich der beiden Linien bzw. durch Vergleich der indizierten Leistung mit der im J.-S.-Diagramme gemessenen theoretischen Leistung erhalten wir den

indizierten Wirkungsgrad = η_i

In einem ähnlichen Verhältnisse zueinander stehen indizierte Leistung N_i und effektive Leistung N_e. Die indizierte Leistung schließt allen Kraftbedarf der Maschine zur Fortbewegung der Maschinenteile, zur Überwindung der Kolben- und Stopfbüchsenreibung, des Ventilationswiderstandes bei der Turbine usw. ein. Die effektive Leistung ist um die hierfür aufzuwendende Arbeit kleiner als die indizierte Leistung, und das Verhältnis beider zueinander heißt der

mechanische Wirkungsgrad $= \eta_m$.

Das J.-S.-Diagramm hatte uns den thermischen Wirkungsgrad der verlustlosen Maschine angegeben, und zwar

$$\frac{Q_1 - Q_2}{Q_1} = \eta_{th} \text{ bzw. } \frac{i - i_o}{i} = \eta_{th} \qquad \text{(vergl. Gl. 4.)}$$

oder, da wir $Q_1 - Q_2 = AL$ gesetzt hatten,

$$\frac{AL}{Q_1} = \eta_{th} \text{ bzw. } \frac{AL}{i} = \eta_{th}$$

worin AL diejenige Wärmemenge bezeichnet, welche von 1 kg des der Maschine zugeführten Dampfes in Arbeit umgesetzt werden könnte.

AL wird auch das Wärmegefälle für 1 kg Dampf genannt.

Nach Früherem beträgt nun die für eine Pferdestärke aufzuwendende, theoretische Wärmemenge 632,32 w (vgl. Abschnitt „Wärme" Seite 7).

Wir erhalten also aus

$$\frac{632,32}{AL} = D_t \qquad (13)$$

diejenige Dampfmenge in Kilogramm, welche zur Erzeugung einer Stunden-Pferdestärke bei dem Wärmegefälle AL theoretisch erforderlich ist.

D_t ist der theoretische Dampfverbrauch der Maschine pro Stunde.

Ist die Leistung einer ausgeführten Maschine mittels Indikators gemessen, sind also so und so viele PS_i festgestellt worden, und hat sich hierbei gezeigt, daß für diese Leistung irgendwelche Speisewassermengen den Kesseln zugeführt werden mußten, aus denen sich dann die während der Messungen verbrauchte Dampfmenge ergab, so kann der spezifische Dampfverbrauch für die gemessene Leistung ermittelt werden.

Es folgt hieraus der

Dampfverbrauch D_i für 1 PS u. Stunde der indizierten Leistung N_i.

Auch der Vergleich des theoretischen Dampfverbrauchs mit dem Dampfverbrauche für die indizierte Leistung ergibt den

indizierten Wirkungsgrad η_i.

Es ist also

$$\frac{D_t}{D_i} = \eta_i \qquad (14)$$

Mit dem indizierten Wirkungsgrade wird der mechanische Wirkungsgrad verglichen, und sobald an der ausgeführten Maschine die effektive Leistung N_e in PS_e festgestellt ist, läßt sich aus den angestellten Messungen nun auch

der Dampfverbrauch für die effektive Leistung D_e ermitteln, so daß sich dann
der mechanische Wirkungsgrad

$$\frac{D_i}{D_e} = \eta_m \tag{15}$$

ergibt.

In der nun folgenden Zahlentafel A sind die Versuchsresultate von drei
Kolbenmaschinen wiedergegeben.

Der Dampfverbrauch der verlustlosen Maschine, der theoretische Dampfverbrauch, ist in Spalte 15 angegeben. Er wird entweder durch Berechnung
der theoretischen Leistung AL nach den oben angegebenen Gleichungen 5
und 6 für das adiabatische Wärmegefälle oder nach Maßgabe des J.-S.-Dia-
gramms ermittelt, also (nach Gleichung 13)

$$D_i = \frac{632,32}{AL}$$

Z. B. Versuch Nr. 4 der 3000 pferdigen Tandem-Maschine von *Sulzer*
zeigt in Spalte 14 ein Wärmegefälle

$$AL = 178,0 \text{ w.}$$

Hieraus ist der theoretische Dampfverbrauch der verlustlosen Maschine

$$D_i = \frac{632,32}{178} = 3,552 \text{ kg/PS und Stunde.}$$

Aus ihm ergibt sich der thermische Wirkungsgrad der verlustlosen Maschine durch das Verhältnis

$$\frac{Q_1 - Q_2}{Q_1} = \frac{AL}{Q_1} = \eta_{th} \tag{16}$$

$$\eta_{th} = \frac{178,0}{623,3} = 0,285$$

der auch uns

$$\eta_{th} = \frac{632,32}{D_i \cdot Q_1}$$

$$\eta_{th} = \frac{632,32}{3,552 \cdot 623,3} = 0,285$$

berechnet werden kann.

(623,3 ist die Wärmemenge, welche der Maschine mit 1 kg Dampf zugeführt wird. Vgl. folgendes u. Spalte 13 der Zahlentafel.)

Hierbei ist nun zu beachten, daß nicht die in Spalte 12 eingesetzte, tatsächlich in 1 kg Dampf vor der Maschine enthaltene Wärmemenge von 668,6 w
für Q_1 einzusetzen ist, sondern eine um die Flüssigkeitswärme q_0 des aus der
Maschine austretenden Dampfes geringere (Spalte 13), also

$$Q' = 668,6 - 45,3 = 623,3 \text{ w.}$$

Der Grund hierfür ist darin gegeben, daß der verlustlosen Maschine
der Nachteil einer nicht erreichten vollkommenen Luftleere mit der Flüssigkeitswärme $q_0 = 0$ nicht angerechnet werden kann.

Kolbendampfmaschinen: (Zahlentafel A)

Dampfverbrauch und Wirkungsgrade bei gesättigtem und überhitztem Dampfe und verschiedener Belastung.

(Aus den in der Zeitschr. d. Ver. deutscher Ingen. veröffentlichten Abnahmeversuchen zusammengestellt.)

1	1a	2	3	4	5	6	7	8	9	10	11	12	13	14	15	16	17	18	19	20	21	22	23	24	25	26	
								Dampf-temperatur		Kondensator		Wärme-inhalt des Dampfes vor der Maschine		Wärmegefälle nach dem J–S Diagramme	Dampfverbrauch pro PS u. Stunde			Wirkungs-grade			Wärmeverbrauch pro PS in Stunde			thermische Wirkungsgrade			
Bezeichnung der Maschine	Versuchsnummer	Leistung in Kilowatt	indizierte Leistung N_i	Belastung (voll = 1,0)	Nutzleistung N_e	Umdrehungen in der Minute	Dampfdruck am Hochdruckzylinder	gesättigt	überhitzt	Druck	Flüssigkeitswärme des Kondensates	gültig für die ausgeführte Maschine	gültig für die verlustlose Maschine		theoretisch	indiziert (gemessen)	effektiv	indiziert	mechanisch	effektiv	für die verlustlose Maschine	indizierte Leistung	effektive Leistung	verlustlose Maschine	indizierte Leistung	effektive Leistung	
		KW	PS_i	—	PS_e	n.	p in Atm abs.	t_g °Cls.	$t_\ddot{u}$ °Cls.	p_o in Atm abs.	q_o in W	Q_1 in W	$Q'=Q_1-q_o$ in W	A. L. W	D_t kg/PSt	D_i kg/PSi	D_e kg/PSe	η_i D_t/D_i	η_m D_i/D_e	η_e D_t/D_e	$D_t\cdot Q'$ W	$D_i\cdot Q_1$ W	$D_e\cdot Q_1$ W	$\frac{\eta_{th}\,632{,}32}{D_t\cdot Q'}$	$\frac{\eta_{thi}\,632{,}32}{D_i\cdot Q_1}$	$\frac{\eta_{the}\,632{,}32}{D_e\cdot Q_1}$	
I. Tandem M. von Van den Kerchove i. Gent. 250 PSe untersucht v. Schröter & Koob Z. d. V. d. Ing. 1903.	1	—	116,77	0,37	91,77	128	10,0	178,9	—	0,08	41,40	661,1	619,70	170	3,719	5,37	6,83	0,69	0,79	0 545	2305	3550	4515	0,274	0,178	0,140	gesättigter Dampf
	2	—	219,03	0,76	190,96	126	10,33	180,3	—	0,08	41,40	661,5	620,13	171	3,700	5,47	6,27	0,68	0,87	0,59	2294	3618	4148	0,276	0,175	0,152	
	3	—	273,02	0,97	243,33	126	10,28	180,1	—	0,08	41,40	661,4	620,06	171	3,700	4,73	6,41	0,64	0,89	0,58	2294	2783	4239	0,276	0,167	0,149	
	4	—	312,17	1,12	281,30	126	10,44	180,7	—	0,09	43,64	661,6	617,96	168	3,760	6,09	6,76	0,62	0,90	0,56	2323	4029	4472	0,276	0,157	0,141	
	5	—	119,36	0,38	94,28	128	10,3	—	304,6	0,08	41,40	721,2	679,8	197	3,209	4,31	5,46	0,74	0,79	0,58	2182	3108	3937	0,290	0,203	0,161	gleichblei-bende Über-hitzung überhitzter Dampf
	6	—	220,24	0,77	192,13	126	10,47	—	306,4	0,08	41,40	721,9	680,5	197	3,209	4,46	5,11	0,72	0,87	0,62	2184	3220	3688	0,290	0,196	0,171	
	7	—	314,22	1,13	283,29	126	10,38	—	299,6	0,09	43,64	718,8	675,1	193	3,277	4,86	5,39	0,68	0,90	0,61	2212	3493	3874	0,286	0,181	0,163	
	8	—	214,66	0,74	186,72	127	10,28	—	352,0	0,07	38,80	744,3	705,5	213	2,969	4,03	4,63	0,73	0,87	0,64	2095	2999	3446	0,302	0,211	0,183	abnehmen-de Über-hitzung
	9	—	220,29	0,77	192,18	127	10,16	—	263,9	0,07	38,80	701,8	662,9	191	3,310	4,84	5,54	0,69	0,87	0,60	2194	3397	3888	0,288	0,186	0,163	
	10	—	222,87	0,78	194,68	127	10,24	—	204,3	0,07	38,80	673,1	634,2	180	3,513	5,25	6,01	0,67	0,87	0,58	2228	3535	4045	0,284	0,179	0,156	
II. Tandem-M. von Sulzer in Winterthur. 1000 PSi Elektr. Werk Mannheim.	1	293,9	479,5	0,43	426,3	83	10,35	180,4	—	0,078	40,72	661,5	620,78	172	3,676	5,90	6,66	0,62	0,88	0,55	2282	3903	4405	0,277	0,162	0,143	gesättigter Dampf
	2	483,4	750,1	0,69	695,1	83	10,28	180,1	—	0,088	42,95	661,4	618,45	169,5	3,730	5,94	6,42	0,63	0,93	0,59	2307	3929	4246	0,274	0,161	0,149	
	3	711,3	1075,4	1,02	1022,5	83	10,82	182,2	—	0,102	45,55	662,0	616,45	166,5	3,798	6,44	6,79	0,59	0,95	0,56	2341	4263	4495	0,270	0,148	0,141	
	4	312,3	514,8	0,46	460,6	83	10,41	—	286,5	0,08	38,00	712,2	674,2	198	3,193	5,14	6,20	0,62	0,83	0,51	2133	3661	4415	0,293	0,173	0,143	überhitzter Dampf
	5	522,3	811,9	0,75	752,6	83	10,19	—	278,2	0,085	42,30	708,6	666,3	189	3,346	5,22	6,00	0,64	0,87	0,56	2229	3699	4251	0,284	0,171	0,149	
	6	729,7	1099,5	1,04	1044,5	83	10,62	—	285,0	0,096	45,10	712,0	666,9	187	3,381	5,23	6,11	0,656	0,86	0,55	2255	3724	4350	0,280	0,170	0 146	
III. Stehende 3 Zyl.-Masch. mit Dynamo von Sulzer. 30.0 PSi	1	1785,5	2940,5	0,98	2613,0	83	13,75	—	305,9	0,10	45,3	729,0	683,7	199	3,177	4,316	4,970	0,78	0,87	0,64	2172	3146	3623	0,291	0,201	0,175	überhitzter Dampf
	2	1739,2	2817,3	0,93	2534,0	83	14,30	—	307,3	(0,10)	(45,3)	730,0	684,7	200	3,162	4,330	4,813	0,78	0,90	0,66	2165	3161	3511	0,292	0,200	0,180	
	3	1834,4	2907,8	0,96	2678,0	83	13,60	—	323,2	(0,10)	(45,3)	738,0	692,7	203	3,115	4,279	4,646	0,72	0,92	0,66	2158	3158	3431	0,293	0,200	0,184	
	4	1873,7	2992,5	0,99	2729,0	83	14,24	194,5	—	0,10	45,3	668,60	623,3	178	3,552	5,267	5,776	0,67	0,91	0,61	2215	3521	3364	0,285	0,179	0,164	gesättigter Dampf
	5	1888,3	3040,4	1,01	2769,0	83	14,33	194,6	—	(0,10)	(45,3)	668,65	623,35	178,5	3,542	5,259	5,909	0,67	0,89	0,60	2208	3516	3951	0,286	0,180	0,160	

Dagegen ist der ausgeführten Maschine die volle, in 1 kg vor der Maschine enthaltene Wärmemenge in Anrechnung zu bringen.

In der Zahlentafel ist diese mit Q_1, die zugeführte Wärmemenge abzüglich der Flüssigkeitswärme mit Q' bezeichnet worden ($Q' = Q_1 - q_0$).

Dieser Unterschied wird deshalb gemacht, weil nur hierdurch ein gerechter Vergleich verschiedener Maschinen untereinander auf diese Weise möglich ist, wie ja überhaupt die Zahlen für die Wirkungsgrade die Möglichkeit, Vergleiche aufstellen zu können, geben sollen[1].

Der Dampfverbrauch der indizierten Maschine wurde, wie die Zahlentafel zeigt (Maschine III, Versuch 4) gemessen mit

$$D_i = 5{,}267 \text{ kg/St.} \quad \text{(Spalte 16)}$$

und nun ist, nach obigem, der thermische Wirkungsgrad der indizierten Maschine

$$\eta_{thi} = \frac{632{,}32}{D_i \cdot Q_1} \qquad (17)$$

$$\eta_{thi} = \frac{632{,}32}{5{,}267 \cdot 668{,}60} = 0{,}179$$

Der indizierte Wirkungsgrad, der sich aus $\dfrac{D_t}{D_i}$ ergibt, ist

$$\eta_i = \frac{3{,}552}{5{,}267} = 0{,}674$$

[Er müßte eigentlich mit 0,629 angegeben sein, und zwar mit Rücksicht auf den Unterschied zwischen Q_1 und Q' aus

$$\eta_i' = \frac{D_t \cdot Q'}{D_i \cdot Q_1} = \frac{3{,}552 \cdot 623{,}3}{5{,}267 \cdot 668{,}6} = 0{,}629 \qquad (18)$$

was als die genauere Bestimmung anzusehen ist, die Bestimmung $\eta_i = \dfrac{D_t}{D_i}$ ist aber gebräuchlicher.

Er könnte auch noch aus dem Verhältnis der thermischen Wirkungsgrade

$$\frac{\eta_{thi}}{\eta_{th}} = \frac{0{,}179}{0{,}285} = 0{,}629$$

berechnet werden.]

Die Werte $D_t \cdot Q'$ und $D_i \cdot Q_1$ sind noch insofern von Bedeutung, als sie den Wärmeverbrauch für 1 PS und Stunde angeben und ebenfalls zweckmäßige Vergleichswerte bieten.

Dieselbe Berechnungsweise gilt nun auch für die effektive Leistung der Maschine.

N_e ist in Spalte 5 mit 2729 PS_e angegeben, und zwar ermittelt durch Umrechnung aus den Ablesungen an der Schalttafel unter Berücksichtigung des Wirkungsgrades der Dynamomaschine, zu deren Antrieb die Dampfmaschine diente, wobei sich der Wirkungsgrad der Dynamo zu 0,933 herausstellt.

---

[1] In neuerer Zeit ist der Vorschlag gemacht worden, nicht die von 0° an gerechnete Wärmemenge Q_1, sondern $Q_1 - t_w$ mit $t_w = 25°$ in die Bestimmung des Dampfverbrauches D einzusetzen, wobei t_w eine für alle Maschinen gleiche Kondensator- bzw. Speisewassertemperatur bedeutet.

Bei einem Dampfverbrauche $D_i = 5{,}267$ kg und einer indizierten Leistung der Maschine $N_i = 2992{,}5$ PS$_i$ ergibt sich unter Berücksichtigung der effektiven Leistung der Dampfverbrauch für die effektive Pferdestärke

$$D_e = \frac{5{,}267 \cdot 2992{,}5}{2729} = 5{,}776 \text{ kg} \quad \text{(Spalte 17)}$$

so daß der mechanische Wirkungsgrad

$$\eta_m = \frac{D_i}{D_e} = \frac{5{,}267}{5{,}776} = 0{,}91 \quad \text{(Spalte 19)} \tag{19}$$

ist.

Der thermische Wirkungsgrad, auf die **effektive** Leistung bezogen, ist

$$\eta_{the} = \frac{632{,}32}{D_e \cdot Q_1} = \frac{632{,}32}{5{,}776 \cdot 668{,}6} = 0{,}164 \quad \text{(Spalte 26)}$$

und der Wirkungsgrad, auf die effektive Leistung bezogen, ist

$$\eta_e = \frac{D_t}{D_e} = \frac{3{,}552}{5{,}776} = 0{,}61 \quad \text{(Spalte 20)} \tag{20}$$

Es ist also zu unterscheiden
1. die theoretische Leistung AL
2. die indizierte Leistung N_i
3. die effektive Leistung N_e

und bei allen diesen
    a) der thermische Wirkungsgrad für die verlustlose Maschine, für die indizierte und für die effektive Leistung: η_{th}, η_{thi} und η_{the},
    b) der theoretische, der indizierte und der effektive Dampfverbrauch, D_t, D_i und D_e,
    c) der indizierte Wirkungsgrad, η_i,
    d) der mechanische Wirkungsgrad η_m,
    e) der effektive Wirkungsgrad η_e.

Der thermische Wirkungsgrad gibt an, welcher Bruchteil von der der Maschine zugeführten Wärmemenge in Arbeit umgesetzt werden könnte bzw. umgesetzt wird, ausgedrückt durch

$$\frac{632{,}32}{D_t Q'} \text{ bzw. } \frac{632{,}32}{D_i \cdot Q_1} \text{ bzw. } \frac{632{,}32}{D_e \cdot Q_1}.$$

Betrachtet man daraufhin die Spalte 24, welche den thermischen Wirkungsgrad der verlustlosen Maschine enthält, so sind die hier aufgeführten Werte schon sehr niedrig; sie erreichen nur einmal 30 Proz. Weit geringer aber ist der Prozentsatz, auf die effektive Leistung der Maschine bezogen, hier werden nicht einmal 20 Proz. erreicht, so daß man doch wirklich zu der Überlegung gedrängt wird, eine wirtschaftlichere Ausnutzung der im Kessel erzeugten Wärme zu schaffen.

Die Zahlentafel zeigt, daß zur Leistung einer effektiven Pferdestärke 3400 bis 4500 w/St. aufgewendet werden müssen, während theoretisch der Wärmeaufwand für eine Pferdestärke doch nur 632,32 w beträgt, so daß η_{the} $= 18{,}4$ bis $14{,}0$ Proz. und weniger erreicht. (Vergl. Spalte 23 u. Spalte 26.)

Es sei noch bemerkt, daß die hier angeführten Maschinen zu den Besten gezählt werden können, daß also bei den meisten anderen Maschinen sich noch viel ungünstigere Verhältnisse ergeben.

Noch ungünstiger als in der Zahlentafel angegeben, gestaltet sich das Bild, wenn wir noch die Verluste der Dampfkessel in Betracht ziehen, die für eine Pferdestärke aufzuwendende Wärmemenge also auf die im Brennmateriale enthaltenen Wärme bezogen wird.

Da der Wirkungsgrad der Kesselanlagen 70 bis 80 Proz. beträgt, so ergibt sich für 1 PSe eine Ausnutzung der im Brennmateriale enthaltenen Wärme von 10 bis 15 Proz. auch bei der besten Maschine; und bei einem mittleren Wärmeverbrauche von etwa 4000 w/PSe ist der auf den Wirkungsgrad der Kesselanlage bezogene Wärmeverbrauch 5000 bis 6000 w/PSe.

Aber bleiben wir bei der Maschine allein und bei dem oben als Beispiel herangezogenen Versuche Nr. 4 der 3000 PS-Maschine.

Nach Spalte 23 müssen der Maschine für 1 PSe 3864 w zugeführt werden, von denen 16,4 Proz. (Spalte 26) in Arbeit umgesetzt werden. Demnach treten

$$3864 - (3864 \cdot 0{,}164) =$$
$$3864 - 634 = 3230 \text{ w/PS u. Stunde}$$

aus der Maschine wieder aus, was bei einer Leistung von 2729 PSe eine Wärmemenge von 8 814 670 w u. Stunde darstellt, wenn zunächst von den Wärmeverlusten der Maschine selbst abgesehen wird.

Die Wärmemenge ist außerordentlich groß, und man könnte mit ihr schon vierstöckige Gebäude von etwa 1000 m Front und 20 m Tiefe, also ein ganzes Stadtviertel, auch bei niedrigster Außentemperatur, beheizen. Es ist die Aufgabe des Kondensators, diese Wärme durch das Kühlwasser fortzuschaffen.

Das Vakuum, das hierbei erzielt wird, ist nach Spalte 10 der Zahlentafel A 0,10 Atm (90 Proz.) — indessen die Temperatur, mit der der Dampf bei diesem Vakuum im Kondensator besteht, nur 45,3°, denn wir haben es mit Dampf zwischen den Grenzkurven der Flüssigkeit und des gesättigten Dampfes zu tun, bei welchem die Dampftemperatur in Abhängigkeit vom Drucke steht. Es ist also wohl eine große Wärmemenge geboten, aber bei einer Temperatur, die nur wenig über der der Umgebung liegt. Zum Heizen von Räumen oder zum Erwärmen von Wasser ist mit so niedriger Temperatur nur wenig oder gar nichts anzufangen. Ist doch noch zu berücksichtigen, daß das spezifische Volumen dieses niedrig gespannten Dampfes etwa 15 cbm/kg einnimmt und etwa 10 mal so groß ist als das von Niederdruckdampf.

Man müßte also Leitungen und Apparate zur Ausnutzung des Dampfes unverhältnismäßig groß herstellen, wodurch nicht unerhebliche Kosten und Wärmeverluste entständen.

Wollen wir aber den Dampf zu Heizzwecken irgend welcher Art benutzen, so muß er eine Temperatur von mindestens 50 bis 70° besitzen. Dabei verlieren wir natürlich das hohe Vakuum, und der stündliche Dampfverbrauch der Maschine wird größer; es entsteht aber die Frage:

„Was ist mit Rücksicht auf den ganzen Betrieb wirtschaftlicher: ein geringerer Dampfverbrauch der Maschine und getrennt davon der Wärmeaufwand für die Wärme erfordernden Nebenzwecke, oder ein größerer Dampfverbrauch der Maschine, infolge eines schlechteren Vakuums und Vereinigung mit dem Wärmebedarfe anderer Betriebszwecke."

Ein ganz allgemein geltendes Beispiel wird diese Frage beleuchten.

Eine Maschine von 200 PS verbrauche bei gutem Vakuum 6,3 kg Dampf pro PSe; also stündlich 1260 kg.

Zu anderen Betriebszwecken, z. B. Wasser- und Laugenerwärmung, Trockenkammern usw. sollen stündlich 1450 kg Dampf benötigt werden.

Bei getrennter Einrichtung für Maschine und Betriebszwecke müssen die Dampfkessel stündlich 1260 + 1450 = 2710 kg Dampf liefern.

Ist dagegen die Einrichtung so getroffen, daß der Abdampf zu den obengenannten Betriebszwecken herangezogen wird, alsdann aber die Maschine mit Auspuff in die betreffenden Heizschlangen arbeitet, wobei sie 10 kg Dampf für 1 PS brauchen möge, so ergibt sich für die Maschine allerdings ein Dampfverbrauch von 2000 kg; aber hiermit kann der gesamte übrige Dampfbedarf gedeckt werden. Es entsteht also ein Minderbedarf an Dampf von

$$\begin{aligned} 2710 \\ - 2000 \\ \hline 710 \text{ kg/St.} \end{aligned}$$

Nimmt man an, daß 1 kg Kohle 6 kg Dampf liefert, so entstehen Ersparnisse an Kohle von

$$\frac{710}{6} = 118{,}3 \text{ kg stündlich}$$

oder bei 10 stündigem Betriebe 1180 kg/Tag.

Bei 300 Arbeitstagen und einem Preise der Kohle von 20 Mk. pro Tonne ergeben sich hieraus durch Verwendung des Maschinenabdampfes

$$300 \cdot 1{,}18 \cdot 20 = 7080{,}00 \text{ Mk.}$$

jährliche Ersparnisse. Voraussetzung hierbei ist allerdings, daß Maschinenbetrieb u. Heizzwecke zeitlich zusammenfallen.

In vielen Fällen werden nicht nur diese jährlichen Betriebskosten erspart, sondern auch Neuanlagen von Kesseln und häufig umfangreiche bauliche Änderungen. Dabei ist nur ein verhältnismäßig kleiner Betrieb ins Auge gefaßt. Bei großen Betrieben können die Ersparnisse noch wesentlich größer ausfallen. Es ist dies natürlich ein Rechenexempel, das, in geschickter Weise gelöst, unter Umständen vorzügliche Ergebnisse erzielen läßt, bei falschen Voraussetzungen aber zu Mißerfolgen führen wird.

Nicht immer ist die Verwendung des Maschinenabdampfes von Vorteil, wie gleich ein weiteres Beispiel zeigen wird.

Wir nehmen an, eine Fabrik habe speziell für ihren elektrischen Betrieb eine Maschine von 1500 PSe mit 5,5 kg Dampfverbrauch für die Pferdestärke, benötige aber stündlich für sonstige technische Zwecke nur 2000 kg pro Stunde, zusammen also 10 250 kg. Wollte man hier die Maschine mit Auspuff arbeiten lassen, wobei sie etwa 8 kg/PS, also stündlich 12 000 kg Dampf benötigt, so würde ein Mehrverbrauch von 1750 kg entstehen.

Allerdings ließe sich die hier gestellte Aufgabe auch noch auf eine andere Weise lösen, die zu Ersparnissen führt.

Wir hatten schon oben gefunden, daß bei Kondensationsmaschinen wohl große Wärmemengen zur Verfügung stehen — da nur ein verhältnismäßig geringer Teil in Arbeit umgesetzt wird —, daß aber eine Verwertung dieser Wärmemengen wegen der niedrigen Temperaturen des Kondensationsbetriebes im allgemeinen nicht angängig ist.

Es liegt deshalb der Gedanke nahe, das Vakuum im Kondensator zu verringern, die Luftleere also nur soweit zu treiben, daß eine Ausnutzung der aus der Maschine abzuführenden Wärmemenge noch möglich ist, wie im Abschnitte „Abwärmeverwertung" gezeigt werden soll.

Wir müssen uns deshalb mit der Frage befassen, in welcher Abhängigkeit Temperatur und Dampfverbrauch von der Luftleere im Kondensator stehen.

2. Abhängigkeit des Dampfverbrauchs vom Gegendruck bei Kolbendampfmaschinen.

Das hier beigefügte Diagramm (Fig. 151) zeigt die Abhängigkeit der Dampftemperatur vom Druck unterhalb des äußeren Atmosphärendruckes, also bei Vakuum oder den absoluten Drücken von 0 bis 1,0 Atm. Man ersieht aus demselben, wie die Temperatur mit abnehmendem Vakuum rasch steigt. Einem Vakuum von 97,5 Proz., das bei Dampfturbinen oft erreicht wird, entspricht eine Dampftemperatur von etwa 20°; bei 90% (0,1 Atm abs.) beträgt die Temperatur schon 45,3° (vgl. auch die Dampftabelle), bei 80 Proz. (0,2 Atm abs.) haben wir bereits 59,7°.

Bezüglich des Dampfverbrauches bei gesteigertem Gegendrucke, also abnehmendem Vakuum, gibt uns das J.-S.-Diagramm zunächst Aufschluß durch Bestimmung des theoretisch ausnutzbaren Wärmegefälles, das natürlicherweise mit zunehmendem Gegendrucke abnimmt.

Bei 14 Atm (abs.), 300° Überhitzung und 0,10 Atm Gegendruck ist z. B. aus dem J.-S.-Diagramm entnommen, $i - i_0 = 198$ w; bei 0,5 Atm Gegendruck ist $i - i_0 = 149$ w.

Hieraus ergibt sich sofort der theoretische Dampfverbrauch aus

$$\frac{632}{198} = 3,19 \text{ kg/PS (bei 90 Proz. Vakuum)}$$

und
$$\frac{632}{149} = 4,24 \text{ kg/PS (bei 50 Proz. Vakuum),}$$

er steigt also um 1,05 kg/PS infolge der Zunahme des Gegendrucks von 0,10 auf 0,50 Atm. Das Diagramm Fig. 152 zeigt in den untersten Linien den Dampfverbrauch der verlustlosen Maschine in Abhängigkeit vom Gegendrucke, also den theoretischen Dampfverbrauch nach dem S.-J.-Diagramm bei verschiedenen Anfangsdrücken. Man ersieht hieraus, daß die Zunahme mit wachsendem Gegendrucke vom Dampfdrucke und der Überhitzung abhängig ist, wie auch aus einem Vergleiche der Linien für 11 Atm bei 300° und 11 Atm bei trocken gesättigtem Dampfe hervorgeht.

Prof. *Josse* veröffentlichte in der Zeitschr. d. Ver. deutsch. Ing. 1909 seine Versuche[1] über den Dampfverbrauch einer Kolbendampfmaschine bei verschiedenen Kondensatordrücken, wobei er, wie das Diagramm (Fig. 152) zeigt, bei 15 Atm und trocken gesättigtem Dampfe folgende Zunahme des Dampfverbrauches für die effektive Pferdestärke ermittelte.

---

[1] Versuche über Oberflächenkondensationen. Z. d. V. 1909, S. 322.

Gegendruck (abs.) 0,10; Dampfverbrauch pro PSe 6,30 kg
„ „ 0,20; „ „ „ 6,34 „
„ „ 0,30; „ „ „ 6,60 „
„ „ 0,40; „ „ „ 6,90 „

Der theoretische Dampfverbrauch unter gleichen Verhältnissen ist:

Gegendruck 0,10; Dampfverbrauch pro PS-St. 3,5 kg
„ 0,20; „ „ „ 3,9 „
„ 0,30; „ „ „ 4,2 „
„ 0,40; „ „ „ 4,4 „

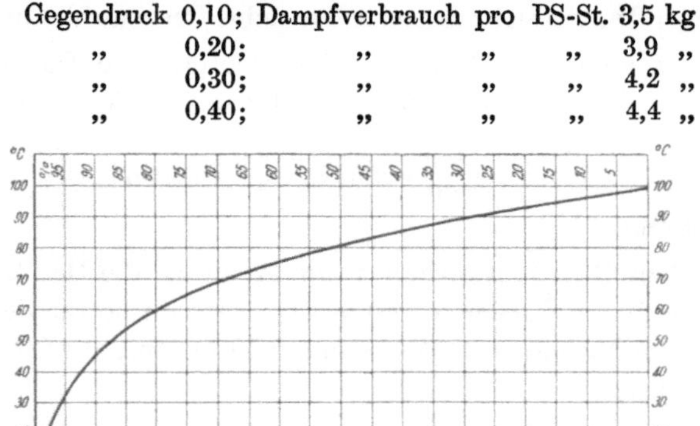

Fig. 151.
Dampftemperatur in Abhängigkeit vom Vacuum.

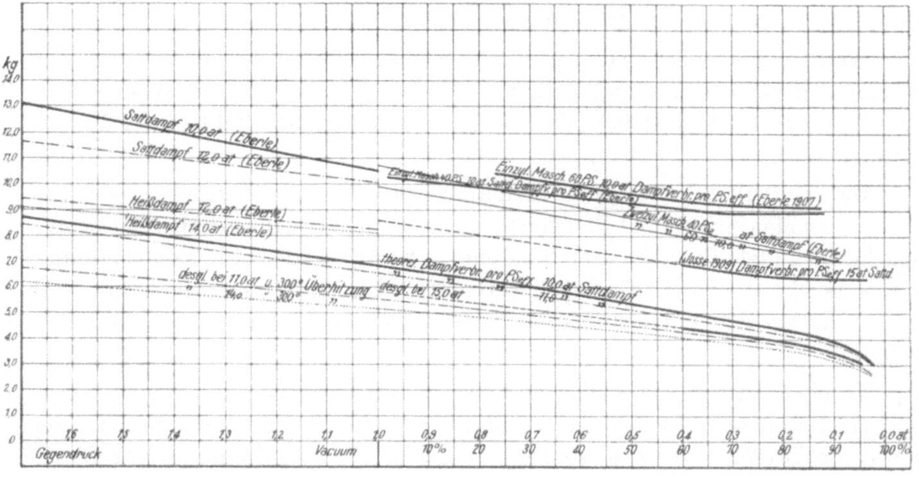

Fig. 152.
Dampfverbrauch von Kolbendampfmaschinen in Abhängigkeit vom Dampfdruck, Überhitzung und Gegendruck.

Bei der ausgeführten Maschine ist die Steigerung bis zum Gegendrucke von 0,20 Atm abs. (80 Proz. Vakuum) nur gering, worauf auch *Josse* besonders aufmerksam macht. Eine Verringerung des Vakuums bis 80 Proz. ist daher bei Kolbenmaschinen von nicht so großem Einflusse auf den Dampfverbrauch wie bei den Dampfturbinen, was die späteren Beobachtungen an diesen ergeben werden.

Von 0,20 at Gegendruck steigt der Dampfverbrauch gradlinig an.

Die Dampfverbrauchzunahme von 0,10 Atm (90 Proz. Vakuum) bis 0,4 Atm Gegendruck (60 Proz. Vakuum) beträgt $6,9 - 6,3 = 0,60$ kg oder

$$\frac{0,60}{30} = 0,02 \text{ kg}$$

für 0,01 Atm Gegendrucksteigerung oder für jedes Prozent Vakuumrückgang.

Demgegenüber steht die Zunahme des theoretischen Dampfverbrauchs innerhalb derselben Grenzen von 3,5 auf 4,4 kg mit 0,9 kg oder

$$\frac{0,9}{30} = 0,03 \text{ kg für } 0,01 \text{ Atm}$$

Gegendruckerhöhung.

Angenähert denselben Wert erhalten wir, wenn wir die Dampfverbrauchszunahme der ausgeführten Maschine erst von 0,2 Atm an betrachten. Dann ist bei der ausgeführten Maschine die Zunahme 0,56 kg und auf 20 Proz. Gegendruckerhöhung bezogen

$$\frac{0,56}{20} = 0,028 \text{ kg}$$

für 0,01 Atm. Die prozentuale Zunahme entspricht danach angenähert derjenigen der verlustlosen Maschine, woraus auch von 0,2 Atm Gegendruck ab ein angenährt paralleler Verlauf der theoretischen und der effektiven Dampfverbrauchlinie im Diagramme hervorgeht.

Weitere Versuche sind vom Bayrischen Revisionsverein an Ein- und Zweizylindermaschinen vorgenommen worden (vgl. *Eberle*, Zeitschr. d. Ver. deutsch. Ing. 1907, S. 2005), die in der nachstehenden Zahlentafel B aufgeführt sind.

Die Zahlentafel zeigt eine Zunahme des Dampfverbrauches der verschiedenen Maschinen für 1 PSe von 0,015 kg bis 0,039 kg für je 0,01 Atm Gegendruckerhöhung (1 Proz. Vakuumabnahme). Die Anzahl der bisher vorgenommenen Versuche über den Einfluß der Luftleere bei Kolbendampfmaschinen ist recht gering. Wir müssen uns deshalb mit den vorliegenden Resultaten begnügen.

Vergleichen wir die Zunahme des Dampfverbrauches mit den theoretischen Dampfverbrauchzahlen, so ergibt sich für die Zweizylindermaschine sowie die Dreifach-Verbundmaschine ziemliche Übereinstimmung. Die Linien des Dampfverbrauches der ausgeführten Maschine laufen daher auch im Diagramm Fig. 152 angenähert mit denen des theoretischen Dampfverbrauches parallel.

Wir können deshalb den Dampfverbrauch einer Dampfmaschine, deren Vakuum mit Rücksicht auf die Ausnutzung des Abdampfes in einer Heizungsanlage verringert wird, im voraus unter Benutzung des J.-S.-Diagramms und dem aus diesem ermittelten theoretischen Dampfverbrauche schätzen, wenn uns der Dampfverbrauch der Maschine bei dem unter normalen Verhältnissen erzielbaren Vakuum bekannt ist.

Zahlentafel B.

Einfluß des Gegendruckes auf den Dampfverbrauch (nach *Eberle* u. *Josse*) und Vergleich mit dem theoretischen Dampfverbrauch der verlustlosen Maschine.

Kondensatordruck in Atm abs.	0,10	0,15	0,20	0,30	0,40	0,60	0,80	1,00	Zunahme für je 0,01 Atm	Dampfdruck
Einzylindermaschine 40 PSe	—	8,97	9,0	9,0	9,1	9,2	9,8	10,25	0,0151	10 Atm
Wirkungsgrad η_e	—	0,46	0,49	0,52	0,54	0,62	0,63	0,66		
Einzylindermaschine 60 PSe	—	9,03	9,1	9,2	9,4	9,9	—	10,97	0,0228	10 Atm
Wirkungsgrad η_e	—	0,45	0,48	0,51	0,53	0,57	—	0,62		
Zweizylindermaschine 40 PSe	7,17	—	7,5	7,9	8,3	9,1	9,9	10,7	0,0392	10 Atm
Wirkungsgrad η_e	0,52	—	0,59	0,59	0,60	0,625	0,626	0,635		
Zweizylindermaschine 60 PSe	7,13	—	7,4	7,7	8,0	8,7	9,3	10,0	0,0319	10 Atm
Wirkungsgrad η_e	0,546	—	0,59	0,61	0,625	0,653	0,667	0,680		
Theoretischer Dampfverbrauch	3,9	4,13	4,4	4,7	5,0	5,7	6,2	6,8	0,0332	10 Atm
Dreifach-Verbund-M. 200 PSe	—	—	6,34	6,6	6,90	—	—	—	0,028	15 Atm
Wirkungsgrad η_e	—	—	0,62	0,636	0,637					
Theoretischer Dampfverbrauch	3,5	—	3,9	4,2	4,4	—	—	—	0,030	15 Atm

Anm.: Dazu ist zu bemerken, daß der Wärmebedarf von Heizungsanlagen, in deren Verbindung wir hier den Dampfverbrauch von Maschinen behandeln, stets nur angenähert ermittelt werden kann. Die Ungenauigkeit, welche hierbei in Kauf genommen werden muß, ist in jedem Falle größer als der Fehler, welcher bei der Bestimmung des Dampfverbrauchs auf Grund der obigen Ermittlungen, die der Praxis entnommen sind, entsteht.

Will man den Dampfverbrauch unter den verschiedenen Verhältnissen genau feststellen, so ist auf die Spezialabhandlungen über Dampfmaschinen zu verweisen. Eine eingehende Behandlung des Stoffes würde über den Rahmen des vorliegenden Buches hinausführen.

Nehmen wir als Beispiel die in obiger Zahlentafel A aufgeführte Tandem-Maschine von 1000 PS (Versuch Nr. 6), die bei 0,96 Atm Kondensatordruck 6,11 kg/PSe verbraucht.

Es soll ermittelt werden, welchen Dampfverbrauch diese Maschine bei gleicher Belastung, aber bei 0,30 Atm Kondensatordruck aufweisen würde.

Der Dampfdruck vor der Maschine beträgt 10,62 Atm (abs.) mit 285° Überhitzung.

Das J.-S.-Diagramm weist mit $p_1 = 10{,}62$ und $p_o = 0{,}096$, ein Wärmegefälle $AL = 187$ w; bei $p_1 = 10{,}62$ und $p_o = 0{,}3$ ein Wärmegefälle $AL = 153$ w. auf.

Danach ist der theoretische Dampfverbrauch bei

$$p_o = 0{,}096 \text{ Atm, } \frac{632{,}32}{187} = 3{,}381 \text{ kg/PS}$$

und bei

$$p_o = 0{,}3 \text{ Atm, } \frac{632{,}32}{153} = 4{,}133 \text{ kg/PS.}$$

Es beträgt also die Steigerung

$$4{,}133 - 3{,}381 = 0{,}752 \text{ kg.}$$

Der Dampfverbrauch wird daher — unter Annahme einer gleichmäßigen Steigerung — bei 0,30 Atm Kondensatordruck

$$6{,}11 + 0{,}75 = 6{,}86 \text{ kg/PS}$$

betragen.

Die Zunahme für 0,01 Atm erhöhten Gegendruck ist

$$\frac{0{,}752}{20{,}4} = 0{,}0368 \text{ kg.}$$

Der Dampf würde alsdann nicht mehr wie bei 0,096 Atm Kondensatordruck mit 44° sondern 69° in den Kondensator eintreten. Mit dieser Temperatur könnte er schon zur Wassererwärmung einer Warmwasserheizungsanlage herangezogen werden. (Vgl. Fig. 151.)

3. Dampfverbrauch der Dampfturbine und Umrechnung von Pferdestärke in Kilowatt.

Wir haben bisher Kolben-Dampfmaschinen behandelt. Bei der Dampfturbine können wir dieselbe angenäherte Berechnungsweise anwenden. Wir besitzen aber bis jetzt kein Instrument zur Messung der indizierten Leistung der Dampfturbine wie den Indikator für die Kolbenmaschine, infolgedessen sind wir auf andere Messungen der Turbinenleistung angewiesen.

In den meisten Fällen wird die Turbine zum Antriebe von Dynamomaschinen benutzt, wozu sie sich ja auch wegen ihrer hohen Umdrehungszahl besonders gut eignet. Die Ablesungen am Schaltbrette der elektrischen Anlage geben uns sehr genau die Leistung der Dynamomaschine an.

Die von der Turbine an die Dynamomaschine abgegebene Leistung ist aber im Verhältnis des Wirkungsgrades der Dynamo größer als die Ablesungen an der Schalttafel. Der Wirkungsgrad der großen Dynamomaschinen bewegt sich etwa zwischen 0,90 und 0,94. Als normal ist 0,92 bis 0,93 anzunehmen. (Vgl. Görges, Grundzüge der Elektrotechnik.) Zur Bestimmung der effektiven Leistung der Dampfturbine in KW sind deshalb die Ablesungen an der Schalttafel durch 0,93 zu dividieren bzw. mit 1,075 zu multiplizieren.

Werden z. B. an der Schalttafel 500 Amp. bei 220 Volt abgelesen, so ist die an die Dynamomaschine übertragene effektive Leistung der Dampfturbine

$$\frac{220}{1000} \cdot \frac{500}{0,93} = 118,25 \text{ KW.}$$

Das Verhältnis der Stunden-Pferdestärken zur Kilowattstunde ist durch

$$1 \text{ PS} = 736 \text{ Watt}$$

gegeben. Es entsprechen also einer Pferdestärke 0,736 KW. Zur Umrechnung in Pferdestärken sind daher die Kilowattangaben durch 0,736 zu dividieren bzw. mit dem reziproken Werte 1,3587 zu multiplizieren.

Bei der Bestimmung des theoretischen Dampfverbrauchs mit Hilfe des J.-S.-Diagramms hatten wir das Wärmeäquivalent der Pferdestärke: 632,32 w durch das Wärmegefälle AL dividiert.

Der Dampfverbrauch für die KW-St. ergibt sich nach obigem aus

$$\frac{632,32 \cdot 1,3587}{AL} = \frac{859,1332}{AL}$$

Es ist also 1 KW-St. = 859,1332 w.

Haben wir z. B. bei einer Dampfturbine einen Druck von 11 Atm (abs.) vor dem ersten Leitrade, und im Abdampfstutzen einen solchen von 0,10 Atm, so zeigt das J.-S.-Diagramm ein Wärmegefälle $AL = 185$ w.

Der theoretische Dampfverbrauch für die Leistung von 1 KW-St. ist demnach

$$\frac{859,1332}{185} = 4,64 \text{ kg.}$$

Ergeben die Speisewassermessungen einen Dampfverbrauch von 8,9 kg für 1 KW-St., so ist der Wirkungsgrad, auf die effektive Leistung bezogen,

$$\frac{D_t}{D_e} = \eta_e = \frac{4,64}{8,9} = 0,521$$

Bei sorgfältig durchgeführten Dampfverbrauchs-Versuchen ist nicht nur der Dampfdruck vor dem Einlaßventile, sondern auch hinter demselben, also vor dem ersten Leitrade, angegeben, woraus sich der Dampfverbrauch für Belastungsänderungen genauer bestimmen läßt. Indessen stehen diese Angaben nicht immer zur Verfügung, vielmehr sind oft nur Druck und Temperatur vor dem Einlaßventile angegeben.

Es ist dann bei der Bestimmung des Wirkungsgrades hier zwischen der Bezugnahme auf den Dampfzustand vor und hinter dem Einlaßventile zu unterscheiden[1].

Die folgende Zahlentafel C enthält die aus Abnahmeversuchen verschiedener Turbinen bekannt gewordenen Dampfverbrauchszahlen mit Angabe des Wirkungsgrades η_e, also des Verhältnisses des theoretischen Dampfverbrauches zum wirklichen Dampfverbrauche, und zwar bezogen auf den Dampfzustand vor dem Einlaßventile.

---

[1] Streng genommen müßte auch hier zur Ermittlung des theoretischen Dampfverbrauches die Flüssigkeitswärme des Kondensates mit der im Kondensator herrschenden Temperatur von der der Turbine zugeführten Wärme in Abzug gebracht werden.

Dampfturbinen: Dampfverbrauch der Dampfturbinen bei verschiedener Belastung.   (Zahlentafel C.)

1		2	3	4	5	6	7	8	9	10	11	12	13	14	15	16	17	18
Bezeichnung der Turbine	Versuchsnummer	Leistung	Belastung (voll = 1,0)	Umdrehungen in der Minute	Dampfdruck vor dem Einlaßventil	Dampfdruck hinter dem Einlaßventil	Dampf-temperatur	Druck im Aus-trittsstutzen	Vakuum	Temperatur im Austritt	Theor. Wärmegefälle bezog. auf Druck vor Einlaßventil	Theor. Wärmegefälle bezog. auf Druck hinter Einlaßventil	Theor. Dampfverbrauch D_t bez. auf den Dampf-zustand: vor Einlaßventil	Theor. Dampfverbrauch D_t bez. auf den Dampf-zustand: hinter Einlaßventil	Wirkl. Dampf-verbrauch D_e	Wirkungsgrad	Zunahme (+) bzw. Abnahme (−) des Dampf-verbrauches auf 1% Belastg. bezogen.	Zunahme (+) des Wirkungs-grades auf 1% Belastung bezogen.
		KW		p/Min.	Atm abs.	Atm abs.	°C	Atm abs.	%	°C	AL	AL	kg/KW-St.	kg/KW-St.	k/KW-St.	$D_t/D_e = \eta_e$	kg	%
I. Parson-Turbine v. Brown & J. Boveri A.-G. Baden. 6250 KW Norm.-Leistung.	1	4256	0,69	1210	14,5	—	285	0,027	97,3	23	235	—	3,656	—	5,65	0,647		
	2	5600	0,81	1210	14,3	—	287	0,029	97,1	24	232	—	3,703	—	5,50	0,673	+0,0055	−0,01
	3	6257	1,00	1210	14,3	—	292	0,030	97,0	25	231	—	3,719	—	5,48	0,678		
II. Allg. Elektr.-Ges. Curtis-Turbine. 4000 KW N.-L. (Berl. Elektr.-W.)	1	2177,4	0,54	1501	13,5	—	345	0,020	98,0	20	255	—	3,37	—	5,48	0,615		
	2	3187,8	0,79	1500	13,3	—	330	0,019	98,1	19	252	—	3,41	—	5,55	0,614	−0,0006	−0,0002
	3	4179,6	1,04	1498	13,2	—	350	0,027	97,3	23	248	—	3,46	—	5,51	0,628		
III. desgl. 3000 KW N.-L.	1	2200	0,71	3000	13,4	—	334	0,018	98,2	18	256	—	3,35	—	5,40	0,626		
	2	3247	1,08	3000	13,3	—	330	0,019	98,1	19	252	—	3,41	—	5,45	0,636	−0,0013	+0,00033
	3	4239	1,41	3000	13,2	—	350	0,027	97,3	23	248	—	3,46	—	5,43	0,622		
IV. Zoelly-Turbine v. Escher-Wyß & Co., Zürich. 4000 KW (El.-W. Charlottenbrg.)	1	1138	0,28	1000	12,75	—	271,5	0,022	97,8	20	231	—	3,719	—	7,31	0,509		
	2	2199	0,55	1000	12,40	—	270,3	0,026	97,4	23	227	—	3,784	—	6,59	0,574	+0,0166	−0,00183
	3	3092	0,77	1000	12,85	—	292,4	0,038	96,2	29	223	—	3,852	—	6,26	0,615		
	4	4189	1,05	1000	12,60	—	291,5	0,042	95,8	30	219	—	3,923	—	6,03	0,650		
V. desgl. 1200 KW	1	606	0,50	3000	12,74	—	219,7	0,035	96,5	28	208	—	4,13	—	7,77	0,513		
	2	949	0,79	3000	12,55	—	238,0	0,045	95,5	31	205	—	4,19	—	7,27	0,576	+0,0158	−0,0020
	3	1235	1,03	3000	12,43	—	232,8	0,051	94,9	33	199	—	4,32	—	6,97	0,619		
VI. Turbine der Maschf. Augsburg-Nürnberg. 1020 KW Norm.-Leistung.	1	254	0,24	1500	9,2	—	278	0,105	89,5	47	182	—	4,72	—	10,85	0,435		
	2	582	0,55	1500	10,1	—	262	0,119	88,1	49	181	—	4,75	—	8,38	0,566		
	3	830	0,78	1500	9,7	—	255	0,128	87,2	51	178	—	4,83	—	8,10	0,566	+0,046	−0,00280
	4	1057	1,00	1500	10,1	—	262	0,126	87,4	51	180	—	4,77	—	7,36	0,648		
	5	1123	1,06	1500	9,7	—	250	0,096	90,4	45	179	—	4,80	—	7,60	0,631		
VII. Zoelly-Turbine v. Escher-Wyß & Co. 700 KW Norm.-Leistung.	1	185	0,26	3000	13,10	3,10	302	0,040	97,4	29	225	180	3,82	4,77	8,88	0,430		
	2	355	0,51	3000	12,95	5,00	299	0,033	96,7	28	228	201	3,77	4,27	7,66	0,492		
	3	535	0,70	3000	13,10	6,80	300,5	0,035	96,5	28	228	208	3,77	4,13	7,16	0,527	+0,0265	−0,00172
	4	720	1,03	3000	12,80	8,50	305,7	0,042	95,8	30	223,5	211,5	3,84	4,06	6,84	0,562		
	5	859	1,23	3000	12,90	10,10	304	0,052	94,8	33	218,5	210,5	3,93	4,08	6,73	0,584		

Anmerkung: Die Zahlentafel ist aus den in der Zeitschrift des Vereines deutscher Ingenieure veröffentlichten Abnahmeversuchen zusammengestellt.

C. Einfluß des Gegendruckes auf den Dampfverbrauch bei **Dampfturbinen.**　　(Zahlentafel D.)

Nach *Lösel:* Z. V. d. I. 1912.

Bezeichnung der Turbine	Leistung	Belastung	Umdrehungen	Dampfdruck		Dampf-temperatur	Luftleere im Austritt	Druck im Austritt	Temperatur im Austritt	Wärmegefälle bez. auf Druck		Theoretischer Dampfverbrauch D_t bez. auf Dampf am Einlaßventil		Wirklicher Dampfverbrauch für	Therm. Wirkungsgrad	Dampfverbrauchzunahme für 0,01 Atm. Gegendruckerhöhung	Dampfverbrauchzunahme für 0,01 Atm Gegendruckerhöhung in
				vor	hinter					vor	hinter	vor	hinten				
				Einlaßventil	Einlaßventil					Einlaßventil	Einlaßventil	am Einlaßventil					
	in KW		pr. Min.	Atm abs.	Atm abs.	° Cels.	%	Atm abs.	°Cels.	AL	AL	kg/KW	kg/KW	1 KW-St.	η_{th}	kg/KW-St.	% d. Dampf-verbr. bei Belastung 1
Turbine A. Zoelly-Turbine von Ringhofer in Prag. 500 KW N.-Lstg. 10 einf. Druck-stufen	580,5	1,16		11,4	11,0	273	89,9	0,101	46	—	185	—	4,64	8,9	0,521		
	584,1	1,17		11,6	11,2	279	90,3	0,097	45	—	189	—	4,60	8,88	0,522		
	595,3	1,19	3000	11,2	11,0	295,5	91,5	0,085	42,4	—	195	—	4,41	8,49	0,522		
	612,5	1,22		11,3	11,0	295,5	93,6	0,064	34	—	205	—	4,20	8,11	0,519	0,189	2,1 %
	640,7	1,28		11,6	11,2	296	94,7	0,0527	33,5	—	209	—	4,10	7,88	0,522		
	645,8	1,29		11,55	11,2	294	95,35	0,046	31,4	—	213	—	4,03	7,74	0,521		
	643,4	1,28		11,45	11,1	297	95,54	0,044	30.6	—	214	—	4,01	7,75	0,517		
	644,1	1,29		11,5	11,2	292	95,67	0,043	30,3	—	215	—	4,00	7,75	0,518		
	654,4	1,31		11,5	11,2	299,3	95,81	0,042	30,0	—	217	—	3,95	7,68	0,516		
Turbine B wie A. 500 KW N.-Lstg.	510,9	1,02		13,2	13,0	299	84,7	0,153	54	—	184	—	4,66	9,0	0,518		
	583	1,16	3000	13,5	13,2	303	90,1	0,099	45,3	—	198	—	4,33	7,9	0,548	0,158	1,75 %
	619	1,24		13,2	13,0	304,5	95,6	0,044	30,6	—	222	—	3,86	7,46	0,520		
	631,6	1,26		13,4	13,0	301	96,2	0,088	28,2	—	225	—	3,81	7,18	0,530		

Nach *Josse:* Z. V. d. I. 1909.

Bezeichnung der Turbine	Leistung	Belastung	Umdrehungen	Dampfdruck vor	Dampfdruck hinter	Dampf-temperatur	Luftleere im Austritt	Druck im Austritt	Temperatur im Austritt	AL	AL	vor	hinter	Wirklicher Dampfverbrauch für 1 KW-St.	η_{th}	kg/KW-St.	%
Rateau-Turbine	150	0,75	—	—	—	46°	90	0,10	—	—	—	—	—	6,3	—	0,14	2,2 %
	150	0,75	—	—	—	überhitzt	65	0,35	—	—	—	—	—	9,8	—		
Parson-Turbine	350	0,52	—	—	—	41	97,5	0,025	—	—	—	—	—	6,25	—	0,0575	1,1 %
	350	0,52	—	—	—	uberhitzt	56,5	0,435	—	—	—	—	—	8,60	—		
desgleichen	350	1,02	—	—	—	45	97,5	0,025	—	—	—	—	—	5,35	—	0,0354	0,66 %
	350	1,02	—	—	—	überhitzt	56,5	0,435	—	—	—	—	—	6,80	—		
desgleichen	300	1,00	—	—	—	—	88,0	0,12	—	—	—	—	—	6,3	—	0,041	0,65 %
	300	1,00	—	—	—	—	49,0	0,51	—	—	—	—	—	7,9	—		

Was uns zunächst auch hier wieder im Hinblick auf die Verwertung der Abwärme interessiert, ist der Dampfverbrauch bei verändertem Kondensatordrucke.

Der Einfluß der Kondensation auf den Dampfverbrauch ist von so vielen Umständen abhängig, daß auch hier nur Angaben zur angenäherten Ermittlung gemacht werden können, wozu wieder die an ausgeführten Maschinen festgestellten Zahlenwerte die Grundlage bilden sollen.

Zurzeit liegen für Dampfturbinen ebenfalls noch wenig Versuche über den Einfluß der Kondensation vor.

Die „Hütte" gibt in ihrer 21. Auflage an, daß der Dampfverbrauch in den Grenzen von 80 bis 97 Proz. Vakuum bei Hochdruckturbinen für je 1 Proz. Vakuumabnahme um 1 bis 3 Proz. zunimmt. Die folgende Zahlentafel (D) zeigt, daß der Dampfverbrauch nach *Josse* für 1 Proz. Vakuumabnahme sich um 0,65 bis 2,2 Proz. des Dampfverbrauches bei der Belastung 1 erhöht und offenbar von der Konstruktion der Maschine und deren Belastung abhängt.

In der Zeitschr. d. Ver. deutsch. Ing. 1912 zeigt *Lösel*, daß der Wirkungsgrad bei verschiedenen Luftleeren im Kondensator annähernd der gleiche bleibt.

Anm.: Es muß immer wieder darauf hingewiesen werden, daß es sich hier nicht darum handelt, genaue Dampfverbrauchswerte zu errechnen, sondern nur um angenäherte Vergleichswerte, die nachher dazu benutzt werden sollen, zu zeigen, wie sich die Abwärmeverwertung bei Heizungsanlagen gestaltet. Bei der Ungenauigkeit, mit der der Wärmebedarf eines Gebäudes unter den verschiedenen Betriebs- und Temperaturverhältnissen ermittelt werden kann, kommt es auf eine genaue Berechnung des Dampfverbrauchs der Maschine nicht an; es ist vielmehr mit Grenzwerten zu rechnen, wie ja auch bei einer Wärmeverlustberechnung für ein Gebäude mit den ungünstigsten Annahmen zu rechnen ist. Die hier angestellten Betrachtungen über den Dampfverbrauch von Kolbendampfmaschinen und Turbinen haben nur den Zweck, überschlägliche Ermittlungen anstellen zu können, ob und unter welchen Bedingungen eine Verwertung der Abwärme von Betriebsmaschinen zu einem wirtschaftlich günstigen Resultate führen würde. In speziellem Falle wird man die Angaben der Maschinenfabrik, welche die betreffende Dampfmaschine oder Turbine liefert, oder geliefert hat, einholen müssen.

Nach den in Zahlentafel D angegebenen Versuchen von *Lösel* steigt der Dampfverbrauch mit um je 1 Proz. abnehmendem Vakuum um 0,158 bis 0,189 kg für jede Kilowattstundenleistung, oder um etwa 1,75 bis 2,1 Proz. des Dampfverbrauches, den die Maschine bei der Belastung 1 beansprucht; nach *Josse* um 0,65 bis 2,2 Proz.

Nehmen wir z. B. eine Zunahme des Dampfverbrauchs von 1,5 Proz. als Mittelwert der von *Josse* festgestellten Zunahme für je 1 Proz. Gegendruckerhöhung bei der 4000 KW-*Zoelly*-Turbine von *Escher, Wyss & Co.* (in Zahlentafel C Nr. IV, 4) an, so ergibt sich ein Mehrverbrauch von

$$6,03 \cdot 0,15 = 0,0905 \text{ kg}$$

für 1 Proz. Gegendruckerhöhung, gegenüber dem Dampfverbrauche bei der Belastung 1,05 und 95,8 Proz. Vakuum.

Die Turbine würde, da sie 6,03 kg bei 95,8% Vakuum für 1 KW-St. verbraucht, bei 70 Proz. Vakuum, also einer Vakuumabnahme von 25,8 Proz.

$$25,8 \cdot 0,0905 = 2,33 \text{ kg}$$

Mehrverbrauch, demnach

$$6,03 + 2,33 = 8,36 \text{ kg/KW-St.}$$

aufweisen, gleiche Umdrehungszahl und gleiche Leistung vorausgesetzt.

Das I.-S.-Diagramm gibt für den angenommenen Fall (bei 12,6 Atm Druck und 291,5° Dampfzustand vor dem Einlaßventil und 0,3 Atm Kondensatordruck) ein Wärmegefälle von 160 w an, demnach einen theoretischen Dampfverbrauch von

$$\frac{859,13}{160} = 5,37 \text{ kg.}$$

Unter Annahme des gleichen Wirkungsgrades $\dfrac{D_t}{D_e} = \eta_e = 0,65$ ist der Dampfverbrauch bei 70 Proz. Vakuum

$$\frac{5,37}{0,65} = 8,26 \text{ kg/KW.}$$

Die Temperatur des Abdampfes beträgt dabei 68,7°. Übereinstimmung ist demnach für vorliegende Zwecke hinreichend genau genug; der Unterschied beläuft sich auf 1,2 Proz. Man kann also auch hier wieder das I-S-Diagramm benutzen, um den Dampfverbrauch bei zunehmendem Gegendrucke angenähert zu bestimmen.

4. Einfluß der Belastung auf den Dampfverbrauch.

In vielen Betrieben, besonders aber in solchen, welche neben dem Antriebe der Arbeitsmaschinen mit Elektromotoren auch Strom zu Beleuchtungszwecken erzeugen, ist die Belastung der Betriebsmaschine eine sehr wechselnde, da mit dem Einschalten der Beleuchtung die Inanspruchnahme der Betriebsmaschine eine wesentlich größere wird.

Es ist deshalb bei der Abdampfverwertung stets auch die periodische Belastung der Betriebsmaschine in die Berechnung hineinzuziehen, denn unter Umständen können gerade hierdurch unwirtschaftliche Verhältnisse entstehen.

Die Zahlentafeln A und C enthalten den Dampfverbrauch von Kolbendampfmaschinen und Turbinen bei verschiedener Belastung.

Die hierzu gehörende graphische Darstellung (Fig. 153) zeigt, daß der spezifische Dampfverbrauch der Kolbenmaschine unter dem Einflusse der Belastung nur verhältnismäßig wenig schwankt und bei etwa 80 Proz. Belastung ein geringster ist, während er bei den Dampfturbinen mit Drosselregulierung mit sinkender Belastung wächst, bei Turbinen mit Düsenschaltung aber ziemlich gleich hoch gehalten werden kann.

Bei Kolbendampfmaschinen beträgt der Mehrverbrauch an Dampf, gegenüber der Belastung 0,8 (80 Proz.) etwa 0,011 bis 0,015 kg bei gesättigtem, und etwa 0,007 kg bei überhitztem Dampf für 1 Proz. vermehrte oder verminderte Belastung, von der Belastung 0,8 aus gerechnet.

So zeigt z. B. die 250 PS-Tandemmaschine von *Van den Kerchove* bei der Belastung 1,12 einen Dampfverbrauch von 6,76 kg/PSe (vgl. Zahlentafel A I. 4) bei 0,76 Belastung, 6,27 kg/PSe oder 0,0136 Minderverbrauch für 1 Proz. Belastungsabnahme, dagegen bei 0,37 Belastung 6,83 kg/PSe und damit einen Mehrverbrauch von 0,0143 kg/Proz. gegenüber der Belastung 0,76.

Nach dem Diagramme (Fig. 153) wird der Dampfverbrauch der Kolbenmaschine innerhalb ziemlich weiter Grenzen der Belastung kaum um mehr als 0,5 kg/PS beeinflußt.

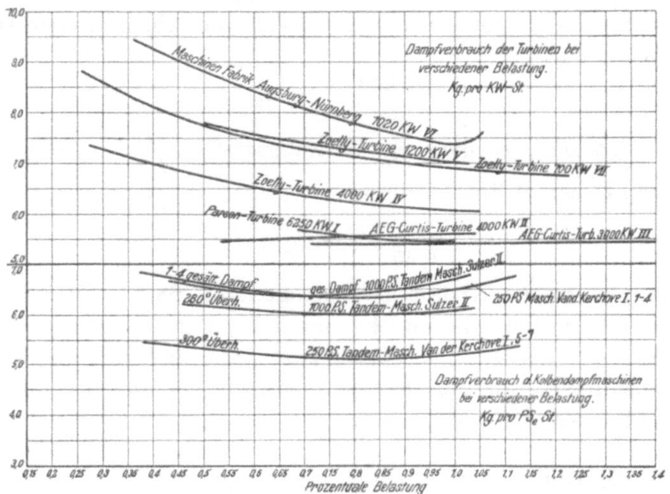

Fig. 153.

Bei den Dampfturbinen ist die Dampfverbrauchzunahme mit abnehmender Belastung wesentlich größer und beträgt z. B. bei den *Zoelly*-Turbinen (vgl. Zahlentafel C Nr. IV, V, VII) 0,0158 bis 0,0265 kg für 1 Proz. Belastungsabnahme; bei der Turbine der *Maschinenfabrik Augsburg-Nürnberg* sogar 0,046 kg (vgl. Spalte 17 in Zahlentafel C).

Nur die *Parson*-Turbine von *Brown & Boveri* und die beiden *Curtis*-Turbinen der *Allgemeinen Elektrizitäts-Gesellschaft* (A. E. G.) weisen bei Belastungsschwankungen angenähert den gleichen Dampfverbrauch auf (vgl. Fig. 153 u. Spalte 17 in Zahlentafel C).

5. Angenäherte Ermittlung des Dampfverbrauches der ausgeführten Maschine.

Die vorangehenden Betrachtungen ermöglichen es nun, den Dampfverbrauch bzw. die zur Verfügung stehende Abwärme einer Kolbenmaschine oder einer Dampfturbine so weit zu ermitteln, als sie zur Beantwortung der für Fabrikheizungen überaus wichtigen Frage, ob eine Ausnutzung der Abwärme der Betriebsdampfmaschine einen wirtschaftlichen Erfolg verspricht oder nicht, notwendig sind.

Die genauere Berechnung kann natürlich erst dann erfolgen, wenn alle hierzu erforderlichen Daten festgelegt sind, also auch die Angaben über den Dampfverbrauch seitens der die Betriebsmaschine liefernden Maschinenfabrik vorliegen; es sei aber bemerkt, daß auch diese seitens der Maschinenfabriken gemachten Angaben meist nur Annäherungswerte darstellen, wie aus den Mitteilungen über Abnahmeversuche hervorgeht.

Beispiel. Nehmen wir an, eine Fabrik beabsichtige, sich eine neue Kolben-Dampfmaschine zu beschaffen. Der Kraftbedarf sei zu 500 PS eff. ermittelt; die Dampfspannung betrage 12 Atm Überdruck, also 13 Atm abs., die Überhitzung 300°. Die Maschine soll mit 85 Proz. Vakuum, also 0,15 Atm im Kondensator arbeiten. Das J.-S.-Diagramm gibt ein Wärmegefälle von 183,5 w für die angenommenen Drücke vor der Maschine und im Kondensator.

Der theoretische Dampfverbrauch für die Pferdestärke ist demnach

$$\frac{632,32}{183,5} = 3{,}445 \text{ kg.}$$

Bei angenommenem Wirkungsgrad von 0,62, als Verhältnis des theoretischen zum effektiven Dampfverbrauche (s. Spalte 20 der Zahlentafel A), kann mit einem Dampfverbrauche der Maschine für die Nutz-Pferdestärke-Stunde von

$$\frac{3,445}{0,62} = 5{,}55 \text{ kg}$$

gerechnet werden, eine gute Ausführung der Maschine vorausgesetzt.

Bei voller Belastung mit 500 PSe ist demnach der Dampfverbrauch

$$5{,}55 \cdot 500 = 2775 \text{ kg/Std.}$$

Mit geringerer Belastung würde der Dampfverbrauch sich etwa nach obigen Angaben unter 4 stellen:

$$\text{bei } 0{,}8 \text{ Belastung zu } 5{,}55 - 20 \cdot 0{,}007 = 5{,}41 \text{ kg/PSe}$$
$$\text{,,} \quad 0{,}5 \quad \text{,,} \quad \text{,,} \quad 5{,}41 + 30 \cdot 0{,}007 = 5{,}62 \text{ ,,}$$
$$\text{,,} \quad 0{,}30 \quad \text{,,} \quad \text{,,} \quad 5{,}41 + 50 \cdot 0{,}007 = 5{,}76 \text{ ,,}$$

Der Einfluß einer Gegendruckzunahme ist, wie wir oben gezeigt haben, angenähert aus dem J.-S.-Diagramm zu entnehmen.

Bei 0,5 Atm Gegendruck und gleichbleibendem Dampfdrucke vor der Maschine gibt das J.-S.-Diagramm ein Wärmegefälle von 147 w an, also einen theoretischen Dampfverbrauch von

$$\frac{632,32}{147} = 4{,}30 \text{ kg}$$

Setzen wir zur angenäherten Ermittlung des Dampfverbrauchs bei erhöhtem Gegendrucke nach 2 gleichmäßige Zunahme voraus, so ist der Dampfverbrauch bei einem Gegendrucke von 0,5 Atm um

$$4{,}30 - 3{,}44 = 0{,}86 \text{ kg höher,}$$

beträgt also

$$5{,}55 + 0{,}86 = 6{,}41 \text{ kg/PSe.}$$

Die Anwendung der vorstehenden Abschnitte wird unter „Abwärmeverwertung" zur Anschauung gebracht.

6. Wärmeinhalt des Abdampfes.

Im Abschnitte III war bereits auf die Abhängigkeit des Wärmeinhaltes des Wasserdampfes von dem jeweiligen Gehalte an Wasser hingewiesen worden.

Die Gleichung (29) auf Seite 49 lautete:

$$\lambda_n = q + x\,r,$$

wofür, unter Berücksichtigung der dort gemachten Hinweise, auch

$$i'' = i' + x\,r$$

geschrieben werden kann.

Der aus der Maschine austretende Dampf ist zumeist naß, sofern nicht hochgradige Überhitzung vor der Maschine bei großer Füllung oder Heizung des zwischen Hochdruck- und Niederdruckzylinder befindlichen Aufnehmers den Dampf noch in trockengesättigtem oder gar überhitztem Zustande auch nach geleisteter Arbeit austreten lassen.

Zur Bestimmung des Wärmeinhaltes des aus der Maschine austretenden Dampfes ist von dem Wärmeinhalte, mit dem der Dampf in die Maschine eintritt, zunächst diejenige Wärmemenge in Abzug zu bringen, welche in Arbeit umgesetzt und durch die indizierte Leistung der Maschine angegeben wird, also 632,32 w/PS_i und Stunde. — Ferner sind die Abkühlungsverluste der Maschine zu berücksichtigen.

Nach der „Hütte" (des Ingenieurs Taschenbuch, Verlag von W. Ernst & Sohn, Berlin) kann — allerdings je nach Maßgabe der Verhältnisse — mit einem Wärmeverluste von 100 bis 120 w für 1 PS_i und Stunde gerechnet werden. Bei überhitztem Dampfe und hohem Drucke sind diese Wärmeverluste größer als bei gesättigtem Dampfe und niedrigem Drucke. — Wird der Dampf vor dem Eintritt in den Zylinder erst durch dessen Mantel geleitet, so ist außerdem noch die Flüssigkeitswärme des Niederschlagswassers in den Mänteln in Abzug zu bringen. Die Flüssigkeitswärme richtet sich nach dem in den Mänteln herrschenden Drucke, und da dieses Kondensat meist durch besondere Leitungen abgeführt wird, so erscheint es nicht mehr beim Dampfaustritt aus der Maschine. Bezeichnet C_m dieses Mantelkondensat, so treten von der für 1 PS_i der Maschine zugeführten Dampfmenge D_i auch nur $(D_i - C_m)$ kg/PS_i aus der Maschine aus.

Das Mantelkondensat beträgt (nach *Schröter* und *Koob*, Zeitschr. d. Ver. deutscher Ingenieure 1903) bei Zweizylindermaschinen 10 bis 15 Proz. bei gesättigtem, 2,5 bis 4,5 Proz. bei überhitztem Dampfe, bezogen auf die der Maschine für 1 PS_i zugeführte Dampfmenge, wobei die niedrigeren Zahlen für die volle Belastung, die höheren Zahlen für Teilbelastung bis zu 40 Proz. der Normalleistung gelten. (Bei Maschinen mit direkter Mantelheizung, bei welchen also der Dampf vor dem Einströmen in die Zylinder nicht erst den Dampfmantel durchströmt, ist natürlich ein diesbezüglicher Abzug nicht zu machen.)

Beispiel. Eine Zweizylinder-Kondensationsmaschine mit einem Dampfverbrauche von 6,8 kg/PS_i arbeite mit 10 Atm Dampfdruck, wobei der der Maschine zuströmende Dampf 3 Proz. Wasser enthalte. Der Wärmeverlust V der Maschine sei mit 110 W/PS_i angenommen. — Die Mantelheizung soll 10 Proz., also $C_m = 0,68$ kg betragen. Es ist der Wärmeinhalt des aus der Maschine austretenden Dampfes zu bestimmen. — Der Wärmeinhalt des zuströmenden Dampfes mit 3 Proz. Wassergehalt ist

$$\lambda_e = 181,2 + 0,97 \cdot 482,6 = 649,3 \text{ W/kg}.$$

Die Flüssigkeitswärme des im Mantel unter 10 Atm kondensierenden Dampfes ist $q = 181,2$ w. Danach ist der Wärmeinhalt des austretenden Dampfes:

$$\lambda_a = \frac{D_i \cdot \lambda_e - 632,32 - V - C_m q}{6,8}$$

$$= \frac{6,8 \cdot 649,3 - 632,32 - 110 - 0,68 \cdot 181,2}{6,8}$$

$$\doteq 522,01 \text{ w/kg}.$$

Ist der Kondensatordruck 0,2 Atm und betragen die Widerstände vom Ausströmungs-
ventile der Maschine bis zum Kondensator 0,05 Atm, so daß unmittelbar hinter der
Maschine ein Druck von 0,25 Atm herrscht, so ist die zugehörige Flüssigkeitswärme
des trockengesättigten Dampfes (nach Zahlentafel I) $q = 64{,}5$ w, die Verdampfungswärme $r = 560{,}1$ w. Hiermit ergibt sich aus dem Wärmeinhalte $\lambda_a = 522{,}01$ w

$$522{,}01 = q + x\,r,$$

die spezifische Dampfmenge x

$$522{,}01 = 64{,}5 + x\,560{,}1$$
$$x = 0{,}8168 \text{ oder } 81{,}68 \text{ Proz.,}$$

d. h. das aus der Maschine austretende Gemisch besteht aus 81,68 Proz. Dampf und
18,32 Proz. Wasser.

Die Berechnung des Wärmeinhaltes des aus einer Maschine austretenden
Dampfes ist besonders da von Wichtigkeit, wo der Abdampf noch vor Eintritt in den Kondensator oder als Auspuffdampf für Heizzwecke Verwendung
finden soll.

XVII. Abwärmeverwertung.

1. Allgemeine, wirtschaftliche Gesichtspunkte.

Für ein Unternehmen, welches ausschließlich Erwerbs- und wirtschaftlichen Zwecken dient, ergibt, ganz allgemein, der Unterschied zwischen Einnahmen und Ausgaben den Gewinn.

Der Gewinn ist um so größer, je geringere Ausgaben den Einnahmen gegenüberstehen.

Es wird deshalb das Bestreben eines jeden Leiters eines solchen Unternehmens sein, die Ausgaben, unter denen auch die Betriebskosten einen großen Anteil haben, so gering als möglich zu gestalten.

Unter diesen Betriebskosten spielen wieder die Aufwendungen für die Betriebskraft eine so große Rolle, daß man — besonders bei dem heutigen, auf das Äußerste angestrengten, wirtschaftlichen Wettbewerbe — wohl sagen kann, daß die Rentabilität eines Fabrikbetriebes von den Kosten der Betriebskraft wesentlich beeinflußt wird.

Geradeso, wie die Rentabilität manches Betriebes durch die Verwertung der im Betriebe entstehenden Abfallstoffe erhöht, ja der Betrieb überhaupt erst gewinnbringend wird, ebenso ist man heute darauf bedacht, die aus Fabrikbetrieben austretenden und bisher als unverwertbaren Abfall betrachteten Wärmemengen nutzbar zu machen.

Schon infolge der Äquivalenz von Wärme und Arbeit stellt Wärme einen wirtschaftlichen Wert dar, der um so höher zu veranschlagen ist, je höher die zugehörige Temperatur liegt. Je mehr sich aber die Temperatur derjenigen der Umgebung nähert, desto geringwertiger wird die Wärmemenge, bis sie für uns in dem Augenblicke wertlos wird, wo sie das Temperaturniveau der Umgebung erreicht hat. Hier findet kein Wärmeübergang mehr statt, wir können also mit ihr wenig oder gar nichts mehr beginnen, auch wenn sie noch so groß ist.

Bei Erzeugung großer Wärmemengen, die wir zu Arbeitszwecken in Wärmekraftmaschinen benötigen, sind wir, abgesehen von den flüssigen Brennstoffen — doch auf die uns gebotenen festen Brennstoffe, die Kohlen, angewiesen.

Infolge des dauernden Abbaues, der stetig wachsenden Nachfrage und der immer höher werdenden Löhne ist eine möglichst vollkommene Ausnutzung dieser Brennstoffe eine dringende Notwendigkeit. Man hat deshalb in letzter Zeit der Wärmeausnutzung aller Wärmequellen besondere Auf-

merksamkeit geschenkt, und es fehlt nicht an Vorschlägen für immer neue
Ziele. Durch gänzlich veränderte Konstruktionen der Dampfkessel hat man
höhere Wirkungsgrade zu erzielen gesucht; durch Anwendung von Über-
hitzern und Speisewasservorwärmern ist man bestrebt, die abziehenden Rauchgase soweit als möglich auszunutzen und den Dampfverbrauch der Maschine
zu verringern; durch Benutzung der Hochofengase in Gasmaschinen hat man
die großen Wärmemengen dieser Öfen in Elektrizität umgesetzt.

Einige Zeit hindurch wurde dem Dampfverbrauche der Kolbenmaschine
allein besondere Aufmerksamkeit zugewendet und von den Maschinenfabriken
um die Zehntel eines Kilogramms geringeren Dampfverbrauches gewett-
eifert. Betrachten wir aber den Dampfverbrauch der verlustlosen Maschine,
dem wir uns mit der ausgeführten doch nur nähern können (vgl. Abschnitt
„Verwendung des Wasserdampfes"), so sehen wir, daß in dieser Hinsicht die
der Maschine zugeführte Wärme nur noch um wenige Prozente besser ausgenutzt werden könnte.

Wenn, wie uns das J.-S.-Diagramm zeigt, in der verlustlosen Maschine
nur 28 bis 30 Proz. der ihr zugeführten Wärme verwertet werden können,
so liegt der Gedanke nahe, eine Ausnutzung der in der Maschine nicht ver-
werteten Wärme anzustreben. In Verfolg dieses Gedankens ist nun die Ab-
dampf- und Zwischendampfverwertung in Angriff genommen worden. Mit
ihr ist es viel eher möglich, den Betrieb einer Wärmekraftmaschine wirtschaftlicher zu gestalten, nur muß man nicht an der alten, früher von den
Maschineningenieuren so ängstlich vertretenen Ansicht festhalten, daß ein
möglichst geringer, spezifischer Dampfverbrauch (kg Dampf für eine PS und
Stunde) die einzige Rettung sei, sondern der Gesamtwärmeverbrauch eines
Betriebes ist als ein Ganzes aufzufassen!

Für den einzelnen Fabrikbetrieb sind jedenfalls die Kosten der Betriebskraft von außerordentlicher Bedeutung. Trotzdem wird diesem Umstande
immer noch zu wenig Beachtung geschenkt. Wie wenigen ist bekannt, daß
auch unsere beste Wärmekraftmaschine (abgesehen von den Verbrennungsmotoren) nur 12 bis 15 Proz. der in der Kohle enthaltenen Wärme in nutzbare Arbeit umzusetzen vermag. Ebensowenig sind die Mittel und Wege bekannt, die zu einer Erhöhung der Wirtschaftlichkeit führen können. Oft be-
gegnet man hier auch vorgefaßten Meinungen und einer gewissen Starrköpfig-
keit, besonders bei alten Werkmeistern und Betriebsleitern, die Verbesserungen
an ihren Betrieben überhaupt für ausgeschlossen halten. Es muß zugegeben
werden, daß bei der großen Anzahl der Anpreisungen angeblich hervorragender
Neuerungen und Erfindungen, die den Zweck haben sollen, wirtschaftliche Vorteile zu gewähren, und bei der Art, wie so viele minderwertige Neuerungen durch
technisch ungebildete, aber mit großer Überredungsgabe ausgestattete Ver-
treter an den Mann gebracht werden, alle Vorsicht berechtigt ist.

Eigenartig ist nur, daß gerade das Minderwertige am ehesten Eingang
findet; es muß dies wohl auf einer geistigen Verwandtschaft zwischen Er-
finder und Abnehmer beruhen. Dem Brauchbaren wird dadurch der Eingang
um so schwerer gemacht.

Auch bei Verbrennungsmotoren, speziell größeren Dieselmotoranlagen, hat man in neuerer Zeit die Ausnutzung der in den Auspuffgasen und im Kühlwasser enthaltenen Wärme durchgeführt. Für Heizungsanlagen kommt das Kühlwasser weniger in Frage, da seine Temperatur meist nicht viel über 50° liegt, dagegen kann es da, wo ein großer Bedarf an warmem Wasser vorliegt, sehr wohl, noch unter Ausnutzung der Auspuffgase zum Nachwärmen des Wassers, Verwendung finden. — Es dürfte sich aber nicht empfehlen, das Wasser durch eine Warmwasserheizung ständig fließen zu lassen, weil hierbei eine Verschlammung der Rohrleitungen und Heizkörper zu befürchten ist. Eine Ausnutzung der Auspuffgase allein für Heizzwecke kann wegen des verhältnismäßig geringen Wärmeinhaltes der Gase nur bei kleinen Heizungsanlagen in Betracht kommen.

2. Abwärmeverwertung bei Dampfmaschinen.

Wie die Zahlentafeln A und C des vorigen Abschnittes zeigen, werden bei Kolbendampfmaschinen und Dampfturbinen von der zugeführten Wärmemenge bis etwa 18 Proz. in nutzbare Arbeit umgesetzt. Die aus der Maschine als Dampf austretende Wärmemenge steht daher soweit zur Verfügung, als die ihr zugehörige Temperatur über der der Umgebung, d. h. derjenigen Körper liegt, deren Temperatursteigerung durch die Abwärme beabsichtigt ist und ohne Ausnutzung der Abwärme durch besondere Wärmeerzeugung erfolgen müßte.

Zur Verwertung der Abwärme von Dampfmaschinen bieten sich nun folgende Ausführungsmöglichkeiten:

a) Abdampfverwertung bei Auspuff.

Direkte Abführung des Auspuffdampfes aus der Maschine nach Heizvorrichtungen; die Maschine arbeitet gegen die äußere Atmosphäre und die Widerstände in den Heizungsleitungen. Der Gegendruck auf die Maschine beträgt 1,10 bis etwa 1,6 Atm (abs.).

b) Abdampfverwertung bei Kondensation.

Die Maschine arbeitet mit Kondensation, indem der Dampf in einem Kondensator niedergeschlagen wird, bevor er aber in diesen Kondensator gelangt, wird ihm, gewissermaßen in einem Vorkondensator, ein Teil seiner Wärme entzogen. Der Gegendruck auf die Maschine beträgt gewöhnlich 0,20 bis 0,50 Atm.

c) Abdampfverwertung bei Zwischendampfentnahme.

Die Maschine arbeitet mit Zwischendampfentnahme. Ein Teil des Dampfes wird dem Verbindungsstücke zwischen Hochdruck- und Niederdruckzylinder, dem Aufnehmer oder Receiver, oder bei Turbinen an einer beliebigen Druckstufe, je nach der erforderlichen Höhe des Anzapfdampfdruckes entnommen. Der Dampf hat dann schon im Hochdruckzylinder oder in dem Hochdruckteile der Turbine Arbeit verrichtet. Ein Teil seiner Energie ist also schon verwertet worden. Es gilt, die in ihm noch vorhandene Wärme nutzbar zu machen. Der übrige, nicht entnommene Dampf wird in den Niederdruckteil der Maschine weitergeleitet, wo er ebenfalls Arbeit verrichtet, er gelangt schließlich in den Kondensator. Der Zwischen- oder Anzapfdampf hat gewöhnlich einen Druck von etwa 1,1 bis 6,0 Atm abs., je nach dem Zwecke und den Verhältnissen, unter denen er Verwendung findet.

Wird er z. B. allein für Heizungszwecke benutzt, so genügt meist ein Druck von wenig mehr als 1 Atm abs.; soll er aber in Trockenzylinder von Papierfabriken oder ähnliche Apparate geleitet werden, so ist eine Spannung von 4 bis 6 Atm erforderlich. Die Wärme des schließlich aus dem Niederdruckteile austretenden Dampfes kann noch in einem Vorkondensator zur Warmwasserbereitung oder in einer Warmwasserheizung ausgenutzt werden, bevor sie im Kondensator durch das Kühlwasser abgeführt wird und hiermit verloren geht.

d) Abdampfverwertung zu Arbeitszwecken.

Durch den neuerdings mehr und mehr aufgenommenen Bau von Abdampfturbinen ist nun auch noch die Möglichkeit geboten, den Abdampf großer Maschinen in Abdampfturbinen, die schon mit Dampfdrücken von 1,1 Atm abs. bei Kondensation und 1,40 bei Auspuff arbeiten, auszunutzen. Man baut jetzt Turbinen für einen Dampfdruck von 1,3 bis 1,6 Atm sogar mit Auspuff. Der Auspuffdampf kann dann weiterhin noch als Abdampf Verwendung finden. Der Dampfverbrauch dieser Niederdruckdampfturbine ist allerdings sehr groß und es ist daher zu erwägen, ob der gesamte Abdampf auch jederzeit zur Verfügung steht oder immer Verwendung finden kann.

Um zu ermitteln, ob eine der unter a bis c aufgeführten Arten der Abdampfverwertung für Heizungsanlagen zu wirtschaftlichen Erfolgen führt (die Abdampfverwertung zu Arbeitszwecken kommt hier nicht in Betracht, da sie sich nicht auf Heizungsanlagen bezieht), ist ein Vergleich mit dem getrennten Betriebe anzustellen, d. h. es ist zu bestimmen, welche gesamten Dampfmengen aufzuwenden sind, einmal, wenn die Maschine mit Kondensation und ohne Inanspruchnahme ihrer Abwärme betrieben, der Dampf für Heizung vielmehr den Dampfkesseln direkt entnommen wird, und das andere Mal, welche Dampfmenge die Dampfkessel zu liefern haben, wenn eine Vereinigung des Maschinenbetriebes mit der Heizung durch Abwärmeausnutzung stattfindet, da mit letzterer zumeist ein größerer, spezifischer Dampfverbrauch der Maschine verbunden ist. Ist eine Maschine überhaupt nicht für Kondensationsbetrieb eingerichtet, ist sie also für Auspuff gebaut, so dürfte eine möglichste Ausnutzung der im Auspuffdampfe enthaltenen Wärme stets als zweckmäßig anzusehen sein, es müßte denn der Fall vorliegen, daß die Temperatur des Auspuffdampfes für bestimmte Heizzwecke zu niedrig ist und er daher nicht verwendet werden kann. In diesem Falle wird man aber den Auspuffdampf immer noch auch bei dem Vorhandensein von Rauchgasvorwärmern zur Speisewasservorwärmung benutzen können, zumal die Einführung ganz kalten Wassers in Rauchgasvorwärmer wegen der Schweißwasserbildung und des dadurch bedingten baldigen Verrostens der Rauchgasvorwärmer unzulässig ist (vgl. Kesselspeisevorrichtungen). (Die Temperatur des in Rauchgasvorwärmer einzuführenden Wassers soll nicht weniger als 40 bis 45° betragen.)

A. Abdampfverwertung bei Auspuffbetrieb.

Vergleich des Dampfverbrauches einer Kondensationsmaschine bei getrenntem Heizbetriebe und des Dampfverbrauches derselben Maschine mit Auspuffbetrieb und Ausnutzung des Auspuffdampfes zu Heizzwecken.

Zunächst eine Überschlagsrechnung: Nehmen wir an, eine Maschine von 100 PSe verbrauche stündlich bei Kondensationsbetrieb für die effektive Pferdestärke 7,4 kg Dampf von 10,0 Atm abs. (Bei Ausnutzung des Abdampfes ist der Druck der äußeren Atmosphäre zu überwinden, wozu noch die Widerstände in den Heizungsleitungen kommen. Der Gegendruck auf den Kolben der Maschine wird demnach 1,1 bis 1,5 Atm je nach den Verhältnissen betragen.) Bei 1,2 Atm Gegendruck im Auspuffrohre betrage der Dampfverbrauch der Maschine 11,5 kg/PSe und Stunde (vgl. Fig. 152). Daraus folgt:

$$\begin{aligned}
\text{Dampfverbrauch bei Auspuff} \ldots \quad 100 \cdot 11{,}5 \text{ kg} &= 1150 \text{ kg} \\
\text{,,} \qquad \text{,, Kondensation} \quad 100 \cdot 7{,}4 \text{ ,,} &= \underline{740 \text{ ,,}} \\
\text{Mehrverbrauch bei Auspuff} \ldots\ldots\ldots\ldots &\quad 410 \text{ kg}
\end{aligned}$$

Nun sollen von den 1150 kg Dampf, welche aus der Maschine bei Auspuff austreten, 150 kg für Heizzwecke Verwendung finden, bei Kondensationsbetrieb der Maschine sind sie den Kesseln direkt zu entnehmen.

$$\begin{aligned}
\text{Auspuffbetrieb mit 150 kg Abwärmeverwertung} \quad &\ldots \quad 1150 \text{ kg} \\
\text{Kondensationsbetrieb 740 kg} + 150 \text{ kg direkter Kessel-} & \\
\text{dampf} \ldots\ldots\ldots\ldots\ldots\ldots\ldots\ldots &\quad \underline{890 \text{ ,,}} \\
\text{Mehrverbrauch bei Auspuff} \ldots\ldots\ldots\ldots &\quad 260 \text{ kg}
\end{aligned}$$

Diese Gegenüberstellung zeigt, daß der getrennte Betrieb, also Kondensationsbetrieb der Maschine mit Verwendung direkten Dampfes zu Heizzwecken um 260 kg/Std. günstiger ausfällt als der Auspuffbetrieb. Es entsteht im letzteren Falle ein Mehrverbrauch an Dampf von 260 kg. Man wird demnach den getrennten Betrieb vorziehen. Der getrennte Betrieb wird so lange wirtschaftlicher sein als der vereinigte, bis der Dampfverbrauch für Heizzwecke den Mehrverbrauch bei Auspuffbetrieb (im vorliegenden Falle 410 kg) nicht erreicht. Würden für Heizzwecke nicht 150 kg, sondern 450 kg notwendig sein, so ergäbe sich schon zugunsten des Auspuffbetriebes eine Ersparnis von (740 + 450 — 1150) = 40 kg/Std.

Soweit die überschlägliche Berechnung. Um einen Überblick über den Unterschied der beiden Betriebe zu erhalten, müssen wir dieselben in ihren einzelnen Phasen verfolgen, wozu ein weiteres Beispiel gewählt wird.

Eine Kolbendampfmaschine von 250 indizierten Pferdestärken verbrauche bei 10 Atm abs. (vor der Maschine) und 200° Überhitzung 5,25 kg

Dampf für 1 PSi und Stunde. Der Kondensatordruck sei 0,08 Atm, der Druck direkt hinter der Maschine 0,10 Atm. Bei Auspuffbetrieb und einem Gegendrucke von 1,2 Atm sei der Dampfverbrauch 8,8 kg/PSi. Für Heizzwecke sollen stündlich 1 000 000 w aufzuwenden sein, die bei Kondensationsbetrieb der Maschine den Kesseln direkt, und zwar vor dem Überhitzer, zu entnehmen sind; der Dampfdruck in den Kesseln wird für den Heizungsbetrieb von 10,5 Atm auf 1,2 Atm mittels Dampfdruckreduzierventils herabgemindert. Der Überdruck von 0,2 Atm geht in der Heizungsanlage verloren, das Kondensat tritt deshalb unter dem Drucke der äußeren Atmosphäre mit 100 w/kg aus.

Etwaiger noch übriger Auspuffdampf ist zur Speisewassererwärmung heranzuziehen. Das Kondensat, welches im Kondensator der Maschine, in der Heizungsanlage und im Speisewasservorwärmer entsteht, wird den Kesseln wieder zugeführt. Die Wärmeverluste in Leitungen sollen unberücksichtigt bleiben.

Die Maschine besitzt direkt geheizte Mäntel. Das Mantelkondensat kommt daher bei der Bestimmung des Wärmeinhaltes des aus der Maschine austretenden Dampfes nicht in Betracht. Der Wärmeverlust der Maschine ist mit 115 w/PSi für beide Fälle anzunehmen, obgleich er bei Auspuffbetrieb wegen des höheren mittleren Druckes in den Zylindern und im Aufnehmer um weniges größer sein wird. (Vgl. Abschnitt XVI, „Wärmeinhalt des Abdampfes".)

Es liegen nun folgende Verhältnisse vor:

Dampfdruck in den Kesseln . . . . 10,50 Atm
Dampfdruck vor der Maschine . . . . 10,00 „
Dampfdruck hinter der Maschine bei Kondensation . . . . . 0,10 „
Dampfdruck im Kondensator . . . . 0,08 „
Dampfdruck hinter der Maschine bei Auspuff . . . . 1,20 „
Wärmeinhalt des Dampfes in den Kesseln vor dem Überhitzer 664,5 w
zugehörige Flüssigkeitswärme . . . . 183,3 „
zugehörige Verdampfungswärme . . . . 481,2 „
Wärmeinhalt des Dampfes bei 10,0 Atm und 200° Überhitzung:
$\quad i = 663,8 + 0,599 \cdot (200 - 179,1)$ . . . . $= 676,3$ „
Wärmeinhalt des trocken gesättigten Dampfes bei 0,10 Atm 616,7 „
zugehörige Flüssigkeitswärme . . . . 45,3 „
zugehörige Verdampfungswärme . . . . 571,4 „
Wärmeinhalt des trocken gesättigten Dampfes bei 0,08 Atm . 614,5 „
zugehörige Flüssigkeitswärme . . . . 41,5 „
zugehörige Verdampfungswärme . . . . 573,4 „
Wärmeinhalt des trocken gesättigten Dampfes bei 1,2 Atm . 640,8 „
zugehörige Flüssigkeitswärme . . . . 104,3 „
zugehörige Verdampfungswärme . . . . 536,5 „
Flüssigkeitswärme des aus der Heizung austretenden Kondensates . . . . 100,0 „

1. Dampf- bzw. Wärmeverbrauch bei Kondensationsbetrieb und davon getrenntem Heizbetriebe.

a) Maschine (250 PSi).

Dampfverbrauch der Maschine $250 \cdot 5,25$ . . . . $= 1312,5$ kg/Std.

Der Maschine zugeführte Wärme $1312,5 \cdot 676,3$ . . . . $= 887\,643$ w

In Arbeit umgesetzte Wärme $250 \cdot 632,32$ . . . . $= 158\,080$,,

Wärmeverlust der Maschine $250 \cdot 115$ . . . . $= 28\,750$,,

Wärmeinhalt des austretenden Dampfes

     $887\,643 - 158\,080 - 28\,750$ . . . . $= 700\,814$,,

Wärmeinhalt von 1 kg des austretenden Dampfes

$$\frac{700\,814}{1312,5} = 533,9 \text{ w/kg.}$$

Spezifische Dampfmenge des mit 0,10 Atm austretenden Dampfes:

$$533,9 = 45,3 + x \cdot 571,4$$
$$x = \frac{533,9 - 45,3}{571,4} = 0,855 \text{ oder } 85,5\,{}^0/_0.$$

Aus dem Kondensator wird die Flüssigkeitswärme des der Maschine zugeführten Dampfes bei 0,08 Atm wiedergewonnen, und zwar

$$1312,5 \cdot 41,5 = 54\,884 \text{ w.}$$

b) Heizung.

Es sind 1 000 000 w durch direkten Kesseldampf zu decken, wobei der Dampfdruck von 10,5 auf 1,2 Atm herabgemindert wird. Wiedergewonnen wird das aus der Heizung austretende Kondensat mit 100 w/kg. Der Wärmeinhalt des Dampfes ist vor und hinter dem Reduzierventil der gleiche.

Dampfverbrauch der Heizung:

$$\frac{1\,000\,000}{664,5 - 100} = 1771,5 \text{ kg/Std.}$$

Wiedergewonnen werden aus Kondensat:

$$1771,5 \cdot 100 = 177\,150 \text{ w.}$$

Spezifischer Dampfgehalt des gedrosselten Dampfes:

$$664,5 = 104,3 + x \cdot 536,5$$
$$x = 1,044.$$

Der Dampf ist nach der Drosselung auf 1,2 Atm überhitzt, da x größer als 1 ausfällt.

c) Gesamtdampf- bzw. Wärmeverbrauch bei Kondensationsbetrieb.

Von den Kesseln sind abzugeben:

     a) für Maschine . . . . . .   1312,5 kg Dampf mit   887 643 w

     b) ,, Heizung . . . . . .   1771,5 ,,   ,,   ,, 1 177 162 ,,

                        3084,0 kg Dampf mit 2 064 805 w/Std.

zurückgewonnen werden:

a) aus dem Kondensator . . . .   54 884 w
b) „ Kondensat der Heizung . . . .   177 150 „
                                                 ____
                                                   232 034 w

Gesamtwärmeverbrauch für Maschine und Heizung:

$$2\,064\,805 - 232\,034 = \mathbf{1\,832\,771}\ \text{w/Std.}$$

2. Dampf- bzw. Wärmeverbrauch bei Auspuffbetrieb und Ausnutzung des Auspuffdampfes zur Heizung.

a) Maschine.

Dampfverbrauch der Maschine $250 \cdot 8{,}80$ . . . . $=$ 2200,0 kg/Std.
Der Maschine zugeführte Wärme $2200 \cdot 676{,}3$ . . . . $= 1\,487\,860$ w
In Arbeit umgesetzte Wärme $250 \cdot 632{,}32$ . . . . . . $=$ 158 080 „
Wärmeverluste der Maschine $250 \cdot 115$ . . . . $=$ 28 750 „
Wärmeinhalt des austretenden Dampfes:

$$1\,487\,860 - 158\,080 - 28\,750 = 1\,301\,030\ \text{w.}$$

Wärmeinhalt von 1 kg des austretenden Dampfes:

$$\frac{1\,301\,030}{2200} = 591{,}4.$$

Spezifische Dampfmenge des mit 1,2 Atm austretenden Dampfes:

$$x = \frac{591{,}4 - 104{,}3}{536{,}5} = 0{,}907\ \text{oder}\ 90{,}7\,\%,$$

Wassergehalt des austretenden Dampfes 9,3 Proz.

b) Heizung.

Der Dampf gelangt mit einem Wärmeinhalt von 591,4 w/kg in die Heizungsanlage. Das Kondensat tritt mit 100 w/kg aus. — Es sind für die Heizung erforderlich:

$$\frac{1\,000\,000}{591{,}4 - 100} = 2035\ \text{kg/Std.}$$

Wiedergewonnen werden $2035 \cdot 100 = 203\,500$ w.

c) Gesamtdampf- bzw. Wärmeverbrauch bei Auspuffbetrieb.

Von den Kesseln sind abzugeben:

  a) für die Maschine . . . . 2200 kg Dampf
  b) von der Heizung werden davon gebraucht. . . . . 2035 „   „
                                                        ____
Es verbleibt ein Überschuß von: . . . . 165 kg Dampf

Wärmeverbrauch der Maschine und Heizung $2200 \cdot 676{,}5 = 1\,487\,860$ w
Wiedergewonnen werden aus dem Kondensate . . . . .   203 500 w
                                                     ____
Gesamtwärmeverbrauch für Maschine und Heizung . . **1 284 360** w/St.

3. Gegenüberstellung des Wärmeverbrauches bei Kondensationsbetrieb und bei Auspuffbetrieb.

Kondensationsbetrieb mit getrennter Heizung . . . . . . 1 832 771 w
Auspuffbetrieb mit Heizung . . . . 1 284 360 „
                                                       ____
Minderverbrauch bei Auspuffbetrieb . . . .   548 411 w

Dieser Minderverbrauch an Wärme in Dampf von 1 Atm ausgedrückt ergibt

$$\frac{548\,411}{638,2} = 859,1 \ \text{kg/Std.}$$

oder bei 6 facher Verdampfung für 1 kg Kohle eine Ersparnis von $\frac{859,1}{6}$ = 143,2 kg Kohle in einer Stunde.

Nicht immer wird sich der Auspuffbetrieb so günstig gestalten, besonders dann nicht, wenn die aufzuwendende Wärmemenge von 1 000 000 w zur Beheizung von Räumen (Werkstätten) das Maximum bei niedrigster Außentemperatur darstellt. Ist die aufzuwendende Wärmemenge infolge höherer Außentemperatur nur halb so groß, z. B. 500 000 w/St., so ergibt sich:

1. Für den Kondensationsbetrieb:
    a) Dampfverbrauch der Maschine. . . . .   1312,5 kg
    b) Heizung: Dampfverbrauch $\dfrac{500\,000}{664,5 - 100}$ = ...   885,7 kg/St.
    c) Von den Kesseln abzugeben:
        a) für Maschine 1312,5 kg Dampf mit   . . . . . 887 643 w
        b) für Heizung   885,7 kg Dampf mit   . . . . . 588 548 ,,
        zusammen 2198,2 kg Dampf mit   . . . . . 1 476 191 w
    Wiedergewonnen werden:
        a) aus dem Kondensator . . . .   54 884 w
        b) aus der Heizung: $885,7 \cdot 100$ = ...   88 570 ,,
                           zusammen   143 454 w
    Gesamt-Wärmeverbrauch für Maschine und Heizung
         1 476 191 — 143 454 = **1 332 737** w.

2. Für den Auspuffbetrieb:
    a) Dampfverbrauch der Maschine   . . . .   2200,0 kg
    b) Heizung: Dampfverbrauch $\dfrac{500\,000}{591,4 - 100}$ = ...   1017,5 ,,
    c) Von den Kesseln abzugeben sind:
        a) für Maschine und Heizung . . 2200,0 kg Dampf
        b) davon für Heizung . . . . . 1017,5 kg Dampf
              Überschuß 1182,5 kg/St.
    Wärmeverbrauch der Maschine und Heizung
         $2200 \cdot 676,3$ = 1 487 860 w
    Wiedergewonnen werden aus Kondensat: $1017,5 \cdot 100$ = 101 750 w
    Gesamtwärmeverbrauch für Maschine und Heizung 1 586 110 w
    Demgegenüber steht der Kondensationsbetrieb mit
         getrennter Heizung, mit . . . . 1332 737 w
    Mehrverbrauch bei Auspuffbetrieb . . . . 253 373 w/St.

Der Mehrverbrauch ist also hier bei dem Auspuffbetriebe ganz erheblich. Im Falle eines so wechselnden Wärmeverbrauchs führen die Einrichtungen mit Zwischendampfentnahme zu günstigeren Resultaten, weil hierbei der Mehrverbrauch der Maschine dem wechselnden Wärmeverbrauch angepaßt werden kann. Viele Betriebe erfordern aber erhebliche Wärmemengen für

Warmwasserbereitung oder Heizung von Bottichen, wobei der Wärmebedarf jederzeit gleichbleibend ist. Unter Umständen ist der Auspuffbetrieb, wechselnd mit reinem Kondensationsbetriebe, zu empfehlen.

Interessant ist nun, den Wirkungsgrad des Maschinenbetriebes für die betrachteten ersten beiden Fälle zu ermitteln.

Bei Kondensationsbetrieb wurde zur Leistung von 250 PSi und 1 000 000 w

für Heizung ein Wärmeverbrauch gefunden von . . . . 1 832 771 w/St.

Hiervon ab die 1 000 000 w für Heizung . . . . 1 000 000 ,,

Verbleiben für den Maschinenbetrieb. . . . . 832 771 w/St.

oder
$$\frac{832771}{250} = 3331 \text{ w/PSi},$$

d. i. ein thermischer Wirkungsgrad auf 1 PSi bezogen

$$\eta_{thi} = \frac{632,32}{3331} = 0,189 \text{ oder } 18,9 \%.$$

Bei Auspuffbetrieb ergeben sich . . . . 1 284 360 w

Hiervon ab für Heizung . . . . 1 000 000 w

Verbleiben für den Maschinenbetrieb. . . . . 284 360 w

oder
$$\frac{284360}{250} = 1137 \text{ w/PSi},$$

d. i. ein thermischer Wirkungsgrad auf 1 PSi bezogen

$$\eta_{thi} = \frac{632,32}{1137} = 0,556 \text{ oder } 55,6 \%.$$

Bei gänzlicher Ausnutzung des Auspuffdampfes würde eine noch weitere Steigung erfolgen.

Es ist nun noch die Aufgabe gestellt, etwaigen, beim Auspuffbetriebe überschüssigen Dampf zur Erwärmung von Speisewasser heranzuziehen. — An Stelle des nicht verwendeten Auspuffdampfes muß natürlich den Kesseln die entsprechende Menge frischen Speisewassers zugeführt werden.

Der Heizung wird durch Abdampfregler soviel Dampf zugeführt, als sie benötigt, d. h. der Dampfüberschuß von der Maschine bläst ab. Bei zu geringer Abdampfmenge wird direkter Kesseldampf beigemischt. Im vorliegenden Falle war Dampfüberschuß von der Maschine vorhanden. Der überschüssige Dampf würde nun abblasen, wenn er nicht in einem Gegenstromapparate zur Erwärmung des Speisewassers herangezogen wird. — Mittels des Gegenstromapparates kann das Speisewasser auf 90 bis 100° vorgewärmt werden.[1]

Unter 2 b waren 165 kg Dampf als in der Heizung nicht verwendbar angegeben worden. Wird dieser Dampf zur Erwärmung des Speisewassers benutzt, so gewinnt man zunächst das entstehende Kondensat mit 104,3 w/kg in der Annahme, daß der Gegenstromapparat unter dem Drucke von 1,2 Atm steht. — Dann sind aber nun auch nicht mehr die 165 kg Dampf durch frisches Speisewasser zu ersetzen, sondern es ist eine dem gewonnenen Kondensate

---

[1] Es liegt hier die Annahme vor, daß das aus dem Kondensator austretende Dampfwasser schon durch Rauchgasvorwärmer auf die erforderliche Temperatur zur Wiederverwendung in den Kesseln gebracht wird.

entsprechend geringere Speisewassermenge den Kesseln zuzuführen, wobei diese noch etwa von 10 auf 90° erwärmt wird. Es besteht also die Frage, wieviel Kondensat und wieviel erwärmtes Speisewasser wird den Kesseln zugeführt.

1 kg Auspuffdampf von 1,2 Atm besitzt einen Wärmeinhalt von 591,4 w. Auf jedes Kilogramm des überschüssigen Auspuffdampfes entfallen x kg Kondensat von 104,3 w und y kg Speisewasser von 10° Anfangs- und 90° Endtemperatur. Es kann also eine Wärmemenge für (90 — 10) y kg Speisewasser dem Auspuffdampfe entzogen werden, wobei noch x kg Kondensat entstehen und (1 — x) kg Dampf übrigbleiben.

Die Gleichung lautet demnach für 1 kg Auspuffdampf: $1 = x + y$

$$591{,}4 = (90 - 10)\, y + 104{,}3\, x + (1 - x)\, 591{,}4$$
$$y = 1 - x$$
$$591{,}4 = 80\, (1 - x) + 104{,}3\, x + (1 - x)\, 591{,}4$$
$$x = \frac{80}{567{,}1} = 0{,}14107 \text{ rd. } 0{,}14.$$

Für 1 kg Abdampf sind demnach 0,14 kg Kondensat und 0,86 kg Speisewasser von 90° den Kesseln zuzuführen.

Bei 165 kg überschüssigen Auspuffdampfes werden daher

$$165 \cdot 0{,}14 = 23{,}10 \text{ kg Kondensat}$$

und $\qquad\qquad\quad 165 \cdot 0{,}86 = 141{,}90$ kg Speisewasser

von 90° gewonnen, zusammen 165,0 kg.

Der Wärmegewinn beträgt:

$$
\begin{aligned}
23{,}10 \cdot 104{,}3 &= 2\,409 \text{ w}\\
141{,}90 \cdot 90 &= 12\,771 \text{ ,,}\\
\hline
&\;\;15\,180 \text{ w}
\end{aligned}
$$

Der Wärmeinhalt des Auspuffdampfes beträgt

$$591{,}4 \cdot 165 = 97\,581 \text{ w.}$$

Der Rest von 97 581 — 15 180 = 82 401 w ist in dem nicht verwendbaren Auspuffdampfe enthalten, der durch die oben berechneten 141,90 kg frischen Speisewassers ersetzt werden muß.

In den seltensten Fällen wird bei reinem Auspuffbetriebe der ganze Auspuffdampf aufgebraucht werden, weil der Verbrauch für Abwärmezwecke Schwankungen unterliegt, auch die Belastung der Maschine nicht ständig die gleiche ist.

Bei Mangel an Abdampf muß Frischdampf aus den Kesseln direkt entnommen werden, bei Überschuß an Abdampf entfernt sich der Gütegrad der Anlage vom Idealzustande; ist die Grenze, die durch die Differenz zwischen Dampfverbrauch bei Auspuffbetrieb und Dampfverbrauch bei Kondensationsbetrieb verbunden mit direkter Kesseldampfentnahme gegeben ist, erreicht, so wird der Betrieb mit Auspuffdampf unwirtschaftlich.

Man könnte diese Differenz durch eine Gleichung in folgender Weise ausdrücken, wenn man bezeichnet mit D_A = Dampfverbrauch bei Auspuff, D_c = Dampfverbrauch bei Kondensationsbetrieb, $A\,V$ = Abwärmeverwertung.

$$D_A \rangle (D_c + A\,V) = \text{unwirtschaftlich.}$$

Es kommen alsdann die beiden anderen Ausführungen, und zwar Abdampfverwertung verbunden mit Kondensationsbetrieb und Zwischendampfentnahme, in Betracht.

B. Abdampfverwertung bei Kondensationsbetrieb.

Handelt es sich nur um Erwärmung von Wasser, wie z. B. in Färbereien, so kann hier ein großer Wärmebedarf bei verhältnismäßig niedriger Temperatur vorliegen. Dasselbe gilt von Heizungsanlagen. Gerade für letztere ist die Abdampfverwertung bei Kondensation in vielen Fällen außerordentlich geeignet, wenn nämlich die Abwärme des auch unter Vakuum stehenden Dampfes an das Heizwasser einer Warmwasserheizung übertragen wird.

Im folgenden wird diese Frage eingehend unter Berücksichtigung des Wärmebedarfs einer Warmwasser-Heizungsanlage bei den verschiedenen Außentemperaturen behandelt.

Die bei weitem größere Zahl der Tage einer Heizperiode weist in fast ganz Deutschland eine Temperatur von $+ 5°$ und mehr auf, infolgedessen ist ein Heizbedürfnis wohl an 240 Tagen des Jahres vorhanden, aber nur an wenigen Tagen so groß, daß man einen Wärmeträger mit 50 bis 60° nicht noch verwenden könnte; nur ist bei der Bemessung der Heizkörpergrößen diese niedrige Temperatur des Heizmediums zu berücksichtigen. Temperaturen von 50 bis 60° können nun durch Maschinenabdampf unter Beibehaltung des Kondensationsbetriebes mit Hilfe von Dampfwarmwasserkesseln oder sog. Gegenstromapperaten erreicht werden, da die Dampftemperaturen bei Vakuum im Kondensator folgende sind. Vgl. auch Diagramm Fig. 151.

90 Proz.	Vakuum	45,4°	Dampftemperatur
85 ,,	,,	53,6°	,,
80 ,,	,,	59,7°	,,
75 ,,	,,	64,6°	,,
70 ,,	,,	68,7°	,,
60 ,,	,,	75,4°	,,
50 ,,	,,	80,9°	,,

Nun hatten wir im Abschnitte „Dampfverbrauch der Dampfmaschine" gesehen, daß bis etwa 80 Proz. Vakuum der Dampfverbrauch der Kolbenmaschine nach *Josse* fast gleich bleibt, nach *Eberle* nur wenig ansteigt.

Mit 80 Proz. Vakuum hat der Dampf immer noch eine Temperatur von 59,7°, so daß es möglich ist, sogar bei 80 Proz. Vakuum Wasser auf 52 bis 55° zu erwärmen. Werden höhere Temperaturen notwendig, so muß das Vakuum verringert werden, damit die Dampftemperatur steigt, was allerdings mit einer Steigerung des Dampfverbrauches verbunden ist. Die Berechnung muß ergeben, inwieweit hier noch Wirtschaftlichkeit erzielt wird.

Die Einrichtung einer solchen Warmwasserabdampfheizung ist außerordentlich einfach, da sie aus ein oder mehreren Gegenstromapparaten besteht, die in die Abdampfleitung der Maschine zwischen diese und den Kondensator eingeschaltet werden. (Vgl. Abschn. Warmwasserheizung S. 110, Fig. 26.) Der Dampf strömt durch die Gegenstromapparate und erwärmt dabei das Wasser, welches in der Heizungsanlage zirkuliert, steht aber unter dem vom Kondensator erzeugten Vakuum, weshalb man diese Art der Abdampfverwertung zum Unterschiede von dem Betriebe mit Auspuffdampf als Vakuumabdampfverwertung bezeichnen kann.

Sie hat vor allen Dingen den Vorteil, sich jedem Abwärmeverbrauche anzupassen vom reinen Kondensationsbetriebe bis zum Auspuffbetrieb, wobei mit zunehmender Wärmeentziehung der Kühlwasserverbrauch des Kondensators zurückgeht.

Am günstigsten wird der Vakuumabdampf in einer Warmwasserheizung oder Warmwasserbereitung mit Wassertemperaturen von 45 bis 70° ausgenutzt. Die Regulierung der Wassertemperatur erfolgt einfach durch Erhöhung des Gegendruckes auf die Maschine, indem der Dampf vor dem Kondensator durch einen Schieber gestaut oder die Kühlwassermenge verringert wird. Durch Anstauen des Gegendrucks steigt die Dampftemperatur sofort. Die Verminderung der Kühlwassermenge hat auch eine Erhöhung der Kondensatortemperatur zu Folge. Ist aber die Wassermenge zu gering, so beginnen die Pumpen zu schlagen.

Ein Beispiel wird die Vorteile einer solchen Vakuumabdampfwarmwasserheizung veranschaulichen.

Berechnung der Ersparnisse bei einer Kondensationsmaschine in Verbindung mit einer Warmwasserheizungsanlage.

Die im Abschnitte Wärmeverlustberechnung erwähnte Heizungsanlage, für welche dort der Jahreswärmebedarf nach der Häufigkeit der verschiedenen Außentemperaturen berechnet worden war, hatte bei — 20° Außentemperatur einen Wärmebedarf für die Stunde von 600 000 w. Die aufgestellte Zahlentafel gab die Wärmeverluste bei den verschiedenen Außentemperaturen während des Beharrungszustandes wie folgt an:

<pre>
Bei —20° . . . . 600 000 w
 „ —15° . . . . 525 000 „
 „ —10° . . . . 450 000 „
 „ — 5° . . . . 375 000 „
 „ + 0° . . . . 300 000 „
 „ + 5° . . . . 225 000 „
 „ +10° . . . . 150 000 „
 „ +15° . . . . 75 000 „
</pre>

Für Anheizen sind 750 000 w/St. aufzuwenden.

Es sei die Annahme gemacht, diese Wärmeverluste sollen in einem **mehrstöckigen** Fabrikgebäude durch eine Vakuumabdampfwarmwasserheizung gedeckt werden und es stände der Dampf einer Kondensationsmaschine von 350 PSe zur Verfügung. Von diesen 350 PSe sollen 240 PSe zur Erzeugung elektrischen Stromes für Arbeitszwecke — für Elektromotoren — und 110 PSe für elektrische Beleuchtung benutzt werden. Die 240 PSe sind demnach während der ganzen Arbeitszeit, die 110 PSe hierzu für elektrische Beleuchtung nur insoweit, als die Tagesbeleuchtung nicht ausreicht, aufzuwenden. Der Dampfdruck vor der Maschine sei 12 Atm Überdruck, also 13 Atm abs. Die Überhitzung des Dampfes betrage 250° und das normale

Vakuum im Kondensator, bzw. im Abdampfstutzen der Maschine 90 Proz. = 0,10 Atm. Der Dampfverbrauch der Maschine soll sich auf 5,80 kg/PSe bei diesen Verhältnissen beziffern.

Das J-S-Diagramm gibt uns bei 13 Atm, 250° Überhitzung und 90 Proz. Vakuum ein Wärmegefälle von 195 w an, woraus der theoretische Dampfverbrauch sich zu

$$D_t = \frac{632,32}{195} = 3,28 \text{ kg/PS}$$

berechnet. Der Wirkungsgrad der Maschine ist also:

$$\eta_e = \frac{3,28}{5,75} = 0,57$$

Da nun bei sehr niedrigen Außentemperaturen eine Dampftemperatur von 45,4°, wie sie bei 90 Proz. Vakuum auftritt, nicht ausreichen wird, um das Zirkulationswasser der Heizung genügend zu erwärmen, so ist das Vakuum entsprechend herabzusetzen, wodurch ein größerer Dampfverbrauch der Maschine entsteht, der zunächst zu bestimmen ist.

Betrachten wir den Verlauf des Dampfverbrauchs der Kolbendampfmaschinen an Hand der Diagramme für gesteigerten Gegendruck, so finden wir, daß die Zunahme angenähert derjenigen der verlustlosen Maschine bei Vakuumabnahme entspricht. Wir können also durch eine Parallele zu dem theoretischen Dampfverbrauche, den der ausgeführten Maschine ermitteln. Der Dampfverbrauch gestaltet sich daher wie folgt (vgl. S. 304 und Fig. 152).

1	2	3	4
Gegendruck in Atm abs.	Wärmegefälle	D_t in kg	$D_t/\!/D_e$ in kg
0,10	195 w	3,28	5,80
0,15	173 ,,	3,65	6,16
0,20	163 ,,	3,88	6,39
0,30	153 ,,	4,13	6,64
0,40	143 ,,	4,42	6,95
0,50	138 ,,	4,58	7,10

Infolge der verschiedenen Belastung von 350 PS und 240 PS haben wir ebenfalls mit einem veränderten Dampfverbrauche zu rechnen.

Der Dampfverbrauch bei $\frac{240}{350} = 0,7$ oder 70 Proz. Belastung wird, wie die Diagramme im Abschnitte „Einfluß der Belastung auf den Dampfverbrauch" zeigen, um einiges geringer sein als bei voller Belastung. Bei überhitztem Dampfe ist für 1 Proz. Belastungsabnahme ein Mehr- bzw. Minderverbrauch von etwa 0,007 kg/PSe zu rechnen. — Der geringste Dampfverbrauch tritt bei etwa 80 Proz. Belastung auf. Die Maschine wird deshalb bei 80 Proz. Belastung und 90 Proz. Vakuum

$$5,75 - 20 \cdot 0,007 = 5,61 \text{ kg/PSe,}$$

bei 70 Proz. Belastung

$$5,61 + 10 \cdot 0,007 = 5,68 \text{ kg, rund } 5,70 \text{ kg/PSe.}$$

verbrauchen.

Die nachstehende Zahlentafel (A) zeigt die angenommenen Werte, das hier beigefügte Diagramm den Verlauf der Dampfverbrauchkurven (Fig. 154).

Es besteht nun die Frage, welche Wassertemperaturen in der Heizungsanlage bei den verschiedenen Außentemperaturen einzuhalten sind, weil hiervon die Dampftemperatur, bzw. das einzuhaltende Vakuum und hiervon wieder der Dampfverbrauch der Maschine abhängig ist.

Der Wärmebedarf für das Aufheizen der Räume auf die verlangten Innentemperaturen, die mit $+\,20°$ angenommen werden, beträgt nach der Zusammenstellung 750 000 w/St. Da das Anheizen vor Beginn der Arbeitszeit zu erfolgen hat, so kann die Wassertemperatur im Vorlaufe der Heizungsanlage 90° betragen. Es wird dann Dampf aus den Kesseln direkt entnommen. Ist die Rücklauftemperatur dabei mit 70° bemessen, so ist die mittlere Wassertemperatur $\dfrac{90+70}{2}=80°$. Hierfür kommt der Maschinenbetrieb nicht in Betracht.

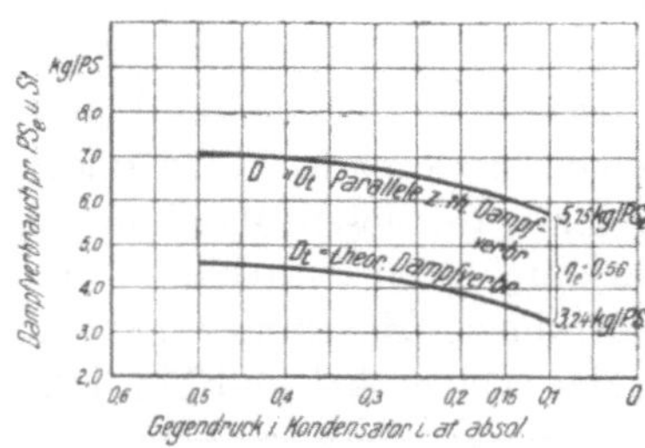

Fig. 154.
Dampfverbrauch der 350 PS-Kolbenmaschine bei zunehmendem Gegendruck.

Es sollen bei der Anlage nur Radiatoren als Heizkörper verwendet werden, deren Wärmedurchgangszahl $k = 6{,}5$ ist (vgl. Abschnitt „Warmwasserheizung“).

Dann ergibt sich die zur Deckung der Wärmeverluste beim Anheizen erforderliche Heizfläche F aus

$$\frac{750\,000}{6{,}5\left(\dfrac{90+70}{2}-20\right)}=1923 \text{ qm.}\ [1]$$

(Siehe Abschnitt „Warmwasserheizung“, Gleichung 12.) — Im Beharrungszustande und bei einer Außentemperatur von $-\,20°$ waren 600 000 w erforderlich. (Siehe Zusammenstellung auf Seite 330). Bei der Gesamtheizfläche von 1923 qm ist deshalb die mittlere Wassertemperatur $\dfrac{t_1+t_2}{2}=t_m$ aus

(Vgl. Abschnitt V „Warmwasserheizung“, Gleichung 13 u. 14, Seite 111.)

$$Q = k\,F\left(\frac{t_1+t_2}{2}-t_i\right)$$

oder aus

$$t_m = \frac{t_1+t_2}{2} = \frac{Q}{k\cdot F}+t_i$$

zu bestimmen.

$$t_m = \frac{600\,000}{6{,}5\cdot 1923}+20 = 68°$$

Die stündlich in der Anlage zirkulierende Wassermenge ist bei dem Temperaturabfalle $(90—70) = 20°$

$$G = \frac{Q}{t_1-t_2} = \frac{750\,000}{20} = 37\,500 \text{ kg.}$$

(Vgl. Abschnitt „Warmwasserheizung“, Gleichung 6.)

---

[1] Richtiger ist es, die aus der Wärmeverlustberechnung sich ergebende Heizfläche der Heizkörper einzusetzen und diese größer zu wählen, wenn sich für den Kondensationsbetrieb zu ungünstige Wassertemperaturen herausstellen.

Daher ist das Temperaturgefälle bei einem Wärmebedarfe von 600 000 w

$$t_1 - t_2 = \frac{600\,000}{37\,500} = 16°,$$

somit die Temperatur im Vorlaufe $68 + 8 = 76°$
im Rücklaufe $68 - 8 = 60°$.

In gleicher Weise kann nun Vor- und Rücklauftemperatur für den Wärmebedarf bei den übrigen Außentemperaturen berechnet werden, die in der
nachstehenden Zahlentafel *A*, Spalte 5 und 6 zusammengestellt sind.

Zahlentafel A.

Wärmebedarf der Heizungsanlage und Temperatur des Zirkulationswassers bei verschiedenen Außentemperaturen. Erforderliche Dampftemperatur und Vakuum; Dampfverbrauch in Abhängigkeit vom
Vakuum und der Belastung.

1	2	3	4	5	6	7	8	9	10	11	12
Außen-tempe-ratur ca.	Wärme-bedarf Q in w	Mittlere Wasser-temper.	Temp.-Gefälle des Wassers	Vorlauf-temper.	Rückl.-Temper.	Erford. Dampf-temper.	Erford. Konden-satordr. i. Atm	Eingehaltenes Vakuum		Dampfverbrauch für 1 PS	
								Atm abs.	Proz.	350 PS	240 PS
—20	600 000	68	16	76	60	81	0,50	0,50	50	7,1	7,0
—15	525 000	62	14	69	55	72	0,35	0,35	65	6,8	6,6
—10	450 000	56	12	62	50	65	0,25	0,25	75	6,6	6,4
— 5	375 000	50	10	55	45	57	0,18	0,18	82	6,4	6,3
+ 0	300 000	44	8	48	40	50	0,12	0,12	88	6,1	6,0
+ 5	225 000	38	6	41	35	42	0,09	0,10	90	5,8	5,7
+10	150 000	32	4	34	30	35	0,06	0,10	90	5,8	5,7
+15	75 000	26	2	27	25	27	0,04	0,10	90	5,8	5,7

Wir sehen hier, daß bei $+ 15°$ Außentemperatur nur noch eine mittlere
Wassertemperatur von $26°$ bei $2°$ Temperaturdifferenz nach der Berechnung
erforderlich wäre. In der Praxis wird man dann den Betrieb der Heizungsanlage zeitweise unterbrechen, sofern nicht schon durch die Menschen und
die Maschinen soviel Wärme abgegeben wird, daß ein Heizbetrieb überhaupt
nicht mehr nötig ist. Bei $0°$ Außentemperatur ist eine mittlere Wassertemperatur von $44°$ und eine Vorlauftemperatur von $48°$ erforderlich.

Nach diesen jeweils berechneten Vorlauftemperaturen muß nun die Dampftemperatur, bzw. die Kondensatorspannung gehalten werden. Bei $- 20°$ ist die
Vorlauftemperatur $76°$. Machen wir noch zur Bedingung, daß der Gegendruck
auf die Maschine nicht größer sein darf als 0,5 Atm (abs.), wobei eine Dampftemperatur von $80,9°$ auftritt, so ist der Temperaturunterschied zwischen
Dampf und Wasser nur $80,9 - 76 = 4,9$ rund $5°$. Hiernach ist der die Abdampfwärme aufnehmende Apparat zu bemessen, der je nach der Konstruktion
nach dem Gegenstrom-, Parallelstrom- oder Einstromprinzip berechnet werden muß. (Vgl. Abschn. „Wärme", Seite 24, Gleichung 26 bis 29.)[1]

---

[1] Bei den für Abdampfausnutzung eingerichteten Apparaten, welche aus einem
gußeisernen Hohlzylinder mit innenliegendem Röhrenbündel bestehen, wird der Dampf
um dieses Röhrenbündel, das zu erwärmende Wasser durch die 15 bis 20 mm starken
Rohre geführt. — Man erreicht damit eine bessere Entlüftung des Dampfraumes und größere
Wassergeschwindigkeit, wodurch der Wärmeübergang vom Dampf an das Wasser gefördert
wird. — Außerdem ist eine leichtere Reinigung des Apparates ermöglicht. — Ein solcher
Apparat wird nach dem Einstromprinzip zu berechnen sein. — [Seite 24, Gleichung (28).]

Seine Heizfläche ergibt sich aus

$$F = \frac{Q}{k\,\dfrac{(t_\delta - t_1) - (t_\delta - t_2)}{\log\,\mathrm{nat}\,\dfrac{t_\delta - t_1}{t_\delta - t_2}}}$$

Hierbei bedeutet:

$$t_\delta = \text{Dampftemperatur} \quad = 80{,}9^\circ$$
$$t_1 = \text{Vorlauftemperatur} \quad = 76^\circ$$
$$t_2 = \text{Rücklauftemperatur} \quad = 60^\circ$$

und bei 600 000 w (-20° Außentemperatur) ist somit, wenn $k = 1000$ gesetzt wird,

$$F = \frac{600\,000}{1000\,\dfrac{(81 - 76) - (81 - 60)}{\log\,\mathrm{nat}\,\dfrac{81 - 76}{81 - 60}}} = 53{,}6 \text{ qm}$$

Mit dieser Heizfläche des aus einem Röhrenbündel, durch welches das Wasser geleitet wird, und um welches der Dampf strömt, bestehenden Apparates sind die Dampftemperaturen zu berechnen, d. h. es ist diejenige Dampftemperatur zu ermitteln, welche bei der gegebenen Heizfläche des Apparates und bei den verschiedenen Außentemperaturen das in der Anlage zirkulierende Wasser von den berechneten Rücklauftemperaturen auf die berechneten Vorlauftemperaturen bringt, die in Spalte 5 und 6 der Zahlentafel A angegeben sind.

Aus der Annäherungsgleichung 25 auf Seite 23, in welcher die mit $\dfrac{t_1 + t_1'}{2}$ bezeichnete Temperatur der Wärme abgebenden Flüssigkeit hier mit t_δ einzusetzen ist, da die Dampftemperatur keine Abnahme erleidet, und daher lautet:

$$Q = F\,k\left(t_\delta - \frac{t_1 + t_2}{2}\right)$$

kann die Dampftemperatur t_δ bestimmt werden.[1] Bei $Q = 300\,000$ w ist z. B.

$$t_\delta = \frac{Q}{F \cdot k} + \frac{t_1 + t_2}{2} = \frac{300\,000}{53{,}6 \cdot 1000} + 44$$
$$t_\delta = 49{,}6$$

(in obiger Zahlentafel A auf 50° abgerundet).

Die Spalte 7 in Zahlentafel A enthält die auf diese Weise berechneten Dampftemperaturen, nach denen sich nun auch der Druck im Kondensator richten muß. Die Werte für $\dfrac{t_1 + t_2}{2}$ sind in Spalte 3 enthalten.

Aus der Dampfverbrauchskurve ist dann der Dampfverbrauch bei den verschiedenen Gegendrücken zu entnehmen. (Siehe Fig. 154.)

---

[1] Will man die Berechnung genauer durchführen, so ist die Dampftemperatur t_δ aus der Gleichung 28 Seite 24 zu bestimmen. Es ist

$$t_\delta = \frac{t_2 - t_1}{e^{\frac{F\,k\,(t_2 - t_1)}{Q}} - 1} + t_2$$

So ergibt sich dann z. B. für 0° und 300000 w, t_δ nicht $49{,}6^\circ$, sondern zu $50{,}53^\circ$.

Ein Herabgehen unter 90 Proz. Vakuum ist bei der Kolbendampfmaschine zwecklos, weshalb von Temperaturen unter 45° ab ein Gegendruck von 0,10 Atm beibehalten wird.

Die nächste Zahlentafel B enthält nun eine Gegenüberstellung des Dampfverbrauches der Maschine bei den verschiedenen Außentemperaturen und bei voller Belastung mit 350 PSe, bzw. 70 Proz. Belastung also 240 PSe, sowie den Dampfverbrauch der Heizungsanlage, wenn diese mit direkt den Kesseln entnommenem Dampfe betrieben würde. Man würde den Dampfdruck des direkten Dampfes auf etwa 0,10 Atm herabmindern, das Kondensat würde dann mit etwa 100° aus dem Heizapparate abfließen.

Bei Benutzung direkten Kesseldampfes läge aber keine Veranlassung vor, eine in den Anschaffungskosten teurere Warmwasserheizung zur Erwärmung der Räume anzuwenden, sofern nicht die Fabrikation, wie z. B. in Steindruckereien, eine solche als wünschenswert erscheinen ließe. Es käme dann eine Niederdruckdampfheizung mit reduziertem Hochdruckdampfe in Betracht. Die Einschränkung des Dampfverbrauches bei höheren Außentemperaturen müßte durch Abschalten von Heizkörpergruppen erfolgen, so daß hierdurch bei dem Vergleiche der Warmwasserheizung mit der Niederdruckdampfheizung der Anpassungsfähigkeit der Warmwasserheizung durch ihre Wassertemperatur an die jeweilige Außentemperatur Rechnung getragen wird. Anderenfalls würde der Dampfverbrauch der Niederdruckdampfheizung gar nicht so geregelt werden können, wie er in der Gegenüberstellung angenommen wurde.

Mit Rücksicht auf die unangenehme Eigenschaft des überhitzten Dampfes, Metallteile anzufressen, empfiehlt es sich, den Dampf den Kesseln vor dem Überhitzer, also in gesättigtem Zustande zu entnehmen. Wir haben dann bei 13 Atm mit einem Wärmeinhalte von 667,5 w/kg Dampf zu rechnen, wovon die Flüssigkeitswärme des Kondensates mit etwa 100° in Abzug zu bringen ist. Bei — 20° und 600000 w würde also die Heizungsanlage 1057 kg direkten Kesseldampf pro Stunde verbrauchen (siehe Zahlentafel B, Spalte 8), die Maschine aber, die mit 90 Proz. Vakuum arbeitet, bei voller Belastung 350 · 5,8 = 2030 kg/St. Daraus ergibt sich nun folgender Vergleich an Hand der Zahlentafel B.

A. Volle Belastung der Maschine (350 PSe).

I. Getrennter Betrieb.

a) Dampfverbrauch der Heizung bei —20° bei Entnahme direkten

$$\text{Kesseldampfes } \frac{600\,000}{667,5 - 100} \quad \dots\dots\dots\dots\dots\dots\dots \quad 1057 \text{ kg}$$

b) Dampfverbrauch der Maschine (350 PSe) bei 90 Proz. Vakuum

$$350 \cdot 5,8 = \underline{2030 \text{ ,,}}$$

zusammen $\underline{3087 \text{ kg/St.}}$

II. Maschine und Heizung, gemeinsamer Betrieb. (—20° Außentemperatur.)
Dampfverbrauch der Maschine mit Abgabe des Abdampfes an die Heizung daher 50 Proz. Vakuum, 350 PSe . . . . 350 · 7,1 = $\underline{2485 \text{ kg}}$

Unterschied gegenüber getrenntem Betriebe (Ersparnisse siehe Spalte 11 Zahlentafel B) . . . . 602 kg/St.

B. 70 Proz. Belastung (240 PSe).

I. Getrennter Betrieb.

  a) Dampfverbrauch der Heizung bei —20° Entnahme direkten Kesseldampfes . . . . 1057 kg

  b) Dampfverbrauch der Maschine (240 PSe) bei 90 Proz. Vakuum

$$240 \cdot 5{,}7 = \underline{1368 \text{.,}}$$

zusammen $\overline{2425 \text{ kg/St.}}$

II. Maschine und Heizung, gemeinsamer Betrieb. (—20° Außentemperatur.)
Dampfverbrauch der Maschine mit Abgabe des Abdampfes an die Hei-
zung, daher 50 Proz. Vakuum, 240 PSe . . . . 240 · 7,0 = $\underline{1680 \text{ kg}}$

  Unterschied gegenüber getrenntem Betriebe (Ersparnisse siehe Spalte 12
der Zahlentafel B) . . . . 745 kg

Die Ersparnisse, die aus dem Abdampfbetriebe erzielt werden, müssen
auf den getrennten Betrieb von Heizung und Maschine bezogen werden.
Unter *A* werden 602 kg, unter *B* sogar 745 kg Dampf stündlich erspart, das
sind 19,5, bzw. 30,7 Proz. des jeweils getrennten Betriebes.

In der Zahlentafel B sind die berechneten Werte und die Ersparniszahlen
enthalten. Letztere erreichen eine Höhe von 31 Proz. bei 70 Proz. Belastung
der Maschine und bei — 15° Außentemperatur, also bei einem Wärmebedarfe
der Heizungsanlage von 525 000 w. (Vgl. Zahlentafel A.)

Zahlentafel B.

1	2	3	4	5	6	7	8	9	10	11	12	13	14
Außen-temperatur	Dampfverbrauch bei 350 PS		Dampfverbrauch bei 240 PS		Mehrverbrauch gegenüber 90 % Vakuum		Dampfverbrauch der Heizung Q	Gesamt-Dampfverbrauch bei getrenntem Betrieb		Ersparnisse b. Abdampfbetrieb			
	Maschine und Heizung gemeins. Betrieb									350 PS kg Dampf	240 PS kg Dampf	350 PS in Proz.	240 PS in Proz.
	kg/PS	kg 350	kg/PS	kg 240	bei 350 PS	bei 240 PS	$667{,}5 - 100$	bei 350 PS	bei L40 PS				
—20	7,1	2485	7,0	1680	455	312	1057	3087	2425	602	745	19,5	30,7
—15	6,8	2380	6,6	1584	350	216	925	2955	2293	575	709	19,4	30,9
—10	6,6	2310	6,4	1536	280	168	793	2823	2161	513	625	18,1	28,9
— 5	6,5	2275	6,3	1512	245	144	661	2691	2029	416	517	15,4	25,5
$\mp$ 0	6,1	2135	6,0	1440	105	72	528	2558	1846	423	456	16,5	24,1
+ 5	5,8	2030	5,7	1368	—	—	397	2427	1765	397	397	16,3	22,5
+10	5,8	2030	5,7	1368	—	—	264	2294	1632	264	264	11,5	16,2
+15	5,8	2030	5,7	1368	—	—	132	2162	1500	132	132	6,1	8,8

Es war nun eingangs gesagt, daß die Maschine nur bei Beleuchtung der
Fabrikräume, mit voller Belastung, sonst aber zu 70 Proz. ihrer normalen
Belastung von 350 PSe in Anspruch genommen wird.

Welchen Einfluß die Belastung auf die Ersparnisse haben kann, zeigt
die obige Zahlentafel deutlich genug, obwohl der spezifische Dampfverbrauch
(kg/PSe) kaum einen wesentlichen Unterschied aufweist. Im allgemeinen
werden die Ersparnisse um so größer sein, je mehr sich Dampfverbrauch der
Maschine und Dampfverbrauch der Heizung einander nähern.

Im einzelnen Falle müssen die Belastungsschwankungen sich aus Beobachtungen des Betriebes ergeben; unter Umständen ist der Betrieb für eine
günstigste Ausnutzung des Abdampfes einzurichten. Im vorliegende Falle
ist stets ein Überschuß von Abdampf vorhanden, ein Zusatz von Frischdampf
ist nicht erforderlich.

Die Abhängigkeit der Belastung von der Beleuchtung der Fabrikräume ist indessen durch die Tagesbeleuchtung gegeben, also durch die Zeit des Sonnenauf- und -unterganges. Das hier beigefügte Diagramm (Fig. 155) zeigt Sonnenaufgang und -untergang während der Heizperiode auf die Mitteleuropäische Zeit bezogen, ist also eigentlich nur für den Meridian der M. E. Z. gültig, der über Stargard, Sorau, Görlitz geht. Für die Ostgrenze des Deutschen Reiches ist der Unterschied 31 Minuten, für die Westgrenze 36 Minuten[1].

Beginnt die Arbeitszeit morgens um 7 Uhr und endet sie nachmittags um 6 Uhr, so wird durch eine für diese Stunden in das Diagramm eingetragene

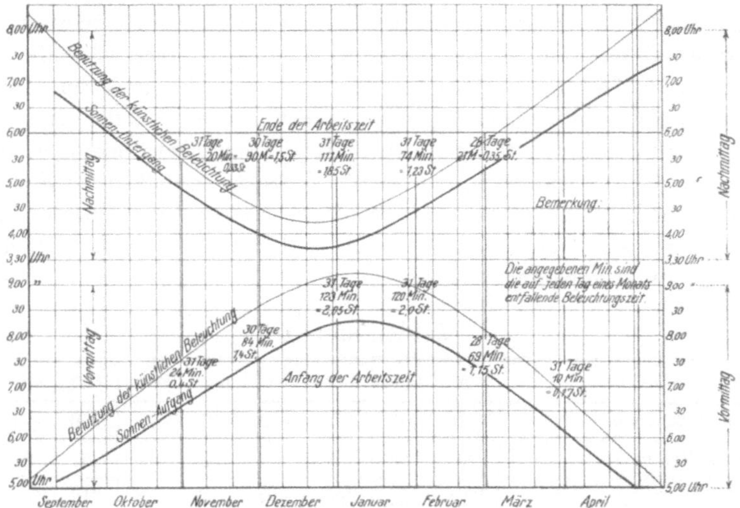

Fig. 155.
Zeiten der künstlichen Beleuchtung nach Maßgabe der Zeiten des Sonnenauf- und -unterganges während einer Heizperiode.

Linie schon die Zeit der künstlichen Beleuchtung abgetrennt. Es ist aber dabei zu beachten, daß erfahrungsgemäß die Beleuchtung nicht mit Sonnenaufgang und Sonnenuntergang aus- bzw. eingeschaltet wird.

Während der dunklen und meist trüben Dezember- und Januartage wird deshalb die künstliche Beleuchtung erst etwa eine Stunde nach Sonnenaufgang ausgeschaltet werden, geradeso, wie sie am Nachmittage etwa eine halbe Stunde nach Sonnenuntergang erst eingeschaltet wird.

In dem hier beigefügten Diagramme sind unter diesen Annahmen die Beleuchtungskurven mit der Bezeichnung „Benutzung der künstlichen Beleuchtung" eingetragen.

Es ergeben sich nun durch Planimetrieren der Flächen über bzw. unter den Arbeitsbeginn und Arbeitsbeendigung bezeichnenden Linien die Tage

---

[1] In ähnlicher Weise wie das Diagramm Fig. 155 wird man für täglich zu bestimmter Stunde oder an einem Tage periodisch wiederkehrende, den Dampfverbrauch beeinflussende Betriebsverhältnisse graphisch auftragen, um den höchsten und niedrigsten Dampfverbrauch zu bestimmen.

und Stunden der künstlichen Beleuchtung und können auf einen ganzen Monat verteilt werden.

Im Monat Dezember sind z. B. für den Vormittag täglich 123 Minuten, für den Nachmittag 111 Minuten, also täglich 3,9 Stunden künstlicher Beleuchtung aufzuwenden.

Nehmen wir noch aus dem Abschnitte „Wärmeverlustberechnung" die Zahlentafel e, Seite 66 zu Hilfe, welche die in die Berechnung einzusetzenden Monatstemperaturen und die Betriebszeit einer Heizungsanlage für eine Heizperiode angibt, so erhalten wir die nachstehende weitere Zusammenstellung C, in der auch die Beleuchtungsstunden enthalten sind. Und nun ermitteln wir den Wärmebedarf der Heizungsanlage während der ganzen Heizperiode. Es ergibt sich, wie Zahlentafel D zeigt, angenähert derselbe Jahreswärmebedarf, wie im Abschnitt „Wärmeverlustberechnung", wo derselbe nach der Häufigkeit der Außentemperaturen nach Tagen berechnet wurde. Aus der Zahlentafel C sind die Betriebsstunden für Vollbetrieb (350 PSe), also diejenigen mit Beleuchtung und für verminderten Betrieb ersichtlich, so daß in der Zusammenstellung E der Dampfverbrauch der Maschine während der Heizperiode vom 1. September bis 30. April nach der Anzahl der Betriebsstunden bei den mittleren Monatstemperaturen von $-5°$ bis $+10°$ berechnet werden kann[1].

Zahlentafel C.

Heizperiode		Sept.	Okt.	Nov.	Dez.	Jan.	Febr.	März	April	Summe
Mittl. Außentemperatur		$+10$	$+5$	∓ 0	∓ 0	-5	-5	∓ 0	$+5$	—
Arbeitstage im Monat		26	27	25	25	26	24	26	25	—
Betriebsstunden der Heizung (12 St./Tag)		312	324	300	300	312	288	312	300	2448
Beleuchtung in Stunden/Tag	morgens	—	0,40	1,4	2,05	2,00	1,15	0,17	—	—
	abends	—	0,33	1,5	1,85	1,23	0,35	—	—	—
Beleuchtungszeit in Stunden pro Tag		—	0,73	2,90	3,90	3,23	1,50	0,17	—	—
Volle Belastung der Maschine in Stunden p. Monat abgerundet		—	20	73	98	84	36	4	—	315
Verminderte Belastung (240 PS) in Stunden p. Monat		312	304	227	202	228	252	308	300	2133

Er stellt sich nach Zahlentafel E auf 3 727 353 kg Dampf bei Ausnutzung des Abdampfes. Demgegenüber steht der getrennte Betrieb, und zwar:

Für die Heizungsanlage allein ist der Dampfverbrauch bei Entnahme direkten Kesseldampfes nach Zahlentafel D 1 208 458 kg; für die Maschine mit Kondensation und dauernd 90 Proz. Vakuum beträgt der Dampfverbrauch bei 315 Stunden Vollbelastung

$$315 \cdot 5,8 \cdot 350 = 315 \cdot 2030 = 639\,450 \text{ kg,}$$

bei 2133 Stunden verminderter Belastung

$$2133 \cdot 5,7 \cdot 240 = 2133 \cdot 1368 = 2\,917\,944 \text{ „}$$

Dampfverbrauch während der Heizperiode 3 557 394 kg,

---

[1] Die mittleren Monatstemperaturen sind etwas zu niedrig, doch wurden abgerundete Zahlenwerte gewählt; die mittlere Jahrestemperatur aus ihnen ist $+1,25°$, während sonst als mittlere Jahrestemperatur meist sogar $0°$ angenommen wird.

so daß sich bei getrenntem Betriebe der gesamte Dampfverbrauch auf
1 208 458 + 3 557 394 = 4 765 852 kg beläuft, während durch Verwertung

Zahlentafel D.
Wärmebedarf der Heizung.

Monat	Mittl. Temper.	Betriebsstunden per Monat	Wärmebedarf per Stunde in w	Wärmebedarf der Heizung im Monat in w
September . . .	+10	312	150 000	46 800 000
Oktober	+ 5	324	225 000	72 900 000
November . . .	∓ 0	300	300 000	90 000 000
Dezember	∓ 0	300	300 000	90 000 000
Januar	− 5	312	375 000	117 000 000
Februar	− 5	288	375 000	108 000 000
März	± 0	312	300 000	93 600 000
April	+ 5	300	225 000	67 500 000
Wärmebedarf in einer Heizperiode				685 800 000

$$685\,800\,000 : (667{,}5 - 100) = 1\,208\,458 \text{ kg Dampf (Kesseldampf).}$$

des Abdampfes nur 3 727 353 kg, also 1 038 499 kg Dampf weniger verbraucht
werden. (Vgl. Zahlentafel E.)

Nimmt man an, daß mit einer mittelguten Kohle eine sechsfache Verdampfung erzielt wird und 1000 kg derselben 20 Mk. kosten, so werden
durch die Abdampfverwertung in der Vakuumabdampfwarmwasserheizung
1 038 499 : 6 = 173 083 kg Kohle im Betrage von 173,0 · 20 = 3460 Mk. in
einer Heizperiode erspart.

Bei 4 Proz. Verzinsung entsprechen diese Ersparnisse einem Kapital
von etwa 85 000 Mk. Die Ersparnisziffer beläuft sich auf 21,8 Proz. gegenüber getrenntem Betriebe (1 038 499 : 4 765 852 = 21,79).

Zahlentafel E.
Dampfverbrauch der Maschine nach den in C angegebenen Betriebsstunden und in B
angegebenem Dampfverbrauche bei Abdampfverwertung.

Außentemperatur	Betriebsstunde		Dampfverbrauch/St.		Gesamt-Dampfverbrauch	
	350 PS	240 PS	350 PS	240 PS	350 PS	240 PS
− 5	120	480	2275	1512	273 000	725 760
∓ 0	175	737	2135	1440	373 625	1 061 280
+ 5	20	604	2030	1368	40 600	826 272
+10	—	312	2030	1368	—	426 816
Summe	315	2133		—	687 225	3 004 128

3 727 353 kg

Wenn man noch bedenkt, daß gerade die Warmwasserheizung hinsichtlich ihrer Dauerhaftigkeit unübertroffen ist, da infolge des steten Wasserinhaltes Anrostungen und sonstige Abnutzung kaum vorkommen, so dürften wohl
die Mehrkosten in der Anschaffung, die sie gegenüber der Niederdruckdampfheizung erfordert, nicht in Anrechnung zu bringen sein.

Die Ersparnisse einer Dampfheizungsanlage mit Zwischendampfverwertung sind in ähnlicher Weise zu berechnen, nur ist zu bemerken, daß nicht
jede Maschine sich für die Einrichtung von Zwischendampfentnahme ohne

weiteres eignet. Es hängt dies von den Verhältnissen der Zylinder und von der Art der Steuerung ab, wogegen eine Vakuumabdampfwarmwasserheizung sich wohl an jede Kondensationsmaschine anschließen läßt.

Die Berechnung des Dampfverbrauches bei Zwischendampfentnahme ist im folgenden behandelt.

Bei den oben berechneten Ersparnissen ist noch der Kraftbedarf für die Umwälzung des Wassers in der Heizungsanlage zu berücksichtigen.

Es waren stündlich 37 500 kg Wasser durch die Anlage zu drücken. Nehmen wir eine nicht immer erforderliche Widerstandshöhe in den Rohrleitungen von 5,0 m an, ferner einen Wirkungsgrad der Pumpe von 0,65, so ist der Kraftbedarf

$$\frac{37\,500 \cdot 5}{3\,600 \cdot 75 \cdot 0,65} = 1,07 \text{ PS/Std.}$$

Wird die Pumpe, wie in den meisten Fällen, durch einen Elektromotor angetrieben, dessen Wirkungsgrad, da der Motor doch sehr klein ausfällt, mit 0,7 angenommen sei, so ergibt sich ein Stromverbrauch von

$$\frac{1,07 \cdot 0,736}{0,7} = 1,125 \text{ KW/Std.}$$

Zu den in Zahlentafel C angegebenen 2448 Betriebsstunden kommen noch 334 Anheizstunden (vgl. Zahlentafel C auf Seite 62). Die Anheizzeit wurde bei dem obigen Vergleiche herausgelassen, da sowohl bei getrenntem, wie bei vereinigtem Betriebe in dieser Zeit direkter Dampf den Kesseln entnommen werden muß; sie muß aber hier am Schlusse einbezogen werden, weil bei Anwendung einer Warmwasserheizung die Betriebskosten für die Umwälzpumpe auch beim Anheizen nicht übersehen werden dürfen. Es ergeben sich also 2448 + 334 = 2782 Betriebsstunden für die Umwälzpumpe oder

$$2782 \cdot 1,125 = 3130 \text{ KW-Stunden.}$$

Bei einem Preise von 0,10 Mk. für 1 KW/St. sind demnach jährlich rund 300 Mk. Stromkosten für die Umwälzpumpe von den oben berechneten Ersparnissen in Abzug zu bringen. (Bei großen Betrieben wird der Preis von 0,10 Mk. für 1 KW/St. noch nicht erreicht.)

Es ist nun noch die Frage berechtigt, ob es zulässig sei, den Umlauf der in der Anlage zirkulierenden Wassermenge bei höheren Außentemperaturen mit Rücksicht auf den verminderten Wärmebedarf zu verlangsamen, damit auf diese Weise die Betriebskosten der Pumpe herabgesetzt werden.

(Um Mißverständnissen vorzubeugen, sei erwähnt, daß die Wassermenge in der Heizungsanlage natürlich die gleiche bleibt, nur soll durch die Anschlußleitungen der Pumpe in der Zeiteinheit eine geringere Wassermenge fließen.) Mit geringerer Wassermenge fällt auch die Förderhöhe der Pumpe, weil dann die Geschwindigkeit des Wassers und damit der Widerstand in den Rohrleitungen abnimmt. Der Stromverbrauch der Pumpe müßte demnach ebenfalls zurückgehen.

Jede Zentrifugalpumpe hat indessen bei der Leistung, für die sie bestimmt ist, einen höchsten Wirkungsgrad, der bei veränderten Verhältnissen rasch abnimmt. Es ist also nicht gesagt, daß durch Verminderung der Wassergeschwindigkeit in der Heizungsanlage an Stromkosten gespart wird.

Dazu kommt aber bei Warmwasserheizungen mit Abdampfverwertung bei Kondensationsbetrieb der Umstand, daß infolge einer geringeren, stündlich durch die Heizungsanlage fließenden Wassermenge die Abkühlung des Wassers, also das Temperaturgefälle $t_1 - t_2$ größer wird, wie aus Gleichung (5) und (6), S. 105, sofort ersichtlich ist. Wird von der Heizungsanlage eine bestimmte Wärmeleistung gefordert, so muß, da die Heizfläche der Heizkörper die gleiche bleibt, auch die mittlere Wassertemperatur die gleiche bleiben. In Zahlentafel A des obigen Beispieles ist bei —20° die mittlere Wassertemperatur 68°, bei 0° ist $t_m = 44°$. In beiden Fällen ist die von der Pumpe stündlich fortbewegte Wassermenge $G = 37\,500$ kg. Wollte man nun die Wassermenge für die Außentemperatur von 0° verringern, etwa auf 20 000 kg, so ergibt sich als Temperaturgefälle

$$t_1 - t_2 = \frac{300\,000}{20\,000} = 15°$$

statt 8° bei voller Wassermenge.

Die mittlere Temperatur t_m wird aber nach Gleichung (13) und (14), S. 111, aus

$$t_m = \frac{Q}{k \cdot F} + t_i$$

bestimmt; und ist lediglich von Wärmebedarf und Heizfläche abhängig.

Für unser Beispiel ist daher

$$t_m = \frac{300\,000}{6,5 \cdot 1923} + 20 = 24,00 + 20 = 44°,$$

so daß für ein Temperaturgefälle von 15° $t_1 = 44,0 + 7,5 = 51,5°$ und $t_2 = 44,0 - 7,5 = 36,5°$ wird. Die Wassertemperatur t_1 müßte also schon höher sein also die Abdampftemperatur, da diese zu 50° bestimmt wurde. (Vgl. Zahlentafel A, Spalte 6.) Um das Wasser auf 51,5° zu erwärmen, wäre also eine Erhöhung der Abdampftemperatur erforderlich, wodurch ein Rückgang des Vakuums und damit ein größerer Dampfverbrauch der Maschine bedingt ist.

Man kann also nicht ohne rechnerische Ermittlung eine Ersparnis der Betriebskosten durch Einschränkung der Wasserzirkulation voraussagen, denn was man an Pumpenbetriebskosten sparen würde, müßte man durch größeren Dampfverbrauch der Maschine wieder ersetzen.

Anders verhält es sich bei Verwendung direkten Dampfes zur Erwärmung des Wassers, also z. B. beim Anheizen. Hier wird man stets eine Dampftemperatur von mindestens 100° haben, so daß eine Erwärmung des Wassers auf 80 bis 90° möglich ist. Dann kann auch bei Verminderung der von der Pumpe zu fördernden Wassermenge noch die gewünschte Wärmeleistung erzielt werden, weil dann ein größeres Temperaturgefälle zur Verfügung steht. Bei Kondensationsbetrieb dagegen ist auf möglichst niedrige Wassertemperatur Wert zu legen.

C. Abdampfverwertung bei Zwischendampfentnahme.

Eine besondere Art der Abwärmeverwertung wird bei Dampfmaschinen durch die Zwischendampfentnahme erzielt. Ihre Bezeichnung rührt von der Dampfentnahme aus dem Receiver oder Aufnehmer, dem Verbindungsstücke, welches den Dampf aus dem Hochdruckzylinder in den Niederdruckzylinder überzuführen hat, her. Der Dampf wird also der Maschine zwischen dem Hochdruck- und dem Niederdruckzylinder entnommen.

Bei Dampfturbinen befindet sich die Entnahmestelle an irgend einer beliebigen Druckstufe, je nach der Höhe des Dampfdruckes, den der Entnahmedampf haben soll, und man bezeichnet solche, für Dampfentnahme eingerichtete Turbinen mit Anzapfturbinen.

Die Zwischendampfentnahme wird da angewendet, wo der Abdampf der Maschine hinter dem Niederdruckteile hinsichtlich des Druckes oder der Temperatur nicht genügt, wo also ein höherer Dampfdruck als er hinter dem Niederdruckteil der Maschine besteht, notwendig ist, oder wo ein großer Teil des Abdampfes keine Verwendung finden könnte, so daß wirtschaftliche Vorteile sich aus der Abdampfverwertung nicht ergeben würden.

Mit der Zwischendampfentnahme will man die Entnahme direkten Kesseldampfes aus wirtschaftlichen Gründen vermeiden, zumal der Kessel- oder Frischdampf seines hohen Druckes wegen zu Heiz- und Kochzwecken ohnehin nicht in allen Fällen geeignet ist und eine Herabminderung seines Druckes durch Drosselung erfahren muß. Hierbei geht aber ein Teil der ihm innewohnenden Energie verloren, es wächst die Entropie, ohne daß die infolge der Drosselung entstehende Wärmezunahme ein der verlorengehenden Arbeit entsprechendes Äquivalent bietet. Man benutzt deshalb den Hochdruckteil der Maschine als Drosselorgan und erreicht damit, daß die Spannung des Dampfes unter Arbeitsleistung auf den für den beabsichtigten Zweck geeigneten Druck herabgemindert wird.

Der der Maschine zugeführte Dampf leistet also im Hochdruckteile Arbeit, danach wird ein Teil des zugeführten Dampfes der Maschine entnommen, während der noch übrige Dampf im Niederdruckteile weitere Arbeit verrichtet.

Der Hochdruckzylinder einer Kolbendampfmaschine erhält daher bei Zwischendampfentnahme mehr Dampf, als ihm bei der von der Maschine abzugebenden Leistung ohne Entnahme zuzuführen wäre. Bei der Turbine wird ebenfalls dem Hochdruckteile mehr Dampf zugeführt, als aus dem Niederdruckteile in den Kondensator gelangt. Infolgedessen ist auch die Leistung des Hochdruckzylinders größer als unter normalen Verhältnissen, und da nun der Niederdruckzylinder um diese größere Leistung des Hochdruckzylinders weniger an Arbeit abzugeben hat (denn von der Maschine wird eine bestimmte Gesamtleistung gefordert, eine Mehrleistung könnte gar nicht verbraucht werden), so muß die ihm sonst zuzuführende Dampfmenge entsprechend verringert werden.

Der Hochdruckzylinder erhält also eine größere, der Niederdruckzylinder eine kleinere Füllung als der normale, ohne Zwischendampfentnahme arbeitende Maschinenbetrieb erfordert.

Die Verminderung der Füllung des Niederdruckzylinders ist praktisch dadurch begrenzt, daß der Kolben des Niederdruckzylinders eben noch eine positive Arbeit leistet, damit er nicht ganz ohne Arbeit zu leisten, vom Hochdruckkolben hin- und hergeschleppt wird. Außerdem darf eine gewisse Füllung nicht unterschritten werden, weil sonst der Kolben trocken läuft.

Die Grenze für die Entnahme liegt etwa bei 80 Proz., und zwar bezogen auf die dem Hochdruckzylinder, einschließlich der zur Entnahme zugeführten Dampfmenge, so daß noch etwa 20 Proz. für den Niederdruckzylinder verbleiben. Bei dieser ungleichen Arbeitsleistung der Maschinenteile ist es erklärlich, daß hierzu die Verbundmaschine (parallel zueinander angeordnete Zylinder) sich weniger zur Zwischendampfentnahme eignet als die Tandem-Maschine, bei der die Kolben an der durchgehenden Kolbenstange sitzen (hintereinander angeordnete Zylinder), weil bei den Verbundmaschinen durch die ungleiche Belastung der Zylinder leicht ein Ecken an der Kurbelwelle auftritt.

Im Zusammenhange mit der Verteilung der der Maschine zuzuführenden Dampfmenge steht bei Zwischendampfentnahme das Größenverhältnis der Zylinder zueinander; denn, wenn schon der Niederdruckzylinder nur wenig Arbeit zu leisten hat, so liegt keine Veranlassung vor, das gleiche Größenverhältnis beizubehalten, wie bei der Maschine, welche nicht für Entnahme besonders hergestellt ist.

Während bei dieser das Verhältnis des Hochdruckzylinders zum Niederdruckzylinder etwa 1: 3 ist, wählt man dasselbe bei Maschinen mit dauernd großer Entnahme etwa 1: 1,5 bis 1: 1,8; bei stark schwankender Entnahme etwa 1: 2,2; d. h. also, das Volumen des Niederdruckzylinders ist 1,5- bis 2,2 mal so groß als das des Hochdruckzylinders.

Nun sind weder Belastung der Maschine noch Entnahme von Zwischendampf stets gleichbleibend, wodurch Änderungen in der Füllung bedingt sind. Damit diese nicht durch Verstellen der Dampfeinlaßorgane von Hand vorgenommen werden müssen, hat man selbsttätig wirkende Druckregler konstruiert, welche bei Entnahme- und Belastungsschwankungen immer den gleichen Zustand automatisch einstellen und damit einen gleichmäßigen Gang der Maschine bewirken.

Die Einrichtung dieser Druckregler beruht zumeist darauf, daß z. B. bei sinkendem Drucke im Aufnehmer (Receiver) infolge plötzlich eintretender, größerer Zwischendampfentnahme die Füllung des Niederdruckzylinders vom Druckregler verkleinert wird, indem der Druckregler die Einlaßorgane zum Niederdruckzylinder mehr schließt, damit eine größere Menge Zwischendampf entnommen werden kann. Dadurch wird die Arbeitsleistung der Maschine auf eine ganz kurze Zeit geringer, die Umdrehungszahl fällt, und der Geschwindigkeitsregler, von dem das Einlaßventil des Hochdruckzylinders betätigt wird, gibt dem Hochdruckzylinder mehr Dampf. Die Folge davon ist ein Steigen des Druckes im Aufnehmer. Jetzt tritt wiederum der Druckregler in Wirksamkeit. Er öffnet die Einlaßorgane zum Niederdruckzylinder mehr, die Leistung der Maschine steigt, die Umdrehungszahl wird größer, und der

Regulator vermindert die Dampfzufuhr zum Hochdruckzylinder; schließlich aber tritt Beharrungszustand ein.

Es ist, nachdem die Vorteile der Zwischendampfentnahme allgemeines Verständnis gefunden hatten, eine ganze Anzahl von Konstruktionen solcher selbsttätig wirkenden Druckregler entstanden, die sich der jeweiligen Konstruktion der Steuerung der Maschine anpassen. Die meisten sind patentrechtlich geschützt. Außerdem hat sich unter den maßgebenden Maschinenfabriken ein „Konzern für Zwischendampfverwertung" gebildet[1].

Die Bestimmung des Dampfverbrauchs der Maschinen mit Zwischendampfentnahme in dem hier beschränkten Rahmen vollständig zu entwickeln, ist nicht möglich; es muß deshalb auf die Spezialabhandlungen verwiesen werden. An Versuchen sind bisher verhältnismäßig nur wenige zuverlässige veröffentlicht worden. Infolge der Schwierigkeiten, welche bei der Feststellung der Entnahmemenge entstehen, sind noch dazu manche dieser Veröffentlichungen mit Vorsicht aufzunehmen[2]. Andererseits lassen sich auch die bei der ausgeführten Maschine nachträglich auftretenden Verhältnisse nicht genau von vornherein feststellen, so daß hier Unterschiede von 10 und 20 Proz. auch bei genauester Berechnung und Aufzeichnung der zu erwartenden Diagramme vorkommen; weicht doch oft bei der normalen Maschine der nachträglich an der ausgeführten Maschine gemessene Dampfverbrauch von den garantierten Dampfverbrauchsziffern ganz erheblich ab, wie viele in der Zeitschr. d. Ver. deutsch. Ing. veröffentlichten Abnahmeversuche zeigen. Bei der für Zwischendampfentnahme eingerichteten Dampfmaschine sind diese Abweichungen daher ebenso erklärlich, zumal hier noch der Druck im Aufnehmer von vornherein nicht genau festgestellt werden kann.

Wir müssen uns daher in dem einen wie im andern Falle mit angenäherten Berechnungswerten begnügen.

In seinem bei *Julius Springer*, Berlin, erschienenen Buche „Zwischendampfverwertung" hat Dr.-Ing. *E. Reutlinger* die Berechnung des Dampfverbrauches bei Kolbenmaschinen und Turbinen mit Zwischendampf eingehend entwickelt, weshalb hierauf verwiesen werden muß.

Der Dampfverbrauch der Dampfmaschine und der Anzapfturbine wächst mit der Entnahmemenge, und zwar (auch nach Abzug der Entnahmemenge) auf die Einheit der Leistung bezogen. Der Wirkungsgrad, d. i. also das Verhältnis des theoretischen zum tatsächlichen Dampfverbrauche, wird kleiner, je größer die Dampfentnahme ist.

Außerdem ist der spezifische, d. h. der auf die Leistungseinheit bezogene Dampfverbrauch abhängig vom Drucke im Aufnehmer, was ja ohne weiteres

---

[1] Beschreibungen der Druckregler finden sich in *Reutlinger*, Zwischendampfverwertung; *Schneider*, Über die Verwertung des Abdampfes und Zwischendampfes (beide im Verlage von *Julius Springer*, Berlin); sowie in der Zeitschr. d. Vereins deutscher Ingenieure 1912.

[2] Es ist nicht leicht, an einer ausgeführten und womöglich weit verzweigten Anlage alle die Dampfmengen zu bestimmen, die für die einzelnen Sonderzwecke der Maschine entnommen werden. Einfacher wären die Messungen durch den Einbau von Dampfmessern; aber auch diese sind nicht absolut zuverlässig.

dadurch verständlich wird, daß der Druck im Aufnehmer den Gegendruck auf den Hochdruckzylinder darstellt.

Je nach der Größe der Entnahmemenge richtet sich nun die Füllung im Hochdruck- bzw. Niederdruckzylinder und hiernach ebenso der jeweilige Enddruck. Die Ermittlung dieser Enddrücke ist bei der Kolbenmaschine nicht ohne Aufzeichnen des Indikatordiagrammes durchführbar. Einfacher gestaltet sich die Rechnung bei der Anzapfturbine.

Reutlinger hat nun folgende Gleichung für die Bestimmung der Zunahme des Dampfverbrauchs aufgestellt:

$$Z = \frac{E}{1 + \dfrac{W_H}{W_N} \cdot \dfrac{\eta_H}{\eta_N}} \tag{1}$$

worin

Z die Mehrfüllung im Hochdruckteile, d. h. den Zuwachs an Dampfverbrauch der Maschine infolge von Zwischendampfentnahme für
1 kg Dampfverbrauch der normalen Maschine bei gleicher Belastung
bedeutet.

(Wenn also die normale Dampfmaschine für 1 PS Leistung n kg Dampf verbraucht, so müssen der Maschine bei Entnahme: $n + nZ$ kg zugeführt werden.)

Ferner ist

E die Entnahme für je 1 kg Dampfverbrauch der normalen Maschine
und $E \cdot 100$ alsdann die Entnahme in % des Dampfverbrauchs,

W_H u. W_N sind in obiger Gleichung die aus dem J.-S.-Diagramm zu ent-
nehmenden Wärmegefälle des Hochdruck- bzw. Niederdruckteiles und

η_H bzw. η_N die betreffenden Wirkungsgrade der beiden Teile.

Für die **verlustlose** Maschine gilt, zumal man hier vollkommene Expansion annehmen kann, die Gleichung

$$Z_{th} = \frac{E}{1 + \dfrac{W_H}{W_N}} \tag{2}$$

Die genaue Berechnung der Zunahme Z des Dampfverbrauches bei verschiedenen Entnahmemengen gestaltet sich besonders bei den Kolbenmaschinen deshalb schwierig, weil infolge des Verhältnisses der Füllungen auch noch andere, stets wechselnde Momente in Betracht zu ziehen sind. Diese Ermittlungen sind aber Angelegenheit der Maschinenfabriken und können hier nicht ausführlich behandelt werden[1].

Wir beschränken uns deshalb auf einen Vergleich der Beziehungen der verlustlosen Maschine zu den an ausgeführten Maschinen durch Versuche festgestellten Resultaten. Soweit solche vorliegen, sind sie von *Reutlinger* in der bereits oben erwähnten Abhandlung sehr sorgfältig zusammengestellt und behandelt worden.

---

[1] Vgl. auch *Grabowsky*: Dampfverbrauch von Maschinen mit Gegendruck und Zwischendampfentnahme. Verlag von *A. Seydel*, Berlin 1914.

Die Zunahme des Dampfverbrauches der verlustlosen Maschine in Abhängigkeit von der Entnahmemenge und dem Wärmegefälle ist durch die von *Reutlinger* aufgestellte Formel in einfachster Weise zu ermitteln. Wir vergleichen nun die so gefundenen Werte mit denen der unter gleichen Verhältnissen arbeitenden, ausgeführten Maschine und erhalten damit ein für die vorliegenden Zwecke hinreichend genaues Bild, aus dem wir die etwa durch die Zwischendampfeinrichtung entstehenden Ersparnisse, deren Ermittlung ja der Hauptzweck unserer Betrachtungen ist, feststellen können.

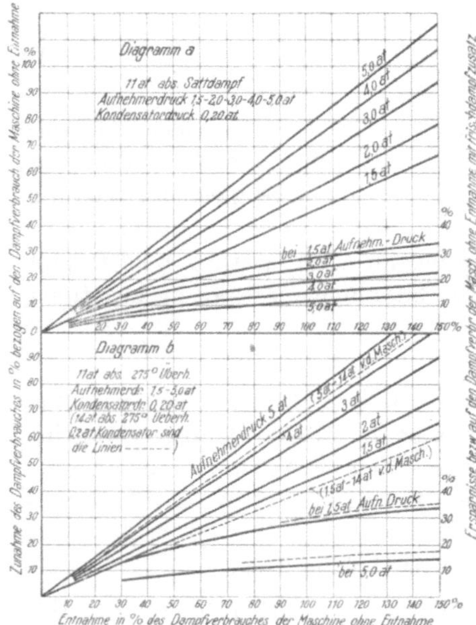

Fig. 156a und b.

Die uns zunächst interessierende Zunahme des Dampfverbrauches der Zwischendampfmaschine hängt wesentlich von der Höhe des Zwischen- oder Anzapfdruckes und von der Entnahmemenge ab, viel weniger vom Dampfdrucke bzw. der Temperatur des Dampfes vor der Maschine, wie die nebenstehenden Diagramme (Fig. 156a u. b) zeigen, sie sind nach der oben angegebenen Gleichung (2)

$$Z_{th} = \frac{E}{1 + \dfrac{W_H}{W_N}}$$

also für die verlustlose Maschine berechnet und enthalten, in Prozenten ausgedrückt, die Zunahme für jedes Kilogramm des Dampfverbrauches der Maschine ohne Entnahme. Dabei ist die Entnahmemenge auf den Gesamtdampfverbrauch der Maschine ohne Entnahme bezogen und ebenfalls in Prozenten ausgedrückt.

Eine Maschine erfordere z. B. für 1 PS und Std. 6 kg Dampf und besitze eine Leistung von 500 PS, so beträgt ihr Dampfverbrauch $500 \cdot 6 = 3000$ kg. Die Entnahmemenge sei stündlich 1500 kg; damit erreicht sie eine Höhe von 50 Proz. Ist — wie im Diagramm — der Anfangsdruck 11 Atm abs. und hat man es mit gesättigtem Dampfe zu tun, beträgt der Entnahmedruck 2 Atm und der Kondensatordruck 0,20 Atm, so ergeben sich aus dem J.-S.-Diagramme für die verlustlose Maschine:

das Wärmegefälle des Hochdruckzylinders von dem Dampfdrucke 11 Atm auf 2 Atm: $W_H = 71$ w,

das Wärmegefälle des Niederdruckzylinders von dem Dampfdrucke 2 Atm auf 0,20 Atm: $W_N = 76$ w,

und es folgt, da $E = 0,5$ ist,

$$Z_{th} = \frac{0,5}{1 + \dfrac{71}{76}} = 0,2585$$

oder, wie das Diagramm Fig. 156a zeigt, 26 Proz. Die Maschine erfordert also bei stündlicher Entnahme von 1500 kg für 1 PS nicht mehr 6 kg, sondern

$$6 + 0{,}26 \cdot 6 = 7{,}56 \text{ kg Dampf,}$$

es sind ihr also bei 500 PS

$$500 \cdot 7{,}56 = 3780 \text{ kg}$$

zuzuführen.

Betrüge der Entnahmedruck nur 1,5 Atm, so wäre die prozentuale Zunahme, bei sonst gleichen Verhältnissen, nicht 26 sondern nur 22 Proz.

Die Maschine würde also

$$500 \,(6 + 0{,}22 \cdot 6) = 3660 \text{ kg}$$

Dampf erfordern.

Inwieweit die Überhitzung die Dampfverbrauchszunahme beeinflußt, geht aus einem Vergleich des Diagrammes Fig. 156a mit 156b hervor.

Bei 11 Atm und 275° Überhitzung ist die Zunahme des Dampfverbrauchs nur um wenige Prozente geringer als bei Sattdampf und gleichem Drucke, dagegen ist der Unterschied schon größer bei 14 Atm und 275° Überhitzung, wie ein Vergleich mit den punktierten Linien des Diagramms Fig. 156b zeigt. Die Diagramme enthalten nun noch die Ersparnisse, die nach Maßgabe der Berechnung an der verlustlosen Maschine durch die Einrichtung der Zwischendampfentnahme erzielt werden könnten. Die Ersparnisse beziehen sich auf den Dampfverbrauch der verlustlosen Maschine ohne Zwischendampfentnahme und Ersatz des Entnahmedampfes durch Frischdampf, der den Kesseln direkt entnommen wird. Ein Beispiel erklärt die Sachlage sofort.

Nehmen wir wieder das schon oben angewendete Beispiel, an dem wir bei Entnahme von 1500 kg Dampf eine Dampfverbrauchszunahme von 26 Proz. bzw. 22 Proz. berechnet haben, wenn der Aufnahmedruck 2,0 Atm bzw. 1,50 Atm beträgt.

Die Maschine würde ohne Entnahme bei einer Leistung von 500 PS 3000 kg/Std. verbrauchen.

Die anderweitig benötigten 1500 kg müßten durch direkten Kesseldampf ersetzt werden. Der gesamte, von den Kesseln zu liefernde Dampf würde somit 3000 + 1500 = 4500 kg betragen.

Demgegenüber steht der berechnete Mehrverbrauch, der um 26 Proz. höher ist als der Dampfverbrauch der Maschine ohne Entnahme, und zwar mit 3780 kg. Der Unterschied, d. h. also die Ersparnisse, betragen demnach

$$4500 - 3780 = 720 \text{ kg/Std.}$$

und sind, bezogen auf den Dampfverbrauch der Maschine, ohne Entnahme und Zusatz von 1500 kg Frischdampf,

$$720{,}0/4500 = 0{,}16 = 16\,\%$$

wie auch die Ersparnislinie für den Aufnehmerdruck von 2 Atm zeigt.

Bei 1,5 Atm Aufnehmerdruck, bei welchem die Maschine nur 3660 kg verbrauchen würde, betragen die Ersparnisse

$$\frac{4500 - 3660}{4500} \cdot 100 = 18{,}66\,\%$$

Die Unterschiede in den Ersparnissen bei überhitztem Dampfe und bei höheren Drücken gehen aus einem Vergleiche mit dem Diagramm Fig. 156 b hervor, sie sind nur unerheblich und betragen bei größerer Entnahme nur einige Prozente.

Man darf indessen hierbei nicht außer acht lassen, daß sich Gleichung (2) auf die verlustlose Maschine, und zwar Kolbenmaschine wie Dampfturbine, beziehen, und daß zunächst bei der Berechnung der Ersparnisse der Entnahmedampf dem Frischdampfe als gleichwertig angenommen wurde. In Wirklichkeit besteht hierin ein Unterschied, da der Frischdampf seinem Wärmeinhalte nach höher zu bewerten ist als der Entnahmedampf, der — besonders bei Sattdampf vor der Maschine — im Aufnehmer als Naßdampf auftritt und daher mit Frischdampf nicht gleichwertig gesetzt werden kann.

Alsdann ist zu untersuchen, wie sich die Resultate der ausgeführten Maschine zu den Berechnungen an der verlustlosen Maschine stellen.

Bei der ausgeführten Maschine ist das Verhältnis des Wirkungsgrades des Hochdruckteiles zu dem des Niederdruckteiles zu berücksichtigen, was *Reutlinger* in seiner Formel durch

$$Z = \frac{E}{1 + \dfrac{W_H}{W_N}\dfrac{\eta_H}{\eta_N}}$$

zum Ausdrucke bringt.

Der Unterschied der ausgeführten Maschine und der verlustlosen liegt in dem Verhältnis $\frac{\eta_H}{\eta_N}$, das sich mit der Belastung ändert.

Für die genaue Berechnung, wie sie der Maschineningenieur bei Angabe der zu garantierenden Dampfverbrauchszahlen durchführen muß, sind die Werte von η_H und η_N nach den üblichen Verfahren durch Aufzeichnen der Indikatordiagramme zu ermitteln.

Für unsere Zwecke hier genügt ein Vergleich der Werte Z der ausgeführten und der verlustlosen Maschine, welcher in Zahlentafel F u. G in der letzten Spalte durch $\frac{Z_{th}}{Z_{eff}}$ wiedergegeben ist.

Das Verhältnis $\frac{Z_{th}}{Z_{eff}}$ liegt innerhalb enger Grenzen und die Werte von Z_{th} und Z_{eff} werden um so näher aneinander liegen, je geringer der Einfluß der Belastung auf den Dampfverbrauch der Maschine ohne Entnahme ist.

Durch Einfügung der Beizahl ξ

$$\xi = \frac{Z_{th}}{Z_{eff}} = \frac{\text{Zunahme des Dampfverbrauchs der verlustlosen Maschine}}{\text{Zunahme des Dampfverbrauchs der ausgeführten Maschine}}$$

kann der Dampfverbrauch für beliebige Verhältnisse immerhin mit jener Genauigkeit bestimmt werden, die für die Verwendung von Zwischendampf zu Heizungs- und ähnlichen Zwecken mit Rücksicht auf die Ungenauigkeit, mit der sich diese selbst vorausbestimmen lassen, erforderlich ist.

Es ist also die Zunahme des Dampfverbrauches der ausgeführten Maschine mit Zwischendampfentnahme auf Grund der Versuchsergebnisse:

Zwischendampfentnahme bei Turbinen. (Zahlentafel F.)

Anzapfturbine von 1000 KW Normalleistung. 13 Atm abs. vor dem Einlaßventil, 300° Überhitzung, 3,5 Atm Entnahmedruck

1	2	3	4	5		6		7	8		9	10		11	12	13
Lei-stung der Ma-schine KW	ohne Entnahme Dampf-ver-brauch pro KW kg	ohne Entnahme Der Ma-schine zuge-führte Dampf-menge kg	Entnahme in % des der Maschine ohne Entnahme zugeführten Dampfes	Dampfzuführ. einschl. Entnahmedampf ge-messen kg/KW	be-rechnet kg/KW	Zunahme auf den Dampfverbr. o. E. bezogen kg	%	$\frac{\eta_H}{\eta_N}$	Dampfverbrauch entspr. der Leistung in kg/KW bei Ent-nahme	bei ge-trenntem Betriebe	Ersparnisse gegenüber getrenntem Betriebe %	Wärmegefälle im Hoch-druck w	im Nieder-druck w	$1+\frac{W_H}{W_N}$	Z_{th} %	$\frac{Z_{th}}{Z_{eff}}$ ξ
a) Entnahme: 5000 kg																
1000	7,1	7100	70,4%	10,5	10,32	3,4	48	$\frac{1}{1,1}$	10500	12100	13,2	70	127	1,5512	45,4	0,946
750	7,4	5550	90,1%	12,0	11,99	4,6	62	$\frac{1}{1,2}$	9000	10550	14,7	70	127	1,5512	58,1	0,937
500	7,8	3900	128,2%	15,2	15,14	7,4	94	$\frac{1}{1,5}$	7600	8900	14,6	70	127	1,5512	82,7	0,880
b) Entnahme: 10000 kg																
1000	7,1	7100	Leistung von 1000 KW wird bei 10000 kg Entnahme und 90% Vakuum nicht mehr erreicht									—	—	—	—	—
750	7,4	5550	182,0	17,1	16,6	9,7	131	$\frac{1}{1,2}$	12825	15550	17,5	70	127	1,5512	117,3	0,895
500	7,8	3900	256,7	22,6	22,5	14,7	188	$\frac{1}{1,5}$	11300	13900	18,7	70	127	1,5512	165,5	0,880
Anzapfturbine der Allgem. Elektrizitäts-Gesellschaft (A. E. G.) nach *Reutlinger*, 12 Atm abs., 300° Überhitzung, Kondensatordruck 0,10, Anzapfdruck 2,0 Atm																
1000			50				30							1,845	27,04	0,901
1000			100				60							1,845	54,88	0,901
1000			200				120							1,845	108,16	0,901
500			50				40							1,845	27,04	0,676
500			100				70							1,845	54,08	0,772
500			200				125							1,845	108,16	0,865

$$Z_{eff} = \frac{E}{\xi \left(1 + \dfrac{W_H}{W_N}\right)}$$

Dem Verfasser wurden die Dampfverbrauchszahlen einer Anzapfturbine mit Drosselregulierung zur Verfügung gestellt. Sie sind in der Zahlentafel F wiedergegeben. Außerdem enthält die Tafel noch einige Daten einer A. E. G.-Anzapfturbine nach den Mitteilungen von *Reutlinger*.

Die Zahlentafel F ist folgendermaßen zu verstehen.

Die Entnahmemenge E beträgt unter a) 5000 kg, oder, da die Maschine bei 1000 KW-Leistung und 7,1 kg Dampfverbrauch für 1 KW 7100 kg verbraucht, ist

$$E = \frac{5000}{7100} = 0,704 = 70,4\ \%$$

des Dampfverbrauches ohne Zwischendampfentnahme. (Vgl. Spalte 3 und 4 der Zahlentafel F.) In Spalte 10 ist das Wärmegefälle W_H und W_N, aus dem J.-S.-Diagramme entnommen, angegeben, so daß

$$1 + \frac{W_H}{W_N} = 1,5512 \qquad \text{(Spalte 11)}$$

ist.

Daraus folgt nun für die verlustlose Maschine die Dampfverbrauchzunahme oder die Steigerung des Dampfverbrauches, die auf jedes Kilogramm Dampfverbrauch der verlustlosen Maschine entfällt, aus Gleichung (2)

$$Z_{th} = \frac{0,704}{1,5512} = 0.454 \text{ oder } 45,4\ \%.$$

Der Dampfverbrauch steigert sich daher auf

$$7,1 + 7,1 \cdot 0,454 = 10,32 \text{ kg/KW (Spalte 5)}.$$

und beträgt bei Entnahme von 5000 kg

$$1000 \cdot 10,32 = 10\ 320 \text{ kg (Spalte 5)}.$$

Gemessen wurde an der Turbine ein Dampfverbrauch von 10,5 kg/KW und Stunde.

Der gemessene Zuwachs beträgt somit

$$Z_{eff} = \frac{10,50 - 7 \cdot 1}{7 \cdot 1} = 0,479 \curvearrowright 48\ \%,$$

so daß das Verhältnis

$$\frac{Z_{th}}{Z_{eff}} = \frac{0,454}{0,479} = 0,946 = \xi$$

wie in der letzten Spalte der Zahlentafel F angegeben ist.

Zum Vergleiche des Betriebes mit Zwischendampfentnahme und des getrennten Betriebes, bei welchem an Stelle des Zwischendampfes direkter Kesseldampf entnommen wird, ist in Spalte 8 die Summe des Dampfverbrauches der Maschine ohne Entnahme und der Entnahmemenge angegeben

Die Differenz zwischen dieser Summe und dem Dampfverbrauch der Maschine mit Entnahme (im vorliegenden Falle 12 100—10 500 kg) ergibt die Ersparnisse, die dann in Spalte 9, in Prozenten auf den Dampfverbrauch der Maschine ohne Entnahme bezogen, aufgeführt sind.

Die gleiche Berechnungsweise ergibt sich für die Kolben-Dampfmaschine. Für diese sind in Zahlentafel G die Werte von ξ ebenfalls in der letzten Spalte angegeben.

Bei der Schwierigkeit, die Entnahmemenge genau festzustellen, da diese z. B. bei einer ausgeführten Anlage an einer Anzahl von Verbrauchsstellen zu gleicher Zeit gemessen werden müßte, kommen natürlich Fehler vor, welche die Genauigkeit stark beeinflussen[1].

Betrachtet man aber die nach verschiedenen Gesichtspunkten zusammengestellten Versuchswerte der Zahlentafel G, so wird man finden, daß der Wert $\xi = \dfrac{Z_{th}}{Z_{eff}}$ bei normaler und gleichbleibender Belastung der Maschine unter auch sonst gleichbleibenden Verhältnissen mit der Entnahmemenge nur wenig wächst und bei allen in der Tafel aufgeführten Maschinen — wenn man von den Werten $\xi > 1$ absieht — sich zwischen 0,87 und 0,93 bewegt. Als Mittelwert ergibt sich $\xi = 0,90$. Dagegen erscheint eine Erhöhung bei verminderter Belastung der Maschine mit dem Mittelwerte $\xi = 0,94$ [2]. Bei der Dampfturbine scheinen die Verhältnisse umgekehrt zu liegen und der Wert von ξ mit der Belastung abzunehmen. Bei voller Belastung aber dürfte ebenfalls $\xi = 0,9$ zu setzen sein.

Unter Einsetzen dieser Werte für ξ zur Vorausbestimmung des Mehrverbrauches einer Kolbendampfmaschine bei Entnahme gegenüber dem Dampfverbrauche bei normalem Betriebe und ohne Entnahme, wird man auch die Ersparnisse durch Zwischendampfentnahme angenähert ermitteln können.

Eine einfache Formel für die Berechnung derselben aus der Entnahmemenge und dem Zuwachs des Dampfverbrauches gibt *Reutlinger* durch folgende Gleichung:

$$\text{Ersparnisse} = \frac{E - Z}{1 + E}\,100 \text{ in } \%.$$

Beträgt z. B. die Entnahmemenge, wie in Versuch Nr. 18, 67,3 Proz., $E = 0,673$, und die Dampfverbrauchzunahme 32,4 Proz., $Z = 0,324$, so sind die durch die Zwischendampfentnahme erzielbaren Ersparnisse

$$\frac{0,673 - 0,324}{1 + 0,673} \cdot 100 = 20,8 \%.$$

---

[1] Die in der Zahlentafel G enthaltenen Werte von ξ größer als 1 sind jedenfalls unrichtig und wahrscheinlich auf Ungenauigkeit der Feststellung der Entnahmemenge zurückzuführen.

[2] Ein aus allen 25 Versuchen gezogener Mittelwert, mit Einschluß der Werte $\xi > 1$, ergibt die Zahl 0,919. Es erscheint somit berechtigt, für volle Belastung der Maschine $\xi = 0,90$ und für verminderte Belastung $\xi = 0,94$ anzunehmen. Einen gesetzmäßigen Zusammenhang zwischen Dampfverbrauch, Aufnahmedruck und Entnahme lassen die Versuchsresultate im übrigen leider nicht erkennen, worauf auch *Reutlinger* in seiner Abhandlung aufmerksam macht.

Diese Ersparnisse in Prozenten haben — wie oben schon bemerkt — Bezug auf den Dampfverbrauch der normalen Maschine ohne Entnahme, also der Maschine mit Kondensation und unter der Annahme, daß der Zwischendampf dem Frischdampfe gleichwertig ist.

Nach der oben angegebenen Berechnungsweise würde demnach eine Maschine von 500 PSi Normalleistung bei einem Dampfverbrauche von 6 kg PSi/Std. und einem Dampfdruck vor der Maschine von 14 Atm abs. mit 300° Überhitzung, 2,0 Atm Aufnehmerdruck und 0,10 Atm Kondensatordruck folgenden Dampfmehrverbrauch aufweisen, wenn ihr stündlich 750 kg Dampf entnommen werden:

$$E = \frac{750}{6 \cdot 500} = 0,25.$$

Angenommen $\xi = 0,9$;

$$Z = \frac{E}{0,9\left(1 + \dfrac{W_H}{W_N}\right)} = \frac{0,25}{0,9\left(1 + \dfrac{94}{104}\right)} = 0,145.$$

Der Dampfverbrauch beträgt somit

$$6,0 + 6,0 \cdot 0,145 = 6,870 \text{ kg/PSi/Std.}$$

oder

$$500 \cdot 6,870 = 3435,0 \text{ kg.}$$

Die Ersparnisse gegenüber getrenntem Betriebe mit Frischdampfzusatz ergeben sich zu

$$\frac{0,25 - 0,145}{1 + 0,25} \cdot 100 = 8,40\,\%.$$

Bei der Bestimmung der tatsächlich zu erzielenden Ersparnisse durch Zwischendampfverwertung oder Anzapfdampf müssen wir die Annahme, daß der Entnahmedampf dem Frischdampfe gleich gesetzt werden kann, fallen lassen und unsere Betrachtungen auf den Wärmewert des Entnahmedampfes erstrecken.

Der Wärmeinhalt des Zwischendampfes ist sehr verschieden, je nachdem der Dampf die Maschine überhitzt, gesättigt oder als Naßdampf verläßt.

Infolge der Expansion im Hochdruckzylinder gelangt auch der überhitzte Dampf bald in die Nähe der Grenzkurve, oder unter diese, ist also dann trockengesättigt oder sogar naß. Bei der Turbine, welche höhere Überhitzungsgrade als die Kolbenmaschine verträgt, ist der Anzapfdampf meist noch überhitzt.

Auch zur Bestimmung des Zustandes des Entnahmedampfes können wir das J.-S.-Diagramm benutzen. Wenn wir das Wärmegefälle vom Zustande des der Maschine zugeführten Dampfes bis zum Aufnehmerdrucke im J.-S.-Diagramm auftragen, so gibt uns die Lage des Endpunktes der sich als senkrechte Grade darstellenden Adiabate den Zustand des Entnahmedampfes der verlustlosen Maschine an. Liegt der Punkt noch oberhalb der Grenzkurve, so ist der Dampf überhitzt, liegt er unterhalb derselben oder trifft er auf sie, so ist er naß bzw. trockengesättigt.

Zwischendampfentnahme bei Kolbenmaschinen.[1]   (Zahlentafel G.)

Nr.	Leistung der Maschine	Dampfdruck vor der Maschine	Dampf-temperatur	Dampfdruck im Aufnehmer	Dampfdruck im Kondensator	Füllung im Hochdr.-Zylinder	Füllung im Nieder-dr.-Zyl.	Zylinder-verhältnis	Dampfverbrauch der Maschine ohne Entnahme	Dampfverbrauch der Maschine mit Entnahme	Entnahme in % des Dampfverbrauchs der Maschine ohne Entnahme E	Zunahme des Dampfverbrauches in k	Zunahme des Dampfverbrauches in %	Wärmegefälle im Hochdruckteile	Wärmegefälle im Niederdruckteile	$1+\dfrac{W_H}{W_N}$	Zunahme des Dampfverbr. der verlustlosen Maschine	$\dfrac{Z_{th}}{Z_{eff}}$
	PSi	Atm abs.	° Cels.	Atm abs.	Atm abs.	%	%		kg/PSi	kg/PSi	E in %	Z_{eff} in k	Z_{eff} in %	w	w	—	Z_{th} i. %	ξ
1	47,1	10,1	Sattdampf	2,08	0,09	17,5	12,6	1:2,9	6,16	8,47	60,2	2,31	37,5	67	102	1,657	36,3	1,03
2	46,0	10,1	"	2,54	0,10	19,2	11,0	1:2,9	6,16	8,58	69,9	2,42	39,3	57	108	1,528	45,7	0,88
3	46,7	10,1	"	2,49	0,10	27,0	3,8	1:2,9	6,16	10,63	125,5	4,47	72,5	61	105	1,581	79,3	0,910
4	47.6	10,1	"	2,11	0,09	25,2	4,2	1:2,9	6,16	10,52	127.2	4,36	70.6	67,5	101,5	1,665	76,4	0,92
5	63,3	12,1	Sattdampf	3,59	0,11	28,6	8,8	1:2,9	6,29	9,40	71,2	3,11	42,9	54	116	1,441	86,6	0,91
6	46,7	12,1	"	3,43	0,10	23,2	4,0	1:2,9	6.16	11,00	108,5	4,84	78,57	55	117	1,470	73,8	1,06
7	47,4	12,1	"	2,50	0,10	19,6	4,0	1:2,9	6,16	10,11	112,0	3,95	64,1	67,5	105	1,642	62,1	1,03
8	63,8	12,1	"	3,61	0,10	36,9	3,8	1:2,9	6,29	11,22	124,8	4,93	78,5	53	120	1,441	86,6	0,91
9	67,1	12,1	"	2,55	0,09	32,8	4,1	1:2,9	6,29	10,68	132,0	4,39	69,8	66	108	1,611	79,5	0,88
10	63,9	14,1	"	4,00	0,11	29,0	3,6	1:2,9	6,18	10,80	113,0	4,62	74,8	54	122	1,446	78,1	0,96
11	45,5	10,1	277,0	2,12	0,10	27,0	4,0	1:2,9	5,14	7,76	110,1	2,62	51,0	78	107	1,729	63,7	0,80
12	45,2	12,1	277,0	3,64	0,11	25,5	4,8	1:2,9	5,05	8,23	97,1	3,18	63,0	53.5	116,5	1,458	67,2	0,94
13	46,0	12,1	275,0	2,65	0,11	22,0	4,2	1:2,9	5,05	7,73	100,8	2,68	53,1	68,5	105	1,652	65,1	0,92
14	63,6	12,1	276,5	3,53	0,10	37,8	4,2	1:2,9	4,89	8,37	117,6	3,48	71,1	63	127	1,498	78,5	0,91
15	64,8	12,1	273,5	2,69	0,11	33,9	4,5	1:2,9	4,89	7,98	124,5	3,09	63,8	76	114	1,668	74,0	1,03
16	85,3	14,1	275,5	3,97	0,11	42,5	4,6	1:2,9	5,03	8,42	108,0	3,39	67,5	55	118	1,470	73,4	0,92
17	64,6	14,1	269,5	4,04	0,09	31,0	4,6	1:2,9	4,80	8,36	110,5	3,56	74,2	55	127	1,433	77,1	0,97
18	314,5	8,97	207	2,11	0,13	—	—	1:2,1	6,66	8,81	67,3	2,15	32,4	64	95	1,674	37,2	0,87
19	317,3	8,90	206	2,223	0,13	—	—	1:2,1	6,66	9,06	69,6	2,40	36,1	62	97	1,639	42,5	0,85
20	285,8	9,015	176	2,21	0,12	—	—	1:2,1	6,84	10,03	81,0	3,19	46,6	60	96	1,625	49,8	0,94
21	318	8.82	206	2,30	0,07	—	—	1:2,1	6,66	10,15	98,8	3,45	52,0	70	106	1,660	59,5	0,87
22	1525,4	13,05	282,1	3,00	0,175	23	26,8	1:1,79	5,53	6,27	28,05	0,74	13,4	78	104	1,750	15,97	0,84
23	1201,8	13,50	268,3	2,00	0,137	16,8	5,4	1:1,79	5,17	7,82	144,50	2,65	51,3	90	93,5	1,963	58,3	0,88
24	1195,4	13,43	275,6	3,00	0,118	23,3	1,4	1:1,79	5,46	8,78	124,25	3,32	60,8	83	105,5	1,787	69,5	0,87
25	441	11,6	260	1,82	0,093	27	5,3	1:2,16	5,00	7,94	120,0	2,94	58,9	85,5	105	1,814	66,2	0,89

[1] Diese Tafel ist dem obenerwähnten Buche von *Reutlinger* entnommen und für die vorliegende Abhandlung entsprechend erweitert worden.

Bei der ausgeführten Maschine beeinflußt der Wirkungsgrad des Hochdruckteiles das Wärmegefälle, also auch die Lage des Endpunktes der Adiabate (die dann eigentlich nicht mehr als solche bezeichnet werden kann, da sie zur Polytropen wird). Ist der Wirkungsgrad des Hochdruckteiles bekannt, so ist das theoretische Wärmegefälle mit ihm zu multiplizieren und dieses Produkt im Maßstabe der Wärmeeinheiten im J.-S.-Diagramme auf die Adiabaten aufzutragen. Der Schnittpunkt einer von diesem so gewonnenen Punkte aus gezogenen Horizontalen mit der Drucklinie des Aufnehmerdruckes gibt dann den Zustand des Entnahmedampfes an.

Der Wirkungsgrad des Hochdruckteiles ist von dem Grade der Überhitzung des Dampfes vor der Maschine, von der Höhe des Aufnehmerdrucks, sowie von der Entnahmemenge, also vom Füllungsgrade, abhängig.

Nach *Reutlinger* ist er, bei Kolbenmaschine, mit zunehmendem Aufnehmerdruck und zunehmender Füllung

für Sattdampf: $\eta_H = 0{,}65$ bis $0{,}75$,

für überhitzten Dampf, etwa bis $275°$: $\eta_H = 0{,}75$ bis $0{,}85$,

für höhere Überhitzung: $\eta_H = 0{,}85$ bis $0{,}90$,

für Dampfturbinen gibt *Reutlinger* an $\eta_H = 0{,}55$ und darüber.

Infolge eines Wärmeüberganges von den Zylinderwandungen an den Dampf während der Expansion und eines Umsetzens der Schaufelreibung u. a. Widerstände in der Turbine in Wärme findet ein Nachverdampfen statt, so daß eine Erhöhung des Wärmeinhaltes stattfindet, was auch die genauere Berechnung des Endzustandes des Dampfes erschwert.

Rechnerisch kann der Wärmeinhalt unter Annahme eines Wirkungsgrades aus der nachstehenden Gleichung ermittelt werden, in welcher i_1 den Wärmeinhalt des Dampfes vor der Maschine, i_2 den des Dampfes am Ende der Expansion im Hochdruckteile der verlustlosen Maschine und ferner η_H den Wirkungsgrad des Hochdruckteiles bezeichnen.

Dann ist der wirkliche Wärmeinhalt i_e des Entnahmedampfes:

$$i_e = i_1 - (i_1 - i_2)\,\eta_H.$$

Z. B. Eine Maschine arbeite mit 11 Atm abs. und $260°$ Überhitzung. Der Aufnehmerdruck betrage 2 Atm, der Wirkungsgrad des Hochdruckzylinders sei mit 0,80 angenommen, dann ist $i_1 = 707{,}0$ w und nach dem J.-S.-Diagramme $i_2 = 627{,}5$ w.

$$i_1 - i_2 = (707{,}0 - 627{,}5) = 79{,}5.$$

Dieses Wärmegefälle wird aber bei der ausgeführten Maschine tatsächlich nur zu 80 Proz. in Arbeit umgesetzt, es ist also der Wärmeinhalt des Dampfes im Aufnehmer

$$i_e = 707{,}0 - (707{,}0 - 627{,}5) \cdot 0{,}8 = 643{,}4 \text{ w.}$$

Die Dampftabelle weist für 2,0 Atm eine Gesamtwärme $\lambda = 645{,}6$ auf, demnach liegt der Zustand des Dampfes im Aufnehmer unterhalb der Grenzkurve, er ist also naß. Sein Dampfgehalt x und sein Wassergehalt $(1 - x)$ ergeben sich aus

$$i_e = q + x \cdot r\,^1$$

worin q und r die Flüssigkeits- und Verdampfungswärme des trocken gesättigten Dampfes nach den Dampftabellen und x den spezifischen Dampfgehalt bezeichnen.

Da hiernach $q = 119{,}9$ und $r = 525{,}7$ w sind, so ist

$$x = \frac{643{,}4 - 119{,}9}{525{,}7} = 0{,}996.$$

Der Wassergehalt $(1 - x) = 0{,}004$.

Der Dampf ist also fast trocken gesättigt, was auch aus der oben erwähnten zeichnerischen Ermittlung im J.-S.-Diagramme ersichtlich ist.

Würde nun an Stelle des Entnahmedampfes direkter Kesseldampf verwendet, und sein Druck durch Drosselung auf die gleiche Höhe des Aufnehmerdruckes, also auf 2 Atm herabgemindert, so änderte sich der Wärmeinhalt des Dampfes nur insoweit, als die in ihm enthaltene Energie zur Erzeugung der Strömungsgeschwindigkeit in der an den Kessel angeschlossenen Leitung aufzuwenden ist, wenn Wärmeverluste nach außen nicht bestehen.

Die allgemein gültige Gleichung für strömende Bewegung von Flüssigkeiten ist:

$$A\,\frac{w_1{}^2}{2g} + i_1 = A\,\frac{w_2{}^2}{2g} + i_2,$$

worin A das Wärmeäquivalent der Arbeitseinheit,

    w_1 die Geschwindigkeit des Dampfes vor der Drosselstelle,

    w_2 die Geschwindigkeit hinter ihr, und

i_1 und i_2 die Wärmeinhalte vor und nach der Drosselung bezeichnen.

Ist also der Zustand des Dampfes vor der Drosselung bekannt (er kann in nicht allzugroßer Entfernung vom Kessel, wie in diesem selbst bzw. wie hinter dem Überhitzer angenommen werden), so ist es leicht, nach obiger Gleichung den Wärmeinhalt hinter der Drosselstelle zu ermitteln.

Nehmen wir z. B. an, der Dampf habe, wie oben, einen Druck von 11 Atm abs. und einen Wärmeinhalt von 707,0 w, er werde in einer kurzen Rohrleitung bis zur Drosselstelle mit einer Geschwindigkeit $w_1 = 10$ m geführt, dann werde sein Druck auf 2 Atm herabgemindert, und in der folgenden Leitung nehme er eine Geschwindigkeit $w_2 = 45$ m an, dann ist sein Wärmeinhalt nach der Drosselung

$$i_2 = A\left(\frac{w_1{}^2}{2g} - \frac{w_2{}^2}{2g}\right) + i_1,$$

wofür man auch schreiben kann

$$i_2 = i_1 - A\,\frac{w_2{}^2 - w_1{}^2}{2g}.$$

Für das vorliegende Beispiel ist

$$i_2 = 707 - \frac{1}{427} \cdot \frac{45^2 - 10^2}{2 \cdot 9{,}81}$$

$$i_2 = 707{,}0 - 0{,}23 = 706{,}77 \text{ w}.$$

---

[1] An Stelle der Flüssigkeitswärme q müßte hier der Wärmeinhalt der Flüssigkeit i eingesetzt werden. Vgl. Abschn. III, Seite 40. Der Unterschied ist indessen belanglos.

Man ersieht hieraus, daß auch bei erheblicher Geschwindigkeitszunahme der Wärmeinhalt vor und hinter der Drosselstelle praktisch als gleich betrachtet werden kann.

Dem auf 2,0 Atm reduzierten Hochdruckdampfe von 706,77 w steht nun der Entnahmedampf mit 643,4 w gegenüber.

Bei einem Wärmebedarfe von 1 000 000 w müßten demnach, sofern der Dampf bis zu seiner Verflüssigung abgekühlt wird, mit Entnahmedampf

$$\frac{1\,000\,000}{643,4 - 119,9} = 1910,2\ \text{kg}$$

mit reduziertem Frischdampfe

$$\frac{1\,000\,000}{706,77 - 119,9} = 1703,9\ \text{kg}$$

Dampf aufgewendet werden, also 206,3 kg weniger als bei Entnahmedampf.

Unter Berücksichtigung dieses Umstandes ergeben sich nun die Ersparniszahlen, wie nachstehendes Beispiel zeigen soll.

Eine Kolbendampfmaschine von 500 PSi arbeite unter folgenden Verhältnissen:

Dampfdruck	$p =$	11 Atm (abs.)
Dampftemperatur		260°
Entnahmedruck	$p_e =$	2,0 Atm
Druck im Kondensator	$p_o =$	0,10 Atm
Temperatur im Kondensator		45,4°
Dampfverbrauch pro PSi und Stunde	$D_i =$	5,4 kg
Entnahmemenge pro Stunde		1910,2 kg

Entnahme, bezogen auf den Dampfverbrauch der Maschine ohne Entnahme . . . $\dfrac{1910,2}{500 \cdot 5,4} \cdot 100 =$ 70,75 Proz.

Wärmegefälle	$W_H =$	79,5
	$W_N =$	103,5
Beizahl (angenommen)	$\xi =$	0,90
Wärmeinhalt des Entnahmedampfes	$i_2 =$	643,4
Wärmeinhalt des auf 2,0 Atm reduz. Hochdruckdampfes	$i_r =$	706,77

Hierbei ist die Zunahme des spez. Dampfverbrauchs

$$Z = \frac{E}{\xi\left(1 + \dfrac{W_H}{W_N}\right)} = \frac{0,7075}{0,9\left(1 + \dfrac{79,5}{103,0}\right)} = 0,4446 \text{ oder } 44,46\,\%.$$

Demnach der Dampfverbrauch für 1 PSi bei Entnahme von 1910,2 kg

$$(5,4 + 0,4446 \cdot 5,4) = 7,80\ \text{kg}.$$

Der Dampfverbrauch bei 500 PSi mit Entnahme 3900 kg.

Der Dampfverbrauch bei 500 PSi ohne Entnahme 2700 kg.

Bei getrenntem Maschinen- und Heizbetriebe sind nun nicht 1910,2 kg Entnahmedampf von 2,0 Atm und 643,4 w, sondern nur 1703,9 kg von

2,0 Atm mit 706,77 w zur Deckung des Wärmebedarfs von 1 000 000 w in die Berechnung einzusetzen.

Es werden also bei getrenntem Betriebe

$$2700 + 1703,9 = 4403,9 \text{ kg}$$

insgesamt verbraucht, woraus sich nun die Ersparnisse auf den Dampfverbrauch der Maschine ohne Entnahme bezogen ergeben zu

$$\frac{4403,9 - 3900,0}{2700} = 0,187 \text{ oder } 18,7\,\%.$$

Werden dagegen Entnahmedampf und Frischdampf als gleichwertig angenommen, so betragen die Ersparnisse

$$\frac{2700 + 1910,2 - 3900,0}{2700} = 0,263 \text{ oder } 26,3\,\%.$$

Der Unterschied ist also nicht unerheblich; woraus hervorgeht, daß zur Ermittlung der Ersparnisse Frischdampf und Entnahmedampf nicht ohne weiteres als gleichwertig angesehen werden können.

Ein Gleichsetzen des Frischdampfes mit dem Entnahmedampfe wäre nur dann zulässig, wenn der Frischdampf aus besonderen Kesseln ohne Überhitzer mit 2,0 Atm Betriebsdruck entnommen werden müßte. Bei der Entnahme des Dampfes aus denselben Kesseln, aus welchen die Maschine gespeist wird, ergeben sich für das betrachtete Beispiel die Ersparnisse um 7,6 Proz. geringer, weil der hochgespannte Dampf von 11 Atm einen höheren Wärmeinhalt besitzt.

Es ist aber noch ein Umstand zu berücksichtigen. Der aus den Kesseln entnommene Frischdampf verliert durch die Drosselung von 11 Atm auf 2 Atm an Arbeitsfähigkeit, was dadurch zum Ausdrucke kommt, daß seine Entropie eine Zunahme erfährt.

Bei der Drosselung bleibt der Wärmeinhalt des Dampfes derselbe; im J.-S.-Diagramm ist daher der Drosselverlust durch eine horizontale Gerade direkt dem Diagramm zu entnehmen, wodurch der Entropiezuwachs bestimmt werden kann. Da für die thermodynamische Leistung der betreffenden Maschine die Kondensatortemperatur als Ausgang eines Normalzustandes zu betrachten ist, so ergibt sich der infolge des Drosselvorganges auftretende Verlust an nutzbarer Arbeit in Wärmeeinheiten aus dem Produkte der Entropiezunahme und der absoluten Kondensatortemperatur.

Wie das J.-S.-Diagramm (mit genügender Genauigkeit) zeigt, ist die Entropie S'' bei gleichem Wärmeinhalte 707 w

$$
\begin{aligned}
&\text{für } \ 2,0 \text{ Atm} \ \dots\dots\dots\dots\dots\dots S'' = 1,839\\
&\text{für } 11,0 \text{ Atm} \ \dots\dots\dots\dots\dots\dots S'' = 1,657\\
&\text{Entropiezunahme} \ \dots\dots\dots\dots\dots\dots \ = 0,182
\end{aligned}
$$

Diese Entropiezunahme entspricht, auf die absolute Kondensatorentemperatur (bei 0,10 Atm Kondensatordruck) von $45,4 + 273 = 318,4°$ bezogen, einem Arbeitsverluste von

$$0,182 \cdot 318,4 = 57,95 \text{ w}$$

für jedes Kilogramm Dampf.

Bei dem Verbrauche von 1703,9 kg Dampf für Heizzwecke entsteht infolge der Entropiezunahme durch die Drosselung ein Arbeitsverlust, in Wärmeeinheiten ausgedrückt, von

$$57,95 \cdot 1703,9 = 98\,741,0 \text{ w.}$$

Da die Maschine für 1 PSi 5,4 kg von 707 w, oder 3817,8 w/PSi verbraucht, so beträgt der Arbeitsverlust in indizierten Pferdestärken ausgedrückt,

$$\frac{98741,0}{3817,8} = 25,86 \text{ PSi}$$

oder von der Gesamtleistung der 500 PSi 5,17 Proz.

Zu dem gleichen Resultat gelangt man, wenn die obigen Wärmeverluste von 98741,0 w mit dem Gesamtwärmebedarfe der Maschine, also mit

$$5,4 \cdot 500 \cdot 707 = 1\,908\,900 \text{ w}$$

in Vergleich gezogen werden, $\dfrac{98741}{1908900} = 0,0517$

Auf diese Weise erhöhen sich die Ersparnisse durch Zwischendampfentnahme von 18,7 auf 23,87 Proz. und erreichen daher beinahe den Prozentsatz, der sich bei Annahme des gleichen Wertes für Entnahmedampf und Frischdampf ergibt.

Was also bei Verwendung von gedrosseltem Frischdampfe weniger den Kesseln entnommen wird, das geht wieder — wenigstens teilweise — an Arbeit verloren. Es empfiehlt sich daher, Ermittlungen hierüber anzustellen, wie sich die Verhältnisse im einzelnen Falle gestalten.

3. Abwärmeverwertung bei Dieselmotoren.

Zur Vervollständigung des Abschnittes der Abwärmeverwertung müssen auch die Verbrennungsmotoren, insbesondere der Dieselmotor, erwähnt werden. Der Dieselmotor hat sich der Kolbendampfmaschine und der Dampfturbine ebenbürtig gezeigt. In der Ausnutzung des ihm zugeführten Brennstoffes ist er der Dampfmaschine sogar überlegen; indessen sind bei der Wahl zwischen Dieselmotor oder Dampfmaschine zur Beurteilung ihrer Wirtschaftlichkeit im allgemeinen die Gesamtkosten, also die Brennstoffkosten und die Verzinsung und Tilgung der Anschaffungskosten, in Betracht zu ziehen. Hierbei wird ein fachmännisches Urteil nicht immer zugunsten des Dieselmotors ausfallen, und zwar besonders dann nicht, wenn auch die Ausnutzung der Abwärme in diesen Vergleich hineingezogen wird, obwohl der Dieselmotor durch Fortfall der Kesselanlage und dem hierzu nötigen Gebäude in bezug auf die Anlagekosten im Vorteil zu sein scheint.

Bei der Abwärmeverwertung der Verbrennungsmotore kommt die im Kühlwasser und in den Auspuffgasen enthaltene Wärme in Betracht.

Da der Verbrennungsmotor mit einem höheren thermischen Wirkungsgrade als die Dampfmaschine arbeitet, so ist dementsprechend auch die Abwärme prozentual geringer. Eine Kolbendampfmaschine erfordert etwa 3500 bis 5000 w für 1 PSe, während die nachstehende **Zahlentafel C** für

Zahlentafel A.[1]

Heizwert, Luftbedarf und Ausnutzung der motorischen Brennstoffe.

(Die Angaben für feste und flüssige Brennstoffe sind in kg, für gasförmige in cbm gemacht. η_e ist der effektive Wirkungsgrad.)

| Brennstoff | Unterer Heizwert für 1 cbm bzw. 1 kg | Luftbedarf | | Brennstoffverbrauch C in cbm bzw. kg für 1 PS eff. und Stunde | | | | | | | | | |
| | | theoretisch für 1 cbm bzw. 1 kg | wirklich für 1 cbm bzw. 1 kg | 5 PSe | | 10 PSe | | 25 PSe | | 50 PSe | | 100 PSe und mehr | |
	w	cbm	cbm	C	η_e	C	η_e	C	η_e	C	η_e	C	η_e
Leucht-gas { arm	4500	5,5	7,5	0,70	0,20	0,63	0,22	0,58	0,24	0,54	0,26	0,525	0,27
gewöhnlich	5000	bis	bis	0,63	0,20	0,57	0,22	0,52	0,24	0,48	0,26	0,47	0,27
desgl.	5500			0,58	0,20	0,52	0,22	0,48	0,24	0,44	0,26	0,43	0,27
reich	6000	6,5	10,0	0,53	0,20	0,475	0,22	0,44	0,24	0,40	0,26	0,39	0,27
Kraft-gas { bezogen auf Anthracit	7500	—	—	—	—	0,58	0,15	0,50	0,17	0,45	0,19	0,40	0,21
„ auf dessen Gas	1250	0,85	1,1	—	—	2,70	0,19	2,4	0,21	2,2	0,23	2,1	0,24
bezogen auf Koks	7000	—	—	—	—	0,65	0,14	0,56	0,16	0,50	0,18	0,45	0,20
„ auf dessen Gas	1150	1,1	1,5	—	—	2,90	0,19	2,6	0,21	2,4	0,23	2,3	0,24
bezogen auf Braunkohle	5500	—	—	—	—	0,8	0,14	0,7	0,16	0,6	0,19	0,55	0,21
„ auf deren Gas	1100	1,0	1,4	—	—	3,5	0,18	3,0	0,20	2,8	0,23	2,6	0,24
Hochofen-Gichtgas	950	0,75	1,0 bis 1,2	—	—	3,7	0,18	3,3	0,20	3,0	0,22	2,8	0,27
Koksofengas	4500	5,3	7,0	—	—	1,0	0,17	0,85	0,19	0,75	0,21	0,70	0,23
Rohöl { in Gleichdruckmotor · Dieselmotor	10000	11,0	18 bis 20	0,25	0,25	0,24	0,26	0,23	0,27	0,21	0,30	0,20	0,316
Petroleum (in Verpuffungsmotor)	10500	11,5	16 „ 22	0,55	0,11	0,50	0,12	0,46	0,13	—	—	—	—
Benzin	11000	11,5	15 „ 20	0,30	0,19	0,28	0,21	0,25	0,23	—	—	—	—
Benzol	9500	9,5	10 „ 15	0,28	0,24	0,26	0,26	0,24	0,27	0,23	0,29	—	—
Rohspiritus (von 90%)	5700	6,0	8 „ 12	0,50	0,22	0,46	0,24	0,42	0,26	—	—	—	—

[1] Aus „Hütte“, 21. Auflage. Berlin, Verlag Wilhelm Ernst & Sohn.

Zahlentafel B.
Zunahme des Brennstoffverbrauches für 1 PSe/Std. bei Teilbelastung.

Belastung	voll	$^3/_4$	$^1/_2$	$^1/_4$
		Verhältnis der Zunahme		
bei Leuchtgasmotoren	1,0	1,15 bis 1,25	1,40 bis 1,50	1,75 bis 2,0
bei Sauggasanlagen	1,0	1,20 „ 1,30	1,45 „ 1,60	1,90 „ 2,25
bei kleinen Benzin- oder Benzolmotoren	1,0	1,25 „ 1,40	1,50 „ 1,75	2,25 „ 2,50
bei Gleichdruckölmotoren	1,0	1,10 „ 1,15	1,20 „ 1,25	1,50 „ 1,60

Dieselmotoren in Spalte 20 nur 1800 bis 2300 w als Wärmeaufwand für 1 PSe aufweist. Daraus geht schon ohne weiteres hervor, daß auch die auf 1 PSe bezogene Abwärme bei dem Dieselmotor — wie überhaupt bei den Verbrennungsmotoren — wesentlich geringer sein muß als bei der Kolbendampfmaschine.

Bei der Dampfturbine liegen die Verhältnisse ganz ähnlich. Aus diesem Grunde wird da, wo eine günstige Ausnützung der Abwärme vorliegt, wo also während des ganzen Jahres ein Bedarf von größeren Wärmemengen für Heiz-, Trocken- und ähnliche Zwecke besteht, die Dampfmaschine ohne weiteres dem Verbrennungsmotor überlegen sein, wenn auch bei dem Verbrennungsmotor der thermische Wirkungsgrad, auf die effektive Pferdestärke bezogen, wesentlich höher ist, wie ein Vergleich der Spalte 23 der nachstehenden Zahlentafel C mit den Zahlentafeln für Kolbenmaschine und Dampfturbine auf S. 299 und 310 sofort ergibt.

Die Ausnutzung der Abwärme eines Verbrennungsmotors kann sich auf die im Kühlwasser oder in den Abgasen enthaltene Wärme, oder auf beide zugleich, erstrecken, und es besteht die Frage, welche Abwärmemengen alsdann zur Verfügung stehen.

Es sei sogleich vorausgeschickt, daß auch hier nur eine angenäherte Berechnung durchgeführt wird, wie im betreffenden Abschnitte über Dampfmaschinen.

Über den Brennstoffverbrauch und die Ausnutzung des Brennstoffes macht die „Hütte" die in der vorstehenden Zahlentafel A enthaltenen Angaben (zu denen noch zu bemerken ist, daß für Sauggasanlagen 10 bis 15 Proz. eines vollen Tagesverbrauches für Anheizen und Rückbrand bereits eingerechnet sind). Die angegebenen Werte entsprechen wirklichen Betriebsverhältnissen bei annähernd voller Belastung der Maschine. Gut vorbereitete Abnahmeprüfungen und Leistungsversuche können unter Umständen daher günstigere Werte aufweisen. Die Angaben der Zahlentafel A über den wirklichen Luftbedarf zur Verbrennung von 1 cbm bzw. 1 kg Brennstoff sind als Mindestbedarf bei Höchstleistung der Maschine aufzufassen.

Für die festen und flüssigen Brennstoffe gelten die Angaben der Zahlentafel in kg, für die gasförmigen in cbm. So beträgt z. B. nach Zahlentafel A der Brennstoffverbrauch eines 25 PS Sauggasmotors mit Anthrazit in einer Stunde 0,5 kg Anthrazit bzw. 2,4 cbm Kraftgas, der eines Leucht-

Zahlentafel C.
Brennstoffverbrauch und Wärmemengen bei Dieselmotoren.

(Zum Teil der Zeitschrift des Vereins deutscher Ingenieure, z. T. dem Werke *Güldner*, Entwerfen und Berechnen von Verbrennungsmotoren, Springer, Berlin, entnommen.

1	2	3	4	5	6	7	8	9	10	11	12	13	14	15	16	17	18	19	20	21	22	23	24	25	26
Normalleistung / Fabrikant / Umdrehungszahl	effektive Leistung	Belastung	indizierte Leistung	mechanischer Wirkungsgrad	Brennstoffverbrauch pro Stunde	Kühlwasser: Verbrauch pro Stunde	Kühlwasser: Austritttemperatur	Kühlwasser: Temperaturzunahme	Kühlwasser: Wärmeinhalt	Kühlwasser: für 1 PSe und Stunde abgeführte Wärme	Brennstoff: Art	Brennstoff: Wärmeleistung	Brennstoff: Luftverbrauch	Brennstoff: Lufttemperatur	Auspuffgase: Austritttemperatur	Auspuffgase: Temperaturzunahme	Auspuffgase: Wärmeinhalt	Auspuffgase: für 1 PSe und Stunde abgeführte Wärme	für 1 PSe und Stunde verbrauchte Wärme Q_1	in Kühlwasser und Auspuffgase abgeführte Wärme Q_2	Verluste der Maschine Q_3	thermischer Wirkungsgrad η_e auf d. effektive Leistung bezogen	Verluste in Proz.	in Kühlwasser u. Auspuff abgeführte Wärme in Proz.	Gesamtwärme in Kühlwasser und Auspuff von 0° an
	PSe	—	PSi	η_m	g/PSe	kg/PSe	°C	°C	w/PSe	w/PSe	—	w	kg/kg	°C	°C	°C	w/PSe	w/PSe	w/PSe	w/PSe	w/PSe	%	%	%	w/PSe
I. 70 PSe Masch-Fabr. Augsburg 1902 159 U/min.	86,6	1,2	106,4	81,4	188	—	67	56	—	—	russ. Petroleum	10 300	22,5	25	468	443	497	470	1936	—	—	—	—	—	—
	69,6	1,0	88,0	79,1	192	8.3	77	66	639	548					342	317	371	343	1978	891	454	31,95	23,0	45,04	1010
	69,6	1,0	88,2	78.9	193	12,3	69	58	849	713					345	320	376	349	1988	1062	294	31,80	14,7	53,42	1225
	53,0	0,8	72,1	73,6	201	7,9	73	62	577	490					335	310	380	352	2070	842	596	30,5	28,8	40,70	957
	34,9	0,5	52,7	66,2	204	4,0	74	63	296	252					237	212	273	244	2307	548	1127	27.4	48,8	23,80	509
II. 8 PSe wie vor. 270 U/min.	10,04	1,25	12,63	79,4	174	9,8	75	64	735	627	russ. Rohöl	10 300	22,5	25	—	—	—	—	1792	—	—	35,3	—	—	—
	8,88	1,11	11,37	78,1	178	15,2	63	52	958	790					—	—	—	—	1833	—	—	34,4	—	—	—
III. 300 PS Gebr. Sulzer 1911 160 U/min.	370,7	1,23	451,8	82	189	15.8	54,3	32,3	858	510	galiz. Rohöl	10 080	23,8	23	553	530	623	597	1907	1107	168	33,14	8,8	58,06	1481
	291,4	0,97	372,5	78	187	14,9	55,5	34,5	827	514					497	474	554	528	1886	1042	212	33,51	11,2	55,29	1381
	220,8	0,73	301,9	73	193	15,9	—	—	—	—					390	367	448	422	1947	—	—	32,46	—	—	—
	116,9	0,39	198,0	59	235	30,9	51,7	26,4	1598	816					290	267	389	358	2371	1174	565	26,65	23,8	49,55	1987
IV. 250 PS Ludw. Nobel Petersburg	251,3	1,0	340,6	74	201	13,0	54,3	37,1	706	482	Naphtha	10 876	4,97	32	400	368	552	508	2186	990	564	28,9	25,8	45,3	1258
	202,6	0,8	273,8	74	198	13,7	52,5	35,3	719	483			5,13	32	385	353	549	503	2153	986	535	29,3	24,8	45,9	1268
	152	0,6	213,8	71	200	15,8	53,2	36,0	835	565			5,10	31	340	309	483	439	2175	1004	539	29,1	24,7	46,2	1318
	131	0,5	187,7	70	200	13,8	55,1	37,1	760	512			4,89	31	330	299	450	408	2175	1062	481	29,1	22,7	48,8	1210

gasmotors von 50 PSe mit einem Gase von 5000 w Heizwert betrieben, 0,48 cbm Leuchtgas und der eines Dieselmotors von 100 PSe mit Rohöl von 10 000 w Heizwert betrieben, 0,20 kg Rohöl für 1 PSe und Stunde.

Bei teilweiser Belastung ist der Brennstoffverbrauch entsprechend höher und hierfür gibt die „Hütte“ die in der Zahlentafel B enthaltenen Werte an. Hiernach würde der Dieselmotor von 100 PSe (bei halber Belastung das 1,2- bis 1,25fache des Brennstoffes, also 0,24 bis 0,25 kg Rohöl in der Stunde verbrauchen. (Vgl. Zahlentafel C, Versuch III, 300 PS Motor, Spalte 6.)

Der in Zahlentafel A angegebene Wirkungsgrad schließt den indizierten sowie den mechanischen Wirkungsgrad ein.

Wenn also z. B. in der Zahlentafel A der Brennstoffverbrauch für einen 100 PSe Dieselmotor zu 0,20 kg Rohöl von 10 000 w Heizwert angegeben ist, so ergibt sich der Wirkungsgrad

$$\eta_e = \frac{0,2 \cdot 10000}{632} = 0,316,$$

worin 632 die Zahl der Wärmeeinheiten für 1 PS bedeutet.

Von den $0,2 \cdot 10\,000 = 2000$ w, welche dem Motor für 1 PSe zugeführt wurden, sind also $2000 \cdot 0,316 = 632$ w in Arbeit umgesetzt worden, dagegen sind

$$2000 - 632 = 1368 \text{ w}$$

in den Auspuffgasen, im Kühlwasser und in den Wärmeverlusten der Maschine enthalten.

Inwieweit die im Kühlwasser und in den Auspuffgasen abgeführte Wärme ausnutzbar ist, richtet sich ganz nach der beiden zugehörigen Temperatur und diese ist wieder abhängig von der Menge des Kühlwassers, dem Luftüberschusse, mit dem die Verbrennung vor sich geht, und den Wärmeverlusten der Maschine.

Es ist — wie schon im Abschnitt „Wärme“ bemerkt wurde — zu berücksichtigen, daß der Wert einer Wärmemenge nach der zugehörigen Temperatur zu beurteilen ist. Ist die Temperatur nur wenig höher als die der Umgebung bzw. die desjenigen Körpers, auf den die Abwärme übertragen werden soll, so nützt auch eine noch so große Wärmemenge wenig oder gar nichts.

Will man daher die Abwärme eines Verbrennungsmotors noch verwerten, so muß die dem Kühlwasser und den Auspuffgasen angehörende Temperatur eine entsprechend höhere sein, da nur bei genügenden Temperaturunterschieden eine Wärmeübertragung praktisch durchführbar ist, zumal noch mit einem nicht ausnutzbaren Wärmerest gerechnet werden muß.

Die Zahlentafel C, welche die Versuche an vier verschiedenen Dieselmotoren wiedergibt, zeigt, daß das Kühlwasser mit etwa 50 bis 70°, die Auspuffgase mit 300 bis 500° die Maschine verlassen (vgl. Spalte 8 und 16). Die in ihnen enthaltenen Wärmemengen beziehen sich auf diejenigen Mengen an Wasser und Auspuffgasen, die auf 1 PSe entfallen und sind in Spalte 10 und 18 angegeben. Spalte 26 gibt die Gesamtwärmen von Kühlwasser und Auspuffgasen an, bezogen auf 1 PSe und von 0° an gerechnet.

Wie aus Spalte 10 hervorgeht, enthält das Kühlwasser etwa 600 bis 800 w für jede Pferdestärke bei der Belastung 1 der Maschine; die Auspuffgase enthalten (nach Spalte 18) 350 bis 550 w. Nach den in der Zeitschrift des Vereins deutscher Ingenieure 1911 von *Hottinger* veröffentlichten Versuchen an Dieselmotoren von *Gebr. Sulzer* stehen etwa 500 w/PSe aus dem Kühlwasser und 400 w/PSe aus den Abgasen zur Verfügung[1].

Die in Kühlwasser und Auspuffgasen enthaltenen Wärmemengen können nun in folgender Weise angenähert ermittelt werden:

Aus Zahlentafel A ergibt sich der Brennstoffverbrauch für 1 PSe und hiernach auch die Luftmenge, die zur vollständigen Verbrennung der für 1 PSe der Maschine zugeführten Brennstoffmenge erforderlich ist[2].

Ein Dieselmotor von 100 PSe verbrauche für 1 PSe 190 g Rohöl von 10 000 w/kg, so daß 1900 w und bei 20 cbm Luft/kg Brennstoff

$$0,190 \cdot 20 = 3,8 \text{ cbm Luft}$$

für 1 PSe erforderlich sind.

Die in den Motor eingeführte Luft möge eine Temperatur von 25° haben, sie hat dann ein Gewicht von 1,185 kg/cbm, weshalb

$$3,8 \cdot 1,185 = 4,5 \text{ kg}$$

Luft eingeführt werden.

Nehmen wir eine Temperatur der Abgase von 350° (vgl. Zahlentafel C, Spalte 16) und eine spezifische Wärme derselben $c_p = 0,24$ an, so ist die n den Auspuffgasen enthaltene Wärme

$$(4,5 + 0,19) \cdot 0,24 \cdot 350 = 393,96 \text{ w/PSe.}$$

Nicht zu verwechseln ist diese Wärmemenge mit der durch die Auspuffgase aus der Maschine abgeführten; dieselbe ist um

$$4,69 \cdot 0,24 \cdot 25 = 28,14 \text{ w}$$

geringer, da die Luft bereits mit 25° in die Maschine eintrat. Die abgeführte Wärmemenge beträgt deshalb nur 365,82 w/PSe.

Das Kühlwasser soll nach *Güldner* (Entwerfen und Berechnen der Verbrennungsmotore, Verl. v. J. Springer) etwa ein Drittel der der Maschine im Brennstoffe zugeführten Wärmemenge abführen. Wie aber aus Zahlentafel C, Spalte 11, hervorgeht, wird oft nur ein Viertel im Kühlwasser abgeführt.

Von den bei der Verbrennung entstehenden 1900 w werden 632 w in Arbeit umgewandelt, so daß demnach durch Kühlwasser, Auspuffgase und durch die Wärmeverluste, sowie die Reibungswiderstände der Maschine 1900 — 632 = 1268 w entweichen. Die Auspuffgase führen nach obiger Berechnung 366 w ab.

---

[1] Nach Beobachtungen des Verfassers läßt man gern da, wo reichlich Kühlwasser vorhanden ist, größere Mengen durch die Maschine laufen, wodurch unliebsame Störungen im Betriebe mit Sicherheit vermieden werden. Infolgedessen werden die Temperaturen sowohl des Kühlwassers als auch der Auspuffgase wesentlich niedriger; die Ausnutzungsmöglichkeit ist dementsprechend geringer.

[2] Die in Zahlentafel A angegebenen Luftmengen waren schon oben als Mindestwerte bezeichnet.

Die Verluste durch Reibungswiderstände, Strahlung und Leitung der Maschine sind sehr schwankend, sie sollen hier mit 15 Proz. der zugeführten Wärme angenommen werden (vgl. Spalte 24 der Zahlentafel C).

Für unser Beispiel würden demnach $1900 \cdot 0{,}15 = 285$ w/PSe verloren gehen, weshalb von dem Kühlwasser der verbleibende Rest, nämlich $1900 - 632 - 366 - 285 = 617$ w abzuführen sind. Bei Annahme einer Kühlwassermenge von 14 l/PSe ergibt sich eine Zunahme der Kühlwassertemperatur von

$$\frac{617}{14} = 44{,}1^\circ.$$

Hatte das Kühlwasser vor dem Eintritt in die Maschine eine Temperatur von 15°, so fließt es mit $44{,}1 + 15{,}0 = 59{,}1^\circ$ ab.

Aus der Maschine werden durch das Kühlwasser $14 \cdot 44{,}1 = 617$ w abgeführt, das Kühlwasser selbst aber enthält $14 \cdot 59 = 826$ w; hierauf ist bei dem Vergleiche der Spalten 10 und 11, ebenso bei den Auspuffgasen, Spalten 18 und 19, zu achten.

Für die Ausnutzung der Abwärme kommen die Wärmemengen in Frage, die tatsächlich in Kühlwasser und Auspuffgasen enthalten sind.

Die Art der Verwendung der Abwärme kann nun darin bestehen, daß das Kühlwasser direkt in Betrieben, wo warmes Wasser nötig ist, benutzt wird. Genügt die Temperatur des Kühlwassers nicht, so kann sie durch die Ausnutzung der Auspuffgase erhöht werden, indem man das Wasser durch einen Röhrenkessel oder sonst geeigneten Apparat fließen läßt, durch dessen Rohre die Auspuffgase und um dessen Rohre das Kühlwasser geleitet wird.

Schmiedeeiserne Apparate zur Aufnahme der Auspuffgase haben sich nicht bewährt, sie sind in nicht langer Zeit verrostet. Es werden deshalb gußeiserne Heizflächen vorteilhafter angewendet.

In ähnlicher Weise wie die Auspuffgase zum Nachwärmen des Kühlwassers benutzt werden, kann auch das Kühlwasser in Apparaten, ähnlich den Gegenstromapparaten für Ausnutzung des Abdampfes, zur Erwärmung von Flüssigkeiten herangezogen werden, sofern es sich um geringe Temperaturerhöhungen handelt oder wenn man das Kühlwasser zur Wiederverwendung abkühlen will, wobei gleichzeitig die Erwärmung einer anderen Flüssigkeit angestrebt wird. Es ist hier nur die entsprechende Wärmedurchgangszahl für Wasser durch metallene Wand an Wasser bei der Bestimmung der Heizfläche einzusetzen (vgl. Abschn. II, Wärme 6a).

Der Gedanke einer Verwendung des Kühlwassers in Warmwasserheizungen liegt sehr nahe, jedoch empfiehlt sich seine Durchführung nicht, da infolge des dauernden Wasserwechsels ein Verschlammen der Rohrleitungen und Heizkörper und Ansatz von Wasserstein zu erwarten ist.

Bei den niedrigen Temperaturen des Kühlwassers würden außerdem die Heizkörper sehr groß ausfallen, wodurch die Anlagekosten unverhältnismäßig erhöht werden.

Auch bei Verwendung immer des gleichen Kühlwassers und Vorwärmung desselben durch die Heizgase wird ein großer Vorteil nicht erreicht, so verlockend diese Idee für den ersten Augenblick erscheint.

Wir nehmen an, das Kühlwasser träte aus der Maschine mit 60° aus und könnte durch die Auspuffgase auf 80 oder 90° erwärmt werden.

Mit dieser Temperatur würde es also in die Heizkörper gelangen und — bei einem Temperaturabfalle von 30° — mit 50 bis 60° die Heizkörper wieder verlassen. Damit wäre nichts gewonnen, denn das Kühlwasser würde dann nur diejenige Wärme abgeben, die es von den Auspuffgasen selbst aufgenommen hat. — Nun müßte es noch abgekühlt werden, da Kühlwasser von 50° für die Maschine nicht verwendbar ist. — Vorausgesetzt war ja, daß immer dasselbe Wasser in der Maschine und in der Heizungsanlage zirkuliert.

Unter diesen Umständen erscheint es doch richtiger, man benutzt die in den Auspuffgasen enthaltene Wärme allein zur Erwärmung des in der Warmwasserheizung zirkulierenden Wassers, ohne Anwendung des Kühlwassers. Man hat dann eine Verschlammung der Anlage nicht zu befürchten, denn — wollte man auch das Kühlwasser durch eine Rückkühlanlage zur Verwendung in der Maschine herunterkühlen, so würde dauernd Zusatzwasser beizumischen sein, wodurch eine Verschlammung der Heizungsanlage mit der Zeit unausbleiblich wäre. —

Die hier beigefügte Abbildung zeigt die Anordnung von Radiatorenheizkörpern einer Warmwasserheizung in der Auspuffgrube zweier Dieselmotore einer Elektrizitätszentrale (Fig. 157). — Durch Wechselschieber können die Auspuffgase sowohl d u r c h die Radiatoren als auch ü b e r dieselben hinweg nach den Auspuffrohren geleitet werden. — Die Radiatoren in der Auspuffgrube bilden gewissermaßen den Kessel der Warmwasserheizung, die zur Erwärmung der Maschinen- und Geschäftsräume des Elektrizitätswerkes und der darüberliegenden Wohnung des Betriebsleiters dient. — Eine kleine elektrisch angetriebene Pumpe — die jedoch nicht immer erforderlich ist — hält den Wasserumlauf aufrecht. — Zum Aufheizen und bei Stillstand der Maschinen wird ein gußeiserner Gliederkessel benutzt, der zu den obengenannten Radiatoren parallel geschaltet ist. —

Nach *Hottinger* genügt eine Heizfläche von 0,2 qm/PSe zur Ausnutzung der Auspuffgase. Bei der Bestimmung der Heizflächen empfiehlt es sich, die Verhältnisse nicht zu günstig anzunehmen. Hier kommen die Gleichungen für Gegenstrom bzw. Einstrom in Anwendung (vgl. Abschnitt „Wärme"). Das Gewicht der Verbrennungsprodukte sowie auch die durch die Heizungsanlage stündlich hindurchfließende Wassermenge sind zu ermitteln; alsdann ist hiermit die Heizfläche der die Abwärme aufnehmenden Heizkörper zu bestimmen. Aus dem Gewichte und den Temperaturen der Auspuffgase kann auch bestimmt werden, inwieweit die Auspuffgase zur Erzeugung von Niederdruckdampf anwendbar sind.

In den meisten Fällen wird neben der Ausnützung der Abwärme in einer Heizungsanlage die Aufstellung eines Hilfskessels oder die Anordnung einer ganzen Hilfsheizung nicht umgangen werden können.

Auch *Hottinger* berichtet in seiner Abhandlung in der Zeitschrift des Vereins deutscher Ingenieure 1911, S. 676, in diesem Sinne, so daß die Abwärmeheizung nur für die Übergangszeit in Anwendung kommt.

Die Verwendung der Abwärme von Verbrennungsmotoren in Heizungsanlagen ist nach den obigen Auseinandersetzungen nur eine beschränkte. — Das Kühlwasser besitzt zu niedrige Temperatur und die Auspuffgase haben wegen ihrer geringen spezifischen Wärme einen zu geringen Wärmeinhalt.

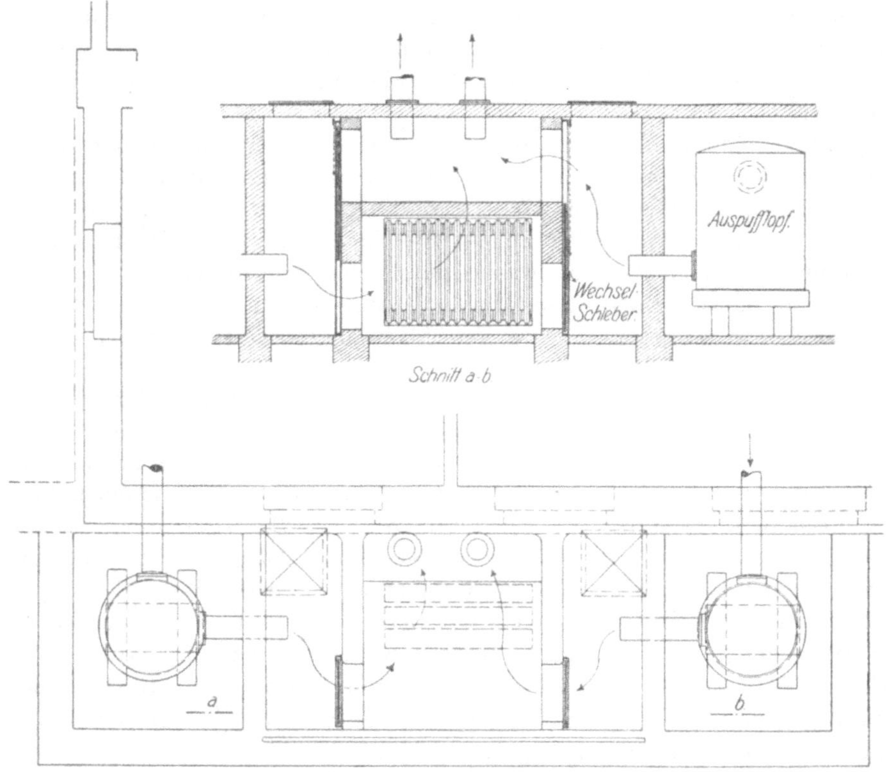

Fig. 157.

— Bei Erwärmung von Gebrauchswasser auf nicht zu hohe Temperaturen liegen die Verhältnisse günstiger.

Betrachtet man in Zahlentafel C die in den Auspuffgasen enthaltene Wärme, so sind für 1 PSe etwa 350 bis 500 w zu rechnen. Diese 500 w können natürlich praktisch nicht ganz ausgenützt werden, es wird immer noch ein Rest von wenigstens 100 w verbleiben. Im Kühlwasser sind 600 bis 800 w/PSe enthalten, von denen durch Abkühlung des Kühlwassers bis auf etwa 30° — 450 bis 600 w/PSe ausgenutzt werden könnten. Zusammen ergeben Auspuffgase und Kühlwasser danach 800 bis 1100 w/PSe.

Bei einem Dieselmotor von 200 PSe stehen demnach etwa 200 000 w zur Verfügung. — Eine Dampfmaschine von 200 PS liefert mindestens 600 000 w als Abwärme in Dampf, wobei noch zu beachten ist, daß die Abwärme aufnehmende Apparate wesentiich kleiner ausfallen und daher in den Anschaffungskosten billiger sind wegen des günstigeren Wärmedurchgangs von Dampf an Wasser (vgl. Wärme, Seite 24).

Da also, wo großer Wärmebedarf und ständige Verwendung für Abwärme vorliegt, wird man der Dampfmaschine doch den Vorzug geben. — Ganz besonders ist aber noch die Betriebssicherheit der Kolbendampfmaschine hervorzuheben, während die Verbrennungsmotoren sich manchmal recht störrisch zeigen.

XVIII. Betriebsüberwachung.

Meßinstrumente, zur Kontrolle der Dampfkessel- und Maschinenbetriebe, werden immer noch zu wenig in Gebrauch genommen. Man sagt sich, diese teuren Apparate sind nicht unbedingt erforderlich, der Betrieb läuft auch ohne sie.

Welche Ersparnisse aber durch eine Kontrolle eines Betriebes erzielt werden können, zeigt sich erst nach ihrer Einführung, nur muß man nicht dabei auf halbem Wege stehen bleiben und etwa ein solches Meßinstrument, z. B. einen Speisewassermesser für eine Dampfkesselanlage, anschaffen, ohne auch die Möglichkeit zu haben, den Brennmaterialverbrauch feststellen zu können. Erst durch Messung beider, des verdampften Wassers und des hierzu verbrauchten Brennmaterials, ist eine Kontrolle der Kesselleistung möglich. Ohne Meßinstrumente besteht vollständige Unklarheit, und man weiß nicht, an welcher Stelle man einsetzen muß, um den Betrieb wirtschaftlich zu gestalten.

Man beschaffe sich einmal ein Thermometer für hochgradige Temperaturen zum Messen der Rauchgastemperaturen im Fuchs der Kesselanlage. Hierbei ist der Rauchschieber so einzustellen, daß mit der niedrigsten Temperatur noch die gewünschte Leistung der Dampfkessel erreicht wird. Schon nach wenigen Tagen bekommt man einen Überblick und wird die Wahrnehmung machen, daß man bisher meist mit zu hohen Rauchgastemperaturen geheizt hat, was natürlich Verluste an Brennmaterial bedeutet.

Man bringe einen Zugmesser an der Kesselanlage an und regele die Zugstärke im Schornstein mit Hilfe des Rauchschiebers so, daß sie ein Minimum erreicht. In den meisten Fällen wird das Resultat der Beobachtungen einen bisher zu hoch gehaltenen Zug ergeben.

Die Aufzeichnungen nach den Meßinstrumenten eines wärmetechnischen Betriebes sind wie das Soll und Haben der Buchhaltung; sie müssen jederzeit einen Überblick über Leistung und Aufwand gewähren. Unter die Einnahme einer Dampfkesselanlage ist die Verdampfungsleistung, unter Ausgaben der Kohlenverbrauch zu setzen. So notwendig, wie eine Gegenüberstellung zwischen der Fabrikationsleistung und dem Eingange der Zahlungen ist, gerade so notwendig ist es, die Leistung des Betriebes auf seine Wirtschaftlichkeit hin im Auge zu behalten. Jeder größere Fabrikbetrieb sollte deshalb vor allen Dingen ein Maschinenjournal führen, in welches Beginn und

Ende des täglichen Dampfkessel- und Maschinenbetriebes, sowie alle erforderlichen Messungen eingetragen werden.

Nachstehend ist ein solches Maschinenjournal als Beispiel für eine Fabrik mit Dampfmaschinenbetrieb, elektrischer Kraft- und Lichterzeugung und Heizung mit Abdampf oder Zwischendampf aufgestellt. Es kann natürlich beliebig erweitert werden und ist den jeweiligen Betriebsverhältnissen anzupassen.

Stündlich einmalige Aufzeichnungen genügen. Eine Kontrolle der Richtigkeit der Aufzeichnungen ist vom Betriebsleiter stets auszuüben. Die Heizer und Maschinisten sind oft, besonders zu Anfang, zu bequem, die Eintragungen pünktlich vorzunehmen, sie machen dann nachträgliche Eintragungen, was natürlich unzulässig ist. Jedes Blatt des Journals sollte die Unterschrift des Betriebsleiters aufweisen.

Für den Dampfkesselbetrieb und den Maschinenbetrieb sind getrennte Journale sehr zweckmäßig, ebenso sollten für die geraden und die ungeraden Monate je ein Journal geführt werden. Für die Monate: Januar, März, Mai, Juli usw. und für Februar, April, Juni usw. ist dann ein Journal zu beschaffen. Während des Gebrauchs des einen Journals werden die Eintragungen im Büro oder Comptoir nach dem andern Journale zusammengestellt, und z. B. der Kohlen- und Schmiermaterialverbrauch mit den Rechnungen der Lieferanten verglichen; die Leistung der Maschinen nach KW-St. werden im technischen Büro dem Kohlen- und Speisewasserverbrauch, also der Dampfkesselleistung unter Berücksichtigung des Dampfverbrauches für Heizung gegenüber gestellt.

Die Abnahmeversuche, sowohl der Kesselanlage als auch der Maschine, dürften als ein Maßstab für die spätere Leistung des Betriebes angesehen werden können. Wenn diese Leistungen auch nicht ganz erreicht werden, da Abnahmeversuche stets mit besonderer Aufmerksamkeit, wie sie im späteren Betriebe nicht zu erwarten ist, durchgeführt werden, so müssen doch die Durchschnittleistungen sich den bei den Abnahmeversuchen ermittelten Resultaten nähern. Hierüber gibt das Maschinenjournal Auskunft.

In der ersten Zeit der Einführung einer solchen Kontrolle wird man sowohl bei Heizer und Maschinist als auch bei dem Maschinenmeister oft auf einen gewissen Widerstand stoßen.

Man muß aber hier einige Zähigkeit zeigen und sich nicht überreden lassen, es wäre zuviel verlangt, neben der Aufsicht über Kessel und Maschine auch noch das Journal zu führen. Nach einiger Zeit gewinnen Heizer und Maschinist eine gewisse Fertigkeit in der Ausfüllung des Journals, so daß die Mühe nur gering ist. Später stellt sich auch das Interesse ein, was noch dadurch erhöht werden kann, daß man den Leuten die oft in Zeitschriften veröffentlichten Resultate anderer Betriebe bekannt gibt und für einen Mindestverbrauch von Brennmaterial und Schmieröl eine Prämie aussetzt.

Die Kontrolle über Brennmaterial bzw. Dampfverbrauch für die Einheit der Maschinenleistung wird natürlich wesentlich erleichtert, wenn selbsttätige Meßvorrichtungen beschafft werden.

Sowohl für die Kesselbeschickung mit Handfeuerung, als auch für mechanische Feuerung gibt es automatische Kohlenwagen. Bei Handfeuerung wird der Kohlenwagen, in welchem das Brennmaterial bis zum Kessel herangefahren wird, zwangsläufig über eine registrierende Wage geleitet. Für mechanische Feuerungen wird die Kohle über Kippzähler geführt, bevor sie in den Transportkanal oder in den Schütttrichter der Feuerung gelangt.

Eine wichtige Einrichtung ist der Speisewassermesser, der entweder stündlich abzulesen ist, oder, falls er selbsttätige Schreibvorrichtung besitzt, täglich mit einem neuen Papierstreifen (Bulletin) versehen werden muß. Am zweckmäßigsten erfolgt dieses Auswechseln des Papierstreifens am Abend nach dem Stillsetzen der Maschine.

Bei Dampfkesselanlagen, welche außer dem Maschinenbetriebe auch noch direkten Dampf für Heiz-, Koch- und andere Zwecke abgeben müssen, sind unbedingt Dampfmesser in die Leitungen einzuschalten, weil andernfalls der spezifische Dampfverbrauch der Maschine nicht ermittelt werden kann. Wir besitzen jetzt eine ganze Anzahl von ziemlich genau aufzeichnenden Dampfmessern. Bei elektrischen Anlagen sollten die Elektrizitätszähler nicht fehlen.

Fügt man diesen Apparaten noch einen aufzeichnenden Zugmesser oder auch einen Meßapparat zur Bestimmung des Kohlensäuregehaltes der Rauchgase hinzu, so bietet man dem Heizer die Möglichkeit, jederzeit seine Tätigkeit auf den ökonomischen Wirkungsgrad hin zu prüfen.

In vielen Fällen wird ein Differenzzugmesser allein schon gute Dienste leisten.

Bei Anwendung dieser Meßinstrumente wird vielfach ein Fehler begangen: die Apparate werden an Stellen angebracht, die dem Heizer oder dem Maschinisten nur mit Mühe zugänglich sind. Ist es nicht möglich, die Anzeigen der Apparate mühelos abzulesen, dann werden die Aufzeichnungen nach kurzer Zeit unterlassen oder es werden fingierte Angaben in die Tagebücher eingetragen, und die Ausgaben für die Apparate sind umsonst gewesen. Zweckmäßig ist eine Vereinigung der Apparate auf einer gemeinsamen Tafel, die dem Heizer oder Maschinisten stets vor Augen steht. Hierzu wird bei manchen Meßinstrumenten eine elektrische oder mechanische Fernübertragung notwendig sein. Es wird aber auch damit ein weiterer Zweck erreicht, dem Betriebsleiter bei seinem Kontrollgange sofort anzuzeigen, ob die Apparate in Ordnung sind und die Eintragungen regelmäßig und genau vorgenommen werden. In großen wie in kleinen Betrieben machen sich nach ganz kurzer Zeit die Ausgaben für zuverlässige Meßinstrumente bezahlt. (Meßinstrumente für Dampfkesselbetriebe bauen die Firmen *Schubert & Co.*, Manometerfabrik in Chemnitz i. S.; — *Eckardt* in Stuttgart-Cannstatt; — *G. A. Schulze* in Charlottenburg; — *Schäffer & Buddenberg* in Magdeburg-B.; — u. a.)

Tagebuch für den Dampfkessel-Betrieb.

Datum: ....   In Betrieb: Kessel Nr. I, II, III.   Tages-Heizer: ....   Ablösung: ....

Mittag.

Zeit:	Be-zeich-nung	12—1	1—2	2—3	3—4	4—5	5—6	6—7	7—8	8—9	9—10	10—11	11—12	12—1	1—2	2—3	3—4	4—5	5—6	6—7	7—8	8—9	9—10	10—11	11—12
Beginn des Anheizens	/																								
Maschinen angelassen Maschinen abgestellt .	/ /																								
Dampfdruck Kessel I .	k/qcm																								
Dampfdruck Kessel II	k/qcm																								
Dampfdruck Kessel III	k/qcm																								
Ablesung am Speise-wassermesser . . .	cbm																								
Speisewassertemperatur	° Cels.																								
Anzahl d. Kohlenwagen	ЖЖ																								
Abgeschlackt	/																								
Feuer abgedeckt . . .	/																								
Zugstärke in	mm																								
Temperatur der Rauch-gase	° Cels.																								
Temperatur am Über-hitzer-Kessel . . .	I																								
dsgl. Kessel . . .	II																								
dsgl. Kessel . . .	III																								
Kohlensäure-Gehalt .	%																								

Bemerkungen für besondere Betriebsvorkommnisse:

Anmerkung: Zeitangaben sind durch einen Strich / anzudeuten.

Tagebuch für den Maschinenbetrieb.

Datum: .... In Betrieb: Maschine: .... Blatt Nr. ....

Maschinist: ....

Zeit der Ablösung: ....

Name der Ablösung: ....

Zeit:	Be-zeich-nung	12—1	1—2	2—3	3—4	4—5	5—6	6—7	7—8	8—9	9—10	10—11	11—12	12—1	1—2	2—3	3—4	4—5	5—6	6—7	7—8	8—9	9—10	10—11	11—12
I. Dampfmaschine.																									
Maschine angewärmt .	/																								
Maschine angelassen .	/																								
Maschine stillgesetzt .	/																								
Dampfdruck																									
a) Hochdruckcyl. .	kg/qcm																								
b) Receiver	„																								
c) Niederdruckcyl. .	„																								
d) Kondensator . .	„																								
Kühlwassertemperatur	°Cls.																								
Maschinenleistung																									
Voltmeter	Volt.																								
Amperemeter . . .	Amp.																								
II. Elektr. Anlage.																									
Batterie-Laden	/																								
Beleuchtung eingesch.	/																								
Beleuchtung ausgesch.	/																								
Stromverbr. f. Kraft .	Amp.																								
Stromverbr. f. Licht .	Amp.																								
III. Heizung.																									
Außentemperatur . .	°Cls.																								
Raumtemperatur . . .	°Cls.																								
Heizung angestellt . .	/																								
Heizung abgestellt . .	/																								

(Mittag. steht über der Spalte 12—1 in der Mitte.)

Bemerkungen für besondere Betriebsvorkommnisse:

Anmerkung: Zeitangaben sind durch einen Strich / anzudeuten.

Verzeichnis der Zahlentafeln.

Graphische Darstellungen.

Zahlentafel I.

Gesättigter Wasserdampf von 0,02 bis 20 kg/qcm absolut.

Druck	Temperatur des Dampfes	Specif. Volumen der Flüssigkeit i. Lit.	Specif. Volumen des Dampfes (Volumen v. 1 kg Dampf)	Specif. Gewicht des Dampfes (Gewicht v. 1 cbm)	Flüssigkeitswärme	Verdampfungswärme	Gesamtwärme	Äußere Verdampfungswärme	Innere Verdampfungswärme	Absolute Temperatur
kg/qcm	°C	cbdm/kg	cbm/kg	kg/cbm	w/kg	w/kg	w/kg	w/kg	w/kg	°C
p	t	$1000\,v'$	v''	γ	q	r	$\lambda=q+r$	$Ap\,(v''\text{-}v')$	ϱ	
0,02	17,2	1,0013	68,28	0,01465	17,2	586,0	603,2	32,0	554,0	290,2
0,04	28,6	1,0040	35,47	0,02819	28,6	580,0	608,6	33,2	546,8	301,6
0,06	35,8	1,0063	24,19	0,04134	35,7	576,2	611,9	34,0	542,2	308,8
0,08	41,15	1,0083	18,45	0,05420	41,1	573,4	614,5	34,7	538,7	314,5
0,10	45,4	1,0100	15,08	0,06631	45,3	571,4	616,7	35,3	536,1	318,4
0,15	53,6	1,0131	10,22	0,09785	53,5	566,6	620,1	36,1	530,5	326,6
0,20	59,7	1,0165	7,80	0,1282	59,6	563,1	622,7	36,6	526,5	332,7
0,25	64,6	1,0195	6,33	0,1580	64,5	560,1	624,6	37,0	523,1	337,6
0,30	68,7	1,0219	5,33	0,1876	68,6	557,9	626,5	37,5	520,4	341,7
0,35	72,3	1,0241	4,620	0,2164	72,2	555,7	627,9	37,8	517,9	345,3
0,40	75,4	1,0260	4,062	0,2462	75,3	553,9	629,2	38,1	515,8	348,4
0,45	78,2	1,0278	3,630	0,2755	78,1	552,2	630,3	38,3	513,9	351,2
0,50	80,9	1,0296	3,290	0,2517	80,8	550,4	631,2	38,5	511,9	353,9
0,60	85,45	1,0327	2,775	0,3603	85,4	547,2	632,6	39,0	508,2	358,4
0,70	89,4	1,0355	2,400	0,4167	89,4	544,6	634,0	39,3	505,3	362,4
0,80	93,0	1,0381	2,115	0,4728	93,0	542,5	635,4	39,6	502,9	366,0
0,90	96,2	1,0405	1,900	0,5263	96,2	540,6	636,8	40,0	500,6	369,2
1,00	99,1	1,0426	1,721	0,5811	99,1	539,1	638,2	40,3	499,0	372,1
1,20	104,25	1,0467	1,451	0,6892	104,3	536,5	640,8	40,7	495,8	377,2
1,40	108,7	1,0503	1,258	0,7949	108,8	533,8	642,6	41,2	492,6	381,7
1,60	112,7	1,0535	1,108	0,9025	112,8	531,0	643,9	41,6	489,4	385,7
1,80	116,3	1,0563	0,993	1,0070	116,5	528,3	644,8	41,9	486,4	389,3
2,00	119,6	1,0589	0,902	1,1086	119,9	525,7	645,6	42,2	483,5	392,6
2,50	126,8	1,0650	0,735	1,3605	127,2	520,3	647,5	42,9	477,4	399,8
3,00	132,9	1,0705	0,619	1,6155	133,4	516,1	649,5	43,4	472,7	405,9
3,50	138,2	1,0755	0,5335	1,8744	138,7	512,3	651,0	43,7	468,6	411,2
4,00	142,9	1,0803	0,4710	2,1231	143,8	508,7	652,5	44,1	464,6	415,9
4,50	147,2	1,0848	0,4220	2,3697	148,1	505,8	653,9	44,4	461,6	420,2
5,00	151,1	1,0890	0,3823	2,6158	152,0	503,2	655,2	44,7	458,5	424,1
5,50	154,7	1,0933	0,3494	2,8621	155,7	500,6	656,3	44,9	455,7	427,7
6,00	158,1	1,0973	0,3218	3,1075	159,3	498,0	657,3	45,1	452,9	431,1
6,50	161,2	1,1011	0,2983	3,3524	162,4	495,9	658,3	45,3	450,6	434,2

Druck	Temperatur des Dampfes	Specif. Volumen der Flüssigkeit i. Lit.	Specif. Volumen des Dampfes (Volumen v, 1 kg Dampf)	Specif. Gewicht des Dampfes (Gewicht v. 1 cbm)	Flüssigkeits- wärme	Verdampfungs- wärme	Gesamtwärme	Äußere Verdampfungs- wärme	Innere Verdampfungs- wärme	Absolute Temperatur
kg/qcm	°C	cbdm/kg	cbm/kg	kg/cbm	w/kg	w/kg	w/kg	w/kg	w/kg	°C
v	t	$1000v'$	v''	γ	q	r	$\lambda=q+r$	$Ap\,(v'-v'')$	ϱ	
7,00	164,2	1,1049	0,2778	3,5997	165,5	493,8	659,3	45,5	448,3	437,2
7,50	167,0	1,1085	0,2608	3,8344	168,5	491,6	660,1	45,7	445,9	440,0
8,00	169,6	1,1119	0,2450	4,0816	171,2	489,7	660,9	45,8	443,9	442,6
8,50	172,2	1,1153	0,2318	4,3141	173,9	487,8	661,7	45,9	441,9	445,2
9,00	174,6	1,1186	0,2194	4,5574	176,4	486,1	662,5	46,0	440,1	447,6
9,50	176,9	1,1208	0,2080	4,8077	178,6	484,5	663,2	46,1	438,4	449,9
10,00	179,1	1,1246	0,1980	5,0505	181,2	482,6	663,8	46,2	436,4	452,1
10,50	181,2	1,1278	0,1896	5,2743	183,3	481,2	664,5	46,4	434,8	454,2
11,00	183,2	1,1308	0,1815	5,5096	185,4	479,8	665,2	46,5	433,3	456,2
11,50	185,2	1,1337	0,1740	5,7472	187,5	478,3	665,8	46,6	431,7	458,2
12,00	187,1	1,1364	0,1668	5,9952	189,5	476,9	666,4	46,6	430,3	460,1
12,50	189,0	1,1382	0,1607	6,2227	191,6	475,5	667,1	46,7	428,8	462,0
13,00	190,8	1,1419	0,1544	6,4767	193,4	474,1	667,5	46,8	427,3	463,8
13,50	192,5	1,1447	0,1492	6,7024	195,2	472,8	668,0	46,9	425,9	465,5
14,00	194,2	1,1474	0,1442	6,9348	197,0	471,4	668,4	47,0	424,4	467,2
14,50	195,8	1,1500	0,1395	7,1686	198,7	470,1	668,8	47,1	423,0	468,8
15,00	197,4	1,1525	0,1350	7,4075	200,4	468,9	669,3	47,2	421,7	470,4
16,00	200,5	1,156	0,1272	7,8616	203,7	466,6	670,3	47,3	419,3	473,5
17,00	203,4	1,163	0,1203	8,3125	206,8	464,1	670,9	47,5	416,6	476,4
18,00	206,2	1,167	0,1140	8,7721	209,8	461,8	671,6	47,6	414,2	479,2
19,00	208,9	1,171	0,1086	9,2081	212,7	459,5	672,2	47,8	411,7	481,9
20,00	211,45	1,176	0,1035	9,6619	215,4	457,4	672,8	47,8	409,6	484,4

Zahlentafel I und II sind den Veröffentlichungen von *Schüle* in der Zeitschrift des Vereins Deutscher Ingenieure, Jahrgang 1911, entnommen.

Zahlentafel II.
Gesättigter Wasserdampf von 0° bis 220°.

Temperatur des Dampfes	Druck	Specif. Volumen der Flüssigkeit in Liter pro kg	Specif. Volumen des Dampfes (Volumen v. 1 kg Dampf)	Specif. Gewicht des Dampfes (Gewicht v. 1 cbm)	Flüssigkeitswärme	Verdampfungswärme	Gesamtwärme	Äußere Verdampfungswärme	Innere Verdampfungswärme	Absolute Temperatur
°C	kg/qcm	cbdm/kg	cbm/kg	kg/cbm	w/kg	w/kg	w/kg	w/kg	w/kg	°C
t	p	$1000\,v'$	v''	γ	q	r	$\lambda=q+r$	$Ap(v''-v')$	ϱ	
0	0,00622	1,0001	206,5	0,004843	0,00	594,8	594,8	30,4	564,4	273
5	0,00889	1,0000	147,1	0,006798	5,03	592,2	597,2	30,6	561,6	278
10	0,01252	1,0003	106,4	0,009398	10,05	589,5	599,5	31,3	558,2	283
15	0,0174	1,0009	77,95	0,01283	15,05	586,9	601,9	31,8	555,1	288
20	0,0238	1,0018	57,81	0,01730	20,05	584,3	604,3	32,3	552,0	293
25	0,0323	1,0029	43,38	0,02305	25,04	581,7	606,7	32,8	548,9	298
30	0,0433	1,0043	32,93	0,03037	30,03	579,2	609,2	33,4	545,8	303
35	0,0573	1,0060	25,24	0,03962	35,0	576,6	611,6	33,9	542,7	308
40	0,0752	1,0078	19,54	0,05118	39,9	574,0	613,9	34,4	539,6	313
45	0,0977	1,0098	15,28	0,06545	44,9	571,3	616,2	34,9	536,4	318
50	0,1258	1,0121	12,02	0,08320	49,9	568,5	618,4	35,4	533,1	323
55	0,1602	1,0145	9,581	0,10437	54,9	565,7	620,6	36,0	529,7	328
60	0,2028	1,0167	7,677	0,13026	59,9	562,9	622,8	36,5	526,4	333
65	0,2547	1,0198	6,200	0,16129	64,9	560,0	624,9	37,0	523,0	338
70	0,3175	1,0227	5,046	0,1982	69,9	557,1	627,0	37,5	519,6	343
75	0,3929	1,0258	4,123	0,2425	74,9	554,1	629,0	38,1	516,0	348
80	0,4827	1,0290	3,406	0,2936	79,9	551,1	631,0	38,6	512,5	353
85	0,5893	1,0324	2,835	0,3527	84,9	548,0	632,9	39,1	508,9	358
90	0,7148	1,0359	2,370	0,4219	89,9	545,0	634,9	39,6	505,4	363
95	0,8619	1,0396	1,988	0,5030	95,0	541,9	636,9	40,2	501,7	368
100	1,0333	1,0433	1,674	0,5974	100,0	538,7	638,7	40,7	498,0	373
105	1,2319	1,0473	1,420	0,7042	105,0	535,4	640,4	41,1	494,3	378
110	1,4608	1,0513	1,210	0,8264	110,1	532,1	642,2	41,5	490,6	383
115	1,7237	1,0556	1,030	0,9709	115,2	528,7	643,9	41,8	486,9	388
120	2,0242	1,0592	0,891	1,1223	120,2	525,3	645,5	42,2	483,1	393
125	2,3662	1,0635	0,771	1,2970	125,3	521,7	647,0	42,6	479,1	398
130	2,7538	1,0678	0,668	1,4970	130,5	518,2	648,7	43,0	475,2	403
135	3,1914	1,0725	0,581	1,7212	135,6	514,6	650,2	43,3	471,3	408
140	3,6835	1,0772	0,508	1,9685	140,7	510,9	651,6	43,7	467,2	413
145	4,2352	1,0825	0,446	2,2421	145,8	507,4	653,2	44,1	463,3	418
150	4,8517	1,0878	0,3926	2,5471	150,9	503,8	654,7	44,5	459,3	423
155	5,5373	1,0936	0,3470	2,8819	156,1	500,2	656,3	44,8	455,4	428
160	6,2986	1,0995	0,3074	3,2532	161,2	496,6	657,8	45,1	451,5	433
165	7,1414	1,1060	0,2725	3,6697	166,4	493,0	659,4	45,4	447,6	438
170	8,0714	1,1124	0,2431	4,1136	171,6	489,4	661,0	45,7	443,7	443
175	9,0937	1,1192	0,2170	4,6275	176,8	485,8	662,6	46,0	439,8	448
180	10,215	1,1260	0,1945	5,1414	182,0	482,2	664,2	46,2	436,0	453
185	11,443	1,1334	0,1743	5,7372	187,3	478,5	665,8	46,5	432,0	458
190	12,785	1,1407	0,1574	6,3534	192,6	474,7	667,3	46,8	427,9	463
195	14,246	1,1487	0,1417	7,0572	197,8	470,8	668,6	47,0	423,8	468
200	15,834	1,1566	0,1287	7,7700	203,1	467,0	670,1	47,3	419,7	473
205	17,56	1,165	0,1167	8,5690	208,5	462,9	671,4	47,5	415,4	478
210	19,43	1,173	0,1059	9,4428	213,8	458,8	672,6	47,7	411,1	483
215	21,45	1,182	0,0963	10,384	219,2	454,6	673,8	47,8	406,8	488
220	23,62	1,191	0,0879	11,377	224,6	450,2	674,8	48,0	402,2	493

Zahlentafel III.[1]

Mittlere spezifische Wärme $(c_p)m$ des überhitzten Wasserdampfes nach Mitteilung aus der Physik. Techn. Reichsanstalt von Dr.-Ing. M. Jacob.

Druck in Atm	1	1,5	2	3	4	5	6	7	8	9	10
BeiSättigungstemp. t_s	$(c_p)_m =$ 0,482	0,490	0,499	0,516	0,533	0,549	0,566	0,583	0,600	0,618	0,637
Bei Überhitzungstemp. $t_{ü}$ 150°	0,477	0,485	0,492	0,509	0,527	—	—	—	—	—	—
200°	0,474	0,480	0,485	0,497	0,509	0,522	0,535	0,555	0,565	0,582	0,599
250°	0,473	0,477	0,482	0,490	0,499	0,503	0,517	0,526	0,536	0,545	0,554
300°	0,474	0,477	0,480	0,487	0,495	0,501	0,508	0,515	0,522	0,529	0,536
350°	0,475	0,478	0,481	0,487	0,493	0,498	0,504	0,509	0,515	0,520	0,526
400°	0,477	0,479	0,482	0,487	0,493	0,498	0,503	0,507	0,512	0,517	0,522
450°	0,480	0,482	0,484	0,489	0,494	0,498	0,503	0,507	0,511	0,515	0,519
500°	0,483	0,485	0,487	0,491	0,496	0,500	0,504	0,507	0,511	0,514	0,518
550°	0,485	0,487	0,489	0,493	0,498	0,501	0,505	0,508	0,512	0,515	0,518

Druck in Atm	11	12	13	14	15	16	17	18	19	20
BeiSättigungstemp. t_s	$(c_p)_m =$ 0,655	0,673	0,691	0,710	0,729	0,749	0,769	0,789	0,811	0,834
Bei Überhitzungstemp. $t_{ü}$ 150°	—	—	—	—	—	—	—	—	—	—
200°	0,619	0,639	0,673	0,707	—	—	—	—	—	—
250°	0,564	0,574	0,585	0,596	0,608	0,621	0,634	0,647	0,661	0,676
300°	0,542	0,548	0,555	0,562	0,570	0,578	0,585	0,592	0,600	0,608
350°	0,541	0,536	0,542	0,548	0,553	0,559	0,564	0,570	0,575	0,581
400°	0,526	0,530	0,534	0,539	0,543	0,548	0,552	0,557	0,561	0,566
450°	0,523	0,527	0,531	0,535	0,538	0,542	0,546	0,550	0,554	0,558
500°	0,521	0,525	0,528	0,532	0,535	0,539	0,542	0,546	0,549	0,552
550°	0,521	0,524	0,527	0,530	0,533	0,537	0,539	0,542	0,545	0,548

[1] Aus Zeitschrift des Vereins Deutscher Ingenieure 1912, Seite 1984. — Im Originale ist $(c_p)m$ nur für 1, 2, 4, 6 usf. Atm angegeben. Die Zwischenwerte sind vom Verfasser eingesetzt und als Mittelwerte angenommen.

Zahlentafel IV.

Spezifisches Volumnen des überhitzten Wasserdampfes
(nach *Knoblauch* und *Jacob*).[1]

Absoluter Druck	1	3	5	7	9	11	13	15	17	19	
Sättigungstemperatur	99,1	132,9	151,1	164,2	174,6	183,2	190,8	197,4	203,4	208,2	
Volumen bei Sättigung	1,7281	0,6182	0,3826	0,2785	0,2195	0,1813	0,1546	0,1346	0,1193	0,1071	
Überhitzungstemperatur											Überhitzungstemperatur
110	1,7816										110
120	1,8302										120
130	1,8789										130
140	1,9273	0,6305									140
150	1,9755	0,6476									150
160	2,0237	0,6646	0,3923								160
170	2,0716	0,6814	0,4030	0,2833							170
180	2,1196	0,6981	0,4136	0,2913	0,2232						180
190	2,1674	0,7146	0,4239	0,2992	0,2296	0,1852					190
200	2,2152	0,7311	0,4342	0,3068	0,2359	0,1906	0,1591	0,1359			200
220	2,3107	0,7639	0,4544	0,3217	0,2479	0,2009	0,1683	0,1443	0,1259	0,1113	220
240	2,4060	0,7964	0,4744	0,3364	0,2597	0,2108	0,1770	0,1520	0,1330	0,1180	240
260	2,5011	0,8288	0,4942	0,3509	0,2712	0,2205	0,1853	0,1595	0,1397	0,1242	260
280	2,5960	0,8611	0,5140	0,3653	0,2826	0,2300	0,1935	0,1668	0,1463	0,1302	280
300	2,6909	0,8932	0,5337	0,3795	0,2939	0,2393	0,2016	0,1739	0,1527	0,1359	300
350	2,9279	0,9733	0,5824	0,4147	0,3217	0,2624	0,2214	0,1913	0,1683	0,1501	350
400	3,1643	1,0529	0,6306	0,4496	0,3491	0,2850	0,2407	0,2109	0,1834	0,1637	400
450	3,4006	1,1323	0,6786	0,4842	0,3762	0,3074	0,2597	0,2248	0,1981	0,1771	450
500	3,6364	1,2113	0,7262	0,5184	0,4029	0,3294	0,2785	0,2412	0,2126	0,1901	500
550	3,8722	1,2902	0,7738	0,5568	0,4295	0,3512	0,2971	0,2573	0,2269	0,2029	550

[1] Aus Zeitschrift des Vereins Deutscher Ingenieure 1912, Seite 1986.

Zahlentafel V.
Spezifische Wärme fester und flüssiger Körper.
(Aus dem Tabellenwerk von *Landolt* und *Börnstein*.)[1]

Material	Temperatur in °	spez. Wärme	ermittelt von
Aluminium	15 bis 435	0,2356	Tilden
(mit 0,07 % Si)	0	0,2220	Richards
	600	0,2820	„
Blei	18 bis 100	0,0310	Behn
Eisen	23 bis 100	0,1162	Trowbridge
Flußeisen ($\frac{1}{2}$ % C)	18 bis 100	0,113	Behn
Gußeisen	20 bis 100	0,1189	Schmitz
„	0	0,1050	Lorenz
„	50	0,1107	„
„	75	0,1136	„
Schmiedbarer Guß	15 bis 100	0,1152	Nickol
	15 bis 200	0,1213	„
Stahl (angelassen)	0 bis 18	0,1066	Hill
Stahl (grobkörnig)	21 bis 99	0,1138	Voigt
Schmiedeeisen	4 bis 27	0,10808	Petterson u. Hadelin
Gold (rein)	0 bis 100	0,0316	Violle
Kupfer (rein)	20 bis 100	0,0936	Schmitz
Quecksilber	20 bis 50	0,03312	Winkelmann
„	26 bis 142	0,03278	„
Basalt	0 bis 100	0,205	Hecht
Granit	12 bis 100	0,1892	Joly
Gneiß	17 bis 99	0,1961	R. Weber
Bimsstein	—	0,24	Herschel
Sandstein	—	0,22	„
desgl.	0 bis 100	0,174	Hecht
desgl. glimmerhaltig	0 bis 100	0,240	„
Basaltlava und Ätna	23 bis 100	0,201	Bartoli
Steinkohle	0 bis 12	0,312	Hecht
Kalkstein	15 bis 100	0,2166	Morano
Ton	20 bis 98	0,2243	Ulrich
Quarzsand	20 bis 98	0,1910	„
Humus	20 bis 98	0,4431	„
Klinkerzement	28 bis 40	0,186	Hartl

Material	Temperatur in °	spez. Wärme	ermittelt von
Portlandzement abgebunden nach 28 Tagen	28 bis 30	0,271	Hartl
Eis	— 78 bis 0	0,4627	Regnault
	— 30 bis 0	0,505	Person
Spiegelglas	10 bis 50	0,186	H. Meyer
Crownglas	10 bis 50	0,161	„
Flintglas	10 bis 50	0,117	„
Jenaer Glas	18 bis 99	0,2182	Winkelmann
Emailschlacke	15 bis 99	0,1888	Oeberg
Bessemer-schlacke	14 bis 99	0,1691	„
Zucker (kryst.)	22 bis 51	0,3005	Kopp
desgl. amorph.	0 bis 130	0,3511	Heß
Blut	—	0,872	Hillersohn
desgl.	20 bis 45	0,906	Bordier
Cellulose trocken mit 7 % H_2O	—	0,41	Fleury
Ebonit	—	0,339	Zinger u. Schtscheglajew
Kork	—	0,485	Zinger u. Schtscheglajew
Olivenöl	6,6	0,471	H. F. Weber
Palmenholz	—	0,419	Zinger u. Schtscheglajew
Eichenholz	—	0,570	Zinger u. Schtscheglajew
Fichte	—	0,650	Zinger u. Schtscheglajew
Paraffin fest	25—30	0,589	Batelli
desgl. flüssig	52,4 bis 55	0,700	„
Petroleum	18—99	0,498	Pagliani
Rindsleder trocken	—	0,357	Fleury
mit 16 % H_2O	—	0,450	„
Rohöle Japan	Sp. Gew. 0,86	0,453	Mabery u. Goldstein
Rohöle Pensylvania	„ 0,810	0,500	Mabery u. Goldstein
Rohöle Rußland	„ 0,908	0,435	Mabery u. Goldstein
Wachs gelb	26—42	0,82	Person
desgl.	42—58	1,72	„
Weizenstärke	0	0,270	Rodewald
Wolle trocken	—	0,393	Fleury
desgl. mit 11 % H_2O	—	0,459	„
Ziegelstein	—	0,189 bis 0,241	—

[1] Aus: *Landolt* und *Börnstein*, Physikal.-chem. Tabellen, bearbeitet von *R. Börnstein* und *W. A. Roth*, 4. Aufl. 1912, Springer, Berlin.

Zahlentafel VI.
Ausdehnungszahlen fester Körper.
(Aus dem Tabellenwerk von *Landolt* und *Börnstein*.)[1]

(Ist l_0 die Länge bei $0°$, so ist dieselbe bei $t°$
$$l_t = l_o (1 + a t + b t^2).$$
In den mit $°$ bezeichneten Fällen ist die Länge nicht auf $0°$, sondern auf eine andere, neben der Substanz genannten Temperatur τ bezogen, so daß
$$l_t = l_o (1 + a (t - \tau) + b (t - \tau)^2).$$

Substanz	τ	Tempera-tur		a	b	Wahrer linearer Ausd. Koeffiz. β bei + 20°	Beobachter
Aluminium° .	30°	15 bis	31	0,000023060	0,0000000610	0,00002550	*Voigt.*
Aluminium .	—	0 „	610	23536	0071	2382	*Dittenberger.*
Antimon . .	—	11 „	98	09230	0132	0976	*Matthiessen.*
Blei	—	14 „	94	27260	0074	2756	„
Cadmium . .	—	8 „	95	26930	0466	2879	„
Eisen° . . .	30°	16 „	36	11580	0480	1110	*Voigt.*
Gußeisen . .	—	0 „	625	09794	0057	1020	*Dittenberger.*
Flußeisen . .	—	0 „	750	11475	0053	1169	„
Schmiede-eisen . . .	—	0 „	500	11705	0053	1192	*Holborn & Day.*
Stahl° (grob-körnig) . .	30°	15 „	36	0,000011470	0,0000000519	0,00001095	*Voigt.*
Stahl	—	0 „	300	09173	0034	0931	*Holborn & Day.*
Flußstahl . .	—	0 „	750	11181	0053	1139	*Dittenberger.*
Gold	—	16 „	36	14140	0239	1390	*Voigt.*
Gold	—	9 „	95	13580	0112	1403	*Matthiessen.*
Iridium . .	—	0 „	80	05358	0032	0649	*Benoit.*
Kobalt . . .	—	6 „	121	12080	0064	1234	*Tutton.*
Kupfer° . .	30°	12 „	39	17090	0404	1669	*Voigt.*
Desgl. . . .	—	0 „	625	16700	0040	1686	*Dittenberger.*
Magnesium .	30°	16 „	32	26050	0640	2541	*Voigt.*
Nickel° . . .	30°	16 „	32	13150	0413	1274	„
Desgl. . . .	—	6 „	121	12480	0074	1278	*Tutten.*
Desgl. . . .	—	0 „	1000	13460	0033	1359	*Holborn & Day.*
Silber. . . .	—	8 „	97	18090	0135	1863	*Matthiessen.*
Zink	—	9 „	96	27410	0234	2835	„
Zinn	—	8 „	95	0,000020330	0,0000000263	0,00002138	„

Zahlentafel VII.
Wärme-Strahlungszahlen (s)
(nach *Rietschels* Leitfaden, 5. Auflage).

Bausteine	3,60	Messing (poliert) . .	0,26
Glas	2,91	Zink.	0,24
Gips	3,60	Zinn.	0,22
Holz	3,60	Ölanstrich	3,70
Kohlenstaub . . .	3,42	Papier	3,80
Eisen (oxydiertes) .	3,36	Ruß	4,00
Eisenblech	2,77	Sand	3,62
Desgl. (poliert) . . .	0,45	Sägespäne	3,53
Desgl. (verbleit). . .	0,65	Seidenstoff	3,70
Gußeisen (neu) . . .	3,17	Wasser	5,30
Kupfer	0,16	Wollstoff.	3,70

[1] *Landolt* und *Börnstein*, Phys.-chem. Tabellen, bearbeitet von *R. Börnstein* und *W. A. Roth*. 4. Aufl. 1912. Julius Springer, Berlin.

Zahlentafel VIII.

Wärmeleitungszahlen λ in w.

(Zusammengestellt aus *Recknagels* Kalender für Gesundheitstechniker.)

Asbest 576 kg/cbm $\begin{cases} 0 \text{ bis } 100° \\ 150 \text{ ,, } 600° \end{cases}$	0,13 bis 0,169	
	0,175 ,, 0,207	
Backsteinmauerwerk $\begin{cases} \text{(nach } Rietschel) \\ \text{(nach } Gröber) \end{cases}$	0,69	
	0,35 bis 0,38	
Baumwolle (gepreßt)	0,01 ,, 0,04	
,, (Spinnereiabfall) 81 kg/cbm (0 bis 100°)	0,047 ,, 0,05	
Beton (1 Tl. Zement, 2 Tl. Grubensand, 2 Tl. Kies) 2180 kg/cbm (20 bis 23°)	0,65 ,, 0,66	
Rheinischer Bimskies 292 kg/cbm	0,20	
Blätter-Holzkohle 215 kg/cbm (0 bis 80°)	0,05 bis 0,06	
Bruchsteinmauerwerk	1,3 ,, 2,1	
Dachpappe	0,12	
Eichenholz	0,21	
Eis	0,8	
Erdreich (lettig mit Schotter) 2040 kg/cbm (20 bis 70°)	0,45 bis 0,50	
Expansitschrot (durch Wärme stark aufgeblähter Kork, *Grünzweig & Hartmann*, Ludwigshafen) 47,6 kg/cbm (20 bis 100°) 1 bis 2 mm Korn	0,029 ,, 0,036	
Desgl. 3 bis 5 mm Korngröße 45,4 kg/cbm	0,033 ,, 0,037	
Filz	0,03 ,, 0,05	
Flaum	0,04	
Gips (Stuck)	0,33 bis 0,63	
Gipsdielen	0,4 ,, 0,515	
Glas	0,35 ,, 0,88	
Hochofenschlacke (lose 360 kg/cbm)	0,095	
Hochofenschlackenbeton (1 : 9) 550 kg/cbm (20 bis 90°)	0,19	
Isolierbimssteine 630 kg/cbm (20 bis 30°)	0,13 bis 0,14	
Isoliermasse (gewöhnliche Verwendung) naß aufgetragen und getrocknet aus Kieselgur, Asbest, 690 kg/cbm	0,10 ,, 0,15	
Kalkstein (feinkörnig)	1,7 ,, 2,1	
Kautschuk	0,17 ,, 0,3	
Kiefernholz (längs der Faser)	0,10	
,, (senkrecht zur Faser)	0,03	
Kesselstein	2,00	
Kies (Flußschotter) 3 bis 8 cm Durchmesser	0,32 bis 0,35	
Kieselgur, naß aufgetragen und getrocknet, 580 kg/cbm (150 bis 350°)	0,083 ,, 0,123	
Kieselgurformsteine (200 kg/cbm gebrannt, 10 bis 450°)	0,064 ,, 0,127	
Koks (dicht)	5,0	
Kokspulver	0,16	
Kork	0,14 bis 0,25	
Korkmehl (1 bis 3 mm Korngröße) 161 kg/cbm (bis 200°)	0,031 ,, 0,055	
Korkmentlinoleum (20°)	0,069	
Korkschrot (3 bis 5 mm) 85 kg/cbm (20 bis 60°)	0,042 bis 0,050	
Korkstein (asphaltiert, gepreßt) 200 kg/cbm (bis 57°)	0,061	
Luft (eingeschlossen)	0,02 bis 0,04	
Marmor	0,43 ,, 0,65	
Papier	0,034 ,, 0,043	
Patentgurit (Isoliermaterial aus Hochofenschlacke) 680 kg/cbm (100 bis 200°)	0,072 ,, 0,088	
Porzellan	0,9	
Quarzsand	0,27	

Sägemehl	0,05 bis 0,065
Sandstein	1,3
Schiefer	0,29
Schwemmsteine wie Isolierbimssteine	0,13 bis 0,14
Seidenabfall (Isoliermaterial)	0,045
Seidenzopf (Isoliermaterial)	0,039 bis 0,052
Ton (gebrannt)	0,5 „ 0,7
Zement	0,6

Flüssigkeiten:

Äther	0,15
Alkohol	0,18
Glycerin	0,24
Wasser	0,51

Metalle:

Aluminium	175
Antimon	14 bis 16
Blei (i. M. 28,5)	26 „ 28
Bronze	90 „ 100
Eisen (i. M. 56)	50 „ 72
Stahl	22 „ 50
Gold	200
Kupfer (i. M. 330)	260 bis 396
Messing	50 „ 60
Platin	60
Quecksilber	6 bis 7
Silber	400
Wismut	6
Zink	92 bis 105
Zinn	51 „ 55

Zahlentafel IX.

1. Wärme-Durchgangszahlen für Baumaterialien.

1. Wände.

Wandstärke in m	0,12	0,25	0,38	0.51	0,64	0,77	0,90	1,03
Volles Ziegelmauerwerk (ohne Putz) $k =$	2,4	1,7	1,3	1,1	0,9	0,8	0,7	0,6
Desgl. mit Luftschicht (ohne Luftschicht gemessen $k =$	—	1,4	1,1	0,9	0,8	0,7	0,6	0,55
Desgl. mit Holzverkleidung innen (Holzverkleidung 1 cm stark). $k =$	2,0	1,5	1,1	—	—	—	—	—
Desgl. außen und innen mit 2 cm starker Holzverkleidung $k =$	1,2	1,0	0,85	—	—	—	—	—
Kalksandstein $k =$	2,6	1,9	1,5	1,3	1,1	0,95	0,85	0,75
Wand aus Korkstein (Innenwand) $k =$	1,52	0,92	0,66	—	—	—	—	—
Wand aus Gipsdielen in m	0,03	0,04	0,05	0,06	0,08	0,10	—	—
$k =$	3,7	3,4	3,2	3,0	—	—	—	—
Rabitzwand (Innenwand) $k =$	—	3,1	2,9	2,8	2,5	2,3	—	—
Wand aus Stampfbeton in m	0,05	0,10	0,15	0,20	0,25	0,30	—	—
$k =$	3,4	2,7	2,3	2,0	1,7	1,5	—	—

Wand aus Fachwerk . . . . . . $k = m\,k_1 + n\,k_2$ (m bedeutet den im Durchschnitte auf 1 qm Wandfläche entfallenden Teil aus Holz, n den Teil aus Mauerwerk. Bei 12 cm starker Wand ist $k_1 = 0{,}66$; $k_2 = 2{,}4$.

2. Decken und Fußböden.

	Als Decke	Als Fußboden
1. Balkenlage mit einfacher Holzdielung	$k = 1{,}6$	1,6
2. „ mit Holzdielen oder Parkett, darunter Schalung und Putz oder gerohrt und geputzt	$k = 1{,}0$	0,7
3. „ mit Blendboden und Parkett, Einschub mit Koksfüllung unten geschalt und geputzt	$k = 0{,}5$	0,35
4. Backsteingewölbe 0,12 m stark:		
a) mit Fliesen, Terrazzo, Asphaltguß oder Linoleum	$k = 1{,}6$	1,6
b) mit Lagerhölzern und Dielung darüber	$k = 0{,}7$	0,45
5. Betonplatten, 0,10 m stark, oben Estrich mit Linoleum, unten geputzt	$k = 1{,}9$	1,9
6. Desgl. wie vor, jedoch unten mit Luftschicht und untergespanntem Drahtputz	$k = 1{,}2$	0,6

3. Türen.

Außentür aus Holz . . . . $k = 2{,}5$
Innentür aus Holz . . . . $k = 2{,}0$
Einfache Glastür (Glasfüllung) . . . . $k = 5{,}0$
Doppelte Glastür . . . . $k = 3{,}0$

4. Fenster und Oberlichte.

Einfaches Fenster in Holzrahmen . . . . $k = 5{,}0$
Doppelfenster mit mehr als 8 cm Zwischenraum . . . . $k = 2{,}3$
Einfaches Fenster mit Eisenrahmen . . . . $k = 5{,}3$
Fenster mit doppelter Verglasung in einfachem Rahmen . . . . $k = 3{,}5$
Einfaches Oberlicht, darüber Außenluft . . . . $k = 5{,}3$
„ „ darüber Bodenraum . . . . $k = 3{,}6$
Doppeltes Oberlicht, darüber Außenluft . . . . $k = 2{,}4$
„ „ darüber Bodenraum . . . . $k = 2{,}1$

5. Dächer.

Teerpappdach auf Schalung, 0,025 m stark . . . . $k = 2{,}13$
Zinkdach auf Schalung, 0,025 m stark (auch Kupferdach) . . . . $k = 2{,}17$
Schieferdach auf 0,025 m Schalung . . . . $k = 2{,}10$
Ziegeldach ohne Schalung (möglichst dicht) . . . . $k = 4{,}9$
„ auf Lattung, 0,025 m Schalung und Putz . . . . $k = 1{,}6$
„ wie vor mit 3 cm Korkisolierung innen . . . . $k = 1{,}3$
Holzzementdach . . . . $k = 1{,}32$
Wellblechdach ohne Schalung . . . . $k = 10{,}4$
Betondach, 8 cm stark, mit Dachpappe . . . . $k = 2{,}6$
„ mit Putz innen, sonst wie vor . . . . $k = 2{,}5$
„ wie vor, innen mit 3 cm Kork und Luftschicht . . . . . . $k = 1{,}3$

Die Zahlentafeln IX und X sind dem Leitfaden zum Berechnen und Entwerfen von Lüftungs- und Heizungsanlagen von Dr.-Ing. *H. Rietschel* und Dr. techn. *K. Brabbée*, Verlag von J. Springer, Berlin, entnommen.

Zahlentafel X.

Wärmedurchgangszahlen für Heizkörper.

a) Wärmeübertragung von Dampf an Luft.

Art der Heizfläche	Wärmemenge (k), die stündl. von 1 qm bei 1° Temperaturunterschied zwischen der mittleren Temperatur des Dampfes und der Temperatur der zuströmenden Luft abgegeben wird
A. Schmiedeeiserne Heizfläche	
1. Einfaches, horizontales Rohr.	
Rohr bis etwa 33 mm äußerem Durchmesser . .	13,0
Rohr über 33 mm bis etwa 100 mm äuß. Durchm.	12,0
Rohr über 100 mm äuß. Durchm.	11,5
2. Einfaches, vertikales Rohr.	
a) Für Niederdruckdampfheizung.	
Rohr bis etwa 33 mm äuß. Durchm.	13,5
Rohr über 33 mm bis etwa 100 mm äuß. Durchm.	12,5
Rohr über 100 mm äuß. Durchm.	12,0
b) Für Hochdruckdampfheizung.	
Rohr bis etwa 33 mm äuß. Durchm.	14,0
Rohr über 33 mm bis etwa 100 mm äuß. Durchm.	13,0
Rohr über 100 mm äuß. Durchm.	12,5
Nach *Eberle* (Zft. des Bayer. Revisionsvereines 1909): Horizontales Rohr, 76 mm Lichtweite (Lufttemperatur i. M. 10°)	
Temperaturunterschied zwischen Dampf und Luft . . . . 100°	12,5
120°	13,8
150°	14,5
170°	15,2
190°	16,0
3. Mehrfach übereinanderliegendes Rohr in Gestalt eines Rohrzuges oder einer Rohrschlange bis zu etwa 1 m Höhe. Der Zwischenraum zwischen den Rohren beträgt mindestens Rohrstärke:	
Rohr bis 33 mm äuß. Durchm.	12,5
Rohr über 33 mm äuß. Durchm.	11,0
4. Desgl. wie unter 3), nur über 1,0 m Höhe	
Rohr bis 33 mm äuß. Durchm.	11,0
Rohr über 33 mm äuß. Durchm.	9,5
5. Plattenheizkörper	
bis etwa 1 m Höhe	12,0
über 1 m Höhe	11,0
B. Gußeiserne Heizflächen.	
Radiatoren (geringster Abstand der Glieder voneinander nicht unter 25 mm).	
1. Niederdruckdampfheizung:	
a) 1- und 2-säuliger Radiator von mehr als 6 Gliedern:	
bis 500 mm Bauhöhe	8,5
„ 700 „ „	8,0

Art der Heizfläche	Wärmemenge (k), die stündl. von 1 qm bei 1° Temperaturunterschied zwischen der mittleren Temperatur des Dampfes und der Temperatur der zuströmenden Luft abgegeben wird.
bis 1000 mm Bauhöhe	7,7
Bei 3- bis 6-gliedrigen Heizkörpern können diese Werte um 5 Proz. erhöht werden.	
b) 3-säuliger Radiator von mehr als 6 Gliedern:	
bis 500 mm Bauhöhe	7,3
„ 700 „ „	7,0
„ 1000 „ „	6,7
Bei weniger als 6 Gliedern können die Werte um 5 Proz. erhöht werden.	

2. **Hochdruckdampfheizung.**

  a) 1- und 2-säuliger Radiator von mehr als 6 Gliedern:

bis 500 mm Bauhöhe	9,0
„ 700 „ „	8,5
„ 1000 „ „ und darüber	8,0

  b) 3-säuliger Radiator von mehr als 6 Gliedern:

bis 500 mm Bauhöhe	8,0
„ 700 „ „	7,5
„ 1000 „ „	7,0

    Bei weniger als 6 Gliedern können die Werte um 5 Proz. erhöht werden.

    Bei 4-säuligen Radiatoren ist mit einer um wenigstens 5 Proz. geringeren Wärmedurchgangszahl sowohl bei Niederdruckdampf als bei Hochdruckdampf zu rechnen.

3. **Rippenheizkörper.**

  a) Rippenrohr mit runden Rippen; Zwischenraum der Rippen mindestens 35 mm . . . . — 6,5

  b) Rippenheizkörper, bestehend aus horizontal übereinanderliegenden Rippenrohren von kreisförmigem Rohrquerschnitte u. desgl. Rippen mit mindestens 17 mm Abstand der Rippen voneinander:

1 Rohr	6,0
3 Rohre (die Rippen greifen zum Teil ineinander)	4,5
6 Rohre	4,0

  c) Bei Rippenrohren von rundem Querschnitt u. dgl. Rippen, mit einem Zwischenraume der Rippen von 20 mm. Die Rippen der übereinanderliegenden Rohre haben einen Abstand von mindestens 40 mm:

1 Rohr	6,0
2 Rohre	5,5
3 Rohre	5,0
4 Rohre	4,5

b) Wärmeübertragung von Wasser an Luft.

Art der Heizfläche:	Wärmemenge (k), die stündlich von 1 qm bei 1° Temperaturunterschied zwischen der mittleren Wassertemperatur und der Temperatur der zuströmenden Luft abgegeben wird, wenn der Unterschied beträgt:					
	unter 40°	über 40—50°	über 50—60°	über 60—70°	über 70—80°	über 80°
a) Schmiedeeiserne Heizflächen.						
1. Einfaches, horizontales oder vertikales Rohr:						
bis 33 mm äußerer Durchmesser . . .	10,5	11,0	11,5	12,0	12,5	12,5
über 33 mm bis 60 mm äuß. Durchmess.	9,0	9,5	10,0	10,5	11,0	11,5
„ 60 „ „100 „ „ „	8,5	9,5	10,0	10,5	10,5	10,5
„ 100 „ „150 „ „ „	8,0	9,0	9,5	9,5	9,5	9,5
„ 150 „ äußerer Durchmesser . . .	8,0	8,5	8,5	8,5	8,5	8,5
2. Mehrfach übereinanderliegendes Rohr in Gestalt eines Rohrzuges oder einer Rohrschlange bis zu etwa 1 m Höhe (der Zwischenraum der Rohre beträgt mindestens Rohrstärke):						
Rohr bis etwa 33 mm äuß. Durchmesser	9,0	10,0	10,5	11,0	11,0	11,5
„ über 33 mm äuß. Durchmesser .	7,0	8,0	8,5	9,0	9,0	9,0
3. Desgl. wie unter 2, nur über 1 m Höhe:						
Rohr bis 33 mm äußerer Durchmesser	8,0	8,5	9,0	9,5	9,5	9,5
„ über 33 „ „ „	6,5	7,0	7,5	8,0	8,0	8,0
b) Gußeiserne Heizflächen.						
1. Radiatoren (geringster Zwischenraum der Glieder nicht unter 25 mm).						
1- und 2-säuliger Radiator von mehr als 6 Gliedern:						
bis 500 mm Bauhöhe.	6,3	6,6	6,8	7,0	7,2	7,3
„ 700 „ „	6,0	6,3	6,5	6,7	6,9	7,0
„ 1000 „ „ und darüber	5,7	6,0	6,2	6,4	6,6	6,7

Art der Heizfläche:	Wärmemenge (k), die stündlich von 1 qm bei 1° Temperaturunterschied zwischen der mittleren Wassertemperatur und der Temperatur der zuströmenden Luft abgegeben wird, wenn der Unterschied beträgt:					
	unter 40°	über 40—50°	über 50—60°	über 60—70°	über 70—80°	über 80°
3-säuliger Radiator von mehr als 6 Gliedern:						
bis 500 mm Bauhöhe	5,6	5,9	6,2	6,4	6,5	6,7
„ 700 „ „	5,4	5,7	5,9	6,1	6,2	6,3
„ 1000 „ „	5,2	5,5	5,7	5,9	6,0	6,1
Bei 3- bis 6-gliedrigen Heizkörpern können die Werte um 5 Proz. erhöht werden.						
Für 4-säulige Radiatoren sind die Werte um mindestens 5 Proz. herabzusetzen.						
2. Rippenrohr mit runden Rippen. Zwischenraum nicht unter 35 mm	4,0	4,5	5,0	5,0	5,5	5,5
3. Rippenheizkörper, bestehend aus einem Rohrzuge horizontaler, übereinanderliegender Rippenrohre von kreisförmigem Rohrquerschnitte u. dgl. Rippen. Zwischenraum der Rippen mindestens 17 mm:						
1 Rohr	3,5	4,5	4,5	5,0	5,0	5,0
3 Rohre ⎫ Die Rippen greifen zum	3,0	3,5	4,0	4,0	4,0	4,0
6 Rohre ⎭ Teil ineinander	2,5	3,0	3,0	3,5	3,5	3,5
4. Bei Rippenrohren von rundem Querschnitt u. dgl. Rippen mit einem Zwischenraume der Rippen von etwa 20 mm, die Rippen der übereinanderliegenden Rohre haben einen Abstand von mindestens 40 mm:						
1 Rohr	4,0	4,5	4,5	5,0	5,0	5,5
2 Rohre	3,5	4,0	4,0	4,5	4,5	5,0
3 Rohre	3,0	3,5	3,5	4,0	4,0	4,5
4 Rohre	2,5	3,0	3,0	3,5	3,5	4,0

Zahlentafel XI.

Gewicht eines Kubikmeters Luft, Maximalspannung des Wasserdampfes und Maximalwassergehalt eines Kubikmeters Luft bei Temperaturen von −25° bis +100° Celsius.

Temperaturgrade in Celsius $t°$	Gewicht eines cbm Luft bei 760 mm Barometerstand γ in kg	Maximalspannung des Wasserdampfes in mm Quecksilber S mm	Maximalwassergehalt[1] eines cbm Luft G kg
−25	1,4236	0,540	0,00064
24	1,4179	0,605	0,00071
23	1,4122	0,670	0,00078
22	1,4065	0,745	0,00086
21	1,4008	0,825	0,00095
20	1,3955	0,910	0,00105
19	1,3901	1,000	0,00115
18	1,3845	1,095	0,00125
17	1,3791	1,190	0,00135
16	1,3738	1,290	0,00146
15	1,3683	1,400	0,00158
14	1,3631	1,520	0,00170
13	1,3579	1,635	0,00183
12	1,3527	1,780	0,00198
11	1,3475	1,930	0,00214
10	1,3424	2,093	0,00231
9	1,3373	2,267	0,00249
8	1,3323	2,455	0,00269
7	1,3272	2,658	0,00290
6	1,3223	2,876	0,00313
5	1,3173	3,113	0,00337
4	1,3124	3,368	0,00364
3	1,3076	3,644	0,00392
2	1,3027	3,941	0,00422
− 1	1,2979	4,263	0,00455
0	1,2932	4,600	0,00489
+ 1	1,2884	4,940	0,00523
2	1,2838	5,302	0,00560
3	1,2791	5,687	0,00598
4	1,2748	6,097	0,00639
5	1,2699	6,534	0,00682
6	1,2654	6,998	0,00728
7	1,2611	7,492	0,00776
8	1,2564	8,017	0,00828
9	1,2519	8,574	0,00882
10	1,2475	9,165	0,00939
11	1,2431	9,792	0,01001
12	1,2387	10,457	0,01064
13	1,2347	11,162	0,01132
14	1,2301	11,908	0,01203
15	1,2258	12,699	0,01282
16	1,2216	13,536	0,01359
17	1,2173	14,421	0,01443

Temperaturgrade in Celsius $t°$	Gewicht eines cbm Luft bei 760 mm Barometerstand γ in kg	Maximalspannung des Wasserdampfes in mm Quecksilber S mm	Maximalwassergehalt eines cbm Luft G kg
18	1,2131	15,357	0,01531
19	1,2090	16,346	0,01625
20	1,2049	17,391	0,01722
21	1,2008	18,495	0,01825
22	1,1967	19,659	0,01933
23	1,1927	20,888	0,02048
24	1,1888	22,184	0,02168
25	1,1847	23,550	0,02293
26	1,1807	24,988	0,02424
27	1,1768	26,505	0,02564
28	1,1728	28,101	0,02709
29	1,1689	29,782	0,02862
30	1,1650	31,548	0,03021
31	1,1613	33,406	0,03189
32	1,1574	35,359	0,03364
33	1,1537	37,411	0,03548
34	1,1497	39,565	0,03740
35	1,1462	41,827	0,03941
36	1,1424	44,201	0,04151
37	1,1388	46,691	0,04371
38	1,1352	49,302	0,04600
39	1,1315	52,039	0,04840
40	1,1279	54,906	0,05091
41	1,1243	57,910	0,05352
42	1,1208	61,055	0,05625
43	1,1172	64,346	0,05909
44	1,1136	67,790	0,06205
45	1,1101	71,391	0,06514
46	1,1066	75,158	0,06836
47	1,1032	79,093	0,07173
48	1,0997	83,204	0,07522
49	1,0964	87,499	0,07886
50	1,0929	91,982	0,08263
55	1,0762	117,478	0,10393
60	1,0600	148,791	0,12965
65	1,0444	186,945	0,16049
70	1,0291	233,093	0,19719
75	1,0144	288,517	0,24058
80	1,0000	354,643	0,29153
85	0,9861	433,041	0,35097
90	0,9725	525,450	0,42004
95	0,9593	633,780	0,49977
100	0,9464	760,000	0,59122

[1] $G = 0,00106303 \dfrac{S}{1+\alpha t}$, worin $\alpha = 0,003665$ ist.

Zahlentafel XII.

Widerstandszahl φ für Bestimmung des Druckabfalles in Luftleitungen nach der Gleichung:
$$\Delta p = \varphi \frac{l}{d} \frac{\omega^2 p}{T},$$ worin d in mm und p in kg/qcm (Atm) zu setzen ist.

d	$\frac{T}{wp}=1$	1,5	2	3	4	6	8
10	0,0465	0,0494	0,0515	0,0547	0,0571	0,0606	0,0633
15	0,0417	0,0443	0,0462	0,0491	0,0512	0,0544	0,0567
20	0,0386	0,0410	0,0428	0,0454	0,0474	0,0503	0,0525
30	0,0346	0,0368	0,0384	0,0407	0,0425	0,0451	0,0471
40	0,0320	0,0340	0,0355	0,0377	0,0393	0,0418	0,0436
60	0,0287	0,0305	0,0318	0,0338	0,0353	0,0375	0,0391
80	0,0266	0,0282	0,0295	0,0313	0,0326	0,0347	0,0362
100	0,0250	0,0266	0,0277	0,0295	0,0307	0,0326	0,0341
150	0,0225	0,0238	0,0249	0,0264	0,0276	0,0293	0,0305
200	0,0208	0,0221	0,0230	0,0245	0,0255	0,0271	0,0283
300	0,0186	0,0198	0,0206	0,0219	0,0229	0,0243	0,0254
400	0,0172	0,0183	0,0191	0,0203	0,0212	0,0225	0,0235
600	0,0155	0,0164	0,0171	0,0182	0,0190	0,0202	0,0210
800	0,0143	0,0152	0,0159	0,0168	0,0176	0,0187	0,0195
1000	0,0135	0,0143	0,0149	0,0159	0,0166	0,0176	0,0183

d	$\frac{T}{wp}=10$	15	20	30	40	60	80	100
10	0,0654	0,0694	0,0725	0,0769	0,0803	0,0853	0,0890	0,0920
15	0,0586	0,0623	0,0650	0,0690	0,0720	0,0765	0,0798	0,0825
20	0,0543	0,0576	0,0601	0,0639	0,0666	0,0708	0,0738	0,0763
30	0,0487	0,0517	0,0539	0,0573	0,0598	0,0634	0,0662	0,0684
40	0,0450	0,0478	0,0499	0,0530	0,0553	0,0587	0,0613	0,0633
60	0,0404	0,0429	0,0455	0,0475	0,0496	0,0527	0,0549	0,0568
80	0,0374	0,0397	0,0414	0,0440	0,0459	0,0487	0,0509	0,0526
100	0,0352	0,0374	0,0390	0,0414	0,0432	0,0459	0,0479	0,0495
150	0,0316	0,0335	0,0350	0,0371	0,0388	0,0412	0,0429	0,0444
200	0,0292	0,0310	0,0324	0,0344	0,0359	0,0381	0,0398	0,0411
300	0,0262	0,0278	0,0290	0,0308	0,0322	0,0342	0,0356	0,0368
400	0,0243	0,0258	0,0269	0,0285	0,0298	0,0316	0,0330	0,0341
600	0,0217	0,0231	0,0241	0,0256	0,0267	0,0283	0,0296	0,0306
800	0,0201	0,0214	0,0223	0,0237	0,0247	0,0262	0,0274	0,0283
1000	0,0190	0,0201	0,0210	0,0223	0,0233	0,0247	0,0258	0,0266

Zahlentafel XIV.

(Zahlentafel XIII s. hinter XV.)

Schmiedeeiserne Rohre.

Durchmesser, Wandstärken, Gewichte, Oberflächen und Inhalt.

Schmiedeeiserne, patentgeschweißte Siederohre.

Äußerer Durchmesser { Zoll engl.	1	$1^1/_4$	$1^1/_2$	$1^5/_8$	$1^3/_4$	$1^7/_8$	2	$2^1/_8$	$2^1/_4$	$2^3/_8$
mm	26	32	38	41,5	44,5	47,5	51	54	57	60
Innerer Durchmesser mm	21,5	27,5	33,5	37	40	43	46	49	51,5	54
Wandstärke. . . . . mm	$2^1/_4$	$2^1/_4$	$2^1/_4$	$2^1/_4$	$2^1/_4$	$2^1/_4$	$2^1/_2$	$2^1/_2$	$2^3/_4$	3
Gewicht eines m Rohr kg	1,31	1,63	1,97	2,17	2,32	2,49	2,97	3,15	3,65	4,20
Oberfläche „ „ „ qm	0,0817	0,1005	0,1194	0,1304	0,1398	0,1492	0,1602	0,1697	0,1791	0,1885
Wasserinhalt„ „ „ l	0,363	0,594	0,881	1,075	1,257	1,452	1,662	1,886	0,083	2,290

Äußerer Durchmesser { Zoll engl.	$2^1/_2$	$2^5/_8$	$2^3/_4$	$2^7/_8$	3	$3^1/_4$	$3^1/_2$	$3^3/_4$	4	$4^1/_4$
mm	63,5	66	70	73	76	83	89	95	102	108
Innerer Durchmesser mm	57,5	60	64	67	70	76,5	82,5	88,5	94,5	100,5
Wandstärke. . . . . mm	3	3	3	3	3	$3^1/_4$	$3^1/_4$	$3^1/_4$	$3^3/_4$	$3^3/_4$
Gewicht eines m Rohr kg	4,45	4,61	4,90	5,13	5,35	6,35	6,78	7,30	9,01	9,56
Oberfläche „ „ „ qm	0,199	0,207	0,220	0,229	0,239	0,261	0,280	0,298	0,320	0,339
Wasserinhalt„ „ „ l	2,60	2,83	3,22	3,53	3,85	4,60	5,44	6,15	7,01	7,93

Äußerer Durchmesser { Zoll engl.	$4^1/_2$	$4^3/_4$	5	$5^1/_4$	$5^1/_2$	$5^3/_4$	6	$6^1/_4$	$6^1/_2$	$6^3/_4$
mm	114	121	127	133	140	146	152	159	165	171
Innerer Durchmesser mm	106,5	113	119	125	131	137	143	150	156	162
Wandstärke. . . . . mm	$3^3/_4$	4	4	4	$4^1/_2$	$4^1/_2$	$4^1/_2$	$4^1/_2$	$4^1/_2$	$4^1/_2$
Gewicht eines m Rohr kg	10,10	11,46	12,03	12,65	14,90	15,56	16,22	17,00	17,65	18,31
Oberfläche „ „ „ qm	0,358	0,380	0,399	0,418	0,440	0,459	0,478	0,500	0,518	0,537
Wasserinhalt„ „ „ l	9,03	10,03	11,12	12,27	13,48	14,31	16,06	17,67	19,11	20,61

Äußerer Durchmesser { Zoll engl.	7	$7^1/_4$	$7^1/_2$	$7^3/_4$	8	$8^1/_4$	$8^1/_2$	$8^3/_4$	9	$9^1/_4$
mm	178	185	191	197	203	210	216	223	229	235
Innerer Durchmesser mm	169	174	180	186	192	197	203	210	216	222
Wandstärke. . . . . mm	$4^1/_2$	$5^1/_2$	$5^1/_2$	$5^1/_2$	$5^1/_2$	$6^1/_2$	$6^1/_2$	$6^1/_2$	$6^1/_2$	$6^1/_2$
Gewicht eines m Rohr kg	19,08	24,10	24,93	25,70	26,60	32,40	33,20	34,40	35,30	36,50
Oberfläche „ „ „ qm	0,559	0,581	0,600	0,619	0,638	0,660	0,679	0,701	0,719	0,738
Wasserinhalt„ „ „ l	22,43	23,78	25,45	27,17	28,96	30,48	32,37	34,64	36,64	38,71

Schmiedeeiserne, patentgeschweißte Siederohre.

Äußerer Durchmesser { Zoll engl.	$9^1/_2$	$9^3/_4$	10	$10^1/_4$	$10^1/_2$	$10^3/_4$	11	$11^1/_2$	12
mm	241	247	254	260	267	273	279	292	305
Innerer Durchmesser . . . . mm	228	234	241	246	253	258	264	277	290
Wandstärke . . . . mm	$6^1/_2$	$6^1/_2$	$6^1/_2$	7	7	$7^1/_2$	$7^1/_2$	$7^1/_2$	$7^1/_2$
Gewicht eines m Rohr . . kg	37,20	38,20	39,50	43,40	44,50	48,70	49,60	52,10	54,70
Oberfläche „ „ „ . . qm	0,757	0,776	0,798	0,817	0,839	0,858	0,877	0,917	0,958
Wasserinhalt „ „ „ . . l	40,83	43,01	45,62	47,53	50,27	52,28	54,74	60,26	66,05

Schmiedeeiserne Gewindemuffenrohre.

Innerer Durchmesser { Zoll engl.	$1/_8$	$1/_4$	$3/_8$	$1/_2$	$5/_8$	$3/_4$	$7/_8$	1	$1^1/_4$
mm	6	$8^3/_4$	$11^1/_2$	15	$17^1/_2$	$20^1/_2$	$22^1/_2$	26	35
Äußerer Durchmesser . . . . mm	10	$13^1/_4$	$16^1/_2$	$20^1/_2$	23	$26^1/_2$	29	33	42
Wandstärke . . . . mm	2	$2^1/_4$	$2^1/_2$	$2^3/_4$	$2^3/_4$	$3^1/_4$	$3^1/_4$	$3^1/_2$	$3^1/_2$
Gewicht eines m Rohr . kg	0,40	0,60	0,80	1,20	1,50	1,70	2,00	2,50	3,40
Oberfläche „ „ „ . . qm	0,031	0,041	0,052	0,064	0,072	0,083	0,091	0,104	0,132
Wasserinhalt „ „ „ . . l	0,03	0,06	0,10	0,18	0,24	0,33	0,40	0,53	0,96

Innerer Durchmesser { Zoll engl.	$1^1/_2$	$1^3/_4$	2	$2^1/_4$	$2^1/_2$	$2^3/_4$	3	$3^1/_2$	4
mm	$40^1/_2$	$44^1/_4$	$51^1/_2$	$62^1/_2$	68	74	$80^1/_2$	93	104
Äußerer Durchmesser . . . . mm	48	$51^3/_4$	59	70	76	$82^1/_2$	89	102	114
Wandstärke . . . . mm	$3^3/_4$	$3^3/_4$	$3^3/_4$	$3^3/_4$	4	$4^1/_4$	$4^1/_4$	$4^1/_2$	5
Gewicht eines m Rohr . . kg	4,20	4,50	5,50	6,50	7,50	8,00	9,00	10,50	12,50
Oberfläche „ „ „ . . qm	0,151	0,163	0,185	0,22	0,239	0,259	0,280	0,320	0,358
Wasserinhalt „ „ „ . . l	1,29	1,54	2,08	3,07	3,63	4,30	5,09	6,79	8,50

Schmiedeeiserne Verbandsmuffenrohre.

Innerer Durchmesser { Zoll engl.	$3/_8$	$1/_2$	$3/_4$	1	$1^1/_4$	$1^1/_2$	$1^3/_4$	2	$2^1/_2$
mm	11,25	14,50	20,00	25,50	34,00	39,50	43,25	49,50	65,50
Äußerer Durchmesser . . . . mm	16,50	20,50	26,50	33,00	42,00	48,00	52,00	59,00	76,00
Wandstärke . . . . mm	$2^5/_8$	3	$3^1/_4$	$3^3/_4$	4	$4^1/_4$	$4^3/_8$	$4^3/_4$	$5^1/_4$
Gewicht eines m Rohr . . kg	0,88	1,26	1,87	2,68	3,74	4,62	5,06	6,38	9,10
Oberfläche „ „ „ . . qm	0,052	0,064	0,083	0,104	0,132	0,151	0,163	0,185	0,239
Wasserinhalt „ „ „ . . l	0,10	0,17	0,31	0,51	0,91	1,23	1,47	1,92	3,37

Zahlentafel XV.

Chemische Zusammensetzung und Heizwert deutscher Brennstoffe

von *H. Bunte* u. *P. Eitner*. (Zeitschr. d. Ver. D. Ing. 1900, S. 670.)

Formel zur Berechnung des Heizwertes: $81\,C + 290\,(H - \tfrac{O}{8}) + 25\,S - 6\,W$, worin C, H, O, S, W den Prozentgehalt an Kohlenstoff, Wasserstoff, Sauerstoff, Schwefel und Wasser angeben.

Bezeichnung:	Zusammensetzung der lufttrockenen Kohle in 100 Teilen Kohle sind enthalten:						brennbare Substanz in 100 Teilen Rohkohle	Zusammensetzung der wasser- und aschefreien Substanz in 100 Teilen				berechneter Heizwert	calorimetrisch ermittelter Heizwert des Brennstoffes	calorimetrisch ermittelter Heizwert der brennbaren Substanz
	Kohlenstoff C	Wasserstoff H	Sauerstoff Stickstoff O+N	Schwefel S	Wasser W	Asche		Kohlenstoff C	Wasserstoff H	Sauerstoff Stickstoff O+N	Schwefel S			
A. Ruhrkohlen.														
1. Bickefeld	85,63	4,04	3,56	1,99	0,80	3,98	95,22	89,93	4,24	3,74	2,09	8024	8077	8486
2. Bonifacius	79,60	4,23	6,77	1,71	1,09	6,60	92,31	86,23	4,59	7,37	1,20	7467	7537	8172
3. Consolidation	81,82	4,85	6,12	0,96	1,14	5,11	93,75	87,27	5,17	6,53	1,03	7828	7827	8370
4. Dahlbusch	69,49	4,23	6,37	0,85	2,07	16,99	80,94	85,85	5,23	7,87	1,05	6633	6618	8191
5. Dannenbaum	85,18	4,38	4,39	1,06	1,84	3,15	95,01	89,65	4,62	4,62	1,11	8026	8080	8516
6. Ewald	79,27	5,13	10,36	0,63	2,18	2,43	95,39	83,10	5,38	10,86	0,66	7533	7590	7971
7. Friedr. Ernestine	80,59	4,94	6,85	1,12	1,54	4,96	93,50	86,19	5,28	7,33	1,20	7731	7736	8283
8. Fröhl. Morgensonne	89,27	4,41	2,74	1,25	0,70	1,63	97,67	91,40	4,51	2,81	1,28	8438	8441	8646
9. General	81,96	4,81	6,62	1,57	1,42	3,62	94,96	86,31	5,07	6,97	1,65	7824	7840	8285
10. Graf Beust	79,05	4,93	10,52	1,62	0,59	3,29	96,12	82,24	5,13	10,95	1,68	7488	7486	7792
11. Graf Moltke	75,25	4,54	6,72	1,58	1,51	10,40	88,09	85,43	5,15	7,63	1,79	7199	7236	8225
12. Hörde	80,08	3,68	4,11	1,49	0,80	9,84	89,36	89,62	4,12	4,59	1,67	7435	7482	8379
13. Holland	83,37	4,77	5,00	1,01	0,99	4,86	94,15	88,55	5,07	5,31	1,07	7973	7900	8398
14. Lothringen	82,63	4,55	6,22	1,02	1,49	4,09	94,42	87,52	4,82	6,58	1,08	7804	7840	8313
15. Matthias Stinnes	81,65	4,49	4,02	1,53	1,28	7,03	91,69	89,05	4,90	4,38	1,67	7800	7842	8560
16. Mont Cenis	66,20	4,30	7,43	1,70	2,50	17,87	79,63	83,14	5,40	9,33	2,13	6368	6424	8086
17. Oberhausen	79,30	4,36	4,66	0,96	0,57	10,15	89,28	88,82	4,88	5,22	1,08	7539	7520	8426
18. Pluto	80,97	5,05	9,27	0,41	1,52	2,78	95,70	84,60	5,28	9,70	0,42	7688	7742	8099
19. Recklinghausen	81,22	5,11	6,32	1,43	1,44	4,48	94,08	86,33	5,43	6,72	1,52	7859	7871	8376
20. Shamrock	82,36	4,79	3,63	1,19	1,10	6,93	91,97	89,55	5,21	3,95	1,29	7953	7978	8682
21. Victoria Matthias	80,72	4,80	8,66	1,56	0,98	3,28	95,74	84,31	5,01	9,05	1,63	7650	7637	7983
22. Vollmond	79,76	4,77	5,44	1,30	0,92	7,81	91,27	87,39	5,23	5,96	1,42	7674	7679	8420
23. Westende	81,36	4,76	3,33	1,53	1,18	7,84	90,98	89,43	5,23	3,66	1,68	7881	7907	8699
24. Zollverein	79,77	4,75	5,68	1,86	1,64	6,30	92,06	86,65	5,16	6,17	2,02	7670	7646	8316
B. Saarkohlen.														
1. Dudweiler	78,26	5,11	8,57	0,97	1,32	5,77	92,91	84,23	5,50	9,22	1,05	7527	7588	8122
2. Frankenholz	77,40	5,08	7,90	1,26	1,99	6,42	91,59	84,51	5,50	8,62	1,37	7461	7463	8166
3. Friedrichsthal	76,20	4,98	9,28	1,11	2,03	6,40	91,57	83,21	5,45	10,13	1,21	7296	7343	8032
4. Heinitz	70,27	4,64	9,61	0,78	2,24	12,46	85,30	82,38	5,44	11,27	0,91	6696	6709	7881
5. von der Heydt	69,07	4,21	10,98	1,12	3,90	10,77	85,33	80,95	5,93	12,81	1,31	6424	6478	7619
6. St. Ingbert	81,49	4,99	8,31	0,65	1,73	2,83	95,44	85,38	5,23	8,71	0,68	7752	7798	8181
7. Itzenplitz	75,11	4,85	10,68	1,05	3,61	4,70	91,69	81,92	5,29	11,65	1,14	7108	7170	7850
8. König	76,69	5,20	8,05	2,10	1,21	6,75	92,04	83,82	5,65	8,75	2,28	7475	7571	8283
9. Kohlwald	73,48	5,03	10,68	0,93	4,05	5,65	90,30	81,37	5,57	12,03	1,03	7016	6989	7766
10. Püttlingen	68,67	4,57	10,80	0,80	3,93	11,23	84,84	80,94	5,39	12,73	0,94	6492	6533	7729
11. Reden	72,98	5,06	11,30	0,99	3,45	6,22	90,33	80,79	5,60	12,51	1,10	6974	6971	7740
C. Schlesische Kohlen.														
1. Deutschland (Gottesberg)	71,90	4,56	17,37	1,15	1,58	3,44	94,98	75,70	4,80	18,29	1,21	6536	6627	6987
2. Guido	77,79	4,85	10,07	0,57	1,67	5,05	93,28	83,29	5,20	10,80	0,61	7346	7429	7988
3. Königin Louise	70,60	4,80	8,77	1,57	2,28	12,48	85,24	82,83	5,04	10,29	1,84	6671	6662	7837
4. Mathilde	78,81	4,70	9,87	0,75	2,05	4,32	93,63	83,64	5,02	10,54	0,80	7356	7414	7931

Bezeichnung:	Zusammensetzung der lufttrockenen Kohle						brennbare Substanz in 100 Teilen Rohkohle	Zusammensetzung der wasser- und aschefreien Substanz in 100 Teilen				berechneter Heizwert	calorimetrisch ermittelter Heizwert des Brennstoffes	calorimetrisch ermittelter Heizwert der brennbaren Substanz
	in.100 Teilen Kohle sind enthalten:													
	Kohlenstoff C	Wasserstoff H	Sauerstoff Stickstoff O+N	Schwefel S	Wasser W	Asche		Kohlenstoff C	Wasserstoff H	Sauerstoff Stickstoff O+N	Schwefel S			
5. Paulus	73,96	4,40	15,16	1,41	1,95	3,12	94,93	77,91	4,64	15,97	1,48	6739	6804	7180
6. Viktor	81,12	4,24	4,93	1,23	1,65	6,83	91,52	88,64	4,63	5,39	1,34	7643	7646	8365
D. Sächsische Kohlen.														
1. Kaisergrube bei Oelsnitz	71,45	4,76	10,06	1,30	8,91	3,52	87,57	81,59	5,44	11,49	1,48	6782	6750	7769
2. Vereinigte Feld Bockwa-Hohndorf	74,63	4,97	9,60	1,80	3.50	5,50	91,00	82,00	5,46	10,55	1,99	7162	7169	7901
3. Zwickau-Oberhohndorf Wilhelmschacht	75,95	5,35	11,17	0,63	3,68	3,22	93,10	81,58	5,74	12,00	0,68	7292	7299	7864
E. Oberbayerische Molassekohle.														
1. Haushamer Grobkohle	58,01	4,42	12,02	4,87	7,37	13,31	79,32	73,14	5,57	15,15	6,14	5623	5623	7144
2. Penzberger Förderkohle II	47,78	3,83	10,92	5,24	10,18	22,05	67,77	70,50	5,65	16,12	7,73	4655	4710	7040
F. Sächsische Braunkohlen.														
1. Alfred	41,41	3,29	9,84	2,12	36,26	7,08	56,66	73,08	5,81	17,37	3,74	3787	3741	6987
2. Bach bei Ziebingen	35,93	2,56	13,20	0,99	45,33	1,99	52,62	68,20	4,86	25,06	1,88	2927	2966	6154
3. Meuselwitz Fortschritt	44,47	3,67	14,69	1,72	27,13	8,32	64,55	68,89	5,69	22,76	2,66	4014	4059	6541
4. Gnadenhütte bei Klein-Mühlingen	37,16	3,39	9,62	1,66	38,68	9,49	51,83	71,70	6,54	18,56	3,20	3454	3426	7058
5. Greppen	43,37	3,25	17,54	1,93	22,85	11,06	66,09	65,62	4,92	26,54	2,92	3732	3870	6063
6. Lützkendorf	31,12	2,79	9,42	3,87	47,45	5,35	47,20	65,93	5,91	19,96	8,20	2800	2818	6574
7. Marie Louise	45,40	3,73	10,72	3,59	29,27	7,29	63,44	71,57	5,88	16,89	5,66	4285	4319	7085
G. Lignit und Torf.														
1. Lignit von Josefszeche in Schwanenkirchen	28,80	2,54	9,55	2,87	40,35	15,89	43,76	65,81	5,81	21,82	6,56	2552	2578	6421
2. Preßtorf von Hofmark-Steinfels	49,31	4,48	24,07	0,39	16,47	5,28	78,25	63,02	5,73	30,76	0,49	4331	4364	5704
3. Ostrach (Torf)	45,93	4,70	29,18	0,61	14,06	5,52	80,42	57,11	5,84	36,29	0,76	3956	3993	5070
4. Torf von Pschorrschwaige	38,76	3,66	21,27	0,26	29,14	6,91	63,95	60,61	5,72	33,26	0,41	3261	3283	5407
H. Steinkohlenbriketts.														
1. Dahlhausen Tiefbau	83,24	4,05	3,13	1,26	1,06	7,26	91,88	90,79	4,42	3,41	1,38	7829	7816	8532
2. Haniel & Co.	81,96	4,15	3,14	0,88	1,77	8,10	90,13	90,94	4,60	3,48	0,98	7741	7804	8671
3. Hugo Stinnes Straßburg	80,85	4,45	4,82	1,19	1,76	6,93	91,31	88,55	4,87	5,28	1,30	7685	7616	8353
4. Stachelhaus u. Buchloh	82,69	4,10	3,60	1,36	2,10	6,15	91,75	90,13	4,47	3,92	1,48	7778	7822	8539
I. Braunkohlenbriketts.														
1. Stempel Fürst Bismarck	54,35	4,66	15,21	2,28	15,77	7,73	76,50	71,05	6,09	19,88	2,98	5165	5098	6787
2. Würfel-Brikett ∗ Ilse	55,91	4,07	19,14	0,78	14,77	5,33	79,90	70,00	5,09	23,93	0,98	4947	4899	6243
3. Würfel-Brikett S ∗ Rechenberg & Cie.	51,74	4,24	18,57	1,00	18,95	5,50	75,55	68,49	5,61	24,58	1,32	4659	4583	6217
4. Stempel Rositz	51,73	4,34	16,37	1,50	19,40	6,68	73,92	69,98	5,84	22,15	2,03	4770	4788	6634
5. Gewerkschaft Schwarzenfeld	48,20	4,20	15,84	2,98	10,26	18,52	71,22	67,68	5,90	22,24	4,18	4561	4523	6438
6. Stempel Siegfried	53,66	4,58	15,59	2,58	13,65	9,94	76,41	70,23	5,99	20,40	3,38	5092	5138	6831
7. Zeche Waldau	50,97	4,20	15,25	2,52	16,57	10,49	72,94	69,88	5,76	20,91	3,45	4756	4725	6616
K. Gaskoks.														
1. Bonifacius (Ruhr)	82,08	1,07	3,61	1,02	1,53	10,74	87,73	93,50	1,22	4,12	1,16	6841	6851	7819
2. Camphausen (Saar)	82,91	1,00	2,60	1,43	1,79	10,27	87,94	94,28	1,14	2,96	1,62	6935	6936	7900
3. Consolidation (Ruhr)	85,18	0,70	4,04	0,87	1,79	7,42	90,79	93,82	0,77	4,45	0,96	6967	7075	7785
4. Ewald (Ruhr)	80,68	0,90	3,74	1,17	2,33	11,18	86,49	93,28	1,04	4,32	1,36	6675	6716	7781
5. Heinitz (Saar)	88,08	0,78	2,85	0,81	0,96	6,52	92,52	95,20	0,84	3,08	0,88	7271	7268	7862
6. Königin Louise (Oberschles.)	86,35	0,54	2,01	0,96	3,73	6,41	89,86	96,09	0,60	2,23	1,08	7080	7111	7938
7. Rhein, Elbe u. Alma (Ruhr)	85,30	0,81	4,80	0,88	1,71	6,50	91,79	92,93	0,88	5,23	0,06	6982	7071	7716

Das Sachregister befindet sich hinter den Tafeln
auf Seite 395!

Additional material from *Heizungs- und Lüftungsanlagen in Fabriken,*
ISBN 978-3-662-33568-0 (978-3-662-33568-0_OSFO2),
is available at http://extras.springer.com

Sachregister.

PROMETHEUS
Héroux.11
ILLUSTRIERTE WOCHENSCHRIFT ÜBER
DIE FORTSCHRITTE IN GEWERBE,
INDUSTRIE UND WISSENSCHAFT
HERAUSGEGEBEN VON
Dr. A. J. KIESER
Durch alle Buchhandlungen
und Postanstalten zu beziehen
Erscheint wöchentlich einmal
Preis vierteljährlich 4 Mark

Die zahlreichen Wissensbedürftigen, die
ohne viel Zeitverlust die technischen
und naturwissenschaftlichen Fortschritte
unserer Zeit verfolgen wollen, finden im
„Prometheus" den berufensten Führer,
ausgezeichnet durch seine Vielseitig-
keit, seine Allgemeinverständlichkeit bei
wissenschaftlicher Gründlichkeit und
seine Anpassung an die praktischen
Bedürfnisse.

VERLAG VON OTTO SPAMER IN LEIPZIG.